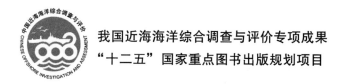

我国近海海洋综合调查与评价专项成果

"十二五"国家重点图书出版规划项目

中国区域海洋学
——生物海洋学

孙松　主编

海洋出版社

2012 年·北京

内 容 简 介

　　《中国区域海洋学》是一部全面、系统反映我国海洋综合调查与评价成果，并以海洋基本自然环境要素描述为主的科学巨著。内容包括海洋地貌、海洋地质、物理海洋、化学海洋、生物海洋、渔业海洋、海洋环境生态和海洋经济等。《中国区域海洋学》按专业分八个分册。本书为"生物海洋学"分册，系统叙述了我国近海叶绿素a和初级生产力、微生物、浮游植物、浮游动物以及底栖生物等方面的生物海洋学特点，并对一些特定生境的生物海洋学特征进行了概述。

　　本书可供从事海洋科学，以及相关学科的科技人员参考，也可供海洋管理、海洋开发、海洋交通运输和海洋环境保护等部门的工作人员及大专院校师生参阅。

图书在版编目（CIP）数据

中国区域海洋学. 生物海洋学/孙松主编 . —北京：海洋出版社，2012. 6
ISBN 978 – 7 – 5027 – 8255 – 9

Ⅰ. ①中… 　Ⅱ. ①孙… 　Ⅲ. ①区域地理学 – 海洋学 – 中国②海洋生物学 – 中国
Ⅳ. ①P72②Q178. 53

中国版本图书馆 CIP 数据核字（2012）第 084381 号

责任编辑：鹿　源
责任印制：赵麟苏

海洋出版社　出版发行

http://www.oceanpress.com.cn

北京市海淀区大慧寺路 8 号　邮编：100081
北京旺都印务有限公司印刷　新华书店北京发行所经销
2012 年 6 月第 1 版　2012 年 6 月第 1 次印刷
开本：889mm×1194mm　1/16　印张：32
字数：816 千字　定价：160.00 元
发行部：62132549　邮购部：68038093　总编室：62114335
海洋版图书印、装错误可随时退换

序

　　我国近海海洋综合调查与评价专项（简称"908专项"）是新中国成立以来国家投入最大、参与人数最多、调查范围最大、调查研究学科最广、采用技术手段最先进的一项重大海洋基础性工程，在我国海洋调查和研究史上具有里程碑的意义。《中国区域海洋学》的编撰是"908专项"的一项重要工作内容，它首次系统总结我国区域海洋学研究成果和最新进展，全面阐述了中国各海区的区域海洋学特征，充分体现了区域特色和学科完整性，是"908专项"的重大成果之一。

　　本书是全国各系统涉海科研院所和高等院校历时4年共同合作完成的成果，是我国海洋工作者集体智慧的结晶。为完成本书的编写，专门成立了以苏纪兰院士为主任委员的编写委员会，并按专业分工开展编写工作，先后有200余名专家学者参与了本书的编写，对中国各海区区域海洋学进行了多学科的综合研究和科学总结。

　　本书的特色之一是资料的翔实性和系统性，充分反映了中国区域海洋学的最新调查和研究成果。书中除尽可能反映"908专项"的调查和研究成果外，还总结了近40～50年来国内外学者在我国海区研究的成就，尤其是近10～20年来的最新成果，而且还应用了由最新海洋技术获得的资料所取得的研究成果，是迄今为止数据资料最为系统、翔实的一部有关中国区域海洋学研究的著作。

　　本书的另一个特色是学科内容齐全、区域覆盖面广，充分反映中国区域海洋学的特色和学科完整性。本书论述的内容不仅涉及传统专业，如海洋地貌学、海洋地质学、物理海洋学、化学海洋学、生物海洋学和渔业海洋学等专业，而且还涉及与国民经济息息相关的海洋环境生态学和海洋经济学等。研究的区域则包括了中国近海的各个海区，包括渤海、黄海、东海、南海及台湾以东海域。因此，本书也是反映我国目前各海区、各专业学科研究成果和学术水平的系统集成之作。

　　本书除研究中国各海区的区域海洋学特征和相关科学问题外，还结合各海区的区位、气候、资源、环境以及沿海地区经济、社会发展情况等，重点关注其海洋经济和社会可持续发展可能引发的资源和环境等问题，突出区域特色，可更好地发挥科技的支撑作用，服务于区域海洋经济和社会的发展，并为海洋资源的可持续利用和海洋环境保护、治理提供科学依据。因此，本书不仅在学术研究方面有一定的参考价值，在我国海洋经济发展、海洋管理和海洋权益维护等方面也具有重要应用价值。

作为一名海洋工作者，我愿意向大家推荐本书，同时也对负责本书编委会的主任苏纪兰院士、副主任乔方利、各位编委以及参与本项工作的全体科研工作者表示衷心的感谢。

国家海洋局局长

2012 年 1 月 9 日于北京

编者的话

　　"我国近海海洋综合调查与评价专项"（简称"908 专项"）于 2003 年 9 月获国务院批准立项，由国家海洋局组织实施。《中国区域海洋学》专著是 2007 年 8 月由"908 专项"办公室下达的研究任务，属专项中近海环境与资源综合评价内容。目的是在以往调查和研究工作基础上，结合"908 专项"获取的最新资料和研究成果，较为系统地总结中国海海洋地貌学、海洋地质学、物理海洋学、化学海洋学、生物海洋学、渔业海洋学、海洋环境生态学及海洋经济学的基本特征和变化规律，逐步提升对中国海区域海洋特征的科学认识。

　　《中国区域海洋学》专著编写工作由国家海洋局第二海洋研究所苏纪兰院士和国家海洋局第一海洋研究所乔方利研究员负责组织实施，并成立了以苏纪兰院士为主任委员的编写委员会对学术进行把关。《中国区域海洋学》包含八个分册，各分册任务分工如下：《海洋地貌学》分册由南京大学王颖院士和国家海洋局第二海洋研究所谢钦春研究员负责；《海洋地质学》分册由国家海洋局第二海洋研究所李家彪研究员和国家海洋局第一海洋研究所刘保华研究员（后调入国家深海保障基地）、郑彦鹏研究员负责；《物理海洋学》分册由国家海洋局第一海洋研究所乔方利研究员和中国科学院南海海洋研究所甘子钧研究员、王东晓研究员负责；《化学海洋学》分册由厦门大学洪华生教授和国家海洋局第一海洋研究所王保栋研究员负责；《生物海洋学》分册由中国科学院海洋研究所孙松研究员和国家海洋局第二海洋研究所 宁修仁 研究员负责；《渔业海洋学》分册由中国水产科学研究院黄海水产研究所唐启升院士和中国水产科学研究院南海水产研究所贾晓平研究员负责；《海洋环境生态学》分册由中国海洋大学李永祺教授和中国科学院海洋研究所邹景忠研究员负责；《海洋经济学》分册由国家海洋局海洋发展战略研究所刘容子研究员和山东海洋经济研究所孙吉亭研究员负责。本专著在编写过程中，组织了全国 200 余位活跃在海洋科研领域的专家学者集体编写。

　　八个分册核心内容包括：海洋地貌学主要介绍中国四海一洋海疆与毗邻区的海岸、岛屿与海底地貌特征、沉积结构以及发育演变趋势；海洋地质学主要介绍泥沙输运、表层沉积、浅层结构、沉积盆地、地质构造、地壳结构、地球动力过程以及海底矿产资源的分布特征和演化规律；物理海洋学主要介绍海区气候和天气、水团、海洋环流、潮汐以及海浪要素的分布特征及变化规律；化学海洋学主要介绍基本化学要素、主要生源要素和污染物的基本特征、分布变化规律及其生物地球化学循环；生物海洋学主要介绍微生物、浮游植物、浮游动物、底栖生物的种类组成、丰度与生物量分布特征，能流和物质循环、初级和次级生产力；渔业海洋学主要介绍渔业资源分布特征、季节变化与移动规律、栖息环境及其变化、渔场分布及其形成规律、种群数量变动、大海洋生态系与资源管理；海洋环境生态学主要介绍人类活动和海洋环境污染对海洋生物及生态系统的影响、海洋生物多样性及其保护、海洋生态监测及生态修复；海洋经济学主要介绍产业经济、区域经济、专属经济区与大陆资源开发、海洋生态经济以及海洋发展规划和战略。

本专著在编写过程中，力图吸纳近50年来国内外学者在本海区研究的成果，尤其是近20年来的最新进展。所应用的主要资料和研究成果包括公开出版或发行的论文、专著和图集等；一些重大勘测研究专项（含国际合作项目）成果；国家、地方政府和主管行政机构发布的统计公报、年鉴等；特别是结合了"908专项"的最新调查资料和研究成果。在编写过程中，强调以实际调查资料为主，采用资料分析方法，给出区域海洋学现象的客观描述，同时结合数值模式和理论模型，尽可能地给出机制分析；另外，本专著尽可能客观描述不同的学术观点，指出其异同；作为区域海洋学内容，尽量避免高深的数学推导，侧重阐明数学表达的物理本质和在海洋学上的应用及其意义。

本专著在编写过程中尽量结合最新调查资料和研究成果，但由于本专著与"908专项"其他项目几乎同步进行，专项的研究成果还未能充分地吸纳进来。同时，这是我国区域海洋学的第一套系列专著，编写过程又涉及到众多海洋专家，分属不同专业，前后可能出现不尽一致的表述，甚至谬误在所难免，恳请读者批评指正。

《中国区域海洋学》编委会
2011年10月25日

前言

生物海洋学（biological oceanography）是海洋学研究的一个重要组成部分，是海洋学研究的核心内容之一，与物理海洋学、化学海洋学共同组成海洋学研究的主体。三者之间相互联系、相互交叉。生物海洋学主要研究海洋中的生物是如何随着海洋环境的改变而变化的、海洋中的各种生命活动又是如何对海洋环境产生影响的。

生物海洋学的研究范围非常广泛，从微生物到鲸鱼、从浅海到深海、从近岸到大洋，既包含海洋生物多样性的研究，也包含海洋生物生产过程以及生物地球化学循环的研究。在研究尺度上，从微观尺度可以达到分子水平，如光合作用、呼吸和生源要素的循环；在宏观尺度上可以到全球海洋生态系统水平，如全球气候变化对海洋生物分布格局、生物生产过程和生物多样性的影响等。

在研究方法上，生物海洋学在很大程度上要开展多学科交叉研究，需要多学科知识的交汇和积累，作为一个生物海洋学家，不仅要掌握生物学方面的知识，还要了解物理海洋学、化学海洋学和海洋地质的相关知识。不仅要在实验室内进行模拟实验，更重要的是要进行海上现场观测和取样以及现场实验，以便能够真正了解和模拟生物在海洋中的种类组成、分布格局、生物生产过程以及它们受到哪些环境因素的调控等。对于很多通过观测无法解决的问题，要借助于数学模拟的方法开展研究。

在研究手段上，借助各种先进的实验和观测手段开展研究，包括光学、声学、分子生物学、卫星遥感以及固定式、漂浮式和拖曳式海洋生物与环境综合观测系统，通过这些先进的手段获取海洋生物时空变化方面的信息，也采用深潜器等对深海生命、海底热液系统的生物进行观测与研究、与物理海洋学和化学海洋学相比，生物海洋学在自动观测方面的手段相对缺乏，很多的研究是基于科学考察船的综合观测。

生物海洋学与海洋生物学和海洋生态学两个传统学科之间既有交叉，又有区别。海洋生物学传统上主要是海洋生物个体水平上的研究，重点强调的是生物学的问题，包括海洋生物分类、行为、生理和其他方面的生物学问题。与此相对应，生物海洋学强调的是将海洋与生命作为一个系统来进行研究的。海洋生态学属于生态学的一个分支，研究生物与环境之间的关系，研究范围比较具体，主要是从生物学研究的角度，研究个体、种群和群落水平上生物与环境之间的相互关系和相互作用，或者是对不同类型的生态系统开展研究。海洋生态学也可以根据不同的生物类群进行划分为渔业生态学、藻类生态学、微生物生态学、浮游生物生态学、底栖生物生态学等。而生物海洋学则研究海洋中的一切生命形式、生命活动以及与海洋环境之间的相互作用关系。所以说生物海洋学不仅涵盖了海洋生物学和海洋生态学的相关研究内容，而且还有很多的拓展和延伸，如全球气候变化对海洋生物多样性的影响、海洋生物在碳等生源要素循环中的作用、海洋酸化对海洋生态系统的影响、海洋中溶解氧变化对海洋生态系统演变的影响、海洋生物与海洋富营养化、海洋生态系统演变与生态灾害、人类活动对海洋生态系统的影响，以及海洋极端环境中的生命过程与深部生物圈等。

海洋是地球生命系统的发源地，生物多样性丰富。根据全球海洋生物普查计划（Census of Marine Life，CoML）为期 10 年的最新研究结果：地球上共有 870 多万种真核生物，其中有 220 万种（误差 18 万种）生活在海洋中，约占全球生物种类的 1/4，超过 91% 的海洋生物还没有被发现、鉴定和分类。这还仅是对目前海洋生物多样性现状的认识，而海洋以及海洋中的生物一直处于变化之中，我们更加关注海洋生物是如何变化的，未来的海洋中会有哪些生物存在，哪些生物会消失，海洋生物的这些变化对整个海洋生态系统的结构与功能、海洋生物资源、对人类的生存与发展会产生什么后果。因此，海洋生物多样性的变化要放到整个海洋系统中进行探索和研究，弄清是哪些海洋过程导致了海洋生物多样性的改变，以及这些改变对海洋系统的反馈，海洋生物多样性的研究是未来生物海洋学研究的核心研究内容之一。如果说"全球海洋生物普查计划（CoML）"经过 10 年的努力绘制了一幅全球海洋生物多样性蓝图，那么我们未来的方向应该是绘制处于变化中的海洋生物多样性的动画片或者电影，以便对海洋生物多样性的变动规律和趋势有所了解。因此，当前国际海洋生物多样性研究更趋于生物海洋学范畴，目标是研究处于"变化中的海洋里的海洋生物（Life in a Changing Ocean）"。核心科学内容包括：①生物多样性与生态系统的服务功能；②海洋生物多样在全球海洋中的分布格局与时空变化；③海洋生物多样性观测；④海洋生物多样与海洋的可持续利用。

海洋生态系统中最关键的过程是能量转换和生物地球化学循环，也是当前生物海洋学研究的另一个重要内容。能量的转换是一个开放系统，而物质的传递是封闭系统。海洋中的藻类和光合细菌等通过光合作用合成有机物，然后沿食物链进行传递。海洋光合作用的效率、能量和物质在食物网中的传递和转移的效率等取决于生态系统中的生物组成和一系列的环境条件，如温度、盐度和营养盐等。不同的生物类群在生态系统中的作用和地位是不同的，在生态系统中的作用和地位相同或相近的生物类群可以归结为一个类群，称其为功能群。将生态系统中的生物划分为不同的功能群，将会大大简化对生态系统结构的理解，从而使研究重点不再局限于某个种类的变化，而是整个功能群的变化。在气候变化和人类活动多重压力下，海洋环境发生变化，这些变化引起生物功能群的变化，进而又会对环境产生影响。例如，在一些区域甲藻的数量相对于硅藻来说增加的幅度比较大，由甲藻形成的赤潮明显增多。甲藻和硅藻数量上的变化对生态系统的结构和功能会产生很大影响，虽然对导致这种变化的原因有待于进行更加深入的研究，这涉及海洋富营养化、全球气候变化、近海陆架与大洋水交换、低氧区的形成和生态灾害以及生态系统演变等一系列的问题，但是这种生物功能群的变化却直接影响生态系统各组分之间正常的物质循环和能量传递功能，其引起的次生灾害会进一步导致环境改变。未来的研究重点将集中在温度变化、海洋酸化、富营养化、海洋低氧区的形成、鱼类等顶级捕食者的减少等相互叠加作用后的海洋生物功能群改变与生物地球化学循环研究。

我国目前的生物海洋学研究主要还处于海洋生态学研究的范围，重点围绕海洋生物的种类组成和数量变化，包括初级生产力、浮游植物的种类组成、分布格局和数量变化、浮游动物的种类组成、分布格局和数量变化以及底栖生物的种类组成和数量变化，并且根据现有资料对渤海、黄海、东海和南海的情况进行了初步分析。近年来通过一些海洋多学科综合研究计划的实施，我国近海生态系统研究逐渐向过程与机理研究推进。例如，加深了对黄海冷水团和黄海暖流等物理过程的生物海洋学意义的认识，黄海冷水团是很多海洋生物的度夏场所，其变化将直接影响到黄海生态系统的改变；发现台湾暖流和黑潮东海分支的变动与东海春夏季大规模藻华发生存在一定的内在联系；南黄海，特别是苏北浅滩附近，由于与长江口相邻，在很多物理环境、化学环境和生物环境是一种相互作用的关系，一些生态灾害的发生取决于这些关键过程的相互作用，其海洋环境变化会导致整个黄海生态系统健康状况的改变。这些卓有成效的研究工作极大推动了我国近海生物海洋学研究的发展。

该书所用的资料一部分来自"我国近海海洋环境综合调查与评价专项"的成果，更多的是历史资料的搜集、汇总和整理，从叶绿素 a 和初级生产力、微生物、浮游植物、浮游动物以及底栖生物等方面总结了我国近海生物海洋学特点，并对一些特定生境的生物海洋学特征进行了概述。

另外，海洋生物的生物、化学过程、生活史策略以及它们相互之间的营养关系与其个体大小密切相关。随着研究技术的发展，微型海洋生物在海洋生态系统中的功能作用也逐渐被人们认识和关注。因此，本书一些章节按生物个体大小分粒级对其生物海洋学特征进行了总结。其中浮游植物部分，粒级划分标准为小型（micro –）：20 ~ 200 μm；微型（nano –）：2 ~ 20 μm；微微型（pico –）：0.2 ~ 2 μm。并单独列出了"微微型光合浮游生物"相关研究成果。在浮游动物部分，补充了"微型浮游动物"相关内容。本书中的微型浮游动物是按照 Beers 和 Stewart（1967）定义的体长小于 200 μm 的浮游动物，重要类群包括纤毛虫和异养鞭毛虫，其他的丰度较小的类群有放射虫、阿米巴、有孔虫和后生动物幼体。除特定说明外，本书中"浮游动物"泛指体长大于 200 μm 的浮游动物。

再者，由于海洋生物斑块分布的特性、海洋环境的不稳定性、海洋生物生产过程的作用等，使得海洋生物取样方法和分析方法的标准化、数据同化、不同取样方法之间的标定和换算等面临许多难题。因此在使用历史资料的时候需要进行长时间序列、相对大范围的考察资料进行综合分析，消除和避免根据某个航次和取样时间、以点带面看问题的做法，否则会得出错误性的结论。因此在根据本书资料进行综合分析时，请特别注意研究方法、取样工具、取样时间、取样频率和研究范围以及相应的环境条件等各个方面的问题，进行综合分析和判断。

参加本书编写人员涉及中国科学院海洋研究所、中国科学院南海海洋研究所、国家海洋局第二海洋研究所、第三海洋研究所和厦门大学、天津科技大学、中国水产科学研究院东海水产研究所等7个单位的20余名专家学者。中国科学院海洋研究所陶振铖博士、金鑫硕士、时永强、孙永坤、冯颂同学等参加书稿校对。特邀请中国水产科学研究院东海水产研究所陈亚瞿研究员、国家海洋局第一海洋研究所朱明远研究员、中国科学院海洋研究所吴玉霖研究员审稿指导。在此，感谢大家的真诚合作。

作为生物海洋学的研究主体，海洋生态系统是一个复杂的系统，物理过程、化学过程和生物过程交织耦合，其动态变化受到全球气候变化和人类活动多重压力的影响。尽管现在的海洋监测技术、调查和研究能力得到很大发展，对生物海洋学的认识和研究的水平不断提高，但是对于一些生态系统中的关键过程和规律依然缺乏足够的认识，对一些生态学现象难以进行解释，许多科学问题尚需要进一步深入研究，加之本书编写者的水平有限，收集的资料结果也不够全面，书中存在错漏在所难免，敬请有关专家和读者惠予指正！

孙松　李超伦

2011 年 3 月 31 日于青岛

CONTENTS 目次

第3篇 东 海

第1篇 渤 海①

① 本篇编者：

第1章 郝锵（国家海洋局第二海洋研究所）

第2章 孙军（中国科学院海洋研究所），蔡昱明（国家海洋局第二海洋研究所）

第3章 赵苑、肖天（中国科学院海洋研究所）

第4章 孙松、李超伦、张武昌（中国科学院海洋研究所）

第5章 李新正、王金宝、寇琦、王晓晨（中国科学院海洋研究所）

第6章 孙军（中国科学院海洋研究所）

第1章　渤海叶绿素和初级生产力

渤海位于 $37°07' \sim 41°00'N$、$117°35' \sim 121°10'E$ 之间，三面为陆地包围，是我国的半封闭内海，面积约为 $7.7 \times 10^4 \ km^2$。渤海水深较浅，平均水深 18 m，最大水深 86 m，深度小于 30 m 的范围占总面积的 95%。渤海周围毗连北京、天津、山东、河北、辽宁，构成了环渤海经济发展区，为我国沿海经济发展的重要战略基地，因此渤海对我国的政治、经济和安全方面均具有重要的战略意义。

海洋浮游植物叶绿素和初级生产力代表着海洋主要初级生产者的生物量和光合作用固碳能力。它们既是海洋有机物的最初来源，也是海洋生态系食物网结构与功能的基础环节，同时也表征着海洋浮游植物将大气中二氧化碳向海洋中转化的能力，从而对海洋食物的产出和全球气候变化的调节起着重大作用。我国浮游植物叶绿素和初级生产力研究始于 20 世纪 60 年代，进入 80 年代以来开始对中国海域的叶绿素和初级生产力进行了较为系统的调查和研究，积累了大量宝贵的观测资料。作为区域海洋学的一部分，本书在 2006—2007 年我国近海海洋环境综合调查的基础上，对中国近海叶绿素和初级生产力时空分布的主要特征、规律以及典型现象进行阐述。

由于中国近海的地理特征和沿岸人类活动的影响，叶绿素分布的基本规律为由沿岸向海域中部递减，近岸、水浅的海域叶绿素浓度较高，海域中部、水深的海域相对较低，这一趋势主要由海域营养物质的供给所决定；初级生产力的分布则相对复杂，这是因为后者不仅仅取决于浮游植物的生物量和营养盐的供给，还受到其他诸如真光层深度、光照、温度、水体稳定度以及浮游植物群落结构等因素的影响。我国海域辽阔，既有绵长的沿岸带，也有广袤的开阔海；河流的输入和复杂多变的海洋环流及水团特征都影响着海洋浮游植物叶绿素和初级生产力的分布。

渤海叶绿素和初级生产力分布不仅具有温带海域的一般特征，同时也易受沿岸排污的影响，浮游植物生物量往往维持在较高水平，呈现出一定的富营养化特征。渤海叶绿素浓度分布一般为近岸高，中部低，高值一般出现在春季和夏末秋初，基本符合温带海域浮游植物生物量变化的一般特征。渤海初级生产力较我国其他海域偏低，其高值多出现在海湾和河口，季节变化呈明显的单峰形式，渤海受河流输入以及人类排污所导致的低透明度环境是造成这一现象的重要原因。

1.1　叶绿素 a

1.1.1　叶绿素 a 分布特征

从 2006—2007 年渤海的调查结果来看，春季表层叶绿素 a 浓度在 $0.22 \sim 8.30 \ mg/m^3$ 之间变化，平均为 $(2.13 \pm 1.86) \ mg/m^3$；其中叶绿素 a 高值区（$>3 \ mg/m^3$）出现在莱州湾外、渤海中部及北部，最高值出现在南部的莱州湾口；而低值区（$<0.5 \ mg/m^3$）则位于渤海湾和辽东湾东北侧，最低值出现在渤海湾西侧（图 1.1）。5 m 层叶绿素 a 浓度在 $0.32 \sim 10.49 \ mg/m^3$ 之间，

平均为（1.99±1.77）mg/m³，较表层略有降低，其分布趋势与表层一致。10 m层叶绿素a浓度在0.33~8.62 mg/m³之间变化，平均为（1.65±1.66）mg/m³，分布趋势与上层水体相近但浓度进一步降低。底层叶绿素a浓度有所回升，平均为（1.95±1.92）mg/m³，范围在0.25~10.61 mg/m³之间，其中最高值10.61 mg/m³出现在莱州湾口，与表层高值区相对应。总体而言春季各水层叶绿素a平面分布特征较为一致，水层间差别较小，垂直分布较为均匀。

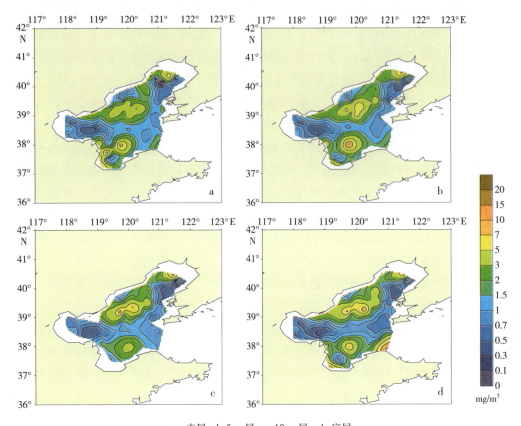

a. 表层；b. 5 m层；c. 10 m层；d. 底层

图1.1 渤海春季叶绿素a分布

图1.2中夏季表层叶绿素a浓度较春季明显升高，在0.70~9.72 mg/m³之间变化，平均为（3.18±1.88）mg/m³；其中叶绿素a高值区（＞5 mg/m³）范围较大，出现在莱州湾、渤海中部、北部以及西侧，而低值区（＜1 mg/m³）则仅见于渤海海峡附近。5 m层叶绿素a浓度在1.07~9.85 mg/m³之间变化，平均为（3.31±1.65）mg/m³，较表层略有升高，分布趋势与表层类似。10 m层叶绿素a浓度在0.35~7.88 mg/m³之间变化，平均为（2.16±1.36）mg/m³，较表层和5 m层有明显下降，分布特征与上层相近但高值区范围明显缩小。底层叶绿素a浓度进一步降低，平均为（1.63±1.33）mg/m³，范围为0.30~9.41 mg/m³，大部分海域浓度均低于2 mg/m³，仅在海域西北侧尚有局部高值区（＞5 mg/m³）。夏季各水层叶绿素a基本呈由上自下递减的趋势，且多个站位在5 m层存在次表层叶绿素a最大值，这体现了夏季光强和水体稳定性对浮游植物生长的影响。

秋季渤海叶绿素a水平较春、夏出现明显下降。如图1.3所示，其表层浓度在0.41~24.05 mg/m³之间，平均为（1.71±2.44）mg/m³；其中叶绿素a高值区（＞3 mg/m³）仍位于莱州湾外、渤海中西部以及西北沿岸，全年最高值24.05 mg/m³出现在莱州湾黄河入海口附近；而低值区（＜1 mg/m³）则占据了东部、中部和北部大部分海域，最低值位于渤海海

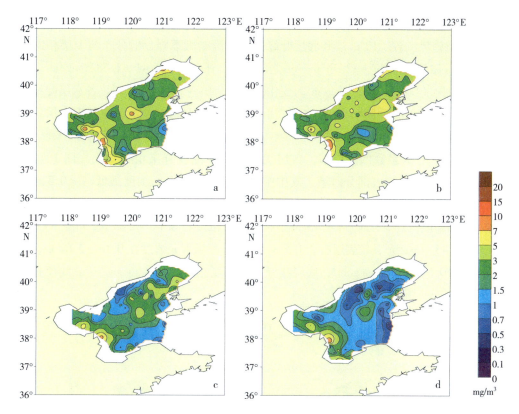

a. 表层；b. 5 m层；c. 10 m层；d. 底层

图1.2 渤海夏季叶绿素a分布

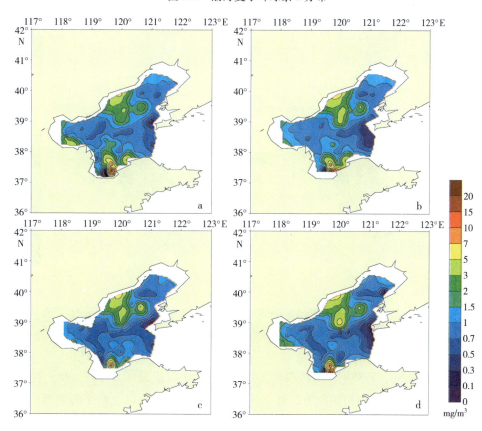

a. 表层；b. 5 m层；c. 10 m层；d. 底层

图1.3 渤海秋季叶绿素a分布

峡。5 m层叶绿素a浓度在0.41~25.83 mg/m³之间变化，平均为（1.75±2.73）mg/m³，与表层持平且分布趋势一致。10 m层和底层叶绿素a浓度略微下降，但分布与上层相同，其中10 m层叶绿素a浓度在0.17~12.74 mg/m³之间变化，平均为（1.41±1.58）mg/m³。底层叶绿素a浓度平均为（1.61±2.62）mg/m³，变化范围为0.01~23.79 mg/m³。各水层叶绿素a分布特征一致显示其垂向分布相当均匀，底部高值区和上层水体较为吻合，意味着上层浮游植物颗粒可能存在较为明显的沉降过程。

冬季是一年中叶绿素最低的季节，各层次叶绿素a浓度分布相当一致（图1.4），小于1 mg/m³的低值区覆盖了绝大部分海域，其中中部和南部叶绿素a浓度最低（<0.5 mg/m³）。表层叶绿素a浓度在0.08~4.32 mg/m³之间变化，平均为（0.74±0.57）mg/m³；其中莱州湾内仍存在小范围高值区（>3 mg/m³）。5 m层叶绿素a浓度在0.14~3.66 mg/m³之间变化，平均为（0.70±0.46）mg/m³，较表层有所升高；10 m层叶绿素a浓度在0.16~2.61 mg/m³之间变化，平均为（0.64±0.34）mg/m³；底层叶绿素a浓度在0.06~3.56 mg/m³之间变化，平均为（0.66±0.42）mg/m³。

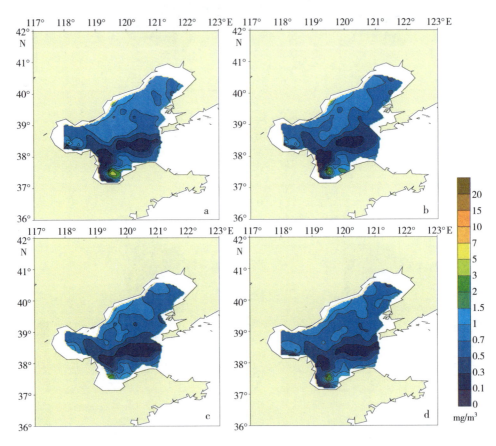

a. 表层；b. 5 m层；c. 10 m层；d. 底层

图1.4　渤海冬季叶绿素a分布

费尊乐等（1988a，1988b）和吕瑞华等（1999）分别报道了1982—1983年和1992—1993年度渤海的叶绿素和初级生产力，其中吕瑞华等（1999）对以上两个时期渤海叶绿素和初级生产力的差异进行了比较和分析。通过将2006—2007年度所获结果与以上历史资料进行对比，发现渤海叶绿素a垂直分布上，各个历史时期的调查结果呈现出较好的一致性，即各季节叶绿素a的垂直分布较为均匀，表、底层分布具有较好的一致性。但在平面分布上，不同历史时期的调查结果显示出较大的差异，以夏季表层为例，在 1982—1983 年度，叶绿素 a 小于 0.5 mg/m³ 的区域仅占整个海域面积的 1/3，主要分布在渤海中部和北部；到 1992—1993 年度，这一低值区的面积明显增加，占到整个渤海的一半左右；而 2006—2007 年度最新的调查结果来看，叶绿素 a 小于 0.5 mg/m³ 的区域几乎消失不见，并且叶绿素 a 大于 2 mg/m³ 的高值区面积也较以往有明显增加。与 1992—1993 年度所获调查结果相比，当前渤海海域叶绿素分布面貌有了很大改变，其中最为显著的变化叶绿素的低值区明显变小。目前导致这一变化的具体原因尚不得而知，但很可能与营养盐的分布格局改变有关，特别是近些年来沿岸工业排污、海水养殖所带来的局部营养盐浓度的改变可能是造成不同历史时期叶绿素分布情况差异的原因之一。

1.1.2 叶绿素 a 季节变化

从表 1.1 和图 1.5 可见，渤海各水层叶绿素 a 浓度季节变化相当一致，由大至小均为夏、春、秋、冬。春季，随着气温和光照较冬季有所回升，浮游植物开始旺发，在营养盐较为丰富的莱河口和秦皇岛外的滦河口处，往往有 5 mg/m³ 以上的叶绿素 a 高值区；水华发生期间，颗粒较大的浮游植物容易沉降到底层，从而造成底部叶绿素 a 升高。夏季，充足的光照和适宜的水温，以及沿岸河流进入丰水期，陆源输入增强，使得叶绿素浓度达到一年中最高；秋季由于营养盐被此前的浮游植物旺发所大量消耗，叶绿素水平开始下降；进入冬季，低温、低光强以及水体稳定度下降使得浮游植物生长缓慢，叶绿素浓度为一年中最低。除夏季外，其他季节各水层垂直变化均不显著，且各层次分布趋势较为一致，这一方面与渤海水深较浅、易于混合有关；另一方面也可能缘于其营养条件较好，大颗粒的浮游植物更易占优势和向下层沉降，导致表、底层叶绿素分布趋势高度一致。

表 1.1 渤海各层次叶绿素 a 浓度

季 节	叶绿素 a 浓度/（mg/m³）			
	表 层	5 m	10 m	底 层
春	2.13 ± 1.86	1.99 ± 1.77	1.65 ± 1.66	1.95 ± 1.92
夏	3.18 ± 1.88	3.31 ± 1.65	2.16 ± 1.36	1.63 ± 1.33
秋	1.71 ± 2.44	1.75 ± 2.73	1.41 ± 1.58	1.61 ± 2.62
冬	0.74 ± 0.57	0.70 ± 0.46	0.64 ± 0.34	0.66 ± 0.42

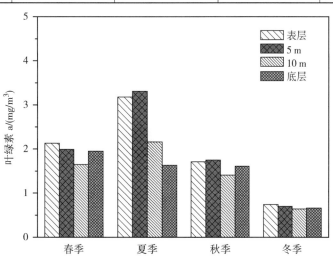

图 1.5 渤海各层次叶绿素 a 季节变化

1.2 初级生产力

1.2.1 初级生产力分布特征

渤海春季表层初级生产力在 21.5 ~ 1 053.4 mg/（m² · d）（以 C 计）间变化，平均为（276.7 ± 284.4）mg/（m² · d）（以 C 计）；其中初级生产力高值区 [> 500 mg/（m² · d）（以 C 计）] 出现在莱州湾外、渤海中部以及北部，最高值位于南部的莱州湾口；生产力低值区 [< 200 mg/（m² · d）（以 C 计）] 多分布于渤海湾、莱州湾和辽东湾内，并在近岸处出现最低值。春季海域平均真光层深度（5.4 ± 3.2）m，由近岸向海域中部逐渐升高；碳同化数为（3.13 ± 1.38）mg/（mg · h）（叶绿素 a），分布较为平均，这意味着真光层深度可能是影响生产力的主要因素。总体而言，春季初级生产力分布呈现中部高，周边低的趋势，这与水深以及陆源排污有一定关系，沿岸带海域水深浅、易混合，悬浮物浓度较高导致真光层深度偏低，成为该区域生产力水平偏低的重要原因。

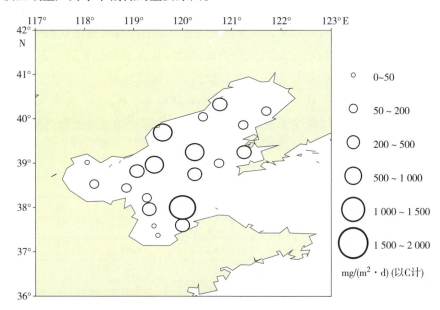

图 1.6 渤海春季初级生产力分布图

渤海夏季初级生产力远高于春季，平均为 1 042.4 ± 543.5 mg/（m² · d）（以 C 计），最低值 [191.9 mg/（m² · d）]（以 C 计）位于渤海湾内侧，最高值 [2 105.4 mg/（m² · d）]（以 C 计）位于莱州湾口西侧；其中初级生产力高值区 [> 1 000 mg/（m² · d）]（以 C 计）往往位于离岸较近的海域如河口或者海湾湾口门，而渤海中部以及岸边区域生产力相对偏低。春季海域平均真光层深度（9.3 ± 2.9）m，碳同化数为（3.27 ± 1.39）mg/（mg · h）（叶绿素 a）。由此可见，在夏季，无论是生物量、真光层深度，还是同化数水平均高于春季，这些因素共同形成了夏季的高初级生产力。

秋季表层初级生产力在 8.6 ~ 912.0 mg/（m² · d）（以 C 计）之间变化，平均为（262.0 ± 248.8）mg/（m² · d）（以 C 计），较夏季出现明显降低。其中高值区 [> 500 mg/（m² · d）（以 C 计）] 仅见于莱州湾和滦河口，低值区 [< 50 mg/（m² · d）（以 C 计）] 则位于渤海湾。秋季浮游植物叶绿素水平、真光层深度（5.6 ± 3.0）m 和碳同化数水平 [（2.99 ± 1.56）

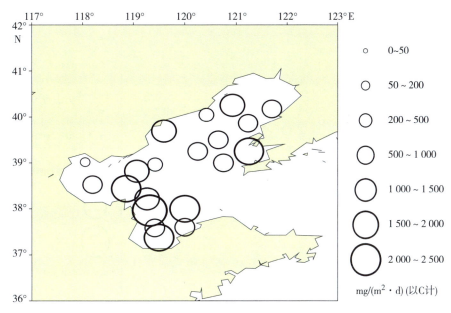

图 1.7　渤海夏季初级生产力分布

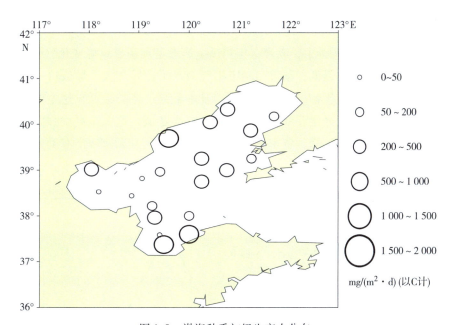

图 1.8　渤海秋季初级生产力分布

mg/（mg·h）（叶绿素 a）] 均较夏季有不同程度下降，其中又以叶绿素和真光层下降较大，这意味着一方面秋季营养盐趋于限制，无法支持夏季的高浮游植物生物量；另一方面秋季水体季节性跃层减弱，混合增强可能导致悬浮物浓度升高，水体透光性下降，因而导致生产力水平大幅下降。

　　冬季初级生产力为一年中最低，范围在 3.1 ~ 342.8 mg/（m²·d）（以 C 计）之间，平均为（42.4±83.2）mg/（m²·d）（以 C 计）。其中仅莱州湾外存在大于 200 mg/（m²·d）（以 C 计）的高值区，绝大部分海域生产力均在 50 mg/（m²·d）（以 C 计）以下。真光层深度（2.2±1.5）m 和碳同化数 [1.323±1.05 mg/（mg·h）（叶绿素 a）] 均为一年中最低。这意味着冬季浑浊的水体和低温、低光强的环境不利于浮游植物的生长。

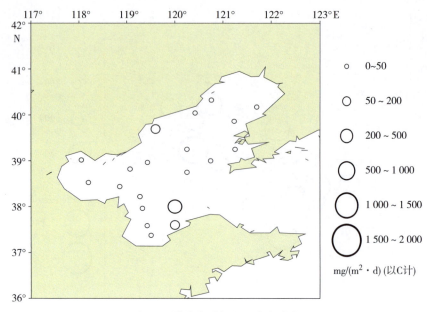

图 1.9　渤海冬季初级生产力分布

1.2.2　初级生产力季节变化

在 2006—2007 年度的调查中，渤海全年初级生产力呈现明显单峰变化（图 1.10），夏季最高，春、秋季次之，冬季最低，季节间初级生产力水平差距较大。导致这一特征的原因是多方面的，首先是浮游植物生物量的季节变化，夏季最高、冬季最低，这主要受营养盐和水体稳定度的控制；其次是真光层深度的变化同样为夏高冬低，这源于夏季强跃层的形成、水体稳定度升高利于悬浮泥沙沉降，冬季低温导致跃层消失、且风速较高有助于泥沙悬浮，进而影响水体的透光性，由表 1.2 可见，夏季真光层深度是冬季的 4 倍以上，这必然导致生产

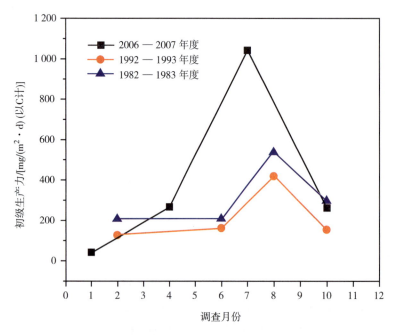

图 1.10　不同年份间渤海初级生产力季节变化

资料来源：1982—1983 年度、1992—1993 年度数据引自吕瑞华等（1999）

力水平的巨大差距；同化数的影响也不可忽视，调查显示渤海浮游植物同化数水平由大至小依次为夏、春、秋、冬，其中夏、春、秋季相差不大，而冬季则明显偏低，一般认为，营养盐水平、温度、光照均能对浮游植物光合作用能力产生影响（Gong, et al, 2003），考虑到渤海冬季营养盐一般不构成限制，冬季的低温和低光照环境可能是导致同化数降低的主要因素。

表1.2 渤海初级生产力相关参数季节变化

季 节	真光层深度/m	碳同化数/ [mg/ (mg·h) (Chla)]	初级生产力/ [mg/ (m² · d) (以 C 计)]
春	5.4 ± 3.2	3.13 ± 1.38	276.7 ± 284.4
夏	9.3 ± 2.9	3.27 ± 1.39	1042.4 ± 543.5
秋	5.6 ± 3.0	2.99 ± 1.56	262.0 ± 248.8
冬	2.2 ± 1.5	1.323 ± 1.05	42.4 ± 83.2

本文将2006—2007年度调查结果与1982—1983年度和1992—1993年度渤海初级生产力的结果进行了对比，由图1.10可以看到，不同历史时期观察到的渤海初级生产力季节变化趋势一致，均为单峰形式、夏高冬低。但与以往不同的是，2006—2007年度调查中夏季初级生产力明显高于历史结果，这一方面与该时期渤海夏季叶绿素较高有关，但也可能与所调查的月份、调查站位的分布以及调查期间的天气有一定关系。现有资料并不能明确指示渤海初级生产力在近年来存在升高现象，有关渤海初级生产力的年际间变化等问题尚需做进一步的观察和研究。

1.3　小结

渤海是我国近海中最为封闭的海域，其叶绿素和初级生产力分布不仅具有温带海域的一般特征，同时也易受沿岸排污的影响，浮游植物生物量往往维持在较高水平，呈现出一定的富营养化特征。

从分布上看，渤海叶绿素a浓度分布一般为近岸高，中部低，季节变化基本呈微弱的双峰形式，峰值一般出现在春季和夏末秋初，基本符合温带海域浮游植物生物量变化的一般特征。春季，整个渤海叶绿素浓度普遍在1 mg/m³以上，局部海域如莱州湾最高可达5 mg/m³以上，叶绿素的高值区（＞3 mg/m³）多出现于几个海湾如辽东湾、渤海湾、莱州湾和黄河口附近，渤海中部和渤海海峡叶绿素浓度则相对较低；夏季海域营养盐被消耗以及浮游动物的摄食压力导致叶绿素水平有所降低，平均低于1 mg/m³，同时高值区也向海域西侧和渤海海峡处转移；秋季渤海中部叶绿素浓度有所回升，渤海湾、渤海中部和莱州湾均出现较高浓度的叶绿素斑块（＞2 mg/m³）；进入冬季，一些近岸海域开始出现海冰，浮游植物受温度和光照的限制生长缓慢，叶绿素浓度较秋季有所回落，但仍高于夏季。渤海初级生产力的季节变化与叶绿素不同，呈现夏高冬低的情形，夏季海域平均初级生产力一般在400 mg/（m²·d）（以 C 计）以上，春季次之，平均在300 mg/（m²·d）（以 C 计）左右，但可在渤海海峡水深较大的海域观测到500 mg/（m²·d）（以 C 计）以上的高生产力区；秋季初级生产力进一步降低，大部分海域均在200 mg/（m²·d）（以 C 计）以下，冬季最低 [＜150 mg/（m²·d）（以 C 计）]。这是因为夏季日照时间长，日射量最大，是一年中透明度最高的季节、真光层深，所以初级生产力高。而冬季日照时间短、日射量小、水温低，而且受季风影响，海水垂直混合可达海底，海水浑浊导致真光层变浅，导致了冬季初级生产力为一年中最低（吕瑞华等，1999；孙军等，2003a；赵骞等，2004）。

第 2 章　渤海细菌和其他类群微生物

在 19 世纪 30 年代，Ehrenberg 便首次分离并描述了第一株海洋细菌，但由于实验方法和观察手段的限制，人类对海洋细菌的研究受到极大的限制，直到 20 世纪 70 年代末，随着表面荧光显微镜的使用，学者们发现在海洋中存在着大量的异养细菌（Hobbie，et al，1977；Ferguson，et al，1976），数量远比人们想象得多，从而开始了对异养细菌生态学的研究。目前的研究发现，异养细菌在海洋中既是分解者，又是生产者，它们利用水体中的溶解有机物（DOM）转化为自身物质以生长和繁殖从而形成颗粒有机物（POM），随着原生动物摄食异养细菌，这部分 POM 被再次传递返回经典食物链中，使海洋中大量的溶解有机物得以迅速循环再利用，大大提高了初级生产提供的物质与能量的利用效率（Azam，et al，1983；Fuhrman，et al，1980）。浮游病毒作为分解者对微食物网中各主要角色都有相当程度的影响，病毒对细菌和藻类的裂解向水中释放 DOM，这部分 DOM 又被细菌再利用，产生了微食物环的病毒回路（Viral Shunt），影响了海洋生态系统物质循环和能量流动的途径（Wilhelm，et al，1999）。

目前对渤海细菌和其他类群微生物的研究还较少，主要集中在渤海湾、莱州湾和渤海中部的细菌丰度和生物量方面。在 2007 年通过"908"项目，对渤海春夏秋冬四季的细菌种属组成，细菌、病毒丰度进行了调查，为深入了解渤海海域细菌和病毒的生态分布提供了丰富的数据。

2.1　渤海细菌的种属组成

采用 16S rDNA 核酸序列分析法研究渤海的细菌种属组成，在渤海海区共获得 16S rDNA 有效序列 792 条，通过所测 16S rDNA 序列与 NCBI 及 eztaxon 核酸数据库比对发现，水体中的细菌存在多种类群，且优势种明显。分析发现渤海细菌的主要类群包括：γ - 变形菌（36.5%）、厚壁菌门（12.3%）、蓝菌门（12.0%）、α - 变形菌纲（11.4%）、δ - 变形菌门（8.3%）、拟杆菌门（6.6%）、ε - 变形菌（3.4%）、绿菌门（2.9%）、浮霉菌门（2.3%）、放线菌门（1.8%）和 ζ - 变形菌（1.4%）。另外其他少量检测出的细菌类群包括 β - 变形菌、绿弯菌门和黏胶球形菌门等（图 2.1）。

水体中的细菌主要优势类群在不同的季节通常会发生较大的变化。在渤海海域，γ - 变形菌在各个季节都保持较高的优势，在四个季节其比例均能达到 30% 以上（30.2% ~42.3%）。蓝菌门在夏季所占比例较高（22.8%），秋季所占比例最低，仅为 4.9%。厚壁菌门在秋季所占比例为 15.6%，其他季节约占 10%。绿弯菌门和黏胶球形菌门微生物仅在夏季被检测到（图 2.2）。

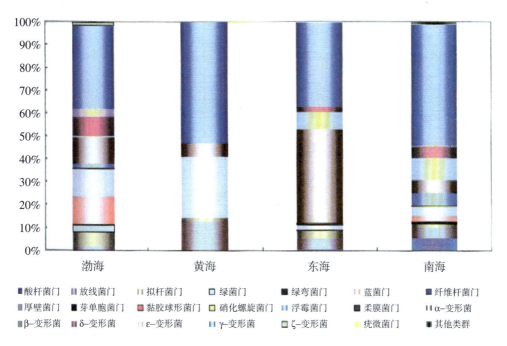

图 2.1 渤海细菌种属组成（王春生和陈兴群，2012）

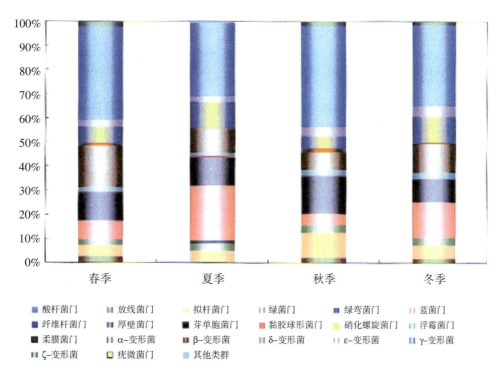

图 2.2 渤海细菌种属组成季节变化（王春生和陈兴群，2012）

2.2 渤海细菌丰度和生物量分布及其时空变化

2.2.1 周年变化

通过 2007 年"908"专项调查发现，采用直接计数法获得的渤海海区细菌周年平均丰度为 2.04×10^9 cell/L，生物量为 40.80 mg/m³（以 C 计）；分离培养法比直接计数法低两个数量级，其周年平均丰度为 8.72×10^7 CFU①/L。

在不同季节，直接计数法获得的细菌丰度和生物量变化相对较小，总体趋势为春季最低，平均丰度为 5.72×10^8 cell/L，平均生物量为 11.44 mg/m³（以 C 计）；夏季最高，平均丰度为 3.90×10^9 cell/L，平均生物量为 78.00 mg/m³（以 C 计）；从夏季到冬季丰度呈逐渐降低趋势，其中秋季平均丰度为 2.80×10^9 cell/L，平均生物量为 56.00 mg/m³（以 C 计）；冬季平均丰度为 9.02×10^8 cell/L，平均生物量为 18.04 mg/m³（以 C 计）（图 2.3 a 和图 2.4）。

分离培养法获得的细菌丰度变化趋势与直接计数法略有差异，不同季节细菌丰度可相差 3~4 个数量级，具体表现为：春季最低（平均为 6.68×10^4 CFU/L），夏季远远高于其他季节（平均为 3.48×10^8 CFU/L），秋季为 2.03×10^5 CFU/L，冬季为 6.56×10^5 CFU/L（图 2.3 b）。

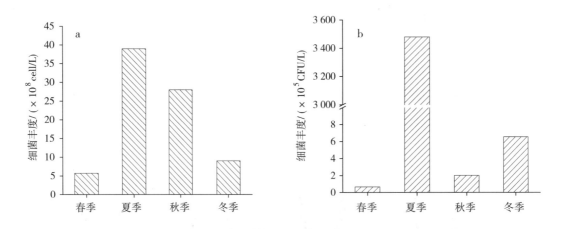

a. 直接计数法；b. 分离培养法

图 2.3 渤海不同季节细菌平均丰度

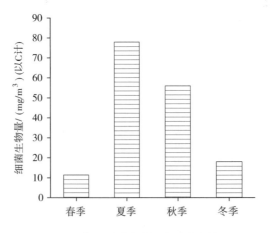

图 2.4 渤海不同季节细菌平均生物量

① CFU：菌落形成单位。

2.2.2　季节及空间变化

1）春季

渤海海区不同季节细菌水平分布有明显差异。调查结果显示，春季直接计数法获得的细菌丰度变化范围在 $1.19 \times 10^8 \sim 1.01 \times 10^{10}$ cell/L 之间，平均值为 5.36×10^8 cell/L（表 2.1 和表 2.2）；细菌生物量变化范围在 $2.38 \sim 202$ mg/m^3（以 C 计）之间，平均值为 10.72 mg/m^3（以 C 计）。春季细菌丰度和生物量普遍偏低，高值区仅出现在近岸的个别站位。其最高值出现在秦皇岛附近底层水域 [1.01×10^{10} cell/L，202 mg/m^3（以 C 计）]。比较春季不同水层细菌丰度和生物量平均值发现，渤海细菌丰度和生物量在底层最高 [8.25×10^8 cell/L，16.50 mg/m^3（以 C 计）]，表层次之 [5.19×10^8 cell/L，10.38 mg/m^3（以 C 计）]，10 m 水层最低 [2.65×10^8 cell/L，5.30 mg/m^3（以 C 计）]。

表 2.1　渤海不同季节细菌丰度　　　　　　　　　　单位：cell/L

季　节	项　目	表　层	10 m 层	底　层
春季	最大值	4.58×10^9	4.62×10^8	1.01×10^{10}
	最小值	1.19×10^8	1.26×10^8	1.24×10^8
	平均值	5.19×10^8	2.65×10^8	8.25×10^8
夏季	最大值	1.84×10^{10}	5.65×10^9	8.70×10^{10}
	最小值	1.31×10^8	1.13×10^8	1.24×10^8
	平均值	3.26×10^9	1.05×10^9	5.85×10^9
秋季	最大值	3.29×10^{10}	2.28×10^{10}	3.53×10^{10}
	最小值	8.70×10^7	1.47×10^8	7.90×10^7
	平均值	3.09×10^9	2.36×10^9	2.73×10^9
冬季	最大值	1.31×10^{10}	8.69×10^8	1.10×10^{10}
	最小值	1.48×10^8	1.21×10^8	1.21×10^8
	平均值	9.49×10^8	3.47×10^8	1.16×10^9

表 2.2　渤海不同季节细菌生物量统计　　　　　　单位：mg/m^3（以 C 计）

季　节	项　目	表　层	10 m 层	底　层
春季	最大值	91.60	9.24	202.00
	最小值	2.38	2.52	2.48
	平均值	10.38	5.30	16.50
夏季	最大值	368.00	113.00	1 740.00
	最小值	2.62	2.26	2.48
	平均值	65.20	21.00	117.00
秋季	最大值	658.00	456.00	706.00
	最小值	1.74	2.94	1.58
	平均值	61.80	47.20	54.60
冬季	最大值	262.00	17.38	220.00
	最小值	2.96	2.42	2.42
	平均值	18.98	6.94	23.20

分离培养法计数得到的细菌丰度较直接计数法低 3～4 个数量级，春季渤海细菌培养计数平均值仅为 6.68×10^4 CFU/L。在空间分布上与直接计数法也有明显不同，细菌高值区多集中分布于辽东湾及大连近岸海区，在渤海湾及秦皇岛附近区域个别站位细菌丰度也相对较高；渤海湾、莱州湾及渤海中部海区细菌丰度明显降低。

2）夏季

夏季直接计数法得到的细菌丰度变化范围在 $1.13 \times 10^8 ～ 8.70 \times 10^{10}$ cell/L 之间，平均值为 3.39×10^9 cell/L；细菌生物量变化范围在 2.26～1 740 mg/m³（以 C 计）。夏季细菌分布与春季相比有所变化，丰度和生物量的高值区集中在辽东湾、大连近岸等区域，最高丰度和生物量分别为 8.70×10^{10} cell/L 和 1 740 mg/m³（以 C 计），出现在大连近岸底层海区；渤海中部及莱州湾海域细菌丰度普遍偏低。

分离培养法计数结果显示，夏季渤海可培养细菌远远高于其他季节，平均丰度为 3.48×10^8 CFU/L。夏季可培养细菌在不同站位水层丰度有明显差异，高值区集中在辽东湾及大连近岸的表层和底层区域，10 m 水层与表底层相比丰度相对较低。

3）秋季

秋季细菌直接计数结果显示其丰度变化范围在 $7.90 \times 10^7 ～ 3.53 \times 10^{10}$ cell/L 之间，平均值为 2.80×10^9 cell/L；生物量变化范围在 1.58～706 mg/m³（以 C 计），平均值为 56.00 mg/m³（以 C 计）。秋季细菌丰度的空间分布与夏季类似，高值区分布在辽东湾及大连近岸的表、底层海域，细菌最高值出现在辽东湾近岸表层区域 [3.53×10^{10} cell/L，706 mg/m³（以 C 计）]。

秋季渤海海域细菌分离培养法计数平均值为 2.03×10^5 CFU/L，可培养细菌空间分布与直接计数法一致，高值区同样是集中在辽东湾及大连近岸表、底层。

4）冬季

冬季直接计数法得到的细菌丰度变化范围在 $1.21 \times 10^8 ～ 1.31 \times 10^{10}$ cell/L 之间，平均值为 9.02×10^8 cell/L；生物量变化范围在 2.42～262 mg/m³（以 C 计），平均值为 18.04 mg/m³（以 C 计）。冬季细菌空间分布情况与春季类似，整个海域细菌丰度普遍偏低，仅在秦皇岛和天津市近岸海域的个别站位表、底层相对较高。

分离培养法计数结果显示冬季细菌丰度平均为 6.56×10^5 CFU/L。在空间分布上，辽东湾及大连近岸海域细菌丰度较高，渤海中部及莱州湾细菌丰度相对较低。

综上所述，直接计数法和分离培养法都显示渤海海域细菌在夏季丰度和生物量值最高，春季最低。在空间分布上，细菌丰度和生物量的高值区多分布在辽东湾和大连近岸海域。在其他学者 1999 年 4—5 月对渤海湾、莱州湾和渤海中部的调查（白洁等，2003）及 2004 年 8 月、10 月对渤海湾的调查（李清雪等，2005）中发现，细菌的高值多出现在各海湾近岸区域，这些区域多为河口、排污口、养殖区等人类活动影响较显著的海区，表明渤海细菌的分布情况可能与人类活动的影响有着密切关系。

2.3 渤海病毒丰度分布及其时空变化

渤海不同季节病毒分布在时间和空间水平上都有显著差异。

2.3.1 周年变化

2007 年"908"专项调查发现，渤海病毒周年平均丰度为 1.14×10^{10} particle/L。春季和夏季病毒丰度较为接近，分别为 8.05×10^9 particle/L 和 6.5×10^9 particle/L；秋季病毒平均丰度最高，达到 1.88×10^{10} particle/L；冬季略低于秋季，为 1.24×10^{10} particle/L（图 2.5）。

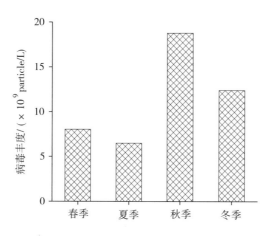

图 2.5 渤海不同季节病毒平均丰度

2.3.2 季节及空间变化

1）春季

调查结果表明，春季病毒平均值为 8.05×10^9 particle/L，变化范围在 $3.90 \times 10^7 \sim 1.03 \times 10^{11}$ particle/L 之间，最大值与最小值之间相差 4 个数量级（表 2.3）。春季病毒高丰度值多出现在渤海中部区域及秦皇岛、天津等沿岸区域的表层及 10 m 水层，其中病毒最大值出现在秦皇岛附近沿岸（1.03×10^{11} particle/L）；辽东湾湾内尤其是沿岸海域病毒丰度相对偏低，最小值（3.90×10^7 particle/L）出现在大连近岸区域。

2）夏季

夏季渤海病毒丰度变化范围在 $2.6 \times 10^5 \sim 5.60 \times 10^{10}$ particle/L，最大值与最小值之间相差 5 个数量级，平均值为 6.5×10^9 particle/L。调查发现，夏季渤海病毒高丰度值多分布在辽东湾、秦皇岛、大连、天津等沿岸的表、底层区域，低值区则集中在渤海中部、渤海湾、莱州湾等海域。

3）秋季

秋季病毒丰度变化范围在 $7.90 \times 10^7 \sim 3.53 \times 10^{10}$ particle/L，最大值与最小值之间相差 3 个数量级，平均值为 1.88×10^{10} particle/L。与春季、夏季相比，秋季整个渤海海域病毒丰度明显偏高，尤其是秦皇岛、天津附近沿岸海域，病毒丰度显著高于其他站位，渤海中部病毒丰度也相对较高，其中秋季病毒最大值和最小值均出现在渤海底层海域。

4）冬季

冬季渤海海区的病毒丰度变化范围在 $1.21 \times 10^8 \sim 1.31 \times 10^{10}$ particle/L，最大值和最小值

之间仅相差2个数量级，平均值为 1.24×10^{10} particle/L。冬季病毒空间分布与秋季类似，最高值出现在秦皇岛、天津附近沿岸海域同样的站位，且渤海中部病毒丰度也相对较高。冬季病毒最大值和最小值仍然出现在渤海底层海域。

表 2.3　渤海不同季节病毒丰度　　　　　　　　　　　　　　　单位：particle/L

季　节	项　目	表　层	10 m 层	底　层
春季	最大值	1.03×10^{11}	1.83×10^{10}	4.94×10^{10}
	最小值	5.09×10^{8}	3.90×10^{7}	2.73×10^{8}
	平均值	1.02×10^{10}	4.21×10^{9}	8.24×10^{9}
夏季	最大值	2.92×10^{10}	2.53×10^{10}	2.87×10^{10}
	最小值	2.60×10^{5}	3.40×10^{5}	5.60×10^{10}
	平均值	8.32×10^{9}	2.20×10^{9}	6.45×10^{9}
秋季	最大值	1.21×10^{11}	1.25×10^{11}	8.34×10^{10}
	最小值	1.52×10^{9}	2.50×10^{9}	1.13×10^{9}
	平均值	2.14×10^{10}	2.21×10^{10}	1.87×10^{10}
冬季	最大值	6.64×10^{10}	3.66×10^{10}	6.27×10^{10}
	最小值	2.34×10^{8}	4.89×10^{8}	1.17×10^{8}
	平均值	1.11×10^{10}	1.06×10^{10}	1.36×10^{10}

2.4　小结

通过 2007 年"908"专项调查发现，渤海海区水体中的细菌存在不同的类群，其主要类群包括：γ - 变形菌（36.5%）、厚壁菌门（12.3%）、蓝菌门（12.0%）等，不同季节水体中的细菌优势类群会发生较大变化。

渤海海区直接计数法获得的细菌周年平均丰度为 2.04×10^{9} cell/L，平均生物量为 40.80 mg/m³（以 C 计）；分离培养法比直接计数法低两个数量级，其周年平均丰度为 8.72×10^{7} CFU/L。直接计数法获得的细菌丰度在春季最低，夏季最高；而分离培养法细菌获得的细菌丰度在春季最低，夏季远远高于其他季节，不同季节细菌丰度可相差 3 ~ 4 个数量级。在空间分布上，细菌高值区多集中分布于辽州湾及大连近岸海区，在渤海湾及秦皇岛附近区域个别站位细菌丰度也相对较高，这种分布情况可能与人类活动的影响有着密切关系。

我国渤海海区病毒计数周年平均丰度为 1.14×10^{10} particle/L，秋季病毒平均丰度最高，夏季最低。在空间分布上，病毒高值区多出现在秦皇岛、天津等城市附近的沿岸海域。

第3章 渤海浮游植物

3.1 微微型光合浮游生物主要类群的丰度与分布

3.1.1 微微型浮游植物

渤海微微型浮游植物开展的研究较少。根据1998年秋季和1999年春季的调查结果，微微型浮游植物在浮游植物总生物量中所占比例较低（平均为17%），在渤海西部和南部，水层垂向分布较均匀，在渤海中部水体下层偏高，而在渤海海峡则多分布于水体上层（孙军等，2003a）。长岛和蓬莱两地，1998年8月至1999年9月的周年逐月观测结果同样显示微微型浮游植物占浮游植物群落粒级结构的比例最低（20.4%），其生物量高峰出现在9月（孙军等，2003a）。

3.1.2 聚球藻（*Synechococcus*，*Syn*）

3.1.2.1 水平分布特征

2007年春季，聚球藻丰度的平均值为 0.1×10^7 cell/L（$0.04 \times 10^7 \sim 0.6 \times 10^7$ cell/L）。表层、10 m层和30 m的分布趋势基本一致，高值区主要分布在渤海基础调查区东部、莱州湾海域东北部，低值区主要分布在天津重点调查区。30 m层丰度明显低于表层，低值区同时出现在黄河口西北部海域。底层丰度分布比较均匀（图3.1）。

2007年夏季，聚球藻丰度的平均值为 0.7×10^7 cell/L（$0.05 \times 10^7 \sim 3.6 \times 10^7$ cell/L）。表层高值区主要分布在莱州湾中部及北部海域、黄河口北部海域、北戴河和辽东湾部分海域，低值区主要分布在渤海中部、天津和黄河口南部、莱州湾东南部海域。10 m层高值区主要分布在北戴河和莱州湾区域、辽东湾南部、黄河口北部，低值区位于渤海中部区域。30 m层高值区主要分布在北戴河重点调查区、渤海基础调查区中部以及莱州湾重点调查区北部，低值区位于天津重点调查区与辽东湾重点调查区。底层高值区主要分布在渤海中部、莱州湾南部和北戴河重点调查区，低值区位于莱州湾中部和黄河口重点调查区（图3.2）。

2007年秋季，聚球藻丰度的平均值为 0.2×10^7 cell/L（$0.1 \times 10^7 \sim 0.4 \times 10^7$ cell/L）。表层高值区主要分布在渤海基础调查区南部和黄河口中部海域，低值区主要分布在辽东湾南部与北戴河东北部的部分海域的交界处。10 m层高值区主要分布在渤海基础调查区的南部和东部海域、黄河口中部海域，低值区位于辽东湾南部与北戴河北部的海域交界处。30 m层高值区主要分布在渤海基础调查区的中部海域，低值区位于天津重点调查区东部、北戴河重点调查区北部与辽东湾重点调查区东部海域。底层丰度分布比较均匀（图3.3）。

2007年冬季，聚球藻丰度的平均值为 0.2×10^7 cell/L（$0.03 \times 10^7 \sim 0.6 \times 10^7$ cell/L）。表层高值区主要分布在渤海基础调查区东部、莱州湾海域东北部，低值区主要分布在天津重点

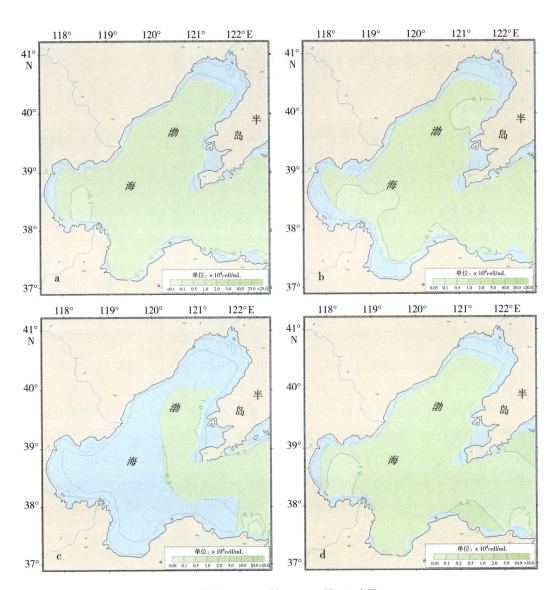

a. 表层；b. 10 m层；c. 30 m层；d. 底层

图 3.1 2007 年春季渤海聚球藻的分布

资料来源：我国近海海洋生物与生态调查研究报告

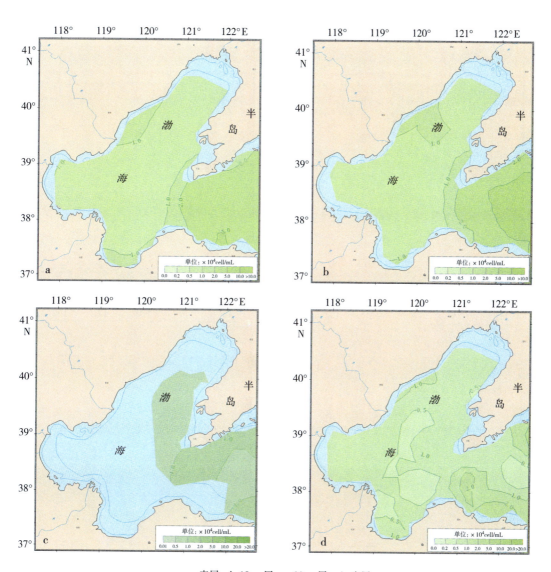

a. 表层；b. 10 m层；c. 30 m层；d. 底层

图3.2　2007年夏季渤海聚球藻的分布

资料来源：我国近海海洋生物与生态调查研究报告

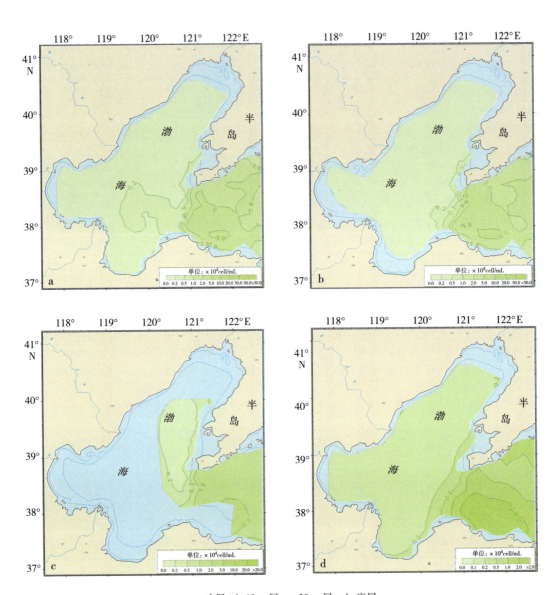

a. 表层；b. 10 m 层；c. 30 m 层；d. 底层

图 3.3 2007 年秋季渤海聚球藻的分布

资料来源：我国近海海洋生物与生态调查研究报告

调查区。10 m 层高值区主要分布在渤海基础调查区东部、莱州湾海域东北部，低值区主要分布在天津重点调查区。30 m 层分布趋势与表层基本一致，但低值区位于天津重点调查区部分海域以及黄河口西北部海域。底层丰度分布比较均匀（图3.4）。

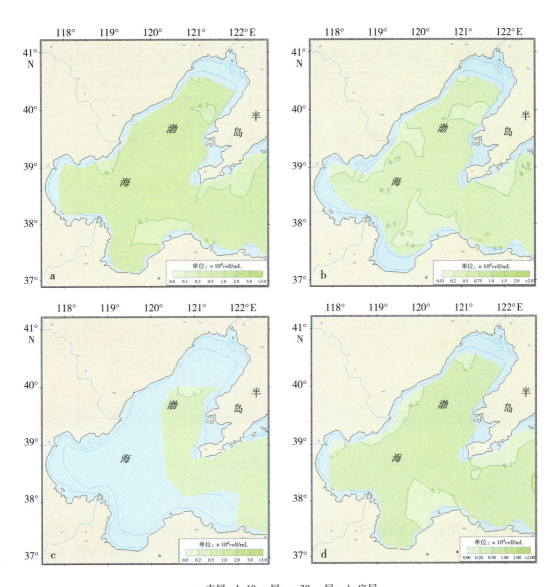

a. 表层；b. 10 m 层；c. 30 m 层；d. 底层

图 3.4 2007 年冬季渤海聚球藻的分布

资料来源：我国近海海洋生物与生态调查研究报告

1998 年秋季（9—10 月）在渤海海峡和中部附近聚球藻生物量较高，最高值为 16.6 mg/m³（以 C 计）（5.65×10^7 cell/L）；在渤海湾附近较低，最低值为 0.37 mg/m³（以 C 计）（1.27×10^6 cell/L）；最高值是最低值的 44 倍多（图3.5）。

1999 年春季（4—5 月）聚球藻在渤海海峡和山东半岛附近数量较高，最高值为 0.86 mg/m³（以 C 计）（1.50×10^7 cell/L）；仍是渤海湾附近聚球藻较低，最低值为 0.01 mg/m³（0.50×10^6 cell/L）；最高值是最低值的 30 倍（图3.5）（肖天等，2003a）。

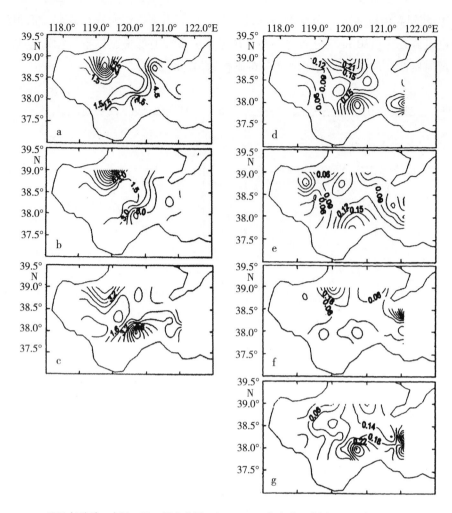

a～c：1998 年秋季，表层、10 m 层和底层；d～g：1999 年春季，表层、5 m 层、10 m 层和底层

图 3.5　渤海聚球藻生物量［mg/m³（以 C 计）］在各水层的水平分布（肖天等，2003a）

3.1.2.2　垂直分布特征

2007 年"908"专项调查结果表明，BH01 断面，春季聚球藻主要分布于断面西南的黄河口一带，最高值位于表层，分布趋势为从西南向东北由高降低；而夏季则向东北转入渤海腹地，最高值位于 10 m 层，分布趋势为低－高－低；秋季最高值位于该断面东北部的辽河口表层，分布趋势为由低到高；冬季与秋季基本相同，最高值位置保持不变。BH02 断面，春夏两季聚球藻丰度最高值位置基本相同，位于靠近辽东半岛一侧，主要分布趋势为由低到高；而秋冬两季聚球藻丰度最高值转向靠近山东半岛一侧，分布规律相同，趋势为由高到低（图 3.6）。

3.1.2.3　季节分布特征

1998 年秋季（9—10 月）聚球藻生物量较高［平均值为 3.27 mg/m³（以 C 计）］，1999 年春季（4—5 月）聚球藻生物量较低［平均值为 0.13 mg/m³（以 C 计）］，秋季是春季的 25 倍。而聚球藻生物量最高值的对比，秋季［16.6 mg/m³（以 C 计）］是春季［0.86 mg/m³（以 C 计）］的 19 倍。

渤海聚球藻生物量秋季较春季高的主要原因之一是海水温度变化的影响。调查时的平均海水温度，秋季是 22.3℃（23.9～12.4℃），春季是 8.8℃（12.1～6.0℃），秋季是春季的

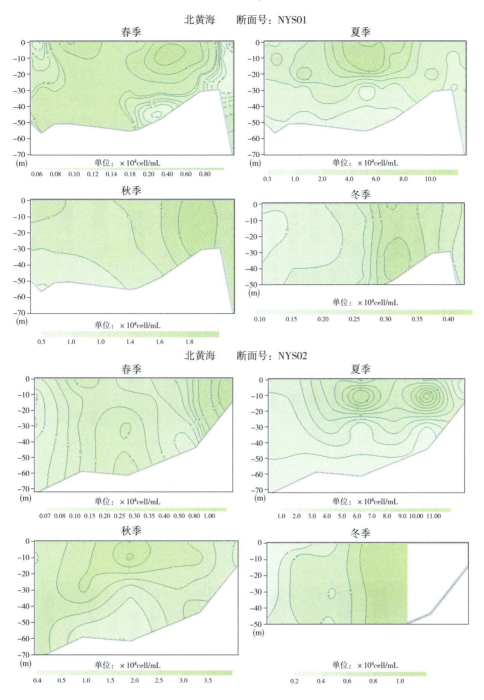

图 3.6　2007 年"908"专项调查渤海 BH01、BH02 断面聚球藻分布

资料来源：我国近海海洋生物与生态调查研究报告

2.5 倍。发现聚球藻的季节生长变化与海水温度呈正相关。但春秋两季各层聚球藻生物量变化与水温变化不一致，没有较明显的相关性，说明在季节变化中温度可能是影响聚球藻生长的主要原因，而在某一海区的某一时段温度可能不是影响聚球藻分布变化的主要原因。聚球藻生物量在浮游植物总生物量中所占比例（CB/PB）的平均值，秋季是 0.064（0.399～0.003），春季是 0.003（0.047～0.000），两季相差 21 倍。

渤海春季叶绿素 a 的 Q_{10} 值是 1.48，而聚球藻的 Q_{10} 值是 2.54，表明春季海水温度对聚球藻生长的影响较其他浮游植物大。秋季聚球藻在浮游植物中占有的比例平均在 10% 以下。在中营养和寡营养的区域所占比例较高，最高可达40%。纤毛虫等小型浮游动物是渤海聚球藻的主要捕食者（肖天等，2003a）。

3.1.2.4　周日变化特征

在连续站（24 h为1个周期，每隔3 h取样1次）取样观测发现，聚球藻秋季昼夜变化规律不明显；春季有两个高峰期，一个在中午时分，一个在午夜。春季聚球藻的昼夜变化最高值与最低值相差5倍（图3.7），秋季日变化最高值与最低值相差8倍（图3.8）。

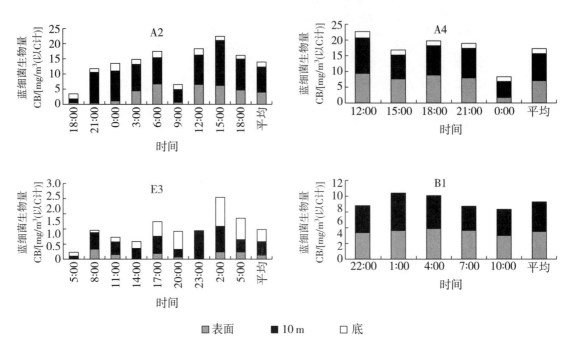

图3.7　秋季连续站聚球藻生物量的日变化（1998年9—10月）

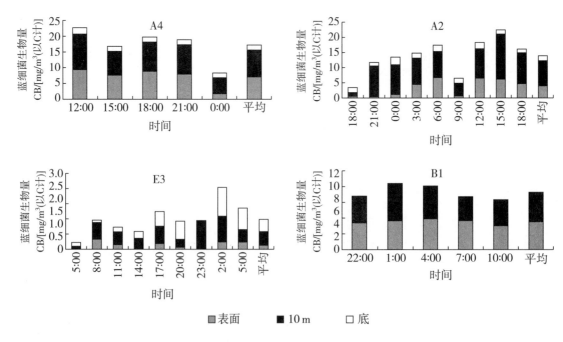

图3.8　春季连续站聚球藻生物量的日变化（1999年4—5月）（肖天等，2003a）

3.1.2.5 与其他海区的比较

将渤海聚球藻生物量与我国其他海区的蓝细菌生物量进行比较发现（表3.1），春季聚球藻生物量较胶州湾和黄海低，秋季聚球藻生物量较胶州湾高。

表3.1 聚球藻生物量在渤海、黄海和东海的季节变化（肖天等，2003）

单位：mg/m^3（以C计）

海 区	冬 季	春 季	夏 季	秋 季
渤海		0.13（0.89~0.01）		3.27（16.6~0.37）
胶州湾[1]	0.03（0.17~0.08）	1.15（2.37~0.15）	7.19（11.4~4.03）	1.37（3.20~0.81）
黄海[1]		0.43（2.36~0.10）		
东海[2]	0.86（7.21~0.01）		1.94（46.7~0.46）	

[1] 肖天，张武昌，王荣. 蓝细菌在黄海生态系统中的作用. 研究报告："973"项目G19990437研究专集 2001。
[2] 肖天，王荣. 东海蓝细菌的生态作用特点. 海洋与湖沼，2003。

3.1.3 微微型光合真核生物（*Picoeukaryotes*，*Euk*）

3.1.3.1 水平分布特征

2007年春季，微微型光合真核生物丰度的平均值为$0.01×10^7$cell/L（$0.002×10^7~0.04×10^4$cell/L）。表层分布比较均匀，相对高值区主要出现在辽东湾重点调查区以及黄河口重点调查区西部的部分站点，低值区在天津重点调查区部分海域。10 m层和底层丰度较低，无明显的高值区。30 m层丰度非常低，低值区大体在黄河口西部海域（图3.9）。

2006年夏季，微微型光合真核生物丰度的平均值为$0.04×10^7$cell/L（$0.002×10^7~0.2×10^4$cell/L）。表层高值区主要出现在北戴河重点调查区中部和渤海基础调查区北部与辽东湾重点调查区的交界处，低值区在渤海基础调查区西北部。10 m层高值区主要分布在辽东湾东南部、北戴河重点调查区北部与辽东湾交界处，低值区位于渤海基础调查区东北部小范围区域。30 m层低值区大体在北戴河重点调查区南部和渤海基础调查区东北部。底层高值区主要分布在辽东湾重点调查区、北戴河重点调查区北部，低值区位于渤海基础调查区东北部、西南部和北戴河重点调查区南部（图3.10）。

2007年秋季，微微型光合真核生物丰度的平均值为$0.01×10^7$cell/L（$0.002×10^7~0.04×10^7$cell/L）。表层高值区主要出现在渤海基础调查区南部海域以及黄河口重点调查区中部偏北部分站点，低值区大体在辽东湾中部海域。10 m层高值区主要分布在黄河口重点调查区西南部及东北部与渤海基础调查区西南部交界处，低值区位于辽东湾大部分海域以及莱州湾中南部海域。30 m层丰度非常低，低值区出现在莱州湾和辽东湾部分站位。底层相对高值区主要分布在黄河口海域，低值区位于辽东湾南部海域与渤海基础调查区与北戴河重点调查区的交界处（图3.11）。

2006年冬季，微微型光合真核生物丰度的平均值为$0.02×10^7$cell/L（$0.002×10^7~0.05×10^7$cell/L）。表层高值区主要出现在北戴河重点调查区北部和渤海基础调查区中部，低值区在辽东湾重点调查区、渤海基础调查区东北部与南部、北戴河重点调查区西部。10 m层和30 m层丰度均较低，分布比较均匀。底层丰度极低，无高值区，最低值区主要分布在北戴河西部与莱州湾东部小块区域（图3.12）。

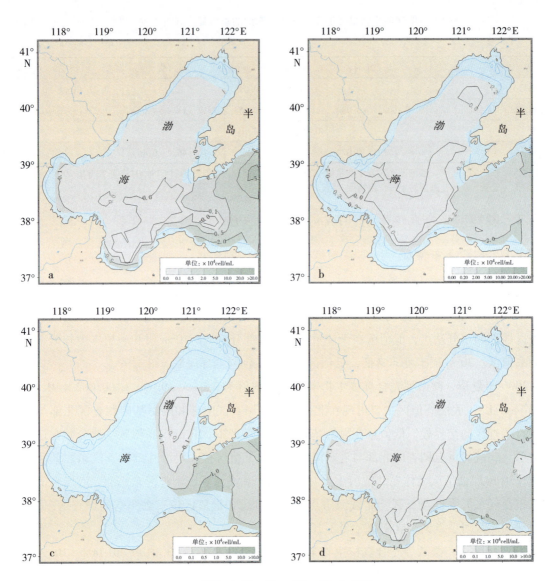

a. 表层；b. 10 m 层；c. 30 m 层；d. 底层

图 3.9 2007 年春季渤海微微型光合真核生物的分布

资料来源：我国近海海洋生物与生态调查研究报告

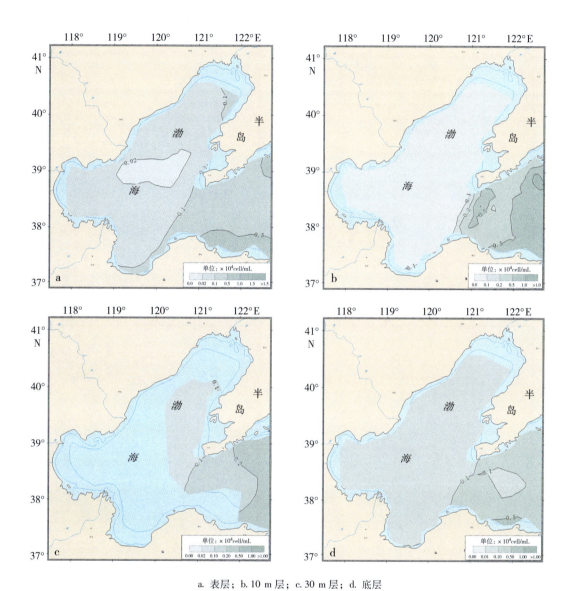

a. 表层；b. 10 m层；c. 30 m层；d. 底层

图3.10 2007年夏季渤海微微型光合真核生物的分布

资料来源：我国近海海洋生物与生态调查研究报告

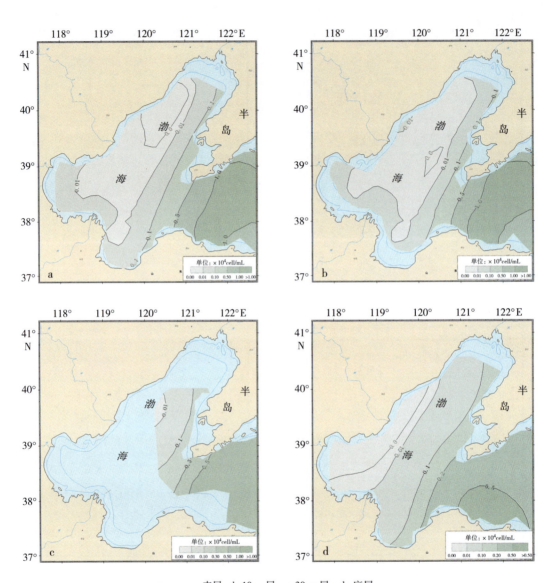

a. 表层; b. 10 m 层; c. 30 m 层; d. 底层

图 3.11　2007 年秋季渤海微微型光合真核生物的分布

资料来源: 我国近海海洋生物与生态调查研究报告

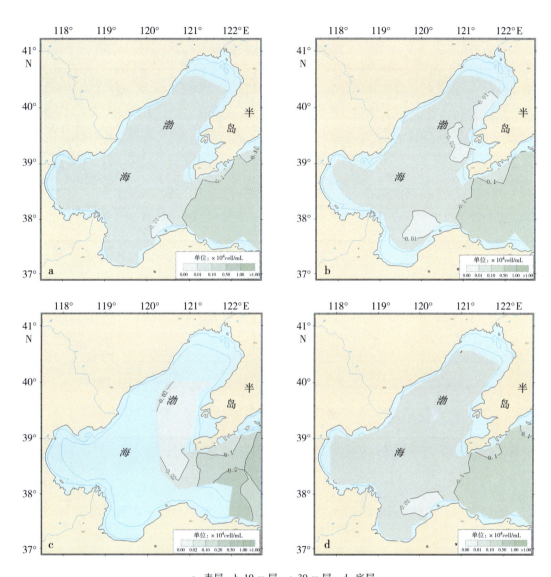

a. 表层；b. 10 m层；c. 30 m层；d. 底层

图 3.12 2007 年冬季渤海微微型光合真核生物的分布

资料来源：我国近海海洋生物与生态调查研究报告

3.1.3.2 垂直分布特征

2007 年"908"专项调查结果表明，BH01 断面，春季微微型光合真核生物丰度分布趋势基本呈低 – 高 – 低；夏秋两季相似，高丰度区域集中在断面东北部辽河口一代，基本趋势是从西南向东北逐渐升高；冬季分布趋势发生较大变化，在断面西南侧有较高的丰度分布，呈现出高 – 低 – 高的分布趋势。BH02 断面，四季丰度最高值分布比较规律，随着季节逐渐向南转移（图 3.13）。

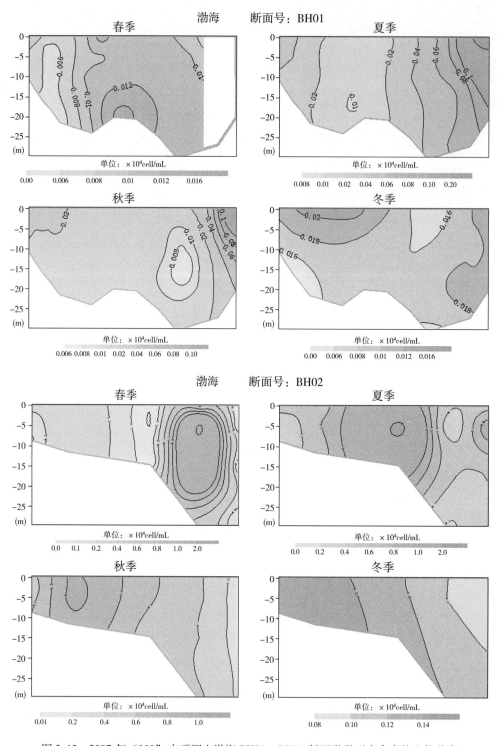

图 3.13 2007 年"908"专项调查渤海 BH01、BH02 断面微微型光合真核生物分布

资料来源：我国近海海洋生物与生态调查研究报告

3.2　渤海浮游植物种类组成、主要类群、丰度分布

渤海浮游植物的研究较早可以追溯到 20 世纪 30 年代（王家楫，1936），但研究的高峰期是伴随着新中国成立后的多次渤海阶段性综合调查展开的（朱树屏和郭玉洁，1959；中华人民共和国国家科学技术委员会海洋组海洋综合调查办公室，1977a；王俊和康天德，1998；国家海洋局，1992；金德祥等，1965；康元德，1991）。早期的工作以分类和研究物种的生态分布习性为主（王家楫，1936；金德祥等，1965），其结果发现渤海的浮游植物以硅藻为主，最主要的为圆筛藻属和角毛藻属。其后的工作主要以各种属的数量分布和国家海洋局等对渤海浮游植物种群动力学的研究为主（王俊等，1998；康元德，1991），发现渤海浮游植物的季节分布以春季和秋季两次数量高峰为特征。由于近 20 多年来的赤潮频发，对于渤海的浮游植物研究转移到了对赤潮的研究（Zhu and Xu，1993；Zou, et al，1985），发现渤海的赤潮与渤海富营养化有密切关系。

3.2.1　物种组成及主要类群

对于渤海浮游植物群落的研究多是采用网采分析方法。网采样品采集按 1 次由底至表垂直拖网，采样工具为《海洋调查规范》所定小型浮游生物网（网口面积 0.1 m²，筛绢孔径 76 μm），网采样品用最终浓度为 2% 的中性福尔马林固定保存。采水样品由 12 架 rosette 系统上的 5 L Niskin 瓶逐层采集，个别站位用 HQM－2 有机玻璃球盖式采水器采集，采水样品用最终浓度为 1% 的中性福尔马林固定保存。网采定性样品由 Hydro－Bios 的手网（HYDRO－BIOS，1997）采集，网采定性样品用最终浓度为 2% 的中性福尔马林固定保存。网采样品分析和计数按《海洋调查规范》，将样品浓缩，取 0.25 mL 亚样品置于本实验室的计数框，在光学显微镜下进行个体计数。采水样品取 25 mL 亚样品置于 Utermöhl 计数框（HYDRO－BIOS，1997），应用 Utermöhl 方法（Utermöhl，1958）进行个体计数。

自从王家楫 1936 年对渤海浮游植物的研究开始，经过历次的调查和研究共发现渤海有近 432 个浮游植物物种，其中主要是近海硅藻类（约占 400 种）。根据本次调查的初步结果共发现浮游植物 7 门 42 属 121 种。硅藻和甲藻占物种的绝大多数，其中 79 种属硅藻门，36 种属甲藻门。硅藻占调查海域物种数量的 61.5%～92.1% 和细胞丰度的 64.6%～99.2%，甲藻占调查海域物种数量的 2.9%～38.4% 和细胞丰度的 0.8%～48.4%。蓝藻门（铁氏束毛藻）、绿藻门（四尾栅藻，单角盘星藻，卷曲纤维藻，绿海球藻）、尖头藻纲（赤潮异弯藻）、隐藻门（波罗的海隐藻）和金藻门（小等刺硅鞭藻）的某些物种在个别站位也有出现。调查区的优势种多为硅藻，它们是：偏心圆筛藻、浮动弯角藻、尖刺伪菱形藻、洛氏角毛藻、布氏双尾藻、掌状冠盖藻、旋链角毛藻、菱形海线藻和佛氏海线藻。也有一些甲藻在个别站位可以形成优势，它们是：梭状角藻、叉状角藻、扁压原多甲藻和夜光藻。调查区浮游植物的生态类型多为温带近岸性物种。渤海的浮游植物区系主要由本地物种和兼性浮游物种组成。假性浮游物种只在个别水浅区域由风力搅动的再悬浮水体中出现，如 1998 年航次一次大风天气后，第二遍大面站调查中黄河口区有大量的伪菱形藻出现。外源性物种只在特定时期出现，主要是受黄海水团的影响从渤海海峡的北部输入渤海，但对渤海的浮游植物群落贡献不大。渤海浮游植物的群落结构相对保守。1992 年以来的历史同期资料表明，其变化不大，但与 1982 年的差异较大，主要表现在角毛藻属的衰退，圆筛藻属和角藻属的

兴起。1982 年研究发现，渤海春季的浮游植物组成以角毛藻属的种类最多，达 32 种（康元德，1991）。

浮游植物群落结构中硅藻和甲藻所占的比重是一个重要的结构指数。一般来说，高的甲藻比重预示着甲藻可以大量生长而导致赤潮的暴发。孙军研究发现，1998 年秋季甲藻在渤海各海域出现，而 1999 年春季甲藻只出现在靠近渤海海峡的部分区域（图 3.14）。说明了渤海甲藻是在夏秋季大量繁殖，此时也是大部分赤潮甲藻物种一年中的萌发生长时期，预防和治理赤潮可考虑在此时期加强。春季渤海海峡的甲藻大部分是外源性真性浮游物种，而夏秋季渤海的甲藻多为本地兼性浮游物种。

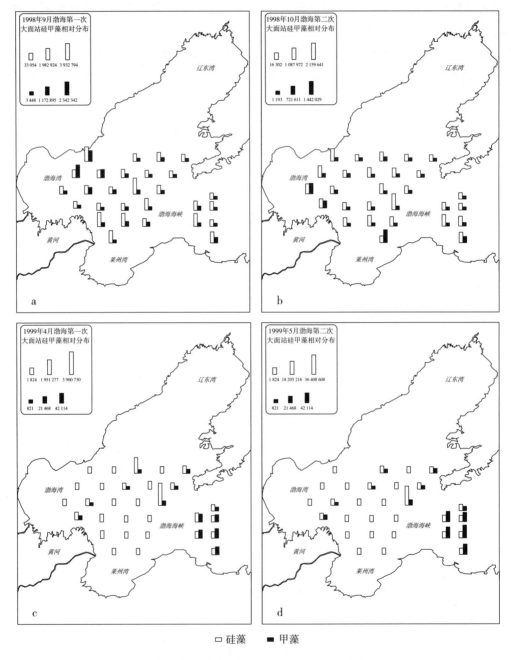

□ 硅藻　■ 甲藻

a. 1998 年 9 月第一次大面站；b. 1998 年 10 月第二次大面站；

c. 1999 年 4 月第一次大面站；d. 1999 年 5 月第二次大面站

图 3.14　渤海硅藻和甲藻的细胞丰度（cell/m³）平面分布

3.2.2 空间分布

渤海浮游植物空间分布以春季特征和秋季特征最为典型,平面分布如图3.15,春季和秋季特征有较大差异。孙军等（2002b）研究发现,在1998—1999年期间,秋季浮游植物细胞丰度的高值区位于黄河口和渤海湾东部两区域,而春季浮游植物细胞丰度的高值区则分布于渤海海峡靠近渤海中部。春秋两季浮游植物群落在渤海海峡、渤海湾东部和黄河口海域差异较大,因此将渤海浮游植物群落分为三个区:渤海湾区、黄河口区和渤海海峡区。渤海湾区的浮游植物多为渤海本地种的演替群落,由于渤海的沿岸流夏秋季在此处是自上而下的,所以此处的浮游植物群落多受辽东湾的影响。调查期间由于受1998年9月辽东湾特大赤潮的影响,此区的浮游植物群落为赤潮物种——梭状角藻、叉状角藻以及小等刺硅鞭藻、底刺膝沟藻和联营亚历山大藻所控制。黄河口区的浮游植物群落由于黄河口冲淡水的影响有两个主要特征:首先是淡水种和半咸水种的存在,此区浮游植物多有绿藻、蓝藻及一些半咸水硅藻如具槽帕拉藻和颗粒直链藻出现。其次是假性浮游物种占优,如圆筛藻、伪菱形藻、海线藻和齿状藻。渤海海峡区的浮游植物群落主要为外源性物种和本地物种的混生群落。由黄海暖流余脉所携带的外源性暖水种齿状角毛藻和刚毛根管藻等与渤海本地物种浮动弯角藻、冰河拟星杆藻和拟旋链角毛藻等在中等尺度的扰动下大量生长形成本区群落。1999年4—5月间,由于黄海暖流余脉对渤海此时的影响较小,所以在此区由本地物种冰河拟星杆藻和旋链角毛藻占优的网采浮游植物群落在10 d之内由391.1×10^{4}cell/m^{3}增加至3641.9×10^{4}cell/m^3。

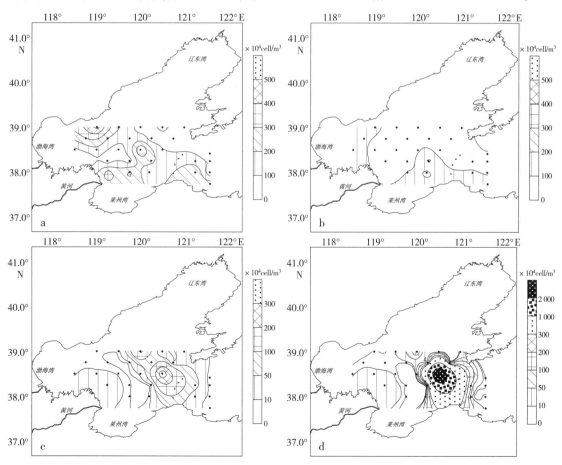

a. 1998年9月第一次大面站浮游植物细胞丰度　b. 1998年10月第二次大面站浮游植物细胞丰度

c. 1999年4月第一次大面站浮植物细胞丰度　d. 1999年5月第二次大面站浮游植物细胞丰度

图3.15　渤海浮游植物细胞丰度平面分布

3.2.3　季节变化

渤海浮游植物生物量的季节变化是典型的双周期型，最高峰在 4 月而次高峰在 10 月（Sun，et al，2001）。渤海的这一过程主要由温度所控制，其他环境因素对浮游植物生长的影响也是不容忽视的，如光对浮游植物群落在冬春季就有一定的影响。Riegman 等（1993）证实浮游植物群落在光限制和营养盐充足的情况下小细胞比大细胞的硅藻对营养盐的吸收率要高，而冬春季的浮游植物群落以小细胞的硅藻为主，从一定程度上反映了浮游植物生长的光限制。另外，随着 Si：N 比率的减小，浮游植物群落中甲藻的比例也会相应增加。渤海浮游植物群落的发展本质上受两种过程所控制，它们是物种的演替和接替（Gran，et al，1935）。由于渤海水浅，又是一个半封闭的内海，不易发生物种的接替现象，所以渤海的浮游植物群落发展主要是物种演替过程（Sun，et al，2001）

首先讨论春季时渤海海峡浮游植物生物量以及群落的变化情况。

春季渤海浮游植物生长处于上升趋势（Sun，et al，2001；Wei，et al，2004），但分布趋势变化不大，主要分布在渤海北部和中部靠近渤海海峡的区域。在 1999 年春季调查研究中，第一遍调查结果为浮游植物细胞丰度平均值为 $33.08 \times 10^4 \, cell/m^3$，其中硅藻占物种数量的88.0%，占细胞丰度的91.5%；甲藻占物种数量的11.7%，占细胞丰度的8.5%。第二次调查结果为浮游植物细胞丰度平均值为 $73.57 \times 10^4 \, cell/m^3$，其中硅藻占物种数量的90.7%，占细胞丰度的94.4%；甲藻占物种数量的9.3%，占细胞丰度的5.6%。两遍调查中第二遍调查的浮游植物细胞丰度比第一遍调查的丰度明显增加，并且硅藻细胞丰度呈上升趋势，甲藻细胞丰度呈下降的趋势，这反映出春季渤海浮游植物群落的生长主要由硅藻贡献的。硅藻和甲藻的分布趋势无明显变化，在渤海中部靠近渤海海峡处为浮游硅藻细胞丰度的高值区域，在渤海海峡及其邻近海域为浮游甲藻细胞丰度的高值区域，渤海春季浮游甲藻基本上不影响浮游植物的平面分布模式。

1982 年和 1983 年研究测得角毛藻属是春季渤海优势度最高的物种，冰河拟星杆藻次之；而后来的研究发现 1999 年春季渤海中冰河拟星杆藻和虹彩圆筛藻是优势度较高的浮游植物物种，角毛藻属在细胞丰度和占总细胞丰度中的比例明显降低，浮动弯角藻和角藻属在细胞丰度和占总细胞丰度中的比例明显升高，圆筛藻属的丰度和比例也有所升高。而且 1999 年春季主要的优势物种全为硅藻，它们是：冰河拟星杆藻、虹彩圆筛藻、太阳双尾藻、刚毛根管藻、布氏双尾藻、中肋骨条藻、膜状缪氏藻、派格棍形藻、加拉星平藻、圆海链藻、卡氏角毛藻和尖刺伪菱形藻（孙军等，2004b）。以上这些浮游植物优势物种大多数是渤海春季的本地物种，与其中的虹彩圆筛藻为假性浮游物种，其个体较大、生物量较高，又是渤海春季的优势种，对整个浮游植物的碳库影响较大，可视为渤海的浮游植物关键物种。其他的物种，如冰河拟星杆藻、尖刺伪菱形藻和派格棍形藻尽管个体较小，但细胞丰度较高，它们对群落中食物网结构有较大的影响。

温度和硅酸盐浓度的增加是导致浮游植物生长的重要因素，春季浮游植物的生长还受到光限制的影响，浊度降低会改善水体的光照条件和水体稳定度，这些都有利于浮游植物的生长。此外，对浮游植物群落的研究表明（孙军等，2004b）：春季浮游植物群落在低营养盐浓度情况下，即使硅酸盐浓度较低，磷酸盐和硝酸盐的增加可以促进小细胞硅藻的生长，而在较高营养盐浓度情况下，硅酸盐浓度的增加可以促进大细胞硅藻的生长。

而在秋季时，浮游植物主要分布在黄河口和渤海湾东部两区域，在渤海湾北部、渤海中部、莱州湾北部和渤海海峡南部为浮游硅藻细胞丰度的高值区域，在渤海湾北部、莱州湾北部及其邻近海域为浮游甲藻细胞丰度的高值区域，由于硅藻在物种数量和细胞丰度中占很大比例，因此，硅藻细胞丰度的平面分布在一定程度上决定了整个浮游植物细胞丰度的分布。浮游植物细胞丰度的分布模式是各种环境因素综合作用的结果。沿岸营养盐浓度较高，有利于浮游植物的生长，故会出现分布密集区，渤海中部则是由于水体稳定性相对较好，浮游植物群落发育良好，也会出现分布密集区。

近年来研究结果与同期历史资料比较，秋季渤海优势物种变化规律同春季的相似，也是浮动弯角藻和角藻属在细胞丰度和占总细胞丰度中的比例有升高的趋势，角毛藻属有衰退的趋势。在秋季浮游植物优势种相对稳定，调查区的优势种多为硅藻，它们是偏心圆筛藻、浮动弯角藻、劳氏角毛藻、中华半管藻、布氏双尾藻、佛氏海线藻、掌状冠盖藻和萎软几内亚藻；一些甲藻也形成优势，它们是三角角藻、梭状角藻、叉状角藻和粗刺角藻（Sun, et al, 2001；孙军等, 2004a）。中华半管藻、掌状冠盖藻和萎软几内亚藻等外源性物种，主要是受黄海暖流余脉的影响从渤海海峡的北部进入渤海，它们的出现频度和优势度都很高，甚至超过了其他的本地种，这对渤海浮游植物群落结构有着明显的影响，上述3种对研究渤海秋季浮游植物群落的物种接替过程有重要意义。

3.2.4　年际变化

渤海浮游植物群落中主要优势种在春秋两季从1958—1999年是有变化的，总的趋势是由小细胞硅藻和角毛藻占优到大细胞硅藻联合甲藻占优（表3.2）。从1958—1963年春季水华中一直以中肋骨条藻和冰河拟星杆藻占优，但到1999年春季大细胞的硅藻如圆筛藻和布氏双尾藻也是很主要和普遍的物种，而中肋骨条藻则很少出现。秋季的变化就更为明显，甲藻类梭状甲藻和大细胞硅藻浮动弯角藻在优势物种中的出现，小细胞硅藻菱形海线藻和尖刺伪菱形藻从群落中逐渐淘汰出去。从1998年9月18日到10月7日渤海辽东湾发生了特大规模赤潮，它蔓延500 km。由于它的影响，渤海中的甲藻密度增加，其浮游植物群落的主要物种为梭状角藻、叉状角藻和联营亚历山大藻（孙军等, 2002b）。

表3.2　1958—1999年渤海浮游植物群落春秋季水华期的优势类群

年　份	1958—1959 年 （朱树屏等, 1959）	1982—1983 年 （康元德, 1991）	1992—1993 年 （王俊等, 1998）	1998—1999 年 （孙军等, 2003）
秋季	菱形海线藻、圆筛藻	圆筛藻、角毛藻	圆筛藻、角毛藻、浮动弯角藻	圆筛藻、尖刺伪菱形藻、角毛藻、梭状角藻
春季	中肋骨条藻、角毛藻	中肋骨条藻、冰河拟星杆藻、具槽帕拉藻	中肋骨条藻、诺氏海链藻、具槽帕拉藻、冰河拟星杆藻	圆筛藻、布氏双尾藻、刚毛根管藻

浮游植物丰度的年际变化也是比较明显的。1982年9月浮游植物细胞丰度为 188×10^4 cell/m^3，到1998年时，9月渤海浮游植物丰度为 160.86×10^4 cell/m^3，与同期历史资料相比，丰度有所降低，但分布趋势大致相同，在10月浮游植物丰度为 77.84×10^4 cell/m^3（孙军等, 2002b），这与1992年同期资料数值是一致的（王俊和康无德, 1998），2000年时秋季渤海浮游植物细胞丰度与1998年细胞丰度相近，分布趋势相似。秋季浮游植物仍然是硅藻占优势，甲藻在一定程度上也形成优势物种。1998年秋季硅藻占物种数量的78.0%，占细胞丰度的

79.2%；甲藻占物种数量的22.0%，占细胞丰度的20.8%。2000年秋季，硅藻占物种数量的66.6%，占细胞丰度的67.2%；甲藻占物种数量的32.9%，细胞丰度的32.5%。

据调查资料显示，1982年5月为102×10^4 cell/m³，1983年5月为504×10^4 cell/m³，1998年渤海春季浮游植物丰度同1993年资料相比，细胞丰度大致相等，1993年5月为28×10^4 cell/m³，分布趋势也相似。但与1982年和1983年历史同期浮游植物资料相比有所降低，分布趋势存在差异，通过这些数据的比较可知渤海浮游植物群落随春季水华期的变动而差异较大：甲藻在群落中的比例下降，而小细胞个体的硅藻在群落中比例有所增加。变动的原因主要是：第一，春季营养盐浓度较高，小细胞的物种如冰河拟星杆藻、尖刺伪菱形藻和中肋骨条藻在较短的时间内可以有较大的生消过程；第二，春季渤海大风现象比较显著，由大风过程引起的浅水区域底层再悬浮过程会使一些假性浮游物种如圆筛藻属和具槽帕拉藻的细胞丰度快速增高。

3.3 小结

微微型光合浮游生物的研究在渤海开展不多。从有限的调查资料来看，微微型浮游生物在浮游植物生物量中所占比例较小。从不同类群的相对比例来看，聚球藻是微微型光合浮游生物的主要的贡献者。

总体来看，渤海浮游植物群落多样性水平较低。秋季时小型浮游植物（>20 m）为浮游植物群落的主要组分，一般超过50%，而春季时浮游植物群落中微型浮游植物所占比例达到83.1%，微型浮游植物成为最主要的组分。小细胞的浮游植物对于营养盐的吸收速率和生长速率比大细胞快，小细胞的硅藻在营养盐丰富的水体中大量繁殖，而在夏秋季则正好相反，大细胞的浮游植物却更容易在营养盐贫瘠的夏秋季出现。这从一个侧面反映了浮游植物的分布主要由温度和光照所控制，同时还取决于其对营养盐的需求类型和自身的生长类型。微微型浮游植物也是群落中不容忽略的组分，它的平均比例在春季和秋季分别能占到28.4%和21.3%。其群落结构在1992—2000年变化不大，但与1982年的差异较大，主要表现在角毛藻属的衰退和浮游甲藻角藻属、圆筛藻属和浮动弯角藻的兴起。这表明，渤海浮游植物群落的结构相对保守，浮游植物群落季节和周年的变化主要是物种演替过程（孙军等，2002b，2004a，2004b；Sun，et al，2001）。

由于过去40多年渤海浮游植物群落的研究缺乏应有的空间上的密度和时间上的频度，所以很难区分浮游植物群落的细微变化。孙军等（2002b）对渤海浮游植物群落结构从1958—1999年的变化进行初步比较发现：浮游植物群落中平均硅藻对总浮游植物细胞丰度的比率在1982—1983年、1992—1993年和1998—1999年分别是0.912、0.915和0.868。由于渤海浮游植物群落基本上是由硅藻和甲藻所构成的，这表明浮游植物群落由以硅藻为绝对优势转变为硅藻和甲藻的联合占优，甲藻在显著地增加。从1982—1998年，氮磷的比率由1.6增加到16.12，而硅氮的比率则由13.2降到1.32（Yu，et al，1999）。众所周知，对于磷的竞争导致群落中大细胞的硅藻被绿藻所代替，而对于硅的竞争则导致群落中大细胞的硅藻为大细胞甲藻所替换。渤海氮磷的比率增加造成调查区部分海域绿藻的普遍出现。黄河的断流期由1982年的10天增至1995年的119天，其对渤海陆源输入的硅含量锐减，造成渤海近20年硅氮比率的降低。甲藻在渤海浮游植物群落中的比重增加可能与硅氮比率减少密切相关。

第4章　渤海浮游动物

浮游动物作为海洋生态系统物质循环和能量流动中的重要环节，其动态变化控制着初级生产力的节律、规模和归宿，并同时控制着鱼类资源的变动。浮游动物种群动态变化和生产力的高低，对于整个海洋生态系统结构功能、生态容纳量以及生物资源补充量都有着十分重要的影响。

自从"微食物环"概念提出以来，微型浮游动物的重要性日益引起人们的重视。微型浮游动物是海洋微食物网中的摄食者，同时又是桡足类等浮游动物的饵料，因此是联系微食物网和经典食物链的中间环节。在不同海区（从近岸到大洋，从温带到极区）对初级生产力的摄食压力为59% ~75%（Calbet and Landry，2004）。因此本书中对微型浮游动物相关研究成果进行了单独阐述。

渤海属于半封闭海湾，大部分海域为沿岸低盐水控制，湾中心以及湾口则受相对高盐的北黄海的影响。渤海是我国北方重要的渔场，也是许多经济鱼类的产卵场和育幼场。从1958年、1959年全国海洋普查开始，在渤海开展了大量的海洋浮游动物调查与研究工作，但是涵盖整个渤海的相对全面系统的调查相对较少。本节主要基于首次全国海洋普查资料、国家重大基金项目"渤海生态系统动力学与生物资源可持续利用"研究成果以及"908"专项调查资料对渤海浮游动物种类组成、优势类群及其丰度和生物量分布进行了初步总结。

4.1　渤海微型浮游动物种类组成、丰度与生物量分布

微型浮游动物是指体长小于200 μm的浮游动物，重要类群包括纤毛虫和异养鞭毛虫，其他的丰度较小的类群有放射虫、阿米巴、有孔虫和后生动物幼体（张武昌等，2001）。

浮游纤毛虫是研究最多的微型浮游动物，大多属于原生动物中的寡毛纲（Oligotrichidea），包括砂壳纤毛虫目（Tintinnida，又叫丁丁虫目）、寡毛目（Oligotrichida）、环毛目（Choreotrichida）和弹跳虫目（Halterida）。由于砂壳纤毛虫有硬质的壳，固定后不变形，因此砂壳纤毛虫的分类学相对较为容易。其他类群没有壳，统称为无壳纤毛虫，需要蛋白银染色等技术显示其纤毛图式，因此在生态学研究中，对无壳纤毛虫的分类学研究较少。浮游纤毛虫的丰度和生物量的样品通常采用Lugol's试剂固定，使用倒置显微镜和Utermohl方法计数，通过测量虫体体积、参考已有的转换系数估计纤毛虫生物量。另外，浮游植物拖网中也有一些个体较大的砂壳纤毛虫。

异养鞭毛虫没有一个严格的分类学定义，根据1991年Patterson提出的原则可以划分为8个类群：原始虫（Archezoa）、波豆虫（Bodonids）、眼虫（Euglenids）、隐滴虫（Crytomonads）、领鞭毛虫（Choanoflagellates）、异鞭虫（Heterokont）、异养腰鞭毛虫（Dinoflagellate，即异养甲藻）和其他分类地位不明确的种类，目前多数学者是从生态学的意义上将异养鞭毛虫作为一个同质性的功能类群进行研究（黄凌风等，2006）。异养腰鞭毛虫传统上属于浮游植物，是浮游植物研究中甲藻的一部分，由于后来发现其没有色素而归为微型浮游动物，

但是浮游植物分类研究为异养腰鞭毛虫提供了很好的分类基础。其他类群个体微小，分类特征不好观察。生态学上异养鞭毛虫丰度和生物量的样品通常用戊二醛固定，使用荧光显微镜观察，根据鞭毛和缺失叶绿素荧光等特征进行计数，并不具体到种类。通过测量虫体体积、参考已有的转换系数估计生物量（以碳计，下同）。

我国的微型浮游动物研究起步较晚，积累的各个类群的基础资料较少，其中资料最多的是浮游纤毛虫的丰度和生物量资料，各个海区的砂壳纤毛虫的种类也有些研究。虽然我国进行了大量的浮游植物研究，但是一直没有区分是否是异养甲藻，因此异养腰鞭毛虫的资料目前还没有很好地整理。异养鞭毛虫的丰度资料较少。在各个海区零星进行了稀释培养实验。在下面的论述中，微型浮游动物的资料主要是浮游纤毛虫的丰度和生物量，异养鞭毛虫的资料较少，也有一部分桡足类幼体的资料。

4.1.1 浮游纤毛虫的丰度和生物量

1997 年在渤海的微型浮游动物生态调查是渤海微型浮游动物生态研究的起始（张武昌等，2000）。迄今共在渤海的 4 个航次中调查了浮游纤毛虫的丰度和生物量，没有浮游异养鞭毛虫的资料。这些航次的海区、站位、具体的研究方法和内容不同，缺少可比性，很难进行季节变化等分析。

1997 年 6 月 1—15 日，渤海的水样微型浮游动物主要是砂壳纤毛虫和桡足类六足幼体，砂壳纤毛虫的种类组成比较单一，几乎全部是运动类铃虫（*Codonellopsis mobilis* Wang，1936），在各站的分布很不均匀：莱州湾与辽东湾和渤海湾交界处没有分布，渤海出海口表层为 981 ind./L，辽东湾表层为 200 ind./L，莱州湾表层为 26 ind./L。垂直分布为上层多，下层少。桡足类六足幼体丰度为 0～87 ind./L（张武昌、王荣，2000）。

在 1998 年 9—10 月有台风经过渤海，在台风前（9 月 24—27 日）和台风后（10 月 3—6 日）在渤海（除辽东湾外）的大面调查中采水研究了纤毛虫（Zhang and Wang，2000a，2002）。纤毛虫的丰度在台风前为 20～770 ind./L，台风后降低为 30～390 ind./L；表层纤毛虫的生物量在台风之前是 0.2～12.3 μg/L（以 C 计），台风之后，降低到 0.02～2.8 μg/L（以 C 计）；水体生物量从 2～136 mg/m^2（以 C 计）降低到 0.01～47 mg/m^2（以 C 计）（图 4.1）。台风前浮游动物生物量和叶绿素浓度的比为 0.04～4.7（平均为 1.41），这一比值在台风后降为 0.01～1.18（平均为 0.26）。

台风前后纤毛虫的群落也发生了变化，共发现 6 种砂壳纤毛虫（*Favella panamensis*，*Leptotintinnus nordqvisti*，*Tintinnopsis butschlii*，*T. kajajacensis*，*T. Radix*，*Wangiella dicollaria*）。*T. karajacensis* 在温暖低盐的黄河口水域占优势，无壳纤毛虫 sp.1 在低温高盐的西北区域和渤海海峡占优势。第二次大面调查，*T. karajacensis* 从海区消失，无壳纤毛虫 sp.1 的丰度也大幅降低，而体积较小的无壳纤毛虫 sp.2 出现在渤海海峡（图 4.2）。

1999 年春季（4 月 28 日至 5 月 1 日），渤海（除辽东湾外）网样样品中的砂壳纤毛虫几乎全部为运动类铃虫（*Codonellopsis mobilis* Wang，1936），其他种类很少见到。运动类铃虫的丰度（图 4.3）为 32～10 731 ind./m^3，平均为 2 517 ind./m^3。丰度最大值出现在渤海的中部，生物量为 0～1.52 mg/m^3（以 C 计）（张武昌等，2004）。

4.1.2 莱州湾的微型浮游动物

1997 年 7 月 19—24 日莱州湾水样表层纤毛虫的丰度为 0～270 ind./L，主要分布在调查海区西北部（图 4.4）（张武昌等，2002）。

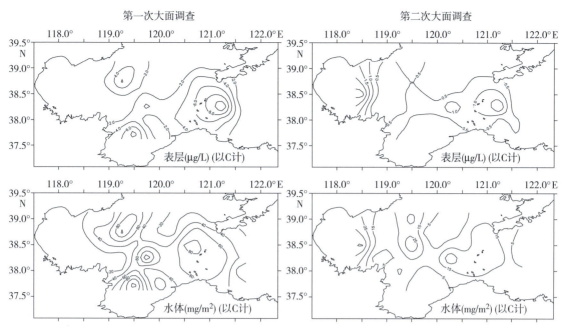

图 4.1　1998 年秋季渤海浮游纤毛虫生物量的水平分布

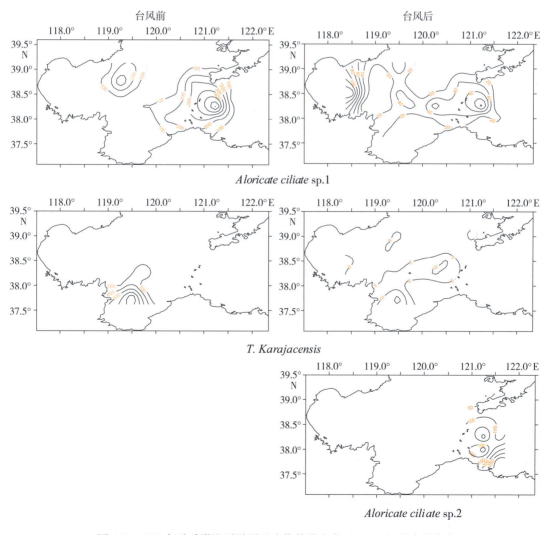

图 4.2　1998 年秋季渤海浮游纤毛虫优势种丰度（ind./L）的水平分布

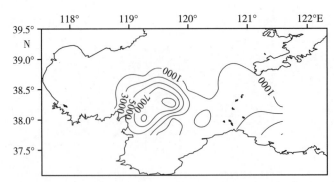

图 4.3　1999 年 4 月渤海运动类铃虫（*Codonellopsis mobilis*）的丰度（ind./m³）平面分布

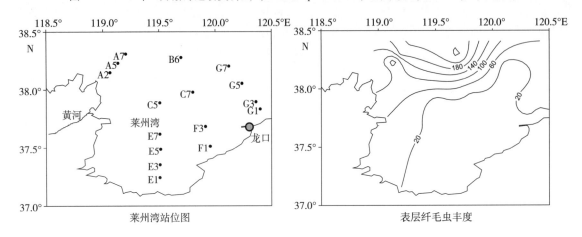

图 4.4　1997 年 7 月莱州湾表层纤毛虫丰度（ind./L）平面分布

1998 年 6 月，莱州湾水样中纤毛虫和桡足类六足幼体的总丰度为 30～2 390 ind./L，生物量为 1.5～25 μg/L（以 C 计）。共有 13 种砂壳纤毛虫，*Codonellopsis ostenfeldi*，*Favella panamensis*，*Tintinnopsis amoyensis*，*T. beroides*，*T. butschlii*，*T. chinglanensis*，*T. digita*，*T. japonica*，*T. karajacensis*，*T. lohmanni*，*T. nana*，*T. pallida*，*T. tocantinensis*。不同站位的种数不同，最多的站位有 11 种，其他各站小于 6 种。湾外的站比湾内的站的种数多。各种的最大丰度也变化很大，*Favella. panamensis* 的最大丰度是 10 ind./L，而 *Tintinnopsis pallida*，*T. amoyensis* 和无壳纤毛虫的最大丰度分别为 2 380 ind./L、860 ind./L 和 1 060 ind./L。

桡足类六足幼体的丰度和生物量分别为 0～140 ind./L（大多数站位为 30～90 ind./L）和 0～7 μg/L（以 C 计）。

纤毛虫和桡足类六足幼体的水体生物量（图 4.5）为 2.37～52.3 mg/m²（以 C 计），最大生物量在小清河口，最小生物量出现在渔码头的东部（Zhang and Wang, 2000b）。

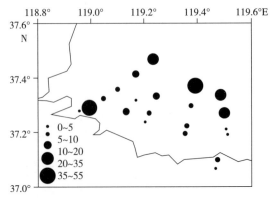

图 4.5　1997 年 7 月莱州湾纤毛虫和桡足类六足幼体的水体生物量［mg/m²（以 C 计）］

4.1.3　微型浮游动物的摄食压力

渤海只有两个航次中有海水稀释培养实验，1997 年 6 月表层浮游植物叶绿素 a 的生长率为（0.43 ~ 0.73）/d，相当于 0.9 ~ 1.6 d 加倍；微型浮游动物的摄食率为（0.42 ~ 0.69）/d，相当于每天摄食浮游植物现存量的 34% ~ 49%，初级生产力的 85% ~ 101%。底层浮游植物叶绿素 a 的生长率低，为 0.23/d，摄食率却和表层的相当，为 0.6/d，相当于每天摄食浮游植物现存量的 45%，初级生产力的 319%（张武昌和王荣，2000；Wang, et al, 1998）。

1998 年 6 月，潍河口表层浮游植物叶绿素 a 的生长率是（0 ~ 0.21）/d，微型浮游动物的摄食率是（0.13 ~ 0.57）/d，对浮游植物现存量和初级生产力的摄食压力分别是每天 12% ~ 43% 和 84% ~ 267%（Zhang and Wang, 2000b）。

4.2　渤海浮游动物种类组成、优势类群及其丰度和生物量分布

4.2.1　种类组成

渤海已有调查结果共记录到浮游动物 99 种，幼虫 17 类。水母类是种类数最多的浮游动物类群，共记录到 41 种，占总种类数的 41.4%，桡足类次之共记录到 30 种，占组成的 30.3%。浮游动物中数量大、出现频率高的种类有：小拟哲水蚤（Paracalanus parvus）、双毛纺锤水蚤（Acartia bifilosa）、强额孔雀哲水蚤（Parvocalanus crassirostris）、拟长腹剑水蚤（Oithona similis）、腹针胸刺水蚤（Centropages abdominalis）、中华哲水蚤（Calanus sinicus）、真刺唇角水蚤（Labidocera euchaeta）、强壮宾箭虫（Aidanosagitta crassa）等。此外，幼虫在繁殖季节出现量较大，主要有桡足类的六肢幼体、腹足类幼体、双壳类幼体和多毛类幼体（毕红生等，2000；王荣等，2002）。最新"908"专项《我国近海海洋生物与生态调查研究报告》显示，2006—2007 年季节调查共采集浮游动物 75 种，幼虫 17 种。同样，水母类的物种数最多（33 种），占 44%；桡足类采集到 18 种，占 24%；另外数量大、出现频率高的种类是强壮滨箭虫、中华哲水蚤、双毛纺锤水蚤、腹针胸刺水蚤等（王春生等，2011）。

广温近岸种是渤海浮游动物的主要组成部分。如：强壮滨箭虫、双毛纺锤水蚤、真刺唇角水蚤都是生物量的主要构成者。此外常见种还包括八斑芮氏水母（Rathkea octopunctata）、锡兰和平水母（Eirene ceylonensis）、住囊虫（Oikopleura longicauda）、长额刺糠虾（Acanthomysis longirostris）、黄海刺糠虾（Acanthomysis hwanhaiensis）、漂浮囊糠虾（Gastrosaccus pelagicus）、三针真尾涟虫（Diastylis tricincta）、细足法蛾（Themisto gracilipes）、中国毛虾（Acetes chinensis）等。

受黄海海流影响的外海性种类也是渤海浮游动物的重要组成部分，比较典型的是中华哲水蚤，5 月随黄海海流进入渤海，在海峡入海口的部分形成高分布区，6 月高生物量区向渤海西岸推移，至 7 月在辽东湾和渤海湾形成两个高分布区。此外，比较典型的还有腹针胸刺水蚤也有类似的情况，4 月进入渤海，在近湾中央水域形成高密度区，至 5 月在渤海湾和莱州湾分别形成两个高密度区。

渤海中时常出现一些由黄海海流带入暖水性种类。表 4.1 列出了这些暖水性种类出现的时间和站位。6 月在莱州湾内测站记录到的 4 个暖水种，从出现时间和当时的水文条件来看，尚不足以使这些种类在该水域存活，可能是由黄海海流带入，因此对海流有一定的指示作用。以往的研究认为四叶小舌水母（Liriope tetrophylla）是典型的大洋性种类，不进入渤海（全国海洋综合调查报告，1977），而毕洪生（2000）分析全国海洋普查浮游生物Ⅱ型网样品中多

次记录到，这也说明该海区浮游动物同样受外海暖流影响。"908"专项调查最新资料同样显示，秋季航次中调查海域出现大量暖水性外海种类，如小齿海樽（*Doliolum denticulatum*）、软拟海樽（*Dolioletta gegenbauri*）等（王春生等，2011）。

表 4.1 暖水性种出现的站位、时间和水温

种　名	站　位	水深/m	取样时间	水温/℃
介形类	39°35.0′N，119°45.0′E	15	1959 年 5 月 16 日	15.0
叉真刺水蚤 精致真刺水蚤 锯齿海樽 肥胖软箭虫	37°25.0′N，119°16.0′E	10	1959 年 6 月 24 日	24.73
刺尾角水蚤	37.8°25.0′N，118°15.0′E	18	1959 年 10 月 20 日	19.31
羽环纽鳃樽 长吻纽鳃樽	38°51.70′N，120°50.0′E	53	1959 年 10 月 21 日	18.0

资料来源：毕洪生，2000。

4.2.2　群落结构

利用首次全国海洋普查 2 月（冬季）、5 月（春季）、8 月（夏季）、11 月（秋季）的调查资料，对各季度月在 10 个以上站位出现的种类进行聚类分析。结果表明：大部分时间各取样站之间的差异不明显，这主要是由于近岸广温性的种类周年在渤海处于主导地位。春季渤海浮游动物群落可以划分近岸类型、外海类型。外海类型主要分布在海峡入口、中央水域、渤海湾和莱州湾近中央水域，其典型的种类包括腹针胸刺水蚤、中华哲水蚤、刺尾纺锤水蚤（*Acartia spinicanda*）、太平洋纺锤水蚤（*Acartia pacifica*）等。夏季（8 月）水温普遍升高，受黄海海流的影响不明显，同时个别种在局部水域大量出现使群落类型较为分散。秋季和冬季整个渤海浮游动物群落结构分化不明显，主要有近岸广温广布种构成，这可能同该海区盛行东北风有关（毕洪生等，2000）。

伴随着群落结构的这种变化，优势种也有类似的变化。这种变化在优势种的组成上变化不明显，主要表现在生物量上。冬季各优势种的丰度都不同程度的减少，同时各站出现的种类也较少，但仍然是近岸性的种类如小拟哲水蚤、强额孔雀哲水蚤、拟长腹剑水蚤和双毛纺锤水蚤占优势（图 4.6）。春季主要是双毛纺锤水蚤、拟长腹剑水蚤、腹针胸刺水蚤等占优势，此外中华哲水蚤的生物量也有所增加。夏、秋两季主要是小拟哲水蚤、强额孔雀哲水蚤、拟长腹剑水蚤和双毛纺锤水蚤占优势。

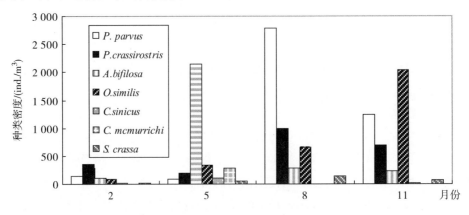

图 4.6　渤海浮游动物优势种平均密度的季节变化（毕洪生等，2000）

4.2.3 浮游动物生物量

渤海浮游动物生物量存在较大的年际变化和季节变化。比较已有调查结果可以看出，1959 年和 1982—1983 年渤海浮游动物生物量较低，年平均生物量分别为 107 mg/m^3 和 125 mg/m^3。"908" 专项 2006—2007 年季节调查结果，渤海浮游动物年平均生物量达 258 mg/m^3，显示近年来浮游动物生物量明显上升。1998—1999 年度渤海春秋季浮游动物生物量（王克等，2002）也明显高于 1959 年和 1982—1983 年度同季节的调查结果。从季节变化上看通常春夏季较高，秋冬季较低，但是不同年之间也存在一定的差异。1959 年浮游动物生物量由大到小依次为春季、夏季、冬季、秋季；1982—1983 年由大到小依次为夏季、春季、秋季、冬季，2006—2007 年由大到小依次为春季、夏季、秋季、冬季。

表 4.2　渤海浮游动物生物量年际变动　　　　　单位：mg/m^3

年度 月份	1959	1982—1983	1998—1999 *	2006—2007 *
1	102.8	82.4		
2	77.9	65.3		125
3	99.8	105.2		
4	140.1	126.1	293	
5	205.7	167.2	361	424
6	212.4	255.9		
7	76.9	98.9		
8	65.4	154.5		348
9	63.8	198.1	143	
10	75.4	84.1	167	
11	96.2	90.1		135
12	67.8	72.7		

＊浮游动物生物量包括水母、被囊类等胶质类浮游动物。

虽然依据现有调查资料来看，1998 年以后渤海浮游动物生物量明显上升，但是分布格局变化不大，莱州湾一直是渤海生物量高值区。现以利用 1982—1983 年渤海周年逐月调查结果（白雪娥等，1991）对渤海浮游动物生物量的逐月变化进行了分析。春季渤海浮游动物在冬季低生物量的基础上逐步繁殖升高，3—4 月的生物量一般在 50～100 mg/m^3。在辽东湾口、渤海湾歧河口和莱州湾黄河口外附近一带出现 250 mg/m^3 的分布量。5 月随着水温的升高和浮游植物的大量繁殖，浮游动物生物量普遍升高，渤海湾升高尤为明显，个别站生物量超过 650 mg/m^3。夏季渤海的浮游动物生物量较春季更高，特别是初夏的 6 月，大部分水域为 100～250 mg/m^3 的分布量，部分高生物量区可以达到 500 mg/m^3。7—8 月，渤海总体来看，浮游动物生物量明显下降，但是在一些河口区由于浮游幼体的大量出现，生物量依然保持在较高的水平。秋季，渤海浮游动物生物量回升，主要是近岸性低盐的太平洋纺锤水蚤、真刺唇角水蚤和刺尾歪水蚤等。冬季浮游动物生物量最低除辽东湾口及莱州湾内一带仍保持大于 100 mg/m^3 的生物量外，其余水域，生物量显著稀少，多为 25～50 mg/m^3。

4.2.4 主要优势类群和种类

4.2.4.1 桡足类

桡足类是渤海浮游动物数量的主要组成部分，年平均密度为 3 413 ind. /m³，占浮游动物总量的 88.75%。其中主要的种类包括双毛纺锤水蚤、小拟哲水蚤、强额拟哲水蚤、拟长腹剑水蚤、近缘大眼剑水蚤、腹针胸刺水蚤、太平洋纺锤水蚤、中华哲水蚤和真刺唇角水蚤等，这些种类占桡足类总量的 90% 以上。

渤海浮游动物数量的最高峰出现在春末夏初，平均密度为 7 120 ind. /m³。冬季数量最低，为 796 ind. /m³。除夏季峰外，春季和秋季也各有一个数量高峰，只是数量比夏季峰偏低。小拟哲水蚤、强额拟哲水蚤、双毛纺锤水蚤和拟长腹剑水蚤对数量的季节变化起主要作用。春季高峰主要是由于双毛纺锤水蚤的大量出现形成；秋季峰主要是由于拟长腹剑水蚤大量出现造成；夏季峰则是多种共同作用的结果。

双毛纺锤水蚤的年平均密度为 750 ind. /m³，最大值为 33 457 ind. /m³。双毛纺锤水蚤从 4 月开始大量繁殖成为优势种，至 6 月以后数量开始减少。渤海中双毛纺锤水蚤自 6 月后数量明显减少，没有出现第二次高峰。小拟哲水蚤和强额拟哲水蚤的变化趋势基本相同，进入夏季开始大量繁殖，分别在 7 月和 8 月达到最大值，两者共占浮游动物总量的 44.8%。年平均密度分别为 1 132 ind. /m³ 和 582 ind. /m³，最大值分别为 21 940 ind. /m³ 和 14 350 ind. /m³。拟长腹剑水蚤在 7 月、9 月和 11 月达到高峰。

小拟哲水蚤在渤海的分布特点是密集区更靠近岸边。5 月随着近岸水温的回升，首先在渤海西部沿岸开始繁殖。6 月在渤海湾形成大于 2 500 ind. /m³ 的密集区，个别站位大于 5 000 ind. /m³；几乎整个渤海都在 1 000 ~ 2 500 ind. /m³ 之间。7 月密度略有降低，大于 2 500 ind. /m³ 高值区在莱州湾和秦皇岛近海。8 月密度仍较高，但因近岸水温已普遍高于 26℃，大于 2 500 ind. /m³ 高值区有外移趋势。11 月以后水温降低，数量普遍降低，由于中央水域降温相对较慢，这时中央水域的密度反而略高于近岸。

强额孔雀哲水蚤与小拟哲水蚤的地理分布特点相似。5 月首先在渤海湾开始出现大于 1 000 ind. /m³ 的密集区，6 月在渤海湾和辽东湾分别出现大于 5 000 ind. /m³ 和大于 2 500 ind. /m³ 的密集区，相比之下中央水域数量非常少。7—8 月高值区仍在渤海湾和辽东湾。10—11 月密度普遍降低，但分布格局未变。莱州湾的数量相对于渤海湾和辽东湾密度一直较低，但 12 月反而出现一个大于 5 000 ind. /m³ 的密集区。冬季普遍低于 250 ind. /m³。

双刺纺锤水蚤当环境不利时产生休眠卵（仲学锋和肖饴昌，1992；Viitasalo, 1992；Williams, 1999），因而其种群增长是暴发式的。根据首次全国海洋普查资料，3 月除海峡口北侧出现大于 100 ind. /m³ 的区域外，大部海区低于 50 ind. /m³，4 月在黄河口一带即出现 2 500 ~ 5 000 ind. /m³ 的密集区。5 月大于 1 000 ind. /m³ 的密集区扩展到除中央水域以外的整个渤海，渤海湾个别站位达到大于 10 000 ind. /m³。6 月分布格局与 5 月相同，渤海湾和辽东湾数量仍在增长。7 月密度普遍下降，大于 1 000 ind. /m³ 高值区仍在渤海湾和辽东湾。8 月只有辽东湾仍保有大于 1 000 ind. /m³ 的高值区，其他海域均低。9 月、10 月密度继续下降，但在渤海湾再次出现小范围的大于 1 000 ind. /m³ 和大于 2 500 ind. /m³ 的高值区。11 月到翌年 1 月密度继续下降，但近岸仍有局部的大于 500 ind. /m³ 甚至大于 1 000 ind. /m³ 的高值区。2 月降至全年最低，普遍低于 100 ind. /m³。

除去上面的优势种外，真刺唇角水蚤、近缘大眼剑水蚤（*Corycaeus affinis*）、腹针胸刺水蚤和中华哲水蚤等个体较大的种类是数量的重要组成部分。近缘大眼剑水蚤的数量变化为双峰型，第一次高峰出现在夏季，第二次高峰出现在秋季，该种数量在春末夏初数量为全年最低，之后数量开始迅速上升，形成夏季峰。真刺唇角水蚤数量在5月以前一直处于较低水平，之后数量开始增加，在10月达到全年最高峰。

4.2.4.2　水母类

渤海的优势水母种类首推钵水母海蜇，该种是渤海重要的渔业对象，但本书所用浮游动物采样方法只限于研究小型水母类。渤海共记录到水母类41种，其中水螅水母35种，钵水母4种，栉水母2种。

大多数水螅水母类是季节性浮游动物，生活史中要经过底栖的水螅体阶段，因此只在一年中某些时间出现在浮游动物采样中。历次调查结果表明渤海水螅水母类的种类组成和数量变化具有一定的规律。

渤海水螅水母类优势种组成呈现明显的季节更替，但在不同的年度这种更替大体相同。常见的优势种是八斑芮氏水母、五角水母、酒杯水母属与和平水母属的种类。2月与5月的优势种都是八斑芮氏水母，其优势度在不同年度大体相同。8月的主要优势种是和平水母属（*Eirene*）的种类，但在1959年优势度较1992年弱，1992年该属的优势度几乎等于1959年同期4个主要种类优势度的总和。10月最常见的水母类优势种是五角水母，但1992年10月和平水母属的种类优势度略高于五角水母。

渤海水母类种类数量在夏秋季最高，冬季最少。1959年水母种数出现最多的是6月，共记录到24种；最低为2月，只有3种。1992年四个季度月的种数比1959年同期都有不同程度的减少，尤其是在8月相差最大，1992年种类要少11种，但是种类数季节变化趋势一致。2006—2007年季度航次调查结果显示，渤海水母种类数季节变化由多至少依次为夏季、秋季、冬季、春季，种类数量也与1959年的调查结果相近。

渤海水母类密度夏秋季较高，春季最低。同样，分布格局也有一定的季节特点，冬季和夏季以莱州湾密度最高，春季为渤海湾最高，秋季为中央海区最高。辽东湾水母类的密度在各个季节都不算高。结合具体种类的分布来看，渤海沿岸水与黄海高盐水的消长影响近岸低盐类型水母在渤海的分布范围，在8—9月渤海的丰水期，近岸低盐类型水母的分布范围几乎遍布渤海，而在枯水期则主要分布在三大湾内和沿岸区域。下面将渤海水母类优势种属和其他重要种类的季节变化与水平分布分述如下。

八斑芮氏水母

八斑芮氏水母在渤海1—5月占有绝对优势。该种是一个偏低温低盐种，在我国沿海主要分布于黄海以北，以渤海最多，在浙南和福建沿海也有分布。2月该水母在渤海的密度最高，主要分布在莱州湾内；5月以渤海湾与辽东湾为主，6月以后逐渐消失。鉴于冬季渤海没有很强的外海海流伸入，八斑芮氏水母2月在莱州湾内的迅速增加与极端高密集区的出现，说明该种的底栖水螅体阶段是在渤海沿岸水域完成的，由于水螅体在环境条件适宜时营无性繁殖，从而实现其种群的迅速扩增。

五角水母

五角水母是一个广布性的广温低盐种，在我国沿海各海区都很常见。该种在9月后进入渤海，10—11月达到高峰，12月开始下降，在1月已很难采到。五角水母的生活史中无底栖生活阶段，该种在我国沿海的分布表现出从南向北逐渐推移的规律性，春夏季主要分布在东海近海，秋天主要分布在北黄海，在北黄海9月达到高峰，之后，10—11月在渤海达到高峰，在渤海的分布主要在中央海区，并在此基础上进一步向辽东湾和渤海湾延伸，12月后，由于水温的下降，其分布范围又迅速缩回中央海区，最后完全退出渤海。因此该种在渤海的分布可以在一定程度上反映出渤海受外海水影响的程度。

和平水母属

渤海常见的和平水母属的种类有细颈和平水母，锡兰和平水母，六辐和平水母与塔状和平水母4种，都是近岸广温性种类。这些种类是渤海夏秋季的常见种类，7—8月是该属在渤海全年密度最高的时期，此外，在3月还有一个小峰。和平水母属的分布在7月以前主要在三大湾内和沿岸水域。7月后分布范围明显向中央海区扩展，9月后分布范围又缩回近岸水域。1992年8月在渤海湾内还出现了大于25 ind./m³的高密集区，在莱州湾和辽东湾也出现了大于15 ind./m³的高密集区。由于该属水母的体积比较大，成熟个体的直径一般在20~40 mm之间，因此，在这样的高密集区内，这类水母可能会对水域中其他浮游动物构成相当的捕食压力，使该水域内浮游动物密度大大降低，从而对浮游植物与滤食性鱼类产生影响。

四叶小舌水母

渤海的浮游动物主要是以近岸低盐群落为主，水母类的种类组成也反映出这一特点。四叶小舌水母属暖水性次高盐种类，广泛分布于太平洋、大西洋、印度洋和地中海，在我国沿海均有分布，该种主要生活在外海水及外海水与近岸水的交汇区域。四叶小舌水母一般在夏秋季节随外海水进入渤海，与贝氏真囊水母、耳状囊水母等同为外海次高盐群落的水母类代表种，但它们的数量非常小，出现时间也不长。在渤海还未记录到狭高温高盐类型的水母种类。四叶小舌水母在1959—1993年渤海的几次调查中都有记录。1959年只在7月和11月于湾口的两个站位采到极少的个体，平均每100 m³水体不到1个，且单个站位记录到的最高密度仅0.14 ind./m³。1992年只在8月记录到这种水母，但当月平均密度达到0.17 ind./m³，分别是1959年7月平均密度的87倍，11月的174倍，而且分布范围很广，除莱州湾外在其他三个海区的许多站位都采到了该种水母，在中央海区还出现了4.5 ind./m³的高密度区。

渤海水母类种类达41种，从种类数量上看，水母类是渤海浮游动物组成中的第一大类群。很多研究已表明在某些近岸海域或半封闭型海湾，水母类是浮游动物种群的主要控制者，或是造成某些鱼类卵和仔稚鱼死亡率的主要因素。渤海水母类除在种类组成上在生态系统中所占比重较大外，其数量也不容忽视。另外，其他水螅水母类的斑块状分布，对高密集区内浮游动物和鱼卵等可能造成的影响也需要进一步的研究。当前从全球范围来看，海洋生态系统具有胶质化趋势，一些海域水母旺发，甚至已经形成了严重的生态灾害，加强水母生物学与生态学研究日趋紧迫。

4.2.4.3　枝角类

枝角类是典型的近岸半咸水种类，是鱼类重要的基础饵料。渤海共记录到鸟喙尖头溞（*Penilia avirostris*）和僧帽溞（*Evadne tergestina*）两种。其中鸟喙尖头溞数量较大，6月是近岸水域的优势种。主要分布在莱州湾淡水注入较多的水域。

4.2.4.4　毛颚类

渤海共记录到强壮滨箭虫（*Aidanosagitta crassa*）、肥胖软箭虫（*Ferosagitta enflata*）两

种，其中强壮滨箭虫在渤海毛颚类中占有绝对优势，是生物量的主要构成者。2006—2007 年季度调查显示，毛颚类丰度春夏季较高（＞100 ind./m³），冬季最低（平均 21 ind./m³）。但是对首次全国普查的样品重新分析显示，强壮滨箭虫数量高峰期在 9 月，平均值为 46.6 ind./m³，最大为 488.4 ind./m³。这可能与优势种强壮滨箭虫的繁殖习性有关。样品分析表明，强壮滨箭虫在渤海每年大致有两次繁殖期，第一次大致出现在 6 月，这在 1997 年 6 月在渤海进行的现场实验得到证实。第二次出现在秋末，这主要表现当月的样品中有许多小的个体，且越冬群体的体长变化范围很大。毛颚类的丰度在渤海近岸水域高于中心水域，渤海南部的莱州湾通常是毛颚类的数量高峰区。

4.2.4.5 被囊类

渤海的被囊类主要是长住囊虫（*Oikopleura longicauda*），此外还记录到羽环纽鳃樽（*Cylosalpa pinnata*）、长吻纽鳃樽（*Brooksia rostrata*）和锯齿海樽（*Doliolum denticulatum*）。长住囊虫丰度的季节变化呈双峰型，两个高峰期分别出现在 5 月和 8 月。长住囊虫大部分时间不进入辽东湾，仅在 9 月在辽东湾西部沿岸水域有少量分布。5 月达到第一高峰期，形成两个高密度分布区，一个出现在渤海湾近中央水域，另外一个出现在山东半岛的北岸、莱州湾近岸水域。其他各月只有一个高密度分布区，主要出现在莱州湾和渤海湾近岸水域以及旅顺附近水域。

4.2.4.6 糠虾类

全国海洋普查样品分析中共记录到漂浮囊糠虾、台湾囊糠虾、长额刺糠虾、黄海刺糠虾和小红糠虾（*Erythrops minuta*）5 种。其中出现较多，数量较大的种类是长额刺糠虾和漂浮囊糠虾；小红糠虾和台湾囊糠虾出现较少。长额刺糠虾在春季、夏季、秋季各有一个数量高峰。漂浮囊糠虾数量最高峰出现秋末，春季和夏季各自还有一个小的数量高峰。两者相比，长额刺糠虾的数量高峰略早于漂浮囊糠虾，且各数量高峰差别不明显。此外黄海刺糠虾也较多出现在渤海。从长额刺糠虾和漂浮囊糠虾在数量高峰期的分布情况来看，两者较多出现在渤海湾和辽东湾近岸水域。同长额刺糠虾相比，漂浮囊糠虾的分布稍广，在渤海出现的量也稍大。

2006—2007 年季度调查共记录糠虾类 7 种，常见种包括漂浮小井伊糠虾（*Liella pelagicus*）、黄海刺糠虾、刺糠虾属和新糠虾属种类，其中以漂浮小井伊糠虾和新糠虾属占优势。但是渤海糠虾类优势种是否确实发生了变化还需要进一步研究证实。

4.2.4.7 幼虫类

浮游幼虫作为浮游—底栖动态耦合的重要途径，有着重要的生态学意义。一方面，通过它是种群动态变化的一个重要内容，它直接关系到种群的补充，对经济种类而言尤为重要。毕红生等对 1959 年全国海洋普查浮游动物中网样品分析，共记录到幼虫 17 类，其中数量大的有：桡足类的六肢幼体、多毛类海稚虫科的幼体、腹足类幼体和双壳类幼体。桡足类的六肢幼体的数量高峰出现在 4 月，全年仅一个数量高峰。主要原因是桡足类的繁殖周期较短，发育较快，而取样是逐月取样，无法全面反映繁殖周期。样品分析中共记录到 7 科的多毛类幼体，其中较为常见的种类是海稚虫科的幼体和齿吻沙蚕科的幼体。前者主要出现在春季，后者在春、秋较常见，但数量不大。腹足类幼体在夏、秋两季较常见。双壳类幼体大量出现在 8—10 月,其中 8 月密度为 969.7 ind./m³,最大值为 15 054 ind./m³。双壳类幼体的大量出现从侧面反映了当时经济贝类资源丰富。海稚虫科幼体主要分布在渤海湾的南岸和莱州湾的北岸,1958 年调查数据显示其最大值 12 818.2 ind./m³。海稚虫科幼体浮游期较长,并且在环境条件不适宜时,还可以长时间停留在浮游阶段。双壳类幼体主要出现在山东北岸,这与同一航次底栖生物拖网的结果一致。从底栖拖网的结果来看,渤海湾也是经济贝类如毛蚶等的主要分布区,而幼体的分布则有北移的趋势。

4.2.5 浮游动物的摄食

浮游动物数量大,种类多,分布广,是海洋食物链(网)的关键环节,在海洋生态系统动态变化中起着重要的调控作用。作为海洋初级生产的主要消费者和高层捕食者的重要饵料来源,浮游动物的摄食和数量变动将直接对海洋生态系统的能流物流产生影响(郑重等,1992;王荣等,1997),因而研究浮游动物的现场摄食率及数量分布对于了解海洋生态系统的动态变化意义重大。

李超伦等(2000a,2000b,2003)利用肠道色素法对渤海春、秋季不同体长组的浮游桡足类对浮游植物现存量和初级生产力的摄食压力进行了现场研究。春季,中华哲水蚤是大型桡足类(>1 000 μm)的主要组成部分,而腹针胸刺水蚤占中型桡足类(500~1 000 μm)群体数量的 72% 以上。小型桡足类(200~500 μm)主要包括双毛纺锤水蚤,小拟哲水蚤、拟长腹剑水蚤和近缘大眼剑水蚤。秋季,中华哲水蚤仍然是大型桡足类的优势类群,小型桡足类的种类组成也与春季航次的结果基本一致,但是在中型桡足类的组成中腹针胸刺水蚤被瘦尾胸刺水蚤(*Centropages teuniremis*)和歪水蚤(*Tortanus forcipatus*)所替代。虽然春秋季小型桡足类的数量密度均超过大、中型桡足类,但是在整个桡足类群体中所占的比例,春季小于秋季。

肠道排空率与温度和个体大小没有相关性。春季浮游桡足类的肠道排空率平均为 0.0174/min,秋季为 0.0161/min。从季节变化上看,大中型桡足类的个体摄食率春季大于秋季;而小型桡足类恰好相反,春季的个体摄食率小于秋季。从空间变化上看,春季渤海中部和东部湾口的浮游桡足类的个体摄食率大于近岸浅水区,秋季桡足类个体摄食率的最大值出现在近岸水域。

除了春季的渤海南部站位,在春秋季航次的所有站位上都是小型桡足类主要的浮游植物的摄食者,春季小型桡足类占整个桡足类群体摄食浮游植物总量的 60%(33.8%~88.9%),秋季桡足类对浮游植物的摄食量中,小型浮游桡足类的贡献占到 80%(66.9%~97.5%)。

春季渤海浮游桡足类群体对浮游植物的摄食率平均为 2.97 mg pigm/(m²·d)[0.99~9.44 mg pigm/(m²·d)],秋季平均为 2.10 mg pigm/(m²·d)[0.57~4.07 mg pigm/(m²·d)](表 4.4)。将每天的摄食量与现场水体中叶绿素 a 相比,春、秋季桡足类群体摄食量分别占浮游植物现存量的 11.9%(3.2%~37.1%)和 5.1%(2.0%~8.9%)(表 4.5)。

按照叶绿素 a 与碳的比值为 1:50 将叶绿素 a 转化为碳,则春季渤海桡足类群体相对于碳的摄食率平均为 173 mg/(m²·d)[50~472 mg/(m²·d),秋季平均为 105 mg/(m²·d)(28~204 mg/(m²·d)]。渤海浮游桡足类群体对初级生产力的摄食压力分别为:春季 53.3%(24.7%~96.4%)、秋季 86.5%(25.7%~141.4%),对浮游植物的种群变动有一定的调控作用(表 4.5)。

表 4.4　渤海桡足类肠道排空率和个体摄食率结果

季节	站位	温度/℃	肠道排空率/（min⁻¹）			个体摄食率/［μg pigm./（ind.·d）］		
			大型	中型	小型	大型	中型	小型
春季	湾口	7.3	No data	0.0203	0.0138	No data	53.8	9.6
	南部	11.3	0.0250	0.0161	0.0114	61.1	26.3	5.0
	东部	10.3	0.0250	0.0161	0.0114	207.6	31.3	5.0
	中部	8.1	0.0250	0.0154	0.0114	259.6	61.4	9.5
平均			0.0174±0.0056			176.1±102.9	43.2±17.0	7.3±2.6
秋季	湾口1	22.1	0.0303	0.0244	0.0133	91.4	31.1	10.8
	湾口2	18.7	0.0139	0.0106	0.0116	23.5	14.9	7.3
	南部	23.4	0.0175	0.0159	0.0112	113.7	72.5	20.6
	中部	22.8	0.0149	0.0132	0.0167	30.6	17.2	13.0
平均			0.0161±0.0058			64.8±44.6	33.9±26.7	13.0±2.6

表 4.5　渤海桡足类群体摄食率及其对浮游植物及初级生产力的摄食压力

季节	站位	浮游植物生物量/（mg/m²）	初级生产力/［mg/（m²·d）］	群体摄食率		摄食压力/%	
				mg/m²	mg/m²	生物量	初级生产力
春季	湾口	19.2	489.8	9.44	472	37.1	96.4
	南部	52.7	237.1	2.29	115	4.3	48.3
	东部	31.0	106.0	0.99	50	3.2	46.9
	中部	36.8	260.5	1.28	64	3.5	24.7
秋季	湾口1	60.1	305.9	1.57	79	2.6	25.7
	湾口2	28.7	78.4	0.57	28	2.0	36.1
	南部	31.6	76.3	1.88	94	5.9	122.3
	中部	45.9	144.0	4.07	204	8.9	141.4

　　除了春季湾口站位桡足类群体对浮游植物现存量具有较高的摄食压力（37.1%）以外，春季的其他站位以及秋季的所有站位的结果均显示，浮游动物群体的摄食量低于浮游植物现存量的10%。这一结果与已有的许多研究结果相一致。但是渤海浮游桡足类群体对于初级生产力的摄食压力（春季：24.7%～96.4%，秋季：25.7%～142.8%）明显高于其他一些海区的调查结果。这可能与个体摄食率、种群密度、饵料大小、可利用性等因素有关。春季航次期间，渤海浮游植物春季水花已经达到鼎盛时期，虽然初级生产力已经开始下降，但是水体中浮游植物的浓度达到了全年的最高值，这为浮游动物提供了丰富的食物来源。然而浮游动物的种群发展则存在一个时间上的滞后，需要一定的时间来形成一定的种群数量。所以，虽然此时浮游桡足类生长迅速，个体摄食率相对较高，由于尚未形成一定的数量规模，其群体的摄食率只占浮游植物现存量的一小部分。已有的历史资料显示，渤海浮游动物生物量要到6月才能达到全年的最高峰（白雪娥和庄志猛，1991）。同样，随着夏季降水、陆地径流的增加以及沉积物的再悬浮，为浮游植物的生长提供了充足的营养盐，渤海浮游植物在夏末秋初形成第二个高峰期。因此，秋季航次期间，浮游桡足类对初级生产力的摄食压力很大，对浮游植物现存量的摄食压力仍然小于10%（Li, et al, 2003）。

　　虽然小型桡足类的个体摄食率较小，但是由于其巨大的生物量，渤海小型桡足类在整个浮游桡足类摄食中的贡献远远大于大中型桡足类。小型桡足类较高的摄食压力可能在于其具有较高的生长潜力和对季节性水华的快速反应能力。从渤海1992—1993年的周年调查资料可以看出，桡足类的生物量一年之中有两个高峰。随着春季浮游植物的大量繁殖，桡足类的数量也迅速增长，在6月达到第一个高峰。这个高峰主要是由于随黄海水团进入渤海的中华哲水蚤的迅速发展以及近岸种类腹针胸刺水蚤和拟长腹剑水蚤等的大量增殖。而此时浮游植物的生物量则逐渐降到低谷，饵料的减少首先导致大中型浮游桡足类的生长受到限制，随之而来的是大中型桡足类的迅速减少，整个浮游动物的生物量随之降低。浮游动物的第二个高峰出现在秋季，主要是小型浮游动物数量的不断发展和肉食性浮游动物的出现。因此，即使在春季浮游植物的高峰期，由于大型桡足类在渤海大部分海区难以形成足够的数量密度，小型桡足类成为主要的摄食类群。另外，1998年夏季在莱州湾的一次持续两周的连续观测中也发现大型桡足类在整个浮游动物中的地位逐渐为小型桡足类所取代（李超伦等，2000）。

4.3　小结

渤海浮游动物呈现出典型的近海海湾生态特征。迄今共记录到浮游动物99种，幼虫17类。水母类是种类数最多的浮游动物类群，桡足类次之，浮游幼虫在繁殖季节大量出现。根据现有的调查资料来看，渤海浮游动物种类数量近几十年来变化不大，但是近年来暖水性和大洋性种类出现的频率和数量有增加迹象。浮游动物生物量在1998年以后明显上升，但是分布格局变化不大，不过由于1998年后浮游动物生物量称量时去除了水母和被囊类等胶质浮游动物，因此是由于分析方法的差异还是生物量确实增加还需要进一步地分析证实。有限的调查资料显示，微型浮游动物在渤海的种类组成较为简单，运动拟铃虫占有绝对优势。

浮游桡足类对浮游植物现存量的摄食压力为5%～12%，对初级生产力的摄食压力为53%～87%，对浮游植物的种群变动有一定的调控作用，其中小型桡足类是主要的贡献者，占整个桡足类群体摄食浮游植物总量的一半以上。稀释实验结果显示，夏季微型浮游动物对浮游植物摄食活跃，日摄食率相当于浮游植物现存量的34%～49%，初级生产力的85%～101%。

第5章 渤海底栖生物

渤海海底平坦，多为泥沙和软泥质，地势呈由三湾向渤海海峡倾斜态势。海岸分为粉沙淤泥质岸、沙质岸和基岩岸三种类型。渤海湾、黄河三角洲和辽东湾北岸等沿岸为粉沙淤泥质海岸，滦河口以北的渤海西岸属沙砾质岸，山东半岛北岸和辽东半岛西岸主要为基岩海岸。渤海海区按基本特征可分为辽东湾、渤海湾、莱州湾、中央海区和渤海海峡五部分。

辽东湾指的是河北省大清河口到辽东半岛南端老铁山角以北的海域。海底地形自湾顶及东西两侧向中央倾斜，湾东侧水深大于西侧，最深处约 32 m，位于湾口的中央部分。河口大多有水下三角洲。辽河口外的水下谷地实为古辽河的河谷，是现代辽河泥沙输送的渠道。

渤海湾位于渤海西部。北起河北省乐亭县大清河口，南到山东省黄河口。有蓟运河、海河等河流注入。海底地形大致自南向北，自岸向海倾斜，沉积物主要为细颗粒的粉砂与淤泥。沿岸为淤泥质平原海岸，泥深过膝，宽 1.5～10 km 不等。

莱州湾位于渤海南部，山东半岛北部。西起黄河口，东至龙口的屺姆角。有黄河、小清河和潍河等注入。海底地形单调平缓，水深大部分在 10 m 以内，海湾西部最深处达 18 m。莱州湾滩涂辽阔，河流携带有机物质丰富，盛产蟹、蛤、毛虾及海盐等。

本章将分别对渤海总体的大、小型底栖生物的种类组成、群落结构、栖息密度和生物量进行描述，并对渤海各部分海域的底栖生物特点进行分别阐述。本章引用"908"专项调查数据，除特别注明外，均引自《我国近海海洋生物与生态调查研究报告（中册）》（2011）。

5.1 大型底栖动物种类组成、群落结构、栖息密度与生物量分布

5.1.1 物种组成

渤海大型底栖动物相对较为贫乏和单调，物种组成中占优势的主要是低盐、广温性暖水种。对渤海海域大型底栖动物的研究和报道较多（孙道元和刘银城，1991；胡颢琰等，2000；韩洁等，2001），多数调查工作是以采泥器进行定量分析。胡颢琰等（2000）采用定量采泥和底栖拖网方式对渤海近岸的底栖动物进行了报道。

渤海大型底栖动物种类组成较简单，由于调查区域和调查方法的差异，对渤海海域物种组成数量的报道也有差异。韩洁等（2001）报道至少有大型底栖动物 306 种，其中甲壳动物 97 种，环节动物 95 种，软体动物 88 种，棘皮动物 11 种，其他动物 15 种。孙道元和刘银城（1991）报道了大型底栖动物 276 种，其中腔肠动物 9 种，多毛类 115 种，软体动物 75 种，甲壳类 59 种，棘皮动物 12 种，脊索动物 6 种。主要种类包括沙箸（*Virgularia* sp.）、毛蚶（*Scapharca subcrenata*）、泥螺（*Bullacta exarata*）、扁玉螺（*Neverita didyma*）、红带织纹螺（*Nassarus succinctus*）、菲律宾蛤仔（*Ruditapes philippinarum*）、鼓虾（*Alpheus* sp.）、口虾蛄（*Oratosquilla oratoria*）、脊尾白虾（*Exopalaemon carnicauda*）、葛氏长臂虾（*Palaemon gravieri*）、三疣梭子蟹（*Portunus trituberculatus*）、隆线强蟹（*Eucrate crenata*）、棘刺锚参（*Protankyra bidentata*）等。上述种类的数量一般较大，尤其是虾、蟹和几种双壳类软体动物，在

辽东湾、渤海湾等海湾各河口附近水域十分密集，成为当地主要的渔业捕获对象，其中有13种在渤海广泛分布，数量较大（表5.1）。

表5.1　渤海底栖动物优势种（引自孙道元和刘银城，1991）

多毛类	
强鳞虫	*Sthenolepis japonica*
狭细蛇潜虫	*Ophiodromus angustifrons*
寡鳃齿吻沙蚕	*Nephtys oligobranchia*
短叶索沙蚕	*Lumbrineris latreilli*
不倒翁虫	*Sternaspis scutata*
软体动物	
胡桃蛤一种	*Nucula* sp.
光滴形蛤	*Theora lubrica*
灰双齿蛤	*Felaneilla usta*
甲壳类	
细长涟虫	*Iphinoe tenera*
三叶针尾涟虫	*Diastylis tricincta*
长尾虫一种	*Campylaspis* sp.
棘皮动物	
光亮倍棘蛇尾	*Amphioplus lucidus*
日本倍棘蛇尾	*Amphioplus japonicus*

2006—2007年我国近海海洋综合调查与评价专项（简称"908"专项）对渤海海域进行了较为全面的调查，根据各站位采集的标本统计，渤海海域范围内四个季节共发现大型底栖生物413种，其中环节动物多毛类131种，软体动物95种，甲壳动物110种，棘皮动物20种，其他类别57种（表5.2）。主要底栖生物优势种类包括不倒翁虫（*Sternaspis sculata*）、拟特须虫（*Paralacydonia paradoza*）、背蚓虫（*Notomastus latericeus*）、江户明樱蛤（*Moerella jedoensis*）、紫壳阿文蛤（*Alvenius ojianus*）、小亮樱蛤（*Nitidotellisa minuta*）、脆壳理蛤（*Theora fragilis*）、细长涟虫（*Iphinoe tenera*）、日本拟脊尾水虱（*Paranthura japonica*）、塞切尔泥钩虾（*Eriopisella sechellensis*）、日本倍棘蛇尾（*Amphioplus japonicus*）、棘刺锚参（*Protankyra bidentata*）、纵沟纽虫（*Lineus* sp.）等种类（表5.3）。

表5.2　"908"专项调查渤海海域各季节底栖动物物种数目组成及其所占比例

季 度	项 目	多毛类动物	软体动物	甲壳动物	棘皮动物	其他动物	总种数/种
春季	种数/种	81	53	63	11	31	239
	比例/%	33.89	22.18	26.36	4.60	12.97	
夏季	种数/种	76	68	87	10	36	297
	比例/%	25.59	22.90	29.29	3.37	12.12	
秋季	种数/种	76	51	66	16	26	235
	比例/%	32.34	21.70	28.09	6.81	11.06	
冬季	种数/种	85	62	68	18	33	266
	比例/%	31.95	23.31	25.56	6.77	12.41	

表5.3 "908"专项调查渤海海域底栖动物优势种类

多毛类	
不倒翁虫	*Sternaspis sculata*
拟特须虫	*Paralacydonia paradoza*
背蚓虫	*Notomastus latericeus*
寡鳃齿吻沙蚕	*Nephtys oligobranchia*
软体动物	
江户明樱蛤	*Moerella jedoensis*
紫壳阿文蛤	*Alvenius ojianus*
小亮樱蛤	*Nitidotellisa minuta*
脆壳理蛤	*Theora fragilis*
豆形胡桃蛤	*Nucula kawamurai*
甲壳动物	
细长涟虫	*Iphinoe tenera*
日本拟脊尾水虱	*Paranthura japonica*
塞切尔泥钩虾	*Eriopisella sechellensis*
大螺赢蜚	*Corophium major*
姜原双眼钩虾	*Ampelisca miharaensis*
棘皮动物	
日本倍棘蛇尾	*Amphioplus japonicus*
棘刺锚参	*Protankyra bidentata*
其他动物	
纵沟纽虫一种	*Lineus* sp.
海箸一种	*Virgularia* sp.
青岛文昌鱼	*Branchiostoma belohgi tsingtauense*

另外有些种在渤海各水域虽都有分布，但仅在局部海域有极高的栖息密度分布，如软体动物毛蚶（*Scapharca subcrenata*）集中分布在三海湾内河口附近软泥区域；多毛类的持真节虫（*Eulymene annadalei*）、五岛短脊虫（*Asychis gotoi*）主要分布在辽东湾；软体动物的凸壳肌蛤（*Musculus scuhousci*）在莱州湾的小清河口外海有大量分布（栖息密度曾达8 288个/m^2）；甲壳类的绒毛细足蟹（*Raphidopus ciliatus*）在渤海湾的山东沿岸曾达到200个/m^2；棘皮动物的金氏蛇尾（*Ophiura kinbergi*）和幼小的心形海胆（*Echinocardium cordatum*）在莱州湾的龙口近海密度曾分别达到2 083个/m^{2}和2 133个/m^2；脊索动物的文昌鱼（*Branchiostoma belcheri*）只发现于秦皇岛至滦河口近海沙质海底。

渤海南北跨越4个纬度，从莱州湾西南到东北端的辽东湾底。由于总体水深较浅，海洋水文条件受陆地影响显著。南部、北部和西部三个湾又都有河流注入淡水，形成了大体相似的环境。从而导致渤海海域动植物种类贫乏、单调，多样度很低，最南端和最北端有不少种同时出现，区系成分没有明显的差异。仅在湾口深水区沉积物颗粒组成显著不同的底质区，底栖生物的多样度和优势种表现出一定的差异。为了详细说明渤海海域的底栖动物群落情况，对辽东湾、渤海湾、莱州湾和渤海中部4个水域进行分述如下。

5.1.1.1 辽东湾

该湾较深，平均水深 22 m，海水交换能力低于渤海湾和莱州湾，沿岸结冰期较长，底质多样，有软泥、粉砂质黏土和细砂贝壳。所以底栖动物种类较多，平均每站采到 22 种，但没有发现生物量较大的种。广泛分布的底栖动物有多毛类的强鳞虫、细蛇潜虫、寡鳃齿吻沙蚕、不倒翁虫、索沙蚕、拟特须虫（*Paralacydonia paradoxa*）、长吻沙蚕（*Glycera chirori*）、似蛰虫（*Amaeana trilobata*）、乳突叶须虫（*Phyllodoce papillosa*）、持真节虫、五岛短脊虫和梳鳃虫（*Terebellides stroemii*）；软体动物有胡桃蛤、灰双齿蛤、光滴形蛤、长偏顶蛤（*Modiolus elongatus*）、秀丽勒特蛤（*Raeta pulchella*）；甲壳类有细长涟虫、三叶针尾涟虫、长尾虫、日本鼓虾（*Alpheus japonicus*）、细螯虾（*Leptochela gracilis*）、日本浪漂水虱（*Cirolana japonensis*）；棘皮动物有光亮倍棘蛇尾、日本倍棘蛇尾等 25 种。持真节虫和五岛短脊虫主要分布在本水域。

5.1.1.2 渤海湾

该湾平均水深 20 m 左右，由于沿岸有较多的河流注入淡水，加之受黄河冲积的影响，底质较单纯，多为软泥，大型底栖动物种类少。广泛分布的物种主要有多毛类的强鳞虫、细蛇潜虫、寡鳃齿吻沙蚕、不倒翁虫、索沙蚕、似蛰虫；软体动物有胡桃蛤、灰双齿蛤、小刀蛏（*Cultellus attenuatus*）；甲壳类有细长涟虫、三叶针尾涟虫、长尾虫、绒毛细足蟹、日本浪漂水虱；棘皮动物有光亮倍棘蛇尾、棘刺锚参等 16 种。小刀蛏和棘刺锚参主要分布于本水域。但有些种数量较大，如绒毛细足蟹大量分布于渤海湾的西南沿岸。房恩军等（2006）对天津附近渤海湾的大型底栖生物的研究，共获得底栖动物 88 种，其中多毛类 40 种，软体动物和甲壳动物均为 18 种，腔肠动物 5 种，还包括 1 种纽虫，1 种腕足动物，2 种棘皮动物，3 种底栖鱼类。

5.1.1.3 莱州湾

该湾平均水深 13 m，常年受外海高盐水的影响，又有黄河带来大量泥砂，底质多样，有粗粉砂、黏土质粉砂和粉砂质黏土。所以，大型底栖动物种类较多，数量也大。广泛分布于本水域的有多毛类的不倒翁虫、长吻沙蚕、寡节甘吻沙蚕（*Glycinde gurjanovae*）、乳突叶须虫；软体动物有凸壳肌蛤、江户明樱蛤（*Moerella jodoensis*）；甲壳类有细长涟虫、长尾虫、绒毛细足蟹、日本鼓虾；棘皮动物有日本倍棘蛇尾、金氏蛇尾、棘刺锚参、心形海胆等 15 种。金氏蛇尾和心形海胆主要分布于本水域。莱州湾中部金氏蛇尾和心形海胆曾分别达到 2 081 个/m² 和 2 133 个/m²，形成了一个以心形海胆和凸壳肌蛤为优势种的群落。

5.1.1.4 渤海中部

渤海中部水域平均水深 24 m，而且范围较大，水文条件也较复杂，湾口与近岸区水文条件差异较大，底质类型有粗砂、细砂、黏土质粉砂和粉砂质黏土，大型底栖动物种类较多。广泛分布于本水域的物种包括多毛类的强鳞虫、狭细蛇潜虫、寡鳃齿吻沙蚕、不倒翁虫、索沙蚕、拟特须虫、长吻沙蚕、似蛰虫、寡节甘吻沙蚕、乳突叶须虫、长须沙蚕（*Nereis longior*）、羽鳃拟稚齿虫（*Paraprionospio pinnata*）、绒毛肾扇虫（*Brada villosa*）、梳鳃虫；软体动物有胡桃蛤、灰双齿蛤、光滴形蛤、长偏顶蛤、秀丽勒特蛤、微形小海螂（*Lepiomya minuta*）、江户明樱蛤；甲壳类有细长涟虫、三叶针尾涟虫、长尾虫、日本鼓虾、细螯虾；

棘皮动物有日本倍棘蛇尾等27种。长须沙蚕、羽鳃拟稚齿虫和微形小海蛹等主要分布于本水域。与其他水域相比，本水域湾口内侧较深处，由于受黄海冷水团的影响，常年保持着一个具有低温和高盐相对稳定的环境条件。因此，这里经常出现主要栖息在黄海冷水团范围的冷水种。

5.1.2 生物量分布

大型底栖生物的生物量在整个渤海的分布趋势基本相同，高值区出现在渤海湾、辽东湾附近水域，它们的生物量和栖息密度较渤海其他水域为高，其中以软体动物和棘皮动物占优势，分别为33.7%和32.2%（胡颢琰等，2000）。软体动物中生物量占前三位的分别是加州扁鸟蛤（*Clinocardium californiense*）、江户明樱蛤和薄索足蛤（*Thyasira tokunagai*），生物量分别为1.06 g/m² (ww)[①]，0.49g/m² (ww) 和0.41 g/m² (ww)；多毛类中不倒翁虫（*Sternaspis sculata*）的生物量占第一位，为0.83 g/m² (ww)，其次为扁蛰虫和紫臭海蛹（*Travisia pupa*），为0.48 g/m² (ww)；甲壳类中鲜明鼓虾（*Alpheus heterocarpus*）、厚蟹一种（*Helice* sp.）和口虾蛄的生物量占优势地位，分别为2.18 g/m² (ww)，1.84 g/m² (ww) 和0.83 g/m² (ww)；棘皮动物中，心形海胆占绝对优势，为12.76 g/m² (ww)，它甚至是整个渤海生物量的最大贡献者，其次分别为柯氏双鳞蛇尾和棘刺锚参，分别为3.10g/m² (ww) 和3.02 g/m² (ww)；其他类的生物量以海豆芽（*Lingula* sp.）占优势（韩洁等，2001）。渤海大型底栖动物生物量组成中主要种是多毛类的强鳞虫、不倒翁虫、持真节虫，软体动物的毛蚶、光滴形蛤、凸壳肌蛤、秀丽勒特蛤、江户明樱蛤，甲壳类的绒毛细足蟹、日本鼓虾；棘皮动物的光亮倍棘蛇尾、心形海胆等。上述优势种类在渤海的水平分布也不相同，毛蚶在辽东湾和渤海湾的部分海区占了生物量的大部分。凸壳肌蛤在黄河口以南莱州湾近岸水域数量很大。棘皮动物的心形海胆在莱州湾的部分海区，也有较高的生物量（孙道元等，1991）（表5.4和表5.5）。根据最新的"908"专项对渤海海域四个季节各航次的分析统计结果显示，在渤海海域内，生物量组成以软体动物占有绝对优势，其次依次是多毛类、棘皮动物、甲壳动物和其他类（表5.6）。

表5.4 渤海底栖动物各类群生物量组成

生物类群	生物量及比例	孙道元和刘银城，1991	胡颢琰等，2000	韩洁等，2001
多毛类	生物量/（g/m²）	1.99	11.44	4.54
	所占比例/%	8.7	21.5	10.7
软体动物	生物量/（g/m²）	13.37	17.92	4.83
	所占比例/%	58.7	33.7	11.3
甲壳动物	生物量/（g/m²）	1.60	3.17	5.88
	所占比例/%	7.0	6.0	13.8
棘皮动物	生物量/（g/m²）	4.47	17.14	22.51
	所占比例/%	19.6	32.2	52.9
其他类	生物量/（g/m²）	1.33	3.47	4.83
	所占比例/%	6.0	6.5	11.3
总计	生物量/（g/m²）	22.76	53.14	42.59

资料来源：孙道元和刘银城，1991。

———————————

① ww：湿重。

表 5.5　渤海各水域底栖动物生物量组成　　　　　　　　　　　单位：g/m²

水　域	总生物量	多毛类	软体动物	甲壳类	棘皮动物	其　他
辽东湾	27.9	2.9	18.3	2.0	3.5	1.3
渤海湾	36.5	1.3	16.3	0.9	6.9	1.1
莱州湾	13.7	1.0	1.2	0.5	9.2	2.1
渤海中部	16.4	2.0	8.8	3.0	2.2	1.3

资料来源：孙道元和刘银城，1991

表 5.6　"908" 专项调查统计渤海底栖动物各类群生物量组成及其所占比例

生物类群	生物量及其比例	春季	夏季	秋季	冬季	全年平均
多毛类	生物量/（g/m²）	2.92	4.17	3.19	3.88	3.54
	所占比例/%	20.89	15.45	22.70	14.94	17.54
软体动物	生物量/（g/m²）	6.88	13.25	4.40	10.66	8.80
	所占比例/%	48.13	48.76	29.56	53.08	46.55
甲壳动物	生物量/（g/m²）	1.92	2.29	2.65	2.67	2.38
	所占比例/%	13.40	8.44	17.77	9.58	11.37
棘皮动物	生物量/（g/m²）	0.96	4.66	3.40	3.45	3.12
	所占比例/%	6.70	17.14	22.82	14.46	15.51
其他类	生物量/（g/m²）	1.56	2.82	1.29	2.33	2.00
	所占比例/%	10.87	10.21	7.15	7.94	9.03
总计	生物量/（g/m²）	14.24	27.19	14.93	22.99	19.84

5.1.2.1　辽东湾

辽东湾大型底栖动物的生物量比渤海湾、莱州湾和渤海中部水域的大型底栖动物生物量高，平均生物量达 27.9 g/m²。高生物量出现在锦西近海和金州湾，而营口近海生物量较低，一般在 1～5 g/m² 以下。生物量组成中优势类群是软体动物（18.3 g/m²），占 65.6%。

5.1.2.2　渤海湾

该水域大型底栖动物平均生物量也高，为 26.5 g/m²。高生物量区分布在塘沽近海，低生物量区在老黄河口以南的山东沿岸，一般在 1～5 g/m² 以下。生物量组成中主要类群也是软体动物，占 61.5%。房恩军等（2006）对渤海湾天津近海大型底栖动物的研究发现，渤海湾底栖动物春季平均生物量为 16.59 g/m²，夏季为 16.45 g/m²，无明显季节性差异。

5.1.2.3　莱州湾

1984 年调查结果显示莱州湾底栖动物的生物量平均达 83.96 g/m²，而当年 7 月高达 123.60 g/m²。其组成中主要是软体动物，特别是毛蚶、凸壳肌蛤等几种双壳类。高生物量区在龙口近海和小清河外海，低生物量区均在黄河口以南的沿岸水域。

5.1.2.4　渤海中部

该水域底栖动物生物量较低，是全渤海最低的水域。高生物量出现在中央部，低生物量在湾口，一般在 5 g/m² 以下。生物量组成中主要类群仍是软体动物（8.8 g/m²），占 53.7%；其他类群相差无几，都在 2 g/m² 左右。

5.1.3 栖息密度分布

渤海底栖动物栖息密度与生物量的分布趋势基本相同，高值区均出现在三大湾。大型底栖动物的四大主要类群软体动物、多毛类、甲壳动物和棘皮动物几乎出现在所有的调查站位。软体动物中，紫壳阿文蛤、微型小海螂和江户明樱蛤的栖息密度高居前三位，分别为 329 个/m²、194 个/m² 和 153 个/m²；多毛类由寡鳃齿吻沙蚕、缩沟裂虫和拟特须虫的栖息密度占前三位，分别为 83 个/m²、64 个/m² 和 60 个/m²；甲壳类中，背尾水虱亚目一种（*Anthuridea* sp.）、长指马耳他钩虾（*Melita longidactyla*）、纤细长链虫（*Iphinoe tenera*）的栖息密度占前三位，分别为 66 个/m²、26 个/m² 和 25 个/m²；棘皮动物中，日本鳞缘蛇尾（*Ophiophragmus japonicus*）、司氏盖蛇尾（*Stegophiura sladeni*）和柯氏双鳞蛇尾（*Amphipholis kochii*）的栖息密度占前三位，分别为 60 个/m²、28 个/m² 和 19 个/m²；其他类群中，则以海豆芽（*Lingula* sp.）占优势（韩洁等，2001）。

渤海的大型底栖生物从栖息密度上来看，软体动物占绝对优势，达 1 341 个/m²，占总平均栖息密度的 52.1%；多毛类为 739 个/m²，占 28.7%；甲壳动物为 313 个/m²，占 12.1%；棘皮动物为 136 个/m²，占 5.3%；其他类的栖息密度为 46 个/m²，占 1.8%（韩洁等，2001）（表 5.7）。

表 5.7 渤海大型底栖动物各类群栖息密度组成

	栖息密度及其所占比例	孙道元和刘银城，1991	胡颢琰等，2000	韩洁等，2001
多毛类	栖息密度（个/m²）	96	99.3	739
	所占比例/%	28.1	41.3	28.7
软体动物	栖息密度/（个/m²）	43	48.2	1341
	所占比例/%	12.6	20.3	52.1
甲壳动物	栖息密度/（个/m²）	132	16.0	313
	所占比例/%	38.6	5.8	12.1
棘皮动物	栖息密度/（个/m²）	63	68.7	136
	所占比例/%	18.4	29.0	5.3
其他类	栖息密度/（个/m²）	8	4.7	46
	所占比例/%	0.02	2.0	1.8
总计	栖息密度/（个/m²）	342	236.9	2575

渤海湾天津近海大型底栖动物春季为 45 个/m²；夏季为 70 个/m²；夏季栖息密度的增加主要由于甲壳类、多毛类和纽形动物的贡献。甲壳类的大蝼蛄虾、中华蝼蛄虾、霍氏三强蟹和泥足隆背蟹的栖息密度明显增加；多毛类主要是含糊拟刺虫、软背鳞虫、无疣齿蚕、小瘤狄帝虫和岩虫的栖息密度相对较大，春季没有出现的叉矛毛虫和琥珀刺沙蚕的栖息密度增大（房恩军等，2006）。

渤海不同水域大型底栖动物栖息密度组成情况见表 5.8。

表5.8 渤海各水域大型底栖动物栖息密度组成 单位:个/m²

水 域	栖息密度	多毛类	软体动物	甲壳类	棘皮动物	其 他
辽东湾	276	82	29	139	17	8
渤海湾	157	43	40	34	11	9
莱州湾	822	59	38	151	563	11
渤海中部	435	168	63	182	12	8

资料来源:孙道元和刘银城,1991。

从"908"专项调查的结果来看,渤海的底栖动物密度呈现多毛类和软体动物占有绝大多数比例,分别达到了42.21%和32.82%,但是四个季度的变动也较大,其次分别是甲壳动物18.40%、棘皮动物5.08%和其他类1.49%(表5.9)。

表5.9 "908"专项调查统计渤海大型底栖动物各类群栖息密度组成及其所占比例

生物类群	栖息密度及其比例	春季	夏季	秋季	冬季	全年平均
多毛类	栖息密度/(个/m²)	150	230	142	269	198
	所占比例/%	60.76	25.84	55.82	54.85	42.21
软体动物	栖息密度/(个/m²)	27	486	39	72	156
	所占比例/%	11.06	54.61	15.14	14.27	32.82
甲壳动物	栖息密度/(个/m²)	60	114	55	120	87
	所占比例/%	24.35	12.83	21.31	23.80	18.40
棘皮动物	栖息密度/(个/m²)	5	51	17	25	25
	所占比例/%	2.09	5.72	6.49	4.69	5.08
其他类	栖息密度/(个/m²)	5	9	6	14	9
	所占比例/%	1.73	1.00	1.23	2.40	1.49
总计	栖息密度/(个/m²)	247	891	258	500	474

5.1.3.1 辽东湾

本区栖息密度不高,其中主要物种是细长涟虫、持真节虫、寡鳃齿吻沙蚕、光亮倍棘蛇尾、灰双齿蛤等。高密度区也分布在金州湾,最高为737个/m²,低密度区出现在营口近海。

5.1.3.2 渤海湾

渤海湾大型底栖动物栖息密度最低的只有157个/m²,而渤海湾在1958—1959年全国海洋综合调查时底栖动物的栖息密度是较大的,如当时软体动物毛蚶较多,栖息密度曾达385个/m²,但在1978—1980年的调查中及孙道元和刘银城(1991)的调查中都没有出现。

5.1.3.3 莱州湾

本水域在1982年和1984年等的调查中栖息密度最高,分别达822个/m²和1 138个/m²。密度组成中主要是软体动物和棘皮动物。高栖息密度区分布在龙口近海和小清河外海,低栖息密度区均在黄河口以南的沿岸水域。

5.1.3.4 渤海中部

本区栖息密度为435个/m²,栖息密度组成中主要是小个体多毛类和甲壳类,分别占

38.6%和42.1%。高栖息密度区分布在中央,湾口北侧栖息密度则较低,这与该水域底质较硬,深度较大,水流急,不适宜底栖动物生活有关。

大型底栖生物的栖息密度与水深、沉积物的粒度、小型底栖生物以及线虫和桡足类的栖息密度相关。水深的影响是间接的,而到达底部的食物的质和量才是影响生物量的直接因素。水深与水体的初级生产量存在着显著的正相关关系,在较深的水域,有较高的初级生产量到达底部,从而支持着较高的大型底栖动物的生物量。随着沉积物中黏土含量的降低,重金属中的铜、铅及有机质和水分含量的降低也十分明显,其原因可能是由于底质越细,其透气性就越差,易形成缺氧状态,不利于有机质的氧化,但却有利于有机质和部分重金属的保存。在渤海,随着沉积物粉砂–黏土含量的降低和砂含量的增加,大型底栖动物的栖息密度会显著或极显著地增加,说明渤海含砂量相对高的生境有利于动物栖息密度的增加。大型底栖动物生物量与小型底栖生物、线虫和桡足类栖息密度显著或极显著的相关关系说明大型动物生长有利的环境,同样也适合小型底栖生物,水体中活性磷酸盐和硅酸盐与水体的初级生产力未达到显著水平,但是也呈正相关关系;底层水中亚硝酸盐的含量与大型底栖动物的生物量的负相关关系可能间接地表明水体中的亚硝酸盐是过量的(韩洁等,2001)。

5.1.4 群落结构分析

渤海的动、植物种类相对较为贫乏、单调,多样性程度很低,群落中占优势的物种主要是广温、广盐性种类,基本属印度—西太平洋区系的暖水性种类(胡颢琰等,2000)。由于渤海海域相对简单的生境,在最南端和最北端有不少物种同时出现,区系成分没有明显的差异,仅在湾口深水区沉积物颗粒组成显著不同的底质区才表现出种类组成方面的某些区别(孙道元和刘银城,1991)。

渤海受大陆沿岸水、黄海冷水及黑潮水的共同影响,水温季节变化明显,各种水文、底质条件复杂,底栖生物群落组成也较复杂。

胡颢琰等(2000)认为渤海海域的大型底栖动物可以划分为以下三个群落。

(1)颗粒关公蟹–细雕刻肋海胆(*Temnopleurus toreumaticus*)群落。

此群落位于辽东湾海域。代表种有颗粒拟关公蟹、日本诺关公蟹(*Nobilum japonicus*)、细雕刻肋海胆、日本长腕海盘车(*Distolasterius nipon*)、口虾蛄、日本鼓虾、毛蚶、扁玉螺等。

(2)隆线强蟹–彩虹明樱蛤(*Moerella tridescens*)群落。

此群落分布于渤海中部及渤海湾,代表种有隆线强蟹、哈氏刻肋海胆、彩虹明樱蛤、假主厚旋螺(*Carssispira pseudopriciplis*)、海仙人掌一种(*Cavemularia* sp.)、泥脚隆背蟹(*Carcinoplax vestita*)、仿盲蟹一种(*Typholcarcinops* sp.)、艾氏活额寄居蟹(*Diogenes edwardsii*)、日本倍棘蛇尾、锯额瓷蟹(*Porcellana serratifrong*)、泥螺等。

(3)叫姑鱼一种(*Johnius* sp.)–颗粒关公蟹群落。

此群落分布于莱州湾,代表种有叫姑鱼、颗粒关公蟹、涟虫(Bodotriidae)、脊尾白虾、中国毛虾(*Acetes chinensis*)、绒毛细足蟹(*Raphidopus ciliatus*)、端正拟关公蟹(*Paradorippe polita*)等。

李荣冠(2003)分析了渤海海域的大型底栖动物群落,认为可分为四个群落。

(1)拟特须虫–短竹蛏–赛切尔泥钩虾群落:位于渤海中南部的东西两侧和北部,水深23~32 m,底质主要为砂质黏土、粉砂黏土。

(2)花岗钩毛虫–凯利蛤–长鳃麦秆虫–变化柄锚参群落:位于渤海中部和中部北侧,水深24~38 m,底质主要为砂质黏土。

（3）不倒翁虫 – 脆壳理蛤 – 日本美人虾 – 倍棘蛇尾群落：位于渤海北部西侧，水深 27~30 m，底质主要为砂质黏土。

（4）梳鳃虫 – 小亮樱蛤 – 葛氏胖钩虾 – 洼鄂倍棘蛇尾群落：位于渤海北部东侧、中部和南部，水深 16~31 m，底质为砂质黏土、黏土粉砂。

5.2 小型底栖生物种类组成、群落结构、栖息密度与生物量分布

5.2.1 类群组成与数量特征

1997 年 6 月、1998 年 9 月和 1999 年 4 月，"科学 1"号和"东方红 2"号调查船对渤海海域小型底栖动物进行了 3 个航次的调查（慕芳红等，2001a），共采集鉴定小型底栖生物类群 14 个，包括线虫、桡足类、多毛类、双壳类、寡毛类、腹足类、动吻类、介形类、涡虫类、腹毛类、端足类、异足类、海螨类以及其他未鉴定类群。3 个航次主要类群都是线虫占绝对优势，桡足类丰度居第二位，这两个类群总和占小型底栖生物总丰度的 94.2% ~ 97.5%，其次是多毛类和双壳类，其余各类群都不足小型底栖生物总丰度的 2%。在生物量中所占比例列前 4 位的类群依次为线虫、多毛类、桡足类、双壳类，3 个航次这 4 个类群的生物量加起来都超过小型底栖生物总生物量的 80%。

小型底栖生物的平均丰度季节变化由大到小依次为：夏季（2 300 ±1 206）个/10 cm^2、秋季（869 ±510）个/10 cm^2、春季（632 ±400）个/10 cm^2，表明夏季是渤海小型底栖动物丰度的高峰期，就各类群丰度分布的总体格局来看，仅多毛类表现出了较为显著的含砂量高的站位丰度较多的特征（郭玉清等，2002）；平均生物量相应的变化由大到小依次为：夏季（1 521 ±634）μg/10 cm^2（dw）、秋季（725 ±354）μg/10 cm^2（dw）、春季（517 ±393）μg/10 cm^2（dw）。

"908"专项对渤海小型底栖生物调查数据表明其生物量水平分布呈中、北部高，西、南部较低的趋势。全年平均生物量为（621.23 ±541.75）μg/10 cm^2（dw）。生物量季节变化见表 5.10。栖息密度水平分布与生物量分布状况相似，也呈中、北部高，西、南部较低的趋势。全年平均栖息密度为（692.35 ±565.63）个/10 cm^2。栖息密度季节变化见表 5.10。

表 5.10 渤海小型底栖生物生物量和栖息密度的季节变化

	春季	夏季	秋季	冬季	平均
平均生物量/[μg/10 cm^2（dw）]	522.49 ±447.88	753.78 ±649.92	617.69 ±504.90	587.71 ±531.31	621.23 ±541.75
平均栖息密度/（个/10 cm^2）	570.57 ±367.38	724.64 ±548.99	688.68 ±530.55	785.52 ±761.87	692.35 ±565.63

5.2.2 空间分布

就水平分布而言，小型底栖动物和自由生活海洋线虫丰度的高值主要出现在渤海的中东部和海峡口的站位（郭玉清等，2002），桡足类丰度则在海峡口和辽东湾湾口站位较高。垂直分布方面，小型底栖生物的 74.0% 分布于 0~2 cm 表层，各类群有所不同，线虫分布于 0~2 cm 的数量占 72.4%，桡足类占 95.6%，其他类为 72.8%。

5.2.3 环境因子相关分析

对小型底栖动物丰度与沉积环境因子分析表明（慕芳红等，2001a），水深与小型底栖动

物丰度、自由生活海洋线虫丰度和桡足类丰度为极显著相关；沉积物的中值粒径与桡足类的丰度和小型底栖动物总丰度呈显著负相关；砂、粉砂和黏土含量影响三者的丰度变动，其中与桡足类丰度相关最为密切；而沉积物中叶绿素 a、脱镁叶绿素 a、含水量和有机质含量与三者的关系不显著。

5.2.4 底栖桡足类群落

渤海 1998 年 9 月调查共鉴定出底栖桡足类 77 种（慕芳红等，2001b），在种类分析基础上将调查站位聚类和标序，划分为 4 个大的组合：组合 1 包含的站位位于渤海海峡中部；组合 2 的站位又可分为 3 个亚组合，分别位于渤海海峡沿岸海域、渤海中部的东部海域和渤海中部的西部区域；组合 3 位于莱州湾和渤海湾东南部；组合 4 位于渤海北部辽东湾口。

与环境因子相关分析结果表明环境梯度是控制底栖桡足类的群落结构的主要因素，支配底栖桡足类群落结构的主要环境因子是水深和沉积物粒度。

5.3 小结

渤海海域底栖动物区系简单，2006—2007 年我国近海海洋综合调查与评价专项中共采集大型底栖生物 413 种，种数在四个海区中最少，其中环节动物多毛类 131 种，软体动物 95 种，甲壳动物 110 种，棘皮动物 20 种，其他类 57 种。主要底栖生物优势种类包括不倒翁虫、拟特须虫、背蚓虫、江户明樱蛤、紫壳阿文蛤、小亮樱蛤、脆壳理蛤、细长涟虫、日本拟脊尾水虱、塞切尔泥钩虾、日本倍棘蛇尾、棘刺锚参和纵沟纽虫等种类，优势种主要是低温和广盐暖水种。与以往的调查相比，大型底栖动物的种数有较明显的增加，可能是此次调查范围较广，航次较多的原因。优势种的变化也较明显，小型多毛类明显增多，而经济性的种类如菲律宾蛤仔、口虾蛄和三疣梭子蟹等则减少。渤海的渔业资源有退化的趋势。渤海海域大型底栖动物种类贫乏、单调，多样度低，最南端和最北端有不少种同时出现，区系成分没有明显的差异，仅在湾口深水区沉积物颗粒组成显著不同的底质区，底栖生物的多样度和优势种表现出一定的差异。

2006—2007 年近海海洋综合调查总生物量为 19.83 g/m^2，以软体动物占有绝对优势，其次依次是多毛类、棘皮动物、甲壳动物和其他类生物。总的生物量比 1991 年，2000 年和 2001 年调查时有明显下降。生物量在整个渤海的分布趋势基本相同，高值区出现在渤海湾、辽东湾附近水域，它们的生物量较渤海其他水域为高，其中以软体动物和棘皮动物占优势。

2006—2007 年近海海洋综合调查总栖息密度 474 个/m^2，渤海的底栖动物密度呈现多毛类和软体动物占有绝大多数比例，分别达到了 42.21% 和 32.82%，但是四个季度的变动较大；其次分别是甲壳动物 18.40%、棘皮动物 5.08% 和其他类 1.49%。栖息密度与生物量的分布趋势基本相同，高值区均出现在三大湾。

渤海小型底栖生物调查表明其生物量水平分布呈中、北部高，西、南部较低的趋势。全年平均生物量为（621.23 ± 541.75）$\mu g/10\ cm^2$（dw）。栖息密度水平分布与生物量分布状况相似，也呈中、北部高，西、南部较低的趋势。全年平均栖息密度为（692.35 ± 565.63）个/10 cm^2。

第6章 渤海特定生境的生物海洋学特征

6.1 黄河口区的生物海洋学特征

黄河是我国第二长河，世界上含沙量最多的河流。由于黄河每年携带大量泥沙入海，给海域输进了大量的营养盐类，在河口和近海区形成了适宜于海洋生物生长、发育的良好生态环境，因此，黄河口区及其邻近海域是渤海的高生产力水域。

黄河口区海洋生物物种丰富，1996—1998 年黄河三角洲调查时共鉴定出浮游植物 116 种，隶属于 4 门 11 目 16 科；浮游动物 79 种，隶属于 4 门 17 目 46 科；底栖动物 222 种，隶属于 7 门 41 目 115 科，以环节动物、软体动物和节肢动物种类为多，在数量上占优势的主要是一些广温低盐性种（贾文泽等，2002）。2004 年黄河口生态监控区调查资料表明，5 月大型底栖动物栖息密度和生物量偏低，8 月浮游植物密度偏高；产卵场退化，鱼卵、仔鱼的种类单一且密度很低；获得的浮游植物、浮游动物和底栖生物的种类数和生物密度均远低于 20 世纪 90 年代调查研究结果（刘霜等，2009）。这表明黄河口区生态系统正在发生着变化，以下将分别介绍生态系统中浮游植物、浮游动物和底栖生物物种组成、主要种类、丰度和分布变化以及黄河生态系统的变化和黄河断流对生态系统的影响。

6.1.1 浮游植物

6.1.1.1 物种组成、丰度及优势物种

此海岸带和浅海环境条件优越，营养盐含量丰富，初级生产力较高。浮游植物的现存量平均为 3.56 mg/m^3。4 月 10 m 以浅水域浮游植物现存量为 3~4 mg/m^3，黄河口外海高达 6 mg/m^3，5—6 月现存量为全年高峰，平均为 5.5 mg/m^3，以神仙沟口一带和黄河口外海最高，达 10~20 mg/m^3，7 月随黄河口径流向南分布，高现存量区移到莱州湾西部，8 月出现现存量次峰，9 月下降，10—11 月恢复到 4 月的平面分布格局。（《中国海湾志》编纂委员会，1998）

1984 年海岸带调查鉴定出浮游植物 103 种（包括变种和变型），其中硅藻门 33 属 91 种，是主要的浮游植物类群，甲藻门 4 属 10 种，金藻门 1 属 1 种，绿藻门 2 属 1 种。优势种多是常见于渤海或黄海的暖温种、热带近岸种，极少数为淡水种。翼根管藻印度变种、密联角毛藻、尖刺伪菱形藻等，是 5 月浮游植物群落的优势物种，旋链角毛藻、爱氏辐环藻、菱形海线藻、窄隙角毛藻的数量也很大，也是群落的优势种，其中旋链角毛藻和爱氏辐环藻在春季占优势，菱形海线藻和窄隙角毛藻在秋季占优势。异角角毛藻和骨条藻等低盐种，是构成黄河口外及其以南夏季浮游植物群落的优势物种。5 月和 7 月下旬，在黄河口还采到四尾栅藻、星盘藻和孟氏小环藻等淡水藻。此外，虽然在黄河口及其邻近水域透明度很低，限制了浮游植物的生长，但在夏、秋季黄河口洪汛期间，径流湍急，部分底栖硅藻如斜纹藻和布纹藻大量被冲起，丰度达到 10^5 cell/m^3，形成了底栖硅藻占优势的特异现象。

黄河口及其邻近水域网采浮游植物细胞丰度平均为 $226 \times 10^4 \, \text{cell/m}^3$，浮游植物主要分布在黄河口以南莱州湾南部、径流和海水交汇的锋面区。黄河口及其外海在春季和秋季为数量高峰期，其中 7 月下旬数量最高，丰度高达 $540 \times 10^4 \, \text{cell/m}^3$，黄河口以北浮游植物个体数量高峰期为秋季，9 月底时丰度达到 $420 \times 10^4 \, \text{cell/m}^3$，并在神仙沟口一带密度较高（《中国海湾志》编纂委员会，1998）。

6.1.1.2 季节变化

渤海浮游植物群落研究发现，秋季浮游植物细胞丰度的高值区位于黄河口和渤海湾东部两区域，而春季浮游植物细胞丰度的高值区则分布于渤海海峡靠近渤海中部区域。春秋两季浮游植物群落在渤海海峡、渤海湾东部和黄河口海域差异较大（孙军等，2002b）。

1996 年有关调查显示，黄河三角洲附近海域浮游植物个体数量占优势为圆筛藻属、根管藻属和菱形藻属。圆筛藻全年均有分布。3 月除小清河口数量较低外，其他部分海域细胞个数为 $10 \times 10^4 \sim 50 \times 10^4 \, \text{cell/m}^3$，在黄河北大嘴与广利河口近岸海域出现高值区。5 月平均细胞个数为 $16 \times 10^4 \, \text{cell/m}^3$，密集区主要在黄河口和小清河口之间海域。8 月平均细胞个数为 $7 \times 10^4 \, \text{cell/m}^3$，丰度较低。11 月圆筛藻数量平均为 $20 \times 10^4 \, \text{cell/m}^3$，高于 5 月、8 月，大部分海域为 $10 \times 10^4 \sim 30 \times 10^4 \, \text{cell/m}^3$。8 月、11 月圆筛藻低值区均位于小清河口外。圆筛藻的细胞丰度分布与浮游植物总细胞丰度的分布基本趋于一致，其数量左右着整个浮游植物生物量的变化（田家怡，2000）。

根管藻分布极不均匀。根管藻冬春季数量较高。3 月由于斯氏几内亚藻和刚毛根管藻冬春季大量繁殖，全海域平均细胞个数达 $45 \times 10^4 \, \text{cell/m}^3$，个别站竟达 $304 \times 10^4 \, \text{cell/m}^3$。5 月量值较低，仅在套儿河口西侧小范围内出现高值区域，数量达到 $1 \times 10^4 \sim 5 \times 10^4 \, \text{cell/m}^3$。8 月根管藻的分布范围更为缩小，只分布于黄河口以北和黄河北大嘴以西的非河口海域。11 月根管藻分布相对均匀（田家怡，2000）。

菱形藻分布也不均匀。3 月高值区位于黄河口附近海域，丰度大于 $10 \times 10^4 \, \text{cell/m}^3$。5 月高值区出现在黄河口与小清河口之间海域，丰度达 $5 \times 10^4 \, \text{cell/m}^3$。8 月的高值区出现在挑河和黄河口以北附近海域，丰度高于 $10 \times 10^4 \, \text{cell/m}^3$。11 月高值区分散在套儿河、神仙沟及广利河口外的局部范围内，丰度达 $5 \times 10^4 \, \text{cell/m}^3$（田家怡，2000）。

本海域受沿岸河流入海径流之影响，盐度变化幅度较大，浮游植物的分布也体现了这一特征。3 月为早春季节，海域中营养盐较丰富，加之光照和水温的逐渐增升，浮游植物开始大量繁殖，全海域生物量提高，尤以湾湾沟至黄河口大面积海域内最为突出，出现 $100 \times 10^4 \sim 500 \times 10^4 \, \text{cell/m}^3$ 的高值区，最高值达到 $640 \times 10^4 \, \text{cell/m}^3$。5 月浮游植物个体数量分布较均匀，大部分海域细胞个数在 $10 \times 10^4 \sim 50 \times 10^4 \, \text{cell/m}^3$。8 月浮游植物个体数量分布不均匀，密集区位于黄河口外咸淡水交汇区，丰度为 $100 \times 10^4 \sim 500 \times 10^4 \, \text{cell/m}^3$，其分布趋势与河水入海方向一致。11 月浮游植物平均密度较大，分布亦较均匀，高值区出现在黄河口外，丰度为 $100 \times 10^4 \sim 500 \times 10^4 \, \text{cell/m}^3$。值得注意的是，3 月、8 月、11 月小清河口外海域浮游植物个体数量均较低，只有 5 月出现 $100 \times 10^4 \sim 500 \times 10^4 \, \text{cell/m}^3$ 的高值区。从浮游植物个体数量季节变化来看，3 月浮游植物数量最高，5 月、8 月、11 月数量波动幅度不太大，5 月略低，8 月是第二个繁殖高峰（田家怡，2000）。

6.1.1.3 年际变化

莱州湾地处渤海南部，有黄河等多条河流入海，受陆地河川的影响较大。一方面盐度较低，营养盐丰富，适于浮游植物的生长繁殖；另一方面受径流量变化的影响，盐度和营养盐含量的波动较大，从而引起浮游植物种类组成和数量的波动。调查资料显示，莱州湾浮游植物种类繁多，已鉴定的有 2 门 31 属 80 种。但是，自 1959—1998 年间，莱州湾浮游植物的属数及种数呈下降趋势，1998 年减少最为显著。在数量分布上，4 个调查年度之间的波动较显著，1982 年和 1992 年较 1959 年有较大幅度的增加，其中 1982 年数量最高之后则逐年下降，到 1998 年降至最低，分别为 1959 年 27 属 85 种，1982—1983 年 27 属 61 种，1992—1993 年 25 属 54 种，1998 年 20 属 45 种（朱树屏等，1966；康元德，1991；王俊和康元德，1998；王俊，2000）。

硅藻门中以角毛藻的种类最多，达 23 种。根据在 4 个年度 12 个航次调查中出现的频率分析结果显示，最常见的种类有柔弱角毛藻、窄隙角毛藻、旋链角毛藻、遏罗角毛藻、扁面角毛藻、洛氏角毛藻、双突角毛藻、奇异角毛藻等 8 种，其次是圆筛藻属 8 种，根管藻属 5 种。甲藻门中角藻的种类数量较多，主要有三角角藻、叉状角藻和大角角藻等。从个体数量年间分布来看，1982 年浮游植物的数量较其他调查年度中结果要高，平均为 $1\,270.2 \times 10^4$ cell/m^3，而 1959 年仅为 79.6×10^4 cell/m^3。1992 年和 1998 年则逐渐减少，分别为 1982 年的 13.2% 和 4.3%。从季节分布看，莱州湾浮游植物存在显著的季节差异，但不同年度间的分布规律是不一致的（王俊和康元德，1998；王俊，2000）。

6.1.2 浮游动物

6.1.2.1 物种、生物量及分布

浮游动物的摄食活动决定着海洋初级生产到次级生产的转化，在物质及能量传递过程中发挥着承上启下的作用。黄河口及其附近水域以桡足类和水母为优势种，种类组成以近岸低盐为主，还有低盐河口种和偏高盐外海种，而且种类和季节交替明显。莱州湾水域的浮游动物种类组成以近岸性低盐种类为主，如夜光虫、桡足类和毛颚类等。几乎终年都以强壮箭虫和真刺唇角水蚤为优势种，其他中、小型浮游动物有腹针胸刺水蚤、刺尾歪水蚤、太平洋纺锤水蚤、双毛纺锤水蚤等。外海性种类如中华哲水蚤、太平洋磷虾等主要是随黄海高盐水进入本区。在繁殖季节，无脊椎动物幼体所占比例很大（姜太良，1991）。

黄河口及其邻近海区，浮游生物在 4—5 月较高，6 月达到最高峰，为 316 mg/m^3；9 月生物量最低，仅为 174 mg/m^3；月平均生物量为 249 mg/m^3，高生物量区域主要是莱州湾西部、西南部以及臭水河口一带；莱州湾高生物量区主要是由个体较大的强壮箭虫和双毛纺锤水蚤组成，臭水河高生物量区主要是强壮箭虫、腹针胸刺水蚤、中华哲水蚤、刺尾歪水蚤和蟹类幼体等。8 月，海水温度升高至 26℃ 左右，许多无脊椎动物进入繁殖期，其浮游幼体主要见于神仙沟一带，在套尔河口以西水域生物量大于 1 000 mg/m^3，而在 9—11 月间，无脊椎动物幼体生物量下降到 100~200 mg/m^3，但优势种无明显变化（《中国海湾志》编纂委员会，1998）。

6.1.2.2 季节变化

黄河口春季浮游动物生物量变化趋势较不明显。1959 年春季浮游动物生物量为 409.3 mg/m^3，1984 年为 316 mg/m^3（《中国海湾志》编纂委员会，1998），黄河口春季浮游动物生物量一般集中在 300 mg/m^3 左右，最高值出现在 2004 年，达到 1 298.42 mg/m^3，是 1959 年的 3 倍多，这在一定程度上反映了生物量增加这一趋势。黄河口附近水域春、夏季浮游动物生

物量增加的幅度不大，但夏季变化趋势与春季略有不同，自1959—2006年，黄河口浮游动物生物量的最高值出现在2004年，数值为260.31 mg/m^3，是同期全国海洋普查的2.6～3.0倍。与历史资料相比，黄河口夏季浮游动物生物量呈增加趋势，但增幅较小（中华人民共和国国家科学技术委员会海洋组海洋综合调查办公室，1977a；张达娟等，2008）。

6.1.2.3 年际变化

1996年黄河三角洲附近海域浮游动物中以桡足亚纲种类为最多，分布最广，占种类总数的39.7%。克氏纺锤水蚤、真刺唇角水蚤和强壮箭虫等为浮游动物优势种。个别月份小拟哲水蚤、中华哲水蚤和利尾歪水蚤亦大量出现。该海域浮游动物绝大多数种类为广温、低盐类型，未发现高温高盐和高温低盐类型（焦玉木和田家怡，1999）。调查发现黄河口浮游动物种类数呈明显的下降趋势，1959年黄河口浮游动物种类数为87种，2006年浮游动物种类数降低到43种，下降了50.6%；1959年桡足类种类数共鉴定出30种，1980—1985年间的2次调查中，桡足类的种类数均高于20种，与全国海洋普查时相比虽然有一定程度的下降，但是变化幅度不大；自1985年以后的几次调查中，桡足类的种类数均低于20种，2006年共鉴定出桡足类14种，比全国海洋普查时下降了53.3%，桡足类在浮游动物中的所占比重由1985年的42.4%下降到2006年的32.6%（中华人民共和国国家科学技术委员会海洋组海洋综合调查办公室，1977a；张达娟等，2008）。

6.1.3 底栖生物

6.1.3.1 物种组成、生物量及分布

在海洋生态系统中的能量转换和物质循环中，底栖生物处于中间环节。多数底栖生物是经济鱼、虾类的天然饵料，有些底栖生物本身就具有食用价值，是重要的养殖和捕捞对象。黄河口海域小型、大型底栖动物相关研究已有不少。小型浮游动物中，自由生活的海洋线虫是数量最多的类群，占66.5%；桡足类和介形类的百分比组成和平均密度分别为16.9%和4.7%，并随着远离水下三角洲水深的增加和沉积环境的改变，线虫优势减弱，而桡足类显著增加。小型动物数量主要分布在表层的0～2 m内，而在5～10 m水层数量很少。从类群看，桡足类绝大部分集中在表层0～2 m，线虫除在表层外，2～5 m范围内也有一定数量的分布（张志南等，1989）。

沿黄河口水下三角洲—莱州湾—渤海中部断面，底栖动物也呈现不同区系特征：在黄河口水下三角洲区，线虫组成占绝对优势，大型底内和底上动物种类贫乏，密度和生物量均很低，大型底栖动物中浅穴居、食底泥的短命和机会型的多毛类动物占据优势，莱州湾区物理环境相对稳定，线虫优势下降，桡足类比例增加，环境条件有利于大型动物的生长发育。大型动物种类多，除了多毛类以外，穴居型的双壳类软体动物和棘皮动物（如心形海胆）在数量和生物量上均占有明显的优势，渤海中部线虫的优势继续下降，桡足类比例继续增加，大型动物的多样性和密度虽高，但生物量不高，小型个体和幼小个体占绝对优势，这可能受到海域生产力和季节的影响，黄河口水下三角洲及其邻近海域大型底栖动物的平均生物量明显高于我国大部分海域，仅低于北黄海，其中以莱州湾为最高。河口输入的营养盐在与高密度低营养盐海水混合过程中，逐渐下沉到莱州湾北部，这是控制该海域高生产力的主要因素（张志南等，1990a，1990b）。

6.1.3.2 季节变化

莱州湾底栖动物的数量有明显的季节变化。季节性变化最明显的是一些优势种：凸壳肌蛤、光滴形蛤、勒特蛤、亮樱蛤、绒毛细足蟹等。这些数量变化明显的底栖动物基本上都是经济鱼、虾类的饵料，其数量的盛衰往往与鱼虾集群、索饵有密切关系，从底栖生物数量变化可以了解经济鱼、虾的分布规律。

6.1.3.3 年际变化

1985 年 5—6 月对黄河口及其邻近海域进行了大型底栖动物的定量调查，调查结果显示，海域平均生物量为 35.28 g/m²。棘皮动物占优势，为总生物量的 47.2%；软体动物次之，占 34.2%；多毛类和甲壳类分别占 7.5% 和 6.2%。莱州湾的生物量为调查海域平均生物量的 3.5 倍（张志南等，1990a，1990b）。于 1986 年 7—8 月对黄河口水下三角洲及其邻近海城的小型动物进行调查，结果为：自由生活的海洋线虫是数量最多的类群，占 66.5%；桡足类和介形类的百分比组成和平均密度分别为 16.9% 和 4.7%（张志南等，1989）。

莱州湾和渤海中部的线虫群落种类组成有显著的年际改变，非选择沉积食性种类显著增加，及附生生物食性种类显著减少。该海域有机碎屑量的显著增加是影响线虫群落结构的一个重要因子（张志南等，2001）。

6.2 黄河口区生态系统的年际变化

黄河口及其邻近海域浮游植物生态类型大都是常见于渤海的暖温带种、热带近岸种和极少数淡水种。其中热带近岸种出现于夏、秋两季。根据浮游植物主要种类与温度、盐度的关系，可分为 5 种生态类型：①低温低盐类型，主要有冕孢角毛藻、伏氏海毛藻、柔弱根管藻和日本星杆藻等；②低温高盐类型，主要有辐射圆筛藻、笔尖形根管藻和中华盒形藻等；③偏高温低盐类型，有窄隙角毛藻和夜光藻等；④高温高盐类型，如秘鲁角毛藻；⑤广温广盐类型，主要是中肋骨条藻、刚毛根管藻和菱形海线藻。按其地理分布，可分为以下 3 种生态类型：①河口类型，代表种有新月菱形藻、奇异菱形藻、布纹藻等，淡水藻类中的星藻、四尾栅藻，在夏秋汛期，河口附近也有出现；②近岸类型，以具槽直链藻、丹麦细柱藻、柔弱根管藻、刚毛根管藻、柔弱角毛藻、窄隙角毛藻、中华半管藻以及海链藻属和菱形藻属的一些种类为代表，近岸种约占浮游植物种类总数的 60% 以上；③外海类型，主要有辐射圆筛藻、笔尖形根管藻和秘鲁角毛藻等。由上可见，黄河三角洲附近海域浮游植物大部分属于近岸类型，河口种类也占有一定比例。其区系特点以温带近岸种和河口种为主，热带近岸种也有出现，但数量少（田家怡，2000）。

孙军等（2002b）将渤海浮游植物群落分为 3 个区：渤海湾区、黄河口区和渤海海峡区。渤海湾区划的浮游植物多为渤海本地种的演替群落。黄河口区划的浮游植物群落由于黄河口冲淡水对其的影响有两个主要特征：首先是淡水种和半咸水种的存在，此区浮游植物多有绿藻、蓝藻及一些半咸水硅藻如具槽帕拉藻和颗粒直链藻出现；其次是假浮游性种类的占优，如圆筛藻、伪菱形藻、海线藻和齿状藻。渤海海峡区划的浮游植物群落主要为外源性种类和本地种类的混生群落。

比较历年调查结果可以看出，莱州湾浮游植物群落具有较为明显的波动，从 1959—1998 年间，上述物种的多形性、均匀度均有下降的趋势，尤其是 1998 年降到最低。除 1982 年 5 月和 1998 年 5 月外，生物多样性指数都在 1.5 ~ 3.5 的正常范围内。在 1982—1998 年间，均匀度指数都较低，1982 年 5 月和 1998 年 5 月分别为 0.20 和 0.31（王俊和康元德，1998；王俊，2000）。

黄河三角洲附近海域不同季度月浮游植物多样性指数表明：3 月浮游植物多样性指数最高值出现在黄河北大嘴外侧的部分区域，最低值出现在小清河口外区域，从套儿河口至溢洪河口的大部分海域浮游植物多样性指数均在 1.5 ~ 2.0 之间，多样性分布较均匀。5 月浮游植物多样性指数最高值出现在黄河入海口附近海域，最低值出现在小清口套儿河口，小清河口附近海域多样性指数低于其他海域。8 月浮游植物多样性分布很不均匀，高值区分别位于套儿河口、刁口、黄河口外一小范围内，低值区位于小清河口附近海域，该月海域中部多样性分布均匀，近岸和外侧多样性分布极不均匀。11 月浮游植物多样性指数除套儿河口西北倒、刁口、黄河北大嘴和黄河、小清河口出现高值区外，大部分海域多样性分布较均匀。可以看出，该海域浮游植物多样性分布特点为：8 月多样性分布极不均匀，3 月、5 月、8 月小清河口多样性较低，5 月、8 月、10 月黄河口海域多样性较高，海域中部多样性分布较均匀。浮游植物多样性有着明显的季节变化，且受河流径流影响较大。

黄河口及其邻近海域包括黄河三角洲和莱州湾具有独特的地理位置，该水域的生态环境变化直接关系到整个黄、渤海生态系统的结构与变化。因此，深入研究和了解水域生态系统有着重要而深远的意义。浮游植物是海洋生态系统中的主要生产者，是海洋食物网结构的基础环节，是生态系统的基础指标，在海洋生态系统的物质循环与能量转换过程中起着重要作用。对于该海域浮游植物的种类组成、数量分布以及浮游植物群落变化的相关研究为渤海、黄海海洋生态系统的深入研究提供科学的基础依据。

6.3 黄河断流对海洋生态系统的影响

黄河断流对经济社会发展及基本生态过程带来了严重危害。自 1972 年出现自然断流现象以来，断流频率越来越高，河段越来越长，天数越来越多。特别是 1995 年黄河断流 119 天，这对水资源利用和环境，特别是对黄河口及其邻近海域的生态系统的平衡造成严重威胁。这一问题已受到国内外学术界的密切关注，很多学者从多个角度进行了卓有成效的研究。

由于黄河每年携带大量泥沙入海，为黄河口及其邻近海域输送大量的营养盐，形成了渤海的高生产力水域。黄河断流，入海水量减少，对海洋生态系统将产生不良影响。黄河断流后，三角洲海域透明度增大，盐度升高，将有利于浮游植物的生长，但营养的减少又限制了浮游植物的大量增殖。近岸浮游动物以低盐性种类为主，还杂有少量低盐河口种和偏高盐外海种。黄河断流后，海水温、盐度改变，会使偏高盐外海种入侵，浮游动物种类多样性会增高。黄河断流期正值对虾、鹰爪虾和三疣梭子蟹在黄河口海域产卵、育幼期，水温的降低、盐度的升高，将影响其产卵期、产卵量和成活率，进而影响其资源量。黄河 3—6 月出现断流，将直接影响到多种鱼类产卵、育幼和数量分布，进而影响鱼类利用有限水域空间和种间生态平衡。有些洄游性鱼类，如刀鲚，每年春季从渤海集群进入黄河到东平湖作生殖洄游，但黄河断流后，致使刀鲚不能溯河洄游产卵，严重影响了其繁殖和捕获量。近几年来刀鲚产量呈直线下降趋势，资源受到严重威胁。黄河断流，泥沙减少，平静的海域适于毛蚶生活，并有利于潮间带生物的分布；黄河复流，生态环境又发生剧烈的变化，同样又影响了潮间带生物的生存（田家怡和王民，1997；田家怡等，1997）。

第 2 篇　黄　海①

---

① 本篇编者：

第 7 章　孙晓霞（中国科学院海洋研究所）

第 8 章　孙军（中国科学院海洋研究所），黄邦钦（厦门大学），蔡昱明（国家海洋局第二海洋研究所）

第 9 章　赵苑、肖天（中国科学院海洋研究所）

第 10 章　张武昌、张光涛（中国科学院海洋研究所）

第 11 章　李新正、王金宝、寇琦（中国科学院海洋研究所）

第 12 章　张光涛（中国科学院海洋研究所）

第 7 章　黄海叶绿素和初级生产力

海洋浮游植物及其初级生产过程是海洋生态系统中重要的驱动因子之一，其动态变化直接影响到生态系统的结构与功能（孙松等，2005）。叶绿素 a 是海洋浮游植物现存量的一个主要指标（朱明远等，1993）。海洋初级生产力代表着海洋生产有机物质的能力，与生态系统的能量流动和物质循环密切相关。叶绿素 a 和初级生产力的调查与研究是海洋生态系统研究的关键环节，也是海洋资源开发和可持续利用研究的基础（吕瑞华，2005）。

我国对黄海生态系统中叶绿素 a 和初级生产力的研究始于 20 世纪 60 年代（朱明远等，1993）但真正系统性的调查始于 20 世纪 80 年代。大型的调查研究如 1984—1985 年渤黄东海图集的研究、1998—2000 年"海洋生物资源补充调查及资源评价项目"、2006—2007 年"908"专项调查等，为黄海叶绿素及初级生产力的研究奠定了重要基础。随着全球气候变化及人类活动对海洋生态系统的影响，叶绿素 a 及初级生产力的变化规律及发展趋势是当前普遍关心的问题。通过分析黄海叶绿素 a 及初级生产力时空分布格局及动态变化规律，期望能够为近海生态系统健康评价、海洋生物资源潜力评估以及基于生态系统的管理提供重要依据。

7.1　叶绿素 a 浓度与时空分布

7.1.1　水平分布

黄海春季不同水层叶绿素 a 浓度及平均叶绿素 a 浓度的空间分布格局如图 7.1 所示。春季整个调查区叶绿素 a 浓度的平均值为 1.061 mg/m³。各水层叶绿素 a 浓度的变化范围为 0.020～7.349 mg/m³，最大值出现在 10 m 层（37.7°N，121.3°E），最小值出现在底层（37.75°N，122°E）。其中，表层叶绿素 a 浓度的变化范围为 0.081～4.217 mg/m³，高值区主要分布在北黄海近岸海域，其次是山东半岛东部海域，36°～37°N 断面之间以及长江口以北近岸海域。10 m 层叶绿素 a 浓度的水平分布格局与表层相似，变化范围为 0.043～7.349 mg/m³。30 m 层和底层叶绿素 a 浓度的高值区主要分布在山东半岛以北近岸海域，叶绿素 a 浓度变化范围分别为 0.074～3.389 mg/m³ 和 0.02～6.332 mg/m³。不同水层平均叶绿素 a 浓度的变化范围为 0.077～4.770 mg/m³。叶绿素 a 平均浓度的水平分布格局与表层和次表层相似。

黄海夏季叶绿素 a 浓度的水平分布格局如图 7.2 所示。夏季整个调查区叶绿素 a 浓度的平均值为 1.205 mg/m³。各水层叶绿素 a 浓度的变化范围为 0.002～12.166 mg/m³，最大值出现在 30 m 层（32.7°N，123°E），最小值出现在 30 m 层（37.5°N，122.7°E）。其中，表层叶绿素 a 的变化范围为 0.043～12.121 mg/m³。高值区主要分布在长江口东北部附近海域，最高值达 10 mg/m³ 左右，个别站位（32°N，122.2°E）表层叶绿素 a 含量高达 12 mg/m³；其次是江苏近岸水域，叶绿素 a 浓度一般在 2 mg/m³ 左右。表层叶绿素 a 浓度的低值区主要分布在黄海东部深水区，一般在 0.1～0.3 mg/m³。10 m 层、30 m 层及底层叶绿素 a 的平面分布状况与表层基本相同。水体平均值的平面分布状况与表层和 10 m 层亦基本一致，变化范围为 0.131～8.822 mg/m³。高值区集中在苏北近岸水域，最大值出现在苏北区的 32.7°N，123°E

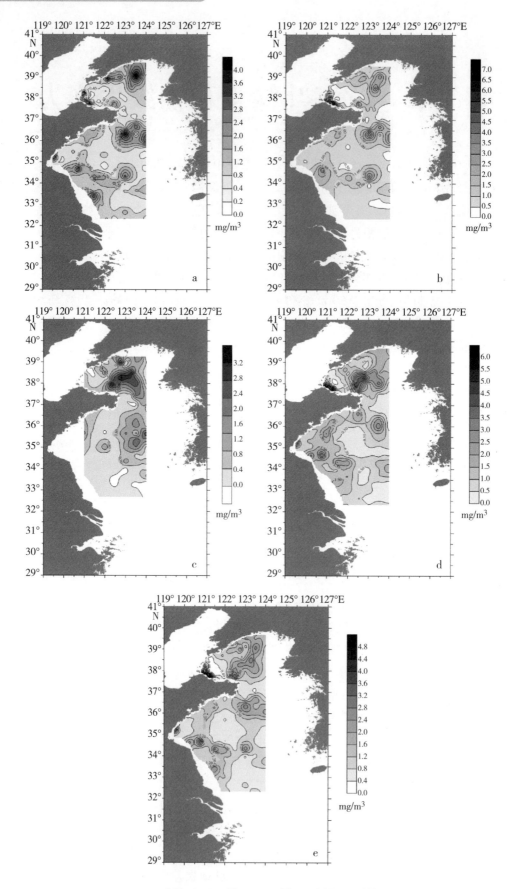

a. 表层；b. 10 m 层；c. 30 m 层；d. 底层；e. 平均

图 7.1 黄海春季叶绿素 a 浓度分布

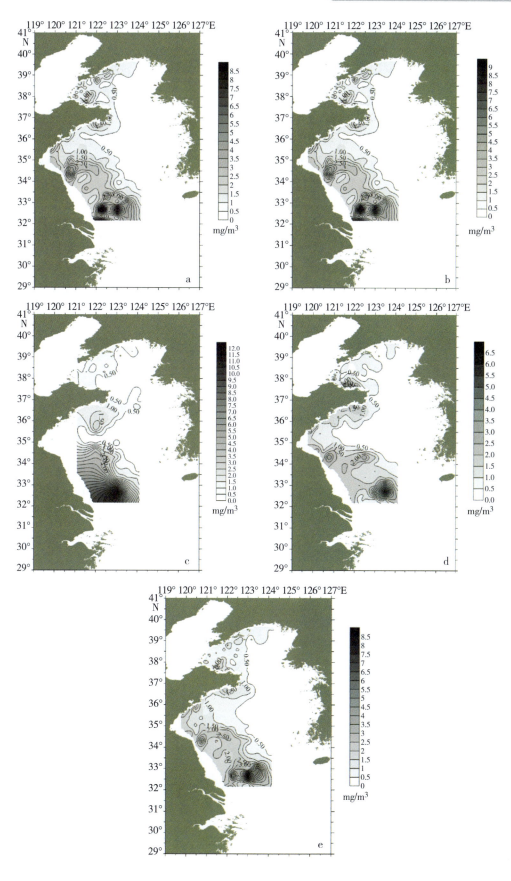

a. 表层；b. 10 m 层；c. 30 m 层；d. 底层；e. 平均

图 7.2 黄海夏季叶绿素 a 浓度分布

测站，黄海东部的深水区为低值区。

黄海秋季叶绿素 a 浓度的水平分布格局如图 7.3 所示。秋季整个调查区叶绿素 a 浓度的平均值为 1.413 mg/m³。各水层叶绿素 a 浓度的变化范围为 0.05～20.09 mg/m³，最大值出现在表层（36.4°N，121.2°E），最小值出现在底层（34.7°N，122.5°E）。其中，表层叶绿素 a 浓度的变化范围为 0.054～20.09 mg/m³，高值中心主要出现在青岛及烟台外海，低值区主要分布在南黄海东部深水区域，10 m 层和底层在日照至连云港附近海域形成高值中心，向外海浓度逐渐降低。底层叶绿素 a 浓度水平分布格局与表层一致。水体平均值的平面分布状况与表层和 10 m 层基本一致，变化范围为 0.252～11.529 mg/m³。高值中心出现在日照、青岛及烟台近海海域。

黄海冬季不同层次叶绿素 a 浓度及水体平均值的水平分布格局如图 7.4 所示。冬季黄海整个调查区叶绿素 a 平均浓度为 0.838 mg/m³。各水层叶绿素 a 浓度的变化范围为 0.028～6.171 mg/m³，最大值出现在 10 m 层（36.7°N，122.25°E），最小值出现在底层（38.5°N，123.3°E）。冬季各层次叶绿素 a 浓度平面分布格局大致相同。高值区主要分布在山东半岛南岸的乳山湾外和靖海湾外的附近水域，含量达 5 mg/m³ 左右，但高值区范围不大。其次是海州湾及湾外附近水域，叶绿素 a 含量也比较高，达 3 mg/m³ 左右。水体平均值的变化范围为 0.053～5.688 mg/m³。

黄海叶绿素 a 浓度的平面分布格局表明，除夏季叶绿素 a 浓度的高值区分布在南黄海南部、长江口北部海域（32°～33°N）外，春季、秋季和冬季叶绿素 a 的高值区主要分布在北黄海、山东及江苏以外近岸海域。黄海叶绿素 a 浓度受夏季的高值区主要受长江冲淡水的影响，而低值区受黄海冷水团影响较大。近岸水域营养盐浓度较高，也是形成上述分布格局的重要原因之一。

与历史上不同时期黄海叶绿素 a 浓度分布格局相比较，发现黄海叶绿素 a 浓度的空间分布格局有所改变。根据朱明远等（1993）1986 年对黄海叶绿素 a 浓度的调查研究结果，春夏季叶绿素 a 含量的高值区主要位于黄海南部长江口外偏北海区。海河口外的叶绿素 a 含量也较高。秋冬季节叶绿素 a 含量的高值区逐步北移到渤海和北黄海附近。吕瑞华（1998）对黄海的调查表明，夏半年高值区主要分布在南黄海南部、长江口北部的 33°～34°N 之间，冬半年主要分布在北黄海的西北部和北部、胶州湾东侧等水域，但高值区的范围都不大。2006—2007 年间叶绿素 a 含量在夏季的分布格局与不同历史时期是相似的。但秋冬季节高值区主要分布在山东及江苏近岸海域，春季的高值区出现在北黄海，进一步说明近岸海域富营养化对叶绿素 a 浓度的升高起到重要作用。

7.1.2　垂直分布

黄海水域不同季节四个水层叶绿素 a 浓度的垂直分布如表 7.1 所示。总体来看，春季黄海叶绿素 a 浓度的垂直分布较为均匀。夏季、秋季和冬季随深度增加，叶绿素 a 浓度有所下降，到底层后略有升高。

表 7.1　黄海不同水层叶绿素 a 的平均含量　　　　　　　　单位：mg/m³

水层	春季	夏季	秋季	冬季
0 m	1.023	1.297	1.551	0.834
10 m	0.986	1.197	1.420	0.863
30 m	1.038	0.865	0.701	0.398
底层	1.099	0.942	1.118	0.742

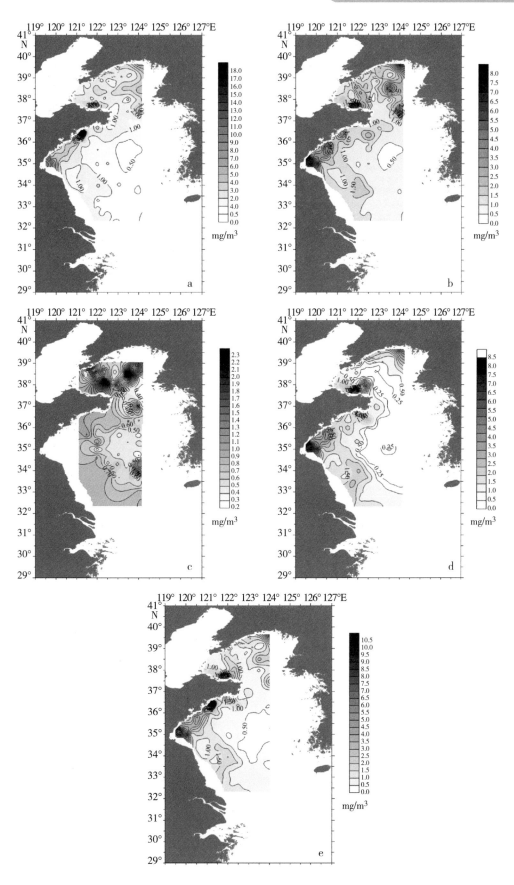

a. 表层；b. 10 m 层；c. 30 m 层；d. 底层；e. 平均

图 7.3　黄海秋季叶绿素 a 浓度分布

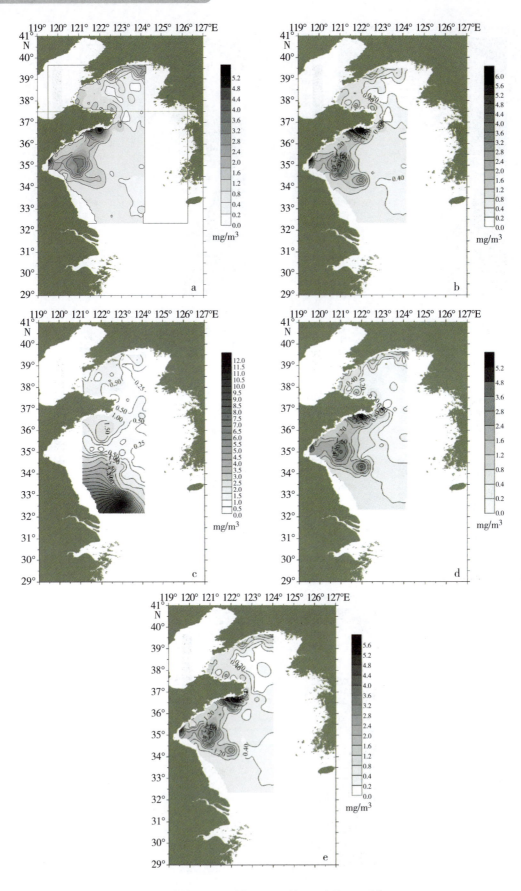

a. 表层；b. 10 m 层；c. 30 m 层；d. 底层；e. 平均

图 7.4　黄海冬季绿素 a 浓度分布

在南黄海中部选择三条断面，即34°N、35°N和36°N，进一步分析叶绿素a浓度的垂直分布格局（图7.5）。在垂直断面上，叶绿素a浓度的高值区主要分布在中上层水域，除36°N春季外，绝大部分季节以黄海西部近岸区叶绿素a浓度较高，呈现由近岸向外海逐渐递减的趋势。

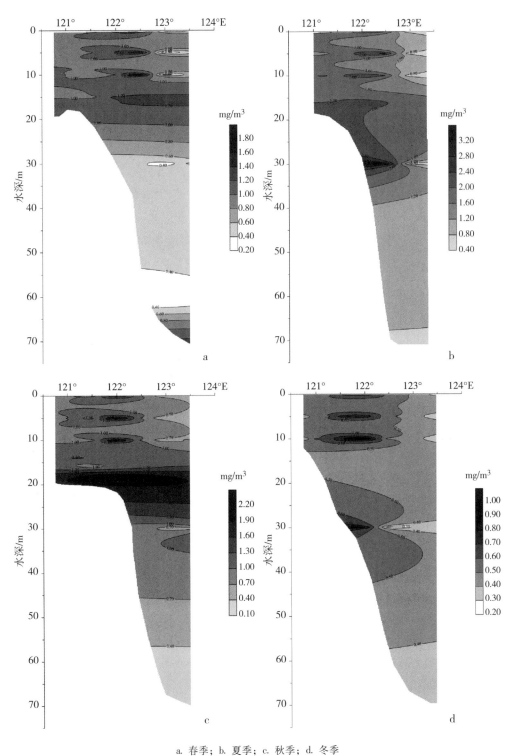

a. 春季；b. 夏季；c. 秋季；d. 冬季

图7.5　黄海34°N断面叶绿素a浓度垂直分布

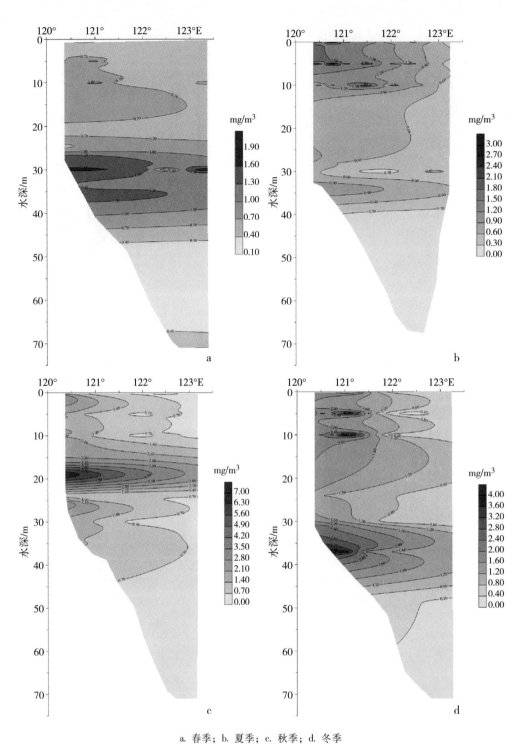

a. 春季；b. 夏季；c. 秋季；d. 冬季

图 7.6　黄海 35°N 断面叶绿素 a 浓度垂直分布

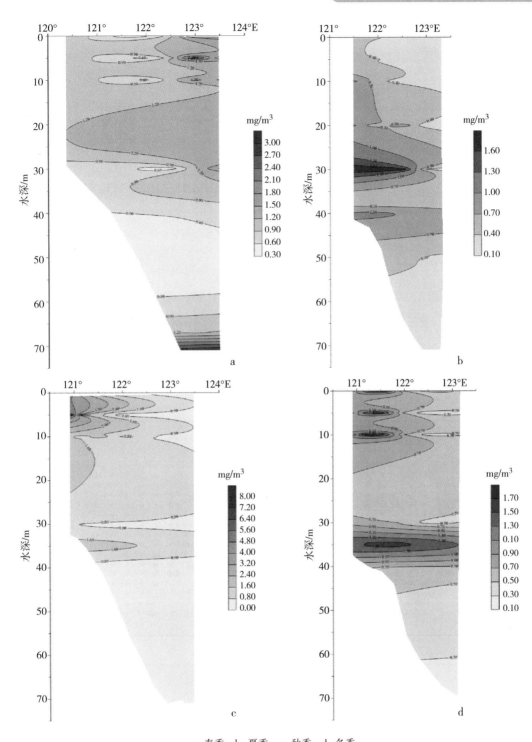

a. 春季；b. 夏季；c. 秋季；d. 冬季

图 7.7　黄海 36°N 断面叶绿素 a 浓度垂直分布

7.1.3　季节变化

黄海整个调查区域平均叶绿素 a 浓度的季节变化见图 7.8。黄海春、夏、秋、冬四个季节叶绿素 a 的平均浓度分别为 1.061 mg/m³、1.205 mg/m³、1.413 mg/m³ 和 0.838 mg/m³。以秋季叶绿素 a 浓度最高，冬季最低，呈现单峰型的季节变化规律。与 1998 年相比，黄海不同季节平均叶绿素 a 浓度升高显著。1998 年叶绿素 a 浓度以春季最高，为 0.66 mg/m³。与 1998 年相比，本次调查中各个季节叶绿素 a 平均浓度提高了 60% 以上。

81

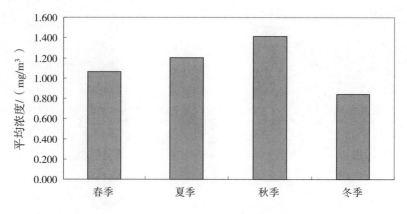

图 7.8　黄海叶绿素 a 平均浓度季节变化

7.1.4　粒级结构

浮游植物的粒级结构特征对于控制海洋生态系统中的物流、能流结构和海洋碳的通量具有重要作用（宁修仁，1997），对于认识海域生态系统动力过程及微食物环的作用亦具有重要意义（黄邦钦等，2006）。为此，进一步调查分析了南黄海叶绿素 a 的粒级结构及其季节变化。

南黄海春季分粒级叶绿素 a 的空间分布格局见图 7.9。小型、微型和微微型粒级平均叶绿素 a 的浓度分别为 0.306 mg/m³、0.446 mg/m³ 和 0.334 mg/m³，对叶绿素 a 总量的贡献率

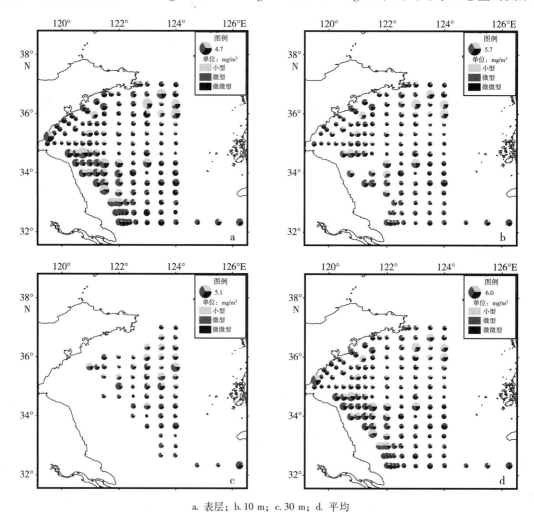

a. 表层；b. 10 m；c. 30 m；d. 平均

图 7.9　春季南黄海不同粒级叶绿素分布

分别为 28.2%、41.1% 和 30.7%。微型和微微型浮游植物占优。从空间分布格局上看，小型浮游植物的高值区主要分布在黄海中部、苏北沿海及山东半岛东南侧近岸海域。微微型浮游植物的高值区主要集中在黄海南部和长江口以北海域。

南黄海夏季分粒级叶绿素 a 的空间分布格局见图 7.10。由大至小 3 个粒级浮游植物的平均叶绿素 a 含量依次为 0.387 mg/m³、0.470 mg/m³ 和 0.465 mg/m³，对叶绿素 a 总量的贡献率分别为 29.3%、35.6% 和 35.2%，微型和微微型浮游植物仍然占据优势地位。表层水体中小型浮游植物占优势的海域集中在苏北近海以及山东半岛东南侧沿岸，而黄海中部深水区小型浮游植物对总叶绿素的贡献率不足 10%；与此相反，微微型浮游植物高值区主要出现在黄海中央海域以及青岛近岸，而长江口以北海域微微型浮游植物对总叶绿素的贡献率较低。10 m 层、30 m 层分粒级叶绿素 a 浓度的分布格局与表层基本一致。

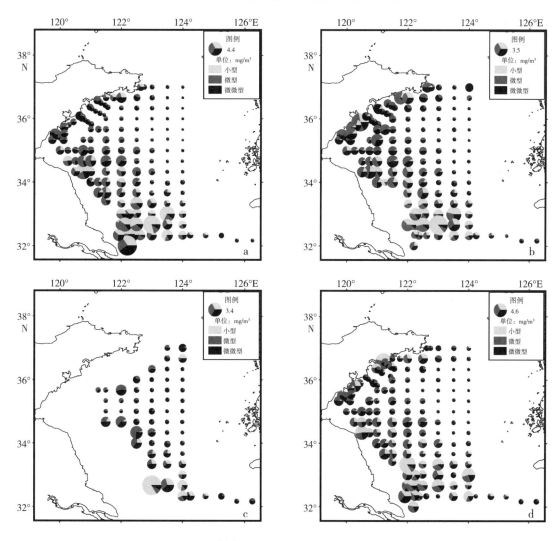

a. 表层；b. 10 m；c. 30 m；d. 平均

图 7.10　夏季南黄海不同粒级叶绿素分布

南黄海秋季分粒级叶绿素 a 的空间分布格局见图 7.11。小型、微型和微微型粒级叶绿素 a 的平均含量依次为 0.54 mg/m³、0.453 mg/m³ 和 0.369 mg/m³，对叶绿素 a 总量的贡献率分别为 39.6%、33.3% 和 27.1%。其中，小型浮游植物高值区主要集中在山东东南沿海，微型浮游植物主要分布在苏北沿海，微微型浮游植物主要分布在深水区。

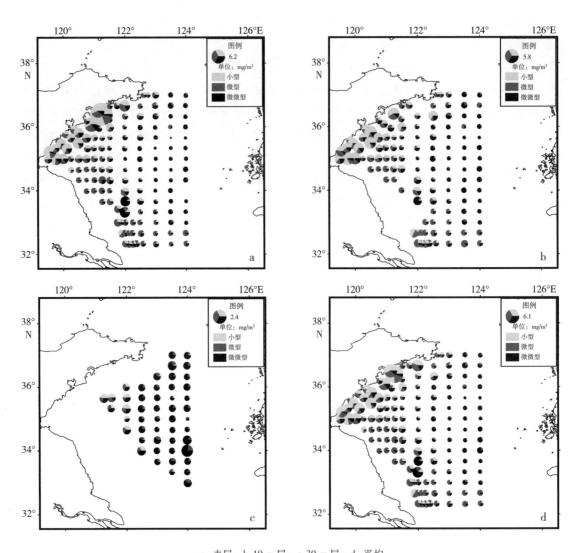

a. 表层；b. 10 m 层；c. 30 m 层；d. 平均

图 7.11　秋季南黄海不同粒级叶绿素分布

　　南黄海冬季分粒级叶绿素 a 的空间分布格局见图 7.12。小型、微型和微微型粒级叶绿素 a 的平均含量依次为 0.415 mg/m³、0.349 mg/m³ 和 0.257 mg/m³，对叶绿素 a 总量的贡献率分别为 40.6%、34.2% 和 25.2%。与夏季相反，冬季小型浮游植物较之微型和微微型种类有优势地位。其中，小型浮游植物主要在近岸海域占优势，深水区对总叶绿素 a 的贡献低于 10%；微型浮游植物在青岛重点区、苏北重点区以及山东半岛南岸的乳山湾附近海域优势地位明显；微微型浮游植物占优势的海域集中在深水区。

　　进一步分析南黄海分粒级叶绿素 a 浓度的季节变化（图 7.13）。考虑到近岸和外海站位叶绿素浓度及组成的显著差异，将所有站位按照 50 m 等深线分为两部分进行分析。结果表明，对于 50 m 以浅水域，小型浮游植物平均叶绿素 a 含量以秋季最高，达到 0.75 mg/m³；其次为冬季为 0.65 mg/m³。而微型和微微型浮游植物夏季最高、冬季最低。在 50 m 以深水域，除叶绿素 a 浓度的总体水平明显低于近岸水域之外，粒级结构差异非常显著。各个季节均以微微型浮游植物占绝对优势，从春季到冬季微微型浮游植物所占比例分别为 36%、56%、76% 和 53%。小型和微型浮游植物仅在春季所占比例与微微型浮游植物相当，分别为 33% 和 31%，其他季节所占比例均较低。小型浮游植物在夏季和秋季所占比例

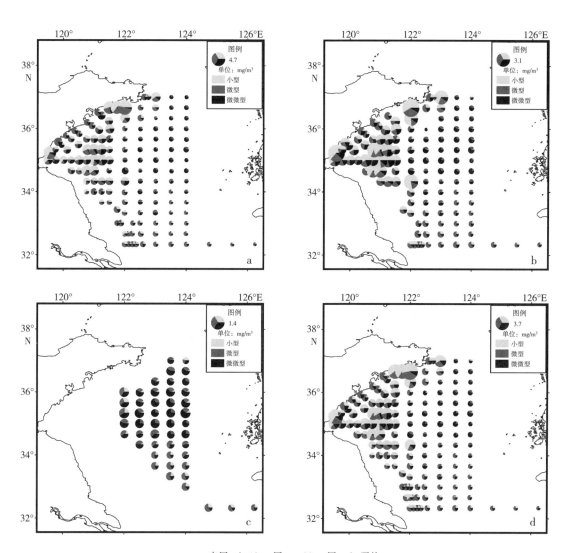

a. 表层；b. 10 m 层；c. 30 m 层；d. 平均

图 7.12　冬季南黄海分粒级叶绿素分布

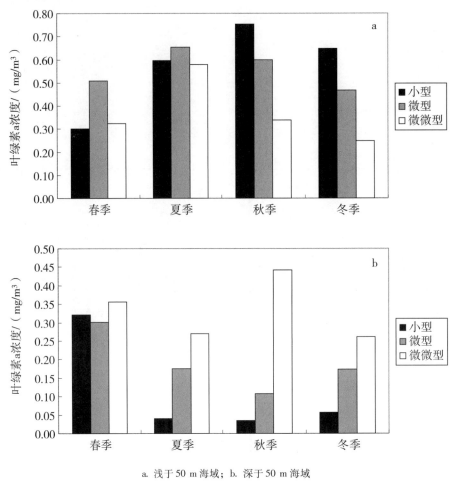

a. 浅于 50 m 海域；b. 深于 50 m 海域

图 7.13　南黄海不同粒级叶绿素 a 浓度季节变化

均低于 10%。根据已有的研究，决定浮游植物粒级结构的组成特征通常有以下几个方面，包括营养盐浓度、水动力学、浮游动物摄食等（Banse，1982；Kiørboe，1993；Riegman，et al，1993）。一般而言，粒径较大的小型浮游植物和微型浮游植物的数量随纬度的升高而增加，而粒径较小的微微型浮游植物则相反，其丰度随纬度升高而减小，随温度升高而增加（邓春梅等，2008）。此外，通常认为高的营养盐浓度会引起个体较大的浮游植物生物量和生产力的增加（Chisholm，1992；Agawin，et al，2000），这一点与南黄海浮游植物粒级结构的空间变化是吻合的。

7.2　初级生产力时空分布

7.2.1　水平分布

　　图 7.14 表示南黄海四个季节初级生产力的平面分布状况。不同季节初级生产力的水平分布格局明显不同。从图 7.14a 可以看出，春季初级生产力的高值区主要位于黄海中部和青岛胶州湾外海，初级生产力可达 2 000 mg/（m² · d）（以 C 计）。低值区主要分布在长江口以北、苏北浅滩外部海域，初级生产力水平不足 300 mg/（m² · d）（以 C 计）。根据图 7.14b 的分布格局，夏季初级生产力的高值区主要分布在南黄海南部、长江口北部海域，最高值可达 3 000 mg/（m² · d）（以 C 计）。此外，在调查区的中部和北部也有小范围的高值出现，初

级生产力水平为 1 000 mg/（m²·d）（以 C 计）以上。小于 400 mg/（m²·d）（以 C 计）的低值区全部分布在调查区东部深水区。初级生产力平面分布的基本趋势与叶绿素 a 的平面分布趋势大致相同。南黄海秋季初级生产力的高值主要出现在山东半岛南部的近岸海域，最高值可达 2 000 mg/（m²·d）（以 C 计）左右，向东部外海分布较为均匀，保持在 600 mg/（m²·d）（以 C 计）左右。南黄海冬季初级生产力大于 700 mg/（m²·d）（以 C 计）的高值出现在海州湾外，以此为中心形成冬季的高值区。冬季初级生产力的低值区正是夏季初级生产力的高值区——苏北重点区，表明不同季节长江冲淡水的消长对于该区水域初级生产力水平具有很大影响。此外，江苏近岸水域夏季的生产力水平也较高，但冬季却极低，测定值不足 100 mg/（m²·d）（以 C 计）。

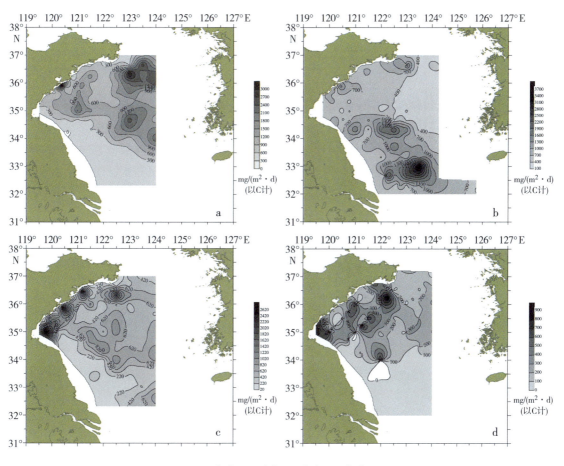

a. 春季；b. 夏季；c. 秋季；d. 冬季

图 7.14　南黄海初级生产力分布格局

7.2.2　季节变化

图 7.15 表示南黄海初级生产力平均水平的季节变化。初级生产力水平最高的季节为夏季，平均值可达到 800 mg/（m²·d）（以 C 计），其次为春季和秋季，平均初级生产力水平为 500~600 mg/（m²·d）（以 C 计），冬季最低，仅为 200 mg/（m²·d）（以 C 计）。南黄海初级生产力的年平均值为 516 mg/（m²·d）（以 C 计）。南黄海 2006—2007 年初级生产力的季节变化规律与 1998—2000 年相同，与 1986 年略有不同。年平均初级生产力水平与前两个时期相比略有提高。

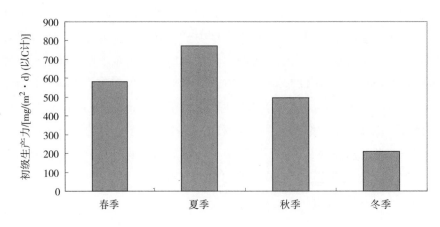

图 7.15　南黄海初级生产力平均水平的季节变化

7.3　小结

黄海叶绿素 a 和初级生产力具有温带海域的分布特征，同时近岸海域易受陆源输入的影响。黄海叶绿素 a 和初级生产力的变动主要受光照、温度等季节性变化的影响，沿岸流、黄海冷水团、长江冲淡水、黄海暖流等物理海洋学过程的影响，以及因人类活动引起营养盐输入增加等化学过程的影响。春季黄海相对充足的营养盐、适宜的光照和水温引起浮游植物大量增殖，形成春季水华。由于水华多发生在海域中部，因此，叶绿素 a 和初级生产力的分布趋势通常表现为黄海中部高，近岸低。夏季受长江冲淡水的影响，长江口北部海域成为叶绿素 a 和初级生产力分布的高值区。秋季随着黄海冷水团的消退，黄海中部叶绿素 a 高值区消失，代之以近岸水域。冬季受温度和光照的影响，叶绿素 a 和初级生产力水平降至一年中最低。

第8章 黄海细菌和其他类群微生物

细菌在海洋中既是分解者，又是生产者，促进海洋中的碳循环，大大提高了初级生产提供的物质与能量的利用效率（Azam，et al，1983）。浮游病毒作为分解者对微食物网中各主要角色都有相当程度的影响，影响了海洋生态系统物质循环和能量流动的途径（Wilhelm，et al，1999）。

黄海位于太平洋西部，中国大陆和朝鲜半岛之间的半封闭陆架浅海，具有独特的地形和水文、化学、生物特征。在我国，对黄海异养细菌的研究于20世纪80年代开始开展。林凤翱等（1989）报道了北黄海异养细菌的分布情况。在2007年通过"908"专项，对黄海春、夏、秋、冬四季的细菌种属组成，细菌、病毒丰度以及进行了调查，为深入了解黄海海域细菌和病毒的生态分布提供了丰富的数据。

8.1 黄海细菌的种属组成

采用16S rDNA核酸序列分析法研究黄海的细菌种属组成，在黄海海区共获得16S rDNA有效序列372条，通过所测16S rDNA序列与NCBI及eztaxon核酸数据库比对发现，黄海细菌存在多种类群，且优势种明显，主要类群包括：γ–变形菌（53.0%）、厚壁菌门（26.7%）、放线菌门（12.9%）、α–变形菌纲（5.9%）和拟杆菌门（1.3%），并未检测到绿菌门、绿弯菌门、黏胶球形菌门和衣原体等门类微生物（图8.1）。

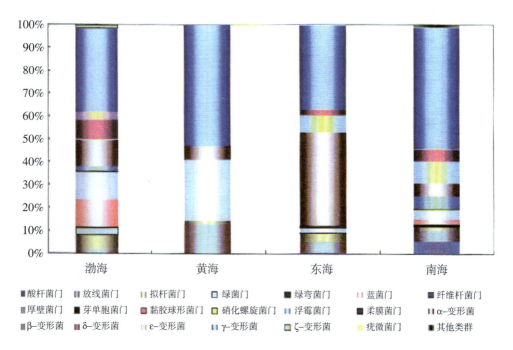

图8.1 黄海细菌种属组成（王春生和陈兴群，2012）

黄海水体中的细菌主要优势类群在不同的季节会发生较大的变化（图8.2）。在黄海海域，γ-变形菌在各个季节都保持较高的优势，在四个季节其比例均能达到45%以上（46.9% ~ 57.0%）。厚壁菌门也是黄海水体中重要的细菌类群之一，四个季节其比例均高于15%，在春季甚至可以达到42.9%。另外，放线菌门在秋季也可占总类群的15.6%，春季则为8.2%。

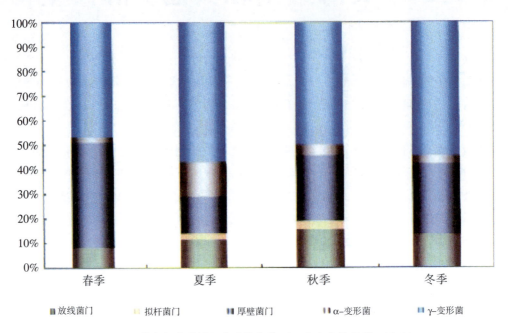

图8.2　黄海细菌种属组成季节变化（王春生和陈兴群，2012）

8.2　黄海细菌丰度和生物量分布及其时空变化

8.2.1　周年变化

通过2007年"908"专项航次调查发现，采用直接计数法获得的黄海海区细菌周年平均丰度为 2.13×10^9 cell/L，生物量为42.6 mg/m³（以 C 计）；分离培养法比直接计数法低6个数量级，其周年平均丰度为 2.12×10^3 CFU/L。

在不同季节，直接计数法获得的细菌丰度和生物量变化较大，总体趋势由大到小依次为春季、夏季、秋季、冬季。春季为细菌丰度和生物量最高的时期，平均丰度为 3.34×10^9 cell/L，平均生物量为66.8 mg/m³（以 C 计）；夏季的平均丰度为 2.46×10^9 cell/L，平均生物量为49.2 mg/m³（以 C 计）；秋季平均丰度 1.93×10^9 cell/L，平均生物量38.6 mg/m³（以 C 计）；冬季细菌最少，平均丰度为 8.02×10^8 cell/L，平均生物量16.04 mg/m³（以 C 计）（图8.3a 和图8.4）。

分离培养法获得的细菌丰度变化趋势与直接计数法略有差异，具体表现为：春季最低（平均 1.05×10^3 CFU/L），夏季最高（平均 4.00×10^3 CFU/L），秋季为 1.60×10^3 CFU/L，冬季为 1.82×10^3 CFU/L（图8.3b）。

8.2.2　季节及空间变化

1）春季

黄海海区不同季节细菌水平分布有明显差异。调查结果显示，春季直接计数法获得的细菌

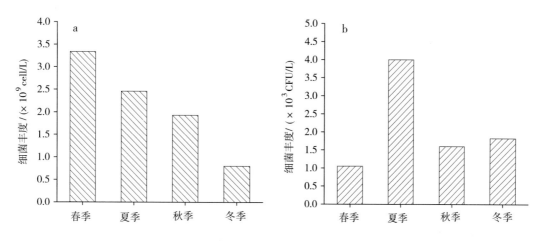

a. 直接计数法；b. 分离培养法

图 8.3　黄海不同季节细菌平均丰度

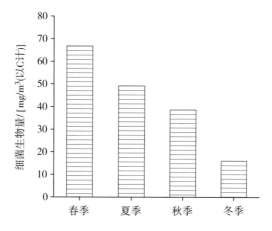

图 8.4　黄海不同季节细菌平均生物量

丰度变化范围在 $4.00 \times 10^8 \sim 9.51 \times 10^9$ cell/L，平均值为 3.34×10^9 cell/L；细菌生物量变化范围在 $0.8 \sim 192.0$ mg/m³（以 C 计），平均值为 66.8 mg/m³（以 C 计）（表 8.1 和表 8.2）。春季细菌丰度和生物量在全年最高，高值区出现在大连、青岛和日照近岸的个别站位。黄海细菌丰度和生物量在表层最高 [3.92×10^9 cell/L，78.4 mg/m³（以 C 计）]，底层次之 [3.52×10^8 cell/L，70.4 mg/m³（以 C 计）]，30 m 水层最低 [1.66×10^9 cell/L，33.2 mg/m³（以 C 计）]。

表 8.1　黄海不同季节细菌丰度
　　　　　　　　　　　　　　　　　　　　　　　　　　　　　　　　　单位：cell/L

季　节	项　目	表　层	10 m 层	30 m 层	底　层
	最大值	7.93×10^9	9.51×10^9	3.59×10^9	9.54×10^9
春季	最小值	6.70×10^8	5.00×10^8	4.30×10^8	4.00×10^8
	平均值	3.92×10^9	3.25×10^9	1.66×10^9	3.52×10^9
	最大值	7.19×10^9	9.60×10^9	4.20×10^9	8.87×10^9
夏季	最小值	1.60×10^8	1.00×10^8	6.00×10^7	4.00×10^7
	平均值	2.70×10^9	2.75×10^9	6.82×10^8	2.68×10^9
	最大值	5.39×10^9	4.88×10^9	2.60×10^9	5.06×10^9
秋季	最小值	6.00×10^7	6.00×10^7	2.60×10^8	5.00×10^7
	平均值	2.10×10^9	2.10×10^9	1.26×10^9	1.87×10^9

季 节	项 目	表 层	10 m 层	30 m 层	底 层
冬季	最大值	1.88×10^9	1.89×10^9	3.40×10^8	1.61×10^9
	最小值	2.20×10^8	1.20×10^8	1.10×10^8	9.00×10^7
	平均值	9.43×10^8	8.31×10^8	2.54×10^8	7.92×10^8

表 8.2　黄海不同季节细菌生物量统计　　　　　单位：mg/m^3（以 C 计）

季 节	项 目	表 层	10 m 层	30 m 层	底 层
春季	最大值	158.6	190.2	71.8	190.8
	最小值	13.4	10.0	8.6	8.0
	平均值	78.4	65.0	33.2	70.4
夏季	最大值	143.8	192.0	84.0	177.4
	最小值	3.2	2.0	1.2	0.8
	平均值	54.0	55.0	13.6	5.4
秋季	最大值	107.8	97.6	52.0	101.2
	最小值	1.2	1.2	5.2	1.0
	平均值	42.0	42.0	25.2	37.4
冬季	最大值	37.6	37.8	6.8	32.2
	最小值	4.4	2.4	2.2	1.8
	平均值	18.9	16.6	5.1	15.8

分离培养法计数得到的细菌丰度较直接计数法低大约 6 个数量级，春季黄海细菌培养计数平均值仅为 1.05×10^3 CFU/L，为全年最低。在空间分布上与直接计数法略有差异，细菌高值区多集中分布于青岛、日照近岸站位，在北黄海较低。

2）夏季

夏季直接计数法得到的细菌丰度变化范围在 $4.00 \times 10^7 \sim 9.60 \times 10^9$ cell/L，平均值为 2.46×10^9 cell/L；细菌生物量变化范围在 $0.8 \sim 192.0$ mg/m^3（以 C 计）。夏季细菌主要分布在南黄海近岸站点，北黄海的细菌丰度和生物量都较低。

分离培养法计数结果显示，夏季黄海可培养细菌高于其他季节，平均丰度为 4.00×10^3 CFU/L。夏季可培养细菌在不同站位水层丰度有明显差异，高值区集中在大连近岸的表层和底层区域，30 m 水层与表底层相比丰度相对较低。

3）秋季

秋季细菌直接计数结果显示其丰度变化范围在 $5.00 \times 10^7 \sim 5.39 \times 10^9$ cell/L，平均值为 1.93×10^9 cell/L；生物量变化范围在 $1.0 \sim 107.8$ mg/m^3（以 C 计），平均值为 38.6 mg/m^3（以 C 计）。秋季细菌丰度和生物量的空间分布与春季类似，高值区分布在大连、青岛和日照的近岸区域，在北黄海中部细菌丰度和生物量较低。垂直方向上，表层和底层的细菌丰度、生物量较高，30 m 层最低。

秋季黄海海域细菌分离培养法计数平均值为 1.60×10^3 CFU/L，高值区同样是集中在大连近岸区域。

4）冬季

冬季直接计数法得到的细菌丰度变化范围在 $9.00 \times 10^7 \sim 1.89 \times 10^9$ cell/L，平均值为 8.02×10^8 cell/L；生物量变化范围在 $1.8 \sim 37.8$ mg/m³（以 C 计），平均值为 16.04 mg/m³（以 C 计）。冬季细菌空间分布情况与夏季类似，高值区出现在青岛、日照近岸区域，北黄海细菌丰度和生物量较低。

分离培养法计数结果显示冬季细菌丰度平均为 1.82×10^3 CFU/L。在空间分布上与直接计数法略有不同，除青岛、日照近岸区域较高外，在辽宁省近岸区域也有高值出现。

综上所述，直接计数法显示黄海海域细菌在春季丰度和生物量值最高，冬季最低；分离培养计数法则发现春季细菌丰度最低，夏季最高。在空间分布上，细菌丰度和生物量的高值区多分布在青岛、日照和大连的近岸区域。

8.3　黄海病毒丰度分布及其时空变化

黄海不同季节病毒分布在时间和空间水平上有显著差异。

8.3.1　周年变化

2007 年 "908" 航次调查发现，黄海病毒周年平均丰度为 5.69×10^{10} particle/L。春季病毒丰度为 5.80×10^{10} particle/L；夏季和秋季病毒丰度较低，分布为 4.94×10^{10} particle/L 和 4.77×10^{10} particle/L；冬季病毒平均丰度最高，达到 7.24×10^{10} particle/L（图 8.5）。

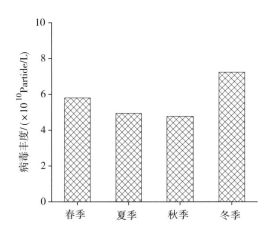

图 8.5　黄海不同季节病毒平均丰度

8.3.2　季节及空间变化

1）春季

调查结果表明，春季病毒平均值为 5.80×10^{10} particle/L，变化范围在 $3.00 \times 10^7 \sim 3.40 \times 10^{11}$ particle/L，最大值与最小值之间相差 4 个数量级（表 8.3）。春季病毒高丰度值多出现在青岛、日照近岸海区，北黄海的病毒丰度较低；表层和 10 m 层的病毒丰度较高，30 m 层和底层较低。

表8.3　黄海不同季节病毒丰度　　　　　　　　　　　　　　单位：particle/L

季 节	项 目	表 层	10 m 层	30 m 层	底 层
春季	最大值	3.40×10^{11}	1.93×10^{11}	1.39×10^{11}	2.91×10^{11}
	最小值	6.00×10^{7}	5.00×10^{7}	4.00×10^{7}	3.00×10^{7}
	平均值	6.99×10^{10}	6.48×10^{10}	1.29×10^{10}	5.81×10^{10}
夏季	最大值	2.25×10^{11}	2.66×10^{11}	3.03×10^{10}	1.35×10^{11}
	最小值	1.60×10^{8}	5.00×10^{7}	5.00×10^{7}	3.00×10^{7}
	平均值	6.42×10^{10}	6.69×10^{10}	3.04×10^{9}	3.79×10^{10}
秋季	最大值	3.97×10^{10}	5.28×10^{10}	5.27×10^{10}	4.95×10^{10}
	最小值	1.06×10^{9}	3.12×10^{9}	3.97×10^{9}	2.00×10^{9}
	平均值	1.11×10^{10}	1.53×10^{10}	1.92×10^{10}	1.09×10^{10}
冬季	最大值	2.35×10^{11}	2.00×10^{11}	8.00×10^{8}	3.84×10^{11}
	最小值	1.50×10^{8}	1.40×10^{8}	1.40×10^{8}	1.10×10^{8}
	平均值	7.91×10^{10}	7.61×10^{10}	3.38×10^{8}	8.64×10^{10}

2）夏季

夏季黄海病毒丰度变化范围在 $3.00 \times 10^{7} \sim 2.66 \times 10^{11}$ particle/L，最大值与最小值之间相差 4 个数量级，平均值为 4.94×10^{10} particle/L。调查发现，夏季黄海病毒高丰度值多分布在青岛、日照近岸海区，北黄海病毒丰度较低；表层和 10 m 层病毒丰度高，30 m 层和底层较低。

3）秋季

秋季病毒丰度变化范围在 $2.00 \times 10^{7} \sim 2.59 \times 10^{11}$ particle/L，最大值与最小值之间相差 4 个数量级，平均值为 4.77×10^{10} particle/L。除青岛、日照沿岸海区病毒丰度较高外，在辽宁省沿岸也有个别高值站点；病毒在 10 m 层丰度最高，30 m 层最低。

4）冬季

冬季黄海海区的病毒丰度变化范围在 $1.10 \times 10^{8} \sim 3.84 \times 10^{11}$ particle/L，最大值和最小值之间相差 3 个数量级，平均值为 7.24×10^{10} particle/L。冬季病毒为全年最高，空间分布上与春季和夏季季类似，最高值出现在青岛、日照近岸海区，北黄海病毒丰度较低；底层病毒丰度最高，30 m 层最低。

8.4　小结

通过 2007 年"908"专项调查航次发现，黄海海区水体中的细菌存在不同的类群，其主要类群包括：γ - 变形菌（53.0%）、厚壁菌门（26.7%）、放线菌门（12.9%）等，不同季节水体中的细菌优势类群会发生较大变化。

黄海海区直接计数法获得的细菌周年平均丰度为 2.13×10^{9} cell/L，生物量为 42.6 mg/m³（以 C 计）；分离培养法比直接计数法低 6 个数量级，其周年平均丰度为 2.12×10^{3} CFU/L。

直接计数法获得的细菌丰度在春季最高，冬季最低；而分离培养法细菌获得的细菌丰度在夏季最高，春季最低。在空间分布上，细菌高值区多集中分布于青岛、日照近岸海区，北黄海的细菌丰度和生物量相对较低。

黄海海区病毒周年平均丰度为 5.69×10^{10} particle/L，冬季病毒平均丰度最高，秋季最低。在空间分布上，病毒高值区多出现在青岛、日照近岸海区。

第9章 黄海浮游植物

9.1 微微型光合浮游生物主要类别的丰度与分布

9.1.1 聚球藻（*Synechococcus*，*Syn.*）

9.1.1.1 黄海

1）水平分布

秋季，聚球藻丰度平均值为 1.5×10^7 cell/L ［$(1.89 \sim 4.67) \times 10^7$ cell/L］；生物量平均值为 4.42 g/L（以 C 计）［$0.56 \sim 13.74$ g/L（以 C 计）］，高值区出现在黄海东南部，黄海北部有低值区；春季，聚球藻丰度平均值为 4.68×10^7 cell/L ［$(2.02 \sim 6.43) \times 10^7$ cell/L］；生物量平均值为 7.02 g/L（以 C 计）［$3.03 \sim 9.64$ g/L（以 C 计）］，高值区出现在黄海东南部（表 9.1）（孙晟等，2003）。

表 9.1 聚球藻丰度与生物量

海 区	项 目	2000 年秋季			2001 年秋季		
		最大值	最小值	平均	最大值	最小值	平均
黄海	站位	G6（1 m）	A7（15 m）		B7（1 m）	G2（15 m）	
	个体丰度/（$\times 10^7$ cell/L）	4.67	0.19	1.5	6.43	2.02	4.68
	生物量/［g/L（以 C 计）］	13.74	0.56	4.42	9.64	3.03	7.02

资料来源：孙晟等，2003。

注：站位号后面的括号内为水深。

秋季，聚球藻生物量占浮游植物生物量的平均百分比为 32.3%（5.7% ~ 90.3%）；春季，聚球藻生物量占浮游植物总生物量的平均百分比为 42.7%（5.2% ~ 98.7%）。研究表明聚球藻通常为超微型浮游植物的主要组分，因此聚球藻生物量占浮游植物总生物量的百分比可以在一定程度上代表这一海区超微型浮游植物对浮游植物总生物量的贡献（孙晟等，2003）。

表层聚球藻在春秋两季的水平分布存在明显的差异。秋季，聚球藻在黄海中部有明显的高值区域，这一区域与黄海冷水团的位置大致相同；春季在黄海东南部有高值区。两个季节相比较，聚球藻生物量在整体上春季比秋季要高。

2）垂直分布

春秋两季，聚球藻生物量均由表层至底层逐层下降，表层分别为中层和底层的 1.20 倍和 1.43 倍，1.38 倍和 1.76 倍。两个季节相比较，在垂直变化上，春季聚球藻的生物量高值更趋向于分布在表层。聚球藻生物量表层春季是秋季的 1.55 倍，中层春季是秋季的 1.29 倍，底层春季是秋季的 1.2 倍，表层聚球藻生物量在两个季节中的变化最大。

聚球藻生物量占浮游植物总生物量百分比，秋季在 3 个水层中大致相当；春季由表层至底层逐层下降，表层分别为中层和底层的 1.5 倍和 1.82 倍。从秋季到春季，表层聚球藻所占百分比增高，中层基本不变，底层则降低（孙晟等，2003）。

9.1.1.2 北黄海

1）水平分布

2006年夏季，聚球藻丰度平均值为1.86×10^8 cell/L（$2.67 \times 10^7 \sim 1.56 \times 10^9$ cell/L）。其中，PE细胞丰度平均值为1.76×10^8 cell/L（$2.40 \times 10^7 \sim 1.55 \times 10^9$ cell/L），PC细胞丰度平均值为1.02×10^7 cell/L（$1.95 \times 10^5 \sim 8.99 \times 10^7$ cell/L），PC细胞丰度仅占聚球藻总丰度的5.48%。这与PC细胞的特性有关，PC细胞主要分布于淡水水体和近岸的半淡水水体中，而在海水中分布较少（图9.1）（汪岷等，2008a）。

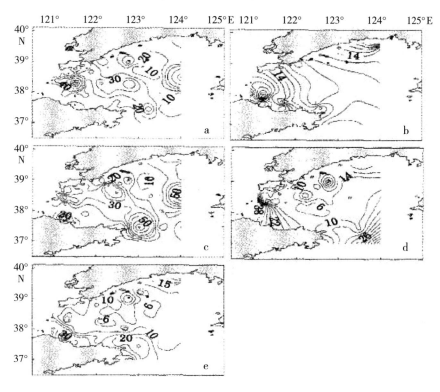

a. 表层；b. 5 m层；c. 10 m层；d. 30m；e. 底层

图9.1　北黄海2006年夏季聚球藻丰度平面分布图（$\times 10^7$ cell/L）（汪岷等，2008a）

2007年，聚球藻丰度平均值的季节由大至少变化为，夏季（2.89×10^7 cell/L，$1.53 \times 10^6 \sim 1.49 \times 10^8$ cell/L），秋季（2.16×10^7 cell/L，$1.57 \times 10^6 \sim 2.06 \times 10^8$ cell/L），冬季（3.81×10^6 cell/L，$6.66 \times 10^5 \sim 1.58 \times 10^7$ cell/L），春季（3.51×10^6 cell/L，$5.67 \times 10^5 \sim 1.14 \times 10^7$ cell/L）。丰度低值区分布于近岸水域，高值区主要分布于东南部水域（图9.2、图9.3）。夏季明显受到冷水团的影响，在冷水团范围内30 m和底层聚球藻丰度出现低值区。聚球藻中同样以PE细胞占优势，这可能与水体的盐度有关。

2）垂直分布

2006年夏季，表层、5 m、10 m、30 m和底层水体中，聚球藻的丰度平均值分别为2.21×10^8 cell/L、1.47×10^8 cell/L、2.55×10^8 cell/L、1.24×10^8 cell/L和1.36×10^7 cell/L，表层和10 m层明显高于30 m和底层。聚球藻丰度最大值主要分布于表层和水深10 m处，最小值主要集中在底层水体。在冷水团及邻近水域30 m深处和底层水体中都出现了聚球藻丰度的低值区（$<5 \times 10^6$ cell/L）；荣城湾以东的海域各层聚球藻丰度都比其他水域要高，原因可能是

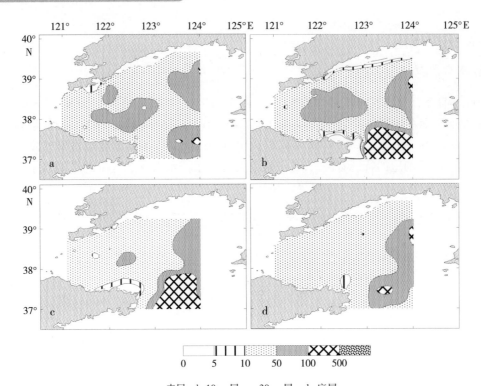

a. 表层；b. 10 m 层；c. 30 m 层；d. 底层

图 9.2 北黄海 2007 年春季聚球藻丰度平面分布图（ ×10⁵ cell/L）

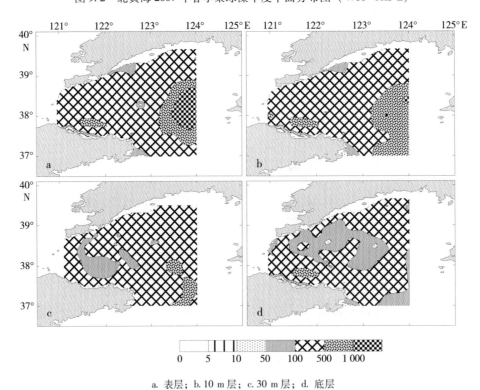

a. 表层；b. 10 m 层；c. 30 m 层；d. 底层

图 9.3 北黄海 2007 年秋季聚球藻丰度平面分布图（ ×10⁵ cell/L）

山东威海石岛渔场位于此海域，渔业资源丰富，营养丰富，十分有利于藻类的生长。此外，该水域的水温较高，可能对聚球藻丰度产生一定的影响（汪岷等，2008a）。

2007 年，聚球藻丰度的垂直分布，除冬季各水层无明显差异外，其他季节均是表层和10 m 明显高于其他水层，丰度最大值往往出现在 10 m 层（春、夏、秋季的平均值分别为 4.14 ×

10^6 cell/L、4.19×10^7 cell/L 和 2.26×10^7 cell/L），表层和 10 m 层聚球藻丰度明显高于 30 m 和底层。这可能由两个原因造成：一是冷水团，在冷水团水域丰度明显降低；二是透光层。透光层深度与水深、透光度和太阳高度角等因素有关。北黄海夏季透光层深度在水下 8.5 ~ 35.0 m，夏季各站位表层和 10 m 层均位于透光层。

3）昼夜变化

2007 年春季聚球藻丰度的昼夜变化趋势在 10 m 水层出现一个峰值，其他水层丰度则无明显波动；夏季各水层聚球藻丰度昼夜变化趋势没有明显的区别，表层和 10 m 水层聚球藻丰度波动较明显，而 30 m 和底层水体聚球藻丰度变化趋势较一致，无明显波动；秋季底层水体聚球藻丰度的昼夜变化较大，聚球藻丰度的最大值和最小值都出现在底层水体；其他各水层聚球藻昼夜丰度无明显的波动；冬季聚球藻丰度昼夜变化无明显的差别，各水层波动小且总体的变化趋势是一致的。

9.1.1.3 南黄海

1）水平分布

2007 年夏季，聚球藻丰度平均值为 6.2×10^7 cell/L（6.7×10^5 ~ 9.1×10^8 cell/L）。水平分布特征是：10 m 以浅呈斑块状分布，高值区出现在外海海域以及青岛近海，苏北近岸海域明显较低；30 m 层呈明显的近岸往外海方向升高的趋势；底层中北部海域聚球藻丰度显著降低，而中南部依然是高值区（图 9.4）。

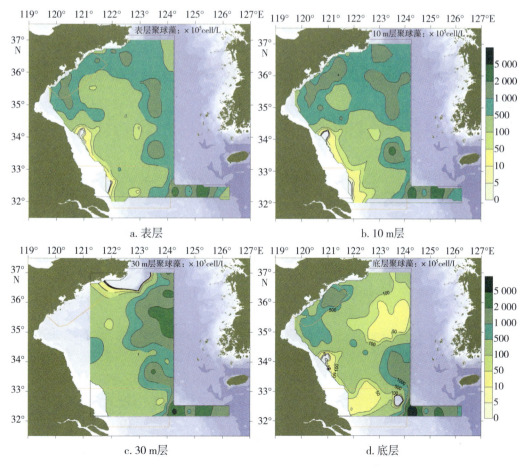

图 9.4　南黄海夏季聚球藻细胞丰度平面分布（$\times 10^5$ cell/L）

资料来源：我国近海海洋生物与生态调查报告

2007 年冬季，聚球藻丰度平均值为 1.1×10^7 cell/L（$3.2 \times 10^5 \sim 5.3 \times 10^7$ cell/L），平均值仅相当于夏季的 1/6。这与冬季出现全年最高的营养盐含量（硝酸盐浓度可达 6 μmol/dm³ 左右），较低的水温导致聚球藻丰度整体水平较低有关。表层、10 m 和 30 m 层分布特点较为一致，即在南黄海中部海域明显高于周边海域，青岛近海丰度值高于苏北沿岸海域；底层高值区范围缩小，外海海域丰度值降低（图 9.5）。这是由于冬季，黄海冷水团消失，近岸海域营养盐相比外海较高，长江口附近海域包括外海受冲淡水影响营养盐也较高，形成了聚球藻丰度中部高周边海域低的水平分布特点。

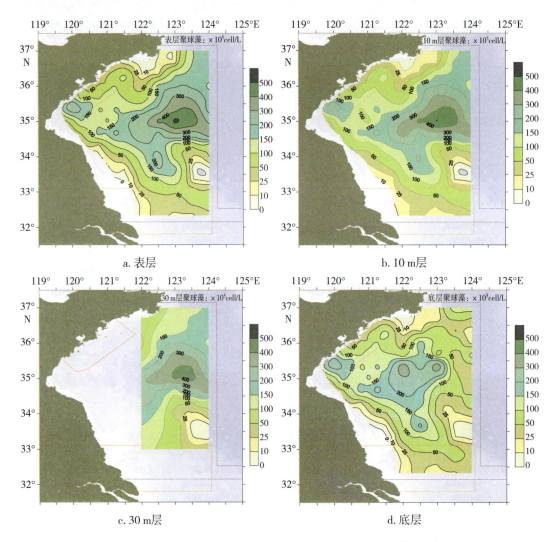

a. 表层 b. 10 m层

c. 30 m层 d. 底层

图 9.5　南黄海冬季表层聚球藻细胞丰度平面分布（$\times 10^5$ cell/L）

资料来源：我国近海海洋生物与生态调查报告

2）垂直分布

垂直分布上，南部和中部海域无明显的最大值层，北部海域在跃层处形成最大值层，跃层下细胞丰度值随深度增加而下降，离岸较远水深较深的外海区域，聚球藻垂直分布较为复杂。

2007 年夏季，聚球藻丰度在不同水层差异明显，表层、5 m 层、10 m 层、30 m 层和底层丰度的平均值分别为 1.0×10^7 cell/L、5.8×10^7 cell/L、6.8×10^7 cell/L、9.9×10^7 cell/L 和 4.6×10^7 cell/L。南部海域 32.33°N 与 33.00°N 断面，水深较浅，垂直混合良好，聚球藻丰度由表至底丰度值都较低。中部海域 34.00°N 与 35.00°N 断面垂直分布特点不明显。北部

36.00°N 断面在跃层处（20 m 附近）出现丰度最大值，跃层以下丰度随深度增加而降低；36.77°N 断面跃层上丰度值较高，跃层下出现明显低值区（图 9.6）。

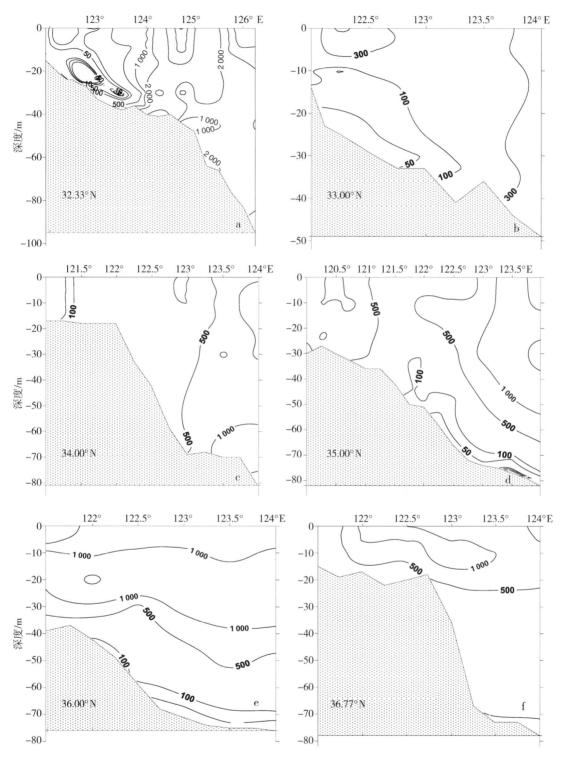

图 9.6 南黄海夏季聚球藻丰度的断面分布（×10⁵ cell/L）

2007 年冬季，表层、5 m 层、10 m 层、30 m 层和底层聚球藻丰度平均值分别为 1.1×10^7 cell/L、1.1×10^7 cell/L、1.2×10^7 cell/L、1.6×10^7 cell/L 和 7.9×10^6 cell/L。大多

数站位聚球藻丰度垂直变化小，但在35.00°N断面122.5°E以东的站位丰度呈明显的由表层向底层逐渐减少的趋势（图9.7）。

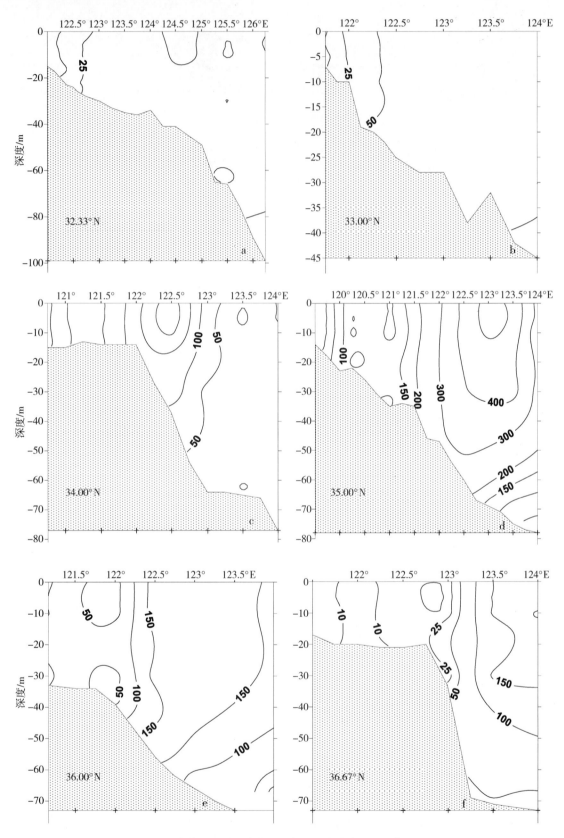

图9.7　南黄海冬季聚球藻丰度断面垂直分布（×10⁵cell/L）

9.1.1.4 胶州湾

1）水平分布

2002年2月至2004年11月，表层聚球藻丰度数量范围在 $0.16 \times 10^7 \sim 21 \times 10^7$ cell/L，季节变化由大至小变化依次为：冬季小于秋季小于春季小于夏季，夏季比冬季约高3～4倍。从水平分布来看，聚球藻丰度在近岸相对较高，在湾中心和大公岛附近相对较低。从年变化来看，本研究中聚球藻的丰度比1995年的相关结果高一个数量级，聚球藻丰度有逐年增加的趋势（图9.8）（赵三军等，2005）。

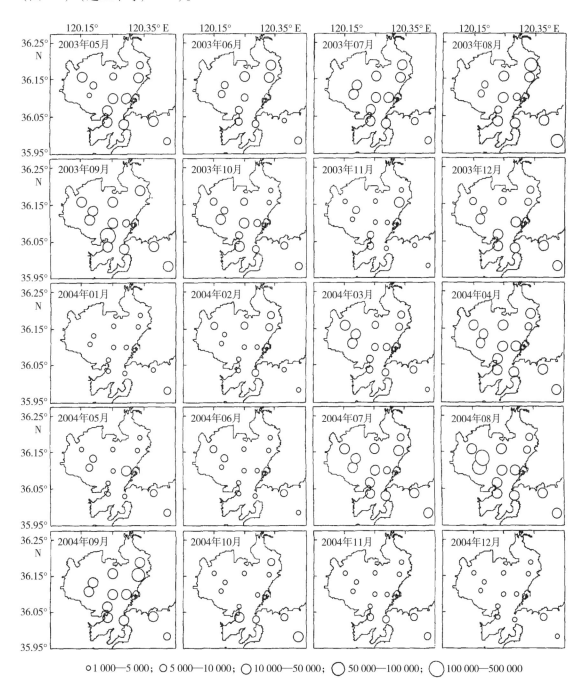

○1 000—5 000；○5 000—10 000；○10 000—50 000；○50 000—100 000；○100 000—500 000

图9.8 2003年5月至2004年12月胶州湾聚球藻分布状况（赵三军等，2005）

聚球藻丰度总体变化趋势为8月、9月较高（$2.0 \times 10^7 \sim 4.0 \times 10^7$ cell/L），1月、2月较低（$3.0 \times 10^6 \sim 4.0 \times 10^6$ cell/L），8月、9月细胞丰度显著高于其他月份，这种状况持续到11月，之后聚球藻丰度开始下降，直至降到次年1月、2月的最低水平，从3月开始丰度开始增加，到5月有所降低后继续升高（图9.9）（赵三军等，2005）。

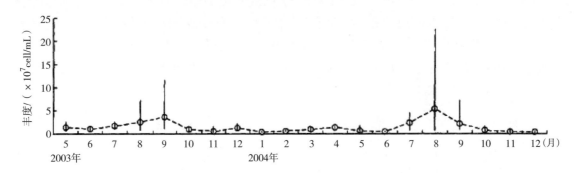

图9.9　胶州湾聚球藻月变化（赵三军等，2005）

2）垂直分布

聚球藻垂直分布变化以 D5 站为例，该站位水深最深可达 40 m，为水深最大站位，由于垂直混合的作用基本无温度跃层。5月和8月 D5 站聚球藻最大值出现在 20 m 附近，11月最大值出现在 10 m 层，2月最大值出现在表层。随季节变化，聚球藻最大值出现的水层具有一定波动性（图9.10）（赵三军等，2005）。

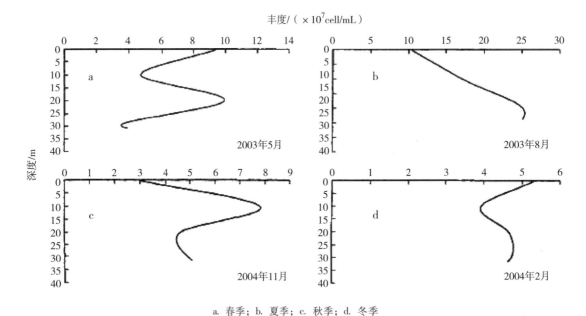

a. 春季；b. 夏季；c. 秋季；d. 冬季

图9.10　胶州湾 D5 站不同季节聚球藻垂直分布状况（赵三军等，2005）

3）聚球藻占总浮游植物比例及控制因子

聚球藻在总浮游植物生物量中所占的比例平均为 4.7%，对总初级生产力的贡献在 0.2% ~23.5%，平均贡献率为 3.9%，对浮游植物的贡献较低。

温度是影响聚球藻生长增殖的重要因子。聚球藻平均丰度与温度之间有很高的正线性相关性，2002年、2003年和2004年分别为 0.80、0.84 和 0.91，整体相关性可达到 0.6。聚球藻丰度月变化与温度也有较好的相关性。此外，河口及沿岸区域聚球藻丰度较高可能跟该区域营养盐浓度较高有一定关系（赵三军等，2005）。

由于胶州湾水深较浅，垂直扰动剧烈，聚球藻丰度高值在光照强的季节（春、夏）出现在较深水层（20 m层），光照较弱的季节里出现在较浅水层（秋季10 m层，冬季20 m层）。该现象暗示聚球藻对光适应性的调节作用。

9.1.1.5 青岛近海及其邻近海域

1）水平分布

2006年夏季，聚球藻丰度平均值为 2.39×10^8 cell/L（$8.58 \times 10^6 \sim 8.54 \times 10^8$ cell/L）。最大值出现在即墨海域5 m层，最低值出现在胶南近岸海域的5 m层（图9.11）（汪岷等，2008b）。

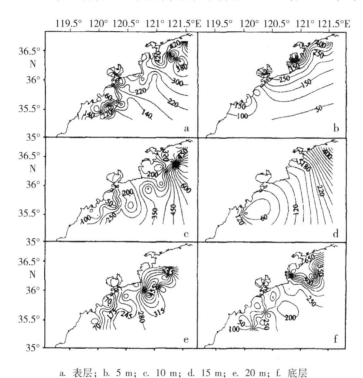

a. 表层；b. 5 m；c. 10 m；d. 15 m；e. 20 m；f. 底层

图9.11　青岛近海及邻近海域夏季聚球藻丰度平面分布（汪岷等，2008b）

2006年冬季，聚球藻丰度平均值为 4.67×10^7 cell/L（$8.97 \times 10^6 \sim 1.95 \times 10^8$ cell/L）。最大值出现在日照海域5 m层，最低值出现在烟台近岸海域的5 m层（汪岷等，2008）。从水平分布来看，聚球藻丰度与温度呈现相同的分布特点，即在胶南以南海域出现丰度高值区域，且向南有逐渐增高的趋势。低温可能是冬季聚球藻丰度显著低于夏季的主要原因。

本文检测到的冬季青岛近海及其临近海域微微型浮游植物群落结构以富含藻红素的聚球藻占优势。

2）垂直分布

2006年夏季，表层、5 m层、10 m层、15 m层、20 m和底层水体聚球藻丰度平均值分别为 2.08×10^8 cell/L、3.05×10^8 cell/L、2.17×10^8 cell/L、1.68×10^8 cell/L、2.15×10^8 cell/L 和 2.36×10^8 cell/L。大多数区域聚球藻丰度在 $1.0 \times 10^8 \sim 5.0 \times 10^8$ cell/L 之间；在胶南海域各水层都出现了低值区域（$< 10^8$ cell/L），中间区域低于 5.0×10^7 cell/L；即墨海域5 m层和底层以及海阳海域表层、10 m层、15 m层和底层均出现高值区域，数值超过 5.0×10^8 cell/L。

从垂直分布来看，夏季各水层聚球藻丰度之间无显著差异。其原因可能是该海域水深较浅，垂直扰动剧烈，夏季光照强度又较强，阳光可以比较容易到达底层，且营养盐丰富，温度适宜（18～28℃，平均值为25℃），浮游植物生长旺盛（图9.12）（汪岷等，2008b）。

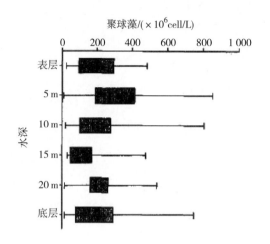

图 9.12　青岛近海及邻近海域夏季不同水层聚球藻丰度的比较（汪岷等，2008b）

2006 年冬季，表层、5 m 层、10 m 层、20 m 层和底层聚球藻丰度平均值分别为 4.12×10^7 cell/L、5.18×10^7 cell/L、4.84×10^7 cell/L、4.58×10^7 cell/L 和 4.85×10^7 cell/L。在胶南以南海域各水层均出现聚球藻丰度高值区域，且向南有逐渐增高的趋势；胶州湾口海域在表层、5 m 层和底层出现高值区域（$>5.0 \times 10^7$ cell/L）；即墨海域各水层和崂山东南海域表层、10 m 层和底层出现低值区域，低于 2.0×10^7 cell/L。从垂直分布来看，各水层之间聚球藻丰度无显著差异。其原因可能是该海域水深较浅，冬季风力又较大，海水垂直扰动剧烈，水体混合较均匀（汪岷等，2008b）。

3）昼夜变化

2006 年夏季，连续站聚球藻丰度昼夜在 9.88×10^7 ～ 6.25×10^8 cell/L 变化，平均值为 3.06×10^8 cell/L。昼夜间各层聚球藻丰度均有明显的波动。在第一个 09：00 各层出现了全天的最低值；表层和 5 m 层在 21：00 出现峰值，而 10 m 层和底层最高值出现在 06：00。总体上说，18：00—03：00 表层和 5 m 层变化较明显，其他时刻各层变化趋势较一致（图9.13）（汪岷等，2008）。

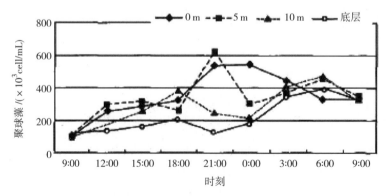

图9.13　青岛近海及邻近海域夏季各水层聚球藻丰度的昼夜变化（汪岷等，2008b）

2006 年冬季，连续站聚球藻丰度昼夜在 $1.23 \times 10^7 \sim 9.77 \times 10^8$ cell/L 变化，平均值为 3.12×10^7 cell/L。除底层 7:30 出现聚球藻丰度高值外，昼夜间各层聚球藻丰度波动不明显。表层和 5 m 层变化趋势较一致，均在 7:30 和 19:30 出现丰度高值；底层聚球藻丰度在 7:30、22:30 和次日 7:30 出现高值，其他时刻波动不大（汪岷等，2008b）。

从昼夜变化来看，1 d 内聚球藻丰度有明显变化，但没有观测到明显的规律。连续站设在胶州湾中部，水体流动性较弱，受南黄海洋流影响较小，因而本次观测到的聚球藻昼夜变化主要是由于其自身消长造成，能够反映微微型浮游植物昼夜变化的情况。

9.1.2　微微型光合真核生物（*Picoeukaryotes*，*Euk.*）

9.1.2.1　北黄海

1）水平分布

2006 年夏季，微微型光合真核生物丰度的平均值为 3.69×10^6 cell/L。荣城湾以东的海域各层微微型光合真核生物的丰度都较其他水域的高，原因可能是山东威海石岛渔场位于此海域，渔业资源丰富，营养丰富，十分有利于藻类的生长。此外，该水域的水温较高，可能对微微型光合真核生物的丰度产生一定的影响（图 9.14）（汪岷等，2008a）。

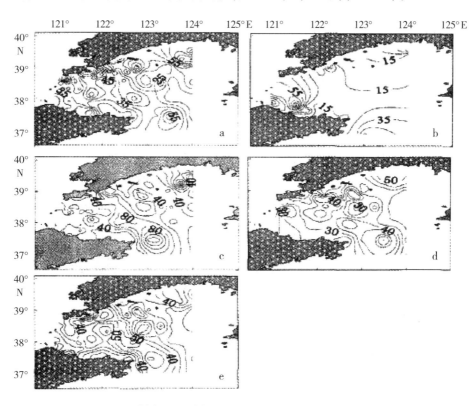

a. 表层；b. 5 m 层；c. 10 m 层；d. 30 m 层；e. 底层

图 9.14　北黄海 2006 年夏季微微型光合真核生物丰度的平面分布（$\times 10^5$ cell/L）（汪岷等，2008a）

2007 年微微型光合真核生物丰度平均值的季节变化由大到小依次为，春季（1.18×10^7 cell/L，$1.9 \times 10^5 \sim 9.25 \times 10^7$ cell/L），秋季（4.59×10^6 cell/L，$5.25 \times 10^5 \sim 2.88 \times 10^7$ cell/L），夏季（4.01×10^6 cell/L，$3.45 \times 10^5 \sim 2.09 \times 10^7$ cell/L），冬季（2.18×10^6 cell/L，$2.6 \times 10^6 \sim 4.78 \times 10^6$ cell/L），春季丰度明显高于其他三个季节，近岸水域出现微微型光合真核生物丰度的高值区。

春季和夏季微微型光合真核生物丰度的水平分布存在两个明显特征：①在长山群岛附近表层和 10 m 层出现高值区，原因是由于在这片海域有多个海岛分布，在群岛对海域进行分割的环境下，往往会形成种类繁多的小生境，这在生态学上极利于物种的繁荣，因此这一区域内微微型光合真核生物丰度均较高；②山东半岛近岸水域以及黄海和渤海的交界水域，微微型光合真核生物丰度较高，这是由于微微型光合真核生物细胞主要是由悬浮颗粒携带而来。夏季在烟台和威海小部分水域丰度较低，在冷水团范围 30 m 和底层出现了明显低值区。秋季山东半岛和辽东半岛近海水域底层微微型光合真核生物丰度较高，这可能是由于近海水域水深较浅（＜30 m），相对于远海水域光照条件好，微微型光合真核生物生长较为旺盛（图 9.15 和图 9.16）。

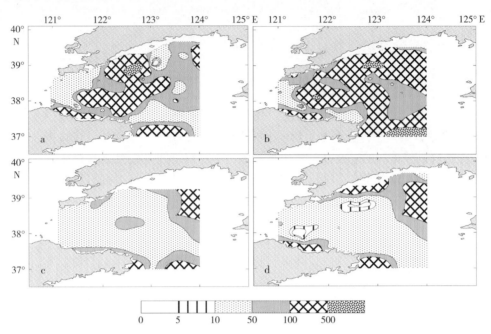

a. 表层；b. 10 m 水层；c. 30 m 水层；d. 底层

图 9.15　北黄海春季微微型光合真核生物丰度平面分布 （×10⁵ cell/L）

资料来源：我国近海海洋生物与生态调查研究报告

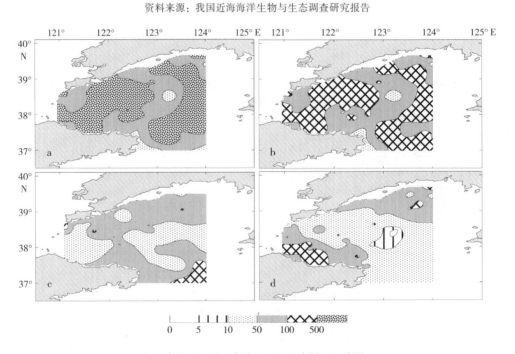

a. 表层；b. 10 m 水层；c. 30 m 水层；d. 底层

图 9.16　北黄海秋季微微型光合真核生物丰度平面分布 （×10⁵ cell/L）

资料来源：我国近海海洋生物与生态调查研究报告

2）垂直分布

2006 年夏季，表层、5 m、10 m、30 m 和底层微微型光合真核生物丰度平均值分别为 3.7×10^6 cell/L、3.29×10^6 cell/L、4.28×10^6 cell/L、3.26×10^6 cell/L 和 3.49×10^6 cell/L，各水层的微微型光合真核生物丰度在垂直分布上无明显差异。

2007 年微微型光合真核生物丰度的垂直分布，除冬季各水层无明显差异外，其他季节均是表层、5 m 和 10 m 明显高于 30 m 和底层，丰度最大值分别出现在春季的 10 m 层（13.24×10^6 cell/L）、夏季的 5 m 层（5.44×10^6 cell/L）和秋季的 20 m 层（7.71×10^6 cell/L）。

3）昼夜变化

2006 年夏季 3 个连续站的检测结果表明，各水层微微型光合真核生物的丰度昼夜变化趋势没有明显的一致性，白昼与夜间变化趋势没有明显的区别。

2007 年春季，微微型光合真核生物丰度在 10 m 水层出现一个峰值，其他水层丰度则无明显波动；秋季表层和 10 m 水层微微型光合真核生物丰度在 16:00 都出现一个峰值，30 m 层和底层微微型光合真核生物昼夜丰度稳定，无明显的波动。

9.1.2.2 南黄海

1）水平分布

2007 年夏季，微微型光合真核生物丰度平均值为 9.8×10^6 cell/L（$4.4 \times 10^5 \sim 5.6 \times 10^7$ cell/L）。表层和 10 m 层分布特征较为相似，呈由近岸向外海减少的趋势，最低值出现在调查海区的东南角（32.3°N，124.3°E 附近）；30 m 层呈明显北高南低，北部高低值交错分布，南部则均处于低值区；底层也是由近岸向外海减少，只是由于底层水深由近及远下降迅速，高低值分界线离岸更近。微微型光合真核生物丰度的水平分布特点与营养盐状况和光有关，近海营养盐含量一般要高于外海，苏北近海透明度较低，海水较为混浊，对浮游植物生长有不利影响，该海域出现低值区（图 9.17）。

2007 年冬季，微微型光合真核生物丰度平均值为 6.2×10^6 cell/L（$5.0 \times 10^5 \sim 1.8 \times 10^7$ cell/L）。表层、10 m 层、30 m 层丰度在中部海域明显高于周边海域；底层高值区范围缩小至海州湾附近，水深较深的外海海域细胞丰度值降低（图 9.18）。

两个季节比较，冬季微微型光合真核生物丰度较夏季低，平均值为夏季的 0.6 倍。两季的水平分布特征差异显著，夏季分布趋势是近岸高、外海低，冬季则是中部高、南北两端较低。

2）垂直分布

2007 年夏季，微微型光合真核生物丰度平均值在表层、5 m 层、10 m 层、30 m 层和底层分别为 1.2×10^7 cell/L、1.1×10^7 cell/L、1.0×10^7 cell/L、8.4×10^6 cell/L 和 6.6×10^6 cell/L。南部海域 32.33°N 断面 124°E 以西部分和 33.00°N 断面垂向分布不明显，近岸站位真光层出现高值区，其他站位各水层丰度值均很低；中部海域断面 34.00°N 和 35.00°N，真光层以上（约 30m）丰度值显著高于真光层以下水层；北部海域断面 36.00°N 在跃层（20~30 m）处有一明显高值区，表层和跃层下丰度值较低，36.67°N 断面沿岸浅水区丰度值较高，远离岸边的深水区也呈现出跃层附近高的特点；在离岸较远的外海区域 124°E 以东垂直分布不明显（图 9.19）。

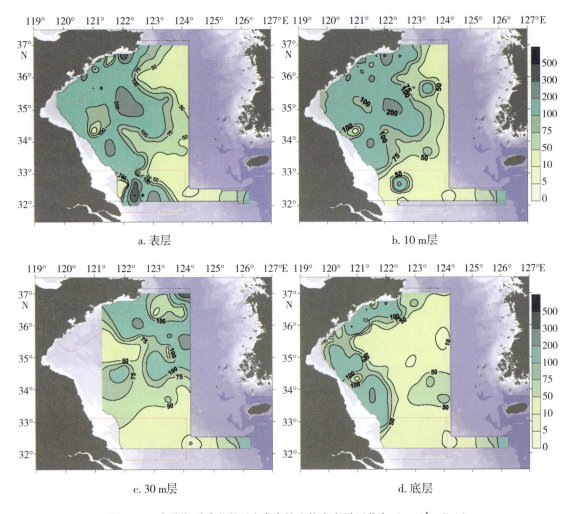

图 9.17　南黄海夏季微微型光合真核生物丰度平面分布（×10^5 cell/L）

资料来源：我国近海海洋生物与生态调查研究报告

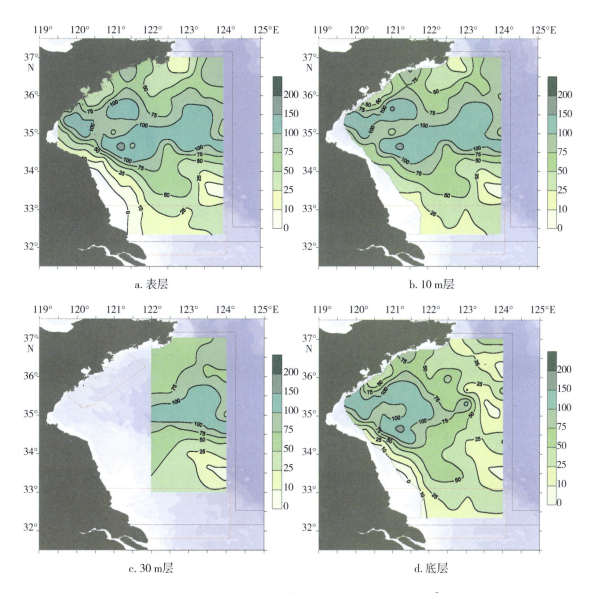

图 9.18 南黄海冬季微微型光合真核生物丰度平面分布（×10^5 cell/L）
资料来源：我国近海海洋生物与生态调查研究报告

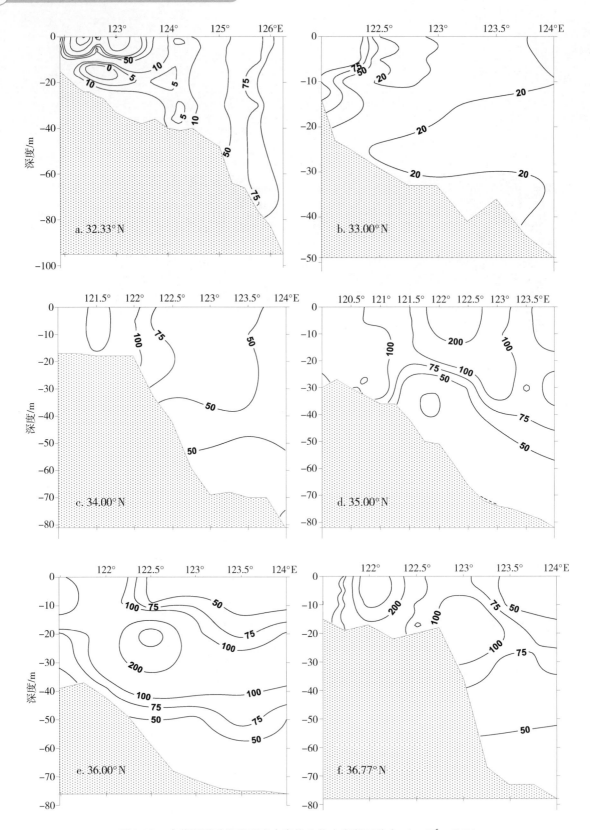

图 9.19 南黄海夏季微微型光合真核生物丰度断面分布（×10⁵ cell/L）

资料来源：我国近海海洋生物与生态调查研究报告

2007 年冬季，微微型光合真核生物丰度平均值在表层、5 m 层、10 m 层、30 m 层和底层分别为 6.1×10⁶ cell/L、6.4×10⁶ cell/L、6.8×10⁶ cell/L、6.9×10⁶ cell/L 和 5.1×10⁶ cell/L。各

层次间丰度值差异很小，最高值仅是最低值的 1.35 倍。由断面剖面图可以看出，冬季微微型光合真核生物垂直分布各层次间丰度值差异不大（图 9.20）。

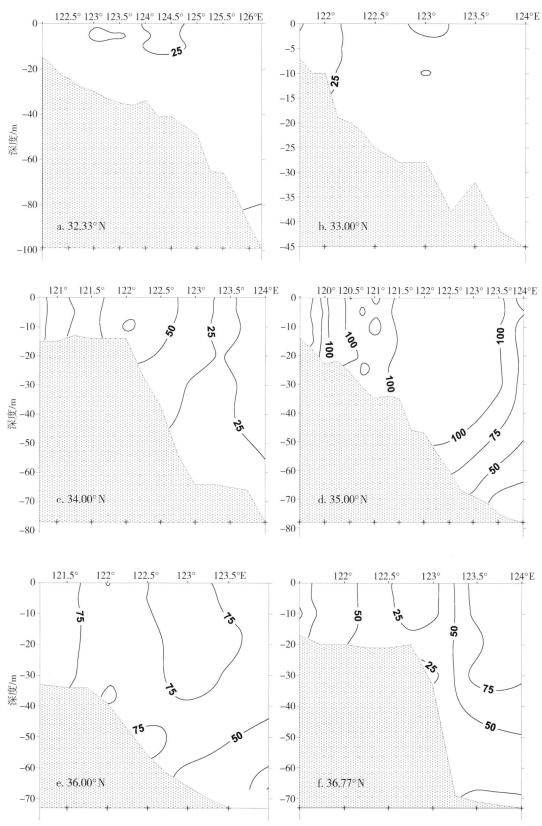

图 9.20　南黄海冬季微微型光合真核生物丰度断面分布（×10⁵ cell/L）

资料来源：我国近海海洋生物与生态调查研究报告

总的来说，南部海域断面垂向分布不明显，近岸站位真光层出现高值区，其他站位各水层丰度值均很低；中部海域特点为真光层细胞丰度显著高于真光层以下；北部海域断面在跃层附近形成明显高值区，表层和跃层下丰度值较低；在离岸较远的外海区域，垂直分布不明显。

9.1.2.3 青岛近海及其邻近海域

1）水平分布

2006 年夏季，微微型光合真核生物丰度平均值为 4.54×10^6 cell/L（$7.80 \times 10^5 \sim 3.02 \times 10^7$ cell/L）。在青岛近海及其邻近海域大多数区域微微型光合真核生物丰度在 $1.0 \times 10^6 \sim 5.0 \times 10^8$ cell/L；胶州湾内及湾口附近各层水体出现高值区域，胶南海域表层和 10 m 层出现高值区域；崂山东部即墨海域各水层均出现低值区域；海阳海域除 5 m 层外，其他水层出现低值区域（汪岷等，2008b）。

2006 年冬季，微微型光合真核生物丰度平均值为 2.39×10^6 cell/L（$1.95 \times 10^5 \sim 1.01 \times 10^7$ cell/L）。大多数区域微微型光合真核生物丰度在 $1.0 \times 10^6 \sim 5.0 \times 10^6$ cell/L；日照海域 5 m、10 m、底层和胶州湾内 20 m 出现丰度较高区域（$> 5.0 \times 10^6$ cell/L）；崂山海域在表层、5 m 层、10 m 层和 20 m 层出现丰度低值区；胶南远岸海域在底层出现丰度低值区，低于 5.0×10^5 cell/L（汪岷等，2008b）。

2）垂直分布

2006 年夏季，表层、5 m 层、10 m 层、15 m 层、20 m 层和底层微微型光合真核生物丰度平均值分别为 3.61×10^8 cell/L、2.66×10^8 cell/L、3.91×10^8 cell/L、2.27×10^8 cell/L、3.37×10^8 cell/L 和 2.95×10^8 cell/L，各水层微微型光合真核生物丰度并无明显差异。原因可能是该海域水深较浅，垂直扰动剧烈，夏季光照强度又较强，阳光可以比较容易到达底层，且营养盐丰富，温度适宜（$18 \sim 28℃$，平均值为 $25℃$），浮游植物生长旺（图 9.21）（汪岷等，2008b）。

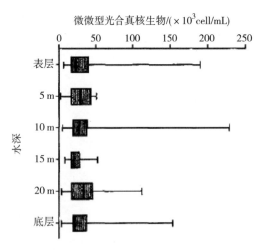

图 9.21　青岛近海及邻近海域夏季不同水层微微型光合真核生物丰度的比较（汪岷等，2008b）

2006 年冬季，表层、5 m 层、10 m 层、20 m 层和底层微微型光合真核生物丰度平均值分别为 2.54×10^6 cell/L、2.69×10^6 cell/L、2.05×10^6 cell/L、2.33×10^6 cell/L 和 2.47×10^6 cell/L，

各水层之间无明显差异。其原因可能是该海域水深较浅，冬季风力又较大，海水垂直扰动剧烈，水体混合较均匀（汪岷等，2008b）。

3）昼夜变化

2006 年夏季，微微型光合真核生物丰度昼夜在 $2.53 \times 10^6 \sim 3.02 \times 10^7$ cell/L 变化，平均值为 9.56×10^6 cell/L，各层在采样次日 06:00 均出现了 1 个峰值。微微型光合真核生物丰度在各水层昼夜变化趋势不一致，且没有明显规律性（图 9.22）（汪岷等，2008）。

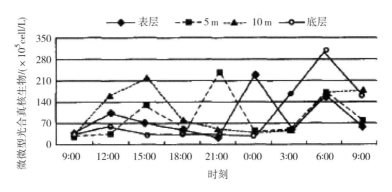

图 9.22　青岛近海及邻近海域夏季各水层微微型光合真核生物丰度昼夜变化曲线（汪岷等，2008）

2006 年冬季，连续站微微型光合真核生物丰度昼夜在 $3.90 \times 10^5 \sim 6.82 \times 10^6$ cell/L 变化，平均值为 2.23×10^6 cell/L。5 m 层和底层在 16:30 出现了峰值，接近 7.0×10^6 cell/L。其他时刻各层变化不太明显，表层在 10:30 出现峰值，5 m 层和底层变化趋势较一致，10 m 层峰值出现在首日 7:30（汪岷等，2008）。

从昼夜变化来看，1 d 内微微型光合真核生物丰度有明显变化，但没有观测到明显的规律。连续站设在胶州湾中部，水体流动性较弱，受南黄海洋流影响较小，因而本次观测到的微微型光合真核生物昼夜变化主要是由于其自身消长造成，能够反映微微型浮游植物的昼夜变化。

9.2　微、小型浮游植物种类组成、主要类群、丰度分布

9.2.1　黄海的海洋浮游植物种类组成及优势种

浮游植物是海洋中最重要的初级生产者，中国现有的研究资料表明，黄海海区主要的浮游植物类群是浮游硅藻和浮游甲藻。黄海浮游植物物种组成的资料不多，通过以往的研究可以发现，黄海的微型浮游植物主要以硅藻和甲藻为主（俞建銮和李瑞香，1993；林金美和林加涵，1997；王俊，2001，2003）。俞建銮和李瑞香（1993）在研究中将黄海的浮游植物分为淡水种和海水种，其中异常角毛藻（*Chaetoceros abnormis*）作为半咸水的指示种，主要出现在胶州湾附近水域。另外海水种根据其适宜生长的温度和盐度的范围，又分为适温、盐较宽的广布性类群，适温较低的类群，适温相对较高的类群，热带性类群。其中作为广布性类群的代表种的骨条藻（*Skeletonema* sp.）在一年四季均有出现，常在近岸及河口形成局部密集，并且常于春季在黄海南部及中部近岸形成细胞丰度高峰；适温较低的类群的代表种则主要位于黄海沿岸；热带性类群的种类和丰度较少，与黄海暖流有关，或由于夏季台风带来，如洛

氏角毛藻（*Chaetoceros lorenzianus*）和太阳漂流藻（*Planktoniella sol*）。田伟（2011）对黄海中部春季水华前、中、后三个时期浮游植物的群落分析结果表明，黄海中部浮游植物主要以硅、甲藻为主，这些航次共发现浮游植物4门138种，其中硅藻有49属94种，甲藻18属36种，金藻2属2种，蓝藻1种，以及未定类的三裂醉藻（*Ebria tripartite*）。硅藻和甲藻为黄海中部水华区三个时期浮游植物群落的主要类群，在生态类型上，多为温带近岸种，少数为暖水种或大洋种。优势种在水华前期为多尼骨条藻（*Skeletonema dohrnii*）、具槽帕拉藻（*Paralia sulcata*）；在水华期优势物种为矮小短棘藻（*Detonula pumila*）、柔弱几内亚藻（*Guinardia delicatula*）、异孢藻（*Hetercapsa sp.*）、多尼骨条藻和微小原甲藻等；在水华后期，优势物种以具齿原甲藻（*Prorocentrum dentatum*）为主。在发生水华站位浮游植物细胞丰度要明显高于水华前后，存在最大值，平均为 $267.964 \times 10^3 \text{cell/L}$。甲藻占有的比例随着时间的推进逐渐增大，在群落组成上由链状硅藻向单细胞甲藻演替。

黄海海域研究最多的是胶州湾及其邻近海域，其中文献记录的物种共计有238个物种（刘东艳，2004），包括硅藻159种，甲藻61种，金藻8种，绿藻8种，蓝藻2种；硅藻在种类和丰度上都占有绝对优势，其次为甲藻。物种数量远远大于上面描述的黄海大面调查的资料，主要原因是胶州湾作为一个典型的海湾生态系统，浮游植物研究工作具有长期积累。

对于浮游植物物种和细胞丰度的调查方法，绝大多数的研究者用小型浮游生物网采集样品来分析物种组成和细胞丰度，这势必会遗漏掉一些个体较小的物种，对浮游植物细胞丰度的计算只是半定量。使用国际通行的浮游植物定量分析方法 Utermöhl 方法（孙军等，2002a），同时结合我国广泛采用的网采方法分析浮游植物物种组成和细胞丰度，可以全面了解研究海区的浮游植物群落结构和动态。

根据2003年胶州湾 Utermöhl 方法和网采方法研究结果，胶州湾的浮游硅藻主要以温带近岸性物种为主，它们的群落演替规律是：中肋骨条藻、加拉星平藻、诺氏海链藻、圆海链藻（冬季）→中肋骨条藻、窄隙角毛藻、新月柱鞘藻、冰河原甲藻、冰河拟星杆藻、诺氏海链藻和圆海链藻（春季）→新月柱鞘藻、中肋骨条藻、诺氏海链藻、加拉星平藻、浮动弯角藻、冰河原甲藻（夏季）→尖刺伪菱形藻、中肋骨条藻、圆海链藻、旋链角毛藻、锥状斯克里普藻和冰河原甲藻（秋季）。胶州湾的甲藻主要以角藻属和原多甲藻的种类为主，常见种类有锥状斯克里普藻、双刺原多甲藻、三角角藻、梭状角藻、长角角藻、扁形原多甲藻等；它们从丰度上不容易形成优势，多在夏、秋两季出现。

与历史资料相比，硅藻的物种数目出现降低的趋势，主要表现在角毛藻属和圆筛藻属的物种减少；其中，角毛藻属物种数下降了11种，这是一个比较有趣的现象。角毛藻属基本上是浮游的类群，它们的下降可能是对环境因子的变动比较敏感，具有一定的生态指示作用，进一步详细的工作值得开展下去；圆筛藻属的下降有两方面的原因，一方面原因是环境因子的变动导致这些物种确实在本地丢失了，另一方面原因就是分类学家对物种的识别存在差异。1978年钱树本等（1983）的调查工作是由王筱庆、钱树本和陈国蔚三位共同完成的，其物种鉴定工作是迄今胶州湾工作中最详细的，这点可以从原多甲藻属下降了19种看出。另外一个趋势就是甲藻物种的增加（除了原多甲藻），我们的结果表明胶州湾从20世纪80年代到现在甲藻增加了17种，其中绝大部分是赤潮原因物种。甲藻为仅次于硅藻的第二大类群，这里面也有两个原因：第一个原因是这些物种在细胞丰度上增加了，导致比较容易发现并鉴定；另外一个原因是，我们采用标准定量分析方法——Utermöhl 方法，大于 $5 \mu m$ 的浮游植物都可以检测出来，这就增加了很多以往网采方法遗漏的物种。

胶州湾作为我国海洋研究的模式区域，浮游植物分类研究近来有较多的进展。应用电子显微镜技术对胶州湾的微型浮游植物进行研究（Gao & Jiao，1995）；应用分子生物学特征进行难识别物种的分子识别，比如胶州湾分离到的一种共生藻（Gou, et al, 2003）；三裂醉藻是胶州湾海域还未有报道的物种，其分类地位还不明确，但其生态学地位十分重要，它是浮游植物群落中的一类重要摄食者，甚至可以滑梯吞噬形式捕食比自己大很多的中肋骨条藻群体（孙军等，2003e）。

从物种组成和优势物种的组合变化可以初步判断胶州湾浮游植物群落结构自 1936 年以来已经发生了比较明显的演替；但因为调查站位和频次的差异、分析方法的差异，以及物种鉴定工作的难度，更详尽的比较工作还有待于继续开展。关于黄海浮游植物生物量分布的研究，以网采浮游植物细胞丰度的资料居多，由于网采方式会遗漏很多物种，所以其对细胞丰度的估算是半定量的。

9.2.2　空间分布

对钱树本等 1978—1979 年的调查、郭玉洁等 1980—1982 年的调查、吴玉霖等 1997—1998 年的调查结果进行比较后，发现胶州湾浮游植物细胞丰度的平面分布变化不大，湾内靠近边缘的海域为密集区，尤其是湾东部和北部的边缘区域，而湾中央和南部海域为稀疏区；90 年代以后的细胞丰度均明显低于钱树本等和郭玉洁等的调查结果。

黄海区域采水样品为主分析的全水柱数据发表不多，以 2009 年的黄海中部水华区调查为例（田伟，2011），以初步了解黄海浮游植物的时空分布。

2009 年 2 月，黄海表层浮游植物细胞丰度介于 $0.043 \times 10^3 \sim 464.978 \times 10^3$ cell/L，平均为 38.919×10^3 cell/L，表层细胞主要分布在西北部近岸和南部区域，在东北部区域存在浮游植物的低值区。硅藻细胞丰度的高值位置与浮游植物的相类似，而甲藻则主要分布在西北部近岸，在南部和外海区域很少分布（图 9.23）。浮游植物主要分布在表层，细胞丰度随着深度的增加而下降，由数量级上来看，浮游植物的细胞丰度主要由硅藻贡献。而优势种细胞丰度的垂直分布趋势基本一致，都是随着水层深度的增加而呈现下降（图 9.24）。

2009 年 4 月，黄海中部表层浮游植物细胞丰度介于 $0 \sim 36.6667 \times 10^3$ cell/L，平均为 5.1197×10^3 cell/L，优势种主要以太平洋海链藻（*Thalassiosira pacifica*）、多尼骨条藻（*Skeletonema dohrnii*）、矮小短棘藻（*Detonula pumila*）等硅藻为主。表层浮游植物细胞丰度平面分布的高值区主要位于中部水域，以西北—东南为对称轴存在两个高值区，其分布趋势与硅藻及甲藻的平面分布基本一致，但是表层甲藻的平面分布的高值区域位于比硅藻离轴更远的水域（图 9.25）。

2009 年 6 月，在物种组成上以硅藻和甲藻为主。表层浮游植物细胞丰度介于 $0.089 \sim 1045.200 \times 10^3$ cell/L，平均为 15.941×10^3 cell/L，高值主要位于黄海的东南部，并且随着纬度的降低细胞丰度升高；另外，在北部存在另一个浮游植物的高值区，主要由硅藻贡献（图 9.26）。在垂直方向上，浮游植物和甲藻在次表层 10 m 出现最大值，而硅藻最大值位于表层，但随着深度的增加细胞丰度有所下降。优势种有不同的垂直分布形式，具齿原甲藻在 10 m 层出现最大值，柔弱伪菱形藻在表层出现最大值，在其他水层则分布很少。由此可见，表层的细胞丰度主要由硅藻贡献，而甲藻尤其是具齿原甲藻则贡献了 10 m 层的浮游植物高值。具槽帕拉藻在 30 m 层和 50 m 层出现高值，这与具槽帕拉藻的底栖的生态类型也是相关的（图 9.27）。

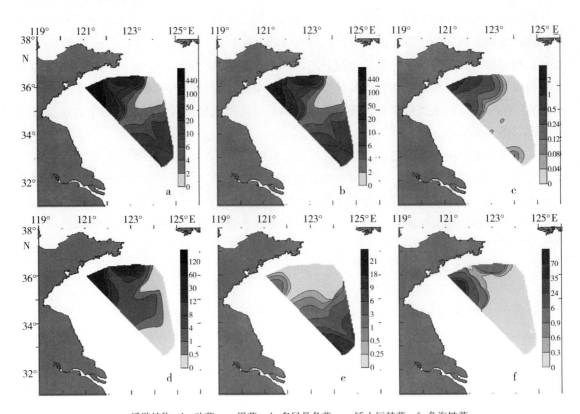

a. 浮游植物；b. 硅藻；c. 甲藻；d. 多尼骨条藻；e. 矮小短棘藻；f. 角海链藻

图 9.23　2009 年 2 月黄海中部表层水体浮游植物细胞丰度及优势种细胞丰度（×10³ cell/L）的平面分布

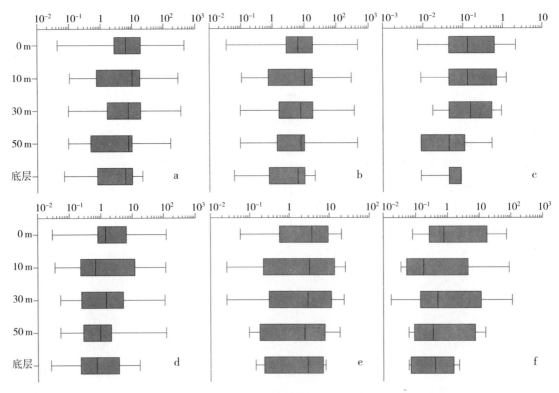

a. 浮游植物；b. 硅藻；c. 甲藻；d. 多尼骨条藻；e. 具槽帕拉藻；f. 角海链藻

图 9.24　2009 年 2 月黄海中部浮游植物（×10³ cell/L）在水层中的垂直分布

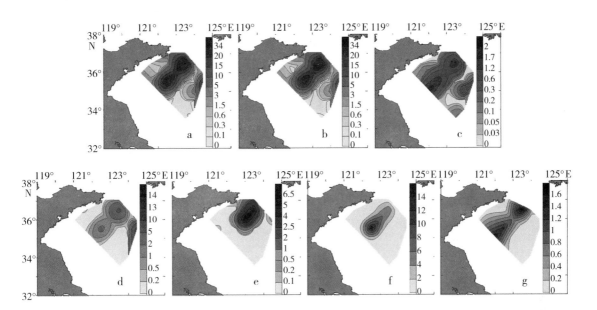

a. 浮游植物；b. 硅藻；c. 甲藻；d. 太平洋海链藻；e. 中肋骨条藻；f. 矮小短棘藻；g. 裸藻

图 9.25 2009 年 4 月黄海中部表层水体浮游植物细胞丰度（×10³ cell/L）的平面分布

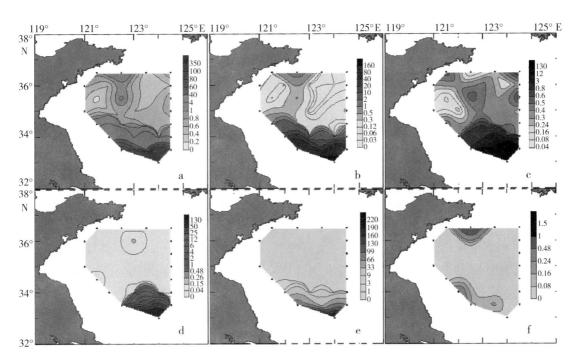

a. 浮游植物；b. 硅藻；c. 甲藻；d. 具齿原甲藻；e. 柔弱伪菱形藻；f. 具槽帕拉藻

图 9.26 2009 年 6 月黄海中部表层浮游植物及优势种细胞丰度（×10³cell/L）的平面分布

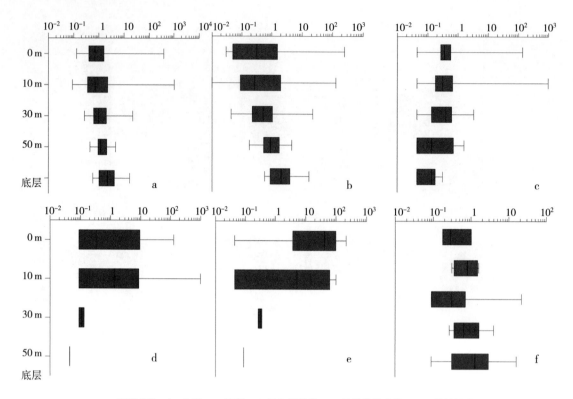

a. 浮游植物；b. 硅藻；c. 甲藻；d. 具齿原甲藻；e. 柔弱伪菱形藻；f. 具槽帕拉藻

图 9.27　2009 年 6 月黄海中部浮游植物（10^3 cell/L）在水层中的垂直分布

9.2.3　时间变化

9.2.3.1　年际变化

　　整个黄海的浮游植物群落资料较为缺乏，下面以胶州湾为例讨论黄海浮游植物群落的年际变化。胶州湾浮游植物的研究最早可以追溯到 1936 年；金德祥等（1965）对青岛近海的浮游植物进行了 8 个月的定期观测，初步鉴定了浮游植物的物种组成，并分析了其丰富度变化特征；此后，李冠国和黄世政（1956）、李冠国（1958）、钱树本等（1983）、郭玉洁等（1992）、刁焕祥（1984）等学者对胶州湾的浮游植物做了进一步的调查研究，共计发现硅藻 45 属 153 种、甲藻 8 属 24 种。在这些调查研究中，多以网采（>76 μm）浮游植物的种类做为主要研究对象，对微型和超微型浮游植物的分类研究进行的较少。进入 20 世纪 90 年代以后，胶州湾浮游植物的现场调查资料增多，并多配合有相应的环境资料（吴玉霖和张永山，2001；孙松等，2002；刘东艳等，2002a，2002b；焦念志等，2001；沈志良，2002），微型和超微型浮游植物的研究也有开展（Jiao and Gao，1995；陈怀清和钱树本，1992；吴玉霖，1995）。但关于胶州湾浮游植物群落结构长周期变化的研究开展较晚，焦念志等（2001）首次通过比较胶州湾浮游植物调查的历史资料和中科院海洋所生态站十年的调查资料，对浮游植物群落结构的长期变化开展研究；此后，沈志良（2002）、孙松等（2002）、刘东艳等（2002a，2002b）都开展了相关研究，发现胶州湾浮游植物群落与历史资料相比，结构发生了明显的改变，表现出网采浮游植物物种丰富度下降、优势种类减少、赤潮发生频率增加等生态特征（表 9.2）。这些研究对于深入认识富营养化的现状及环境对生物的危害具有重要意义。

表9.2 不同年代胶州湾浮游植物物种数目、细胞丰度及优势种组成的变化

调查时间 比较项目		1977年2月至1978年1月 （钱树本等）	1980年6月至1981年11月 （郭玉洁等）	1997—1998年 （吴玉霖等）	2003—2004年 （刘东艳等）
物种 数目	硅藻	152种	100种	117种	91种
	甲藻	24种	15种	12种	32种
优势种类组成特征	春	冰河拟星杆藻 扁面角毛藻 皇冠角毛藻 窄隙角毛藻 刚毛根管藻	冰河拟星杆藻 扁面角毛藻 皇冠角毛藻 窄隙角毛藻	尖刺伪菱形藻 加拉星平藻 冰河拟星杆藻 窄隙角毛藻	中肋骨条藻 窄隙角毛藻 冰河原甲藻 新月柱鞘藻 诺氏海链藻
	夏	浮动弯角藻 丹麦细柱藻 诺氏海链藻 旋链角毛藻	旋链角毛藻 双突角毛藻 浮动弯角藻 柔弱几内亚藻	中肋骨条藻 旋链角毛藻 圆筛藻	新月柱鞘藻 中肋骨条藻 浮动弯角藻 诺氏海链藻 尖刺伪菱形藻 圆海链藻 旋链角毛藻
	秋	拟旋链角毛藻 浮动弯角藻 中肋骨条藻 扁面角毛藻 尖刺伪菱形藻 奇异角毛藻	浮动弯角藻 奇异菱形藻 丹麦细柱藻 新月柱鞘藻 中肋骨条藻	柔弱角毛藻 笔尖根管藻 中肋骨条藻 扁面角毛藻	中肋骨条藻 加拉星平藻 冰河原甲藻 圆海链藻
	冬	中肋骨条藻 扁面角毛藻 柔弱角毛藻 旋链角毛藻	冰河拟星杆藻 中肋骨条藻 尖刺伪菱形藻 扁面角毛藻	冰河拟星杆藻 加拉星平藻 尖刺伪菱形藻 中肋骨条藻	中肋骨条藻 加拉星平藻 诺氏海链藻 圆海链藻

对比历史资料，浮游植物的物种丰富度有明显差异（表9.3），李冠国等的调查丰度最低，与其采水取样的方法和采样地点在湾外有关；钱树本等和郭玉洁等的调查结果显示，在非赤潮状态下，浮游植物在高峰期和密集区细胞丰度最大数量级可以达到$10^8 \sim 10^9$ cell/m^3；而20世纪90年代以后的调查资料，夏季高峰期也未超过10^8 cell/m^3。这表明网采浮游植物的细胞丰度有所下降，不排除浮游植物团块状分布造成的不同站位之间的误差，此外，在大小潮期间湾内浮游植物细胞丰度起伏较大，采样时间也影响到浮游植物的细胞丰度。

表9.3 各调查者显示胶州湾浮游植物物种丰富度的变化

调查者 年代	金德祥等 1936	李冠国 1956	钱树本等 1978	郭玉洁等 1981*	吴玉霖和张永山 1997*	孙松等 1999*	刘东艳 2003
物种丰富度	71	43	163	64	27	23	164

＊：文章中无种名录，故只记录文中提到的物种。

9.2.3.2 季节变化

黄海浮游植物的季节演替明显。冬季，浮游植物的优势种以硅藻为主，且为中心硅藻纲，细胞壳面之间紧密连接多形成链状，有的具有角毛，不仅增大了细胞在海水中的浮力，处于伸展状态有助于细胞接受光照，增大了体表面积有利于吸收和利用营养盐。优势种，如柔弱

角毛藻、矮小短棘藻等，多数为广温、广盐性物种，除具槽帕拉藻具有兼性底栖的性质，其他物种皆为浮游性物种，这主要是因为黄海冬季盛行大风，由大风引起的浅水区域底层再悬浮过程会使一些假性浮游物种如具槽帕拉藻的细胞丰度快速增高（孙军等，2004a）。在春季水华发生时，优势种发生变化，既有链状硅藻，如矮小短棘藻、多尼骨条藻，又有小型的单细胞的甲藻，如异孢藻、微小原甲藻。比较水华发生前后，优势种组成由硅藻转为甲藻，在形态组成上，由链状群体向单细胞个体转变；在浮游植物粒径上，则有逐渐变小的趋势（表9.4和图9.28）。

表9.4　黄海浮游植物优势物种的变化

中文名	拉丁文名	冬 季	初 春	水华前期	水华期	夏 季
旋链角毛藻	*Chaetoceros curvisetus*		+			
柔弱角毛藻	*Chaetoceros debilis*	+				
羽状棘冠藻	*Corethron criophilum*				+	
矮小短棘藻	*Detonula pumila*	+	+	+	+	
裸藻	*Euglena* sp.		+	+		
柔弱几内亚藻	*Guinardia delicatula*			+		
斯氏几内亚藻	*Guinardia striata*		+			
裸甲藻	*Gymnodinium* sp.					+
螺旋环沟藻	*Gyrodinium spirale*					+
异孢藻	*Hetercapsa* sp.				+	
菱形藻	*Nitzschia* sp.					+
具槽帕拉藻	*Paralia sulcata*	+				+
具齿原甲藻	*Prorocentrum dentatum*					+
微小原甲藻	*Proc ocentrum minimum*			+	+	
柔弱伪菱形藻	*Pseudo-nitzschia delicatissima*					+
刚毛根管藻	*Rhizosolenia setigera*		+	+		
多尼骨条藻	*Skeletonema dohrnii*	+	+		+	
菱形海线藻	*Thalassionema nitzschioides*					+
角海链藻	*Thalassiosira angulata*	+		+		
诺氏海链藻	*Thalassiosira nordenskiöldii*		+			
太平洋海链藻	*Thalassiosira pacifica*		+	+		
圆海链藻	*Thalassiosira rotula*		+	+		
细弱海链藻	*Thalassiosira subtilis*	+				

＋：出现

根据胶州湾及其附近海域的研究，浮游植物一年中有2个细胞丰度高峰，一次高峰出现在8—9月，另一次出现在1—2月。以上的研究都是基于网采浮游植物的结果，这样会遗漏小于网目的物种，对细胞丰度有所低估。

以2003年采用Utermöhl方法获得的胶州湾浮游植物细胞丰度资料（刘东艳，2004），来说明胶州湾浮游植物细胞丰度的变化。胶州湾浮游植物细胞丰度各月平面分布总体特征是湾内边缘水域高于海南部和中央水域，季节变化呈现双周期特征：1月形成细胞丰度的最高峰，湾内平均细胞丰度为 5.04×10^6 cell/m³，9月为细胞丰度的次高峰期，湾内平均细胞丰度为

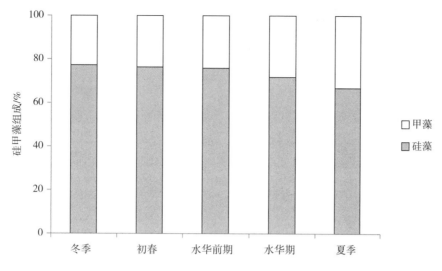

图9.28 2009年黄海中部浮游植物群落硅甲藻组成情况

2.44×10^6 cell/m³，细胞丰度的低谷期出现在春季（5月）和秋季（11月），湾内平均细胞丰度分别为 2.1×10^5 cell/m³ 和 3.5×10^5 cell/m³（图9.29）。

在富营养化状态下，胶州湾内网采浮游植物的细胞丰度并没有增加反而呈现下降的趋势，这与很多湖泊、内湾水域由于富营养化而带来浮游植物的生物量增加现象相悖。这可能是营养盐的限制作用、较高的摄食压力以及潮汐的混合作用综合控制湾内浮游植物生长的结果。相对于中国的其他海域，黄海的赤潮现象不是很严重，除了在胶州湾有零星的报道之外，这和黄海没有较大的河口，而不太受人为富养化作用的影响有相当大的关系。根据国家海洋局每年的公报，近年来黄海赤潮暴发的频率小于每年5次，而且规模也不是很大；胶州湾报道的赤潮也是由一些很常见的危害不是很大的硅藻所引起的，比如浮动弯角藻和中肋骨条藻（张永山等，2002；张利永等，2004）。

9.3 基于光合色素的浮游植物类群组成

浮游植物光合色素的物理与化学性质差异很大，根据化学结构，光合色素可以分为三类：叶绿素类、类胡萝卜素类、藻胆蛋白类。光合类胡萝卜素也被称为天线色素，可将部分吸收的能量转至叶绿素分子，通常包括以下几种类胡萝卜：岩藻黄素（fucoxanthin）、19′-己酰基氧化岩藻黄素（19′-hexanoyloxy-fucoxanthin）、19′-丁酰基氧化岩藻黄素（19′-butanoyloxy-fucoxanthin）、多甲藻素（peridinin）、青绿藻素（prasinoxanthin）和 α-胡萝卜素（α-carotene）。第二类是光保护类胡萝卜素，保护光合中心免受单线态氧和有害辐射的破坏。这一类包括花药黄素（antheraxanthin）、硅甲藻黄素（diadinoxanthin）、别藻黄素（alloxanthin）、硅藻黄素（diatoxanthin）、甲藻黄素（dinoxanthin）、叶黄素（lutein）、堇菜黄素（violaxnathin）、新黄素（neoxanthin）、玉米黄素（zeaxnathin）和 β-胡萝卜素（β-carotene）。现有很多基于分光或荧光方法或色谱的方法（如 TLC-薄层色谱）可以测量叶绿素a，b，c和它们衍生物的浓度，其中高效液相色谱（HPLC）法已经成为一种广泛应用的浮游植物光合色素分离分析的技术，可以精确定性定量分析自然水体中复杂的光合色素混合物，并同时对浮游植物类群进行定量分析。

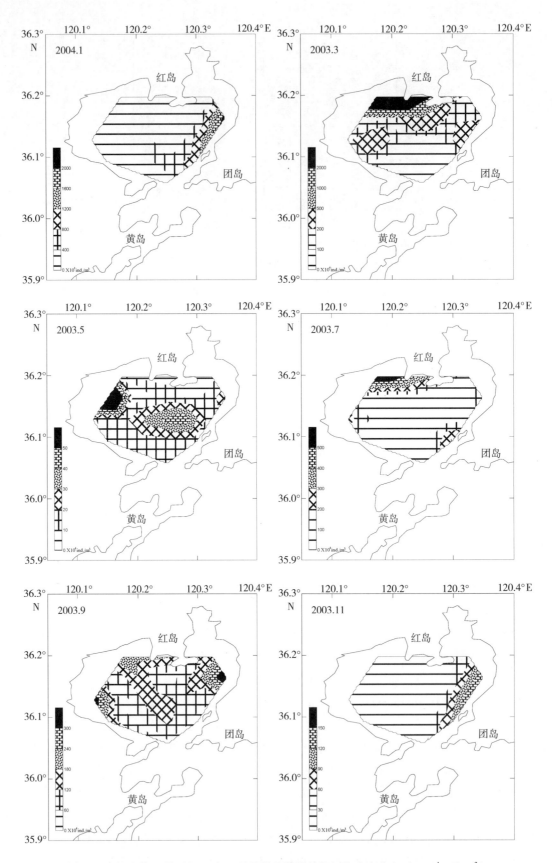

图 9.29 2003 年 3 月至 2004 年 1 月胶州湾浮游植物细胞丰度分布（$\times 10^4$ cell/m^3）

辅助色素在不同类群浮游植物中分布不同，因此，它们可以作为浮游植物分类的标记。在特定浮游植物中类胡萝卜的种类与含量具有特异性，根据特征光合色素浓度可以计算出不同类群的浮游植物对总叶绿素 a 的贡献，如表9.5 所介绍的，叶绿素 a 存在于全部的浮游植物类群中，而某些辅助光合色素（特征光色素）只存在于特定的浮游植物类群中，如青绿藻（Prasinophyceae）中的青绿藻素，甲藻（Dinoflagellates）中的多甲藻素，定鞭金藻（Haptophyceae）中的19′–己酰基氧化岩藻黄素，硅藻（Bacillariophyceae）、金藻（Chrysophyceae）和定鞭金藻（Haptophyceae）中的岩藻黄素，蓝藻（Cyanobacteria）和绿藻（Chlorophyceae）中玉米黄素及原绿球藻（Prochlorophyceae）中的二乙烯叶绿素 a 等（Andersen, et al, 1996）。这些特征光合色素在特定的浮游植物细胞中与叶绿素 a 以一定的比例存在，随着高效液相色谱分离分析方法的发展，我们已经可以精确定性定量这些特征光合色素，因此通过特征光合色素及叶绿素 a 的经验比值关系，就可以推算出各类群所含有的叶绿素 a 含量，从而得到研究海域浮游植物的类群组成信息。（陈纪新，2006）

表 9.5　主要浮游植物类群及其光合色素（Mackey, et al, 1998）

浮游植物	主要光合色素
原绿球藻（Prochlorophyceae）	<u>二乙烯叶绿素 a 和 b</u>、叶绿素 b、<u>玉米黄素</u>、α–胡萝卜素、类叶绿素 a 色素、藻红蛋白（一些种内）
蓝藻（Cyanobacteria）	叶绿素 a、<u>玉米黄素</u>、β–胡萝卜素、藻红蛋白、藻蓝蛋白、别藻蓝蛋白
硅藻（Bacillariophyceae）	叶绿素 a、叶绿素 c_1 和 c_2、<u>岩藻黄素＋硅甲藻黄素</u>、硅藻黄素、β–胡萝卜素
定鞭金藻（Haptophyceae）	叶绿素 a，叶绿素 $c_1 + c_2$ 或 $c_2 + c_3$，<u>19–己酰基氧化岩藻黄素</u>、岩藻黄素，硅甲藻黄素、硅藻黄素，α–胡萝卜素、β–胡萝卜素
大洋藻 Pelagophyceae	叶绿素 a，叶绿素 c_2 和 c_3、<u>19–丁酰基氧化岩藻黄素</u>、硅藻黄素、岩藻黄素、硅甲藻黄素、β–胡萝卜素
金藻（Chrysophyceae）	叶绿素 a，叶绿素 c_1 和 c_2、<u>岩藻黄素＋紫黄素</u>，β–胡萝卜素
隐藻（Chryptophyceae）	叶绿素 a、叶绿素 c_2、<u>别藻黄素</u>、藻红蛋白或藻蓝蛋白、番茄红素、蓝隐藻黄素、α 胡萝卜素
甲藻（Dinophyceae）	叶绿素 a、叶绿素 c_2、<u>多甲藻素</u>、甲藻黄素、硅甲藻黄素、硅藻黄素、β 胡萝卜素
青绿藻（Prasinophyceae）	叶绿素 a、<u>叶绿素 b、青绿藻素</u>、类叶绿素 c 色素、玉米黄素、新叶黄素、堇菜黄素、α 胡萝卜素、β 胡萝卜素
绿藻（Chlorophyceae）	叶绿素 a、<u>叶绿素 b、叶黄素</u>、新叶黄素、紫黄素、环氧玉米黄质、玉米黄素、α 胡萝卜素、β 胡萝卜

注：下划线为相应类群的特征光合色素。

对于特征光合色素/叶绿素 a 比值的确定，最初是通过对研究海区大量实测结果推导相应的回归公式来进算得到，但是要表达研究海区复杂理化条件下的色素比值，如果只用单一的色素比值参数会引起很大的误差。目前已经发展的计算色素比值的方法包括线性回归法、多线性回归法以及矩阵分析方法等，其中最合适的方法是矩阵因子化程序–CHEMTAX（Mackey, et al, 1996），这个程序通过最陡下降算法（steepest-descent）来计算最适合的浮游植物各类群的色素比值，在每个类群色素比值基础上计算浮游植物不同类群的相对贡献率。其基本原理是通过输入现场样品中定量的光合色素浓度矩阵，通过一定数目的样本量，通过最徒下降算法，计算出适合研究样品组的色素比值矩阵。目前，用于计算色素比值矩阵的CHEMTAX软件已被海洋生态学家广泛接受，并已应用于各海域的浮游植物类群研究中（如，大洋：Mackey, et al, 1998；Wright, et al, 1996；Higgins and Mackey, 2000；Wright and van den Enden, 2000；Ansotegui, et al, 2001；Wulff, et al, 2004；近岸：Pinckney, et al, 1998；湖泊：Descy et al, 2000）。因此，CHEMTAX软件大大推动了基于光合色素估算浮游植物类群组成的进展。虽然应用CHEMTAX的方法，误差是不可避免，但是无论如何，光合色素指示浮游植物类群组成的分析方法相比于其他传统浮游植物类群组成的分析方法，有不可比拟的巨大优势，比如该方法可同时获得全粒级和所有类群的浮游植物类群组成信息。

综上所述，浮游植物光合色素是海洋生态系统中一类重要的生物标志物（Biomarkers），在浮游植物分类学与生态动力学研究中得到广泛的应用，光合色素的定性与定量分析已经在全球各典型海区开展，提供了全球海域浮游植物分布和类群组成的信息，以及物质的生物地球化学循环。

9.3.1 时空分布

9.3.1.1 春季（2006年4月）

春季黄海浮游植物辅助色素平均浓度最大的为硅藻的特征色素——岩藻黄素，浓度为11~1 676 ng/L，平均307 ng/L，远远高于其他辅助色素，同时它的水平空间分布与叶绿素a分布模式十分一致，指示了硅藻在该海域浮游植物类群中绝对优势地位（图9.30）。在东北

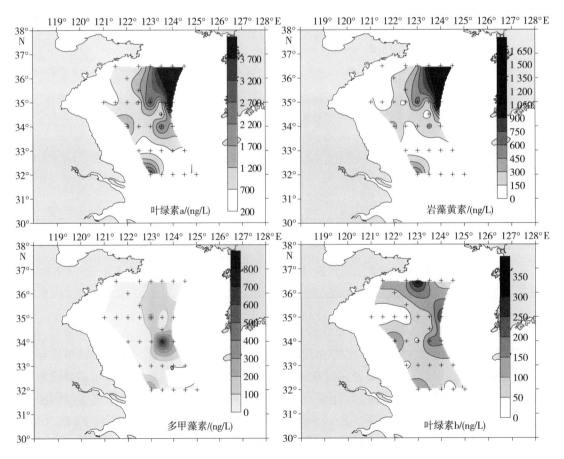

图9.30　黄海4月采样站位（＋）和表层浮游植物主要光合色素分布图（Liu, et al, 2011）

角的水华区域岩藻黄素的浓度达到 1 700 ng/L，显著高于其他区域，表明发生了硅藻水华。叶绿素 b 是样品中含量仅次于岩藻黄素的特征辅助色素（17~163 ng/L），空间分布模式也与叶绿素 a 一致，平均值为 93 $\mu g/m^3$。甲藻的特征色素多甲藻素在黄海东北部（34°N，123.5°E）的冷水团测站形成一个高值区，浓度达到 757 ng/L，与此同时 19′-己酰基氧化岩藻黄素，玉米黄素和堇菜黄素的最高值也同样出现在这个区域。这片高值区是黄海暖流影响区域，底层温度高于 11℃，盐度高于 33.5。在黄海 4 月所有测站样品中并没有检测到原绿球藻的特征色素二乙烯叶绿素 a，表明原绿球藻没有随黄海暖流进入南黄海。从 4 月表底层温度来看，表层最高 10℃ 左右的温度显著低于原绿球藻在东黄海分布的温度下限（焦念志等，1995，2002）。在垂直分布上，因 4 月温盐结构表底差异并不大，各种光合色素的表底层分布模式基本一致，垂直差异并不明显。

CHEMTAX 计算的结果（图 9.31）表明，整个海区硅藻为绝对优势，表层相对丰度范围是 13%~95%，平均值达到 79%，其中在胶东半岛西南的水华区域高达 90% 以上。在整个调查区域硅藻的特征色素岩藻黄素的水柱积分浓度和叶绿素 a 浓度呈现很好的正相关性（$P <$ 0.05，$R^2 = 0.9488$）。除硅藻外，金藻为第二优势类群，表层定鞭金藻和金藻共占到叶绿素 a 生物量的 13%，其中以金藻为主，它在某些站位能占到 55% 的生物量，表层相对丰度平均为 9%。隐藻和青绿藻在部分测站也占有相当高的生物量，整个海区平均达 4% 和 11%。另外，结合整个海区青绿藻素和叶绿素 b 的分布模式基本一致，以及绿藻特征色素叶黄素浓度较低的特点，黄海叶绿素 b 应该主要由青绿藻贡献。CHEMTAX 的结果显示 4 月黄海表层青绿藻的平均相对丰度为 11%，而绿藻则为 3%。从 36.5°N 断面水柱积分各主要浮游植物类群相对丰度来看，硅藻相对丰度从近岸往外海逐渐增加，到水华发生区的时候超过 90%，青绿藻、甲藻、金藻和隐藻等相对丰度却逐渐下降，青绿藻相对丰度下降最为明显，从近岸站位的 50% 下降至水华区域的 5%。蓝藻和原绿球藻等微微型生物的相对丰度从近岸到外海一直维持在相对较低的水平（图 9.32）。

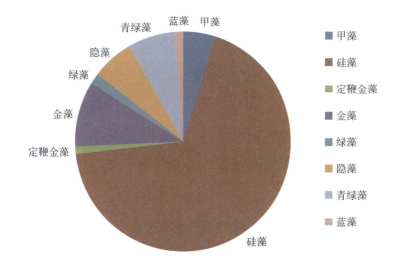

图 9.31 黄海 4 月表层浮游植物类群平均相对丰度（Liu, et al, 2011）

9.3.1.2 秋季（2006 年 10 月）

秋季，黄海浮游植物辅助色素平均浓度最大的依然为硅藻的特征色素岩藻黄素，浓度为 5~657 ng/L，平均为 97 ng/L，与 4 月相比显著降低，但它与叶绿素 a 的空间分布模式仍然保持一致，指示了硅藻在黄海浮游植物类群中依然占绝对优势地位（图 9.33）。叶绿素 b、多

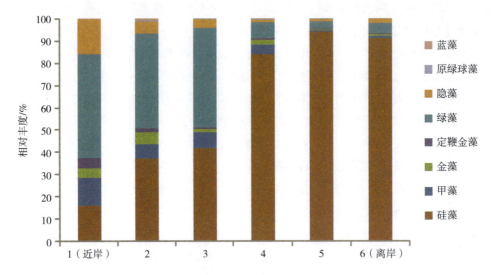

图 9.32　黄海 4 月 36.5°N 测站浮游植物类群相对丰度（Liu，et al，2011）

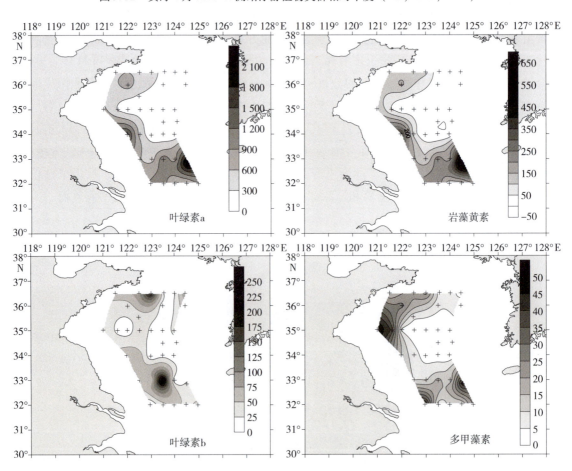

图 9.33　南黄海 10 月表层浮游植物主要光合色素分布图（ng/L）（Liu，et al，2011）

甲藻素（甲藻特征色素）以及青绿藻素（青绿藻特征色素）的平均浓度分别为 60 ng/L、12 ng/L 和 38 ng/L，它们也都和叶绿素 a 的空间分布相一致。但是与 4 月不同的是，在冷水团的影响区域，因为温盐跃层的影响，大多数光合色素都形成明显的低值区，而玉米黄素的浓度则呈现从北往南逐渐升高，在东南部的一些站位浓度甚至达到 129 ng/L 的分布特征。这指示蓝藻在这些测站的表层能形成优势。别藻黄素仅在北部近岸的测站形成高值，外海浓度很低。另外，与 4 月相同，10 月在黄海所有测站并没有检测到二乙烯叶绿素 a 的存在。在垂直方向上，因为温盐层化结构的影响各主要光合色素的浓度出现较明显的垂直分布差异，岩藻黄素，叶绿素 b，青绿藻素等都和叶绿素 a 保持一致，出现次表层最大值现象。玉米黄素最大值分布在表层，随深度增加迅速减少。

CHEMTAX 计算的结果表明，在整个黄海海区，硅藻依然为优势类群，表层占总生物量为 4%～94%，平均为 51%，相对丰度较 4 月有显著下降，但在整个调查区域硅藻的浓度和叶绿素 a 的依然呈现很好的相关性。在水华发生区域，硅藻的优势度下降明显，维持在 60% 左右。除硅藻外，青绿藻和定鞭金藻、金藻相对其他类群而言为较有优势类群。其中青绿藻还是叶绿素 b 的主要贡献者，样品中，叶绿素 b 是光合色素表层含量（0～203 ng/L）仅次于岩藻黄素的特征辅助色素，它的平均值达到 46 $\mu g/m^3$，并且也与叶绿素 a 一致。同样在 10 月绿藻特征色素叶黄素的浓度相对于青绿藻素来说依然很低，CHEMTAX 的结果表明，表层青绿藻能占到叶绿素 a 生物量的 7%，而绿藻仅为 2%，这也证实了叶绿素 b 应该主要由青绿藻贡献的结论。在南部测站的表层，蓝藻能占到叶绿素 a 生物量的 42%，但从整个海区来说，平均相对丰度仅为 3%。除此之外，CHEMTAX 结果也能看到浮游植物类群在垂直分布上的差异。在冷水团影响区域和南部站位蓝藻能在表层占绝对优势，而在随着深度增加逐渐被硅藻替代。

9.3.1.3 冬季（2007 年 3 月）

从水文条件来看，冬季海水垂直混合较强，温盐、营养盐从表层到底层呈现均匀分布，大部分光合色素和叶绿素 a 分布模式都保持一致，既从近岸往外海浓度逐渐降低，叶绿素 a 在近岸接近 2 $\mu g/L$，往外海浓度逐渐下降到 0.5 $\mu g/L$，在近岸垂直结构上没有差异。主要的光合色素浓度都维持在较低的水平，表层岩藻黄素和叶绿素 b 平均值相对于 4 月降到了 83 ng/L 和 97 ng/L。CHEMTAX 的结果仍然显示几乎所有测站都以硅藻为优势（相对丰度平均 65%），但是相对于 4 月，3 月硅藻的特征色素岩藻黄素浓度显著低，隐藻和青绿藻所占比例较其他月份有较明显升高，平均值分别达到 9% 和 17%。从表层到底层，各主要类群平均相对丰度没有显著差异，相对于表层底层硅藻相对丰度稍微高一点（70%），青绿藻稍微低一些（9%）。

9.3.1.4 夏季（2007 年 8 月）

夏季是温盐层化结构最为明显，冷水团影响最显著的季节。在 2006 年 10 月的调查中各主要浮游植物光合色素水平和垂直分布特点在 8 月更加明显。相比 10 月，冷水团影响区域表层温度更高，具有寡营养盐大洋水的特点，混合层深度也很浅，温盐跃层强，叶绿素 a 生物量维持在很低的水平，但是玉米黄素的浓度最高能达到 695 ng/L，平均浓度（91 ng/L）也是 4 个月调查中最高的。硅藻的特征色素岩藻黄素平均浓度降到了 106 ng/L，硅藻在次表层占总叶绿素 a 生物量的相对丰度降到了 50%，而蓝藻平均相对丰度增加到了 25%，部分站位甚至达到了 87%。另外，19′-己酰基氧化岩藻黄素和 19′-丁酰基氧化岩藻黄素的浓度也有一定的增加，定鞭金藻和金藻相对丰度在部分站位能达到 30%，而在底层，硅藻的相对丰度回升到了 70%，蓝藻下降到了 10%。

9.3.2 季节变化

从时间尺度来看，浮游植物光合色素和群落类群组成均存在明显的季节变化规律。归纳的来讲，随着叶绿素 a 生物量的季节变动，各种光合色素表现出不同的变化特征。

大部分的浮游植物光合色素都随着叶绿素 a 的变化而变化，其中包括岩藻黄素、叶绿素 b、青绿藻素、多甲藻素等。以岩藻黄素最具代表性，它和叶绿素 a 呈现显著正相关，这也说明了硅藻为黄海浮游植物的绝对优势类群。4 个月中 4 月因出现春季水华，岩藻黄素平均浓度达到 307 ng/L，而 3 月和 8 月分别因为较强的垂直扰动和温盐跃层表层岩藻黄素浓度降到了 83 ng/L 和 106 ng/L。另外一类季节变化明显的是以玉米黄素为代表的微微型浮游生物特征色素，包括 19′-己酰基氧化岩藻黄素和 19′-丁酰基氧化岩藻黄素等。这些辅助色素和叶绿素 a 的季节变化规律并没有表现出很好的一致性，而是随着温度变化的影响比较明显，玉米黄素在 8 月冷水团影响区域表层达到最高值。

CHEMTAX 计算结果进一步证实了从浮游植物光合色素浓度变化上得到的这些结论，例如因为水华发生的原因，硅藻的垂直积分平均浓度在深度大于 50 m 的站位能达到 1.6 ng/L，平均相对丰度能占到 80%，而在 8 月，同样站位绝对浓度仅有 0.1 ng/L，相对丰度也降到了 50% 以下。图 9.34 比较了黄海 3 月和 8 月深度大于 70 m 的站位 10 m 和 50 浮游植物类群组成的差异。很清楚的，春季 10 m 层和 50 m 层浮游植物类群组成没有差异，因发生硅藻水华，以硅藻为绝对优势，相对丰度达到 90% 以上。秋季 10 m 层硅藻相对于 50 m 层来说相对丰度较高，达到 70% 左右，其次是金藻和定鞭金藻，而 50 m 层硅藻平均相对丰度仅为 50%，青绿藻相对丰度显著增加达到 30%。夏季是冷水团影响最明显的季节，浮游植物类群组成表、底差异更加明显（图 9.35）。

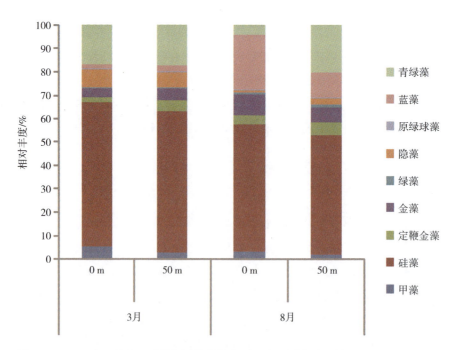

图 9.34 2007 年 3 月和 8 月黄海浮游植物类群组成不同水层比较（Liu, et al, 2011）

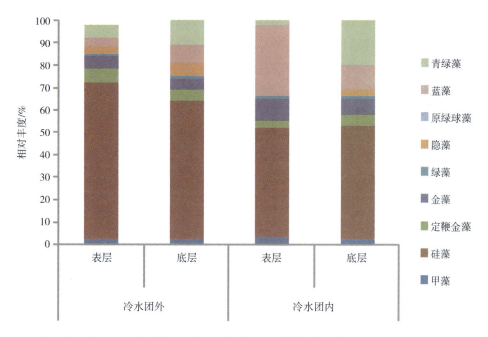

图9.35　2006年8月黄海冷水团内外浮游植物类群组成的差异（Liu, et al, 2011）

9.4　小结

作为西太平洋的边缘海，黄海是典型的温带海区。黄海冷水团、黄海暖流、沿岸流以及长江冲淡水等海洋中尺度过程都对黄海浮游植物类群结构的时空分布产生显著影响，其中黄海冷水团是我国陆架浅海上一个重要的海洋现象，黄海冷水团的发展过程明显对生物海洋学特征特别是浮游植物时空分布与变动产生影响。

在几种常见的微微型光和浮游生物中，聚球藻和真核球藻在黄海均有广泛分布，而原绿球藻（Prochlorococcus）在黄海则未被发现。其中聚球藻的冬、夏季的平面分布均呈现出海域中部较高，近岸较低的趋势；水柱垂向上的高值一般均出现在透光层内，其丰度最低值一般均出现在底层。黄海真核球藻的夏季的分布趋势与聚球藻相反，其高值区多分布在黄海冷水团外侧较为温暖的海域中，表现出对温度的依赖性；而冬季由于黄海暖流的效应，真核球藻则呈现中部高、沿岸低的特征，分布趋势与聚球藻相近。真核球藻的垂向分布同样表现为透光层内高，底层偏低。在季节变化上，无论是聚球藻还是真核球藻均表现出夏高冬低的趋势，随水温增加而增加。

黄海冷水团在发育、盛行和衰退时期对浮游植物类群组成的时空分布均有显著影响。夏季受冷水团影响，在冷水团范围内出现微微型浮游植物低值区，秋季冷水团衰减时间，海域出现微微型浮游植物高值区；而春季在冷水团形成之前，微微型浮游植物在南黄海海域分布均匀。黄水冷水团影响区域，浮游植物光合色素和群落类群组成也存在明显的时间和空间变化。虽然在全年中硅藻都是黄海的优势类群，但是其优势度有着显著的变化。春季，黄海冷水团区受冬季强烈垂直混合的影响，温度、盐度、营养盐等参数表底差异不明显。因温度的回升和适合的营养盐浓度，在胶州半岛以南的区域，发生了硅藻水华，中心区域叶绿素 a 高达 15 μg/L，硅藻比例高达 98%，整个南黄海海区的浮游植物平均生物量在四个季节的航次中最高，硅藻所占百分比也最高。硅藻相对丰度和总叶绿素 a 生物量有很好的正相关性。除蓝藻等微微型浮游生物外的其他类群在春季绝对生物量也是最高的。夏季，黄海冷水团盛行，水柱温盐层化结构明显，同样浮游植物类群组成也存在明显的垂直分布差异，蓝藻和定鞭金藻主要分布在表层，随深度增加而逐渐减少，而硅藻则呈相反的分布特征。海区平均生物量很低，但玉米黄素（蓝藻的特征色素）在四个季节的航次中最高。蓝藻占总叶绿素 a 生物量的平均相对丰度也达到 25%。秋季，从近岸到外海生物量逐渐降低，黄海冷水团衰退，混合层深度加深，但对浮游植物类群组成的影响在中心区依然明显，浮游植物类群仍存在较明显的垂直差异。除此之外，秋季定鞭金藻和蓝藻在南部海区仍有一定的分布。冬季，黄海冷水团消失，水层垂直混合均匀，浮游植物没有明显的垂直分布差异。即使是在同在夏季，冷水团影响区域内外的浮游植物类群结构差异也相当显著，图 9.35 展示了夏季冷水团区内外浮游植物类群组成的差异（10 m 层和底层），在冷水团影响以外的区域（不受其影响），整个水柱都以硅藻占绝对优势，相对丰度在 70% 左右，而在冷水团影响的区域，硅藻相对丰度显著下降（仅 50%），蓝藻和定鞭金藻的相对丰度升高，在底层，青绿藻也有明显的升高。

第 10 章　黄海浮游动物

10.1　微型浮游动物种类组成、丰度与生物量分布

北黄海的微型浮游动物资料很少，1991 年和 1992 年 6—7 月，在黄海北部（39°～40°N，122°～124°E）发现有根状拟铃虫（*Tintinnopsis radix*）分布（李培军等，1994）。

南黄海海洲湾（34°30′～35°10′N，119°10′～120°10′E）的微型浮游动物只有 1 个航次的资料，1990 年 11 月至 1991 年 8 月底，网样纤毛虫共有砂壳纤毛虫 4 属 15 种，8 月出现的种类和丰度最多，平均 2 100 ind./m^3，最高 4 529 ind./m^3，5 月次之，平均 950 ind./m^3，最高 2 000 ind./m^3；11 月种类和丰度较少，平均为 619ind./m^3，最高 1 500 ind./m^3，2 月出现的种类和丰度最少，平均仅 15 ind./m^3，最高 105 ind./m^3（徐家铸，苏翠荣，1995）。

南黄海中部，夏季网样纤毛虫的种类共有 8 种，最大丰度为 158.2 ind./L，主要分布在近岸（Zhang，et al，2008）。冬季在网样中发现 9 种砂壳纤毛虫（Zhang，et al，2009）。

2000 年 6 月 13—18 日南黄海中部水域纤毛虫的总丰度为 40～3 420 ind./L。共鉴定出 17 种纤毛虫，有两个优势种：*Laboea strobila* Lohmann，1908 和 *Strombidium compressum* Kahl，1932（Zhang，et al，2002）。表层海水中，*L. strobila* 的丰度为 0～560 ind./L。纤毛虫 *S. compressum* 只出现在海区西南部分，丰度为 20～3 300 ind./L（图 10.1）。

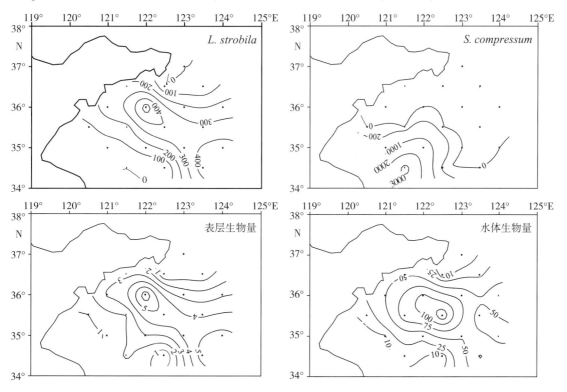

图 10.1　黄海表层 *Laboea strobila* 和 *Strombidium compressum* 的丰度（ind./L）、表层纤毛虫的生物量［μg/L（以 C 计）］及水体纤毛虫生物量［mg/m^2（以 C 计）］的水平分布

从垂直分布看，*L. strobila* 主要分布在 20 m 以浅，最大丰度为 640 ind. /L。水深超过 25 m，*L. strobila* 的丰度低于 50 ind. /L（图 10.2）。除个别站位外，*S. compressum* 的丰度高值出现在表层和次表层（图 10.3）。

其他无壳纤毛虫的丰度低于 80 ind. /L。砂壳纤毛虫只是偶然出现，最大丰度（100 ind. /L）出现在 St. 3 站和 St. 4 站的表层。在其他站位和深度，砂壳纤毛虫的丰度低于 20 ind. /L。

表层和水体的纤毛虫的生物量的范围分别为 0.15 ~ 6.76 μg/L（以 C 计）和 0.4 ~ 134.4 mg/m² （以 C 计）（图 10.1）。虽然 *S. compressum* 的丰度比 *L. strobila* 大得多，但是 *L. strobila* 的生物量在表层和水体的纤毛虫生物量中占优势。

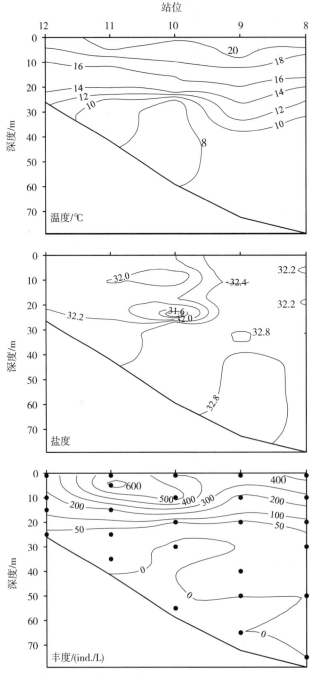

图 10.2 温度、盐度和 *L. strobila* 丰度的断面垂直分布

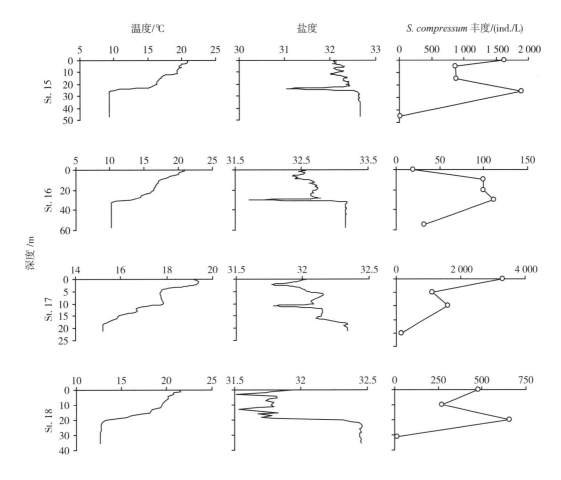

图 10.3　几个站位 *S. compressum* 丰度的垂直分布

在同一次调查中，浮游鞭毛虫的丰度为 45～1 278 ind./mL，平均为 479 ind./mL，黄海中部高于北部。鞭毛虫丰度随离岸距离增加而递减，近岸水域的数量最高，与等温线的分布较吻合。垂直分布上，鞭毛虫的丰度高峰大多位于温跃层下部（黄凌风等，2003）。

2001 年 8 月，黄海中部和南部以及东海北部的鞭毛虫的丰度为 44～12 600 ind./mL（潘科等，2005）。

共在 3 个航次中进行了稀释培养实验，2000 年 6 月，南黄海微型浮游动物对浮游植物叶绿素 a 的摄食率是 0～0.61/d，对浮游植物现存量的摄食压力为每天 17%～46%，对初级生产力的摄食压力为每天 35%～109%（Zhang, et al, 2002）。2000 年 10—11 月，南黄海中部微型浮游动物对浮游植物叶绿素 a 的摄食率是 0.21～0.63/d，对浮游植物现存量的摄食压力为 19%～47%，对初级生产力的摄食压力为 43%～114%，2001 年 5 月，南黄海中部微型浮游动物对浮游植物的摄食率是 0.57～0.98/d，对浮游植物现存量的摄食压力为 42%～44%，对初级生产力的摄食压力为 103%～3 920%（张武昌等，2011）

胶州湾的微型浮游动物

1997 年 9 月、12 月，1998 年 2 月、4 月、8 月、11 月以及 1999 年 2 月和 5 月，桡足类六足幼体、无壳纤毛虫和砂壳纤毛虫的最大丰度分别为 850 ind./L（1998 年 8 月）、21 300 ind./L（1998 年 8 月）和 1 720 ind./L（1999 年 5 月）。表层的总丰度为 10～22 630 ind./L，水平分布湾内比湾外多。表层纤毛虫和桡足类六足幼体的总生物量为 0.10～380.27 μg/L

（以 C 计），水体的生物量为 0.20 ~ 1 426.02 mg/m^2（以 C 计）（张武昌、王荣，2001）。赵楠等（2007）以及 Chen 和 Yang（2009）分别报道了用孔径为 72 μm 和 20 μm 的网具过滤后的砂壳纤毛虫的丰度。

2002 年 6—7 月，微型浮游动物对浮游植物的摄食率，在湾外为 0.96 ~ 1.20/d，在湾内为 1.33/d，在港口为 0.36/d，对初级生产力的摄食压力，在湾外为每天 74% ~ 84%，在湾内为 93%，在港口为 53%（孙军等 2004）。2003 年 5 月和 8 月，在这 3 个区域也进行了稀释培养测定微型浮游动物对浮游植物的摄食（Zhang，et al，2005）。

10.2 浮游动物种类组成、优势类群及其丰度和生物量分布

10.2.1 种类组成和生态类群

黄海的浮游动物以温带和暖温带种类为主，一些亚热带和黑潮代表种类也会在黄海出现，但一般仅限于南黄海南部。黄宗国（1993，1994b）记录的黄海 1 140 种海洋生物中有大约 300 多种营浮游生活。但是，实际在黄海的历次调查中，记录的种类数量差异较大，浮游动物垂直拖网采集的种类数在 87 ~ 207 种之间。

1959—1961 年全国海洋普查时调查范围比较广，调查频率比较高（中国科学院海洋研究生浮游生物组，1977）。在普查期间整个黄海记录到浮游动物 87 种（不包括夜光虫），包括 30 种腔肠动物、4 种枝角类、28 种桡足类、1 种端足类、3 种磷虾、2 种樱虾、7 种异足类和翼足类、8 种毛颚类、4 种被囊类。在 1999—2001 年在南黄海的 5 个航次中，垂直拖网样品中记录到 71 种浮游动物，包括 8 种腔肠动物、1 种枝角类、47 种桡足类、1 种端足类、3 种磷虾、3 种樱虾、4 种糠虾、1 种翼足类、3 种毛颚类、2 种被囊类（Wang and Zuo，2004）。除了部分在普查中已经记录的种类外，还补充了 40 种。由于调查范围比较接近东海的缘故（部分站位实际位于东海），其中绝大多数是东海的常见种类。20 世纪 80 年代的全国海岸带调查在黄海沿岸记录到浮游动物 125 种（不包括原生动物），其中 38 种水母类（36 种水螅水母、1 种栉水母和 1 种钵水母）、3 种毛颚类、78 种甲壳动物（50 种桡足类、3 种枝角类、1 种介形类、2 种磷虾、9 种糠虾、4 种樱虾、2 种十足类、2 种涟虫、1 种等足类和 4 种端足类）（郭玉洁等，1996）。2006—2007 年的"我国近海海洋综合调查与评价"专项（"908"专项）调查中，在黄海鉴定出浮游动物 207 种（不含 35 类浮游幼体）。其中，112 种节肢动物，68 种刺胞动物，5 种栉板动物，7 种软体动物，5 种毛颚动物和 10 种尾索动物。这一结果与王云龙等在 1997—2000 年间的调查结果一致（王云龙等，2005）。与普查相比，"908"专项记录到的种类数差别最大的是水母和桡足类，分别记录到 67 种和 66 种。

事实上，我们很难据此认定黄海有多少种浮游动物，因为造成上述种类数差异的原因多种多样。①调查的范围和频率不同，会漏掉部分季节性出现或者只在特定地区出现的种类。②采样方法不同，传统的浮游动物大网对小型浮游动物采集的效率较低。比如，海洋普查期间浮游动物计数中没有包含小型桡足类剑水蚤和猛水蚤，而在海岸带调查中这两类浮游动物有 18 种之多。③年际变化。有些种类是伴随特定物理过程由东海进入黄海南部，其入侵的范围存在显著的年际变化。比如，浮游软体动物在海洋普查中记录到 7 种，但是在后来的调查中很少出现。④某些稀有物种在黄海偶然出现，并非每个调查航次都能采集到。⑤对于个别种类存在同种异名和可能的误判。在这些因素当中，最主要的是时间和空间覆盖范围导致的。南黄海南部，由于靠近长江口和东海的缘故，种类通常比较丰富，而在不同的调查中最南部

的站位纬度和密度都相差较大，因此极易造成种类上的差异。

10.2.1.1 空间分布

从生境类型上讲，黄海的浮游动物包括近岸和河口种类与外海种类。不同的调查航次，因为覆盖的生境类型不同，记录的种类数量也会各不相同。以前研究中认为黄海有两个稳定的群落，即南黄海沿岸群落和南黄海中部群落（郑执中，1965；陈清潮等，1980）。实际上，利用聚类分析的方法，这两种群落，即沿岸组群和中部组群，在春季和秋季也能区分出来（左涛等，2005）。夜光虫、墨氏胸刺水蚤和四辐枝管水母是沿岸群落春季的指示种，秋季的指示种是球形侧腕水母和瓜水母。中华哲水蚤是中部群落秋季的指示种。

海岸带生境不同于外海，也有很多特有的种类。一些枝角类多数只在河口或者近岸水域出现，很多调查中都没有记录到枝角类。有一些桡足类，如中华哲水蚤、火腿许水蚤等，也属于河口种类，最常出现的地区是长江口。一些研究中也在黄海，包括北黄海，记录到这些桡足类，但多集中在近岸有淡水输入的地区。随着淡水生境遭到破坏和水源污染的程度逐年增加，所以这些种类出现的频率也有降低的趋势。墨氏胸刺水蚤和真刺唇角水蚤也是近岸种类，分布范围很少延伸到黄海中部地区。

20 世纪 80 年代海岸带调查中记录了黄渤海区的 6 种猛水蚤：小毛猛水蚤（*Microsetella norvegica*）、红小毛猛水蚤（*M. rosea*）、尖额谐猛水蚤（*Euterpina acutifrons*）、硬鳞暴猛水蚤（*Clytemnestra scutellata*）、巨大怪水蚤（*Monstrilla grandis*）、标准戴氏猛水蚤（*Dantelssenia tynica*），也属于近岸种类（郭玉洁等，1996）。由于有些猛水蚤类并不是严格的浮游生活习性，它们可能营肉食或杂食生活，因此只能在近岸水域生活。另外，部分猛水蚤也可能与养殖活动有关。

黄海还有一个比较特殊的生境，就是邻近长江口的苏北沿岸海域。这里容易受到河口的影响，部分长江口的浮游动物优势种能够扩散到该区域。主要包括中华假磷虾、长额刺糠虾、中型莹虾、汉生莹虾和针尾涟虫等。

还有一些种类仅在某一特定地区有报道，比如浪漂水蚤 *Cirotana* sp.、小寄虱 *Microniscus* sp. 和尖尾海萤 *Cypridina acuminata*（Müller），仅在黄海最北部的对虾放流区有报道（董婧等，2000）。

10.2.1.2 季节变化

"908" 专项调查中，种类数最多的是秋季 131 种和夏季 130 种，春季和冬季均只记录到 90 种。其主要原因在于一些外海种类和亚热带种类只有在特定时间才能够进入黄海，而且进入的范围也有年际差异，有些调查由于时空频率或者年份的关系只能部分采集到这些种类。王荣等（2003）在 2001 年 11 月末冬季季风开始之后，在南黄海收集的 71 种浮游动物中包括 39 种为热带种，比夏季发现的要多的多。在这些热带种当中有不少是黑潮水的典型种，如：狭额真哲水蚤（*Eucalanus subtenuiz*）、角锚哲水蚤（*Rhincalanus cornutus*）、芦氏拟真刺水蚤（*Pareuchaeta russelli*）、黄角光水蚤（*Lucicutia flavicornis*）和长额磷虾（*Euphausia diornedeae*）等。从暖水种的水平分布看，黄海暖流所能到达的北限在 35°~36°N。夏季，在黄海也可以发现许多暖水种，但种类数量远不如冬季多，而且少有黑潮水的典型种。夏季它们在黄海的出现主要是由于水温升高、分布范围扩展所至，并非暖流的输送。

浮游软体动物是夏季进入黄海南部的典型类群，包括异足类、翼足类、海蜗牛类和腹翼螺类，属于高温、高盐的外海种类。根据普查资料（张福绥，1964，1966）的结果，该类群在34°N以北基本没有分布，种类数和数量都随纬度降低而升高。该类群与暖流有关，但并不是黄海暖流。因为黄海暖流发生在冬季，而浮游软体动物进入黄海主要是在夏秋季水温较高的时期。虽然从其分布和进入黄海的路径上看，输送该类群进入黄海的物理动力过程应该与台湾暖流或者黑潮有关，但是其在黄海南部的季节分布主要受水温控制。虽然从长江口地区的时空分布来看，基本保持了上述的季节性分布规律，夏季数量最多分布最靠北，而冬季几乎在整个海区消失（胡剑等，2008）。值得注意的是，在近年来在黄海的调查中，浮游动物垂直拖网样品中很少出现浮游软体动物。

10.2.2 生物量和丰度

10.2.2.1 空间分布

北黄海浮游动物生物量主要组分包括强壮箭虫、中华哲水蚤、拟长脚蛾和太平洋磷虾，经常由于某一个种的密集分布改变了整个生物量的格局。强壮箭虫是冬季生物量最主要的组分，因为该种主要分布在盐度小于32的地区，因此冬季生物量较高的地区主要是辽宁南部沿海和山东北部沿海地区。其他三种都是高盐种类。中华哲水蚤和拟长脚蛾的季节分布类似，都是在春季达到数量最高峰。中华哲水蚤的地理分布还受温度控制，在夏季主要集中在黄海冷水团影响的低温水域。这两个种是春季生物量高峰期的主要组分，在北黄海西部水域生物量水平普遍较高。太平洋磷虾在北黄海春、秋季数量较多。9月，整个海区生物量多大于100 mg/m³，在太平洋磷虾聚集区生物量的总水平能够上升到250 mg/m³以上。另外，在海洋岛与鸭绿江口之间的海域也是生物量较高的地区。10月，全海区生物量普遍小于100 mg/m³的时候，该地区出现小块大于250 mg/m³的高生物量区。

南黄海总体来讲，在总生物量中起主导作用的种类基本与北黄海一致，但是在海州湾及邻近长江口的江苏沿海，真刺唇角水蚤会显著影响生物量的总水平。冬季，由于强壮箭虫数量显著增加，在山东半岛沿岸至海州湾外海形成较大范围高生物量区。春季，甲壳动物和箭虫数量升高明显，整个海区生物量都比较高。只有海州湾到苏北浅滩一带生物量低于100 mg/m³甚至50 mg/m³。夏季，由于近海水温较高，中华哲水蚤和太平洋磷虾都集中在黄海冷水团水域，因此生物量较高的地区集中在南黄海中部。

"908"专项调查中，黄海浮游动物生物量的高值区在春季位于山东半岛东侧和黄海中部（>2 500 mg/m³），贡献率最大的种类分别是梭形纽鳃樽、强壮箭虫和中华哲水蚤。夏季高值区与春季相似，贡献率最大的种类依次是中华哲水蚤、梭形纽鳃樽和强壮箭虫。秋季的生物量高值区出现在山东半岛南部，贡献率最大的种类依次是小拟哲水蚤、球形侧腕水母、强壮箭虫和异体住囊虫。冬季生物量的高值区分别出现在黄海北部鸭绿江口附近海域，主要种类依次是小拟哲水蚤、克氏纺锤水蚤和中华哲水蚤，另一个高值区在黄海中部的东侧海域，主要种类是中华哲水蚤、强壮箭虫和梭形纽鳃樽。考虑到2006—2007年是梭形纽鳃樽在黄海暴发的年份，所以存在一定的偶然性（Liu, et al, 2012）。另外，在生物量称量中对水母的不同处理也可能影响样品的湿重。

10.2.2.2 季节变化

北黄海总生物量全年较低，而且季节波动幅度很小，比其他海域都稳定。该海区全年生物量平均值都保持在100 mg/m³左右，在6月生物量达到全年最高峰时也只有132 mg/m³。相比南黄海，该海区在秋季，即 8—9 月生物量下降之后，在 10 月以后略有回升。

南黄海总生物量的季节变化要比北黄海显著得多。总生物量 11 月最低时只有 61 mg/m³，而 6 月达到全年最高峰时生物量平均 215 mg/m³。生物量从 7 月至年底，生物量逐月下降，没有出现秋季高峰。

"908" 专项调查中，春、夏、秋、冬季的浮游动物生物量分别有 791 mg/m³、341 mg/m³、269 mg/m³ 和 217 mg/m³。春、夏季的生物量都明显高于 50 年前的全国海洋普查时期，而秋、冬季生物量水平比较接近。

10.2.3 优势种和数量分布

北黄海浮游动物种类数较少，优势种的季节交替也不明显，中华哲水蚤常年是最主要的优势种，高峰时的生物量主要由中华哲水蚤、强壮箭虫和细长脚蛾组成。沿岸区域墨氏胸刺水蚤和真刺唇角水蚤分别在春季和夏季在数量较为丰富。南黄海中华哲水蚤仍然是最主要的优势种，但是夏季背针胸刺水蚤、真刺唇角水蚤、双刺唇角水蚤和匙形长足水蚤数量较多。造成这一格局的主要是温度的原因，夏季的高温对中华哲水蚤有伤害作用，沿岸温度较高的地区其数量明显减少，被其他高温低盐种类代替。这正好对应了该地区两个稳定的群落。

10.2.3.1 水母类

水母类是黄海重要的浮游动物类群，也是浮游动物中同种异名出现最多的类群。许振祖（1993）专门针对中国海的水螅水母的学名进行了订正。现有研究对黄海海域水母种类的报道从 30 到 40 多种不等。主要种类包括嵊山秀氏水母、半球美螅水母、八斑芮氏水母、盘形美螅水母、四辐枝管水母和五角水母等。由于传统的生物量测定方法没有包括水母，加上很多种类都是季节性出现，对它的定量研究也比较少。

黄海的水母类以水螅水母为主，管水母和栉水母种类较少。由于其体型较大，采样的代表性也相对较差。水母种类数和密度的时空变化都较大。春节在近岸地区较多，整个黄海区只有 3 种，平均密度只有 0.37 ind./m³；夏季分布范围扩大，种类数增加到 20 种，平均密度达到 3.32 ind./m³；秋季密度最高 8.67 ind./m³，分布范围扩大到整个海区，但仍然是沿岸区密度较高，记录到的种类数达到 22 种（王真良，1996）。这一规律明显不同于渤海和东海，但是不同地区优势种不同，水母类体型差距又比较大（马喜平和高尚武，2000；徐兆礼，2006），所以并不能说明什么特别的意义。 "908" 专项中，水母类春季的平均密度为 4.87 ind./m³，夏季为 2.64 ind./m³，秋季 6.56 ind./m³，冬季为 2.10 ind./m³。

五角水母（*Muggiaea atlantica*）是黄海常见的种类，属沿岸暖温带种，东海和南海的数量要高于黄海，而且高峰期都在春季。在黄海区，春季没有出现，夏季开始出现，但是数量不多（0.47 ind./m³）。仅在黄海南部的近海水域有分布，而成山角以北的黄海北部水域均没有分布，并且大于 10 ind./m³ 的高度密集区出现在近海水域，秋季数量明显增加（3.52 ind./m³），整个调查水域均有分布，而且密集区向北推进，大于 10 ind./m³ 的高度密集区出现在辽南沿岸和山东半岛北岸（王真良，1996）。"908" 专项中记录到另一种短体五角水母（*M. delsmani*）春季成为黄海优势种，密度达到 238.93 ind./m³。

10.2.3.2 桡足类

桡足类是黄海主要的类群，种类数量和个体密度都比较高。种类数量呈现明显的南高北低格局，主要是因为东海的暖水种类能够通过黄海暖流等物理过程进入黄海南部的缘故。根据"908"专项调查结果，黄海桡足类年平均丰度是 208.11 ind./m³，在我国近海四个海区中最高。其季节变化的规律从春季向冬季递减，密度分别为 407.42 ind./m³ 和 92.24 ind./m³。春季的高值区出现在辽东半岛东南近岸海域，主要是中华哲水蚤、腹针胸刺水蚤和双刺纺锤水蚤；次高值出现在黄海中部外海，优势种主要是中华哲水蚤和小拟哲水蚤。夏季的高值区位于北黄海中部靠近渤海海峡一侧，向南延伸到山东半岛威海近岸水域，优势种主要是中华哲水蚤和拟长腹剑水蚤。秋、冬季的高值区都位于鸭绿江口附近的较小范围内，种类在秋季以小拟哲水蚤、中华哲水蚤和近缘大眼剑水蚤为主，冬季则是小拟哲水蚤、克氏纺锤水蚤和中华哲水蚤。

中华哲水蚤（*Calanus sinicus*）一直是黄海桡足类，也是整个浮游动物群落，最主要的优势种。冬季广泛分布于从近岸到深海的所有海区，夏季则主要集中在较深的冷水中。中华哲水蚤在北黄海周年数量变化相比其他海区最不明显，全年在 20~55 ind./m³ 之间波动；春季在近岸水域数量增加显著，6—8 月达到高峰，9 月以后数量大降。在南黄海则出现一个明显的夏季高峰，海区平均密度在 75 ind./m³ 左右。但是，根据海岸带调查的数据，在沿岸地区，中华哲水蚤在北黄海的年平均数量 28 ind./m³，低于渤海，却高于其他海区。原因在于夏季中华哲水蚤因为水温的关系从绝大多数南黄海沿岸水域消失，而同时北黄海沿岸却仍然有 5~10 ind./m³ 的数量分布。

小型桡足类是最近受关注比较多的类群，这一类群一般体长小于 1 mm，体宽小于 300 μm，非常容易被传统的网具，比如我国的浮游动物大网，在采集过程中漏掉。这一类群包括哲水蚤目的拟哲水蚤属、基齿哲水蚤属和纺锤水蚤属的成体和幼体，剑水蚤目的长腹剑水蚤属、隆剑水蚤属和大眼剑水蚤属的个体，浮游猛水蚤中的小毛猛水蚤，以及几乎所有桡足类的无节幼体（Turner，2004）。采用网目较细的浮游动物网具或者大容量采水器能够较准确地估计小型桡足类的数量和生物量，在很多情况下不仅数量，而且生物量也超过大型桡足类（王荣等，2002）。

小拟哲水蚤（*Paracalanus parvus*）是一种广温、广盐性的小型桡足类。桡足幼体和成体 3 月在整个黄海测区内的丰度较低；5 月除山东半岛南岸 3 个高值站位，外海相对比近岸高；6—7 月的丰度水平最高，7 月航次中，丰度最高的站位可达 10 555 ind./m³，整个测区内，海州湾内侧高于外侧；8 月，测区内的丰度分布相对均匀，丰度较低；11 月，测区小拟哲水蚤的分布相对也比较均匀。不同月份小拟哲水蚤的分布与温度、盐度、叶绿素 a 的关系不尽相同；其受温度的影响相对较大，受盐度、叶绿素 a 影响较小（张芳等，2006）。

拟长腹剑水蚤（*Oithona similis*）也属于广泛分布的小型桡足类，虽然个体小，但是数量相当可观，在小型桡足类中占有绝对优势。5 月，其在黄海的分布比较均匀，大部分水域密度都在 1 000 ind./m³ 以上；8 月数量急剧增加，在辽南沿岸和烟台沿岸出现大于 10 000 ind./m³ 的高度密集区；10 月数量有明显下降，比 8 月减少 1 个数量级，同 5 月几乎相当（陈亚瞿等，2003）。

10.2.3.3　端足类

黄海的端足类以"908"专项记录种类最多，共 6 种：细长脚䗩、克氏尖头䗩、皮氏拟明钩虾、独眼钩虾、尖头钩虾和麦秆虫。

优势种细长脚䗩是温带外海种，对汛期盐度的变化非常敏感，黄海是它主要的分布区，主要分布在南、北黄海盐度较高的中部水域，冬春两季也可以向南扩散到东海。其数量高峰一般出现在春末夏初，全年的数量明显高于渤海和东海。以往，我国多数学者都将细长脚虫戚归于外海高盐种。根据该种在本区的平面分布与温、盐的关系，发现它似乎与温度的关系较为密切。在 6～20℃ 范围内均可出现，但主要分布于 13～20℃ 之间，在 20℃ 以上几趋绝迹。而其适盐度并不是很高，在 31～34 之间均可较大量地出现，因此认为将该种归于广盐种较为合适（中国科学院海洋研究所浮游生物组，1977）。

"908" 专项调查也得到了类似的结果。细长脚虫戚夏季平均丰度最高 5.75 ind./m³，主要分布在黄海北部和中部水域，最高丰度可达 156.00 ind./m³。春季丰度最低，只有 0.64 ind./m³；秋季略高于冬季，分别为 0.92 和 0.81 ind./m³。春季从高值区位于黄海中部外海水域，秋季数量下降，高值区收缩到北黄海中部。冬季从多数站位消失，仅在北黄海鸭绿江口附近海域有较高丰度，为 14.13 ind./m³。

该种在黄海南部和东海的时空分布规律也说明受温度影响较为显著。在本区它逐月可见，但主要出现于秋季和春季，尤以 11 月数量最大（0.59 ind./m³）。在平面分布上，它主要分布于水温较低的长江口以北水域（各季度月约占该区端足类总量的 45%～100%）。在春季、夏季和秋季，黄海混合水在该区占一定的势力，细长脚虫戚的密集区总是位于水温较低的区域，并随着水温的升高而递减，至长江口以南水域则完全绝迹。冬季，在东北季风驱动下，该种随着黄海混合水南下势力的加强而往南扩布至 30°N。可见，该种的分布与黄海混合水有关，其分布状况可与黄海混合水的动态相互佐证（林景宏等，1995）。

10.2.3.4 毛颚类

中国海迄今已记录毛颚动物 37 种（"908" 专项调查鉴定出 36 种），其种数的变化呈现出由南往北、由近岸向外海而递增的趋势，如渤海仅有 2 种，南海达 36 种。分布于黄海区的毛颚类 13 种，其中在北黄海仅有暖温带种强壮箭虫和拿卡箭虫，并以前一种占优势，而未发现暖水种。但在南黄海，种类数明显增加，并在夏末至秋季在海区的东南部外海水域还出现一些热带外海种，如太平洋箭虫和飞龙翼箭虫等。因此，南黄海毛颚类种类生态多样性较北黄海复杂，即有数量可观的温带种，又有由暖流携带来的大洋性暖水种（戴燕玉，1995）。

黄海毛颚类年平均丰度为 40.92 ind./m³，高于东海而低于渤海。其丰度在秋季最高，冬季次之，而春季最低，明显不同于植食性的桡足类和其他甲壳动物。其中强壮箭虫在四个季度都是最主要的优势种。

强壮箭虫的地理分布限于我国的渤、黄海，朝鲜沿岸和日本内海，我国东海有分布但数量较少。强壮箭虫的分布密集区通常以 32 等盐线为界，在低盐区出现密度较高。其在南黄海和北黄海的分布规律并不相同，在北黄海的数量最高峰出现在 10—12 月，而南黄海为 1 月。主要的密集区都在 123°E 以西的沿岸地区，也就是盐度小于 32 的地区。在北黄海 10 月达到全年的数量最高峰，然后逐月减少。此时，密集区沿山东半岛北岸逐渐向南岸扩展。到翌年 1—2 月，北黄海强壮箭虫的数量显著减少，而南黄海的密集区扩大，在山东半岛南岸及海州湾外出现密度大于 250 ind./m³ 的密集区。值得注意的是，强壮箭虫的繁殖盛期（8—11 月），中华哲水蚤一般较少。在北黄海，强壮箭虫数量超过中华哲水蚤，季节变化也比较显著。但是，中华哲水蚤在北黄海的季节变化远不像在其他海区那样明显。

10.2.3.5 磷虾类

在黄海记录到的 3 种磷虾中，以太平洋磷虾和中华假磷虾比较重要，宽额假磷虾作为一种暖水种类只是在夏、秋季能侵入黄海南部。中华假磷虾是沿岸种，在长江口附近的东海沿岸数量较多，超过其他两种，但是在黄海区仅在苏北近岸水域有少量分布。太平洋磷虾在黄海占绝对优势。从"908"专项调查数据来看，黄海磷虾年平均丰度 4.97 ind./m^3，春季最低，夏季最高，冬季略高于秋季。

太平洋磷虾是广布于北太平洋的温带种类，在我国主要分布在黄海和东海，台湾海峡和南海也曾有报道。太平洋磷虾是温带外海种类，从黄、东海看它是偏低温高盐的，从深水区向近岸数量迅速减少。在夏、秋季，上层水温对太平洋磷虾都不合适，因此它在夏、秋季的分布必然与底层冷水相伴。春季太平洋磷虾的分布格局略有变化。在南黄海的分布中心依然存在，但高密度区移至东海，最高为 3 460 ind./m^2（王荣等，2003）。

从世界范围来看，太平洋磷虾是广布种，从中国沿海到北美沿海都有分布，而且在当地都是优势种。在日本和加拿大近海还作为渔业对象加以捕捞。近年来，我国，主要是荣成近海，也在每年春季利用近海定置网捕捞太平洋磷虾资源。主要用途包括制造作为饵料的磷虾粉，和其他如虾酱、虾油、虾味素等（王学军等，2005）。

10.2.4 浮游动物摄食

浮游动物摄食的研究是一项比较困难的工作，目前已经积累的数据较少。原因首先在于浮游动物类群中包括植食、肉食和杂食在内的各种摄食习性，而且繁多的种类也决定了无法逐一进行食性研究；其次，目前研究浮游动物摄食的方法都无法精确反应自然的摄食速率和食物组成。以食物去除法为代表的培养方法由于存在对捕食者和被捕食者的人工干扰，因此无法准确模拟现场的状况。同样，以肠道色素法为代表的准现场方法同样也无法避免捕获过程中对生物的影响。其他诸如利用稳定同位素等标志物进行测量的方法则主要受到标志物自身化学性质和对摄食指示效果的影响。

黄海的浮游动物摄食研究开展不多，主要是利用肠道色素法，围绕浮游桡足类以及优势种——中华哲水蚤（李超伦等，2003，2007；Li, et al, 2004；Huo, et al, 2008）进行的。李超伦等（2001）报道了 2000 年秋季（10—11 月）和 2001 年春季（4—5 月）在黄海对不同大小桡足类自然群体（大型：>1 000 μm、中型：500～1 000 μm、小型：200～500 μm）对浮游植物的摄食率和摄食压力的现场实验研究结果。黄海小型桡足类的群体摄食率远远高于大中型桡足类，是整个浮游桡足类群体摄食浮游植物的主要贡献者，占桡足类自然群体总摄食量 70% 以上。春季桡足类群体对浮游植物现存量的摄食压力平均为 9.0%，秋季桡足类群体对浮游植物现存量的摄食压力较小，平均只占浮游植物现存量的 3.7%。桡足类的个体摄食率随个体增大而增加，并且春季黄海中部高于近岸，秋季近岸高于黄海中部。桡足类肠道色素的平均含量随体长的增加而增加，并且存在着较大的季节和空间差异。春季黄海中部桡足类的肠道色素含量高于近岸，而秋季航次近岸桡足类肠道色素含量高于黄海中部。在同一站位上的季节变化趋势也不相同，如大型桡足类黄海近岸的 E1 站春季的肠道色素含量小于秋季，但是位于黄海中部的 E2 站春季肠道色素含量大约是秋季的 18 倍。

有人提出了功能群的概念，即将浮游动物根据大小和食性分成数量相对较少的种类集合，以此作为研究生态系统结构和功能的单位，达到简化研究步骤和实现全生态系统研究的目的。最新的南黄海陆架区的研究结果，划分出了 6 个浮游动物功能群：大型甲壳动物、大型桡足类、小型桡足类、毛颚类、水母和被囊类（图 10.4）（Sun, et al, 2011）。

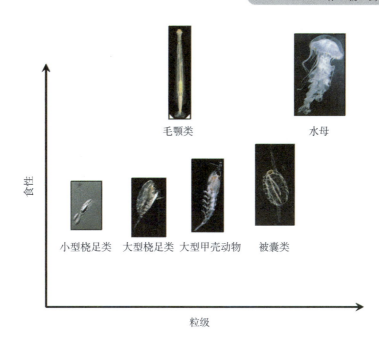

图 10.4　黄海浮游动物功能群的粒级和食性示意图（Sun, et al, 2011）

10.2.5　浮游动物繁殖

研究繁殖行为特征是理解种群动力学和生产力的首要条件。繁殖活动在时间序列上变化的情况决定了一年当中次级生产力的变化。在桡足类中，由于卵和幼体同时也是一系列经济鱼类的幼体重要的饵料来源，所以桡足类的繁殖活动又和鱼类的种群补充紧密联系在一起。再加上桡足类在生态系统承上启下的作用，对其繁殖的季节性的研究有着非常重要的理论和实际意义。

从另一方面来讲，浮游动物的繁殖策略是它们对环境的一种适应。高纬度地区的桡足类只在温度和饵料都适宜的水华期间产卵然后在剩下的时间内完成生活史，如南大洋的尖角似哲水蚤（*Calanoides acutus*）和北极海域的飞马哲水蚤（*Calanus finmarhicus*）。但多数中低纬度的桡足类在一年当中持续产卵，随季节变化的只是产卵的强度。在这种情况下人们更关心产卵率是如何随着环境因子的改变而变化强度，而不是它们的生活史或是世代更替。在黄海，对浮游动物繁殖的研究较少，在此我们仅以中华哲水蚤的繁殖策略为例。

中华哲水蚤在南黄海的产卵行为是连续的，在所有调查月份都能观察到产卵和孵化，但存在显著的地理差异（张光涛，2003）。平均产卵率在不同月份的变化范围比较小，最高的 7 月每天 6.30 eggs/female，最低的 12 月每天 1.32 eggs/female。无论最大值还是平均值，产卵率在一年当中都有两个高峰：5—7 月和 11 至翌年 1 月。夏季，8—10 月是最明显的产卵低潮，产卵率最高的站位还不到 7 月高峰时的平均水平（Zhang, et al, 2005）。怀卵量的季节变化和产卵率相似，分别在 5—7 月和 12 至翌年 1 月出现两个高峰。个体差异在不同的月份也不尽相同，在 1 月和 7 月的变化范围较大，最少的个体一次只产 1~2 只卵，而最多的一次产卵数量达到 76 只。和产卵率不同的是，怀卵量在夏季从 8—10 月逐渐减小，与产卵率的迅速减小明显不同。而 11 月有重新上升到了一个较高的水平。

由此可见，春季是中华哲水蚤繁殖活动最旺盛的时期，秋季次之。冬季和夏季相对不利于中华哲水蚤产卵繁殖。在实验室受控条件下食物和温度是哲水蚤种群的产卵率最主要的限制因子（Dagg, 1978；Landry, 1978；Uye, 1981；Smith and Lane, 1985；Hirche, et al, 1997）。而在现场条件下，食物和温度的变化要复杂的多，作用因子也多于实验室。多数的作者发现产卵率只和雌体的体型长度或者干质量有关，体型又决定于温度、食物等环境因子。但产卵率和温度、食物等往往没有直接的统计关系（Ban，et al，2000；Campell and Head，2000；Halsband-Lenk，et al，2001；Halsband and Hirche，2001）。那么，中华哲水蚤在黄海的个体生长状况又如何呢？

中华哲水蚤雌性成体无论是全体长（陈清潮，1964）还是前体长（Zhang，et al，2005）都是在春季，4—6月最长，然后下降直到10月达到最小值，之后在翌年1月又出现一个相对高值。测量的中华哲水蚤全体长的逐月变化，分别在4月和翌年1月出现两个高峰。中华哲水蚤干质量的研究数据较少，在张光涛等测量的4个月当中，体质量在11月最高，然后是7月、8月和翌年1月（Zhang，et al，2005）。

中华哲水蚤体长和干质量之间并非简单的线性关系。11月体长最小，但干质量却是全年当中最大的，这说明中华哲水蚤在不同季节的饱满度是不同的。一般认为体型直接反应了环境条件是否达到最优化。而体长和体质量对于环境改变的响应上可能存在差异。由于甲壳类动物的特性，体长的变化往往要伴随蜕皮的过程，因为外骨骼不能随身体长度变化。但体质量却是可以随时变化的，因为体内各种不同组分的比例，脂类存储的情况都会影响到体质量的变化。

从结果上看，春季是中华哲水蚤最适的生长和繁殖季节，此时发育成熟的成体体长较长，同时产卵活动也是一年当中最活跃的。夏季则正好相反，此时发育成熟的雌体体长比较短，产卵率也比较小。秋、冬季介于二者之间，而且还有一个相对的高峰。

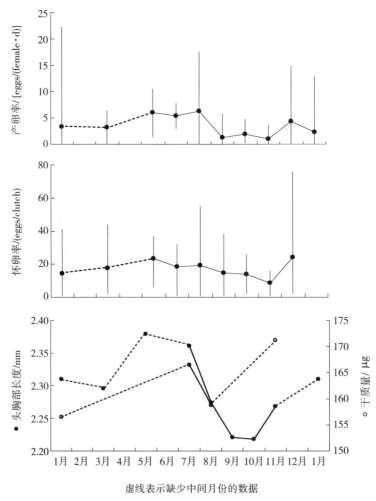

虚线表示缺少中间月份的数据

图10.5　中华哲水蚤产卵率、怀卵量、头胸部长度和干质量的季节性变化（Zhang，et al，2005）

目前多数的研究支持温度和食物等环境条件只能通过决定体长和体重来间接达到影响产卵率的效果，直接的统计分析并没有发现它们之间存在关系。温度被很多人认为是限制中华哲水蚤分布的最主要的原因（李少菁，1963；黄加祺 等，1986；Huang，et al，1993；Uye，2000）。Uye（1988）室内培养的结果认为中华哲水蚤胚胎发育最适的温度是 5~23℃，李少菁（1963）认为 10~20℃ 之间是最适生活温度。黄加祺和郑重（1986）在实验室观察到温度升高到 23℃ 以上，中华哲水蚤成体的死亡率会急剧升高。实际上，我们发现这些结果都不能直接应用到我们的研究中去，因为黄海在一年当中有很长时间存在温度跃层，夏季表层温度升高到 27℃，但底层仍保持在 10℃ 左右。考虑到中华哲水蚤昼夜垂直移动的特性，它们会在一天当中的不同时间经历不同的温度。这样，一年当中实际有两段时间表底水温都处在中华哲水蚤的最适温度范围之内，5—7 月和 10—12 月，正好对应中华哲水蚤产卵的高峰期（图10.6）。但是，繁殖行为在这两个时期也各不相同。5—7 月对应温度上升阶段，此时是繁殖的高峰期，平均产卵率是全年最高的，而秋季虽然有些站位产卵率很高，翌年 1 月有的站位产卵率甚至超过春季的最高值，但平均水平要低一些。

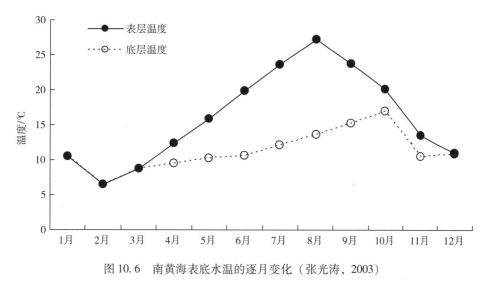

图 10.6　南黄海表底水温的逐月变化（张光涛，2003）

自然条件下饵料条件也是季节性变化的，经常会有食物限制的情况发生。在这种复杂的条件下，繁殖策略必然也不像实验室那样简单。南黄海浮游植物平均数量水平和渤海、北黄海和东海相比都比较低，而且季节性分布也比较独特（图 10.7）。1—5 月浮游植物数量较

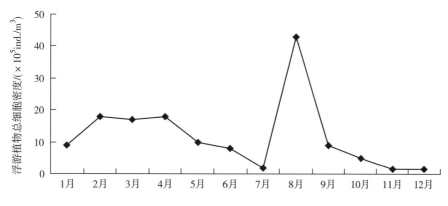

图 10.7　南黄海浮游植物总细胞密度的逐月变化

资料来源：全国海洋综合调查报告

145

多，2—4月形成一年当中的次高峰，5月后浮游植物数量逐步下降，7月达到最低并开始升高，而一年当中的最高值出现在8月，11、12月浮游植物数量最低。很显然，中华哲水蚤的产卵率和浮游植物细胞浓度之间并没有很好的相关关系，8月浮游植物高峰期却是其繁殖的最低谷。从时间上讲，中华哲水蚤可能利用了春季的水华，但其繁殖的最高峰却出现在浮游植物达到最低的7月。肠道色素测量的摄食率也表现出和繁殖强度类似的季节性变化，春季对浮游植物的摄食强度最大，秋季次之，夏季最小。

在春季的产卵高峰期不但中华哲水蚤的产卵率上升到了一个较高的水平，其雌体的体长和干质量也都明显升高，说明5—7月具有非常适宜的生活条件。进入夏季，从8到10月，中华哲水蚤的体长和干质量都在逐步减小，怀卵量和产卵率都有了不同程度的降低。上面提到，夏季摄食率较低，而且高温会导致较高的代谢率和体碳损失（王新刚等，2002）。从能量收支平衡的角度来讲，吸收的能量大部分用来补充代谢的损失，因此生产力就比较低。但在秋季的产卵高峰期，11月在体长没有显著增加的情况下，干质量却有了明显的升高，即雌体此时变得非常饱满，产卵率相比夏季也明显升高。随后，12月产卵率又比较低，1月虽然产卵率较高，但干质量和体长都比较低。说明环境条件相比夏天有了很大的改善，但很可能食物供应并不像春季那样丰富。虽然我们的结果并没有观察到体长或干质量和温度之间有明显的相关关系，但体长一般是温度和食物共同作用的结果。相似体长对应较高的干质量，说明秋、冬季中华哲水蚤增加了较多的储存物质。

通过比较以单位质量的产卵率和怀卵量表示的生长率和繁殖努力可以发现（表10.1），7月的生长率明显高于其他季节，8月则明显小于，11月和翌年1月正好介于二者之间。而繁殖努力则是11月最大，平均的怀卵量占到雌体总含碳量的10.6%，其他3个月的繁殖努力相似。这说明中华哲水蚤在两个繁殖高峰期实际上采取了两种不同的繁殖策略，春季水华期条件比较适合时，生长和繁殖同时进行，而秋季则是优先进行繁殖。虽然未经证实，此时中华哲水蚤雌体可能牺牲自身储存的能量，甚至体碳来进行繁殖。

表10.1　中华哲水蚤雌体以碳含量表示的产卵率和怀卵量以及生长率和繁殖能力

（生长率：产卵率/含碳量；繁殖努力：怀卵量/含碳量）（Zhang, et al, 2005）

月　份	干质量 /[μg/female(以 C 计)]	含碳量 /[μg/female(以 C 计)]	产卵率 /[μg/d(以 C 计)]	怀卵量 /(μg/clutch)	生长率 /d	繁殖能力 /%
1	156.5	75.1	1.19	5.23	0.016	7.0
7	166.5	79.9	2.08	6.93	0.026	8.7
8	158.7	76.2	0.48	5.33	0.006	7.0
11	171.3	82.2	1.55	8.70	0.019	10.6

一般来讲，测量产卵率和怀卵量，以及计算产卵间隔，都是用同一种培养方法进行的。在这里我们分别使用了两种培养器具测量产卵率和怀卵量，可能导致的误差是客观存在的，但同时保证我们可以和其他地区中华哲水蚤产卵的数据进行比较。

相比我们在渤海的研究结果，产卵率也偏低。在5月、6月和9月分别在渤海的5个站位进行了调查，产卵率分别为：5月4.1～13.5 eggs/（female·d），6月11.3～29.0 eggs/（female·d），10月在7.9～14.0 eggs/（female·d）。我们的结果和日本内海中华哲水蚤的繁殖情况基本相似，怀卵量的水平和变化范围都十分接近，只是产卵率相差比较大。由于调查内容的关系，我们无法比较和它们相同的月份，但基本上都是繁殖的高峰期。在 Uye 和 Murase

（1997）的结果中，产卵的频率在 0.05 ~ 1.3 次/d，虽然他并没有计算平均值，但我们可以发现只有少数站位在 0.5 以下。而在我们的研究当中，产卵频率都在 50% 以下。

无论是渤海还是日本内海，其叶绿素和浮游植物水平都高于南黄海（Uye and Murase，1997；吕瑞华等，1999；张金标等，1989）。在渤海我们没有进行怀卵量的测量，日本内海的结果显示：高的浮游植物水平导致了高的产卵率，但是怀卵量并没有增加，只是增加了产卵的频率。这和其他很多种类的研究结果类似（Hirch and Niehoff，1996），随着食物条件变得更加丰富，怀卵的能力并没有升高，只是卵巢成熟所需的时间减少，也就是说，相同的时间内可以产更多的卵。

通过我们的研究还有一点比较值得注意的是：高温（>23℃）对中华哲水蚤的影响要比低温大得多，夏季对于中华哲水蚤无论是繁殖还是生长都是一个十分不利的季节。8 月开始体长和干质量都在下降，而且产卵率也降到了一个很低的水平，直到 10 月以后才开始恢复。

10.2.6 昼夜节律

浮游动物昼夜垂直移动是一种既普遍又复杂的生态现象，是对光、温度等条件或者逃避敌害（捕食）需要的一种生态适应。不同的浮游动物种类昼夜垂直移动的模式也不尽相同。在北黄海，中华哲水蚤，墨氏胸刺水蚤，强壮箭虫，都有昼夜垂直移动的特性。它们的习性是白天下降，夜晚上升（王真良等，1989）。昼夜垂直移动不显著的种类，有些在上层分布，如小拟哲水蚤，该种无论白天或夜晚，一般都分布在上层而不下降，即使在中午也停留在上层；有些中、下层分布，属于这种类型的是克氏纺锤水蚤，该种主要分布在中、下水层，即使夜晚也不上升到上层。在数量上，以 25 ~ 15 m 水层为最多；有些上、下水层均匀分布，这种类型无论白天夜晚，上下水层分布比较均匀。如，拟长腹剑水蚤和近缘大眼剑水蚤。

产卵行为也有显著的昼夜节律性。中华哲水蚤成体多集中在午夜到凌晨，尤其是 3:00 ~ 6:00 之间，当它们迁移到表层时产卵。不同时间采自不同深度水层的个体产卵行为的差异也说明了这种节律性，夜间采自表层的雌体能够产卵，而白天采自底层的雌体在实验过程中都没有产卵。取样调查的卵和无节幼体在水体中的昼夜垂直分布规律和以上的节律性基本一致，在连续站 24 h 观察过程中，中华哲水蚤的卵在 3:00 ~ 6:00 在表层的密度最大，而且从整个水体中的现存量来说，也是 6:00 是最大，随后迅速减少，直到第二天才会重新出现升高。

10.2.7 死亡率

相对于摄食和繁殖，关于浮游动物死亡率的研究要少得多。现有的死亡率研究，无论是利用生命表等数学方法还是染色等现场调查方法，都多少集中在桡足类这一关键类群上。我国目前对应浮游动物死亡率的研究几乎没有。这里仅就在黄海鳀鱼产卵场研究中，对桡足类优势种——中华哲水蚤和小拟哲水蚤从卵到无节幼体期的死亡率进行介绍，主要内容包括研究的方法和生态学意义。

桡足类的生态策略属于 r - 选择，它们具有极高的繁殖率和很短的世代时间，同时死亡率也往往高得惊人。Landry（1978）和 Uye（1982）认为克氏纺锤水蚤分别只有 20% 和 7.5% 的卵发育到了第一期的无节幼体。其他的研究中卵到无节幼体的补充率通常也在 50% 以下，有时甚至损失率能够达到 99%（Kiørboe，et al，1988）。

从卵到无节幼体阶段通常是整个生活史中死亡率最高的时期，准确地估计其死亡率的大小不仅对预测在未来一段时间种群的数量变动有着极为重要的意义，而且使我们能够粗略地

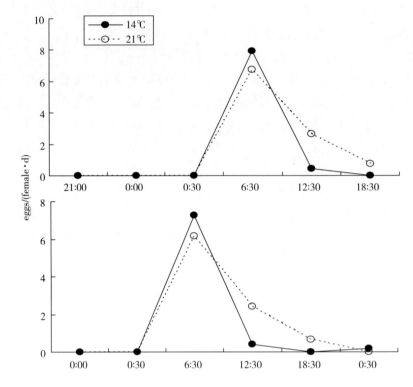

图 10.8　不同的时间捕获的不同水层的个体的产卵节律（张光涛等，2002a）

估计一些以桡足类的卵为食的高级捕食者的食物供应量（prey yield）。中华哲水蚤和小拟哲水蚤分别是南黄海中型和小型桡足类的优势种，它们的卵是鳀鱼在仔、稚鱼期的主要饵料来源。体长 2.5～17.9 mm 的鳀鱼消化道中桡足类的卵和无节幼体分别占到 42.2% 和 30.4%（孟田湘，2001），因此在 6 月鳀鱼等鱼类的产卵繁殖期研究中华哲水蚤和小拟哲水蚤的种群早期补充率有着非常重要的意义。

　　计算卵的死亡率的方法很多，可以用理论产卵量和在水体中卵的现存量，或是卵的现存量和无节幼体的数量之间的差来直接表示死亡率（Dong, et al，1994）。同时，也可以用数学公式来计算死亡率（Peterson and Kimmerer，1994）。中华哲水蚤的产卵行为具有明显的节律性，因此可以对水体中的卵的来源和去向做出相对比较准确的判断，从而可以计算出卵的死亡率。对于小拟哲水蚤，既没有明显的昼夜垂直移动也没有昼夜的产卵节律，所以同时用两种方法计算其死亡率，并且做出比较。

　　中华哲水蚤在 6 月具有显著的昼夜产卵节律，它的卵和无节幼体在水体中的数量变化也遵循同样的规律。在我们调查的两个连续站，中华哲水蚤卵的密度在 6:00 达到最大值，到了 12:00 分别减少了 75% 和 55%。无节幼体在水体中分布的昼夜节律性稍差，其最大密度只相当于理论产卵量的 11.5% 和 10.1%，相当于卵在水体中最大密度的 13.9% 和 20.0%。小拟哲水蚤虽然没有明显的产卵节律，又无法准确计数其无节幼体的密度，但其卵的死亡率通过比较理论产卵量和现存量以及公式迭代计算两种方法分别得到。从结果上看，两种方法出现较大分歧，前者的计算结果在 52.7%～98.4% 之间（88.0%±11.8%）；后者则小得多，在64.1%～83.0% 之间（67.8%±4.7%）。从我们的分析中看，无论是中华哲水蚤还是小拟哲水蚤的卵都有很高的死亡率，为以它们的卵为食的动物提供了丰富的食物来源。

　　中华哲水蚤的卵 6 月在南黄海的死亡率是相当高的，平均死亡率可能在 80% 左右。也就是说中华哲水蚤所产的卵中只有不到 1/4 的能成功地孵化成无节幼体。小拟哲水蚤同样具有

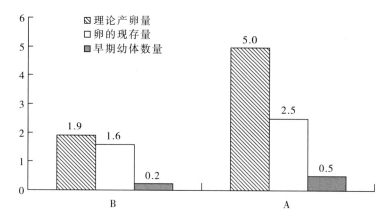

图 10.9　中华哲水蚤在连续站 A 和 B 的理论产卵量、水体中卵的现存量和无节幼体的数量比例

（张光涛等，2002b）

很高的死亡率，虽然由于在实际工作中其无节幼体和拟长腹剑水蚤等很难区分，所以无法估计孵化到无节幼体期的比例，但其死亡率不会低于 50%。这两种主要的桡足类种类，它们的卵和无节幼体为鳀鱼等中、上层捕食者及它们的幼体提供了大量的食物。根据 Kiørboe 等（1985）根据卵径计算含碳量的公式，假设中华哲水蚤和小拟哲水蚤都损失了占现存量 50%的卵，那么计算出的食物供应量含碳是 10.7 mg/（m² · d）。

表 10.2　小拟哲水蚤在不同站位（No.）水体中卵的密度 D_E、雌性成体的密度 N_f、

公式计算出的产卵率 E_R、公式计算出的死亡率 M_1、实验室产卵率

乘以成体密度的理论产卵量 D_C 和由此计算出的死亡率 M_2

No.	D_E/（egg/m²）	N_f/（ind./m²）	E_R/（eggs）	M_1/%	D_C/（eggs/m²）	M_2/%
1	60 482.5	86 140.4	0.99	70.0	341 690.1	82.3
2	55 175.4	35 971.2	2.16	77.5	142 685.7	61.3
3	5 701.8	25 270.2	0.32	65.4	100 238.5	94.3
4	43 157.9	74 185.5	0.82	68.4	294 269.0	85.3
5	43 289.5	122 026.3	0.50	66.4	484 037.5	91.1
6	20 482.5	58 151.6	0.50	66.4	230 668.1	91.1
7	15 877.2	8 465.4	2.64	83.0	33 579.3	52.7
8	10 175.4	157 737.0	0.09	64.1	625 690.0	98.4
9	20 307.0	129 320.2	0.22	65.0	512 970.0	96.0
10	19 780.7	126 257.1	0.22	65.0	500 819.6	96.1
11	13 745.6	148 188.1	0.13	64.5	587 812.8	97.7
12	25 307.0	50 548.3	0.71	67.9	200 508.0	87.4
13	15 131.6	37 739.7	0.56	66.9	149 700.7	89.9
14	21 886.0	78 502.5	0.39	65.9	311 393.3	93.0
15	58 859.7	201 535.8	0.41	65.9	799 425.4	92.6
16	18 859.7	115 964.7	0.23	65.0	459 993.1	95.9
17	16 579.0	39 722.7	0.59	66.9	157 566.9	89.5
18	36 447.4	101 313.6	0.51	66.4	401 877.3	90.4
19	20 263.2	36 605.3	0.78	68.4	145 200.9	86.0

资料来源：张光涛等，2002b。

10.3　小结

正如本章开头提到的那样，南、北黄海在浮游动物组成上尽管优势种基本相同，但是还存在比较明显的不同。①差异首先表现在种类数量上，受物理输运的影响，南黄海的外海种类显著高于北黄海。②生物量和个体密度的季节和地理变化在这两个海区也各不相同，北黄海的季节变化相对较小，而南黄海的浮游动物数量与春、秋季的浮游植物水华表现出较好的相关性。③在近岸水域浮游动物种类组成受到较多人类活动的影响，与开放海域存在一定的差异，在不同区域也各不相同。近岸水域日益增加的养殖活动强度和富营养化程度，都会对浮游动物组成造成间接的影响。值得注意的是，在20世纪80年代以后还没用大范围的针对海岸带区域的大面积综合调查。

由于北黄海的浮游动物调查研究要明显少于南黄海，所以从一定程度上讲，上述的差异甚至还没有完全揭示出来。如微型浮游动物，在北黄海调查数据极度缺乏，目前根本无从比较两个海区的差异。

浮游动物在生态系统中的作用是承上启下。虽然目前在其对初级生产力的摄食压力和对高级捕食者的饵料供应量方面都进行了一些工作，但是无论从目标种类数量还是时空调查的强度上都还存在明显的欠缺。随着浮游动物在碳循环等研究中的作用逐渐被人们所认识，对这些生理生态研究数据的需求也会越来越强烈。因此，在这方面的研究亟须推进和提高。

第 11 章　黄海底栖动物

黄海是太平洋西部的一个边缘海，位于中国大陆与朝鲜半岛之间。北起 30°50′N，南至 31°40′N，西起 119°10′E，东至 126°50′E，黄海的西北部通过渤海海峡与渤海相连，东部由济州海峡与朝鲜海峡相通，南以长江口北岸启东角到济州岛西南角连线与东海分界。黄海南北长约 870 km，东西宽约 556 km，总面积 38×10⁴ km²，平均水深 44 m，大部分水深在 60 m 以内，海底平缓，向东南方向倾斜，为东亚大陆架的一部分。最大水深 140 m，位于济州岛北面的海岩峙之东。黄海从山东半岛成山角到朝鲜的长山串之间海面最窄，仅 193 km，习惯上以此连线将黄海分为北黄海和南黄海两部分。黄海南部有一系列小岩礁，如苏岩礁、鸭礁和虎皮礁等，它们与济州岛连成的一条岛礁线，是黄海与东海的天然分界线。

黄海水团分为五种，黄海沿岸水团、黄海混合水、黄海暖流水是三种基本水团。40~50 m 等深线以上的中央水域存在的"黄海冷水团"，是一个温差大、盐差小，以低温为主要特征的水体，夏季底层水温恒定较低，秋季以后，表层、底层水温渐渐接近；在 40~50 m 等深线以内的浅水海域，受季节变化的影响，水温的变化幅度较大。黄海沿岸 20~30 m 等深线以内海域形成黄海沿岸水团，由于入海江河淡水与海水混合，盐度终年较低，温、盐度季节变化大。而黄海东南角则受黄海暖流的影响，呈现高温高盐特征的黄海暖流水终年入侵，到达黄海冷水团的边缘区形成冷暖水交汇混合的海域。

黄海沿岸区底质以细沙为主，山东半岛为港湾式沙质海岸，江苏北部沿岸则为粉砂淤泥质海岸；东部海底沉积物主要来自朝鲜半岛；西部为黄河和长江的早期输入物；中部深水区是泥质为主的细粒沉积物。由于沿岸地区的工业污染没有得到有效的控制，黄海的生态环境日益面临严峻的挑战。

本章引用"908"专项数据除特别注明外，均引自《我国近海海洋生物与生态调查研究报告（中册）》（2011）。

11.1　大型底栖动物种类组成、群落结构、栖息密度与生物量分布

11.1.1　物种组成

1997 年 10 月至 2000 年 12 月，我国专属经济区生物资源与栖息环境调查项目对黄海大型底栖生物进行了大规模的调查，共获得底栖动物 414 种，其中多毛类 194 种，软体动物 86 种，甲壳动物 90 种，这三类占总种数的 89.37%，构成大型底栖动物的主要类群，此外棘皮动物 21 种，其他动物 23 种（唐启升等，2006）。种类季节变化由大到小依次为春季（247 种）、夏季（206 种）、秋季（181 种）、冬季（178 种）（表11.1）。

表 11.1　黄海海域大型底栖动物物种数目的季节变化　　　　　　　　　　　单位：种

季　节	多毛类	软体动物	甲壳动物	棘皮动物	其他动物	总种数
春季	125	47	52	13	10	247
夏季	103	46	41	9	7	206
秋季	88	19	54	9	11	181
冬季	92	30	34	13	9	178
全年	194	86	90	21	23	414

资料来源：唐启升等，2006。

　　"908"专项2006—2007年在黄海海域共发现大型底栖生物853种。其各季节的种数见表11.2。季节变化表现为春夏季种数相似，而秋季和冬季稍高。季节变化的趋势不同于以往的调查。

表 11.2　黄海海域大型底栖动物物种数目的季节变化　　　　　　　　　　　单位：种

季　节	多毛类	软体动物	甲壳动物	棘皮动物	其他类	总种数
春季	184	104	114	27	44	473
夏季	201	97	101	23	54	476
秋季	218	121	137	24	61	561
冬季	207	102	104	30	48	491
合计	313	206	198	39	97	853

　　春季大型底栖动物种数较多的区域位于黄海的南部和北部，中部相对较少；夏季种数较多的区域主要分布在西南和北部顶端，中部相对较少；秋季种数较多的区域主要分布在西南和东北部，中部和东部相对较少；冬季种数较多的区域主要分布在南部（图11.1）。

　　与历史资料比较，黄海软体动物曾出现118种，1997—2000年的调查仅86种；甲壳动物曾有112种，本次仅90种，结果显示黄海大型底栖动物主要类群的种数呈下降趋势。

表 11.3　"908"专项调查黄海海域大型底栖动物物种数目组成及其所占比例

类　别	多毛类		软体动物		甲壳动物		棘皮动物		其他动物		总种数
	种数	比例/%	种数	比例/%	种数	比例/%	种数	比例/%	种数	比例/%	
北黄海	261	39.67	124	18.84	178	27.05	33	5.02	62	9.42	658
南黄海	199	47.84	81	19.47	78	18.75	25	6.01	33	7.93	416

　　黄海的优势种为狭盐性北温带种，主要包括花冈钩毛虫（*Sigambra hanaokai*）、长须沙蚕（*Nereis longior*）、斑角吻沙蚕（*Goniada maculata*）、独指虫（*Aricidea fragilis*）、角海蛹（*Ophelia acuminata*）、掌鳃索沙蚕（*Ninoe palmata*）、梳鳃虫（*Terebellides stroemii*）、索沙蚕一种（*Lumbrineris* sp.）、薄索足蛤（*Thyasira tokunagaii*）、秀丽波纹蛤（*Raetellops pulchella*）、蕃红花丽角贝（*Calliodentalium crocinum*）、胶州湾角贝（*Episiphon kiaochowwanensis*）、拟紫口玉螺（*Natica janthostomoides*）、日本壳蛞蝓（*Philine japonica*）、太平洋方甲涟虫（*Eudorella pacifica*）、拟猛钩虾一种（*Harpinopsis* sp.）、短角双眼钩虾（*Ampelisca brevicornis*）、美原双眼钩虾（*Ampelisca miharaensis*）、日本沙钩虾（*Byblis japonicus*）、塞切尔泥钩虾（*Eriopisella*

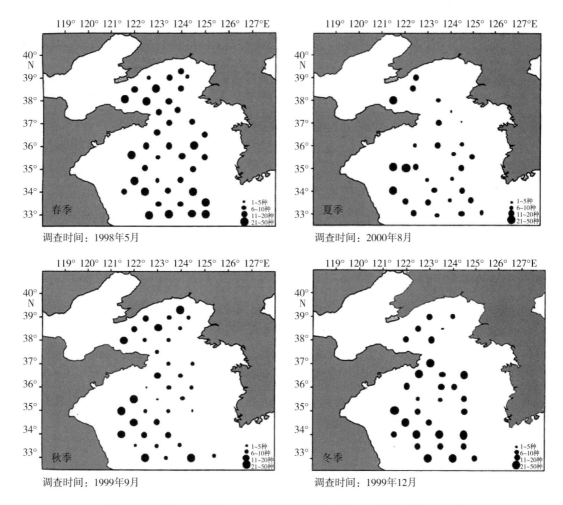

图 11.1　黄海大型底栖动物种数的季节性水平分布（唐启升等，2006）

sechellensis）、夏威夷亮钩虾（*Photis hawaiensis*）、长颈麦杆虫（*Caprella equilibra*）、日本美人
虾（*Callianassa japonica*）、萨氏真蛇尾（*Ophiura sarsii*）等。上述优势种在黄海的水平分布也
不同，其中，斑角吻沙蚕分布较广，几乎遍布整个海区；独指虫春季主要分布在黄海外侧远
海，夏季和秋季出现频率不高，分布在海区南北部，冬季主要出现在海区南部；掌鳃索沙蚕
春季主要分布在近海和南部，夏季和秋季以海区南北部为主，冬季主要出现在南部；梳鳃虫春
季分布在海区内侧，夏、秋、冬季出现频率不高，主要在南部；薄索足蛤春夏季出现频率高，
分布较广，秋季出现频率较低；太平洋方甲涟虫春夏季出现频率较高，分布较广，秋季和冬季
主要分布在海区南部；日本美人虾主要分布在海区南部；萨氏真蛇尾出现频率较高，分布较广。

表 11.4　"908"专项调查北黄海海域底栖动物优势种类

中文名	学 名
多毛类	
不倒翁虫	*Sternaspis sculata*
米列虫	*Melinna cristata*
后指虫	*Laonice cirrata*
长吻沙蚕	*Glycera chirori*
澳洲鳞沙蚕	*Aphrodita australis*

153

中文名	学 名
软体动物	
薄索足蛤	*Thyasira（Thyasira）tokunagai*
鸭嘴蛤	*Laternula anatina*
秀丽波纹蛤	*Raetellops pulchella*
甲壳动物	
大寄居蟹	*Pagurus ochotensis*
日本鼓虾	*Alpheus japonicus*
太平洋方甲涟虫	*Eudorella pacifica*
短角双眼钩虾	*Ampelisca brevicornis*
脊腹褐虾	*Crangon affinis*
棘皮动物	
心形海胆	*Echinocardium cordatum*
萨氏真蛇尾	*Ophiura sarsi*
紫蛇尾	*Ophiopholis mirabilis*
其他动物	
海葵一种	Actiniaria
单环棘螠	*Jrechis unicinctus*
纽虫一种	Nemertinea

胡颢琰等（2000）对黄海近岸海域大型底栖生物生态的调查结果显示，南北海域大型底栖生物群落的物种组成和分布有明显差异。北黄海近岸海域，夏季由于受黄海冷水团的影响，底层水温较低，冷水种明显增多，如脊腹褐虾（*Crangon affinis*）、屈腹七腕虾（*Heptacarpus geniculatus*）、敖氏长臂虾（*Palaemon ortmanni*）、北方真蛇尾（*Ophiura saris*）、柯氏双鳞蛇尾（*Amphipholis kochii*）、索足蛤一种（*Tpyasira* sp.）、皮氏蛾螺（*Volutharpa ampullacea perryi*）、醒目云母蛤（*Yoldia notabilis*）等。北太平洋温带种在种类和数量上占有一定的优势。如紫蛇尾（*Ophiopholis mirabilis*）、奇异指纹蛤（*Acila mirabilis*）等。南黄海近岸海域环境条件的主要特点是底质复杂、温度较低，因此该海域底栖生物的种类组成以广温、低盐性近岸种占优势。夏季受暖流影响，少数东海和南海的种类进入该海区，如多毛类的毛齿吻沙蚕（*Nephtys ciliate*）、棘皮动物的哈氏刻肋海胆（*Temnopleurus hardwickii*）。

"908"专项的 ST02 和 ST03 区块分别对北黄海和南黄海海区进行了覆盖全面的调查，通过对各季度采集的样品进行统计，在北黄海海区共采得大型底栖生物 658 种，其中种类最多的是多毛类动物，共有 261 种，其次是甲壳动物，共有 178 种，软体动物、棘皮动物和其他类动物分别为 124 种、33 种和 62 种（表 11.3）。该海区的主要优势种类为：不倒翁虫（*Sternaspis sculata*）、米列虫（*Melinna cristata*）、后指虫（*Laonice cirrata*）、长吻沙蚕（*Glycera chirori*）、薄索足蛤［*Thyasira（Thyasira）tokunagai*］、鸭嘴蛤（*Laternula anatina*）、大寄居蟹（*Pagurus ochotensis*）、日本鼓虾（*Alpheus japonicus*）、心形海胆（*Echinocardium cordatum*）、萨氏真蛇尾（*Ophiura sarsi*）、紫蛇尾（*Ophiopholis mirabilis*）、海葵（Actiniaria）、单环棘螠（*Jrechis unicinctus*）等（表 11.4）。在南黄海海区共采得底栖生物 416 种，其种类所占的比例与北黄海基本类似，以多毛类最多，199 种，软体动物、甲壳动物、棘皮动物和其他类动物分别为81种、78种、25种和33种。且该海区各个季节之间各类群的种数变化并不大（表11.3）。其主要优势大型底栖生物种类为：背蚓虫（*Notomastus latericeus*）、短叶索沙蚕（*Lumbrineris latreilli*）、角海蛹（*Ophelina acuminata*）、曲强真节虫（*Euclymene lombricoides*）、梳鳃虫（*Terebellides stroemii*）、掌鳃索沙蚕（*Ninoe palmata*）、圆楔樱蛤（*Cadella narutoensis*）、脆壳理蛤（*Theora fragilis*）、日本胡桃蛤（*Nucula nipponica*）、日本鼓虾（*Alpheus japonicus*）、哈氏美人虾（*Callianassa harmandi*）、博氏双眼钩虾（*Ampelisca bocki*）、日本倍棘蛇尾（*Stegophiura sladeni*）、紫蛇尾（*Ophiophplis mirabilis*）、萨氏真蛇尾（*Ophiura sarsii*）等（表11.5）。

表 11.5　"908" 专项调查南黄海海域大型底栖动物优势种类

中文名	学 名
多毛类	
背蚓虫	*Notomastus latericeus*
短叶索沙蚕	*Lumbrineris latreilli*
角海蛹	*Ophelina acuminata*
曲强真节虫	*Euclymene lombricoides*
梳鳃虫	*Terebellides stroemii*
掌鳃索沙蚕	*Ninoe palmata*
软体动物	
圆楔樱蛤	*Cadella narutoensis*
脆壳理蛤	*Theora fragilis*
日本胡桃蛤	*Nucula nipponica*
甲壳动物	
日本鼓虾	*Alpheus japonicus*
哈氏美人虾	*Callianassa harmandi*
博氏双眼钩虾	*Ampelisca bocki*
棘皮动物	
日本倍棘蛇尾	*Stegophiura sladeni*
萨氏真蛇尾	*Ophiura sarsi*
紫蛇尾	*Ophiopholis mirabilis*
其他动物	
安岛反体星虫	*Antillesoma antillarum*

11.1.2　生物量分布

黄海海域大型底栖动物四季平均生物量为 37.17 g/m²，其中以棘皮动物最多，多毛类次之，生物量季节变化由大至小表现为春季（50.75 g/m²）、秋季（35.35 g/m²）、夏季（32.64 g/m²）、冬季（29.94 g/m²）（表11.6）（唐启升等，2006）。

黄海不同水域的平均生物量存在差异，其中北黄海平均生物量为 106.1 g/m²（胡颢琰等，2000），以棘皮动物占绝对优势，为 55.0%；南黄海生物量为 13.36 g/m²，以多毛类占优势，为 44.3%。生物量北黄海最高，自南向北呈现递减趋势，这与底质的有机物含量分布相一致（图11.2）。

表 11.6 黄海大型底栖动物生物量数量季节变化

项 目	季 节	多毛类	软体动物	甲壳动物	棘皮动物	其他动物	合 计
生物量 /（g/m²）	春季	11.07	8.54	3.81	18.99	8.60	50.75
	夏季	10.49	3.19	6.50	6.41	6.07	32.64
	秋季	10.75	1.78	2.56	11.56	8.69	35.35
	冬季	7.89	3.69	1.56	9.48	7.33	29.94
	平均	10.05	4.30	3.61	11.61	7.67	37.17

资料来源：唐启升等，2006。

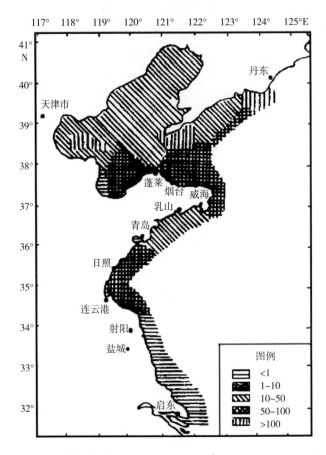

图 11.2 黄海近岸海域底栖生物生物量（g/m²）的分布（胡颢琰等，2000）

对"908"专项黄海海区各航次调查的数据进行分析统计，其中北黄海全年的大型底栖生物平均生物量为 99.66 g/m²，其中以棘皮动物的生物量最高，其次为多毛类动物和其他类动物，软体动物和甲壳动物生物量较低。南黄海海区的底栖生物平均生物量为 27.69 g/m²，各类群生物量由高到低依次为多毛类、棘皮动物、软体动物、其他动物、甲壳动物（表11.7）。黄海海域大型底栖生物平均生物量的季节变化见表11.8。

表 11.7 "908"专项调查黄海海域大型底栖生物生物量组成及其所占比例　　单位：g/m²

类 别	多毛类		软体动物		甲壳动物		棘皮动物		其他动物		总生物量
	生物量	比例/%	生物量	比例/%	生物量	比例/%	生物量	比例/%	生物量	比例/%	
北黄海	20.41	20.48	12.99	13.03	7.70	7.73	36.42	36.55	22.14	22.21	99.66
南黄海	9.25	33.40	5.64	20.38	2.18	7.86	7.64	27.61	2.98	10.76	27.69

表11.8 "908"专项调查黄海海域大型底栖生物生物量季节变化　　　　单位：g/m²

季 节	多毛类	软体动物	甲壳动物	棘皮动物	其他类	合 计
春季	7.50	4.44	3.45	11.88	5.36	32.63
夏季	11.37	5.85	2.26	10.09	5.67	35.23
秋季	7.55	7.02	2.90	12.63	8.46	38.55
冬季	8.94	8.95	2.34	11.01	8.07	39.32

11.1.3 栖息密度分布

黄海海域大型底栖动物平均栖息密度为250个/m²，多毛类最高，其次为甲壳动物、软体动物，栖息密度季节变化由大到小依次为春季（359个/m²）、冬季（290个/m²）、夏季（186个/m²）、秋季（165个/m²）（表11.9）（唐启升等，2006）。

表11.9 黄海大型底栖动物数量季节变化　　　　单位：个/m²

项 目	季 节	多毛类	软体动物	甲壳动物	棘皮动物	其他动物	合 计
栖息密度 /（个/m²）	春季	202	57	70	24	5	359
	夏季	108	16	55	5	2	186
	秋季	130	7	13	11	3	165
	冬季	131	72	37	11	38	290
	平均	143	38	44	13	12	250

资料来源：唐启升等，2006。

黄海不同水域的平均栖息密度也存在较明显差异，其中北黄海为511.0个/m²，南黄海为129.4个/m²，栖息密度的分布趋势是北黄海最高，自南向北呈现递减趋势，这与底质的有机物含量分布相一致（图11.3）。

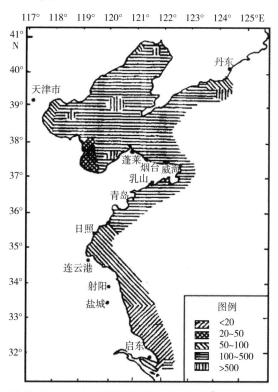

图例
- <20
- 20~50
- 50~100
- 100~500
- >500

图11.3 黄海近岸海域大型底栖生物栖息密度（ind./m²）的分布（胡颖琰等，2000）

从"908"专项调查的统计结果来看，北黄海海区的大型底栖生物年平均密度为 2 017.40 个/m²，其中多毛类所占比例最高，其次为甲壳动物和软体动物，棘皮动物和其他动物的栖息密度较低，不足 10%。南黄海海域的大型底栖生物密度较之北黄海要低很多，其年平均密度只有 88.67 个/m²，多毛类的密度占了总密度的一半以上，软体动物、甲壳动物、棘皮动物和其他动物的密度较低（表 11.10）。黄海海域大型底栖动物平均栖息密度的季节变化见表 11.11。

表 11.10 "908"专项调查黄海海域大型底栖生物物种密度组成及其所占比例

单位：个/m²

类别	多毛类		软体动物		甲壳动物		棘皮动物		其他动物		总密度
	密度	比例/%	密度	比例/%	密度	比例/%	密度	比例/%	密度	比例/%	
北黄海	865.92	42.92	415.04	20.57	568.61	28.19	112.30	5.57	55.54	2.75	2 017.40
南黄海	51.79	58.41	13.95	15.73	10.89	12.28	6.64	7.49	5.40	6.09	88.67

表 11.11 "908"专项调查黄海海域大型底栖生物栖息密度季节变化 单位：个/m²

季节	多毛类	软体动物	甲壳动物	棘皮动物	其他类	合计
春季	218	80	145	28	4	476
夏季	250	173	178	44	11	655
秋季	217	88	123	29	18	476
冬季	468	164	283	39	26	979

11.1.4 群落结构分析

胡颢琰等（2000）将黄海近岸调查海域的大型底栖生物分为以下 4 个群落（图 11.4）：

（1）脊腹褐虾 - 蛇尾群落。该群落分布于北黄海北部，具明显的冷水种成分，代表种包括脊腹褐虾、日本倍棘蛇尾、司氏盖蛇尾（Stegophiura sladeni）、紫蛇尾、萨氏真蛇尾等。

（2）心形海胆 - 蛇尾群落。该群落分布于山东以北海域及北黄海南部，代表种包括心形海胆（Echinocardium cordatum）、哈氏刻肋海胆、日本长腕海盘车（Distolasterias nipon）、泥螺、司氏盖蛇尾等。

（3）日本鼓虾 - 织纹螺群落。该群落分布于江苏北部的连云港—威海一带近岸海域，亚热带种类明显增加，代表种包括日本鼓虾（Alpheus japonicus）、红狼牙鰕虎鱼（Odontamblyopus rubicundus）、红带织纹螺（Nassarius succinctus）、纵肋织纹螺（Nassarius variciferus）等。

（4）葛氏长臂虾 - 梅童鱼群落。该群落分布于江苏北部射阳—长江口近岸海域，代表种包括棘头梅童鱼（Collichthys lucidus）、葛氏长臂虾（Palaemon gravieri）、不倒翁虫（Sternaspis scutata）、戴氏赤虾（Metapenaeopsis dalei）等，具明显的亚热带区系成分。

李荣冠（2003）则根据其综合调查结果，把黄海按区域划分为黄海北部群落、黄海中部群落和黄海南部群落，共包括 7 个群落。其中黄海北部群落包括两个群落：蚕光稚虫（Spiophanes bombyx）- 中国蛤蜊（Mactra chinensis）- 短角双眼钩虾 - 心形海胆群落和色斑角吻沙蚕（Goniada maculata）- 薄索足蛤 - 萨氏真蛇尾群落；黄海中部群落包括四个群落，依次为：加州中蚓虫（Mediomastus californiensis）- 薄索足蛤 - 细指海葵群落、拟节虫（Parxillella praetermissa）- 薄索足蛤 - 尖尾细螯虾（Leptochela aculeocaudata）群落、蜈蚣欧努菲虫 - 鸟啄小脆蛤（Raetellopes pulchella）- 蕨形角海葵（Cerianthus filiformis）群落和日本索沙蚕 - 薄索足蛤 - 皮海鞘（Molgula manhattensis）群落；黄海南部主要为梳鳃虫 - 鸟啄小脆蛤 - 太平洋方甲涟虫 - 洼颚倍棘蛇尾（Amphioptus depressus）- 短吻铲荚螠（Listriolobus brevirostris）群落。

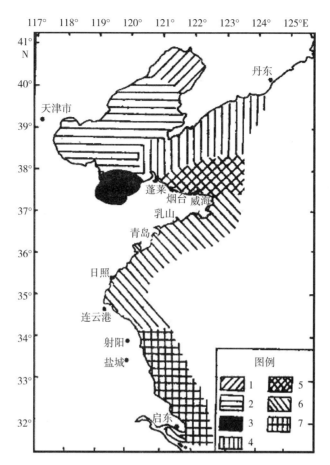

1. 颗粒拟关公蟹－细雕刻肋海胆群落；2. 隆线强蟹－彩虹明樱蛤群落；3. 叫姑鱼－颗粒拟关公蟹群落；

4. 脊腹褐虾－蛇尾群落；5. 心形海胆－蛇尾群落；6. 日本鼓虾－织纹螺群落；7. 葛氏长臂虾－梅童鱼群落

图 11.4　黄海近岸海域大型底栖生物群落结构分布（胡颖琰等，2000）

根据对物种多样性指数 H'、种类丰度指数 d、种类均匀度指数 J、优势度指数 D 的计算，大连—丹东外侧、青岛—乳山、如东—长江口附近海域 H' 大于 3，d 值在 2.07 ~ 4.36，J 值在 0.71 ~ 0.97，D 值在 0.30 ~ 0.64，表现出多样性及种类丰富度高，种类分布均匀，优势度不明显的特点，与所在海域种类组成丰富、有机物含量高、底质所受污染小有关；丹东、烟台至威海、日照—射阳附近海域，H' 值最低，在 0.48 ~ 1.87，d 值在 0.37 ~ 1.75，J 值在 0.12 ~ 0.57，D 值在 0.81 ~ 0.96，表现出多样性及种类丰度低，种类分布不均匀，优势度明显的特点，与所在海域底质污染重及底质不稳定有关（胡颖琰等，2000）。

11.1.5　黄海典型海域分述

黄海海域由于不同经纬度的环境存在差异，形成复杂的生境，大型底栖动物群落的特征也因此不同。为详细阐述这些差异，将黄海海域分为北黄海和南黄海浅海海域以及潮间带三部分进行分述。

11.1.5.1　北黄海

1）种类组成与数量特征

王绪峨等（1995）对烟台近海大型底栖动物调查结果表明，该海域大型底栖动物生物量

9.55 g/m^2，栖息密度为447.5 个/m^2，其中多毛类所占比例最大分别达33.6%和46.9%，获得的138种大型底栖生物中，也以多毛类最多，达52种，多毛类耐污种如寡节甘吻沙蚕（*Glycindae gurjanovae*）、长吻沙蚕（*Glycera chirori*）、长须沙蚕、寡鳃齿吻沙蚕（*Nephtys oligobranchia*）和索沙蚕等占绝对优势。吴耀泉和张波（1994）对烟台港周围的芝罘湾海域夏季大型底栖动物生态调查也得出相似结论。可以看出，由于烟台港渔轮的出入及河流污水注入，烟台附近的海域已经受到了一定程度的污染，导致多毛类占优势，且生物量远低于其他海域。

曹善茂和周一兵（2001）对大连市沿海的调查共获大型底栖动物79种，其中优势类群为多毛类42种。优势种比较明显，主要包括短叶索沙蚕（*Lumbrineris latreilli*）、树蛰虫（*Pista cristata*）、角海蛹、丝鳃虫（*Cirratulus cirratus*）、菲律宾蛤仔等，均为耐污能力较强的底栖种类。该水域的平均栖息密度和平均生物量均较高，分别达到4 663 个/m^2（多毛类为4 290 个/m^2，占92%）和693.3 g/m^2（多毛类为401.2 g/m^2，占58%）。

2）群落结构组成、多样性及与环境因子的分析

大连沿海海域大型底栖生物多样性指数 H' 平均为2.50，中值偏低，均匀度指数 J 平均为0.63，为中值，得出大连沿海的底栖动物群落组成相对复杂，种间个体分配不均，优势种突出的结论，并据此对环境质量做出评估，大连沿海海域大多处于中度和轻度污染（曹善茂和周一兵，2001）。

芝罘湾海域夏季底栖动物群落多样性指数 H' 为3.63，底质为细沙和软泥的海水浴场和湾口水道一带海域 H' 值明显高于底质为黑色泥质沙的港内和阀式养殖区（吴耀泉和张波，1994）。张波等（1998）在芝罘湾海域选取10种代表性大型底栖生物与12项环境因子进行了典型生物种类与环境因子间的多元回归分析，根据方程显著性，得出底质中锌、锰、汞、有机质的含量制约多毛类的密度，汞、铜、铅、镉、有机质的含量对甲壳类密度大小起显著作用；通过与历史数据比较，分析了环境变化对大型底栖动物群落结构的影响，结果表明大型底栖动物耐污种群数量上升，不耐污生物种群数量下降或死亡，并导致整个海域大型底栖动物群落结构发生较大改变，环境质量明显下降，并建议将须鳃虫（*Cirriformia tentaculata*）、多丝独毛虫（*Tharyx multifilis*）、螺赢蜚一种（*Corophium* sp.）、明细白樱蛤（*Macoma praetexta*）作为污染指示生物。

11.1.5.2 南黄海

南黄海大型底栖生物的研究相对较多，研究内容包括种类分布和数量特征，群落特征，次级生产力，以及群落组成与环境的关系等各个方面。其中，胶州湾作为中国海洋生态系统研究网络长期监测站位之一，已经开展了大量细致的调查工作，为其他海域大型底栖生物的研究提供了比较完善的理论基础（李新正等，2004，2005a，2005b，2006，2007；李宝泉等，2005，2006a，2006b；王金宝等，2006a，2006b，2006c，2007；韩庆喜等，2004；王洪法等，2006；张宝琳等，2007a，2007b；Yu Haiyan，et al，2006；周进等，2008）。

1）种类组成与数量特征

对南黄海春秋季大型底栖动物调查共获得底栖动物272种，其中多毛类占30.88%，甲壳占30.51%，软体占27.94%。优势种主要有蜈蚣欧努菲虫、黄海刺梳鳞虫（*Ehersileanira huanghaiensis*)、长吻沙蚕、中型双眼钩虾(*Ampelisca miops*)、日本美人虾、日本胡桃蛤(*Nucula nipponic*)、薄索足蛤、浅水萨氏真蛇尾(*Ophiura sarsii vadicola*)。春季底栖动物平均生物量为 15.3 g/m²,其中多毛类占 23.4%,软体动物占 8.6%,甲壳类占 3.7%,棘皮动物占 34.8%。生物量分布很不均匀,基本上自近岸向深海逐步递增。春季底栖动物平均栖息密度为 160.91 个/m²,其中多毛类占 46.83%、软体动物占 16.27%、甲壳类占 25.28%、棘皮动物占 0.73%,栖息密度等值线分布趋势与生物量等值线分布趋势相差很大。秋季底栖动物的平均生物量为 45.39 g/m²,其中多毛类占 16.9%、软体动物占 12.56%、甲壳类占 15.66%、棘皮动物占 15.8%,生物量分布趋势与春季有明显差别,生物量值较高,高生物量区与春季相比向南迁移;秋季底栖动物的平均栖息密度为 152.79 个/m²,其中多毛类占 30.6%、软体动物占 17.13%、甲壳类占 31.57%、棘皮动物占 0.77%,调查区域平均栖息密度值与春季相似,等值线分布趋势与春季基本相同(图 11.5 至图 11.8)(刘录三和李新正,2003)。

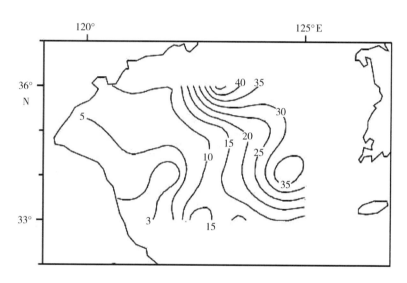

图 11.5 南黄海春季大型底栖动物生物量(g/m²)的分布(刘录三,2002)

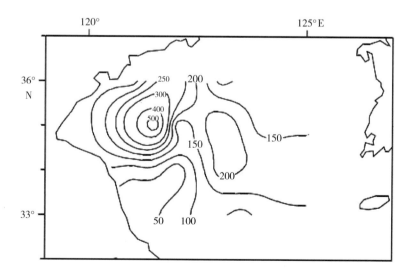

图 11.6 南黄海春季大型底栖动物栖息密度(个/m²)的分布(刘录三,2002)

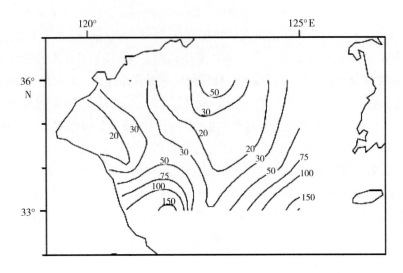

图 11.7　南黄海秋季底栖动物生物量（g/m²）的分布（刘录三，2002）

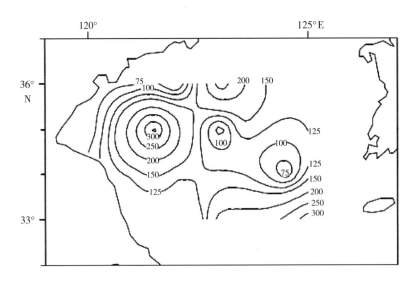

图 11.8　南黄海秋季大型底栖动物栖息密度（个/m²）的分布（刘录三，2002）

　　陈斌林等（2007a）对比了连云港核电站周围海域 2005 年与 1998 年大型底栖动物群落特点的不同。与 1998 年相比，2005 年调查出现的总种数明显减少，且优势种组成发生了较大变化，2005 年调查出现的优势种多为个体较小的种类，以多毛类居多，而 1998 年的优势种多是个体较大的软体动物和棘皮动物。2005 年调查的大型底栖动物的栖息密度比 1998 年有所增加，而生物量却大大地减少了，出现这种变化的原因，通常是底栖生物群落受到了干扰，也即环境的恶化所致。由大型底栖动物栖息密度、生物量及类群组成的变化，可以认为该调查海域的污染状况加重了。陈德昌等（1991）于 1986 年和 1988 年在连云港海域进行底栖动物采样，调查疏浚工程对底栖动物的影响。结果表明，抛泥区及周围底栖动物的生物量和栖息密度均由抛泥区向四周递增，在抛泥区中心达最低值，吹泥区呈现相似变化，且影响程度随吹泥不断进行而增加，区域内底栖生物生物量和栖息密度的数值变化证实疏浚泥土的抛排对连云港周围海域的影响是在局部范围内。

　　孙道元等（1996）比较了 1991—1994 年与 1980—1981 年胶州湾底栖生物的组成动态

变化，1980—1981 年栖息密度 204 个/m²，密度占优势的为软体动物，1991—1994 年为 130 个/m²，占优势的为多毛类；1980—1981 年生物量为 73.5 g/m²，生物量组成占优势的为软体动物（39.95 g/m²），1991—1994 年的平均生物量为 71.9 g/m²，软体动物为 44.9 g/m²，甲壳类生物量减少，多毛类生物量明显上升；种数季节变化由大至小表现为夏季、秋季、春季、冬季，生物量季节变化由大到小依次为春季（131.4 g/m²）、秋季（72.1 g/m²）、夏季（42.1 g/m²）、冬季（33.8 g/m²），栖息密度为夏季（148.6 个/m²）、冬季（136.2 个/m²）、春季（130.8 个/m²）、秋（86.6 个/m²）。

1998—1999 年调查（李新正等，2002）与 1991—1994 年进行比较，平均种数由 10.3 种增加到 20.2 种，优势种变化不大，季节变化由大到小依次为冬季（22.1 种）、春季（21.1种）、夏季（20.0 种）、秋季（17.5 种）；平均生物量为 151.18 g/m²，比 5 年前高了 1 倍，生物量季节变化由大至小依次为秋季、冬季、夏季、春季；平均栖息密度为 386.29 个/m²。1998—2001 年（于海燕等，2006）胶州湾大型底栖动物生物调查发现该海域大型底栖动物的总种数比 1991 年调查显著增加，与 1980 年调查结果基本持平，表明了经过一段时间的恢复，胶州湾底栖环境开始趋于平稳，但是大型底栖生物的种类组成及数量分布与前几次调查相比已经有了一定的差别。2000—2002 年（于海燕等，2005）胶州湾大型底栖甲壳动物平均生物量和栖息密度均超过了 1991 年的调查结果，这可能与近年来对胶州湾生物资源实施有效保护有关。

2）群落组成结构、多样性及与环境因子的分析

对南黄海两个季节大型底栖生物群落（刘录三，2002）的研究结果表明，总体上春季生物多样性指数要高于秋季，调查范围栖息的 7 个大型底栖动物群落，分属沿岸广温低盐群落、冷水性低温次高盐群落及混合群落，南黄海东南部边缘，济州岛以西处于黄海暖流与黄海冷水团的交汇水域，大型底栖动物种类以冷水性种和暖水性种的直接混合、共同出现为其特点，大型底栖生物的分布与 1958—1959 年全国海洋综合调查结果一致，证明了黄海冷水团水域环境情况稳定，调查区域的大型底栖动物群落种类组成及群落结构处于基本稳定状态。

王金宝等（2007）曾对穿过黄海冷水团区域的特定断面的夏秋季大型底栖动物生态特征进行了研究，共获得大型底栖动物 182 种。相对于邻近海区，物种丰富度指数较小，多样性指数相似，均匀度指数较高，证明了黄海中央深水区中的大型底栖动物群落以温带种为优势成分，沿岸区域暖水性种和广温性种类占优势地位，黄海东南部以部分热带性种类为主。并将该区域的大型底栖动物分为沿岸广温性群落、温带性群落和暖水群落，各群落结构保持相对稳定性，暖水群落与其他群落结构存在显著差异，底栖动物年际间的群落组成出现较大变化，而同一年度内邻近月份间的群落结构保持相对稳定。在黄海中央深水区的大型底栖动物群落，不同于东海的群落结构，与日本北部及俄国远东海域的温带性种类属于同一生态类型。

连云港近岸海域碱厂区、港区和核电站区的大型底栖动物群落调查研究结果显示（陈斌林等，2007b），Shannon-Wiener 指数 H' 和均匀度指数 J 的平均值都以核电站海域最大，分别为 3.184 和 0.868，其次为港区海域；而丰富度指数 d 的平均值港区海域最大，为 1.42，其次为核电站区域；碱厂的 H'、J、D 值均为最低。底栖动物栖息密度值与沉积物中值粒径之间大致呈相反关系。

刘瑞玉等（1992）把胶州湾湾内的大型底栖生物划分为 6 个群落，文昌鱼群落、海蛹－扇栉虫群落、细雕刻肋海胆－日本倍棘蛇尾群落、菲律宾蛤仔－浪漂水虱群落、勒特蛤－菲律宾蛤仔群落、棘刺锚参－胡桃蛤群落。孙道元等（1996）分析 1991—1994 年大型底栖生物

群落结构变化，表明仅细雕刻肋海胆－日本倍棘蛇尾群落有较大变化，其他群落只是分布范围有所变化。毕洪生（1997）、毕洪生和冯卫（1996）和毕洪生等（1996，2001）对1991—1995年胶州湾大型底栖生物群落进行主成分分析和聚类分析将湾内大型底栖生物划分为5种类型，勒特蛤－菲律宾蛤仔群落因优势种勒特蛤很少出现而归为菲律宾蛤仔群落（图11.9），并从底质、海流、温度、盐度、沿岸渔业五个方面分析了胶州湾环境对底栖生物的影响，得出粉砂－黏土混合型的沉积环境中大型底栖生物多样性高于匀质的粗砂底质的结论；生物多样性总体规律为20世纪90年代初期比80年代较低，90年代中期回升，栖息密度稳步上升，导致变化的潜在因素是80年代末对菲律宾蛤仔的过度捕捞以及90年代初采取的相应保护措施。1998—1999年调查（李新正等，2001）胶州湾生物多样性指数 H' 为 3.33 ~ 3.50，分析时发现人工养殖菲律宾蛤仔使其种群数量处于优势甚至绝对优势地位，导致生物多样性有所降低。

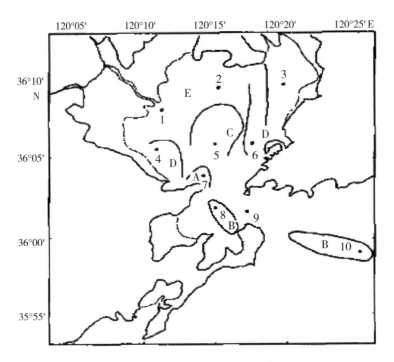

A. 文昌鱼群落；B. 海蛹－扇栉虫群落；C. 细雕刻肋海胆－日本倍棘蛇尾群落；
D. 菲律宾蛤仔－浪漂水虱群落；E. 棘刺锚参－胡桃蛤群落

图 11.9　20 世纪 80 年代胶州湾大型底栖生物群落的分布（毕洪生等，2001）

3）次级生产力

次级生产力是研究底栖生物量化的重要途径，对了解底栖生物在海洋生物食物链中的地位以及海洋的能量流动物质交换有重要意义。P/B（次级生产力/生物量）值是种群最大可生产量的指示值，反映一个生态群落内物种新陈代谢率的高低和世代更替速度。Li 等（2005a）对南黄海大型底栖生物次级生产力进行调查研究，得到该海域年平均次级生产力为4.98 g/（m² · a），与生物量分布格局相似，两个高生产力分布区域位于黄海冷水团的两侧，平均P/B值为1.10/a，证明了大型底栖生物的生物量和次级生产力受海水温度影响较大，生产力随水深的加大而降低，P/B值随水温升高而升高。

南黄海鳀鱼产卵场（Li, et al, 2005b）大型底栖生物次级生产力平均值为4.09 g/（m² · a），低于南黄海大型底栖生物次级生产力，平均 P/B 值为1.32/a，高于南黄海。

胶州湾1998—1999年和2000—2004年两个时间段的次级生产力进行比较时发现，该值

由湾口 – 湾北部的湾顶呈梯度升高，这种分布模式与湾顶底质有机物丰富，受人类干扰小等因素密切相关（李新正等，2005a）；1998—1999 年次级生产力为 18.65 g/（m²·a），2000—2004 年有所下降，为 3.41 g/（m²·a），P/B 值两个时间段均为 1.05/a，湾顶高分布区下降明显，且各分布中心向西偏移，造成这种变化的主要原因是陆源环境恶化和近岸的人为改造，并分析说明了菲律宾蛤仔及其养殖环境中的其他大型底栖动物是胶州湾次级生产力的主要贡献者。胶州湾西部海域 2003—2004 年大型底栖动物年次级生产力（袁伟等，2007a）为 47.34 g/（m²·a），平均 P/B 值为 0.58/a，对次级生产力与环境因子相关分析表明叶绿素 a 是最重要的影响因子，而物种多样性指数与水深、有机质、叶绿素含量等相关不显著（袁伟等，2007b），与次级生产力表现为显著的负相关，表示一定条件下，被调查群落的生产力越高群落物种多样性越低。

4）群落稳定性与环境扰动

陈斌林等（2007b）对连云港近岸碱厂区，港区，核电站区海域 3 个调查站位做底栖动物栖息密度 K – 优势曲线时发现，除碱厂海域部分站位外，K – 优势曲线起点都比较低，说明这些站位的大型底栖动物群落结构没有受到大的影响，即环境污染比较轻，连云港近岸海域生态环境的主要影响因素是碱厂。

栖息密度/生物量比较曲线（ABC 曲线）将生物量和栖息密度的 K – 优势度曲线绘入同一张图，可以更好地监测环境污染对大型底栖动物群落的扰动，田胜艳等（2006）将该方法引入胶州湾北部软底区，大沽河口、黄岛养殖区和养殖区邻域 4 个站位的调查，结果表明，北部软底区个别月份显示出大型底栖动物群落受到中等程度干扰，大沽河口区未受到干扰，养殖区仅 6 月受到中等程度干扰，养殖区外未受干扰，且生物量优势度明显，表明人工养殖尚未使大型底栖生物群落受到干扰，与历史数据相比，胶州湾湾内自然环境条件已经从较为严重的污染状态逐渐开始好转，湾内大型底栖动物群落正处于一种相对稳定的状态。袁伟等（2007b）在以上 4 个站位基础上增加了湾中央监测站，栖息密度/生物量曲线表明，养殖区内的大型底栖动物群落受到了一定程度的扰动，综合分析胶州湾西部海域处于轻微人为扰动状态。

11.1.5.3 潮间带

潮间带处于陆海过渡带，受环境因子和人类活动影响巨大。近年来黄海沿岸以及海岛的潮间带的大型底栖动物的调查开展工作多集中在山东半岛的烟台、威海、青岛和日照地区。

1）泥沙潮间带

高翔和徐敬明（2002）总结了自 1983 年以来近 20 年日照沿海潮间带的大型底栖动物群落结构变化。高潮区因公路建设导致原有动物群落基本消失，部分底栖动物由生活在原高潮区退到中低潮区，且数量呈递减趋势，某些物种退化甚至绝迹。徐晓军等（2006）对长江以北沿海滩涂大米草属植物种的大型底栖动物群落结构进行了研究，日照共采集到 9 种，生物量为 40.3 g/m²，栖息密度为 549 个/m²，多样性指数 H' 为 2.03；盐城 6 种，生物量为 92.5 g/m²，栖息密度为 404 个/m²，H' 值为 1.81；丹东 3 种，生物量为 75 g/m²，栖息密度为 75 个/m²，H' 值为 1.58。

1977—1978 年胶州湾沧口区海滩调查（陈宽智和李泽冬，1983）共获得大型底栖动物 24 种，春季无任何生物，夏季仅采集到 1 种，与 1958 年该地区调查获得的 67 种相比种数锐减；通过计算多样性指数 H'，均匀度指数 J 以及绘制 Sanders 稀疏曲线进一步证明沧口区滩涂大型底栖动物群落结构被严重破坏；并根据"污染沉积物与底栖无脊椎动物种类组成变化干系及污染区划分"模式图将沧口潮间带垂直划分成严重污染区、污染区和较轻污染区。李新正等（2006）按生态环境和底质类型的不同，在胶州湾的女姑口、红石崖、辛岛3个潮间带不同季节分别采样，红石崖（王洪法等，2006）为沙质底质，大型底栖动物平均栖息密度、平均生物量和总种数分别为718.67 个/m²，123.19 g/m²，62 种；女姑口（李宝泉等，2006b）为泥质滩涂，共采集到大型底栖动物43 种，与历史数据比较，该潮间带各潮区的优势种发生较大变化，表明人类的滩涂养殖等活动，改变了潮间带生境，使栖息物种多样性降低，群落结构发生变化；辛岛为泥沙底质（张宝琳等，2007a），大型底栖动物平均栖息密度、平均生物量和总种数分别为102.5 个/m²、60.01 g/m²、43 种，季节变化明显；对整个群落进行分析共获得大型底栖动物110 种，聚类分析结果证明底质是影响底栖动物分布的重要因子。吴耀泉（1999）根据近20 年来胶州湾生态综合调查资料，对湾内沿岸带开发利用对生物资源的影响作了分析研究，东部沧口岸滩20 世纪60 年代前潮间带生物种类呈递增趋势，70—80 年代调查生物种类显著下降为30～17 种，90 年代至今因大规模填海造地，潮间带滩面基本消失，生物种类遭到毁灭性破坏；西部沿岸带70 年代前生态环境相对稳定，自黄岛经济区开发建设后沙质泥潮间带基本消失，生物种类减半，珍稀动物黄岛长吻柱头虫（*Saccoglossus hwangtauensis*）绝迹。

2）岩相潮间带

庄树宏（1997）对烟台沿海的石沟屯、崆峒岛和雨岱山潮间带中部无脊椎动物群落进行取样调查，物种多样性指数 H' 分别为0.8878、0.6237、0.5362，三地群落皆由东方小藤壶（*Chthamalus challengeri*）、黑荞麦蛤（*Vignadula atrata*）和短滨螺（*Littorina brevicula*）为优势种构成并决定群落的外貌和结构，石沟屯与其他两地群落存在明显差异，主要原因为水产养殖和生活排污导致水体的富营养化及风浪侵蚀。受人类干扰较少的芝罘岛、养马岛、龙须岛（庄树宏，2003）岩岸潮间带无脊椎动物种数和多样性指数 H' 分别为7 种，1.20；11 种，0.67；7 种，1.20。对位于黄渤海交界处的南长山、北长山、大黑山岛屿（庄树宏等，2003）的岩礁和砾石潮间带群落种类组成进行分析比较发现，岩礁潮间带的群落外貌与结构由东方小藤壶、牡蛎和短滨螺控制，砾石潮间带由东方小藤壶、平背蜞（*Gaetice depressus*）决定，砾石潮间带群落多样性高于岩礁潮间带。

11.2 小型底栖生物种类组成、群落结构、栖息密度与生物量分布

11.2.1 大面积调查

11.2.1.1 类群组成与数量特征

黄、东海小型底栖动物的大规模调查主要为2000 年10 月和2001 年4 月2 个航次对黄、东海陆架浅水区的研究（张志南等，2005），结果表明，两个航次（秋季、春季）小型底栖生物的平均丰度分别为（654 ±442）个/10 cm² 和（342 ±252）个/10 cm²；平均生物量分别为（807.06 ±517.89）μg/10 cm²（dw）和（285.25 ±173.72）μg/10 cm²（dw）；平均生产量分别为（7 263.58 ± 4 664.18）μg/10（cm²·a）（dw）和（567.28 ±1 563.50）μg/10（cm²·a）（dw）。在鉴定出的14 个类群中，自由生活海洋线虫是丰度最优势的类群，秋、春季两个航次的优势度分别为87.2 和91.2，其他优势类群依次为底栖桡足类、多毛类和动吻类；按生物量，优势类群依次为多毛类38.1～54.0、线虫28.3～38.1 和桡足类9.0～9.4。

11.2.1.2 空间分布

就平面分布而言，两个航次小型底栖生物的高密度和高生物量区均分布在水深等深线 50 m 左右的站位上。垂直分布的研究表明，91% 的小型生物分布在 0 ~ 5 cm 的表层内，线虫和桡足类分布在 0 ~ 2 cm 的比例分别为 63% 和 86%。

11.2.1.3 环境因子相关分析

相关分析表明，小型底栖生物的数量分布与黏土含量、粉砂黏土含量和中值粒径呈显著相关，与叶绿素 a 和 Pha-a 呈高度显著相关。

11.2.2 南黄海

相比其他海域，南黄海小型底栖生物的研究工作已经取得一定进展，除生态学范畴外，还包括自由生活海洋线虫的群落结构、多样性以及分类学研究。

11.2.2.1 种类组成与数量特征

根据 2004 年 1 月（冬季）对南黄海广大陆架浅海水域共 28 个站位小型底栖生物的调查研究（张艳等，2007），南黄海冬季小型底栖动物的平均丰度为（1 186 ±486）ind. /10 cm^2，在鉴定出的 20 个主要类群中，海洋线虫占绝对优势，其平均丰度为（1 064 ± 470）个/10 cm^2，占小型动物总丰度的 89.70%；其次是底栖桡足类，占 4.19%。小型底栖动物的平均生物量和生产量分别是（1 120.72 ±487.21）g/10 cm^2（dw）和（10 086.49 ±4 384.85）g/（10 cm^2 · a）（dw）。

南黄海鳀鱼越冬场 2003 年 1 月 22 个站位共鉴定出自由生活线虫、底栖桡足类、多毛类、介形类、双壳类、腹足类、腹毛虫、动吻、涡虫、蛇尾、螨类、水螅虫、端足类、异足类和涟虫 15 个小型底栖动物类群（黄勇，2005），小型底栖动物的平均丰度为（954 ± 289）个/10 cm^2，海洋线虫占绝对优势，其平均丰度为（831 ±247）个/10 cm^2，占小型底栖动物总丰度的 87.1%，底栖桡足类居第二位，丰度为（42 ±27）个/10 cm^2，占小型底栖动物总丰度的 4.4%。小型底栖动物的平均生物量和生产量分别是（1 054.2 ±491.0）g/10 cm^2（dw）和（9 487.8 ±4 415.0）g/（10 cm^2 · a）（dw）。

南黄海鳀鱼产卵场 2000 年 6 月调查结果表明（张志南等，2002），小型底栖生物的平均丰度为（810 ±410）个/10 cm^2，平均生物量为 1 220 µg/10 cm^2（dw）。18 个鉴定出的小型生物类群中，线虫是数量占优势的类群，丰度占总数的 73.8%，其他的重要类群和所占比例依次为底栖桡足类（18.7%）、多毛类（3.1%）、动吻类（1.6%）和介形类（1.1%）。按生物量，优势类群依次为多毛类（29%）、桡足类（23%）和线虫（20%）。该海域 2003 年 6 月调查采样共鉴定出自由生活海洋线虫、底栖桡足类、多毛类、介形类、双壳类、腹足类、腹毛虫、动吻类、涡虫类、蛇尾类、海螨类、昆虫类、水螅类、端足类、异足类、美人虾、涟虫类和其他类 18 个小型底栖动物类群（刘晓收，2005），小型底栖动物的平均丰度为（1 584 ±686）个/10 cm^2，自由生活海洋线虫占绝对优势，其平均丰度为（1 404 ±670）个/10 cm^2，占小型底栖动物总丰度的 88.65%；底栖桡足类居第二位，占小型底栖动物总丰度的 5.84%，小型底栖动物的平均生物量和生产量分别是（1 031.7 ±415.1）g/10 cm^2（dw）和（9 285.5 ±3 736.3）g/（10 cm^2 · a）（dw）。

与国内外其他海域的研究结果比较，南黄海鳀鱼越冬场小型底栖动物的丰度、生物量的数值与国内其他海域的数值接近，处在同一个数量级，而鳀鱼产卵场小型底栖动物的丰度、生物量与其他海域接近或稍高。

"908"专项对黄海小型底栖生物调查数据表明其生物量水平分布呈北高南低的趋势。全年平均生物量为（850.75 ± 811.84）μg/10 cm² （dw）。生物量季节变化见表 11.12。由表 11.12 可见，平均生物量由大到小依次为春季、夏季、冬季、秋季。栖息密度水平分布与生物量分布状况相似，也呈北高南低的趋势。全年平均栖息密度为（737.05 ± 811.39）个/10 cm²。平均栖息密度季节变化见表 11.12。由表可见，平均栖息密度由大到小依次为春季、冬季、夏季、秋季。

表 11.12　黄海小型底栖生物生物量和栖息密度的季节变化

	春季	夏季	秋季	冬季	平均
平均生物量 / [μg/10cm² （dw）]	1 204.56 ±447.88	820.63 ±829.35	575.28 ±610.86	803.24 ±844.87	850.75 ±811.84
平均栖息密度 / （个/10 cm²）	945.95 ±860.55	789.24 ±790.18	419.72 ±562.61	797.04 ±915.06	737.05 ±811.39

11.2.2.2　空间分布

南黄海小型底栖动物以及主要类群海洋线虫和底栖桡足类数量分布不均匀（张艳，2006），水平分布呈镶嵌式，沿岸站位小型底栖动物的丰度和生物量较高；垂直分布上，小型底栖动物分布于沉积物 0 ~ 2 cm、2 ~ 5 cm 和 5 ~ 8 cm 的数量比例分别为 74.33%、22.31% 和 3.36%。

南黄海鳀鱼产卵场（刘晓收，2005）小型底栖动物水平分布呈斑块状，同样，沿岸站位小型底栖动物的丰度和生物量较高。垂直分布上，小型底栖动物主要分布在沉积物 0 ~ 2 cm 的表层，占总数的 65.88%；其次为次表层 2 ~ 5 cm，占 27.66%；底层 5 ~ 8 cm 的仅占 6.47%。不同类群的垂直分布略有不同，表层 0 ~ 2 cm 的线虫分布比例为 61.4%，而桡足类在此表层的比例高达 83.8%。

南黄海鳀鱼越冬场（黄勇，2005）小型底栖动物以及主要类群海洋线虫和底栖桡足类数量的水平分布不均匀，单因子方差检验各站位间的差别极显著，进一步印证了小型底栖动物的镶嵌分布。垂直分布的测定结果表明，沉积物 0 ~ 2 cm 的表层小型底栖生物平均丰度占总数的 81.5%，次表层 2 ~ 5 cm 的占到 15.5%，底层 5 ~ 8 cm 的仅占 3.0%；不同类群垂直分布略有不同，线虫表层分布的比例为 80.1%，桡足类该比例则高达 96.9%。

11.2.2.3　环境因子相关分析

张艳（2006）对小型底栖动物的丰度、生物量、线虫丰度、桡足类丰度与水深、底层水温度、有机质含量、叶绿素 a 含量、Pha - a 含量、粉砂 - 黏土百分含量和中值粒径进行相关分析的结果表明，小型底栖动物的生物量与 0 ~ 2 cm 沉积物叶绿素 a、Pha - a 和有机质的含量呈显著正相关，分布于 2 ~ 5 cm 的线虫、底栖桡足类和小型底栖生物丰度分别与 0 ~ 2 cm 的叶绿素 a 含量呈显著正相关，因此，叶绿素 a 的含量是影响小型底栖生物分布的主要因子。

刘晓收（2005）对南黄海鳀鱼产卵场环境因子与小型底栖动物相关分析表明，叶绿素 a 的含量是影响小型底栖生物分布的主要因子。

黄勇（2005）对南黄海鳀越冬场分析结果表明沉积物粒度参数（中值粒径和黏土百分比含量）和叶绿素 a 含量是小型底栖动物数量分布的主要影响因子，而影响两大类群线虫和桡足类的环境因子有所不同，这与它们对适宜环境条件的要求不同所致。

11.2.2.4 海洋线虫群落

根据 CLUSTER 等级聚类分析和 MDS 标序分析，南黄海划分为 3 种类型的线虫群落即站位组群（张艳，2006），分别是近岸群落（组群Ⅰ）、冷水团群落（组群Ⅱ）和混合过渡群落（组群Ⅲ），其中，混合过渡群落又可划分为近岸与冷水团过渡群落（组群ⅢA）和东、黄海交汇区过渡群落（组群ⅢB）。对 4 个站位组群多样性分析结果表明，组群Ⅱ所代表的冷水团群落具有最低的多样性；组群ⅢB 所代表的东、黄海交汇区过渡群落具有最高的多样性，该组群所包含的站位复杂的沉积物类型、不同锋面的冷暖水和淡水高盐水混合等导致的水动力条件形成的高度异质的海底环境形成线虫高度的生物多样性；组群Ⅰ与组群ⅢA 的多样性介于两者之间，也比较高，这与其所在生境的沉积物粒度较粗有关。而 4 个站位组群的 K - 优势度曲线则显示，组群Ⅱ所代表的冷水团群落具有最高的物种优势度，组群ⅢB 所代表混合过渡群落具有最低的物种优势度。

南黄海鳀鱼产卵场同样可划分为 3 种类型的线虫群落（刘晓收，2005），分布代表了沿岸海域、沿岸与冷水团过渡海域和冷水团海域，其中，沿岸海域又可分为两亚组，分别是山东半岛近岸和海州湾近岸，进一步印证了环境与生物群落间密切的相关性。

对南黄海鳀鱼越冬场海洋线虫群落进行等级聚类分析可分为两组（黄勇，2005），位于南黄海中部具有相同环境因子的站位为 1 组，种类组成上具有相同的优势种；其余站位属于另一组，这些站位主要优势种的优势度不高（＜30%），但多样性较高。但由于种类和丰度的分组与以环境因子的分组并不完全匹配，因此，调查海域的海洋线虫属于一个群落，即潮下带泥质生境冷水性群落。

11.2.3 胶州湾

11.2.3.1 种类组成与数量特征

张志南等（2001）于 1995 年 5 月至 1996 年 1 月对胶州湾北部软底海域 7 个站位进行了 5 个航次的连续调查，结果表明，小型底栖生物的年平均丰度为（1 510 ±820）个/10 cm²，该值比渤海水域几乎高 1 倍，年平均生物量为（1 320 ±590）μg/10 cm²（dw）。鉴定出的 14 个小型底栖生物类群中，海洋线虫占总数量的 86.6%，其次为桡足类（5.7%），生物量优势类群则依次为海洋线虫（35.9%）、介形类（32.6%）、多毛类（13.7%）和桡足类（8.3%）。

根据 2003—2004 年胶州湾北部软底区典型站位不同月份 7 个航次的研究调查结果（张艳，2006），小型底栖动物的平均丰度为（1 889 ±609）个/10 cm²，就各月份而言，5 月丰度值最高，为（2 722 ±777）个/10 cm²，2003 年 9 月最低，为（1 094 ±497）个/10 cm²，单因子方差分析检验小型底栖生物丰度存在显著的季节变化；平均生物量与生产量分别为（1 292.3 ±534.4）g/10 cm²（dw）和（11 630.4 ±4 809.5）g/（cm² · a）（dw），其中，最高值出现在 5 月，分别为（1 725.3 ±889.7）g/10 cm²（dw）和（15 527 ±8 006.9）g/10（cm² · a）（dw），最低值出现在 2003 年 9 月，为（685.9 ±370.0）g/（10 cm²）（dw）和（6 173.1 ±3 330.2）g/10（cm² · a）（dw），小型底栖生物的生物量和生产量的季节变化基本与丰度的季节变化相一致。鉴定出的 17 个小型底栖动物类群中线虫占绝对优势，平均丰度是 1 802 个/10 cm²，占总丰度的 95.4%；其次为底栖桡足类，占 2.2%。

11.2.3.2 环境因子相关分析

与环境因子的相关分析表明（张志南等，2001），胶州湾小型底栖生物的丰度和温度没有直接的相关性而与以碳和氮表示的浮游植物的生物量呈负相关。

11.3 小结

2006—2007 年在黄海海域共发现大型底栖生物 853 种。在北黄海海区共采得大型底栖生物 658 种，其中种类最多的是多毛类动物，共有 261 种；其次是甲壳动物，共有 178 种；软体动物、棘皮动物和其他类动物分别为 124 种、33 种和 62 种。该海区的主要优势种类为：不倒翁虫、米列虫、后指虫、长吻沙蚕、薄索足蛤、鸭嘴蛤、大寄居蟹、日本鼓虾、心形海胆、萨氏真蛇尾、紫蛇尾、海葵、单环棘螠等。在南黄海海区共采得底栖生物 416 种，其种类所占的比例与北黄海基本类似，以多毛类最多，199 种；软体动物、甲壳动物、棘皮动物和其他类动物分别为 81 种、78 种、25 种和 33 种。该海区各个季节之间各类群的种数变化并不大。其主要优势底栖生物种类为：背蚓虫、短叶索沙蚕、角海蛹、曲强真节虫、梳鳃虫、掌鳃索沙蚕、圆楔樱蛤、脆壳理蛤、日本胡桃蛤、日本鼓虾、哈氏美人虾、博氏双眼钩虾、日本倍棘蛇尾、紫蛇尾、萨氏真蛇尾等。比较两个海区的优势种组成可以发现有明显的差异，两个海区仅有萨氏真蛇尾、紫蛇尾、日本鼓虾等种类相同。南北海域大型底栖生物群落的物种组成和分布有明显差异，北黄海海域，北太平洋温带种在种类和数量上占有一定的优势，夏季由于受黄海冷水团的影响，底层水温较低，冷水种增多。南黄海近岸海域环境条件的主要特点是底质复杂、温度较低，因此该海域底栖生物的种类组成以广温、低盐性近岸种占优势。春季大型底栖动物种数较多的区域位于黄海的南部和北部，中部相对较少；夏季种数较多的区域主要分布在西南和北部顶端，中部相对较少；秋季种数较多的区域主要分布在西南和东北部，中部和东部相对较少；冬季种数较多的区域主要分布在南部（唐启升等，2006）。

2006—2007 年北黄海大型底栖生物平均生物量为 99.66 g/m²，其中以棘皮生物的生物量最高，其次为多毛类动物和其他类动物，软体动物和甲壳动物生物量较低。南黄海海区的底栖生物平均生物量为 27.69 g/m²，各类群生物量由高到低依次为多毛类、棘皮动物、软体动物、其他动物、甲壳动物。北黄海的生物量明显大于南黄海，对比以前的黄海的平均生物量（唐启升等，2006），北黄海较高，而南黄海较低。生物量各季节变中秋冬季大于春夏季。

北黄海海区的大型底栖生物年平均密度为 2 017.40 个/m²，其中多毛类所占比例最高，其次为甲壳动物和软体动物，棘皮动物和其他动物的栖息密度较低。南黄海海域的大型底栖生物密度年平均密度 88.67 个/m²，多毛类的密度占了总密度的一半以上，软体动物、甲壳动物、棘皮动物和其他动物的密度较低。北黄海密度远高于其他海域。南黄海平均次级生产力为 4.98 g/（m²·a）（AFDW），两个高生产力区位于黄海冷水团的两侧。

2006—2007 年黄海小型底栖生物调查数据表明其生物量水平分布呈北高南低的趋势。全年平均生物量为（850.75 ±811.84）μg/10 cm²（dw）。平均生物量由大到小依次为春季、夏季、冬季、秋季。栖息密度水平分布与生物量分布状况相似，也呈北高南低的趋势。全年平均栖息密度为（737.05 ±811.39）个/10 cm²，平均栖息密度由大到小依次为春季、冬季、夏季、秋季。相对于 2000 年南黄海小型生物调查（张志南等，2002），平均密度和生物量减少。

第 12 章　黄海特定生境的生物海洋学特征

黄海冷水团是一个季节性水团。它作为黄海夏季最显著的物理海洋学特征，影响着从北黄海到南黄海的广阔中央区。对于其特征、形成过程及机制的研究，最早是赫崇本等（1959）指出的，黄海冷水团是冬季时在黄海本地形成的，并且认为该水团在垂直方向和水平方向都有季节性变化。随后有很多学者研究了黄海冷水团的环流结构和季节变化特征。进入 20 世纪 90 年代以后，人们转向数值模型，通过研究环流结构并进一步探讨其形成机制。在其存续期上，黄海冷水团的形成、发展和消亡与温跃层的演变几乎是同步进行的，时间跨度大约是 5—11 月。仲春季节 5 月，随着温跃层的出现，黄海冷水团亦开始形成。至春末的 6 月，随着温跃层的发展，冷水团则完全成型。7—8 月为温跃层的强盛期，亦是冷水团的鼎盛时期。从 9 月开始，温跃层上界深度明显下沉，强度减弱，冷水团亦处于衰消期。至 12 月，温跃层和冷水团几乎同时消失（于非等，2006）。根据对黄海冷水团的多年变化进行的分析研究，得出的结论是该冷水团温盐性质比较稳定。

随着与冷水团相关的生物海洋学和全球气候变化研究的兴起，黄海冷水团的长期变化开始受到越来越多的关注。翁学传等（1989）通过分析多年资料，认为黄海冷水团的分布范围有比较明显的年间变化。张以恳和杨玉玲（1996）根据横贯北黄海冷水团的大连－成山头断面的 42 年观测资料，分析了北黄海冷水团的分布范围、低温中心位置、温盐要素等的多年变化特征，并将这些年黄海冷水团划分为强、弱和平年 3 种情况。江蓓洁等（2007）基于 1976—1999 年的海洋调查资料，研究了北黄海冷水团多年的温盐变化特征，指出黄海冷水团在这 24 年间温度稍呈上升趋势，盐度升降趋势则不明显。宋新等（2009）的研究还发现，黄海冷水团的范围还存在着 5 年的周期变化特征，其与 ENSO 现象相关。厄尔尼诺年时，滞后 17 个月的黄海冷水团的分布范围一般会较小；而拉尼娜年时，滞后 17 个月的黄海冷水团的分布范围会比较大。

对黄海冷水团的生物海洋学作用的关注由来已久。早在 20 世纪 30 年代，日本学者根据北黄海的温盐分布及季节变化，研究了夏季底层冷水及其与鱼类的关系。在生产实践中，也发现长山岛海区养殖扇贝死亡是由北黄海底层冷水团变化导致的海水温度急剧变化造成的（兰淑芳，1990；周玮等，1992）。随后很多学者从生态系统的各个方面，对黄海冷水团的生态影响进行了调查和研究，不仅发现生态系统的各组份的水平和垂向分布受冷水团影响，而且对其作用机制进行了探讨和分析。

12.1 黄海冷水团的环境特征

黄海冷水团稳定的特性决定了该地区的生物地球化学过程。在黄海冷水团存在期间，上层水中营养盐几乎被浮游植物耗尽，浮游植物的生长受到限制，因而在黄海冷水团水域并没有明显的秋季水华现象（夏滨等，2001）。在4—11月的黄海冷水团海域，上层水中（0～30 m）硝酸盐几乎被浮游植物耗尽（<0.5 μmol 或 1.0 μmol）。温跃层附近硝酸盐等值线的起伏趋势或马鞍形形态表明：黄海冷水团中的垂直环流存在将下层的营养盐向上层扩散的趋势，但由硝酸盐等值线的分布来看，其并未穿透温度、密度跃层，这是由于强大的温密跃层的存在，阻挡了营养盐自下层向上均匀层的输送（王保栋，2000）（应用下页首段相接）。

这样就造成了底层营养盐富集。黄海冷水域真光层以下水体中，营养盐浓度随时间（从冬季到秋季）呈线性递增。硝酸盐与活性磷酸盐和活性硅酸盐之间、溶解氧与溶解无机氮和磷酸盐之间均存在良好的相关性。在密度跃层（而非真光层，南黄海真光层厚度一般为30 m左右）以下，硝酸盐逐渐累积，而且在黄海槽中心及其西侧斜坡上分别存在一硝酸盐高值中心，其位置与黄海冷水团两个冷中心的位置基本一致。这是由于下层水及沉积物中有机体分解而再生的营养盐在温度、密度跃层以下的水体中逐渐累积的结果。11月硝酸盐等值线的起伏现象消失，这与等温线的分布形态一致（图12.1）。秋末冬初，强烈的垂直涡动混合作用将积聚在黄海冷水团中的营养盐带至上层，营养盐垂向分布均一。为浮游植物的春花奠定了良好的营养基础因此，可将黄海冷水团看作是黄海的一个重要的营养盐贮库（王保栋，2000）。

黄海冷水团中溶解氧和pH值的垂直分布中存在中层最大值现象。这是由于该层中存在叶绿素a最大值层，强烈的光合作用大量吸收CO_2并产生大量氧，同时温跃层中的水体具有较低的水温和良好的垂直稳定性，由此导致溶解氧和pH值垂直分布中层最大值的形成和保持。5月伴随着温跃层的产生，在海盆中形成了黄海冷水团。同时，亦在温跃层中产生了溶解氧最大值层。氧最大值深度与温跃层下界基本一致，但其仅在水深大于70 m的海域出现，远远小于黄海冷水团的范围（底层冷水12℃等温线内）。7月溶解氧最大值无论强度和地理分布范围均达到最大（其地理分布范围基本与冷水团范围一致）。10月氧最大值的强度和地理分布范围均较7月明显缩小（其范围亦较10月的冷水团范围小得多）。11月氧中层最大值现象消失，但溶解氧的层化现象依然存在（即上高下低）。冬季，黄海冷水团消失，强烈的垂直涡动混合作用使溶解氧垂向分布均一（王保栋和刘峰，1999）。

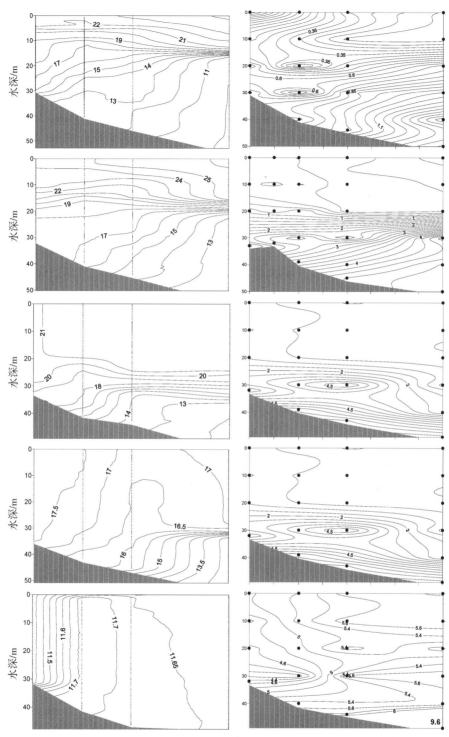

左：自上而下 7—11 月水温等值线 ℃；右：自上而下硝酸盐浓度等值线 μmol[①]

图 12.1 北黄海典型断面水温与硝酸盐浓度的对应关系

① 据张光涛等未发表资料。

12.2 黄海冷水团的生态特征

李杰等（2006）利用观测数据可以计算出黄海冷水团海域浮游动物与浮游植物生物量浓度的比范围为 0.65～2.78，远大于海洋平均模态下的值 0.1；模拟得到的生态效率为 0.47，高于海洋平均状态下的 0.2。通过生态耦合模型得到的结论是：微食物环在黄海冷水团能流、物流循环中扮演了极其重要的角色，特别是在初级生产力水平较低而浮游动物生物量又比较大的秋、冬季以及海水底层。但是，黄海冷水团水域初级生产力和新生产力分别为 83.2 g/（m² · a）和 27.4 g/（m² · a），属于低初级生产力和低新生产力的区域。模拟得到的 f 比约为 33%。这与叶绿素和浮游细菌的观测结果是一致的。

夏季黄海冷水团是叶绿素低值区，而且垂向差异特别明显。春季，黄海叶绿素 a 在接近长江口附近出现明显的高值区，但是其他地区叶绿素水平差别不大。在夏季，黄海叶绿素 a 的分布有明显由近岸向外海递减的趋势，在黄海中部则出现了低于 0.2 mg/m³ 的低值区。秋季，高值区北移，叶绿素 a 最低值仍在黄海中部（朱明远等，1993）。在 4—11 月的黄海冷水域，叶绿素 a 亦呈现明显的层化现象，即真光层中叶绿素 a 含量高，真光层以下叶绿素 a 含量低（＜0.1 mg/m³）。而且在 5 月、7 月和 10 月的中层（20～30 m）出现了明显的次表层叶绿素最大值层（SCM）；11 月次表层叶绿素最大值现象消失，其与溶解氧最大值现象的分布变化趋势十分吻合（王保栋，2000）。这进一步说明光合作用在溶解氧中层最大值形成过程中具有极其重要的作用。

黄海冷水团海域的浮游植物在粒级结构上也与其他海区存在一定差异。在黄海、东海，总的来说 NANO 级浮游植物春、秋两个季节均占据优势，秋、春季分别占浮游植物总生物量的 66% 和 54%，PICO 与 MICRO 级浮游植物对总生物量的贡献相近。从地理分布上讲，PICO 级的浮游植物秋季在黄海冷水团区有明显的高值区，其他两个类群基本上都是从近岸向外海降低的趋势。有人认为是跃层上方营养盐浓度较低的缘故，因为低营养盐有利于 PICO 级浮游植物的竞争（黄邦钦等，2006）。南黄海夏季微型生物的研究也观察到了相似的结果。8 月蓝细菌丰度的峰值主要出现在水体的中层（10～30 m），且生物量的分布情况由大到小是中层、表层、底层；而在 9 月、10 月聚球蓝细菌生物量垂直分布情况由大到小则为表层、中层、底层（李洪波 等，2006）。

但是，夏季 PICO 级的聚球藻（*Synechococcus*）丰度在北黄海中央水域底层和水深 30 m 处出现了明显的低值区，研究认为是由北黄海的冷水团造成的。在垂直分布上，表层和水下 10 m 深处水体的聚球藻丰度明显高于水下 30 m 深处和底层水体。同时，另外的一个 PICO 类群真核球藻（*Picoeukaryotes*）的丰度并没有受到冷水团的影响，在垂直分布上也没有明显差异（江岷等，2008）。

异养细菌的生物量在冷水团中也有最小值存在。异养细菌生物量在垂直方向上的分布状况由大至小是表层、中层、底层（李洪波等，2006；朱致盛等，2009）。虽然由于资料的缺乏，上述研究没有给出异养细菌数量与有机物浓度的关系，但是微型异养鞭毛虫对异养细菌的摄食率也是随深度而下降（朱致盛等，2009）。微型异养鞭毛虫对异养细菌和蓝细菌的日摄食量各占它们生产力的 2.66%～13.10% 和 8.12%～16.09%，表明微型异养鞭毛虫的摄食可能不是秋季黄海冷水团海域浮游细菌及其生产力的主归宿。

黄海冷水团海域细菌群落组成和优势菌群的分布特点也可能与冷水团的形成有一定的相

关性（刘敏等，2008）。4 月所有站位水体（海水温度为 7 ~ 12℃）的细菌群落组成和 10 月（冷水团存在期）冷水团内部水体（海水温度低于 10℃）的细菌群落组成相同，与 10 月冷水团外部水体（海水温度大于 19℃）的不同，优势菌群也存在同样的分布特点，4 月所有站位水体的优势菌群与 10 月冷水团内部水体的优势菌群也相同，而 10 月冷水团外部水体不同的站位优势菌群不同。

在黄海冷水团中，浮游动物丰度分布和种类组成也随水层变化。夏季沿一条从青岛至济州岛附近的贯穿黄海冷水团的断面上，用浮游动物大网共采集到 40 种浮游动物（左涛等，2006）。浮游动物丰度水深增加而减少，表层丰度最高（3 221 ind./m³），温跃层和底层分别为 743 ind./m³、438 ind./m³。种类组成也不相同，表层数量最多的种类为鸟喙尖头溞（*Penilia avirostris*），优势种还包括鸟喙尖头溞、肥胖三角溞（*Evadne tergestina*）及小齿海樽（*Doliolum denticulatum*）、肥胖箭虫、中型莹虾（*Lucifer intermedius*）等，温跃层及其以下水体最主要的优势种为中华哲水蚤，另有双刺纺锤水蚤（*Acartia bifilosa*）、海龙箭虫（*Sagitta nagae*）和太平洋磷虾。其他主要种类亦表现不同水层取向。

此时浮游动物的昼夜垂直移动可以根据垂直移动分布中心与温跃层的相对位置，将出现的主要种分为 4 类：第 1 类型移动幅度小，分布中心主要位于表层或温跃层以上水层。有小齿海樽、鸟喙尖头溞、中型莹虾和肥胖箭虫。其中肥胖箭虫移动幅度较大，可至水深 26 m。第 2 类型浮游动物主要分布于温跃层及其附近水层，但其分布中心主要位于跃层上、下限内。如强壮箭虫、小拟哲水蚤和拟长腹剑水蚤。强壮箭虫和拟长腹剑水蚤主要分布于 30 ~ 40 m 水层，有时可穿过温跃层下限。小拟哲水蚤主要位于 30 m 水层，黄昏上升幅度大可至表层 10 m 处。第 3 类型为主要位于底层或温跃层以下的浮游动物，包括细长脚（蜮）、太平洋磷虾和中华哲水蚤。细长脚（蜮）分布的平均水深为 57 m，移动节律为午后、夜晚下沉，黄昏和黎明时上升，可至温跃层下限。太平洋磷虾白天（午时未采集到）和夜间分布水层分别为 70 m、55 m 左右，其昼夜间水层的转换主要是通过入夜前（18:00 ~ 21:00）上升来实现的。中华哲水蚤分布中心则主要位于 60 m 以下水层，黄昏时上升近温跃层下限，入夜后又开始回落。第 4 类型为全水层分布，仅有五角水母。该类浮游动物表现较明显的"昼出夜伏"移动节律，白天从温跃层上升至表层，夜晚穿过温跃层下降至水深 46 m，黎明时再升至温跃层（左涛等，2004）。

浮游动物总的数量和生物量夏季并没有显著的降低，底栖动物也是如此。研究表明，黄海中华哲水蚤度夏区内大型底栖动物次级生产力高于渤海、东海，也高于黄海其他调查区已有报道结果；而 P/B 值则高于渤海，低于东海，与黄海其他调查区报道结果接近（周进等，2008）。经分析鉴定有大型底栖动物 182 种，其中多毛类环节动物 54 种、软体动物 29 种、甲壳动物 66 种、棘皮动物 17 种、其他类群生物 16 种。相对于邻近海区，物种丰富度指数较小，物种多样性指数相似，均匀度指数较高；各航次中生物量和栖息密度没有表现出一定的规律性。通过该断面大型底栖动物的研究发现，可将研究区域的大型底栖动物群落分为沿岸广温性群落、温带性群落和暖水性群落，各群落结构保持相对稳定性（王金宝等，2007）。

从种类组成上，由于黄海冷水团海域底层较长时间保持较低的温度，也为一些北太平洋适应冷水的底栖动物提供了适宜的生境。Zhang 和 Wei（2010）在黄海冷水团采集到了 3 种只在该区域分布的微型腹足类，*Cryptonatica purpurfunda* sp. nov.，*C. sphaera* sp. nov. 和 *C. striatica* sp. nov.。

12.3　种群水平的影响——以中华哲水蚤的度夏机制为例

　　黄海冷水团的存在不但影响着该地区的生物地球化学过程，也对很多浮游动物优势种的生活史和种群补充起着关键作用。程家骅等（2005）认为黄海冷水团势力强弱可作为判别沙海蜇暴发程度的一个重要参考因子。通常沙海蜇大量暴发于由黄海冷水团控制的东海区北部高盐水域，其分布的南部边界随黄海冷水团的年间消长而变化。水温偏低年份，沙海蜇对东海区的影响范围、对渔业生产的危害程度相对较大；反之，水温偏低年份，其对东海区的影响和渔业生产的危害程度相对较小。而霞水母通常大量出现在东海暖水与黄海冷水交汇峰面的南部海域。另外的研究显示，鳀鱼的越冬洄游分布也可能受黄海冷水团独特的温盐环境因子所"驱动"（李娥等，2007）。秋季黄海冷水团决定着鳀鱼的洄游与分布，鳀鱼主要聚集于黄海冷水团的边缘、底层水温 11～12℃ 等温线附近，冷水团边缘应是鳀鱼越冬洄游的主要路径。冷水团的存在使得中华哲水蚤在黄海的种群数量变动明显不同于其他地区。在日本内海近岸丰度较高并且在春季出现一个高峰，而外太平洋一侧常年丰度较低；在黄海一年有两个相对的密度高峰，分别在春季和秋季，在渤海和东海则只有春季一个高峰，而在南海和厦门港只在冬季和春季有分布，夏季后消失。在黄海分布中心也存在季节变化，冬春季集中在近岸一侧，夏季则转移到黄海中心区域。有研究认为，黄、东海是整个中国沿岸地区中华哲水蚤种群补充的源地（Hwang and Wong，2005）。

　　温度一直被认为是影响中华哲水蚤分布的最重要的因素之一（林元烧和李少菁，1984；Huang，et al，1993；Uye，2000）。Uye（1988）认为中华哲水蚤胚胎发育的温度范围在 5～23℃，而我国的研究认为 10～20℃ 是其生活的最适温度（李少菁，1963；黄加祺和郑重，1986）。当温度超过其适温的上限的时候，中华哲水蚤种群数量开始下降，甚至完全消失（林元烧和李少菁，1984；Uye，2000）。在室内培养实验中，如果温度超过23℃，中华哲水蚤成体的死亡率就会迅速升高。而在黄海，有两个月以上的时间表层水温高于23℃，中华哲水蚤几乎从近岸水域消失，整个黄海的平均密度也已经非常低了，但在深水区却保留了相当数量的个体。是什么因素导致在黄海的这种特殊现象呢？

　　最可能的原因就是夏季出现的黄海冷水团。冷水团虽然抑制中华哲水蚤的产卵行为，却保证了它们以拟成体的状态平安度过炎热的夏季，等到条件适宜再发展壮大。此时稳定的水文条件也是一个重要的因素，稳定的垂向结构使得它们能够调整自身的昼夜垂直移动模式，停留在温跃层以下逃避高温的伤害。

12.3.1　中华哲水蚤成体、卵和无节幼体的垂直分布

　　在一条跨黄海冷团的主断面上，8月温度跃层异常显著，从12～22 m温度从27℃降低到9.8℃（图12.2）。该断面上温度的垂直结构十分稳定，底层温度从 1－1 站逐渐降低，到 1－3 站已经降低到9.8℃，1－8 站到 1－9 站之间有升高，可以清楚地看到黄海冷水团的底边界。两条辅断面明显位于冷水团以外，表、底水温都比主断面高，尤其是底层温度，一般在 16～20℃。而且辅断面的垂直温度结构不稳定，温度跃层深浅不一，甚至有些站位混合均匀到表底温度一致。

　　中华哲水蚤成体在主断面上的密度明显高于两条辅断面，而且中心正好位于冷水团的中心位置。在冷水团的近岸边界，也就是陆坡区域也有 1 个高峰区。在两条辅断面上，中华哲水蚤成体也有集中在底层冷水中的趋势，而且在混合均匀的站位成体几乎绝迹，但其平均密度水平比主断面要低得多。3 条断面上成体分布的共同特点就是，它们多数集中在底层冷水

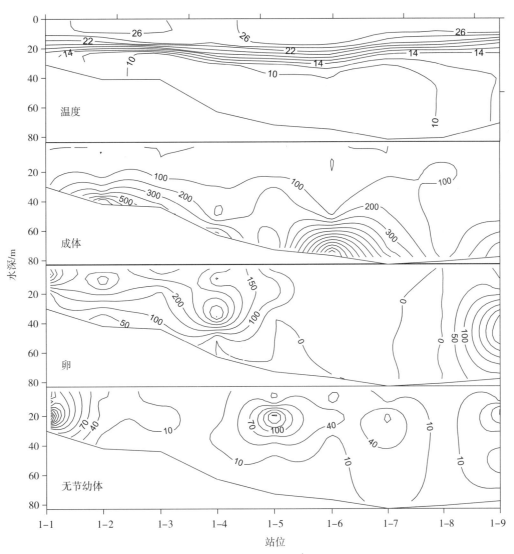

图 12.2 温度（℃）和中华哲水蚤的成体、卵以及无节幼体密度（ind./m³）的垂直分布（Zhang, et al, 2007）

中，表层中（温跃层以上）几乎没有。

卵和无节幼体的分布和成体有相似之处，那就是很少在表层出现，同时差别也很明显。首先，从水平分布上看，在辅断面上它们分布的中心几乎和成体相一致，成体密度高的地区幼体数量也多。主断面却不然，冷水团的中心是成体的分布中心，但卵和无节幼体的密度几乎为零。其次，从密度水平上，辅断面上卵和无节幼体的密度大约是成体的 10 倍，在主断面上却和成体水平接近，甚至不及成体。无节幼体和卵的密度基本相当，在断面 2 上卵略多于无节幼体，而在断面 3 上无节幼体略多于卵。

2 - 2 站和 3 - 3 站是垂直混合最明显的两个站，底表温度差异不大，并且逐渐降低。这两个站的中华哲水蚤密度也最低，无论成体还是卵和无节幼体。垂直混合使它们失去了底温避难所，不得不始终生活在高温水层中，死亡率自然高。

12.3.2 高温伤害作用

夏季选择产卵行为比较活跃的地点，采自同一个站位的个体进行温度影响实验。通过现场培养实验发现高温对中华哲水蚤的繁殖有伤害作用，主要包括繁殖力下降，孵化率降低和胚胎畸形率升高。挑选 20 只或更多的雌体在 3 个不同的温度下培养，定时收集它们所产的卵，计数并进行孵化。发现在27℃时，产卵在20 h后即停止，平均每只雌体产4.1只卵，而在其他两个温度下，产卵能够持续40 h以上，平均每只雌体产卵分别为8.1（12℃）只和9.0（9.8℃）只（图12.2）。27℃时孵化率只有63.7%，而且变化幅度很大，而在其他两个温度下的孵化率都是92.3%，变化的幅度也小得多。有一点和其他季节不同的是，胚胎畸形率明显要高，即便在9.8℃时最低也有2.4%，在27℃时更是高达6.1%（表12.1）。通常卵不能发育多数是先天不足或者物理伤害造成死卵，而在夏季的培养实验中也存在死卵，但也有一些卵虽然进行了发育，但最后却得到了畸形的胚胎。

表12.1　中华哲水蚤卵在不同温度下的孵化率和胚胎畸形率

温度	27℃	12（18）℃	9.8℃
孵化率/（%±SD）	63.7　24.1	92.3　0.4	92.3　8.6
胚胎畸形率/%	6.1	5.0	2.4

资料来源：Zhang, et al, 2007。

　　我们观察到的畸形胚胎有以下几种（图12.3）：附肢残缺，即形成无节幼体缺少某一个或多个附肢；体型不对称，无节幼体的背腹面很难区分；发育停止，即无节幼体尚呈一团原始质的状态发育就已停止。

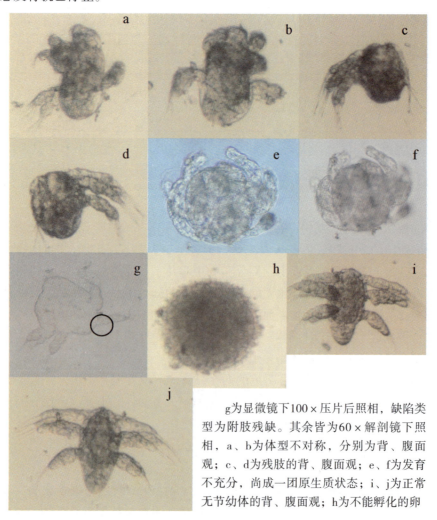

g为显微镜下100×压片后照相，缺陷类型为附肢残缺。其余皆为60×解剖镜下照相，a、b为体型不对称，分别为背、腹面观；c、d为残肢的背、腹面观；e、f为发育不充分，尚成一团原生质状态；i、j为正常无节幼体的背、腹面观；h为不能孵化的卵

图12.3　中华哲水蚤畸形胚胎的类型（Zhang, et al, 2007）

多数的实验表明在正常的温度范围内，孵化率和产卵能力会发生波动，但不会超出一定的限度。孵化率降低到一半的水平，并且出现大量的畸形胚胎，说明温度已经超出了耐受的范围，只有 UVB 和硅藻毒素这样的伤害因子才会导致这样的结果。以前的研究发现 UVB 和硅藻毒素能够诱导中华哲水蚤和海兰氏哲水蚤产生畸形胚胎，并且发现的畸形胚胎的类型和本研究观察到的完全一样（Naganuma，et al，1997；Poulet，et al，1995；Uye，1996；Lacuna and Uye，2001）。这些现象说明，夏季黄海表层的高温对于中华哲水蚤的繁殖是一个重要的伤害因子。

12.3.3　冷水团对繁殖的影响

那么，冷水团的存在是否有助于缓解甚至消除这种高温的伤害呢？实际上，不同地区的不同温度格局的确也会对产卵行为造成影响。在每个站用同样的方法在相同温度下测量中华哲水蚤的产卵率并且进行比较，发现产卵率和底层温度有着明显的相关性（图12.4）。当底层水温处于中间水平，也就是说 12 ~ 18℃ 的时候，产卵率较高；而在冷水团内部，水温在 8 ~ 10℃ 的时候产卵率很低，甚至完全停止。以平均的怀卵量 17 eggs/clutch 计，在冷水团外的站位产卵间隔是 3 ~ 5 d，在冷水团内部则要长的多，有的甚至达到 154 d。说明冷水团内部生产率较低，产生相同数量的卵需要更长的时间。

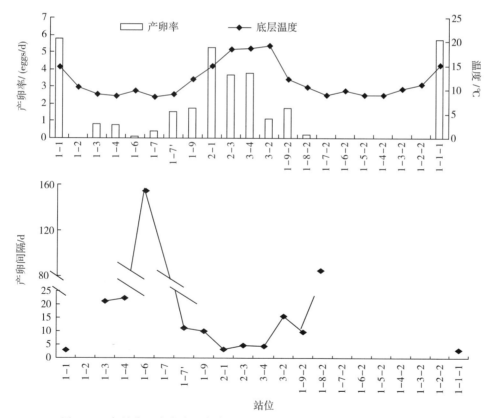

图 12.4　各站位上产卵率和产卵间隔与底层温度的关系（Zhang，et al，2007）

12.3.4　冷水团对分布的影响

实验室研究都清楚的表明，桡足类的繁殖力和温度在一定范围内正相关，并且在某一温度达到最高值。如果温度继续升高的话，产卵停止，并且雌体很可能会死亡。对于一些亚温带桡足类来说，达到最高值的温度一般是固定的，在 *Acartia hudsonica*、太平洋哲水蚤（*Calanus pacificus*）、柱形宽水蚤（*Temora stylifera*）、长角宽水蚤（*T. longicornis*）和 *Centropages typicus* 是 15℃（AbouDebs and Nival，1983；Runge，1984；Sullivan and McManus，1986；Van Rijswijk，et al，1989；Nival，et al，1990），而在汤氏纺锤水蚤（*Acartia tonsa*）和细巧华哲水蚤（*Sinacalanus tenellus*）是 20℃（Kimoto，et al，1986）。Uye（1981）证明 *A. omorii* 在温度较高的时候不但产卵率增加，产卵的间隔也短了。他认为可能是代谢和吸收速率升高的缘故。

其他同步的实验表明，无论添加饵料与否，在27℃情况下培养的成体在 2~3 d 后的存活率都不足30%，而18℃培养 7 d 后死亡率也不到20%。代谢实验表明，随着温度升高，中华哲水蚤的耗氧率和体碳损失率都逐渐指数升高。在27℃时的体碳日损失率达到13.4%。根据历史资料，水温的异常升高，就像1991—1992 年的"厄尔尼诺"，会导致种群补充率下降并因此使种群规模锐减（Escribano，et al，1996）。厦门港和日本内海确实也发现高温是中华哲水蚤种群数量下降甚至消失。

冷水团的存在为中华哲水蚤度过炎热的夏季提供了一个避难所，但是要想彻底逃避高温它们必须停止昼夜垂直移动，至少是将垂直移动的范围降低到温度跃层以下。Herman 等（1981）的研究表明哲水蚤和其他的桡足类能够选择垂直方向上最佳的位置。在我们的研究当中它们很可能就是这么做的（图12.5）。从雌体和 CV 期桡足幼体的分布上看，冷水团内外存在着显著的差异。首先，冷水团内 CV 的数量明显高于雌性成体，但在 2－3 站正好相反。其次，冷水团内大量的 CV 多数集中在底层，垂直移动很不明显，而雌体昼夜垂直移动比较明显。在冷水团外存在着昼夜的垂直移动，但规律并不是十分显著。1－7 站雌体和 CV 之和要大于 2－3 站很多。

另外，昼夜垂直移动和产卵节律往往是联系在一起的，是保证种群补充的一种有效手段。它们在表层产卵，然后卵在沉降过程中孵化，否则沉到底泥中会极大地增加卵的死亡率。冷水团内的雌体昼夜垂直移动的范围减小，局限在温跃层以下，而冷水团外的雌体昼夜垂直移动较没有规律，也很少出现在温跃层以上。它们的行为却发生了很大的差异，冷水团内的雌体产卵率明显降低，而外面的雌体则保持了相当的产卵强度。

比较一下两个站位水温的垂直分布，我们不难发现它们最大的不同在于：冷水团内部具有十分稳定的垂直结构，而外部的站位垂直混合较强。这样的结果就是在冷水团外部的中华哲水蚤无法像内部那样停留在温跃层以下，垂直和混合会将它们带到表层，这样它们不得不暴露在高温之下。同时，产卵率也保持了原有的强度。

产卵率的降低还有一个可能的因素，就是冷水团内部，尤其是底层叶绿素水平相当低。外部叶绿素水平相对高一些，雌体也仍然能够保持一定的产卵强度。但是，这并不意味着能够维持种群的补充，因为实验研究表明在高温下孵化率较低，胚胎的畸形率比较高。现场的调查也表明了这一点，无节幼体的密度比较低。

由此可见，冷水团的作用只是为中华哲水蚤种群保存了相当数量规模的个体，使它们在环境因子转好的时候可以快速完成种群补充，它们的繁殖和种群补充仍然受到了抑制。

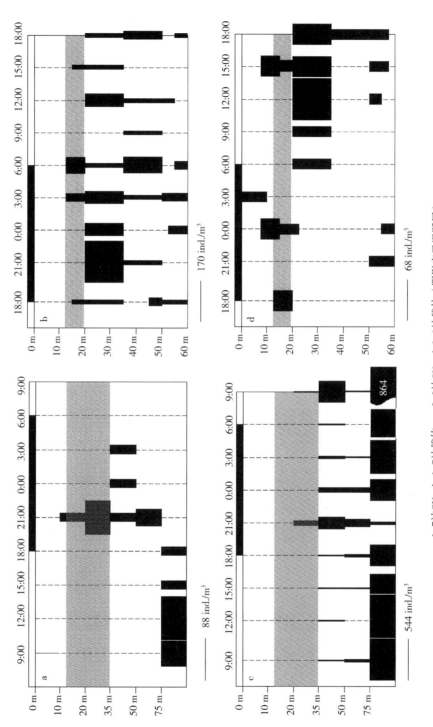

图12.5　中华哲水蚤雌性成体和CV期桡足幼体在冷水团内外昼夜垂直移动情况（Zhang，et al，2007）

a. 1—7站CV；b. 1—7站雌体；c. 2—3站CV；d. 2—3站雌体（阴影表示温跃层）

第3篇　东　海①

① 本篇编者：
　第 13 章　郝锵（国家海洋局第二海洋研究所）
　第 14 章　蔡昱明（国家海洋局第二海洋研究所），黄邦钦（厦门大学），孙军（中国科学院海洋研究所）
　第 15 章　赵苑、肖天（中国科学院海洋研究所）
　第 16 章　徐兆礼（中国水产科学研究院东海水产研究所），张武昌（中国科学院海洋研究所）
　第 17 章　蔡立哲（厦门大学），李新正、王金宝、寇琦（中国科学院海洋研究所）
　第 18 章　徐兆礼（中国水产科学研究院东海水产研究所），黄邦钦、郭东晖（厦门大学）

第 13 章　东海叶绿素和初级生产力

东海是我国浮游植物生物量和生产力较高的海域，也是我国多种经济鱼类的渔场所在。东海幅员辽阔，生境多变，既有富营养的河口和沿岸上升流，也有寡营养的台湾暖流和黑潮，其叶绿素和生产力的分布较为复杂，呈现较为明显的区域化特征。叶绿素的分布主要受水团驱动下的营养盐所控制，近岸和河口高，外陆架以及黑潮区较低，初级生产力的高值区则主要存在于河口、上升流和陆架中部，这主要与海域光照和营养盐的最佳权衡有关。在长江口以外的区域，叶绿素和初级生产力均为冬夏低、春秋高，呈现温带海域的典型特征；而在长江口海域，受长江冲淡水的影响，一年中的生物量和生产力的高值均出现在夏季，表现出明显的河口区生境特征，受此影响，长江口海域也成为我国生物生产力最高、生物资源最为丰富的区域之一。

13.1　叶绿素

13.1.1　分布特征

2006—2007 年度东海的调查结果来看（图 13.1），春季表层叶绿素 a 浓度在 0.03 ~ 15.03 mg/m³ 变化，平均为（1.74 ± 1.98）mg/m³；以 50 m 等深线为界，水深小于 50 m 的大部分海域叶绿素 a 浓度多在 1 mg/m³ 以上，其中在长江口外、海域东端和浙江沿岸存在多个局部高值区（>5 mg/m³），而在 50 m 等深线以下，随着深度增加叶绿素 a 浓度迅速下降，海域东侧的黑潮区是叶绿素 a 最低的区域（<0.3 mg/m³）。10 m 层叶绿素 a 浓度较表层有所下降，平均为（1.49 ± 1.79）mg/m³，范围在 0.08 ~ 21.18 mg/m³，其分布趋势与表层一致。50 m 层叶绿素 a 浓度明显降低，平均为（0.76 ± 1.39）mg/m³，范围在 0.06 ~ 19.38 mg/m³，仅在长江口附近存在 10 mg/m³ 以上的高值区，其他海域叶绿素 a 分布趋于平均，多在 1 mg/m³ 以下。底层叶绿素 a 浓度浓度在 0 ~ 18.53 mg/m³ 变化，平均为（0.92 ± 1.66）mg/m³，可以看到底部低叶绿素区（<0.3 mg/m³）有明显向近岸方向扩张的趋势。

东海夏季叶绿素 a 的浓度平面分布极不平均。由图 13.2 可见，表层叶绿素 a 浓度平均为（2.78 ± 6.48）mg/m³，范围在 0.02 ~ 52.85 mg/m³，相差 4 个数量级；高值区（>20 mg/m³）集中在长江口口门附近，在此出现年度最高值（52.85 mg/m³），次高值区（>5 mg/m³）则位于浙江沿岸一线；低值区（<0.3 mg/m³）则占据了大部分研究海域，且在大陆架中部有一个明显的"U"形低叶绿素 a 区（<0.1 mg/m³），这应与寡营养的台湾暖流在此形成两分支的情况有关。10 m 层叶绿素 a 浓度在 0.03 ~ 12.11 mg/m³ 变化，平均为（1.29 ± 2.04）mg/m³，较表层有所降低，分布趋势与表层接近，但长江口处的极高值区基本消失。30 m 层叶绿素 a 浓度在 0.04 ~ 7.74 mg/m³ 变化，平均为（0.73 ± 0.85）mg/m³，较上层水体进一步降低，值得注意的是浙、闽沿岸、台湾海峡北部分布着多个叶绿素 a 浓度在 2 mg/m³ 以上的斑块，这可能与夏季以上海域的上升流有关。底层叶绿素 a 浓度在 0 ~ 17.95 mg/m³ 变化，平均为（1.11 ± 1.80）mg/m³，其分布趋势呈现明显由近岸向外海降低的趋势。

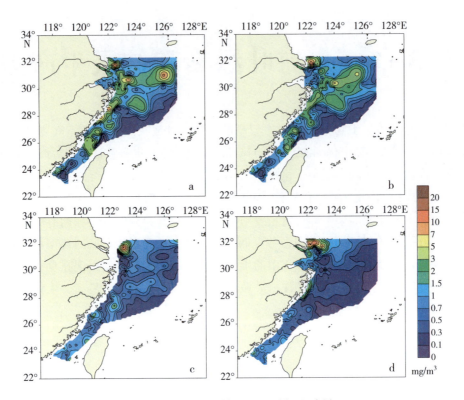

a. 表层；b. 10 m层；c. 30 m层；d. 底层

图 13.1　东海春季叶绿素 a 分布

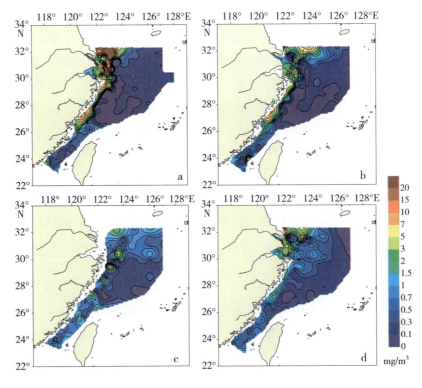

a. 表层；b. 10 m层；c. 30 m层；d. 底层

图 13.2　东海夏季叶绿素 a 分布

如图13.3，秋季表层叶绿素 a 浓度在0.08～26.90 mg/m³变化，平均为（1.35±2.02）mg/m³，较夏季有明显下降；长江口叶绿素 a 高值区（＞20 mg/m³）无论是强度还是范围均明显降低，叶绿素 a 的高、低值区交错分布，但总体上仍呈由近岸向外海降低的趋势。10 m 层叶绿素 a 浓度略有下降，范围在0.05～10.46 mg/m³变化，平均为（1.15±1.18）mg/m³，除长江口处的高值区完全消失外，其他海域分布趋势与表层基本一致。30 m 层叶绿素 a 浓度进一步下降，范围为0.01～5.02 mg/m³，平均为（0.89±0.70）mg/m³。底层叶绿素 a 浓度浓度略有回升，在0～16.93 mg/m³变化，平均为（0.97±1.56）mg/m³，和上层水体不同的是，海域东侧低叶绿素 a 区更为显著（＜0.1 mg/m³），并呈现明显的向近岸扩张的态势。

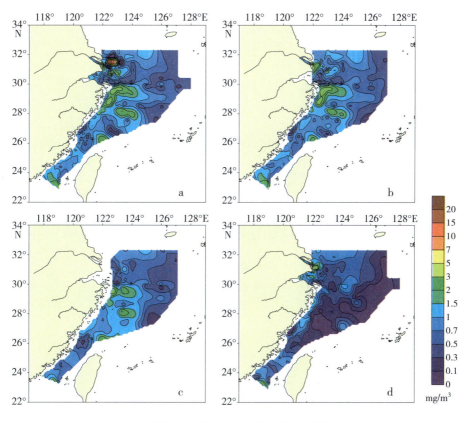

a. 表层；b. 10 m 层；c. 30 m 层；d. 底层

图13.3 东海秋季叶绿素 a 分布图

冬季是东海叶绿素 a 浓度一年中最低的季节（图13.4）。表层叶绿素 a 浓度在0.09～11.38 mg/m³变化，平均为（0.95±1.01）mg/m³；其中叶绿素 a 高值区（＞3 mg/m³）仅见于长江口外和东海陆架中部，低值区（＜0.5 mg/m³）分布较为广泛，叶绿素 a 浓度近岸和外海差距不明显，这点与其他季节有显著区别。10 m 层叶绿素 a 浓度在0.11～6.88 mg/m³变化，平均为（0.85±0.88）mg/m³，其分布趋势与表层一致。30 m 层叶绿素 a 浓度在0.17～7.15 mg/m³变化，平均为（0.78±0.79）mg/m³，陆架中部的叶绿素 a 相对高值区（＞1 mg/m³）虽然浓度有所下降，但范围却明显变大。底层叶绿素 a 浓度在0～7.65 mg/m³变化，平均为（0.83±0.92）mg/m³，相对高值区位于杭州湾、东海东部和中部以及台湾浅滩，低值区（＜0.3 mg/m³）位于海域北端和东侧黑潮区，其中又以台湾岛以北海域最为明显。

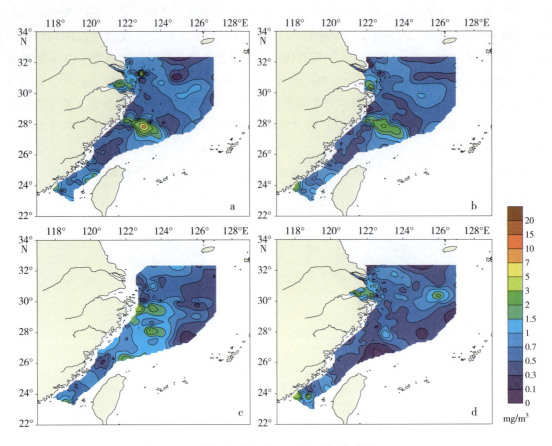

a. 表层；b. 10 m 层；c. 30 m 层；d. 底层

图 13.4　东海冬季叶绿素 a 分布图

13.1.2　季节变化

由表 13.1 可见，东海不同海域叶绿素 a 水平存在较大差异，其季节变化特征也并不完全一致。如图 13.5，在受河流影响较大的长江口海域，叶绿素 a 季节变化由大至小基本为夏、春、秋、冬，夏季叶绿素 a 浓度最高，丰水期长江陆源输入增强是这一现象的主要原因，充足的营养盐支持着河口区浮游植物的高生物量，其次沿岸上升流也使得所在海域维持着较高的叶绿素 a 水平；冬季，陆源输入最弱，低温和低光照的环境限制了浮游植物生长，底部寡营养的黑潮水的扩张也使得低叶绿素 a 区进一步扩大。在东海中部，水柱平均叶绿素 a 浓度呈微弱的双峰特征，春秋季略高，冬季最低，符合温带海域的一般特征。在台湾海峡海域（图 13.7），表层和 10 m 层叶绿素 a 季节变化呈双峰形式，春秋高，夏冬低；而在 30 m 和底层，则出现冬低夏高的单峰形式，这可能与冬季台湾浅滩的季节性上升流有关。

表 13.1　东海各层次叶绿素 a 浓度

海　区		叶绿素 a 浓度/（mg/m³）			
		表　层	10 m	30 m	底　层
长江口	春	1.97 ± 2.16	1.97 ± 2.53	1.11 ± 2.62	1.42 ± 2.73
	夏	4.57 ± 8.80	1.80 ± 2.53	0.91 ± 1.01	1.80 ± 2.47
	秋	1.43 ± 2.76	1.00 ± 1.46	0.56 ± 0.29	1.30 ± 2.07
	冬	0.97 ± 0.98	0.72 ± 0.39	0.68 ± 0.22	0.86 ± 0.53

续表 13.1

海 区		叶绿素 a 浓度/ (mg/m³)			
		表 层	10 m	30 m	底 层
东海中部	春	1.94 ± 1.96	1.64 ± 1.34	0.59 ± 0.49	1.95 ± 1.96
	夏	1.81 ± 2.80	1.45 ± 2.20	0.69 ± 1.02	0.58 ± 0.68
	秋	1.41 ± 1.09	1.34 ± 1.07	1.41 ± 1.58	1.18 ± 0.77
	冬	0.83 ± 1.03	0.75 ± 0.60	0.69 ± 0.48	0.48 ± 0.18
台湾海峡	春	1.07 ± 1.32	0.96 ± 0.83	0.70 ± 0.38	0.61 ± 0.36
	夏	0.52 ± 0.57	0.61 ± 0.71	0.67 ± 0.43	0.55 ± 0.44
	秋	1.15 ± 0.69	1.15 ± 0.78	0.90 ± 0.76	0.88 ± 0.90
	冬	1.02 ± 1.04	1.10 ± 1.33	0.93 ± 1.18	1.13 ± 1.51

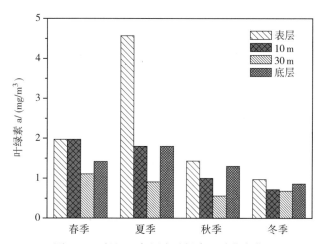

图 13.5　长江口各层次叶绿素 a 季节变化

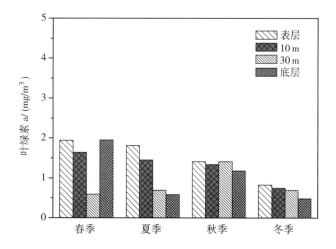

图 13.6　东海中部各层次叶绿素 a 季节变化

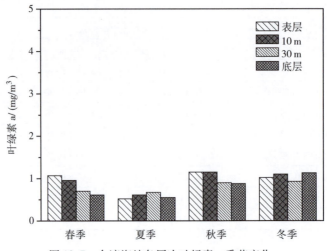

图 13.7　台湾海峡各层次叶绿素 a 季节变化

13.2　初级生产力时空分布

13.2.1　分布特征

如图 13.8 所示，在长江口海域，春季初级生产力在 2.2 ~ 2 185.8 mg/（m² · d）（以 C 计）变化，平均为（355.2 ±526.4）mg/（m² · d）（以 C 计）；高值区 [>1 000 mg/（m² · d）（以 C 计）] 分别出现在 123°E 线近口门侧和 30.3°N、125°E 附近，局部甚至出现 2 000 mg/（m² · d）以上的高值。低值 [<100 mg/（m² · d）（以 C 计）] 主要出现在杭州湾和长江口航道内。

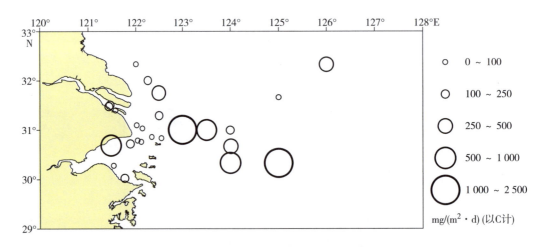

图 13.8　长江口海域春季初级生产力分布

夏季长江口海域初级生产力在 6.7 ~ 9 194.1 mg/（m² · d）（以 C 计）变化，平均为（1 232.5 ±2 446.7）mg/（m² · d）（以 C 计）；其中高值区 [>2 000 mg/（m² · d）（以 C 计）] 主要分布在 123°E 线附近，和"浮游植物生物量和初级生产力锋面"的位置保持一致，局部甚至出现 9 000 mg/（m² · d）（以 C 计）以上的高值。低值 [<100 mg/（m² · d）（以 C 计）] 出现在杭州湾和长江口航道内，这主要是因为该海域水体过于混浊、真光层变浅所致。在 123°E 向东，初级生产力逐渐降低，在最东端的黑潮区，初级生产力降至 200 mg/（m² · d）以下（以 C 计）（图 13.9）。

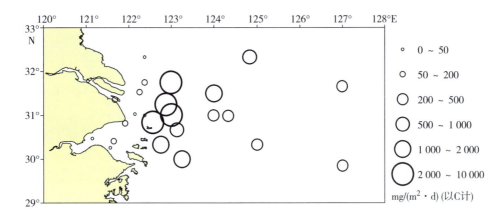

图 13.9 长江口海域夏季初级生产力分布

秋季长江口海域初级生产力在 6.7 ~ 833.2 mg/（m² · d）（以 C 计）变化，平均为（200.5 ± 211.6）mg/（m² · d）（以 C 计）；口门外大部分站位初级生产力均大于 50 mg/（m² · d）（以 C 计），个别站位存在大于 500 mg/（m² · d）（以 C 计）的相对高值，而水深小于 20 m 的近岸水域初级生产力多小于 20 mg/（m² · d）（以 C 计），特别是在杭州湾等近岸水域，透明度极低导致生产力水平大幅下降（图 13.10）。

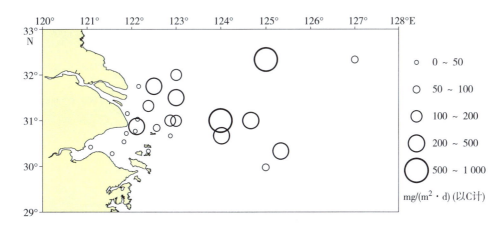

图 13.10 长江口海域秋季初级生产力分布

冬季长江口海域初级生产力远低于其他季节，其范围在 1.0 ~ 147.3 mg/（m² · d）（以 C 计）变化，平均为（29.57 ± 36.6）mg/（m² · d）（以 C 计）；大部分站位初级生产力均小于 50 mg/（m² · d）（以 C 计），只有个别站位存在大于 100 mg/（m² · d）（以 C 计）的相对高值，其中水深小于 20 m 的近岸水域初级生产力多小于 20 mg/（m² · d）（以 C 计），冬季水体较为混浊，真光层相对较浅，同化数水平也较其他季节有明显下降（图 13.11）。

在东海中部海域，春季表层初级生产力在 46.6 ~ 4 071.0 mg/（m² · d）（以 C 计）变化，平均为（977.8 ± 765.0）mg/（m² · d）（以 C 计）；由图 13.12 可见，高值区 ［> 1 000 mg/（m² · d）（以 C 计）］ 和低值区 ［< 200 mg/（m² · d）（以 C 计）］ 呈交错分布，这可能与东海陆架春季水华的斑块状分布有关，总体而言，高生产力区多分布于水深在 50 ~ 200 m 的陆架海域，沿岸带和陆架外海域生产力相对较低（图 13.12）。

夏季东海中部海域初级生产力在 35.3 ~ 1 779.0 mg/（m² · d）（以 C 计）变化，平均为（654.2 ± 407.9）mg/（m² · d）（以 C 计）；分布趋势基本上为由近岸向外海逐渐降低，高值

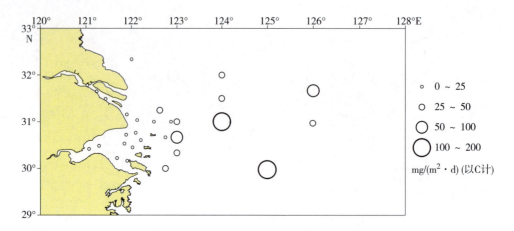

图 13.11　长江口海域冬季初级生产力分布

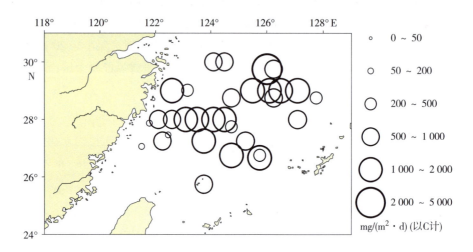

图 13.12　东海中部海域春季初级生产力分布图

区［>1 000 mg/（m² · d）（以 C 计）］多位于 50 m 等深线以内，而低值区［<200 mg/（m² · d）（以 C 计）］多在东部黑潮区以及南部受台湾暖流影响的海域，值得一提的是中部陆架边缘也存在局部的高生产力站位，这可能与夏季黑潮锋面涡带来的上升流有关（图 13.13）。

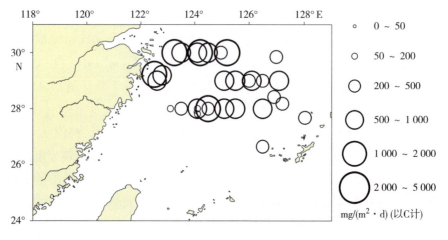

图 13.13　东海中部海域夏季初级生产力分布

秋季东海中部海域初级生产力迅速降低，平均为 (369.5 ± 227.2) mg/ (m² · d) （以 C 计），在 16.1 ~ 844.0 mg/ (m² · d) （以 C 计）变化；除陆架边缘以外的大部分海域生产力水平降至 400 mg/ (m² · d) （以 C 计）以下，而在 28°N、126°E 附近的陆架边缘，出现多个 600 mg/ (m² · d) （以 C 计）以上的高生产力站位，其碳同化数水平全年最高 [>5 mg/ (mg · h) （叶绿素 a）] 意味着该海域浮游植物旺发、形成局部水华（图 13.14）。

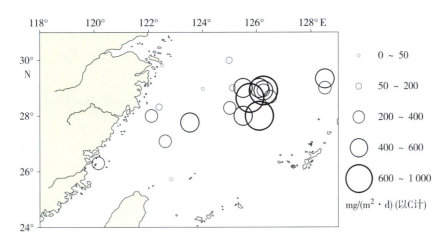

图 13.14 东海中部海域秋季初级生产力分布

冬季东海中部初级生产力在 9.7 ~ 626.1 mg/ (m² · d) （以 C 计）之间变化，平均为 (160.0 ± 182.7) mg/ (m² · d) （以 C 计），为一年中最低；陆架内侧大部分海域初级生产力均低于 200 mg/ (m² · d) （以 C 计），高生产力站位 [>400 mg/ (m² · d) （以 C 计）] 均在陆架边缘一线，此外东海中部透明度全年最低，水体透光能力较差，浮游植物碳同化数 [(0.82 ± 0.22) mg/ (m² · d) （叶绿素 a）] 也处于一年中的最低水平（图 13.15）。

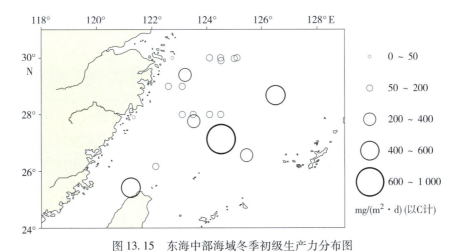

图 13.15 东海中部海域冬季初级生产力分布图

13.2.2 季节变化

由图 13.16 和图 13.17 可见，东海不同海域初级生产力季节变化存在明显差异。在长江口海域，其季节由大至小变化为夏、春、秋、冬，而东海中部由大至小则为春、夏、秋、冬。不同海域间浮游植物同化数水平较为一致，均为春夏高，冬季偏低，这意味着营养盐输入和真光层深度是影响各季节生产力水平的主要因子。

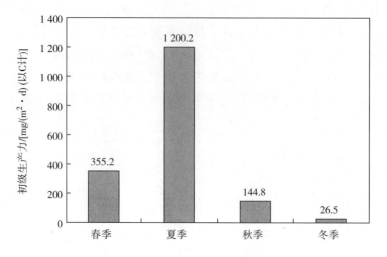

图 13.16　长江口海域初级生产力季节变化

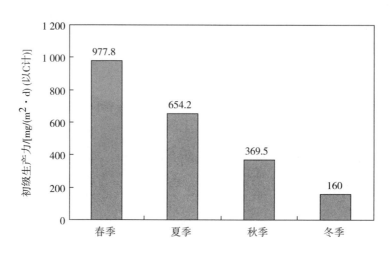

图 13.17　东海中部海域初级生产力季节变化

13.3　东海叶绿素 a 和初级生产力与水团的关系

东海叶绿素 a 和初级生产力的分布特征与该海域的水系特点密切相关，历来的研究多也据此将东海划分为沿岸带、陆架和黑潮区加以描述和讨论。其中沿岸带海域为沿岸流和陆源输入所控制，富营养化程度较高，叶绿素 a 全年较高，但由于近岸水体泥沙等悬浮物浓度较高，初级生产力的大小主要被水体的透明度所控制，往往呈现较剧烈的时空变化（从每天每平方米几十到上千毫克碳），但总体呈现夏高冬低的态势；在一些特别混浊的海域如杭州湾和 122°30′E 以西的长江口水域，由于真光层过浅，初级生产力常年偏低。在陆架中部，叶绿素和初级生产力分布不均、季节变化大，这主要受到长江口冲淡水、沿岸上升流和陆架混合变性水团消长的影响。而在受黑潮水系影响的东部和南部海域，初级生产力终年较低，季节变化不显著，这与寡营养型的黑潮水系理化性质相对稳定有关。此外，黑潮沿大陆坡流动，其次表层水爬坡涌升，形成稳定的上升流。在九州西南的对马暖流源区，五岛列岛附近海域，30°N 附近对马暖流水和陆架水交汇区以及台湾以北海域，均有黑潮次表层水逆坡涌升现象，上升流把深层水中丰富的营养盐带至陆架的真光层，促进了浮游植物的增长，形成叶绿素和初级生产力的高值区（宁修仁等，2000）。

　　春季，东海平均叶绿素浓度大致在 1 mg/m³ 以上，高值区一般集中于海域西侧水深小于 100 m 的海域内，沿等深线从 NW—SE 方向呈不连续分布，其中叶绿素 a 较高（>1.5 mg/m³）的海域主要分布在长江口外，浙江、福建沿岸和台湾海峡；而陆架边缘和黑潮主干流经的区域叶绿素 a 浓度一般多低于 0.5 mg/m³。在沿岸带，水柱内叶绿素 a 的分布一般为自表层向底层下降，进入陆架海域，由于表层营养盐浓度较低，限制了浮游植物生长，因而叶绿素 a 高值往往出现在次表层，次表层叶绿素最大层开始变得较为普遍，一般出现在 20~30 m 的水层中，并随水深增加而逐渐下移，到 128°E 以东的黑潮海域内次表层叶绿素最大层一般在 50 m 左右甚至更深（陆赛英，1998），这主要和跃层的深度有关。春季是东海初级生产力最高的季节，大于 1 000 mg/（m²·d）（以 C 计）的高值区主要分布于陆架混合变性水的西部，而低值区多存在于浙江沿岸的含泥沙较多的浑水区和陆架边缘以及黑潮区，前者生产力过低的原因在于真光层太浅，而后两者则是因为没有足够营养盐支持浮游植物的生长。但需要注意的是在陆架边缘由于黑潮锋面涡的存在，涡内的上升流将营养盐向近表层输运，因此叶绿素 a 和初级生产力的高值在陆架边缘也时有观测（宁修仁等，1995；李超伦和栾凤鹤，1998）。

　　值得一提的是，每年的 4 月、5 月是东海水华的高发期，与可以遍及整个黄海中部的黄海水华相比，东海水华更多发生在河口和近岸水域，水深一般不超过 50 m，且暴发时往往已有跃层形成；水华发生时浮游植物优势种常为一些有害藻类，因此春夏之交也多为赤潮的高发期。在此期间，叶绿素 a 最高值往往可达 10 mg/m³ 以上，且多出现在表层。一方面，水华促进了整个海域初级生产力的提升，启动了食物网的运作，导致海洋食物的产出；但另一方面，有害藻华的形成和消退后所造成的缺氧也会危害渔业生产，特别是对当地水产养殖业造成巨大破坏。此外，水华也造成了叶绿素 a 和初级生产力短时间内的剧烈波动，在此期间不同调查航次对海域浮游植物生物量、种类、丰度和初级生产力的所获得的结果往往出现较大差异。

　　夏季，沿岸河流进入丰水期，陆源输入增强，同时沿岸上升流也进入强盛期。受其影响整个东海北部及东部近海的叶绿素 a 和初级生产力均较高，其中高值区（>5 mg/m³）分布在长江口外和浙江近海；由于东海中部和南部陆架被寡营养的台湾暖流和黑潮表层水所控制，因此叶绿素 a 浓度在陆架中部急剧降低，向东南方向水深超过 100 m 的海域叶绿素 a 浓度多在 0.2 mg/m³ 以下，黑潮区更达到 0.1 mg/m³ 以下，为一年中最低。夏季次表层叶绿素最大层的深度往往要高于春季，这主要是夏季海域跃层较强和真光层深度有所增加的缘故。初级生产力的高值区 [>1 000 mg/（m²·d）（以 C 计）] 分布于浙江东北部沿岸、长江口及其毗邻海域，极高值 [>2 000 mg/（m²·d）（以 C 计）] 见于长江口外 123°E 附近的初级生产力锋面处，这主要是因为长江口冲淡水在此处形成了光和营养盐的最佳权衡（Ning, et al, 1988；宁修仁等，2004）。该生产力锋面的存在被水色遥感所证实（Ning, et al, 1998）。东南部陆架和黑潮区的初级生产力在 300 mg/（m²·d）（以 C 计）以下，为一年中最低，这是因为海洋近表层内营养盐特别是磷酸盐被浮游植物生长消耗殆尽，而下层富营养盐水团又受阻于夏季的强跃层而无法向上补充，浮游植物增长受到限制，造成浮游植物生物量和生产力锐减。在浙江沿岸和台湾海峡，由于季节性上升流的存在，也出现叶绿素 a 和初级生产力的相对高值。由于陆架中部和以外海域均呈现明显的寡营养海域特征，微微型浮游植物在整个海域中所占的比重较春季更大，但是在一些高生产力区，仍以小型和微型浮游植物占优势（Gong, et al, 2003）。

秋季，叶绿素 a 和初级生产力的分布格局与春季类似，随着冲淡水的减弱，长江口海域的浮游植物生产力锋面逐渐消退，长江口附近仍可观测到叶绿素 a 在 2 mg/m³ 以上的相对高值，但初级生产力已远低于夏季 [<400 mg/（m²·d）（以 C 计）]，另外海域季节性跃层的减弱又为营养盐从跃层下向上补充创造了有利条件，相对适宜的温度和光照也有利于浮游植物生长，这使得东海中部和南部海域叶绿素 a 和初级生产力均较夏季出现显著回升。在对马暖流源区以东和陆架中部海域存在叶绿素 a 和初级生产力的高值区，其中叶绿素 a 浓度在 0.5 mg/m³ 以上，初级生产力在 500 mg/（m²·d）（以 C 计）以上，而低值 [叶绿素 a 浓度小于 0.4 mg/m³，初级生产力小于 300 mgC/（m²·d）（以 C 计）] 仍然主要出现于黑潮表层水入侵的陆架边缘和黑潮区。

冬季，受限于水温和光照，叶绿素 a 和初级生产力水平全年最低，东海大部分海区叶绿素 a 浓度均低于 1 mg/m³，整个海域分布较为平均，只有近岸水体略高，初级生产力也多在 200 mg/（m²·d）（以 C 计）以下，但是其分布规律和叶绿素 a 相反，在近岸侧低 [<100 mg/（m²·d）（以 C 计）]，陆架中部和外部反而较高 [>200 mg/（m²·d）（以 C 计）]，这是因为在叶绿素 a 分布相对均匀的情况下，冬季透明度的变化成为控制初级生产力分布的主要因素，悬浮物质浓度较高的沿岸水控制着东海陆架以西大部分区域，使得海水透明度明显下降，而在海域东部真光层较深，利于浮游植物进行光合作用，从东海透明度的季节分布上看，冬季是其透明度最低的季节，真光层的变浅是冬季初级生产力下降的重要原因。此外，由于跃层消失，上下混合均匀，因此冬季大部分海域没有明显次表层叶绿素最大层存在（Gong，et al，2003；李国胜等，2003）。

13.4 小结

东海叶绿素浓度一般为近岸高，远岸低，河口和上升流区高、台湾暖流和黑潮区较低，叶绿素的高值区（>5 mg/m³）分布在长江口外和浙江近海；由于东海东部、中部和南部陆架往往被寡营养的台湾暖流和黑潮表层水所控制，因此叶绿素 a 浓度在陆架外侧较低，大部分海域均小于 1 mg/m³；在垂直分布上，东海叶绿素浓度随着水温增高开始出现明显的表层或次表层的叶绿素高值，这一现象在夏季最为明显，由于冬季水温较低，水体层化减弱，叶绿素垂直分布较为均匀，大部分海域没有明显次表层叶绿素最大层存在。初级生产力的分布在春、夏、秋季基本上与叶绿素相一致，但在冬季却表现出相反的趋势，这主要是因为冬季透明度成为控制初级生产力分布的主要因素。海域初级生产力的最高值 [>2 000 mg/（m²·d）（以 C 计）] 一般出现在夏季河口，而低值 [<100 mg/（m²·d）（以 C 计）] 往往出现在冬季的近岸海域。东海海域广袤，水团复杂，其叶绿素浓度的季节变化难以一概而论，在河口和沿岸上升流区，由于冲淡水和季节性上升流带来了丰富的营养盐，叶绿素和初级生产力往往在夏季达到峰值；而在东海中部等海域，受春季水华的影响，叶绿素和初级生产力一般呈现春高冬低的单峰变化。春季水华和夏季长江口浮游植物生产力锋面的形成是东海最为显著的两个高初级生产过程，经常可观测到每天每平方米上千甚至数千毫克碳的初级生产力高值，这为该区域丰富海洋生物资源提供了重要基础。总的来讲，东海叶绿素和初级生产力时空变化不仅具有温带海域的一些特点，同时也易受沿岸河流和上升流的影响，在近岸区表现出一定的富营养化特征。季节性的光照和温度变化、富营养的沿岸水团和贫营养的黑潮水的消长，是控制浮游植物叶绿素和初级生产力时空变化的主导因素。

第14章 东海细菌和其他类群微生物

近年来对海洋异养细菌的丰度和生物量的研究成为海洋生态系统研究热点之一，这对于进一步了解微食物网和海洋碳循环过程有重要意义。在2007年通过"908"专项，对东海春夏秋冬四季的细菌种属组成，细菌、病毒丰度以及进行了调查，为深入了解东海海域细菌和病毒的生态分布提供了丰富的数据。

14.1 东海细菌的种属组成

采用16S rDNA 核酸序列分析法研究东海的细菌种属组成，在东海海区共获得16S rDNA 有效序列748条，通过所测16S rDNA 序列与NCBI 及eztaxon 核酸数据库比对发现，水体中的细菌存在多种类群，且优势种明显。分析发现东海细菌的主要类群包括：α‑变形菌纲（41.0%）、γ‑变形菌（36.5%）、β‑变形菌纲（7.4%）、放线菌门（4.8%）、拟杆菌门（3.3%）、δ‑变形菌门（2.3%）和厚壁菌门（2.0%），其他少量检测出的细菌类群包括浮霉菌门、酸杆菌门、ε‑变形菌、疣微菌门、纤维杆菌门、蓝菌门、绿弯菌门、柔膜菌门、消化螺旋菌门和芽单胞菌门等（图14.1）。

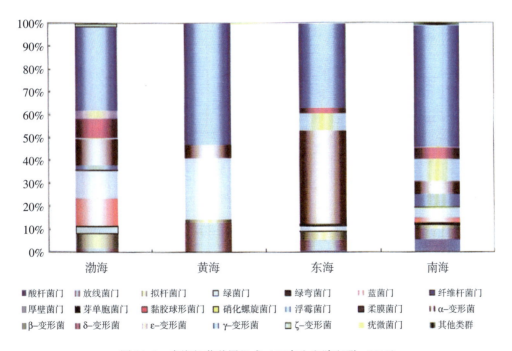

图 14.1 东海细菌种属组成（王春生和陈兴群，2012）

在东海海域，各个季节水体的微生物类群中仅 α‑变形菌所占比例变化最大，在春季和夏季微生物中所占比例分别达44.9%和43.4%，在冬季仅为17.4%。其他各微生物类群所占比例变化相对较小（图14.2）。

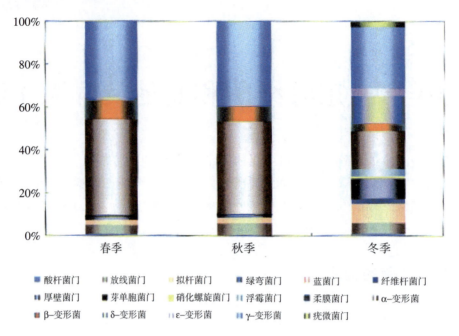

图 14.2　东海细菌种属组成季节变化（王春生和陈兴群，2012）

14.2　东海细菌丰度和生物量分布及其时空变化

14.2.1　周年变化

2007 年"908"专项航次调查显示，直接计数法获得的东海海区细菌周年平均丰度为 1.36×10^9 cell/L，生物量为 27.29 mg/m^3（以 C 计）；分离培养法比直接计数法低 4 个数量级，周年平均丰度仅为 1.09×10^5 CFU/L。

在不同季节，直接计数法获得的细菌丰度和生物量变化相对较小，总体趋势为春季最高，平均丰度 2.33×10^9 cell/L，平均生物量 46.60 mg/m^3（以 C 计）；冬季最低，平均丰度 6.17×10^8 cell/L，平均生物量 12.34 mg/m^3（以 C 计）；从夏季到秋季丰度略有升高，其中夏季平均丰度 1.15×10^9 cell/L，平均生物量 23 mg/m^3（以 C 计）；秋季平均丰度为 1.36×10^9 cell/L，平均生物量 27.20 mg/m^3（以 C 计）（图 14.3 a 和图 14.4）。

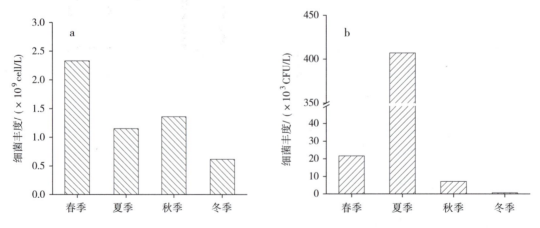

a. 直接计数法；b. 分离培养法

图 14.3　东海不同季节的细菌平均丰度

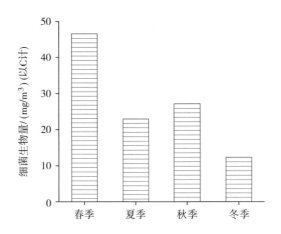

图 14.4 东海不同季节的细菌平均生物量

分离培养法获得的细菌丰度变化趋势与直接计数有明显差异，不同季节细菌丰度可相差约 4 个数量级，且不同季节丰度变化差异显著，具体表现为：冬季最低（平均为 6.11×10^2 CFU/L），夏季最高，且远远高于其他季节（平均为 4.07×10^5 CFU/L）；春季次之，为 2.17×10^4 CFU/L；秋季比冬季略高，为 7.18×10^3 CFU/L（图 14.3b）。

14.2.2 季节及空间变化

1）春季

东海海区不同季节细菌的空间分布差异非常显著。调查结果显示，春季直接计数法获得的细菌丰度变化范围在 $5.76 \times 10^7 \sim 3.15 \times 10^{10}$ cell/L，平均值为 2.33×10^9 cell/L（表 14.1）；细菌生物量变化范围在 $1.15 \sim 630$ mg/m³（以 C 计），平均值为 46.60 mg/m³（以 C 计）（表 14.2）。春季东海个别站位细菌丰度和生物量相对较高，且集中分布在福建省近岸表层海域；东海北部中陆架区细菌丰度和生物量相对较高；而低值区则集中在浙江省沿岸区域。

表 14.1　东海不同季节细菌丰度　　　　　　　　　　　　　　单位：cell/L

季 节	项 目	表 层	10 m 层	30 m 层	底 层
春季	最大值	3.15×10^{10}	9.75×10^9	1.09×10^{10}	7.50×10^9
	最小值	6.78×10^7	2.70×10^8	1.77×10^8	5.76×10^7
	平均值	3.68×10^9	1.88×10^9	1.83×10^9	1.35×10^9
夏季	最大值	5.54×10^9	3.60×10^9	2.29×10^9	3.05×10^9
	最小值	5.83×10^7	8.06×10^7	9.21×10^7	4.39×10^7
	平均值	1.41×10^9	1.34×10^9	8.09×10^8	9.52×10^8
秋季	最大值	1.24×10^{10}	2.66×10^{10}	7.91×10^9	1.28×10^{10}
	最小值	7.95×10^7	5.80×10^7	1.70×10^8	1.40×10^8
	平均值	1.36×10^9	1.67×10^9	1.36×10^9	1.13×10^9
冬季	最大值	2.49×10^9	1.66×10^9	1.14×10^9	1.91×10^9
	最小值	1.11×10^8	2.77×10^8	3.10×10^8	1.12×10^8
	平均值	5.83×10^8	6.49×10^8	5.96×10^8	6.41×10^8

表 14.2　东海不同季节细菌生物量　　　　　　　　　单位：mg/m³

季 节	项 目	表 层	10 m层	30 m层	底 层
春季	最大值	630.00	195.00	218.00	150.00
	最小值	1.36	5.40	3.54	11.52
	平均值	73.60	37.60	36.60	27.00
夏季	最大值	110.80	72.00	45.80	61.00
	最小值	1.17	1.61	1.84	0.88
	平均值	28.20	26.80	16.18	19.04
秋季	最大值	248.00	532.00	158.20	256.00
	最小值	1.59	1.16	3.40	2.80
	平均值	27.20	33.40	27.20	22.60
冬季	最大值	49.80	33.20	228.00	382.00
	最小值	2.22	5.54	6.20	2.24
	平均值	11.66	12.98	11.92	12.82

分离培养法计数得到的细菌丰度较直接计数法低大约 5 个数量级，春季东海细菌培养计数平均值仅为 2.17×10^4 CFU/L。在空间分布上与直接计数法也有较大差异，细菌高值区多集中分布在浙江省近岸海域及宁波市附近沿岸个别站位；而低值区则是集中分布在长江口及其附近海域。

2）夏季

夏季直接计数的细菌丰度变化范围在 $4.39 \times 10^7 \sim 5.54 \times 10^9$ cell/L，平均值为 1.15×10^9 cell/L；生物量变化范围在 $0.88 \sim 110.80$ mg/m³（以 C 计），平均值为 23 mg/m³（以 C 计）。细菌分布与春季相比有所变化，整个海区尤其是沿岸区域细菌丰度及生物量分布相对均匀且维持较高水平，仅在台湾海峡附近部分站位丰度及生物量相对较低。

可培养细菌计数结果显示，夏季东海可培养细菌明显高于其他季节，平均数量为 4.07×10^5 CFU/L。夏季可培养细菌在不同站位水层丰度有明显差异，高值区分布在表层及 30 m 水层的个别站位；30 m 水层大多数站位细菌丰度相对较低。

3）秋季

秋季东海细菌直接计数结果显示其丰度变化范围在 $5.80 \times 10^7 \sim 2.66 \times 10^{10}$ cell/L，平均值为 1.36×10^9 cell/L；生物量变化范围在 $1.16 \sim 532$ mg/m³（以 C 计），平均值为 27.20 mg/m³（以 C 计）。秋季细菌丰度及生物量高值区集中分布在东海北部包括长江口及邻近区域、杭州湾以及中陆架区域；低值区主要集中在浙江、福建等沿岸区域以及台湾海峡附近海域。

秋季东海海域细菌培养计数平均值为 7.18×10^3 CFU/L，可培养细菌空间分布与直接计数法不完全一致，高值区分布在长江口及邻近海域部分站位、浙江省沿岸部分海区，最大值出现在温州市附近沿岸站位；长江口外部分区域以及杭州湾细菌丰度相对较小。

4）冬季

冬季直接计数法得到的细菌丰度变化范围在 $1.11 \times 10^8 \sim 2.49 \times 10^9$ cell/L，平均值为

6.17×10^8 cell/L；生物量变化范围在 $2.22 \sim 49.80$ mg/m^3（以 C 计），平均值为 12.34 mg/m^3（以 C 计）。冬季整个海域细菌丰度和生物量普遍偏低，尤其是沿岸区域细菌丰度和生物量相对较低，仅在长江口和杭州湾外部分区域细菌丰度和生物量相对较高，台湾海峡底层海域部分站位也出现高丰度高生物量值。

分离培养法计数结果显示冬季细菌数量平均为 5.00×10^5 CFU/L。在空间分布上，细菌高值区集中分布在长江口区域，其他区域细菌丰度相对偏低。

14.2.3　长江口细菌丰度和生物量分布

春季长江口及邻近海域细菌直接计数得到的丰度变化范围在 $1.37 \times 10^8 \sim 7.08 \times 10^8$ cell/L，平均值为 3.27×10^8 cell/L；生物量变化范围在 $2.74 \sim 14.16$ mg/m^3（以 C 计），平均值为 6.54 mg/m^3（以 C 计）。细菌丰度生物量的最大值和最小值均出现在长江口冲淡水区域，表底层分布基本一致。

夏季长江口及邻近海域细菌直接计数得到的丰度变化范围在 $6.93 \times 10^8 \sim 5.54 \times 10^9$ cell/L，平均值为 2.07×10^9 cell/L；生物量变化范围在 $13.86 \sim 110.8$ mg/m^3（以 C 计），平均值为 41.40 mg/m^3（以 C 计）。在空间范围内，细菌丰度和生物量的水平差异不大，各层水体细菌数量变化范围都在 1 个数量级以内，高值区分布在长江口内底层区域、长江口北部表层、10 m 水层及底层区域；远离陆地海域细菌丰度和生物量相对较小。夏季分离培养得到的细菌丰度变化范围在 $1.00 \times 10^5 \sim 3.0 \times 10^8$ CFU/L，平均值为 7.89×10^6 CFU/L。细菌水平分布差异较大，在长江口、杭州湾附近海域呈现较高值，远离陆地海域细菌丰度相对较低，但也有个别远离岸边的站位出现异养细菌高丰值。

秋季长江口及邻近海域细菌直接计数得到的丰度变化范围在 $8.5 \times 10^7 \sim 5.29 \times 10^8$ cell/L，平均值为 2.82×10^8 cell/L；生物量变化范围在 $1.70 \sim 10.58$ mg/m^3（以 C 计），平均值为 5.64 mg/m^3（以 C 计）。秋季长江口及邻近区域的细菌丰度及生物量普遍较高。

冬季长江口及邻近海域细菌直接计数得到的丰度变化范围在 $2.77 \times 10^8 \sim 2.49 \times 10^9$ cell/L，平均值为 8.49×10^8 cell/L；生物量变化范围在 $5.54 \sim 49.80$ mg/m^3（以 C 计），平均值为 16.98 mg/m^3（以 C 计）。细菌丰度及生物量高值区集中分布在长江口内及冲淡水表层区域；低值区则出现在长江口北部表层区域以及远离陆地海域。冬季分离培养得到的细菌丰度变化范围在 $7.00 \times 10^3 \sim 4.90 \times 10^6$ CFU/L，平均值为 2.72×10^5 CFU/L。水体细菌丰度的分布呈现近岸高、远岸低的分布规律，在离岸较远的海域的站位，细菌丰度变化幅度在 1 个数量级内。

14.3　东海病毒丰度分布及其时空变化

东海不同季节病毒分布在时间和空间水平上都有显著差异。

14.3.1　周年变化

2007 年"908"专项航次调查发现，东海海区病毒周年平均丰度为 8.33×10^9 particle/L。春季病毒平均丰度最低，为 1.13×10^9 particle/L；夏季最高，达到 1.42×10^{10} particle/L；从夏季到冬季病毒平均丰度逐渐降低，秋季为 1.17×10^{10} particle/L，冬季为 6.30×10^9 particle/L（图 14.5）。

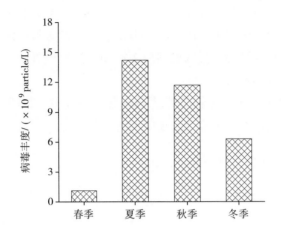

图 14.5　东海不同季节病毒平均丰度

14.3.2　季节及空间变化

1）春季

调查结果表明，春季东海整个海区病毒在水平和垂直尺度上分布都非常均匀，最大值与最小值之间仅相差 1 个数量级，变化范围在 $1.25 \times 10^9 \sim 4.53 \times 10^{10}$ particle/L，平均值为 1.13×10^9 particle/L（表 14.3）。

表 14.3　东海不同季节病毒丰度　　　　　　　　　　　单位：particle/L

季　节	项　目	表　层	10 m 层	30 m 层	底　层
春季	最大值	4.53×10^{10}	3.84×10^{10}	4.12×10^{10}	3.86×10^{10}
	最小值	1.43×10^{9}	4.12×10^{9}	5.72×10^{9}	1.25×10^{9}
	平均值	1.22×10^{10}	1.20×10^{10}	1.40×10^{10}	8.67×10^{9}
夏季	最大值	9.97×10^{10}	2.27×10^{10}	1.79×10^{10}	8.37×10^{10}
	最小值	3.77×10^{9}	4.43×10^{9}	9.09×10^{9}	2.22×10^{9}
	平均值	1.57×10^{10}	1.56×10^{10}	1.38×10^{10}	1.11×10^{10}
秋季	最大值	3.97×10^{10}	5.28×10^{10}	5.27×10^{10}	4.95×10^{10}
	最小值	1.06×10^{9}	3.12×10^{9}	3.97×10^{9}	2.00×10^{9}
	平均值	1.11×10^{10}	1.53×10^{10}	1.92×10^{10}	1.09×10^{10}
冬季	最大值	2.79×10^{10}	2.66×10^{10}	8.24×10^{9}	9.83×10^{9}
	最小值	1.38×10^{9}	1.99×10^{9}	2.22×10^{9}	3.88×10^{8}
	平均值	6.94×10^{10}	6.69×10^{9}	5.72×10^{9}	5.60×10^{9}

2）夏季

夏季东海病毒数量变化范围在 $2.22 \times 10^9 \sim 9.97 \times 10^{10}$ particle/L，最大值与最小值之间仅相差 1 个数量级，平均值为 1.42×10^{10} particle/L。夏季东海表层、10 m 水层及底层区域病毒分布与春季基本一致，在水平和垂直尺度上分布均匀；30 m 水层在浙江沿岸及远离近岸区域病毒丰度相对较高且分布均匀，长江口外远离近岸区域病毒出现低丰区。

3）秋季

秋季病毒数量变化范围在 $1.06 \times 10^9 \sim 5.28 \times 10^{10}$ particle/L，平均值为 1.17×10^{10} particle/L。秋季病毒分布与夏季基本一致，在整个东海海域病毒丰度分布均匀，30 m 水层的长江口及杭州湾外病毒丰度相对较高。

4）冬季

冬季东海海区的病毒数量变化范围在 $3.88 \times 10^8 \sim 2.79 \times 10^{10}$ particle/L，最大值和最小值之间相差 2 个数量级，平均值为 6.30×10^9 particle/L。冬季病毒空间分布与夏、秋季类似，整个东海海域各水层病毒丰度分布均匀，30 m 水层病毒丰度相对较高，底层病毒丰度相对较低。

14.3.3　长江口病毒丰度和生物量分布

长江口及邻近海域夏季病毒丰度的变化范围在 $2.22 \times 10^9 \sim 9.97 \times 10^{10}$ particle/L，平均值为 1.01×10^{10} particle/L。病毒数量水平分布差异不大，各水层病毒丰度差异基本在 1 个数量级内，病毒丰度分布没有近岸至远岸递减的规律，表层病毒的高丰值主要分布在长江口内水体以及调查海域的 $122.5° \sim 124°E$ 附近。远岸海域仍能检测到一定数量的病毒。

长江口及邻近海域冬季病毒丰度的变化范围在 $1.99 \times 10^9 \sim 2.66 \times 10^{10}$ particle/L，平均值为 4.64×10^9 particle/L。病毒丰度水平分布差异不大，各水层病毒丰度差异基本在 1 个数量级内，病毒丰度在近岸呈现较高值，高值集中分布在长江口、杭州湾海域附近。远岸海域仍然存在相当数量的病毒。

14.4　小结

通过 2007 年"908"专项调查航次发现，东海海区水体中的细菌存在不同的类群，分析发现东海细菌的主要类群包括：α - 变形菌纲（41.0%）、γ - 变形菌（36.5%）、β - 变形菌纲（7.4%）等。在东海海域，各个季节水体的微生物类群中仅 α - 变形菌所占比例变化最大，其他各微生物类群所占比例变化相对较小。

东海直接计数法获得的东海海区细菌周年平均丰度为 1.36×10^9 cell/L，生物量为 27.29 mg/m^3（以 C 计）；分离培养法比直接计数法低 4 个数量级，周年平均丰度仅为 1.09×10^5 CFU/L。在不同季节，直接计数法获得的细菌丰度和生物量变化相对较小，总体趋势为春季最高，冬季最低，从夏季到秋季丰度略有升高；分离培养法获得的细菌丰度变化趋势与直接计数有明显差异，不同季节细菌丰度可相差约 4 个数量级，且不同季节丰度变化差异显著，具体表现为：冬季最低，夏季最高，且远远高于其他季节，春季次之，秋季比冬季略高。

东海海区病毒周年平均丰度为 8.33×10^9 particle/L。春季病毒平均丰度最低，夏季最高，从夏季到冬季病毒平均丰度逐渐降低。

第15章　东海浮游植物

15.1　微微型光合浮游生物主要类别的丰度与分布

15.1.1　聚球藻（*Synechococcus*，*Syn.*）

15.1.1.1　东海

1）水平分布

聚球藻丰度的季节变化趋势为，在冬季出现低值（$2.6 \times 10^{11} \sim 5.4 \times 10^{11}$ cell/m²），随着晚春温度升高到20℃，聚球藻丰度增加到13.1×10^{11} cell/m²，夏季可达到$24.3 \sim 25.5 \times 10^{11}$ cell/m²。夏季聚球藻丰度明显高于冬季，季节变化达到10倍（图15.1）。聚球藻对总浮游植物群落的贡献，冬春大约为6%～25%，夏秋大约为44%～59%。

聚球藻丰度的变化在3个不同水系中有所不同。沿岸水中，冬季（平均水温低于20℃）到晚春（5月），甚至水温大于20℃时，聚球藻平均丰度仍很低（$<15 \times 10^{11}$ cell/m²）；陆架混合水中季节变化明显，聚球藻丰度变化从冬春（$15 \sim 20$℃）的$3 \times 10^{11} \sim 6 \times 10^{11}$ cell/m²到夏秋（>25℃）的高于30×10^{11} cell/m²；在黑潮水中，全年平均水温高于25℃，聚球藻丰度没有明显的季节变化。除了秋季，聚球藻水柱平均丰度始终低于10×10^{11} cell/m²。

1997年冬季，聚球藻平均生物量为0.82 mg/L（以C计）[$7.21 \sim 0.011$ mg/L（以C计）]，在表层和20 m层由东南向西北方向递减，而在底层则是由沿岸向外海递减。1998年夏季聚球藻平均生物量为1.43 mg/L（以C计）[$5.78 \sim 0.19$ mg/L（以C计）]，表层东南部偏高，在20 m层由沿岸向外海递减，在底层则有沿岸和东北部两个高值区。夏季平均生物量是冬季的1.7倍。

1997年冬季，聚球藻丰度高值（$>2 \times 10^7$ cell/L）出现东南部黑潮附近海域，向近岸方向降低，低值（$<2 \times 10^6$ cell/L）出现在西北近岸受黄海冷水团影响的低温低盐海域。1998年夏季，聚球藻丰度的分布格局与冬季相反，近岸海域丰度远远高于混合水和黑潮海域；高值区出现在长江口邻近海域，水柱平均丰度超过1×10^7 cell/L。夏季聚球藻丰度高于冬季。

1997年冬季，表层和20 m层聚球藻生物量分布变化与水温和$PO_4 - P$分布变化基本一致，但与$NO_3 - N$的分布变化相反；在2断面及深水区聚球蓝细菌生物量分布变化与水温分布变化基本一致，与$NO_3 - N$的分布变化相反。1998年夏季表层聚球藻生物量分布变化与水温和盐度分布变化基本一致，与$PO_4 - P$和$NO_3 - N$的分布变化相反；而20 m层与$NO_3 - N$的分布变化较一致。冬季聚球藻生物量的分布变化可能受海水温度和海流共同影响，其中受海流的影响更明显，黑潮可能是影响聚球藻生物量分布变化的主要因素。（图15.2）

2000年秋季，东海聚球藻平均丰度为1.84×10^7 cell/L（$0.76 \times 10^7 \sim 3.11 \times 10^7$ cell/L）；平均生物量为5.42 g/L（以C计）[$2.23 \sim 9.14$ g/L（以C计）]，在东海东北部、长江口附

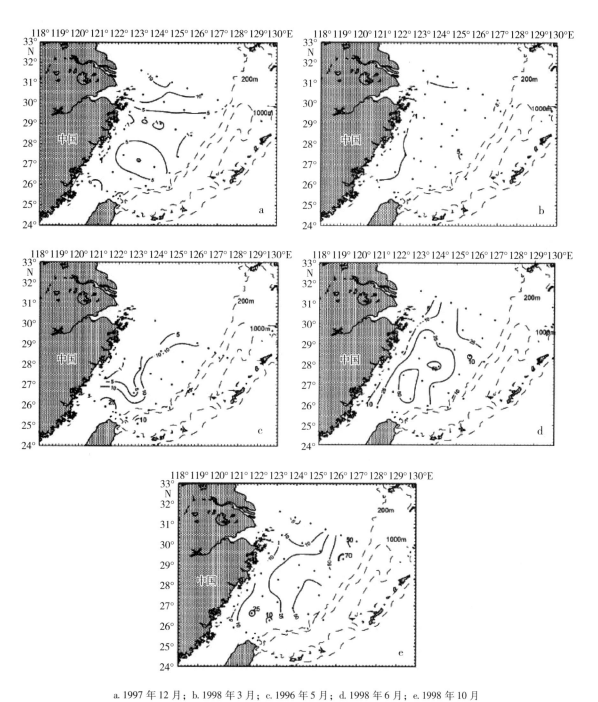

a. 1997 年 12 月；b. 1998 年 3 月；c. 1996 年 5 月；d. 1998 年 6 月；e. 1998 年 10 月

图 15.1 东海真光层平均聚球藻丰度的水平分布（$\times 10^{11}$ cell/m^2）（Chiang，et al，2002）

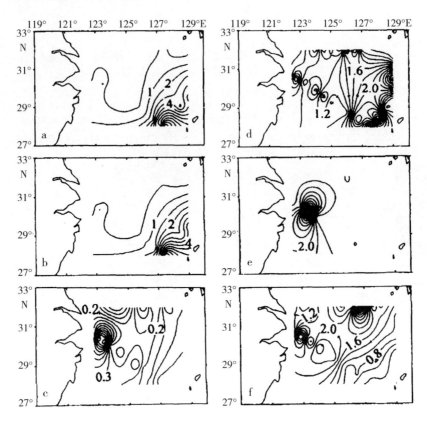

a～c. 1997 年冬季，表层、20 m 层和底层；d～e. 1998 年夏季，表层、20 m 层和底层

图 15.2　东海聚球藻生物量在各水层的水平分布（mg/m³）（肖天等，2003）

近以及东海东南部存在高值区。2001 年春季，东海蓝细菌的平均丰度为 4.97×10^7 cell/L（$2.07 \times 10^7 \sim 7.84 \times 10^7$ cell/L），高值区主要分布在东海的南部；平均生物量为 7.45 g/L（以 C 计）[3.11～11.76 g/L（以 C 计）]，在长江口东南方向有高值区。

聚球藻对浮游植物总量的贡献，1997 年冬季为 10%，1997 年夏季为 3%，且主要是在中营养和寡营养的区域；2000 年秋季，平均值为 50.2%（8.6%～98.1%）；2001 年春季，平均值为 42.1%（2.3%～99.6%）。

聚球藻生物量在总浮游植物生物量（CB/PB）中占的比例，冬季是 0.918～0.005（平均为 0.10），夏季是 0.106～0.006（平均为 0.030），冬季是夏季的 3.3 倍（平均值）。CB/PB 在冬季的分布是表层东南部较高，夏季东部较高，与硝酸盐（$NO_3 - N$）的分布变化基本相反。有研究发现聚球藻通常为微微型浮游植物的主要组分，因此所得到的聚球藻生物量占浮游植物总生物量的百分比可以在一定程度上代表这一海区微微型浮游植物对浮游植物总生物量的贡献。

2）垂直分布

聚球藻生物量的垂直分布特征由大至小为，冬季表层（平均为 1.17 mg/m³）、20 m 层（平均为 1.07 mg/m³）、底层（平均为 0.22 mg/m³），夏季 20 m 层（平均为 1.55 mg/m³）、表层（平均为 1.51 mg/m³）、底层（平均为 1.23 mg/m³）。1997 年冬季在 2 断面及深水站调查发现聚球藻主要分布在 150 m 以浅的水体中，并在 150 m 以下迅速从 8.6×10^3 cell/L 减少到 4×10^3 cell/L（图 15.3）。

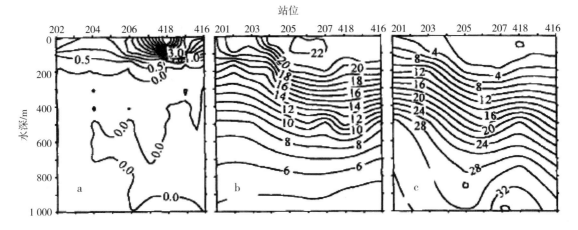

站位

a. 聚球藻生物量（mg/m³）；b. 水温（℃）；c. NO₃ - N（mol/L）

图 15.3　冬季东海聚球藻生物量、水温和 $NO_3 - N$ 在 2 断面及深水站的垂直分布（肖天等，2003）

3）昼夜变化

24 h 连续站观测聚球藻丰度变化，冬季由大至小依次为中层、底层、表层，夏季由大至小依次为中层、底层、表层。在两个季节均发现聚球藻丰度有明显的变化。聚球藻丰度有明显的昼夜变化，但规律性不明显。冬季聚球藻丰度的昼夜变化最高值是最低值的 1.4 倍，夏季最高值是最低值的 2 倍。

15.1.1.2　长江口

长江大量物质的输送入海是河口及邻近海域营养盐的主要来源，营养盐的浓度及其比例的变化对河口生态系统中浮游植物的初级生产有着重要影响，加上悬浮泥沙的影响，长江口可分为 3 个部分：近河口的光限制区、远河口营养盐限制区以及其间的光和营养盐的权衡区。长江口及冲淡水区冬季聚球藻丰度低（平均约 10^6 cell/L），活性低；夏季细胞丰度要比冬季高 1 个至 2 个数量级，高值区出现在离长江口门向东大约 100 km 的带状区（即光和营养盐的权衡区），该区细胞密度峰值（2×10^8 cell/L）的出现是由于富营养盐的长江冲淡水，随着悬浮物质的沉降（临界值为 2 ~ 3 g/m³），光的利用率增加的结果。细胞丰度最大区平均细胞体积最小，这与种群生长速率高有关；细胞藻红蛋白的含量受光的利用率和无机氮的浓度所调节。

1）水平分布

1986 年冬季，聚球藻丰度大体在 0.5×10^6 ~ 2×10^6 cell/L 范围，外海略高，口门较低，水平和垂直分布总趋势相对均匀。丰度最大值（2×10^6 cell/L）出现在盐度高于 30 的毗连外海，向低盐方向逐渐减小。在冲淡水区，尽管营养盐浓度高，但并未出现丰度最大值，这是由于水温低（5 ~ 10℃）和水体垂直混合强烈不出现层化现象所致，后者减低了水柱真光层的光强，即温度和光限制了细胞的生长速率（图 15.4）。

1986 年夏季，聚球藻丰度的高值区与高盐度水相关联，河口内密度最低（$< 2 \times 10^5$ cell/L）。一个显著的特征是在被温跃层所分开的上下两层水体中，细胞的分布有明显的不同。在表层，细胞密度从口门的 2×10^5 cell/L 向外海 60 km 逐渐增加至 10^7 cell/L，然后细胞密度迅速达到峰值（2×10^8 cell/L），向高盐度的东部外海站位又逐渐降至

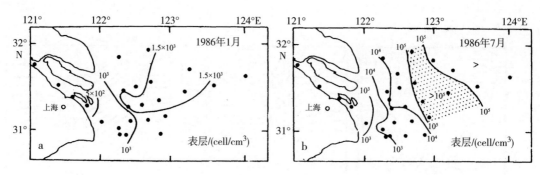

图 15.4　表层聚球藻丰度的分布 1986 年冬季（a）和夏季（b）（宁修仁等，1997）

3×10^7 cell/L。底层细胞密度一般较温跃层之上为低，但是高盐度的台湾暖流水细胞密度超过 10^7 cell/L。

2004 年秋季，长江口及其毗邻水域聚球藻丰度平均值为 23.5×10^6 cell/L（$1.83 \times 10^6 \sim 270 \times 10^6$ cell/L），高值区同样出现在光和营养盐的权衡区（图 15.5）。

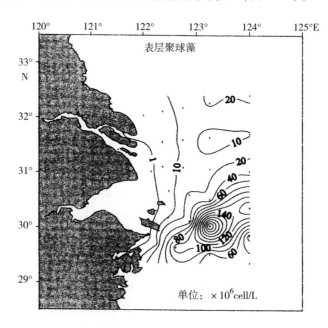

图 15.5　2004 年秋季表层聚球藻丰度的分布（Pan, et al, 2007）

2）垂直分布

聚球藻垂直分布的明显特征是丰度的层化与温度的层化相一致。在丰度最高的区域（$>10^8$ cell/L），表层丰度要比温跃层之下高 20 倍，而在外海站位仅高 5 倍。在近口门区水文状况极其复杂，我们观测到中层丰度具有最大值，这很可能是由于细胞密度较大的高盐度水与细胞密度很小的淡水交叠的结果。

夏季高的水温和水体的层化促使了表层聚球藻丰度最大值区域的形成，其盐度在 $25 \sim 30$ 范围。该最大值锋面既不同于河 – 海交汇的物理学锋，也不同于悬浮体浓度高于 100 mg/dm³ 的浊度锋，二者均出现在近口门处。在冲淡水区的中部，表层丰度与悬浮物的浓度呈反比关系，说明光是控制聚球藻丰度的关键因子。当悬浮物浓度低于 5 mg/dm³，即真光层深度超过 10 m 时，丰度才会超过 1×10^7 cell/L。

由于夏季水体的层化，底层聚球藻分布与表层不同，两层之间无明显混合。这可从丰度的垂直分布和底层不存在个体小的、快速生长的细胞所证实。随着深度的增加，细胞 PE 含量增加，这似乎是光适应的结果，这种光适应的时间尺度大约为几天。在水体发生迅速混合的近口门站位，底层细胞 PE 含量并无增长，这是由于细胞光适应的发生缺乏足够时间的缘故。

15.1.1.3 象山港

在象山港水域，水温、悬浮体浓度和光的可利用率是聚球藻生长的主要制约因子，平均丰度均为夏季（3.29×10^6 cell/L）高于冬季（1.23×10^6 cell/L）。

1992 年冬季，聚球藻丰度大体在 $0.3 \times 10^6 \sim 2.0 \times 10^6$ cell/L 范围，港口部较低，港中、顶部较高，包括铁港和黄墩港均高于 1.5×10^6 cell/L；底层较表层略低。冬季聚球藻丰度分布自港口向港中、顶部有逐渐增加的趋势，而悬浮体浓度的分布趋势则相反，丰度最大值出现在港顶（铁港），那里悬浮体浓度为观测的最小值（< 80 mg/dm^3），水温（9.7℃）接近观测的最高值（10.4℃），盐度属观测的最低值（<25）。港口区虽然营养盐的浓度高，但并未出现丰度最大值，这是由于较低的水温（<9℃）和水体强烈的垂直混合造成沉积物的再悬浮所致，即象山港丰富的营养盐已不再是微微型光合生物增长的限制因子，而温度和光限制了细胞的增长速率。从表层丰度与悬浮体浓度呈现负相关关系可说明，光是控制聚球藻的关键因子（图 15.6）。

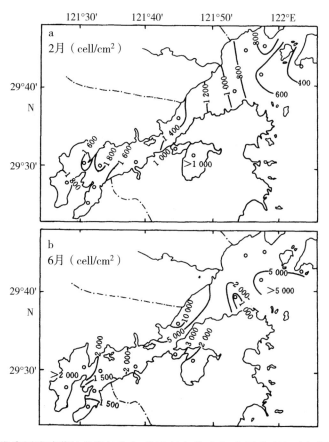

图 15.6 象山港表层聚球藻的丰度与分布 1992 年冬季（a）和夏季（b）（宁修仁等，1997）

1992 年夏季，聚球藻丰度的分布范围为 $1.0 \times 10^6 \sim 11 \times 10^6$ cell/L，最大值出现在港中部，港口部细胞丰度较高，港顶部相对较低；底层水细胞丰度较表层低得多，其值在 $0.6 \times 10^6 \sim 3.0 \times 10^6$ cell/L 范围，且分布较为均匀。夏季水温的显著增高和悬浮体浓度的相对减少致使聚球藻丰度的显著增加，且丰度与悬浮体浓度仍呈现显著的负相关关系。由于悬浮体浓度分布的相对均匀性，致使港口部与港中、顶部聚球藻丰度的平均值非常接近（图 15.6）。

冬季表层聚球藻丰度占微微型光能自养生物总丰度的 20% ~ 90%，平均为 71.3%，其中港口部所占比重（45.4%）较港中、顶部（85.7%）要小得多；底层聚球藻丰度占微微型光能自养生物总丰度的比重比表层略低，平均占 60%。夏季表层聚球藻丰度占总丰度的 26% ~ 96%，平均 61%，港口部（62.2%）和港中、顶部值（59.9%）非常接近；底层值较低，平均占 42.6%。

夏季聚球藻丰度的周日波动范围在 2.0×10^6 ~ 11×10^6 cell/L，呈现两个高峰，并表现高潮时细胞丰度较低潮时为高。聚球藻丰度与悬浮体浓度之间所呈现的负相关在周日连续观测也可发现。

15.1.1.4 台湾海峡

1）水平分布

从聚球藻丰度水柱积分的平面分布来看，聚球藻丰度分布不均匀。1997 年夏季，聚球藻丰度高值区位于海峡南部西侧（7.4×10^{11} ~ 9.1×10^{11} cell/m²）；1998 年冬季，聚球藻丰度高值区位于海峡中部（1.0×10^{11} ~ 1.5×10^{11} cell/m²）；1998 年夏季，聚球藻丰度高值区位于台湾岛的北部海域（3.5×10^{12} cell/m²）和海峡南部的南侧海域（2.8×10^{12} ~ 3.0×10^{12} cell/m²）。聚球藻丰度高值出现在台湾海峡中部，与该处高温低盐低营养盐条件有关。温度是调节聚球藻分布的重要因子，尤其是在冬季。聚球藻丰度的周日变化表明不同的环境因子控制了不同深度聚球藻丰度的变化。

2007 年春季，聚球藻丰度的平均值为 2.01×10^8 cell/L。高值区明显集中在台湾浅滩，而低值区在中部靠大陆一侧以及南部最南端均有呈现。从近岸至外海方向上看，在北部海域表层及 10 m 层均是呈现两侧高，中间略低的分布趋势，30m 及底层则是靠台湾岛一侧小片区域大于 5.00×10^6 cell/L；中部海域各层均呈现台湾岛一侧明显高于靠近大陆一侧的分布趋势；南部海域有较强的区域性，台湾浅滩处明显要高于所有海域，而台湾浅滩以南即南海海域则呈现近岸高于外海的分布趋势。从南北方向上看，各层聚球藻的分布总体呈现南高、中次、北低的分布趋势。南部海域南端是寡营养海区，极低的营养盐限制了聚球藻的生长，高值区集中于营养盐相对比较丰富适合聚球藻生长的台湾浅滩附近；中北部海域水温是影响聚球藻生长的关键因子，台湾岛一侧的温盐明显要高于靠大陆一侧，这导致该侧聚球藻丰度明显高于另一侧（图 15.7）。

2007 年秋季，聚球藻丰度的平均值为 9.70×10^6 cell/L（7.70×10^5 ~ 5.15×10^7 cell/L）。高值区明显集中在南海北部、闽江口冲淡水边缘区及澎湖列岛以南至礼是列岛以东一带，而低值区则位于台湾浅滩南部至南澎列岛一带。从近岸至外海方向上看，各层的分布趋势基本一致，只是随着深度的增加部分区域数量有所减少。北部海域表层及 10 m 层均是呈现闽江冲淡水边缘区高于 1.00×10^7 cell/L，而 30 m 及底层这种现象逐渐消失，甚至有部分区域出现小于 5.00×10^6 cell/L 的分布状况；中部海域在澎湖列岛以北有一块小于 5.00×10^6 cell/L 的低值区，随着深度的增加逐渐扩大；南部海域有较强的区域性，相对高值区分布在既受南海暖水又受陆架混合水影响的中间区域，最低值区紧挨着高值区，分布于台湾浅滩南部至南澎列岛一带。从南北方向上看，各层聚球藻分布总体呈现南高、北次、中低的分布趋势。秋季，聚球藻丰度与温度和透明度密切相关（图 15.8）。

2007 年冬季，聚球藻丰度的平均值为 5.3×10^6 cell/L（3.9×10^5 - 2.7×10^7 cell/L）。从

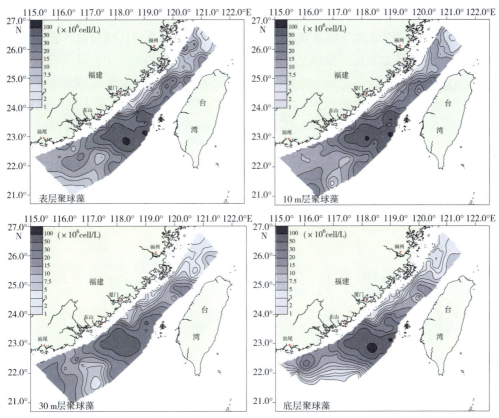

图 15.7　2007 年春季台湾海峡聚球藻丰度的平面分布

资料来源：我国近海海洋生物与生态调查研究报告

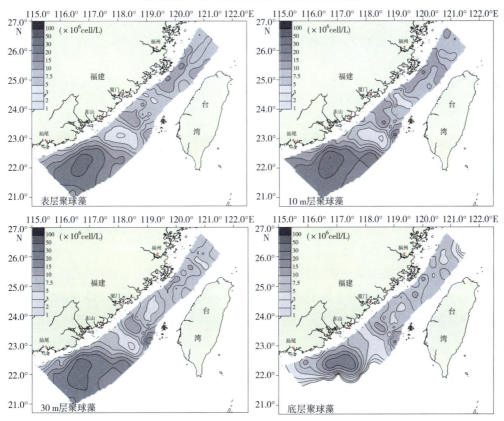

图 15.8　2007 年秋季台湾海峡聚球藻丰度的平面分布

资料来源：我国近海海洋生物与生态调查研究报告

近岸至外海方向上看，外海一侧明显要略高于靠近大陆一侧，从南北方向上看，南部海域显著高于北中部海域。低值区位于南澎列岛至礼是列岛一带，而高值区则分布在台湾浅滩以南的外海。冬季，高营养盐和低水温导致聚球藻丰度整体水平较低。在中北部海域，受浙闽沿岸流影响，近岸海域营养盐相比外海要高，闽江口及九龙江口附近海域受冲淡水影响营养盐也较高，这样就形成了聚球藻丰度在近岸带靠近外海一侧较高，靠近大陆一侧较低（图15.9）。

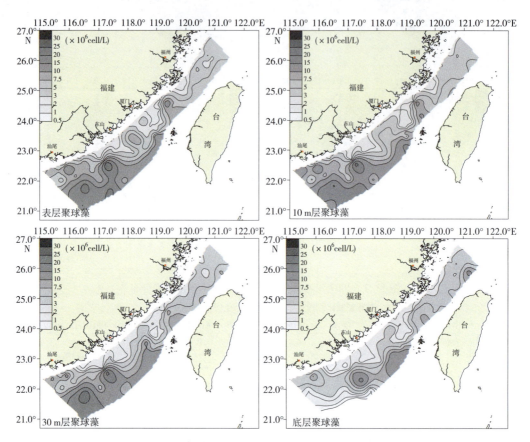

图 15.9　2007 年冬季台湾海峡聚球藻丰度的平面分布

聚球藻不同类群的分布规律差异明显，PE 细胞在海峡中间（离岸测站）较高，PC 细胞在近岸（尤其是河流陆地径流影响的海区）较高，其原因与 2 种类群细胞的不同特性有关，以往研究表明，PC 细胞主要分布在淡水及近岸盐度较低（半咸水）的区域，PE 细胞主要分布在大洋及其他盐度较高的区域。

1998 年 8 月，聚球藻对碳生物量的贡献达 50%。在个体丰度上，PE 细胞均占绝对优势，平均占 83% ~93%；PC 细胞最少，平均仅占 0 ~6%。在碳生物量方面，PE 细胞贡献率大大降低（平均为 52% ~74%）。

2）垂直分布

从断面分布中可明显地看出，1998 年冬季，北部断面，PC 细胞所占比例由大陆近岸测站向台湾岛测站明显减少，PE 细胞则是中间测站较高。

2007 年春季，聚球藻丰度的平均值在表层、10 m 层、30 m 层和底层分别为 2.31×10^7 cell/L、2.32×10^7 cell/L、1.81×10^7 cell/L 和 1.62×10^7 cell/L，表层约是底层的 1.5 倍。聚

球藻丰度由表至底先增后减,真光层上丰度值较高,真光层以下出现明显低值。

2007 年秋季,聚球藻丰度的平均值在表层、10 m 层、30 m 层和底层分别为 1.03×10^7 cell/L、1.14×10^7 cell/L、1.01×10^7 cell/L 和 7.01×10^7 cell/L。随着从近岸向陆架方向推进,聚球藻分布的深度逐渐加深直至 80 m。近岸冲淡水影响区,其最大值出现在表层;而在冲淡水边缘区,最大值出现在 10 m 处。当真光层深度大于 10 m 时,聚球藻丰度才能超过 1×10^7 cell/L。

2007 年冬季,聚球藻丰度的平均值在表层、10 m 层、30 m 层和底层分别为 6.0×10^6 cell/L、5.8×10^6 cell/L、5.4×10^6 cell/L 和 3.9×10^6 cell/L,表层平均值是底层的 1.5 倍。聚球藻丰度由表至底逐渐降低,跃层上丰度值较高。

15.1.2 微微型光合真核生物(*Picoeukaryotes*,*Euk.*)

15.1.2.1 长江口

2007 年秋季,长江口及其毗邻水域微微型光合真核生物丰度平均值为 2.62×10^6 cell/L($0.144 \times 10^6 \sim 9.34 \times 10^6$ cell/L),高值区同样出现在光和营养盐的权衡区(图 15.10)。

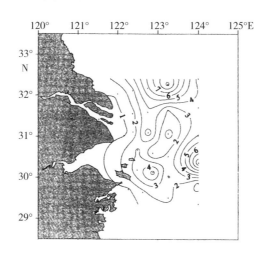

图 15.10 2004 年秋季表层微微型光合真核生物丰度的分布 ($\times 10^6$ cell/L)(Pan, et al, 2007)

15.1.2.2 象山港

1992 年冬季,微微型光合真核生物空间分布较为均匀,丰度范围为 $1 \times 10^5 \sim 1 \times 10^6$ cell/L,港口部稍高,港中、顶部略低;1992 年夏季,微微型光合真核生物丰度范围为 $0.5 \times 10^6 \sim 3.0 \times 10^6$ cell/L,分布也较为均匀,港口部稍高于港中、顶部。微微型光合真核生物丰度为夏季(1.61×10^6 cell/L)高于冬季(0.37×10^6 cell/L)。周日连续观测表明,微微型光合真核生物丰度的周日变化与潮汐和悬浮体浓度明显相关,波动范围为 $0.4 \times 10^6 \sim 2.4 \times 10^6$ cell/L,且在由高潮向低潮转变时出现低谷。水温、悬浮体浓度和光的可利用率是制约微微型光合真核生物的主要因子(图 15.11)。

15.1.2.3 台湾海峡

1)水平分布

1997 年夏季,微微型光合真核生物丰度高值区位于海峡南部近岸(6.6×10^{10} cell/m³);

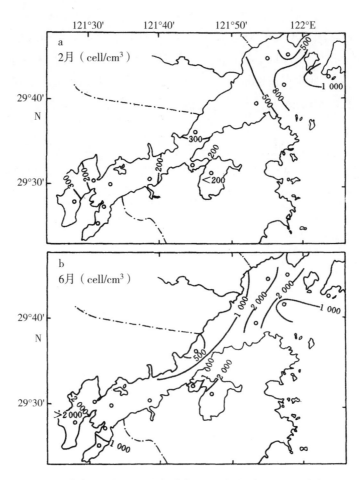

图 15.11　象山港表层微微型光合真核生物的丰度与分布 1992 年冬季（a）和夏季（b）（宁修仁等，1997）

1998 年冬季，微微型光合真核生物丰度高值区位于海峡中部（$0.9 \times 10^{10} \sim 1.5 \times 10^{10}$ cell/m³）和台湾岛北部海域（1.1×10^{10} cell/m³）；1998 年夏季，微微型光合真核生物丰度高值区位于台湾岛的北部海域（2.5×10^{11} cell/m³）和海峡南部的南侧海域（$2.1 \times 10^{11} \sim 2.4 \times 10^{11}$ cell/m³）。微微型光合真核生物丰度高值出现在台湾海峡中部和台湾岛北部海域，原因是受到黑潮水输入带来的高温影响。温度是调节微微型光合真核生物分布的重要因子，尤其是在冬季。微微型光合真核生物丰度的周日变化表明不同的环境因子控制了不同深度微微型光合真核生物丰度的变化。

2007 年春季，微微型光合真核生物丰度的平均值为 4.80×10^6 cell/L（$1.00 \times 10^5 \sim 6.07 \times 10^7$ cell/L）。从大陆至台湾岛方向上看，南部靠外海一侧丰度值小于 1.00×10^6 cell/L，各层大部分海域微微型光合真核生物分布比较均匀；中部的分布呈斑块形分布，无规律可循；北部海域表层、10 m 层相对均匀，30 m 层和底层台湾岛一侧稍大于大陆一侧。从南北方向上看，微微型光合真核生物分布总体呈北高、中次、南低的分布趋势。相对高值均集中于北部；中部明显低于北部；南部最低，整个海域各层均低于 5.00×10^6 cell/L。北部高值区温度高于周边，营养盐适中，非常适合微微型光合真核生物的生长，而南部由于营养盐浓度过低，无法满足浮游植物的正常生长，微微型光合真核生物丰度急剧下降（图 15.12）。

2007 年秋季，微微型光合真核生物丰度平均值为 5.96×10^6 cell/L（$5.00 \times 10^5 \sim 1.27 \times 10^7$ cell/L）。从大陆至台湾岛方向上看，南部海域表层、10 m 层、30 m 层出现两侧高，中间低的分布状况，底层则呈现由近岸向远岸逐渐降低的趋势；中部表层和 10 m 层近岸有一块小

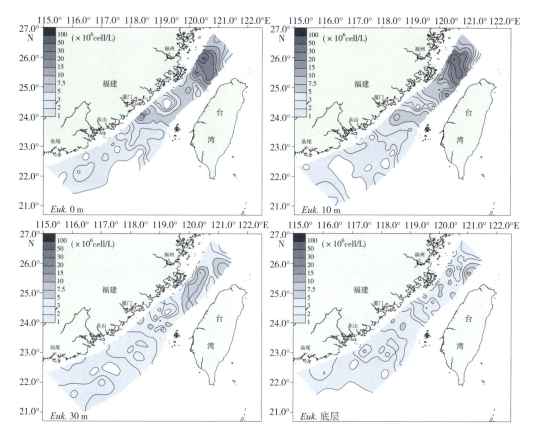

图 15.12　2007 年春季台湾海峡微微型光合真核生物丰度的平面分布

资料来源：我国近海海洋生物与生态调查研究报告

于 5.00×10^6 cell/L 的相对低值区，随着深度的增加范围逐渐扩大；北部海域除在靠台湾岛一侧有一小块高于 1.00×10^7 cell/L 的区域外，其余范围均小于 7.5×10^6 cell/L。从南北方向上看，微微型光合真核生物分布呈南高、中次、北低的分布趋势。整个调查海域的相对高值均集中于南部海域的两侧：靠大陆一侧可能是受粤东径流的影响，而靠台湾岛一侧则很可能由台湾暖流引起。微微型光合真核生物丰度除了温度以外，水体的透明度在河口区域对浮游植物的生产力也表现出了显著的制约作用。闽江冲淡水一方面给调查海域输入了大量的营养盐，为其邻近水体的浮游植物的生长提供了充足的营养盐；而另一方面，冲淡水也带来了大量的颗粒悬浮物质，限制了浮游植物对光强的需求（图 15.13）。

2007 年冬季，微微型光合真核生物丰度平均值为 2.4×10^5 cell/L。在南北方向上分布呈南高、中次、北低的状况。高值区位于台湾浅滩附近以及南海以北海域，低值区分布在金门以东以及南澎列岛一带。南部的高值明显是受了南海暖水的影响，而北部的低值则可能是自北向南流入台湾海峡的低温、低盐、高营养盐的浙、闽沿岸水引起的。底层由于光线较弱，无法满足浮游植物的正常生长，微微型光合真核生物丰度急剧下降（图 15.14）。

在个体丰度上，微微型光合真核生物细胞平均占 7% ~ 11%；在碳生物量方面，微微型光合真核生物所占比例平均为 26% ~ 44%，这主要是由于微微型光合真核生物细胞较大（1~3 μm，平均大于 2 μm）。1998 年夏季，微微型光合真核生物对碳生物量的贡献达 28%。

2）垂直分布

从断面分布中可明显地看出，1998 年冬季，北部断面的微微型光合真核生物丰度以近岸

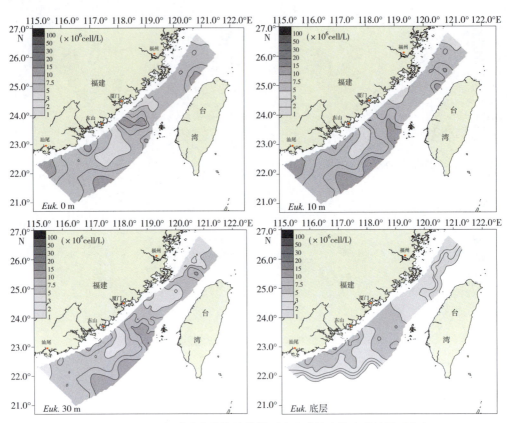

图 15.13　2007 年秋季台湾海峡微微型光合真核生物丰度的平面分布

资料来源：我国近海海洋生物与生态调查研究报告

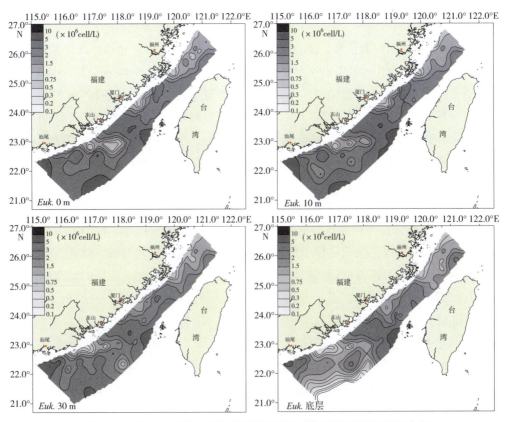

图 15.14　2007 年冬季台湾海峡微微型光合真核生物丰度的平面分布

资料来源：我国近海海洋生物与生态调查研究报告

两侧较高。

2007 年春季，微微型光合真核生物丰度的平均值在表层、10 m 层、30 m 层和底层分别为 6.40×10^6 cell/L、6.53×10^6 cell/L、3.35×10^6 cell/L 和 2.91×10^6 cell/L。微微型光合真核生物丰度最高值集中于 10 m 层，几乎是底层最低值的 2.5 倍。从南北方向上看，中南部由表至底变化不明显，而北部随着水深的变化下降地较为剧烈。

2007 年秋季，微微型光合真核生物丰度的平均值在表层、10 m 层、30 m 层和底层分别为 6.63×10^6 cell/L、6.80×10^6 cell/L、6.22×10^6 cell/L 和 4.19×10^6 cell/L。微微型光合真核生物的垂直分布按水体的性质，可分为两类：一类是受冲淡水影响的近岸水体，营养盐含量高，透明度也相对较高，微微型光合真核生物丰度高，从表层至底层丰度逐渐降低；另一类是在陆架的营养水体中，其垂直分布上或表现为在水体混合层中没有明显差异的分布，或表现为水体次表层的高值分布。微微型光合真核生物最高值同样集中于 10 m 层，随着水深的变化下降得较为剧烈，在 80 m 以下光限制的影响最大。

2007 年冬季，微微型光合真核生物丰度的平均值在表层、10 m 层、30 m 层和底层分别为 2.5×10^6 cell/L、2.5×10^6 cell/L、2.4×10^6 cell/L 和 1.9×10^6 cell/L。从南北方向上看，由于整个台湾海峡中北部水深较浅，垂直混合良好，微微型光合真核生物丰度由表至底的丰度变化不大。

15.1.3　原绿球藻（*Prochlorococcus*，*Pro.*）

15.1.3.1　东海

1997 年冬季，原绿球藻水柱平均丰度变化范围从陆架混合水的 1×10^6 cell/L 到黑潮水的 5×10^7 cell/L，高值出现在高温低盐的黑潮及其邻近海域。原绿球藻往往夏季高于冬季，夏季的分布格局与冬季一致。原绿球藻的变化极大，冬季出现在暖流区域，沿岸带没有；夏季则多出现在陆架水中。

15.1.3.2　长江口

2007 年秋季，长江口及其毗邻水域原绿球藻丰度平均值为 11.3×10^6 cell/L（$0 \sim 210 \times 10^6$ cell/L），原绿球藻只存在于盐度大于 32.6 和悬浮体浓度小于 0.072 kg/m^3 的站位，高值区同样出现在光和营养盐的权衡区（图 15.15）。

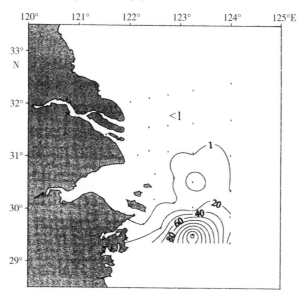

图 15.15　2007 年秋季表层原绿球藻丰度的分布（$\times 10^3$ cell/mL）（Pan，et al，2007）

15.1.3.3 台湾海峡

1）水平分布

2007 年春季，在南海外海区域及中北部靠台湾岛一侧检测到原绿球藻的分布，而在整个台湾浅滩附近及福建近岸均没有发现它的存在。原绿球藻丰度平均值为 6.77×10^6 cell/L（$0 \sim 4.59 \times 10^7$ cell/L）。高值区位于中部的澎湖列岛以北海域，低值区位于南部和北部靠大陆一侧。整个台湾海峡近岸几乎没有，越靠近外海丰度值越高。在南端水深超过 150 m 的站点并没有发现原绿球藻的存在，而其相对高值区域出现在南部的中间位置（图 15.16）。

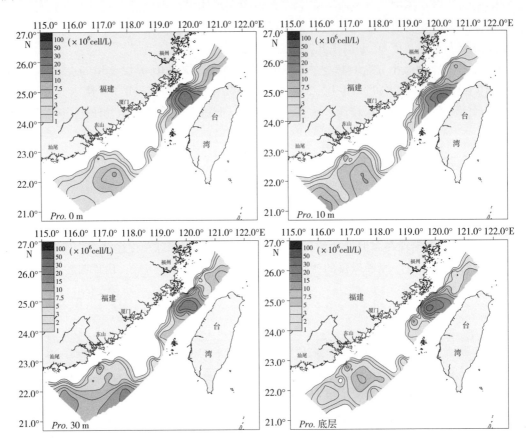

图 15.16　2007 年春季台湾海峡原绿球藻丰度的平面分布

资料来源：我国近海海洋生物与生态调查研究报告

2）垂直分布

2007 年春季，原绿球藻丰度的平均值在表层、10 m 层、30 m 层和底层分别为 6.73×10^6 cell/L、7.25×10^6 cell/L、7.14×10^6 cell/L 和 6.00×10^6 cell/L。原绿球藻细胞丰度在 10 m 层最高，30 m 层略低于 10 m 层，底层最低。在真光层以下仍能发现原绿球藻的大量分布，但超过 150 m 则难以生存。

15.2　东海微、小型浮游植物种类组成、主要类群、丰度分布

东海浮游植物的研究是从 20 世纪 50 年代开始的。东海海域包括台湾海峡南端、福建和

浙江南部沿岸、舟山群岛和长江口外海，该海域的特点是具有亚热带性，长江冲淡水、自南面向东北入侵东海的黑潮和台湾暖流对这一海域都有较大的影响，其径流和流量变化直接影响着我国的气候变迁和渔业生产，对东海的营养盐通量的补充也有重要作用，并对浮游植物的物种组成、丰度变化和群集产生很大影响，该海域已经成为陆海相互作用研究的重点区域。

由于东海浮游植物历史资料多为网采样品分析结果，对物种和细胞丰度的测算属于半定量的，因此本节不作过多讨论。限于有限资料，本节只详细描述 2004—2005 年在长江口及邻近东海水域的微、小型浮游植物物种组成及分布情况。

15.2.1　物种组成和主要类群

目前多采用 Utermöhl 方法研究长江口及其邻近水域的浮游植物群落特征。2004 年和 2005 年调查共鉴定浮游植物 163 种（含变种、变型），其中硅藻门 54 属 114 种，甲藻门 17 属 39 种，绿藻门 2 属 4 种，金藻门 2 属 3 种及蓝藻门 3 属 3 种。硅藻和甲藻占物种数量的比例分别为 69.1% 和 24.2%，是调查区主要的浮游植物类群。温带近岸性物种是研究水域浮游植物的主要生态类型，暖水性物种和大洋性物种所占比例较小。浮游植物的物种组成、细胞丰度及多样性指数在区域上和季节上都表现出明显的差异，形成复杂的时空分布格局。下面分别介绍不同季节长江口及其邻近水域浮游植物群落的物种组成及优势物种（何青，2005；栾青杉等，2007；栾青杉，2007）。

顾新根对东海对马渔场进行调查，共发现浮游植物 120 种，其中硅藻的种数和数量最多，是浮游植物总量分布的主要成分；甲藻类数量较少，无明显的优势种出现，但种数多达 40 种，仅次于硅藻，而且多为热带外洋性种，其中不少种类可作为对马暖流的指示种。调查期间在数量上占有一定地位的种类有洛氏角毛藻、圆筛藻、掌状冠盖藻、小环毛藻、刚毛根管藻、短刺角毛藻等几种；而日本川田原裕发现，冬季对马暖流水域以短角弯角藻和北方劳德藻为主要物种。金海卫等（2005）在夏季浙江沿岸水域调查时，鉴定出浮游植物常见的为硅藻和甲藻，并且多为沿岸广布种和偏暖、暖水种；其中硅藻占绝对优势，共有 52 属 218 种，甲藻次之，共 13 属 50 种，优势物种为角毛藻属、菱形藻属和中肋骨条藻。

东海陆架海域浮游植物的群集也具有类似的特征，2006 年秋季调查发现，浮游植物 4 门 64 属 145 种（包括未定名种），其中硅藻是该调查海区浮游植物的主要功能群，其次为甲藻。主要的优势种为菱形海线藻、圆海链藻、丹麦细柱藻、斯氏几内亚藻、尖刺伪菱形藻和铁氏束毛藻等。物种以广温、广布型为主，受台湾暖流和黑潮北上的影响，部分外洋暖水性种也有出现，如菱软几内亚藻、培氏根管藻、异角角毛藻、密聚角毛藻、太阳漂流藻、霍氏半管藻、科氏角藻和鸟尾藻等。受长江径流的影响，在长江口区域较常出现中肋骨条藻和具槽帕拉藻（王丹等，2008a）。

15.2.2　空间分布

15.2.2.1　夏季浮游植物及其主要类群细胞丰度的空间分布

1）细胞丰度的垂直分布

夏季浮游植物总细胞丰度的 95.18 % 由硅藻贡献，因此其分布格局受硅藻控制，两者具一致的垂直分布：细胞丰度在表层最高，至 5 m 层略有升高，5 m 以深持续降低，但降幅趋缓。甲藻细胞丰度的高值出现在 5 m 层和 10 m 层，但 5 m 层波动较大；整体而言，细胞丰度自表层向下逐渐升高，10 m 以深逐渐降低（图 15.17）。

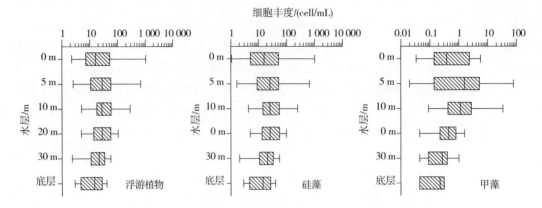

图 15.17　夏季浮游植物、硅藻和甲藻细胞丰度的分层特征

2）细胞丰度的平面分布

调查水域表层浮游植物及其主要类群细胞丰度的平面分布示于图 15.21。表层浮游植物总细胞丰度介于 2.24～1 029.20 cell/mL，平均为（87.76±200.92）cell/mL。口门外北侧 122.0～122.5°E 水域出现显著的细胞丰度高值区，同时出口门向东南存在 1 个次高值区：这可能与长江冲淡水的双向扩展有关。表层硅藻细胞丰度介于 1.06～1 024.62 cell/mL，平均为（86.06±200.37）cell/mL，其平面分布与浮游植物高度一致。表层甲藻细胞丰度介于 0.00～5.73 cell/mL，平均值仅为（1.17±1.56）cell/mL；甲藻在口门外也形成南北 2 个高值区，但其位置较硅藻向外海方向东移，表现出 2 个类群对不同环境的适应。表层绿藻细胞丰度高于甲藻，变化范围为 0～2.33 cell/mL，平均为（0.47±0.69）cell/mL；绿藻仅分布在盐度低于 20 的 122.5°E 以西水域，其高值区位于口门附近。

3）优势物种细胞丰度的空间分布

夏季优势浮游植物中肋骨条藻和细长翼鼻状藻的空间分布示于图 15.18 和图 15.19。表层中肋骨条藻的细胞丰度介于 0.00～997.82 cell/mL，平均值为 64.48 cell/mL；其高值分布与浮游植物和硅藻基本吻合，位于口门外近岸的南北两侧（图 15.18），122.5°E 以东细胞丰度迅速降低。中肋骨条藻在断面Ⅰ丰度较高，高值区位于近口门的水体上层，呈明显的分层现象；在断面Ⅱ丰度较低，仅在 22 号站形成高值区，高值区外细胞丰度低于 10.00 cell/mL。表层细长翼鼻状藻细胞丰度介于 0.00～140.71 cell/mL，平均值为 12.46 cell/mL；其与中肋骨条藻呈相嵌分布，细胞丰度在近岸很低，而在 122.5°E 以东的高盐区出现南北 2 个高值区，这可以解释浮游植物在外海形成的细胞丰度次高值区。冲淡水断面的细胞剖面也呈现层化的特征，在外海区高值出现在表层，而在调查水域中部高值出现在中下层，这可能与该种随外海高盐水楔入冲淡水下方有关。

15.2.2.2　秋季浮游植物及其主要类群细胞丰度的空间分布

1）细胞丰度的垂直分布

浮游植物总细胞丰度在表层最高，表层至 10 m 层明显降低，10 m 以深变化很小。硅藻细胞丰度在表层最高，至 5 m 层即降至 10.00 cell/mL 以下，5 m 以深细胞丰度的波动较小。甲藻细胞丰度在表层和 5 m 层较高，随深度增加而降低，10 m 以深降幅趋小（图 15.20）。

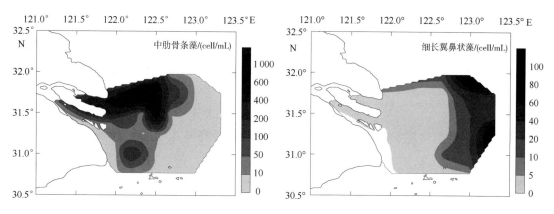

图15.18 夏季表层中肋骨条藻和细长翼鼻状藻细胞丰度的平面分布

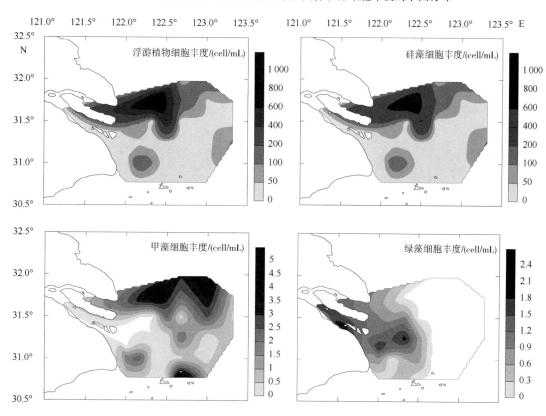

图15.19 夏季浮游植物及其主要类群表层细胞丰度的平面分布

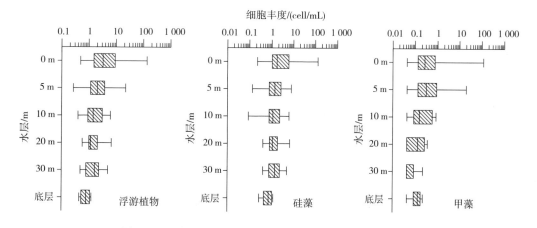

图15.20 秋季浮游植物、硅藻和甲藻细胞丰度的分层特征

2）细胞丰度的平面分布

调查水域表层浮游植物及其主要类群细胞丰度的平面分布示于图 15.21。表层浮游植物总细胞丰度介于 0.49 ~ 133.38 cell/mL，平均为（12.18 ± 29.60）cell/mL。总细胞丰度在调查区南部的近口门处和外海区形成 2 个高值区；此外，调查区中部还存在 1 个次高值区；口门以西及调查区北部细胞丰度较低。表层硅藻细胞丰度介于 0.22 ~ 128.84 cell/mL，平均为（7.84 ± 21.50）cell/mL；高值区位于调查区南部的近口门处，而在调查区中部和东南部形成 2 个次高值。表层甲藻细胞丰度介于 0.04 ~ 115.33 cell/mL，平均值为（4.57 ± 20.64）cell/mL，与硅藻相当；其高值区位于调查区东南部，在调查区中部存在 1 个次高值区；甲藻在近口门的硅藻细胞丰度高值区没有分布。表层绿藻细胞丰度变化范围为 0.00 ~ 3.02 cell/mL，平均为（0.24 ± 0.72）cell/mL；仅在低盐区出现，其细胞丰度沿冲淡水方向递减。

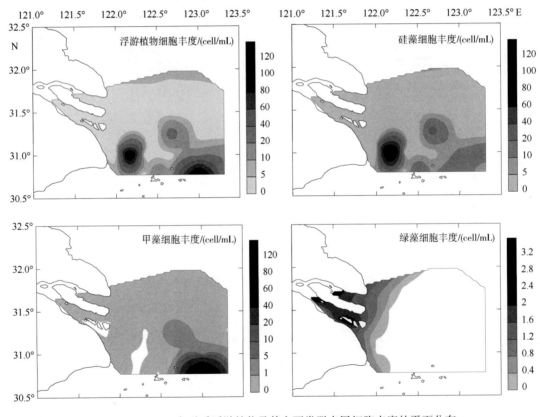

图 15.21　2004 年秋季浮游植物及其主要类群表层细胞丰度的平面分布

3）优势物种细胞丰度的空间分布

秋季优势浮游植物中肋骨条藻、具槽帕拉藻和菱形海线藻的空间分布示于图 15.22。表层中肋骨条藻的细胞丰度介于 0.00 ~ 127.47 cell/mL，平均值为 6.30 cell/mL；其分布范围较夏季明显缩小，在调查区东北部未见分布；其高值区和次高值区与硅藻的相吻合。中肋骨条藻仅在较浅水层出现细胞丰度高值，在外海区中下层的高盐水中未见分布。表层具槽帕拉藻细胞丰度介于 0.00 ~ 4.89 cell/mL，平均值为 0.54 cell/mL；与中肋骨条藻呈相嵌分布，细胞丰度在调查区北部形成高值；冲淡水断面 I 的具槽帕拉藻细胞丰度远高于断面 II，并在断面 I 外海侧的近底层出现显著的高值分布。表层菱形海线藻细胞丰度 0.00 ~ 1.07 cell/mL，平均仅为 0.14 cell/mL；其分布范围很小，在调查区的中部、南部和东部的水体上层出现细胞丰度的高值分布。此外，调查区东南表层出现了闪光原甲藻和锥状施克里普藻的细胞丰度高值，丰度值分别为 83.33 cell/mL 和 28.19 cell/mL。

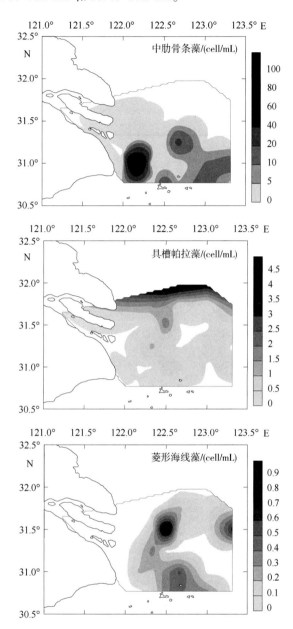

图 15.22　2004 年秋季表层中肋骨条藻、具槽帕拉藻和菱形海线藻细胞丰度的平面分布

15.2.2.3　冬季浮游植物及其主要类群细胞丰度的空间分布

1）细胞丰度的垂直分布

浮游植物总细胞丰度最大值出现在表层，5 m 层大幅降低，5 m 以深垂直分布较为均匀；硅藻细胞丰度的垂直分布与浮游植物的一致；甲藻细胞丰度最大值也出现在表层，5 m 层至底层细胞丰度较低且变化较小（图 15.23）。硅藻是冬季浮游植物的最优势类群，因此其分布决定了后者的垂向特征。

2）细胞丰度的平面分布

调查水域表层浮游植物及其主要类群细胞丰度的平面分布示于图 15.24。表层浮游植物

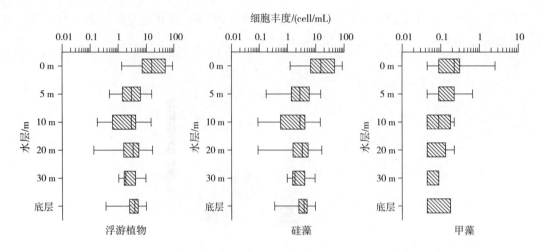

图 15.23　2005 年冬季浮游植物、硅藻和甲藻细胞丰度的分层特征

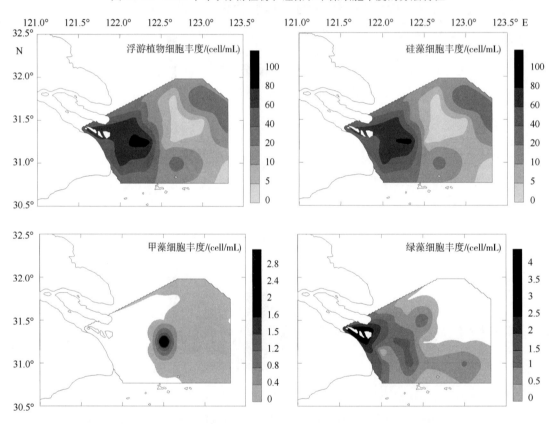

图 15.24　2005 年冬季浮游植物及其主要类群表层细胞丰度的平面分布

细胞丰度介于 1.33～89.60 cell/mL，平均为（27.72±26.95）cell/mL。浮游植物密集区位于近口门水域，细胞丰度均超过 50.00 cell/mL；此外，调查区东北部形成 1 个细胞丰度次高值区。细胞丰度在调查区中部形成低值分布，大多低于 10.00 cell/mL，浮游植物较为稀少，最小值出现在调查区的东南部。浮游植物总细胞丰度在近口门高、外海低，与长江口浑浊带浮游植物细胞丰度在枯水期形成高值的报道相一致（顾新根等，1995a，1995b）。表层硅藻细胞丰度介于 1.24～87.02 cell/mL，平均为（26.35±25.78）cell/mL；硅藻贡献了绝大部分的浮游植物总细胞丰度，二者分布一致。表层甲藻细胞丰度介于 0.00～2.53 cell/mL，平均值仅为（0.18±0.43）cell/mL；仅分布于 122.5°E 以东水域，细胞丰度大多低于 0.50 cell/mL。表层绿藻的细胞丰度较甲藻为高，介于 0～4.13 cell/mL，平均为（0.68±0.92）cell/mL；绿

藻分布在盐度低于30的水域，细胞丰度高值区位于口门内，沿冲淡水向东南扩展，其分布与冲淡水影响范围基本一致。

3）优势物种细胞丰度的空间分布

冬季表层中肋骨条藻的细胞丰度介于 0.00~58.76 cell/mL，平均值为 12.64 cell/mL；其高值区位于近口门水域（图15.25），基本与硅藻和浮游植物高值区的位置重合，但高值分布较浅，表层以下细胞丰度迅速降低；随着冲淡水与外海水的混合稀释，中肋骨条藻在外海区细胞丰度较低，且仅分布于 10 m 以浅水层，在下层高盐水中没有分布。表层具槽帕拉藻细胞丰度介于 0.00~20.49 cell/mL，平均值为 3.00 cell/mL；与中肋骨条藻不同，其高值区位于外海区的东北部，与硅藻和浮游植物总细胞丰度的次高值区相吻合；在垂直方向，具槽帕拉藻高值区可扩展到较深的水层，在东南部的底层水体也可形成较高的细胞丰度。综上可见，中肋骨条藻和具槽帕拉藻分别在近口门处和外海区决定了浮游植物的分布格局。

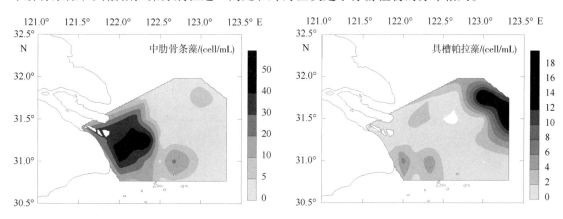

图 15.25　2005 年冬季表层中肋骨条藻和具槽帕拉藻细胞丰度的平面分布

15.2.2.4　春季浮游植物及其主要类群细胞丰度的空间分布

1）细胞丰度的垂直分布

浮游植物总细胞丰度自表层至 10 m 层降低迅速，10 m 以深降幅较小。硅藻细胞丰度最高值出现在表层，0 m 以深丰度随深度增加而迅速降低，20 m 以深各水层丰度差异很小。甲藻细胞丰度在 10 m 以浅变化很小，自 20 m 层开始明显降低（图15.26）。

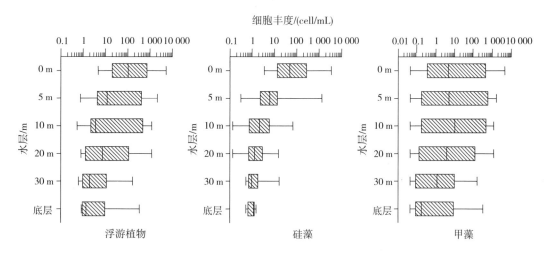

图 15.26　春季浮游植物、硅藻和甲藻细胞丰度的分层特征

2）细胞丰度的平面分布

调查水域表层浮游植物及其主要类群细胞丰度的平面分布示于图15.27。表层浮游植物细胞丰度介于4.71 ~ 5 295.56 cell/mL，平均值为（902.31 ± 1 480.22）cell/mL；122.5°E以东水域形成浮游植物总细胞丰度高值区，高值中心位于调查区东北部和东南部，现场呈现水华暴发的特征；口门附近水域浮游植物细胞丰度相对较低。表层硅藻细胞丰度变化范围3.55 ~ 3 485.84 cell/mL，平均值为（388.41 ± 847.79）cell/mL；2个高值区位于调查区东部，但与浮游植物高值中心相比，北部的偏西北，南部的偏东南；口门附近水域硅藻细胞丰度相对较低。表层甲藻细胞丰度介于0.00 ~ 4 536.18 cell/mL，平均值为（513.31 ± 1 079.62）cell/mL；甲藻在122.5°E以西水域细胞丰度较低；在调查区东部形成高值分布，位置与硅藻的类似，但3个高值中心不与其重合。与硅藻和甲藻相比，表层绿藻细胞丰度非常低，0.00 ~ 4.00 cell/mL，平均仅为（0.35 ± 0.79）cell/mL；绿藻仅在122.5°E以西的低盐水域出现，在口门内形成细胞丰度高值区。

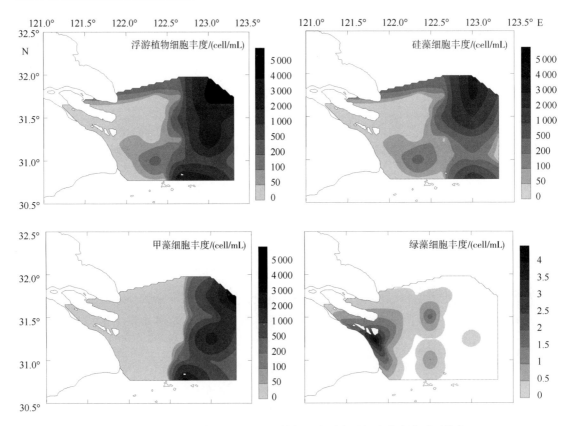

图15.27　2005年春季浮游植物及其主要类群表层细胞丰度的平面分布

3）优势物种细胞丰度的空间分布

春季浮游植物的优势物种包括中肋骨条藻、米氏凯伦藻和具齿原甲藻，其细胞丰度的空间分布示于图15.28。表层中肋骨条藻的细胞丰度介于0.00 ~ 3 366.73 cell/mL，平均值为319.46 cell/mL；细胞丰度在近口门水域较低；高值区位于调查区的东北部的浅层水体，10 m以深丰度值即降至10.00 cell/mL以下；在调查区的东南部，只出现在10 m以浅水层，在较深的高盐水中没有分布。米氏凯伦藻和具齿原甲藻的分布范围较小，在122.5°E以西水体中均无分布，但在调查区东部形成显著的细胞丰度高值区，向下扩展到30 m水层；二者在表层的细胞丰度分别介于 0.00 ~ 4 492.54 cell/mL、0.00 ~ 2 411.67 cell/mL，平均值分别为 320.69 cell/mL、118.54 cell/mL。

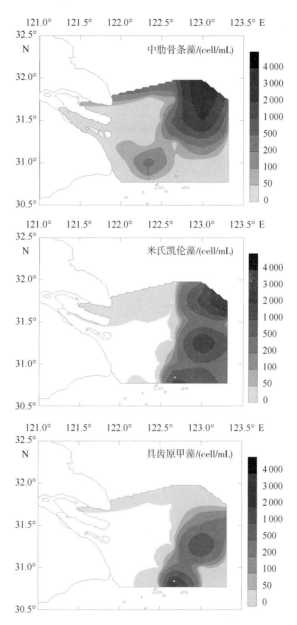

图 15.28 2005 年春季表层中肋骨条藻、米氏凯伦藻和具齿原甲藻细胞丰度的平面分布

15.2.2.5 小结

调查水域浮游植物、硅藻、甲藻和绿藻细胞丰度的季节变化示于图 15.29。浮游植物细胞丰度在春季最高，夏季次之，冬季较低，秋季最低；硅藻细胞丰度的季节变化与浮游植物的一致，但春、夏季细胞丰度的差别明显减小；甲藻的细胞丰度在春季显著高于其他季节，夏季次之，秋、冬季甲藻在大部分站位细胞丰度低于 1.00 cell/mL，冬季最低；绿藻细胞丰度在夏季最高，其他季节差异很小。

表层浮游植物细胞丰度的平面分布呈现明显的季节模式，细胞丰度高值区夏季出现在口门外近岸的调查区北部，秋季出现在口门外的调查区南部，冬季集中到口门附近，春季又东移至调查区的东部；但基本上，沿冲淡水方向浮游植物细胞丰度呈现"低 – 高 – 低"的趋

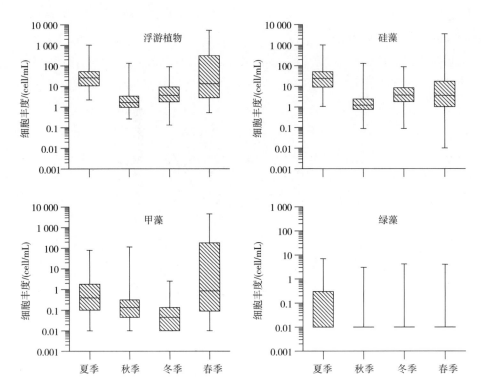

图 15.29　2004—2005 年长江口及其邻近水域浮游植、硅藻、甲藻和绿藻细胞丰度的季节变化

势，与历史资料相吻合（沈新强和胡方西，1995），表层浮游植物细胞丰度高值区的变动可能受长江径流和冲淡水过程季节变化的影响（吴玉霖等，2004）。垂直方向上，浮游植物主要分布在冲淡水控制的水体上层，在水体垂向均匀的外海水域，浮游植物细胞丰度的波动较小。

　　硅藻对浮游植物总细胞丰度的贡献最大，特别是在夏季和冬季，其对浮游植物空间分布的影响远远超过甲藻及其他浮游植物类群；秋季和春季，甲藻细胞丰度升高，对浮游植物空间分布的影响逐渐显现；绿藻在四个季节细胞丰度均很低，但其分布可以在一定程度上反映长江冲淡水强弱的变化。中肋骨条藻是长江口及其邻近水域全年的优势物种，主要出现在长江冲淡水区域，其分布能在很大程度上影响调查水域硅藻甚至是浮游植物整体的空间格局，并可反映长江口冲淡水过程的季节变动（王金辉，2002）。此外，季节性优势物种能在不适宜中肋骨条藻生长的高盐环境形成高值分布，与其共同影响浮游植物的空间分布格局，增加了调查水域浮游植物群落的复杂性。

15.2.3　时间变化

15.2.3.1　季节变化

　　东海浮游植物总丰度有明显的季节分布，罗民波等（2007）对 1997—2000 年东海海域海洋调查，结果表明，秋季总丰度达到四季最高峰，平均丰度为 211.91×10^4 cell/mL，夏季次之，平均丰度为 50.40×10^4 cell/mL，冬季平均丰度为 11.34×10^4 cell/mL，春季最低，平均丰度为 2.01×10^4 cell/mL。春夏季东海近海高于外海，秋冬季东海北部外海高于近海，南部近海高于外海。冬季的主要优势种为洛氏角毛藻和细弱海链藻，春季的主要优势种为洛氏角毛藻和夜光藻，夏季以拟弯角毛藻和细长翼根管藻为主要优势种，秋季优势种仅为聚生角毛藻。温度是影响东海浮游植物总丰度季节分布的主要因子，盐度是次要因子。洛氏角毛藻和中华齿状藻生长温度幅度较大，可以在12～28℃水温生长繁殖，因而春、夏和冬季都成为优势种。中肋骨条藻适合生长的水温范围都较小，仅为22～28℃。聚生角毛藻更小，仅21～25℃。洛氏角毛藻和中华齿状藻生长温盐度和高分布区温盐度范围比聚生角毛藻和中肋骨条藻都广，而秋季数量却低于聚生角毛藻。

对长江口及其邻近海域的研究较多（郭玉洁等，1982，1992；李瑞香等，1985）。下面从物种形态分类和生态分布习性方面介绍长江口及其邻近海域浮游植物群落的季节变化特征。

夏季硅藻门在物种丰富度上占优势；其次为甲藻门，绿藻门、金藻门和蓝藻门物种数量较少。中肋骨条藻是夏季的最优势物种，为低温广盐性物种，以内湾、河口及受径流影响海区的数量为高（金德祥等，1965）；其次是细长翼鼻状藻，为大洋性物种，二者的优势度远高于其他物种。优势度较高的物种多为硅藻，其次为甲藻，而绿藻门的单角盘星藻优势度也较高。秋季硅藻门仍占据优势，较夏季有所降低。调查水域的浮游植物优势物种包括中肋骨条藻、具槽帕拉藻、菱形海线藻和亚历山大藻等；其中具槽帕拉藻为沿岸底栖性物种，但风浪大时可大量出现在浮游生物中，特别是秋冬季，受季风影响在外海风浪多的区域能形成季节性优势种。与夏季相比，中肋骨条藻的优势度大幅降低，硅藻物种仍占据较高的优势度，但甲藻物种有所增加，而蓝藻门的铁氏束毛藻也呈现了较高的优势度。

调查水域的浮游植物优势物种包括米氏凯伦藻、中肋骨条藻、具齿原甲藻和柔弱伪菱形藻等；其中米氏凯伦藻和具齿原甲藻是近年来该水域频发的有害水华的主要原因物种（周名江等，2006）。优势度排名前20位的物种均为硅藻或甲藻，硅藻数量占优，而甲藻在优势度上占据上风。

综上可见，长江口浮游植物物种数量在夏季最高，冬季次之，秋季最低（图15.30）。硅藻在物种丰富度上占据优势，在冬季最为明显；甲藻也是调查水域重要的浮游植物类群，其物种数量在夏季和春季较高，在秋季和冬季较低；调查水域发现的绿藻、金藻和蓝藻物种数量较少，但在个别站位也可成为群落的优势物种。中肋骨条藻全年都具有较高的优势度，在夏、秋季更是调查水域的最优势物种；此外，还有季节性的优势物种，如夏季的细长翼鼻状藻，秋、冬季的具槽帕拉藻，春季的米氏凯伦藻和具齿原甲藻。在优势度上，硅藻是调查水域浮游植物的主要类群，而甲藻的优势度在春、秋季较为显著。

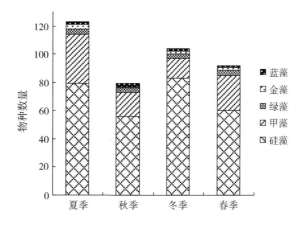

图15.30 2004—2005年长江口及其邻近水域浮游植物及其类群的物种数量

15.2.3.2　年际变化

根据周年调查结果，在东海长江口及其邻近海域，2004 年夏季时，浮游植物的细胞丰度介于 2.24 ~ 1 029.20 cell/mL，平均值为（57.84 ± 124.65）cell/mL；硅藻细胞丰度较高，甲藻和绿藻的细胞丰度较低。2004 年秋季，浮游植物的细胞丰度介于 0.26 ~ 133.37 cell/mL，平均值为（5.00 ± 16.10）cell/mL；主要类群为硅藻和甲藻，绿藻细胞丰度较低。2005 年冬季，浮游植物的细胞丰度介于 0.13 ~ 89.6 cell/mL，平均值为（10.03 ± 17.33）cell/mL；硅藻细胞丰度最高，其次为绿藻，甲藻细胞丰度最低。2005 年春季，浮游植物的细胞丰度介于 0.53 ~ 5 295.56 cell/mL，平均值为（361.81 ± 874.87）cell/mL；甲藻的细胞丰度超过硅藻，绿藻的细胞丰度最低。东海陆架海域硅藻是浮游植物的主要功能群。2006 年秋季此海域浮游植物细胞丰度为 0.09 ~ 35.11 cell/mL，平均值为 4.92 cell/mL。其中硅藻占浮游植物细胞丰度比例最大，丰度为 0.04 ~ 32.20 cell/mL，平均值为 4.32 cell/mL；其次为甲藻，其丰度为 0.04 ~ 0.44 cell/mL，平均值为 0.08 cell/mL；优势种菱形海线藻的丰度为 0.04 ~ 4.04 cell/mL，平均值为 0.41 cell/mL。

比较 2004 年夏季、秋季和 2005 年冬季、春季，浮游植物群落中均是硅藻门占物种丰富度的绝对优势。2005 年冬季甲藻门占物种总数的比例较夏、秋季大幅降低。具槽帕拉藻取代中肋骨条藻成为秋季的最优势物种，优势度显著高于其他物种；在优势度排名前 20 位的物种中硅藻占据绝对优势，此外仅有甲藻门的裸甲藻和绿藻门的四棘栅藻，但其优势度均较小。2005 年春季硅藻占物种总数的比例较冬季降低，而甲藻的比例明显升高，但仍低于夏季水平。

15.2.4　群落多样性

调查水域浮游植物群落多样性的季节变化见图 15.31。Margalef 丰富度指数的季节变化与群落物种丰富度的一致，在夏季最高，其次为冬季，再次为秋季，春季最低。Pielou 均匀度指数的季节变化与细胞丰度的相反，在秋季最高，其次为冬季，再次为春季，夏季最低；夏季和冬季浮游植物群落中硅藻特别是中肋骨条藻占据绝对的优势，而秋季和春季甲藻的物种数量和细胞丰度都有所升高，因而群落的均匀度秋季略高于冬季、春季略高于夏季。Shannon-Wiener 多样性指数综合了群落的物种丰富度和均匀度，在四个季节变化较小，夏、秋、冬季水平相近，春季略低。

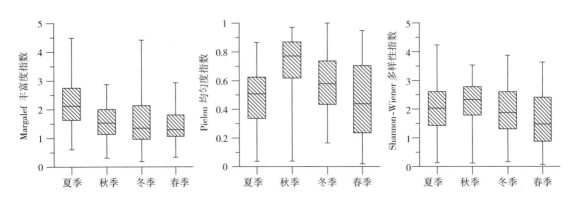

图 15.31　2004—2005 年长江口及其邻近水域浮游植物群落多样性的季节变化

除冬季 Margalef 丰富度指数在高细胞丰度区出现高值分布外，多样性指数在表层和冲淡水断面均与细胞丰度呈相嵌分布。在中肋骨条藻占绝对优势的近河口水域，浮游植物群落的物种丰富度和均匀度都较低，群落的结构较为简单。在调查区中部，盐度梯度较大的水域，物种丰富度和均匀度都较高，浮游植物群落结构较为复杂，多样性高。调查区东部受外海流系影响的水域，受营养盐限制浮游植物细胞丰度较低，优势物种对群落细胞丰度的贡献较小，群落具有较高的均匀度；即使在春季的细胞丰度极大值区，由于米氏凯伦藻、具齿原甲藻和中肋骨条藻的丰度相当，群落仍具有较高的均匀度，因而多样性较高。在垂直方向上，除冬季表层水体群落多样性较高外，其他季节在受外海高盐水控制的下层水体中浮游植物群落有较高的多样性。

15.3 基于光合色素的浮游植物类群组成

当前，在我国应用光合色素研究浮游植物类群组成与结构的研究处于起步阶段，数据积累和成果均较少，且主要集中在厦门港、台湾海峡、胶州湾和香港等近海港湾（王海黎等，2000；彭兴跃等，2002；Wong, et al, 2003；Yu, et al, 2007），在中国海应用光合色素方法研究浮游植物类群组成，目前见于报道的仅有日本学者 Furuya 等（2003）及厦门大学黄邦钦教授领导的研究组（曹振锐，2006；陈纪新，2006；胡俊，2009；Wang, et al, 2009；Liu, et al, 2011）等在东海、南海北部与西部、台湾海峡和南黄海的工作。

本章节主要介绍日本学者 Furuya 等（2003）在东海 PN 断面的研究成果（图 15.32）以及著者依托"973"项目获得的现场调查数据，分析东海浮游植物类群组成及其时空分布特征。

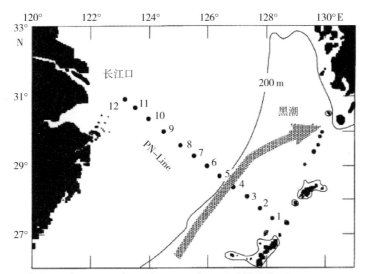

图 15.32　东海 PN 断面 1994 年 7 月和 1996 年 4 月采样站位（Furuya, et al, 2003）

15.3.1　空间分布

15.3.1.1　春季（1996 年 4 月，2008 年 4 月）

Furuya 等（2003）在 PN 断面的研究结果表明（图 15.32）：外陆架（黑潮区）区叶绿素 a 浓度相对都较低，在中陆架区存在较高的叶绿素 a 含量（2 μg/L），到了长江口近岸区，叶绿素 a 的浓度又降了下来。在近岸和中陆架水体中，硅藻的特征色素 – 岩藻黄素是最主要的光合色素，在中陆架的中上层水体中，岩藻黄素可达到 700 ng/L，远高于其他光合色素，从整个断面的分布模式来看，岩藻黄素和叶绿素 a 有很好的一致性。19′– 己酰基氧化岩藻黄素（19′-hexanoyloxy-fucoxanthin）是第二重要的光合色素，在中陆架区（PN – 7 测站）最大值可达到 202 ng/L，另外在此测站叶绿素 b 也出现 1 个高值区。由于在该测站样品中既没有检测到青绿藻素，也没有二乙烯基叶绿素 a（DV – Chl a），因此，较高的叶绿素 b 主要由绿藻和不含青绿藻素的青绿藻所贡献。甲藻的特征色素多甲藻素（Peridinin）在整个 PN 断面浓度较低，但是在长江口的 PN – 11 出现 1 个峰值，浓度达到 75 ng/L，表明甲藻主要分布在近岸海域。在外陆架（黑潮）区，最重要的光合色素是叶绿素 b、19′– 己酰基氧化岩藻黄素、二乙烯基叶绿素 a 和玉米黄素（Zeaxanthin）等。这些光合色素都是原绿球藻、蓝藻和定鞭金藻等超微型浮游植物的特征色素，因此该结果显示这些超微型浮游植物在黑潮区的优势地位。

CHEMTAX 计算的结果（图 15.33）证实光合色素的分布信息。在春季陆架区域，硅藻为最优势的类群，然后是绿藻、隐藻、金藻和定鞭金藻。硅藻在中陆架区域（PN – 8 测站）占到水柱积分叶绿素 a 生物量的 66.4%。这里的硅藻主要是以小型的硅藻种类占优势，其代表种为柔弱角刺藻，细胞数占到通过 Utermöhl 浮游植物计数法计数的 66%。其次是扁面角刺藻和尖刺拟菱形藻。

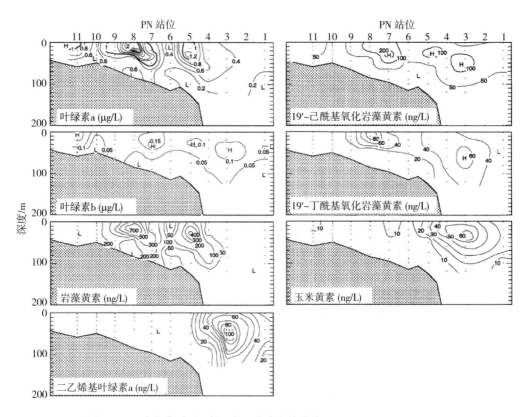

图 15.33　东海春季 PN 断面主要光合色素分布（Furuya, et al, 2003）

在长江口的 PN – 10 测站，硅藻贡献了 53.8% 的水柱积分生物量，主要以具槽帕拉藻 Paralia sulcata 为代表的大粒级的底栖硅藻为主，细胞数占到 Utermöhl 浮游植物计数法计数的 34% ~ 61%。在黑潮水系中没有绝对优势的类群，原绿球藻、金藻、定鞭金藻等为主要类群。在所有测站中甲藻和蓝藻是相对较小的类群，平均相对丰度小于 11%。在陆架和黑潮水中，硅藻、金藻、原绿球藻、定鞭金藻和蓝藻等都存在显著差异（$p < 0.01$），这指示着这两个水团浮游植物类群组成存在显著差异。

15.3.1.2　夏季（1994 年 7—8 月）

夏季叶绿素 a 最高值往往出现在长江口近岸，随深度增加往外陆架逐渐下降。

亚表层叶绿素 a 最大值现象往往容易观测到，在 PN 断面上亚表层的叶绿素 a 一般出现在 1% 光强处。岩藻黄素仍然与叶绿素 a 分布模式保持一致（图 15.34），最高值出现在长江口区域。垂直分布差异是夏季浮游植物光合色素分布的明显特征。在亚表层叶绿素 a 最大值以上的水体中，玉米黄素是浓度最高的光合色素，最大值出现在长江口外的东海近岸（PN – 11），而且在整个断面的中上层水体中保持着一定的浓度（ > 50 ng/L）。叶绿素 b、19′-己酰基氧化岩藻黄素和 19′ – 丁酰基氧化岩藻黄素是第二重要的光合色素，他们的最大值一般都出现在靠近亚表层叶绿素 a 最大值的水层。而多甲藻素、别藻黄素（Alloxanthin）在整个海域中的浓度都较低。

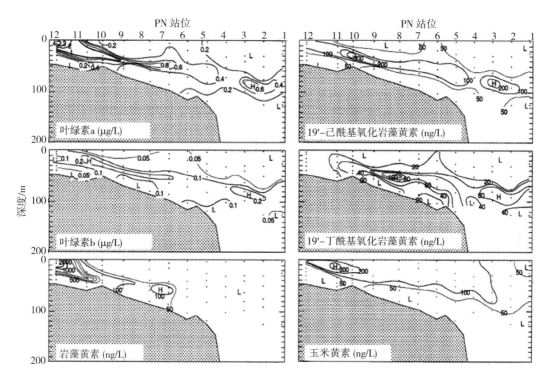

图 15.34　东海夏季 PN 断面主要光合色素分布（Furuya, et al, 2003）

CHEMTAX 结果（图 15.35）展示了硅藻仅在近岸测站（PN – 12）为优势类群，其优势度随水深增加往陆架及海槽迅速下降。从水平分布来看，各主要浮游植物类群在陆架及黑潮区的相对丰度都相对均衡，不存在绝对优势类群。微微型浮游植物类群的代表，蓝藻和原绿球藻在陆架及黑潮区贡献了相对较大的水柱积分生物量，从中陆架（PN – 5）的 47.5% 到陆坡黑潮区（PN – 2）的 59.9%。但是从垂直分布来看，在整个断面上蓝藻都是表层的绝对优势类群，其次是原绿球藻，贡献了 24% ~63% 的总叶绿素 a。蓝藻在表层的相对丰度随着深度增加向陆坡也逐渐升高，而在亚表层叶绿素 a 最大值层，原绿球藻、金藻和定鞭金藻的优势度也随着深度往陆坡逐渐明显。硅藻的相对丰度在陆架区的亚表层叶绿素 a 最大层也呈增加趋势。

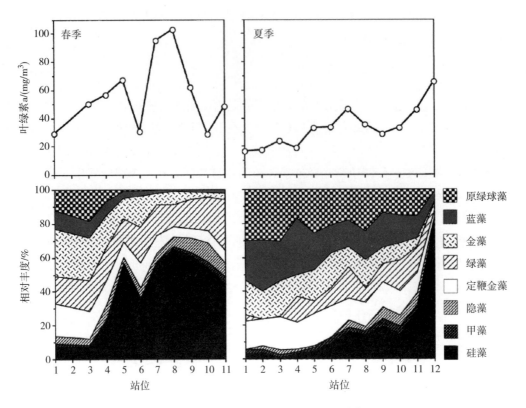

图 15.35 东海 PN 断面春季和夏季浮游植物类群相对丰度分布（Furuya, et al, 2003）

15.3.1.3 秋季（2006 年 11 月）

整体而言，秋季浮游植物光合色素和各主要类群和春季相类似（图 15.36）。岩藻黄素在秋季依然是浓度最高的光合色素，表层平均值达到 70 ng/L；其次是玉米黄素、叶绿素 b 和 19-己酰基氧化岩藻黄素，平均浓度分别为 37 ng/L，36 ng/L 和 24 ng/L。叶绿素 a 的高值区主要出现在长江口以外的中陆架区，在 2-3 测站的 40 m 层叶绿素 a 达到 2 000 ng/L；另外一处次高值区出现在台湾海峡北部，叶绿素 a 峰值为 600 ng/L。在外陆架区，叶绿素 a 均维持较低的水平，一般表层浓度在 100 ng/L 左右，在长江口外的测站叶绿素 a 也较低，但是在浙江近岸区域，叶绿素 a 浓度又相对较高，增加到了 500 ng/L。另外，垂直分布上的亚表层叶绿素 a 最大值现象在中陆架及外陆架区依然存在。在这样一种叶绿素 a 的空间分布模式下浮游植物光合色素表现出三种不同分布模式：第一类是以岩藻黄素为代表的近岸高值分布模式，包括多甲藻素、别藻黄素等，岩藻黄素在浙江近岸和台湾海峡北部近岸表层浓度都较高，分别达到 277 ng/L 和 155 ng/L，多甲藻素（甲藻的特征色素）最高值则出现在长江口外海区，表层浓度高达 106 ng/L；别藻黄素（隐藻特征色素）在浙江近岸测站和台湾海峡北部测站表层浓度也分别到达了 31 ng/L 和 41 ng/L。这些光合色素在近岸的浓度都显著高于中陆架区和外陆架黑潮区（$p < 0.01$）。第二类是 19′-己酰基氧化岩藻黄素和 19′-丁酰基氧化岩藻黄素，它们在中陆架区域（2-7、3-7）及 PN 断面的外陆架黑潮区都出现高值，表层浓度分别达到 76 ng/L 和 34 ng/L。第三类是，玉米黄素和二乙烯基叶绿素 a 高值区和黑潮水的影响范围有很好的一致性。玉米黄素在黑潮区的表层浓度能达到 200 ng/L 以上，而在其他区域一般都在 50 ng/L 以下，二乙烯基叶绿素 a 则更加明显，最高值出现在 PN 断面外陆架区域，浓度为 38 ng/L，而在中陆架和近岸区域都没有检测到二乙烯基叶绿素 a 的存在。

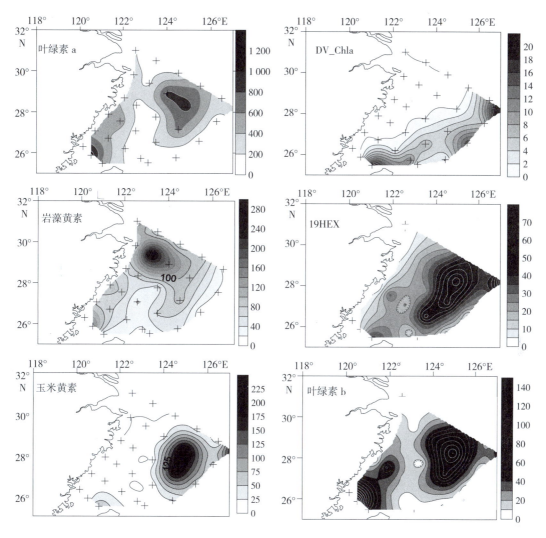

DV－叶绿素 a；二乙烯基叶绿素 a；19HEX；19′－己酰基氧化岩藻黄素

图 15.36　东海秋季表层主要光合色素的分布（μg/L）（Liu, et al, 2011）

CHEMTAX 的结果表明，近岸、中陆架和外陆架浮游植物类群组成存在显著差异（图 15.37）。长江口外测站以硅藻和甲藻占优势，在表层分别占到叶绿素 a 生物量的 47% 和 41%，其次是隐藻，相对丰度为 12%，其他类群都没有检测到。在近岸水体中，硅藻和甲藻的优势度相当明显，而在中陆架区域，总生物量增加的同时，硅藻仍然占到 40% 的生物量，但是甲藻下降到 4%，隐藻下降到 8%；取而代之的是定鞭金藻和金藻，分别占到 9% 和

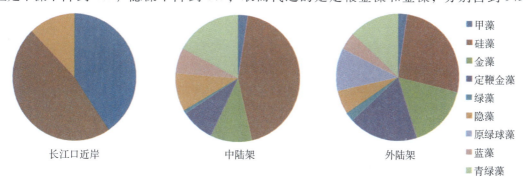

图 15.37　东海 11 月不同区域浮游植物相对丰度（Liu, et al, 2011）

17%，另外青绿藻的相对丰度也达到了19%。蓝藻也有了微量的分布2%。在黑潮水影响的外陆架测站，叶绿素a生物量迅速下降，同时硅藻的相对丰度也下降到了26%，隐藻降到6%，甲藻贡献很低（2%），青绿藻维持在13%贡献量，而定鞭金藻、金藻和蓝藻继续增加（18%、16%和5%），值得注意的是原绿球藻的相对丰度迅速增加到了11%。归纳起来，在黑潮水影响的区域以微微型浮游植物为优势，包括原绿球藻、蓝藻、金藻、青绿藻和定鞭金藻等。

15.3.1.4 冬季（2007年2月）

冬季叶绿素a高值区仍然主要分布在浙江外海（图15.38），在杭州湾南面测站的表层叶绿素a达到1 400 ng/L，但是最靠近岸边的各断面1号测站从现场采样情况来看，冬季垂直混合过于强烈，叶绿素a维持在500 ng/L左右，黑潮影响区仍保持寡营养盐大洋水特性，叶绿素a在200 ng/L以下。岩藻黄素依然是近岸和陆架区最重要的光合色素，表层浓度范围在4－155 ng/L，平均64 ng/L，远远高于叶绿素b和19′－已酰基氧化岩藻黄素的55 ng/L和29 ng/L。多甲藻素仅在叶绿素a最高的2个站位出现过，而在其他站位均没有检测到。与此

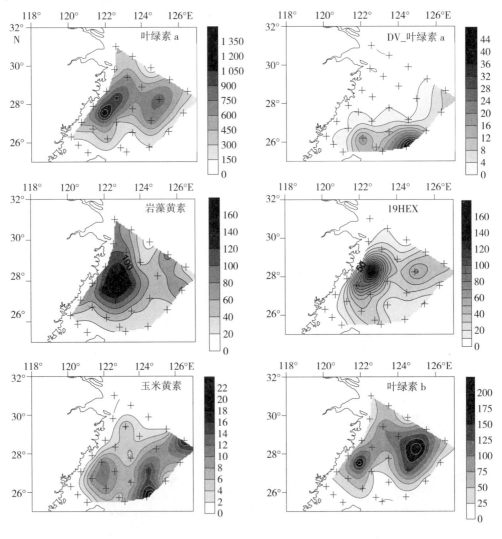

DV－叶绿素a；二乙烯基叶绿素a；19HEX；19′－已酰基氧化岩藻黄素

图15.38　东海冬季主要光合色素表层分布图（ng/L）（Liu, et al, 2011）

对应的 DV - CHLA 往往仅在黑潮影响区的最靠外测站出现，浓度在 10 - 20 ng/L 之内，但在其他测站均在检测限以下。蓝藻的特征色素（玉米黄素）分布范围较广，除最靠近岸边的 1 号测站没有检测到以外其他站位均有分布，并且随深度增加往外浓度逐渐升高。除此之外，青绿藻素的分布模式依然与叶绿素 b 一致，19′ - 己酰基氧化岩藻黄素和 19′ - 丁酰基氧化岩藻黄素一致，高值区主要在分布在陆架区。

CHEMTAX 的计算结果也表明，在冬季，近岸主要以硅藻为第一优势类群（60%），甲藻在近岸非常低（<1%），隐藻和青绿藻为第二优势类群，表层相对丰度分别占 17% 和 11%，其他各类都在 5% 以下（图 15.39）。中陆架区表层，硅藻优势度下降到 33%，定鞭金藻和金藻分别占到叶绿素 a 生物量的 18% 和 12%，青绿藻的相对丰度达到了（18%）。蓝藻和原绿球藻在中陆架区也有了一定量的分布（分别占 3% 和 4%）。黑潮影响区的分布格局和秋季类似，硅藻优势度显著下降（仅 34%），定鞭金藻和金藻的相对丰度总和占到总生物量的 33%（分别为 22% 和 11%），原绿球藻在黑潮区明显增加，相对丰度增加到了 13%，蓝藻也增加到了 6%。

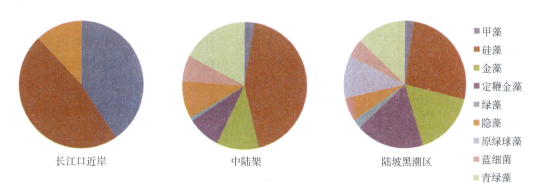

长江口近岸　　　　　　中陆架　　　　　　陆坡黑潮区

■甲藻
■硅藻
■金藻
■定鞭金藻
■绿藻
■隐藻
■原绿球藻
■蓝细菌
■青绿藻

图 15.39　东海 2 月典型站位浮游植物相对丰度（Liu, et al, 2011）

总之，从近岸往中陆架 - 外陆架过程中，浮游植物优势类群清晰地呈现从硅藻到定鞭金藻和原绿球藻的演替模式。

15.3.2　时间变化

从季节尺度来看，东海浮游植物类群组成季节变化非常明显。虽然就总体而言，东海以硅藻为最主要优势类群，但是在不同季节及不同水团影响下，甲藻、原绿球藻、定鞭金藻、青绿藻等也能成为特定时空尺度条件下的优势类群。春季，在长江口外和浙江近海等广阔海域，春季藻华的暴发相当频繁，藻华以硅藻和甲藻为优势类群，并呈现了先硅藻水华后甲藻水华的演替规律。然而，夏季，硅藻和甲藻占绝对优势的区域随往中陆架和外陆架等水深增加而迅速减少，在中陆架及黑潮区都是以定鞭金藻、青绿藻、原绿球藻和蓝藻为代表的微型和微微型浮游植物占优势。秋季和冬季蓝藻和青绿藻仅在黑潮控制区域占有优势，陆架区主要是定鞭金藻和青绿藻，硅藻在近岸占优势。

15.4　小结

东海是中国第二大边缘海，同时拥有世界上最宽的陆架，受东亚季风影响明显，长江等大型河流流入东海。黑潮、台湾暖流、沿岸流以及长江冲淡水等海洋中尺度过程都对东海浮游植物类群组成及时空分布产生显著影响。

东海聚球藻和真核球藻的季节变化变化规律为夏高冬低，高丰度区多分布于河口附近以及陆架边缘黑潮水涌升区等营养盐相对丰富的海域。原绿球藻在我国的分布界限是：我国舟山群岛一代向韩国济州岛连线，以北海区均无原绿球藻存在，且随水深变浅而迅速降低。其分布规律为近岸丰度低于外海海域，夏季高于冬季。

东海近岸、陆架和陆坡浮游植物类群组成的空间差异明显，与此同时，不同季节的分布特征也存在显著差异。如硅藻虽然在整个海区来说占有优势，但优势度随着时间和空间表现出很强的变异性，这归根结底无疑是受到由于水团变化带来的温度、盐度和营养盐等理化参数变化引起的。微微型浮游植物如原绿球藻在东海呈现季节性分布特征：在夏季，它的分布区域覆盖了大部分的陆架海区，甚至能扩散到长江口冲淡水区，而在冬季则限制与黑潮及周边水域。原绿球藻在东海的温度下限在冬、夏季的分别是15℃和25℃。明显地，黑潮水的影响控制着这类迄今发现的地球上分布最广泛体积最小的光合自养原核生物，它的分布范围在一定程度上能反映黑潮水的影响区域（Jiao, et al, 2005）。除黑潮以外，长江冲淡水对于东海浮游植物类群组成的影响是不言而喻的。对东海微微型浮游植物丰度与分布及其群落生态特征而言，长江冲淡水、黑潮和上升流的影响十分显著。黑潮水区浮游植物细胞体积较上升流和陆架区小，以微微型浮游植物对叶绿素 a 和初级生产力的贡献（分别为67% ~89% 和54% ~83%）占优势；而在上升流和陆架区，微微型浮游植物对叶绿素 a 和初级生产力的贡献（分别为29% ~86% 和19% ~72%）则低得多。东海海域网采浮游植物特征也明显受海洋过程的制约，硅藻是该调查海区浮游植物的主要功能群，受长江径流的影响，在长江口区域较常出现中肋骨条藻和具槽帕拉藻（王丹等，2008）。受台湾暖流和黑潮影响水域可见外洋暖水性种，如菱软几内亚藻、培氏根管藻、异角角毛藻、密聚角毛藻、太阳漂流藻、霍氏半管藻、科氏角藻和鸟尾藻等。

除了长江水量的季节性变化，人类活动通过长江对东海浮游植物类群组成的影响也受到广泛关注。工业革命以来，长江水的富营养化问题越来越严重，由此引发的东海浮游植物藻华（赤潮）频发，已经演变成全球典型的环境问题。另外台湾的龚国庆教授就三峡大坝的建成前后水量、营养元素及浮游植物生物量生产力等也展开了深入研究，从初步结果来看，在较长时间尺度下三峡大坝的建成会减少长江向东海的泥沙和营养元素输入量，其中硅元素输入量的减少特别明显，这也势必会影响到东海主要的优势类群——硅藻的生长。就2002年9月和2003年9月长江三峡大坝蓄水前后 PN 断面浮游植物类群组成及主要生物地球化学参数的分布进行了比较研究（陈纪新等，2006），表明由于三峡大坝蓄水影响2003年长江冲淡水流量和混浊度比2002年要显著减少，与此同时2003年高温高盐水的入侵比2002年明显，在这种情况下长江口近岸和中陆架测站2003年的叶绿素 a 浓度要高，与之相应的硅藻特征色素岩藻黄素的浓度和硅藻占总叶绿素 a 的相对丰度2003年也要比2002年显著的高。由此可见，长江冲淡水对东海近岸和中陆架区域的浮游植物类群组成有显著影响。

第 16 章　东海浮游动物

16.1　微型浮游动物种类组成、丰度与生物量分布

东海浮游纤毛虫生态学的研究较少，分别是 1993—1994 年 PN 断面的调查（Ota and Tan-iguchi，2003），1997 年 12 月—1998 年 10 月纤毛虫时空变化的调查（Chiang，et al，2003），1998 年 7 月纤毛虫丰度与生物量的调查（Zhang，et al，2001），2006 年秋季和 2007 年冬季的调查（张翠霞等 2011）。

东海陆架水域纤毛虫丰度的季节变化明显，在 1997 年 12 月到 1998 年 10 月四个季节的调查中，从冬季到春季，东海陆架水域水体平均的浮游纤毛虫丰度较低（10～500 ind./L），丰度在内陆架海区较低，外陆架海区较高。夏季纤毛虫丰度最高（300～1 800 ind./L），分布的格局与表层盐度的放射性分布一致。秋天，纤毛虫的丰度再次下降，多数站位低于 200 ind./L。夏季的丰度是其他季节的 3～5 倍（Chiang，et al，2003）。

16.1.1　微型浮游动物生物量分布

东海陆架区 2006 年秋季和 2007 年冬季有较为详细的浮游纤毛虫分布资料（张翠霞等，2011），以下为这两个季节的资料。

1）2006 年秋季

秋季表层纤毛虫丰度为 0～661 ind./L，平均为（88±129）ind./L；生物量（以 C 计，下同）为 0～0.51 μg/L，平均为（0.17±0.16）μg/L。表层纤毛虫在北部中陆架边缘（100 m 等深线附近）丰度较高（>150 ind./L），在杭州湾湾口外和近岸表层纤毛虫丰度和生物量降低，到海区西南部近岸水域纤毛虫丰度和生物量增加（图 16.1）。秋季各站各水层纤毛虫的丰度为 0～1 795 ind./L，平均为（208±266）ind./L，生物量为 0～2.36 μg/L，平均为（0.28±0.35）μg/L（图 16.2）。纤毛虫丰度远岸高于近岸，且主要分布在中上层，底层分布较少。秋季砂壳纤毛虫（*Tintinnidium primitivum*）丰度较大（最大丰度为 1 333 ind./L）主要分布于近岸 100 m 水深以内浅水区的中下层，而在最北部没有出现（图 16.4）。砂壳纤毛虫占纤毛虫总丰度的 39%±37%，占纤毛虫总生物量的 53%±40%，秋季砂壳纤毛虫和无壳纤毛虫对生物量的贡献相当，前者略高于后者（图 16.5）。纤毛虫的 ESD[①] 为 10～102.7 μm，ESD 为 10～20 μm 的纤毛虫都是无壳纤毛虫，占纤毛虫丰度的 63%。ESD 为 20～40 μm 的纤毛虫占丰度的 27%；ESD 大于 40 μm 的纤毛虫所占比例为 10%（图 16.6）。纤毛虫水体丰度为 0～55.2×10^6 ind./m^2，平均值是（18±15）×10^6 ind./m^2，水体生物量为 0～50.98 mg/m^2，平均值是（22.24±17.54）mg/m^2。纤毛虫水体丰度和水体生物量的高值出现在远岸（图 16.7）。

---

① ESD：相应球形直径（Equivalent Spherical Diameter）。

2）2007 年冬季

冬季表层纤毛虫丰度 0 ~ 2 202 ind./L，平均丰度（282 ±449）ind./L，生物量为 0 ~ 2.55 μg/L，平均（0.4 ±0.59）μg/L。表层纤毛虫丰度和生物量高值主要出现在 2 个区域，分别是调查区域中心陆架近岸（最大值 2 202 ind./L，2.55 μg/L）和最北部靠近外陆架的位置（最大值 752 ind./L，0.89 μg/L）（图 16.1）。各站各水层纤毛虫的丰度为 0 ~ 22 695 ind./L，平均（524 ± 1 990）ind./L，生物量为 0 ~ 10.87 μg/L，平均为（0.47 ± 1.01）μg/L（图 16.3）。纤毛虫丰度在中陆架区高于在外陆架区和沿岸内陆架区。砂壳纤毛虫占纤毛虫总丰度的 12% ±23%，占纤毛虫总生物量的 19% ±27%（图 16.5）。无壳纤毛虫是生物量的主要贡献者，在生物量上占优势。纤毛虫的 ESD 为 10 ~ 84.3 μm。ESD 为 10 ~ 20 μm 的纤毛虫占纤毛虫丰度的 82%。ESD 为 20 ~ 40 μm 的纤毛虫占丰度的 15%；ESD 大于 40 μm 的纤毛虫所占比例为 3%（图 16.6）。纤毛虫的水体丰度为 $0 ~ 343 × 10^6$ ind./m²，平均值是（41.2 ±66）× 10^6 ind./m²，水体生物量为 0 ~ 183.66 mg/m²，平均值是（36.70 ±38.01）mg/m²。纤毛虫水体丰度和水体生物量高值位于北部中心位置，而南部靠近台湾海峡纤毛虫水体丰度较低（图 16.7）。

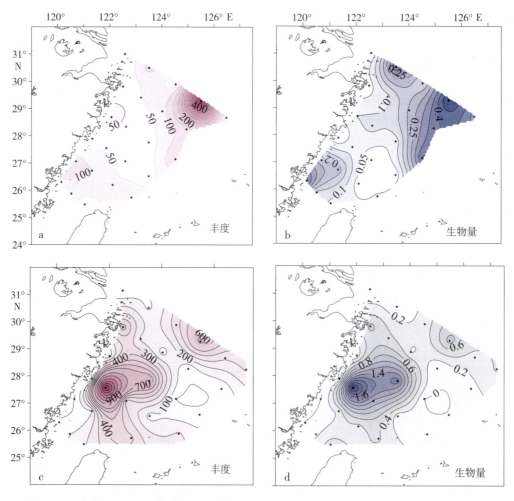

图 16.1　秋季（a，b）和冬季（c，d）表层纤毛虫丰度（ind./L）和生物量（μg/L）的分布

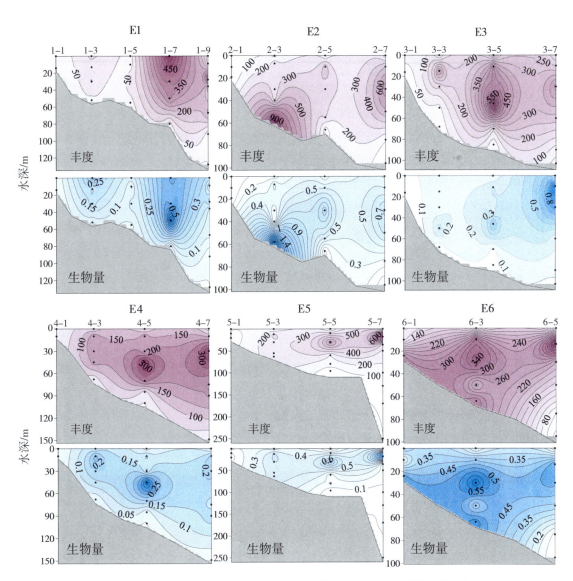

图 16.2 秋季纤毛虫丰度（ind./L）和生物量（μg/L）的断面垂直分布

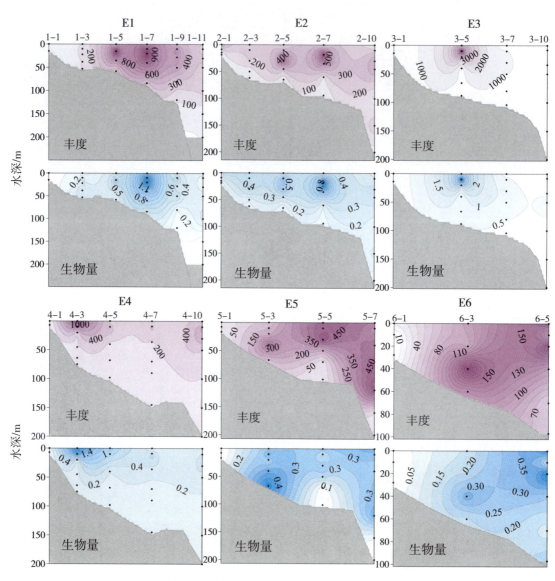

图 16.3 冬季纤毛虫丰度（ind. /L）和生物量（μg/L）的断面垂直分布

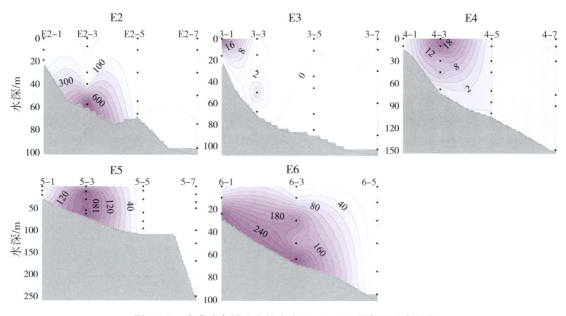

图 16.4 秋季砂壳纤毛虫的丰度（ind./L）的断面垂直分布

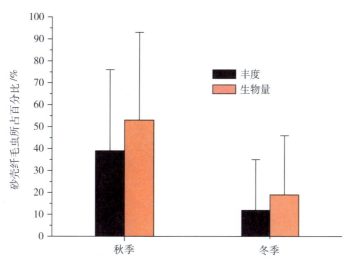

图 16.5 秋季和冬季砂壳纤毛虫在纤毛虫总丰度和总生物量中所占百分比

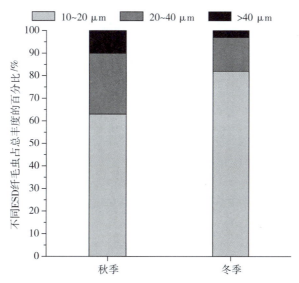

图 16.6 秋季和冬季不同 ESD 纤毛虫在总丰度中所占百分比

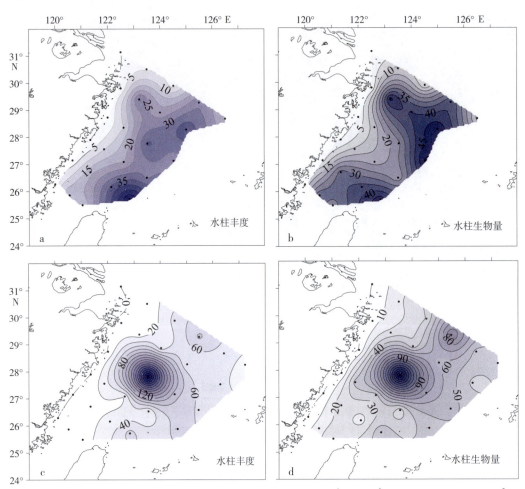

图 16.7　秋季（a，b）和冬季（c，d）纤毛虫的水柱丰度（×10⁶ ind./m²）与水柱生物量（mg/m²）

16.1.2　微型浮游动物的摄食

1998 年 7 月东海微型浮游动物的摄食率为 0.22～0.66/d，对浮游植物现存量的摄食压力为每天 20%～48%，对初级生产力的摄食压力为每天 54%～89%（Zhang，et al，2001）。

2002 年 8 月、11 月，2003 年 2 月、5 月在三门湾中部水域，微型浮游动物的摄食率 0.18～0.68/d，对浮游植物现存量的摄食压力为每天 16%～49%，对初级生产力的摄食压力为每天 58%～84%（刘镇盛等，2006）。同一时期，乐清湾微型浮游动物的摄食率 0.15～0.48/d（刘镇盛等，2005）。

2005 年 4—6 月，在东海的有害水华频发区，微型浮游动物的摄食率在水华暴发前波动较大，为 0.53～1.73/d，平均为 0.90/d，水华区摄食率较为稳定，在非水华区，摄食率较高（孙军和宋书群，2009）。

16.2　东海浮游动物种类组成和生物量分布

16.2.1　东海中型浮游动物种类组成

16.2.1.1　种类组成

对东海中型浮游动物生态学分析，依据近 10 年对整个东海（23°30′～33°00′N、118°30′～

128°E）海域生物调查资料，调查海域不包括长江口海域。期间经鉴定东海浮游动物共有611种（不含41种浮游幼体），隶属于7个门18大类（不含浮游幼体），以甲壳动物占绝对优势，共382种，占总种数的63.00%，其中甲壳动物中桡足类种类数最多，占总种数的37.48%（表16.1）。

表16.1 东海浮游动物种类大类组成及百分比

类 群		总 计		春		夏		秋		冬	
		种数	%	种数	%	种数	%	种数	%	种数	%
腔肠动物	水螅水母类	61	9.98	30	8.40	33	7.78	22	5.64	23	7.52
	管水母类	41	6.71	31	8.68	35	8.25	26	6.67	35	11.44
	钵水母类	4	0.65	2	0.56	3	0.71	1	0.26	1	0.33
栉水母动物		7	1.15	6	1.68	5	1.18	4	1.03	6	1.96
环节动物	多毛类	33	5.40	19	5.32	21	4.95	19	4.87	12	3.92
软体动物	翼足类	15	2.45	5	1.40	15	3.53	20	5.13	14	4.55
	异足类	11	1.80	2	0.56	7	1.65	9	2.31	1	0.32
甲壳动物	枝角类	3	0.49	3	0.84	3	0.71	2	0.51	—	—
	介形类	26	4.26	14	3.92	16	3.77	19	4.87	10	3.27
	磷虾类	23	3.76	16	4.48	15	3.53	16	4.10	10	3.27
	糠虾类	18	2.94	7	1.97	9	2.12	14	3.59	4	1.3
	桡足类	229	37.48	140	39.22	164	38.68	155	39.64	123	40.2
	十足类	10	1.63	7	1.97	7	1.65	4	1.02	5	1.63
	涟虫类	4	0.65	3	0.84	3	0.71	3	0.77	1	0.33
	等足类	2	0.33	1	0.28	1	0.24	1	0.26	1	0.33
	端足类	70	11.46	28	7.84	41	9.67	38	9.74	23	7.52
毛颚动物		26	4.26	25	7.00	25	5.90	21	5.38	23	7.52
脊索动物	有尾类	7	1.15	6	1.68	5	1.18	6	1.53	5	1.66
	海樽类	21	3.44	12	3.36	16	3.76	11	2.82	9	2.94
共计		611	—	357	—	424	—	391	—	306	—
浮游幼体		41	—	23	—	33	—	28	—	13	—

从表16.1可见，东海浮游动物中管水母41种、钵水母4种、水螅水母61种、栉水母7种、浮游甲壳动物385种（含桡足类229种、枝角类3种、磷虾类23种、介形类26种、端足类18种、十足类10种、涟虫类4种、等足类2种、糠虾类70种）、异足类11种、翼足类15种、浮游多毛类33种、毛颚类26种、有尾类7种、海樽类21种，尚有浮游幼体41种。

16.2.1.2 优势种

东海区四个季节中，浮游动物种类夏季出现最多，424种，含有总种数的69.4%；其次是秋季，为391种，含总种数的64.0%；再次为春季，357种，占总种类数的58.43%；种类数最少为冬季的306种，仅占总种数的50.1%。

不同季节统计，当种类在某一季节优势度不小于0.02时，可以认为该种是东海区浮游动物的优势种（徐兆礼等，1989）。东海区浮游动物优势种共有17种（不含2种浮游幼体，表16.2）。从表16.2可见，各季度优势种以桡足类占绝对优势（10种，占58.5%）；同时不同季节出现的优势种类不尽相同，亦即主要种类存在一定季节更替现象。如中华哲水蚤（*Calanus sinicu*）在春季占绝对优势，其优势度 Y 大于 0.15，秋季 Y 值下降至 0.03，第一优势种地位被精致真刺水蚤（*Euchaeta concinna*）取代，冬季中华哲水蚤又上升为本海区第一优势种。

本水域四季共同的优势种仅中华哲水蚤一种；三季共有种有亚强次真哲水蚤（*Subeucalanus subcrassus*）和肥胖箭虫（*Sagitta enflata*）；两季共有种仅出现精致真刺水蚤。本水域各季浮游动物优势种均以广温广盐生态类型为主，辅以高温高盐类型和暖温性近岸低盐类型（Xu and Gao，2011）。

表 16.2 东海浮游动物主要优势种及其优势度*

中文名	学 名	类群	春 季	夏 季	秋 季	冬 季
中华哲水蚤	*Calanus sinicus*	桡足类	0.18	0.15	0.03	0.08
驼背隆哲水蚤	*Acrocalanus gibber*	桡足类	—	—	0.02	—
精致真刺水蚤	*Euchaeta concinna*	桡足类	—	—	0.17	0.02
小哲水蚤	*Nannocalanus minor*	桡足类	—	—	0.03	—
丽隆剑水蚤	*Oncaea venusta*	桡足类	—	—	0.04	—
普通波水蚤	*Undinula vulgaris*	桡足类	—	—	0.07	—
亚强次真哲水蚤	*Subeucalanus subcrassus*	桡足类	—	0.04	0.12	0.03
异尾宽水蚤	*Temora discaudata*	桡足类	—	0.03	—	—
平滑真刺水蚤	*Euchaeta plana*	桡足类	—	—	—	0.02
缘齿厚壳水蚤	*Scolecithrix nicobarica*	桡足类	—	—	—	0.02
中型莹虾	*Lucifer intermedius*	十足类	—	0.05	—	—
百陶箭虫	*Sagitta bedoti*	毛颚类	—	—	0.03	—
肥胖箭虫	*Sagitta enflata*	毛颚类	—	0.04	0.03	0.02
五角水母	*Muggiaea atlantica*	毛颚类	0.10	—	—	—
海龙箭虫	*Sagitta nagae*	毛颚类	—	—	—	0.06
软拟海樽	*Dolioetta gegenbauri*	海樽类	0.03	—	—	—
东方双尾纽鳃樽	*Thalia democratica orientalis*	海樽类	0.10	—	—	—
长尾类幼体	*Macrura* larvae	浮游幼体	—	—	0.03	—
真刺水蚤幼体	*Euchaeta* larvae	浮游幼体	0.04	0.04	—	0.18

* 优势度（$Y \geq 0.02$）时认为是优势种。

16.2.1.3 种类数的分布特征

1）东海浮游动物种类数空间分布特征

东海浮游动物种类数在不同季节空间分布特征差异较大。为了详细分析东海浮游动物种类与栖息环境的关系，将上述东海调查区分成如下 5 个海区：Ⅰ——北部近海（29°30′～33°N、123°30′～125°E）、Ⅱ——北部外海（29°30′～33°N、125°～128°E）、Ⅲ——南部近海（25°30′～29°30′N、120°30′～125°E）、Ⅳ——南部外海（25°30′～29°30′N、125°～128°E）和Ⅴ——台湾海峡（23°30′～25°30′N、118°～121°E）。图 16.8 显示，春季种类较高的水域是台湾海峡、东海南部外海和东海北部外海，并由东南向西北种类数逐渐减少。夏季分布以 29°00′N 为界分南北两个部分，北部种类数较少，特别是东海北部近海的种类较少。图 16.8 显示，其大多水域种类数少于 50 种。南部大多数水域种类数多于 60 种。呈现出种类数由南向北逐渐减少的趋势。其中种类数变化在28°00′～29°00′N附近非常明显。秋季变化规律不如春季明显，但也有由东南向西北逐渐降低的趋势，其中台湾海峡南部和东海外海多样性稍高。冬季分布趋势与春季相似。东海不同的海区主要种类各不相同。

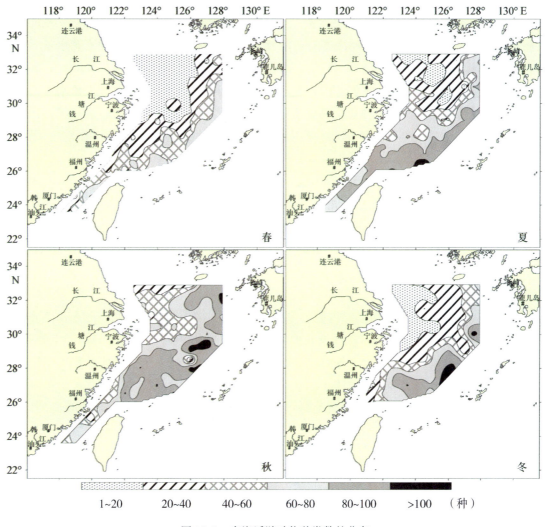

图16.8 东海浮游动物种类数的分布

东海北部近海主要种类：春季有中华哲水蚤、五角水母（*Muggiaea atlantica*）、真刺唇角水蚤（*Labidocera euchaeta*）、磷虾幼体等。夏季主要有中华哲水蚤、肥胖箭虫（*Sagitta enflata*）、太平洋纺锤水蚤（*Acartia pacifica*）、中型莹虾（*Lucifer intermedius*）等。秋季优势种最多，精致真刺水蚤、亚强次真哲水蚤、双生水母（*Diphyes chamissonis*）、百陶箭虫（*Sagitta bedoti*）、肥胖箭虫、长刺小厚壳水蚤（*Scolecithricella longispinosa*）、太平洋纺锤水蚤、微刺哲水蚤（*Canthocalanus pauper*）、中华哲水蚤等。冬季主要种有真刺水蚤幼体、中华哲水蚤、海龙箭虫（*Sagitta nagae*）、五角水母等。

东海北部外海主要种类：春季为中华哲水蚤、五角水母、短棒真浮萤（*Euconchoecia chierchiae*）等；夏季为中华哲水蚤、异尾宽水蚤（*Temora discaudata*）、肥胖箭虫、芦氏拟真刺水蚤（*Pareuchaeta russelli*）、后圆真浮萤（*Euconchoecia maimai*）等；秋季有亚强次真哲水蚤、精致真刺水蚤、海洋真刺水蚤（*Euchaeta rimana*）、异体住囊虫（*Oikopleura dioica*）、中华哲水蚤、后圆真浮萤、肥胖箭虫等；冬季有真刺水蚤幼体、中华哲水蚤、平滑真刺水蚤（*Eu-*

chaeta plana）、亚强次真哲水蚤等。

东海南部近海主要种类：春季有东方双尾纽鳃樽（*Thalia democratica orientalis*）、中华哲水蚤、五角水母、小齿海樽（*Doliolum denticulatum*）、软拟海樽（*Dolioetta gegenbauri*）等；夏季主要种有亚强次真哲水蚤、达氏筛哲水蚤（*Cosmocalanus darwini*）、普通波水蚤（*Undinula vulgaris*）等；秋季主要有普通波水蚤、亚强次真哲水蚤、丽隆剑水蚤（*Oncaea venusta*）、海洋真刺水蚤、肥胖箭虫等；冬季主要有中华哲水蚤、达氏筛哲水蚤、海洋真刺水蚤、短棒真浮萤等。

东海南部外海主要种类：主要种春季有东方双尾纽鳃樽、中华哲水蚤、五角水母、小齿海樽、软拟海樽等；夏季主要种有亚强次真哲水蚤、达氏筛哲水蚤、普通波水蚤等；秋季主要有普通波水蚤、亚强次真哲水蚤、丽隆剑水蚤（*Oncaea venusta*）、海洋真刺水蚤、肥胖箭虫等；冬季为中华哲水蚤、达氏筛哲水蚤、海洋真刺水蚤、短棒真浮萤等。

台湾海峡的主要种：春季主要是异尾宽水蚤（*Temora discaudata*）、中华哲水蚤、亚强次真哲水蚤、五角水母等；夏季为中型莹虾、刷状莹虾（*Lucifer penicillifer*）、普通波水蚤、亚强次真哲水蚤、软拟海樽、东方双尾纽鳃樽等；秋季主要有精致真刺水蚤、普通波水蚤、平滑真刺水蚤、锥形宽水蚤（*Temora turbinata*）、百陶箭虫等。

2）东海浮游动物种类数季节变化特征

从图 16.9 可见，东海浮游动物种类数季节变化明显。夏季种类数最高；冬季台湾海峡没有调查，秋季种类数属于第二位；春季较低。总的说来夏秋季高于冬春季的趋势十分明显。就不同海区比较，南部多于北部，外海多于近海的趋势十分明显。东海北部近海（Ⅰ）种类数最少，明显少于东海北部外海（Ⅱ）。同在东海南部，东海南部近海（Ⅲ）大于东海南部外海（Ⅳ）。在东海北部，夏秋季东海南部近海（Ⅲ）明显高于东海南部外海（Ⅳ）。

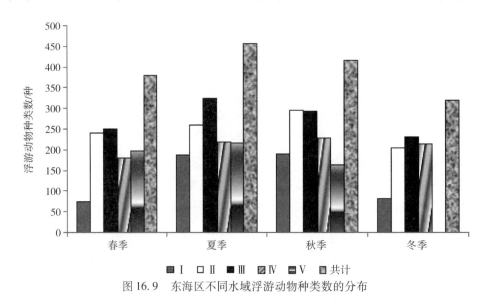

图 16.9 东海区不同水域浮游动物种类数的分布

16.2.2 东海中型浮游动物总生物量的分布

16.2.2.1 总生物量的平面分布

浮游动物生物量的平面分布与水系间存在着十分密切的关系，海流是决定浮游动物生物量平面分布状况的主要原因之一。图16.10列出了总生物量平面分布。表16.3列出了不同季节，不同数量等级所占海域的面积。

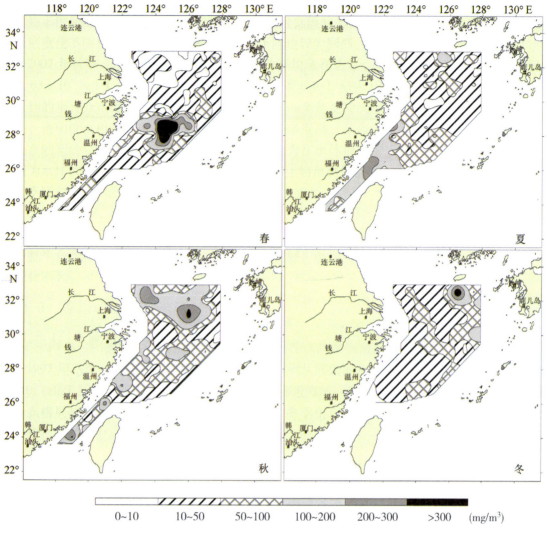

0~10　　10~50　　50~100　　100~200　　200~300　　>300　(mg/m³)

图16.10　东海浮游动物总生物量分布特征

1）总生物量的构成

东海调查海区水系复杂，各种不同性质的水系都直接或间接影响浮游动物的分布。东海区浮游动物四季总生物量平均值为 65.32 mg/m³。总生物量平均值由大到小依次为秋季（86.18 个/m³）、夏季（69.18 个/m³）、春季（55.67 个/m³）、冬季（50.33 个/m³）。构成东海总生物量主要种类是饵料生物中的甲壳动物，例如，中华哲水蚤、亚强次真哲水蚤、精致真刺水蚤、海洋真刺水蚤、平滑真刺水、普通波水蚤、太平洋磷虾（*Euphausia pacifica*）、真刺唇角水蚤、中华假磷虾（*Pseudeuphausia sinica*）、中型莹虾、齿形海萤（*Cypridina dentata*）、裂颏蛮蛾（*Lestrigonus schizogeneios*）等。还有毛颚动物中的肥胖箭虫、海龙箭虫、百陶箭虫等及被囊动物中的异体住囊虫外，其他主要有，水母类中的双生水母、五角水母、半口壮丽水母（*Aglaura hemistoma*）、拟细浅室水母（*Lensia subtiloides*）等，海樽类的东方双尾纽鳃樽、软拟海樽、小齿海樽、邦海樽（*Doliolum nationalis*）等。

表16.3 东海区各等级浮游动物总生物量面积及其占调查面积的百分比

总生物量值 等级/（mg/m³）	春 季		夏 季		秋 季		冬 季	
	面积 /km²	百分比 /%	面积 /km²	百分比 /%	面积 /km²	百分比 /%	面积 /km²	百分比 /%
0~25	193 302	46.99	99 808	24.23	39 580	9.62	104 029	28.15
25~50	104 671	25.44	115 798	28.11	92 662	22.53	132 695	35.91
50~100	67 193	16.33	115 427	28.02	151 281	36.78	106 899	28.93
100~250	31 076	7.55	75 653	18.37	112 063	27.24	21 823	5.91
>250	15 155	3.68	5 225	1.27	15 766	3.83	4 045	1.09
调查面积/km²	411 397		411 911		411 352		369 491	

2）总生物量的平面分布

1997年10月至2000年3月，东海"海域"春、夏、秋、冬总生物量不同数量分布的总体情况是，高生物量（>250 mg/m³）区的范围小，一般占总调查面积的1%~4%左右，但位置不稳定；低生物量区的范围大小和位置均不稳定。各季节总生物量平面分布无相同规律，总生物量大部分在50 mg/m³左右。

春季总生物量平均值为55.67 mg/m³，稍高于冬季，但其平面分布极不均匀，呈南、北低，27°30′~29°N中部水域高度密集的趋势。大部分调查水域总生物量低，0~50 mg/m³左区域，占调查水域总面积的72.43%，高生物量密集区（>250 mg/m³）仅占总面积的3.68%，次高生物量（50~250 mg/m³）占23.88%（表16.3，图16.10）。

从图16.10可看出，春季总生物量呈主要密集在27°30′~28°30′N、123°30′~126°E水域，主要是在台州列岛以东124°30′E水域聚集了大量的被囊动物东方双尾纽鳃樽，中心密度最高总生物量达1 073 mg/m³。构成春季总生物量的除东方双尾纽鳃樽外，主要有中华哲水蚤、五角水母、双生水母、小型磷虾（*Euphausia nana*）、软拟海樽、异尾宽水蚤、亚强次真哲水蚤、短棒真浮萤等。

夏季总生物量平均值为69.18 mg/m³，高于冬、春季，且呈斑块状分布，东海南部（29°N以南）和台湾海峡水域分布较北部水域均匀，总生物量北部低于南部（29°N以南）水域，高生物量（>250 mg/m³）位于浙江南部台州列岛和福建东沙岛123°E以西近海水域。由表16.3可知，夏季总生物量0~100 mg/m³的水域占总调查水域面积的80.46%。

从图16.10可看出，夏季高生物量密集区（>250 mg/m³）范围较小，占总面积的1.27%（图16.10，表16.3）。高生物量区主要位于浙江南部台州列岛和福建东沙岛、平潭以东近海海域。浮游动物的构成主要包括大量的水母类和被囊动物，如瓜水母（*Beroe cucumis*）、四叶小舌水母（*Liriope tetraphylla*）、两手筐水母（*Solmundella bitentaculata*）、东方双尾纽鳃樽、韦氏纽鳃樽（*Weelia cylindrica*）；还有个体较大的中型莹虾、刷状莹虾及桡足类中华哲水蚤、亚强次真哲水蚤、普通波水蚤等。

秋季总生物量平均值约为86.18 mg/m³，达到全年最高峰（图16.10），但总生物量分布不均匀。如图16.10所示，大部分水域总生物量在100 mg/m³，最高密集区（>250 mg/m³）和最低总生物量区（<25 mg/m³）占水域面积百分比较低，分别为3.83%和9.62%（表16.3）。总生物量呈斑块状分布。秋季共出现3个高生物量密集区（图16.10），最高总生物

量出现在东海北部 30°30′~31°30′N、125°30′~126°30′E 水域，密集区中心高达 318.52 mg/m³，该海域除构成饵料生物量的亚强次真哲水蚤、精致真刺水蚤、中华哲水蚤、肥胖箭虫等外，还出现了较大数量的水母类如双生水母、两手筐水母、半口壮丽水母（*Aglaura hemistoma*）、细球水母（*Sphaeronectes gracilis*）和褶玫瑰水母（*Rosacea plicata*）等；次高生物量出现在长江口 32°30′N、123°30′E 附近水域，最高达 306.26 mg/m³，构成高生物量的除精致真刺水蚤（92.3 个/m³）、中华哲水蚤、中华假磷虾、肥胖箭虫、海龙箭虫等饵料生物外，主要还有水母类的双生水母、两手筐水母、瓜水母和八手筐水母（*Aeginura grimaldii*）等。此外，在台湾海峡澎湖列岛附近海域出现一个高生物量的小密集区，主要是出现了个体较大的掌状风球水母（*Hormiphora palnata*）（1.56 个/m³）、半口壮丽水母、小方拟多面水母（*Abylopsis eschscholtzi*）、宽膜棍手水母（*Rhopalonema velatum*）、爪室水母（*Chelophyes appendiculata*）等。

冬季总生物量较低，平均为 50.33 mg/m³，分布比较均匀，大部分水域总生物量在 50 mg/m³ 左右。其中总生物量为 25~100 mg/m³ 水域的占整个调查水域的 64.84%，高密集区（>250 mg/m³）仅占 19.64%（表 16.3）。

从图 16.10 可看出，冬季总生物量在济州岛以南 32°30′N、126°30′E 水域出现 1 个高生物量密集区（>250 mg/m³），由于出现了个体较大的蝶水母（*Ocyropsis crystalline*）（0.03 个/m³），使总生物量高达 432 mg/m³；在东海北部 30°N、127°30′E 外海海域有 1 个高生物量区（100~250 mg/m³），由双生水母、肥胖箭虫、中华哲水蚤、中型莹虾、亚强次真哲水蚤等组成。冬季总生物量平面分布呈外海向近岸，北部向南部调查水域递减的趋势。

16.2.2.2　总生物量季节变化

东海调查区浮游动物总生物量年平均值为 65.32 mg/m³。季节变化较不明显，其中以秋季总生物量最高，为 86.18 mg/m³；夏季次之，为 69.18 mg/m³，第三是春季为 55.67 mg/m³，冬季总生物量最低为 50.33 mg/m³（表 16.4）。秋季总生物量最高，主要由精致真刺水蚤、普通波水蚤、亚强次真哲水蚤、百陶箭虫、肥胖箭虫、双生水母、海洋真刺水蚤、两手筐水母等种类组成。夏季构成次高生物量的主要有中华哲水蚤、中型莹虾、亚强次真哲水蚤、肥胖箭虫、海樽、齿形海萤、普通波水蚤、海龙箭虫、东方双尾纽鳃樽、五角水母、软拟海樽等。冬季主要有中华哲水蚤、海龙箭虫、亚强次真哲水蚤、精致真刺水蚤、五角水母、双生水母等（表 16.4，表 16.5）。

表 16.4　东海浮游动物总生物量和饵料生物量平均值　　　　　　　单位：mg/m³

季节（日期）	总生物量
春季（1998 年 3—4 月）	55.67
夏季（1999 年 6—8 月）	69.18
秋季（1997 年 10—11 月）	86.18
冬季（2000 年 1—2 月）	50.33
年平均	65.32

表16.5　东海区各分区四季浮游动物总生物量　　　　单位：mg/m³

海　区	平　均	春	夏	秋	冬
东海北部近海	52.39	15.51	34.46	116.72	42.85
东海北部外海	56.24	24.40	36.03	84.45	80.07
东海中南部近海	79.95	112.98	102.20	73.01	31.59
东海中南部外海	60.24	84.34	49.16	60.62	46.83
台湾海峡	87.08	41.10	124.06	96.09	—

东海北部近海浮游动物总生物量平均值为 52.39 mg/m³，低于全东海区总生物量平均值（65.32 mg/m³）。东海北部近海总生物量季节变化明显，其中春季（3—5月）总生物量最低（15.51 mg/m³），夏季（6—8月）开始上升（34.46 mg/m³）至秋季（9—11月）达到全年最高峰（116.72 mg/m³），冬季（12月至翌年2月）开始下降（79.44 mg/m³）。

东海北部外海海区总生物量年平均值为 56.24 mg/m³，略高于东海北部近海区，低于全东海区年平均值（65.23 mg/m³）。从表16.5可见，春季总生物量平均值最低为 24.4 mg/m³，夏季略高于春季 36.03 mg/m³，秋季为全年最高 84.45 mg/m³，冬季为全年的次高峰 80.07 mg/m³。

东海南部近海海区总生物量年平均值为 79.95 mg/m³，高出全东海区年平均生物量的 22.4%。从表16.5可看出，本区生物量季节变化十分明显，四季总生物量平均值幅度为 31.59～112.98 mg/m³。由于春季该区被囊类东方双尾纽鳃樽高度密集，使得该季平均生物量高达 112.98 mg/m³，成为全年最高峰。夏季生物量平均值稍低于春季，为 102.20 mg/m³，冬季生物量最低，仅 31.59 mg/m³。

东海南部外海区总生物量年平均值为 60.24 mg/m³，略低于全东海区年平均值。除春季总生物量平均值（84.34 mg/m³）为全年最高峰之外，夏季为 49.16 mg/m³，秋季为 60.62 mg/m³ 和冬季为 46.83 mg/m³，这三季平均生物量变化不明显（表16.5）。

台湾海峡水域仅限于在春、夏和秋季对浮游动物进行调查。三季总生物量平均值为 84.51 mg/m³。其中夏季（124.06 mg/m³）总生物量平均值最高，其次为秋季（96.09 mg/m³），春季最低，仅 33.27 mg/m³（表16.5）。

16.2.3　多样性分布及其季节变化

东海区浮游动物 Shannon-Wiener 多样性指数 H' 值呈外海高、近岸低的分布格局，其中最低值位于近长江口东海北部近海水域（图16.11）。

东海北部近海浮游动物 H' 值春季最低，为 1.82，秋季最高（3.90），夏、冬季中等，分别为 2.57 和 2.94。除了秋季以外，该海区 H' 值就明显低于全东海区年平均值。这三个季节东海北部近海浮游动物 H' 值较低，主要是由于中华哲水蚤单一优势种。秋季则有多个优势种存在，主要是精致真刺水蚤、亚强次真哲水蚤、双生水母、百陶箭虫等。

东海北部外海浮游动物 H' 值春季为 2.93，夏季为 3.40，秋季为 4.43，冬季为 4.18。除了春季以外，该海区 H' 值与全东海区年平均值相近。春季 H' 值较低是因为这一水域的浮游动物优势种种类数较少。

东海南部近海浮游动物 H' 值春季为 3.16，夏季为 4.63，秋季为 4.40，冬季为 4.22。东海南部近海 H' 值均高于同一季节东海北部浮游动物 H' 值。该海区 H' 值明显高于全东海区年平均值。秋季四个季节东海南部近海浮游动物 H' 值均较高，这一季节所有区域浮游动物 H' 值都较高，是因为这一水域优势种复杂，种类较多，不同种类之间数量均衡。且多个优势种存在。

东海南部外海浮游动物 H' 值春季为 3.69，夏季为 5.02，秋季为 4.35，冬季为 4.93，明

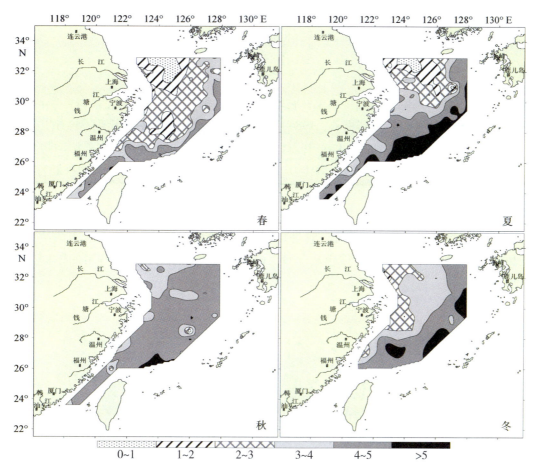

图 16.11　东海浮游动物多样性（H'值）的分布特征

显高于同一季节东海浮游动物 H' 值的全平均值。其中夏季数值是所有季节，所有区域的最高值。而不同季节浮游动物 H' 值差别不大。种类数较多，几乎没有优势种，是东海南部外海浮游动物 H' 值较高的基本原因。

　　台湾海峡外海浮游动物 H' 值春季为 4.13、夏季为 4.48、秋季为 4.26。多个优势种并存是台湾海峡外海浮游动物 H' 值较高的原因。

　　表 16.6 列出的 3 个指标从不同的侧面反映了东海浮游动物群落的结构特征。单纯度（C）主要反映了种类数和优势种占总丰度的比例；多样性指数（H'）是种类数和种类中个体分配上均匀性的综合指标；种间个体分布均匀性由均匀度指数表示。由表 16.6 可知，多样性（H'）均值秋季最高，为 4.33（2.11 ~ 5.45），冬季次之，春季最低（3.08），且振幅最大（0.59 ~ 5.36）；各季均匀度（J'）指数平均值较高（>0.60），种间分布较均匀；单纯度（C）指数平均值低，由大至小为春季、夏季、冬季、秋季，其中夏季变化幅度最大（0.02 ~ 0.85）。

表 16.6　东海浮游动物多样性指数值季节变化

季　节	多样度（H'）		均匀度（J'）		单纯度（C）	
	平均值	幅　度	平均值	幅　度	平均值	幅　度
春季	3.08	0.59 ~ 5.36	0.62	0.16 ~ 0.89	0.25	0.04 ~ 0.82
夏季	3.88	0.70 ~ 5.97	0.67	0.16 ~ 0.89	0.19	0.02 ~ 0.85
秋季	4.33	2.11 ~ 5.45	0.70	0.37 ~ 0.89	0.11	0.04 ~ 0.49
冬季	4.00	1.78 ~ 5.66	0.76	0.45 ~ 0.94	0.13	0.03 ~ 0.40

16.2.4 东海浮游动物的主要优势类群和种类

16.2.4.1 浮游甲壳动物

甲壳动物在浮游生物中占首要地位，它的种类多，数量大，分布广，是海洋经济动物，特别是经济鱼类的主要饵料（郑重等，1984）。在东海调查区，经鉴定东海区共有甲壳动物385 种，占浮游动物总种数的 63.0%；其总数量平均值为 28.84 个/m³，占浮游动物总量的66.02%。其中又以桡足类、磷虾类、端足类、十足类（樱虾类）等浮游甲壳动物最为重要。

1）桡足类

桡足类是浮游甲壳动物中最重要，且最具有经济意义的一类，不论在种类上或数量上都远远超过其他类群。由于受水系变化和气候影响，桡足类丰度各季节平面分布不同，如图16.12 所示。

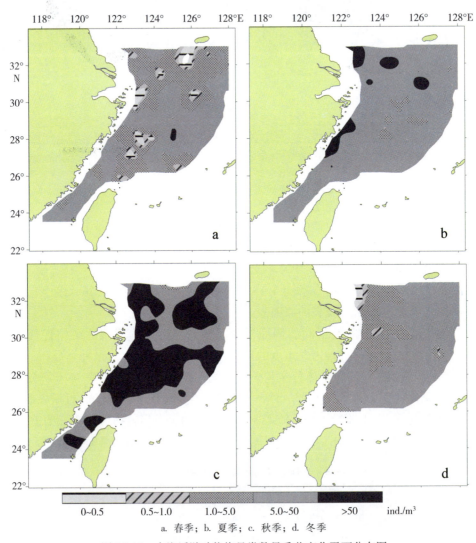

a. 春季；b. 夏季；c. 秋季；d. 冬季

图 16.12 东海浮游动物桡足类数量季节变化平面分布图

春季 桡足类丰度均值为四季最低，仅为 7.07 ind./m³，仅在浙江南部（28°～29°N、121°～125°E）海域出现 1 个中级密集区，且范围小，中心最高密度为 63.11 ind./m³，在南部外海（28°30′～29°30′N、126°～127°E）海域出现 1 个次级密集区（图 16.12）。春季桡足类丰度平面分布趋势与中华哲水蚤平面分布相一致。主要种还有真刺水蚤幼体、异尾宽水蚤、普通波水蚤等。

夏季　桡足类丰度随着水温的升高而上升，并达到四季次高峰（平均为 21.31 ind./m³）。从图 16.12 可见，全区分布不均匀，出现了 3 个小范围高密集区，分别位于东海北部近海（32°N、124°30′E）和外海（31°N、126°E）及南部近海（27°30′N、121°30′E）海域，最高密度为 132.11 ind./m³；次高密集区位于浙江北部近海（31°N 以北、124°E 以西）和外海（31°N、126°30′E 以东）及浙江南部（26°30′～28°30′N、122°30′E 以西）海域。浙江北部 2 个高密集区位置与中华哲水蚤高密集区相吻合；浙江南部高密集区与亚强次真哲水蚤高密集区相吻。构成夏季丰度密集区的优势种还有真刺水蚤幼体、太平洋纺锤水蚤、异尾宽水蚤、达氏筛哲水蚤、普通波水蚤等。

秋季　本季东海区桡足类丰度达到最高峰（平均为 56.16 ind./m³），且分布不均匀。从图 16.12 可见，高密集区范围较大，中心区最高可达 204.63 mg/m³，主要分布于浙江南部近海（27°～29°30′N、125°E 以西）和浙江北部 124°E 以西海域，另外海（31°～31°30′N、126°E 及 29°N、127°30′E）海域出现了 2 个小范围的高密集区。台湾海峡海域丰度较低，无高密集区出现。秋季构成桡足类高密集区的主要有精致真刺水蚤、亚强次真哲水蚤、普通波水蚤、中华哲水蚤、小拟哲水蚤、微刺哲水蚤、丽隆剑水蚤等。

冬季　桡足类丰度较低，平均为 11.07 ind./m³，无明显的密集区出现，相对高值（25～50 个/m³）出现在东海北部（30°N 以北、127°E 以东）海域和东海南部（26°30′～27°N、127°30′～124°E）海域（图 16.12）。前者主要有真刺水蚤幼体、亚强次真哲水蚤、中华哲水蚤、缘齿厚壳水蚤（*Scolecithrix nicobarica*）、精致真刺水蚤、强真哲水蚤（*Eucalanus crassus*）、平滑真刺水蚤和普通波水蚤。后者有真刺水蚤幼体、中华哲水蚤、达氏筛哲水蚤、角锚真哲水蚤（*Rhincalanus cornutus*）、海洋真刺水蚤等。

东海调查区的浮游桡足类四季平均丰度值为 24.46 ind./m³。从表 16.7 可见，桡足类丰度的季节变化明显，全区四季由大至小变化趋势为秋季（56.16 ind./m³），夏季（21.31 ind./m³），冬季（11.07 ind./m³），春季（7.07 ind./m³）。从表 16.7 还可看出，东海各分海区浮游桡足类丰度值最高峰均出现在秋季；次高峰出现在夏季；东海近海海域（125°E 以西）冬、春季丰度值低且几无变化；东海北部外海海域冬季丰度值高于春季四倍，东海南部外海海域则春季稍高于冬季。台湾海峡区由大至小则秋季，夏季，春季。

表 16.7　东海各分海区浮游桡足类总数量季节变化　　　　　单位：ind./m³

季节海区	春　季	夏　季	秋　季	冬　季	全区平均
东海北部近海	3.76	27.74	62.3	3.72	24.38
东海北部外海	4	21.29	44.53	17.59	21.85
东海南部近海	9.1	19.91	64.65	9.6	25.81
东海南部外海	12.55	12.96	49.7	10.20	21.35
台湾海峡	11.91	18.58	48.16	—	—
东海区	7.07	21.31	56.16	11.07	24.26

因受江河径流、大陆沿岸流、黄海冷水及黑潮暖流的影响（苏纪兰等，2005），东海区浮游桡足类种类组成极为丰富，四季共鉴定出 229 种，占东海区浮游动物总种数的 37.5%，其中占甲壳动物总种数的 59.5%。四季大面采样浮游桡足类种数季节变化见图 16.13。由图

16.13 可见，夏季种类最多，达 164 种，占桡足类种数的 72%，秋季和春季次之，分别为 155 种（占 67%）和 140 种（占 62%），冬季最少，123 种，占 54%。周年可见的种类，即四季共有种 78 种，占总种数的 32.7%。

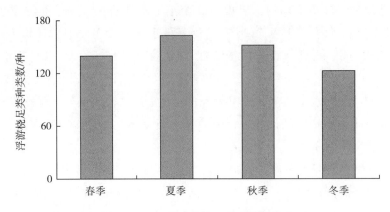

图 16.13　四季浮游桡足类种类数分布

从表 16.2 可见，东海区桡足类优势种（$Y \geqslant 0.02$）共出现 10 种，其中春、夏、冬三季均以中华哲水蚤占绝对优势，而秋季则以精致真刺水蚤的优势度为最高。从表 16.2 还可看出，四季均为优势种的仅中华哲水蚤一种；三季（夏、秋、冬）均为优势种的仅亚强次真哲水蚤，而精致真刺水蚤为秋、冬季优势种；仅在一个季节里出现的优势种有 7 种。这些种类随着季节变化而出现更替。根据优势种更替率 R 的计算结果，R 值在冬至春季为最高，达 90.1%；夏至秋季次之，为 76.9%；秋至冬季居第三位，为 73.3%，而春至夏季最低，为 66.7%。从 R 值反映出，东海区浮游桡足类群落所栖息的环境在冬季转至春季的变化极大，从夏季转至秋季再转至冬季这段时期内变化较大，从春季转至夏季的变化相对较小。

东海调查区浮游桡足类的种类较多，在数量上较占优势的种类各季都有 3 ~ 10 个不等，其中多数为外海种。

2）磷虾类

磷虾类是海洋中十分重要的浮游甲壳动物，它不但种类多，数量大，分布广，而且是许多经济鱼类和须鲸的重要饵料之一。另外，它本身又是集群性很强的浮游动物。因此它的集群与鱼类的起群行为存在着十分密切的关系（Robinson，2000）。

本调查区共鉴定磷虾类 23 种，其种类数和数量均居甲壳动物第四位。其中最常见的磷虾有中华假磷虾、宽额假磷虾（*Pseudeuphausia latifrons*）、太平洋磷虾和小型磷虾。在调查海区中，以中华假磷虾最占优势，不过在春季以小型磷虾占优势。上述 4 种磷虾均是鲐鲹鱼、竹荚鱼和带鱼的主要摄食对象之一（陈亚瞿等，1980），又可作为海区不同水团的指示生物（王荣等，2003）。

3）端足类

东海调查区共鉴定出端足类 70 种，且多为暖水性种类（Xu，2009），其种类数仅次于桡足类，占全调查区浮游动物总种类的 11.42%，但四季共同出现的种类极少，仅 4 种，占端足类总种数的 5.71%。四季中端足类出现的种类由多至少依次为夏季（41 种）、秋季（38 种）、春季（28 种）、冬季（23 种）。端足类个体密度极低，仅占全调查海区浮游动物总个体数的 1.18%（表 16.1），其中以裂颏蛮蛾、羽刺似蛮蛾（*Hyperioides sibaginis*）、孟加拉蛮（*Lestrigonus bengalensis*）、拟长脚蛾（*Parathemisto gaudichaudi*）、大眼蛮（*Lestrigonus macrophthalmus*）等占优势。

春季（3—5 月）：本季端足类种类数共出现 23 种，占端足类总种数的 32.86%，个体数量为四季最低，均值为 9.6 ind./100 m³，占端足类总个体数的 5.38%，仅占本季浮游动物总个体数的 0.40%。东海北部近海 29°30′N 以北、125°E 以西海域无密集区出现。主要优势种与冬季基本相似，为裂颏蛮蛾和大眼蛮蛾等。

夏季（6—8 月）：夏季端足类数量随着水温的上升而剧增，其平均个体密度为 45.76 ind./100 m³，占全区端足类总个体数的 28.57%，除东海北部近海几个测站没有分布，几乎遍布其余调查水域，且数量稀少，广大水域在 10 个/100 m³ 左右；仅在江外渔场 30°30′~31°30′N、125°30′~126°30′E 水域出现一个小密集区（100~250 个/m³），其中心密度最高达 1 493 ind./100 m³，裂颏蛮蛾、大眼蛮蛾、拟长脚蛾和钳四盾是这个季节的优势种。

秋季（9—11 月）：端足类数量达到四季最高峰。平均个体密度为 115.13 ind./100 m³，占端足类总量的 54.64%。分布比较均匀，无明显的密集区出现。主要种类，除裂颏蛮仍保持优势外，羽刺似蛮和孟加拉蛮替代了大眼蛮和拟长脚蛾。

冬季（12 月至翌年 2 月）：数量稀少，均值为 41.06 ind./100 m³，占四季端足类总量的 1.71%（表 16.1）。28°N 以北、124°E 以西水域没有分布，无明显密集区黑潮主流水域丰度较高（1 000 ind./100 m³ 左右）。本季端足类主要种类有钩虾（*Gammarus* sp.），该种个体密度占本季端足类总量的 47.4%；其次是裂颏蛮蛾（占 22.71%）和大眼蛮蛾（占 8.51%）。

4）介形类

介形虫是一类小型低等甲壳动物，隶属于甲壳纲、介形亚纲。它们常出现于浮游生物群落中，有时数量相当大，是经济鱼类的饵料之一。

东海调查区共计介形类 26 种，占总种类数的 4.24%。在甲壳动物中，其种类数位居第三位，占甲壳动物总种数的 6.81%。四季共同出现的有 6 种，占介形类总种数的 23.08%。东海调查水域中以秋季介形类种类最丰富，鉴定出 19 种，其余由大到小依次为夏季（16 种）、春季（14 种）、冬季（10 种）。介形类总数为 687.35 ind./m³，个体密度四季平均值为 151 ind./100 m³，占四季浮游动物总量的 3.47%，在甲壳动物中仅次于桡足类和十足类。构成介形类丰度的主要种有齿形海萤、后圆真浮萤（*Euconchoecia maimai*）、短棒真浮萤和针刺真浮萤（*Euconchoecia aculeata*）等，且大部分均为暖水性种。

春季（3—5 月）：调查区平均个体密度 70.25 ind./100 m³，为四季中最低。分布不均匀，东海北部近海 31°N 以北、126°E 以西水域几乎无分布。28°N 以北水域高于以南水域，一般在 100~1 000 ind./100 m³，以短棒真浮萤占优势，其个体平均值 59 ind./100 m³，其个体数占四季该种总量的 59.92%，占该季介形类总个体数的 83.43%。

夏季（6—8 月）：夏季介形类数量剧增，为四季次高峰。其平均个体密度达 172 ind./100 m³，占四季介形类总个体数的 36.55%。除东海北部近海水域零星分布外，几遍布了整个调查水域。29°30′N 以南水域分布均匀，密度在 1 000 ind./100 m³ 左右，无明显密集区出现。构成该季介形类的主要种类为齿形海萤，该种平均个体密度 99.6 ind./100 m³，占本季介形类总个体数的 57.87%；其次是后圆真浮萤，占 23.74%，主要分布在 30°N 以南、125°E 以西近岸水域，最高密集区位于闽东海域。

秋季（10—12 月）：本季介形类个体数量达到四季最高峰，其个体平均值为 257.5 ind. /100 m³，占四季介形类总个体数的 41.59%。本季介形类在闽东渔场近海（25°30′~26°30′N、120°30′~121°30′E）水域出现一个高密集区，中心区密度高达 11 723 ind. /100m³，主要是优势种齿形海萤在该水域高度聚集，其个体密度高达 10 720 ind. /100 m³，占该种总量的 74.63%。本季仍齿形海萤和后园真浮萤占优势，个体平均值分别为 129.4 ind. /100m³和 68.8 ind. /100m³，其次还出现了较大数量的针刺真浮萤（平均值为 43.2 ind. /100m³）。

冬季（12月至翌年2月）：调查区平均个体密度为 89.6 ind. /100m³，主要分布在东海外海暖水区，大部分水域密度在 100~1 000 ind. /100m³，无明显密集区。冬季以短棒真浮萤为优势，其次是齿形海萤。

5）十足类

浮游十足类包括十足目 Decapada、游泳亚目 Natantia、对虾派 Penaeidea 的樱虾科 Sergestidae 和真虾次目 Caridea、玻璃虾科 Pasiphaeidea。这类浮游动物包括的种类不多，但它们的数量较大，为经济鱼类的主要饵料之一。同时，有些种类如毛虾，还是直接捕捞对象。

东海调查区四季出现出十足类 10 种，占浮游动物总种数的 1.63%，四季共同出现的有 3 种，占 30%。其中春、夏季出现 7 种，冬季 5 种，秋季最少，仅 4 种。十足类个体数量较高，仅次于桡足类，占浮游动物个体总数的 3.95%。

十足类各季个体数由多至少为夏季（457.7 ind. /100 m³）、秋季（70 ind. /100 m³）、春季（23.6 ind. /100 m³）、冬季（22.2 ind. /100m³）。

春季（3—5月）：平均密度为 23.66 ind. /100 m³，稍高于冬季。东海北部近海 30°N 以北，126°E 以西水域均没有出现；26°30′N 以北水域丰度较低，一般在 50 ind. /100 m³ 以下，台湾海峡水域稍高，一般大于 50 ind. /100 m³。主要种类有中型莹虾、汉森莹虾（*Lucifer hanseni*）、细螯虾（*Leptochela gracilis*）等。

夏季（6—8月）：数量达到四季最高峰，均值为 457.7 ind. /100 m³，分别占全年十足类总量 84.17%，夏季浮游动物总量 10.54%，向北扩展遍布于整个调查区。广大水域分布比较均匀，密度在 100 ind. /100 m³左右。高密集区位于浙江台山渔场和温台渔场近海侧及台湾海峡金门岛近海水域，密集中心最高数量达 7 502 ind. /100 m³（位于 27°30′N、121°30′E）。构成密集区的主要种为中型莹虾，其个体密度最高达 5 000 ind. /100 m³，其次为刷状莹虾、汉森莹虾和细螯虾等。

秋季（9—11月）：秋季十足类数量急剧下降，其平均值降至 70 ind. /100 m³，呈斑块状分布，近海水域高于外海，无高密集区。最高数量（400~500 个/100 m³）位于东海北部吕泗渔场 32°30′N、123°30′E，台湾海峡 25°30′N、121°E 及 24°~25°30′N、120°30′~121°30′E 水域。主要种类有中型莹虾和海南细螯虾等。

冬季（12月至翌年2月）：个体数量降至四季最低，平均值 22.2 ind. /100 m³，零星分布于调查海区，一般在 10~50 ind. /100 m³，东海北部外海 30°N、127°30′E 水域有一个小密集区，密度为 275 ind. /100 m³，主要由中型莹虾、汉森莹虾和细螯虾等构成。

16.2.4.2 毛颚动物

毛颚动物是海洋浮游动物中的重要类群。它的数量大，分布广，是构成浮游动物生物量的重要类群之一，其重要性仅次于浮游甲壳动物。

本调查水域共鉴定出毛颚动物 26 种，占浮游动物总种数的 4.24%，其中四季共同出现的种类有 19 种，占 73.1%。从表 16.1 可见，四季调查水域中，春、夏季毛颚动物种类最丰富（25 种），冬季次之（23 种），秋季种类数最少。其中，肥胖箭虫、百陶箭虫和海龙箭虫为本调查区的主要优势种，其个体数分别占毛颚动物总个体数的 40.38%、26.81% 和 15.15%。凶形箭虫（*Sagitta ferox*）、美丽箭虫（*Sagitta pulchra*）、规则箭虫（*Sagitta regularis*）等种类出现频率较高，但数量稀少。

由表 16.1 可见，本调查水域毛颚类总个体数量占浮游动物总数量的 6.84%，且季节变化明显，秋季达到四季最高峰，平均值为 571 ind./100 m³；夏季次之，为 337 ind./100 m³；冬季为 266 ind./100 m³；春季最低，仅为 42 ind./100 m³。

春季：全区平均数量为 42 ind./100 m³，大部分水域内个体数量均在 50 ind./100 m³ 以下，最高值为 400 ind./100 m³，位于温州近海——27°30′N，121°30′E 附近水域。主要由海龙箭虫组成。东海北部水域受黄海冷水团的控制，水温较低，平均 14.5℃。毛颚类数量明显偏低，东海南部水域（台湾海峡除外），平均水温 21.4℃，台湾暖流及黑潮入侵势力较弱，毛颚类数量无明显增加。

夏季：全区平均数量 337 ind./100 m³，大部分水域毛颚类个体数量明显增多，大于 500 ind./100 m³ 的密集区位于浙江北部近海及长江口外海 124°30′E 以东水域，舟山渔场有密集区存在；大于 1 000 ind./100 m³ 的密集区呈块状分布，主要存在于浙江北部近海上升流区以及长江径流与外海水系如台湾暖流、黑潮表层水系的交汇处。长江口外 31°N，125°E 的密集区主要由美丽箭虫、海龙箭虫、肥胖箭虫组成，而舟山渔场（29°30′N，123°30′E）附近的密集区主要由肥胖箭虫组成，浙江北部近海水域的密集区主要由肥胖箭虫及海龙箭虫组成。

秋季：全海区平均数量 571 ind./100 m³，500～1 000 ind./100 m³ 的高值区主要在长江口外——31°～32°30′N，123°E 以西水域及浙江北部 123°E 以西水域。毛颚类数量密集区块状分布明显，最密集中心达 8 492 ind./100 m³，其位于温州近海，主要由百陶箭虫和肥胖箭虫组成。

冬季：全区平均数量为 260 ind./100 m³，大部分水域内个体数均在 250 ind./100 m³ 以下，较高值区大于 500 ind./100 m³，主要出现在 31°30′～32°00′N，124°E 以西水域。最高密集中心数量为 1 290 ind./100 m³，位于 31°30′N，125°30′E 附近水域主要由海龙箭虫组成。与 1981 年 2 月资料相比，大于 500 ind./100 m³ 的密集区的位置向南偏外退缩。

16.2.4.3　被囊类

有尾类是一类小型、透明的浮游被囊动物，也是某些经济鱼类的饵料。有些种是海流的指示种。

全调查区共鉴定出有尾被囊类 7 种，占全区浮游动物总种数的 1.15%（表 16.1）。四季共有种为 5 种。春、秋季种类数稍高，均为 6 种，夏、冬季均出现 5 种，其中以异体住囊虫占优势，其次是长尾住囊虫（*Oikopleura longicauda*），它们分别占该类动物总量的 58.21% 和 29.81%；较常见的还有红粒住囊虫（*Oikopleura rufescens*）（占 6.31%）。

调查期间东海区，有尾被囊类数量较低，平均值为 51.3 ind./100 m³，仅占浮游动物总数量的 1.18%。其总数量分布取决于异体住囊虫的分布。

春季（3—5 月）：数量稀少，全区平均密度仅 9 ind./100 m³，为四季中最低，零星分布于 125°E 以东水域和 28°N 以南水域，在温台渔场（27°～27°30′N、122°30′～123°E）出现一个小范围的密集区，中心密度为 250 ind./100 m³，主要由异体住囊虫组成。

夏季（6—8月）：数量开始上升，本季形成四季次高峰，平均值为 37 ind./100 m³，占该类总数的 23.2%，分布范围开始向北部扩展，但不均匀，大部分水域个体密度在 30 ind./100 m³以下，大于 100 ind./100 m³的密集区位于 125°E 以西靠外侧水域；大于 1 500 ind./100 m³小密集区位于沙外渔场（32°30′~33°N、124°30′~125°E）水域，主要是长尾住囊虫（*Oikopleura longicauda*），在该水域大量聚集，其个体密度可达 1 230 ind./100 m³，此外还有异体住囊虫（221 ind./100 m³）。

秋季（9—11月）：本季长尾被囊类数量达到四季最高峰，平均值为 138 ind./100 m³，占该类总量的 66.1%。分布极不均匀，大部分水域个体密度在 100 ind./100 m³以下，闽东渔场部分水域个体密度大于 250 ind./100 m³；较高密集区大于 500 ind./100 m³位于东海北部 31°N 以北水域；最高密集区大于 1 000 ind./100 m³，位于东海北部外海 32°30′~33°30′N、126°~128°E 水域。其中心位置个体密度高达 2 800 ind./100 m³，位于 32°30′~33°N、127°30′~128°E 水域。在本季，有尾被囊类个体分布取决于异体住囊虫的分布，其次主要种还有长尾住囊虫等。

冬季（12月至翌年2月）：全区平均 20 ind./100 m³，零星分布在长江口渔场以南的近海水域，仅在江外渔场（31°~31°30′N、122°30′~128°E）有一个小密集区，中心密度可达 200 ind./100 m³，主要由异体住囊虫组成。

16.2.4.4 海樽类

这类海樽类由于数量大，分布广，它们在浮游生物中（尤其是热带海）中占有主要位置。东海海樽类大多是暖水性种类，可作为暖流指示种。经鉴定，本次调查东海共出现 21 种，占浮游动物总种数的 3.44%（表 16.1）。其中四季均出现的有 4 种。种类组成由大至小依次为夏季（16 种）、春季（12 种）、秋季（11 种）、冬季（9 种）。在数量上以东方双尾纽鳃樽占绝对优势，其次为软拟海樽、小齿海樽和海樽 sp.。

调查期间，东海出现海樽类总数 1 660.91 ind./100 m³，占浮游动物总量的 8.39%，仅次于桡足类。其中以春季最高，夏季次之，冬季数量最低，总数为 34.95 ind./100 m³。

春季（3—5月）：数量达到四季最高峰，平均值高达 752 ind./100 m³，其数量居春季浮游动物首位，分别占春季浮游动物总量的 30.94%、海樽类总量的 59.32%。29°30′N 以北、126°30′E 以西水域极少分布，主要分布在 30°N 以南水域，高密集区（>2 500 ind./100 m³）位于 27°~28°30′N 水域，且范围较大，中心密度最高值可达 23 117 ind./100 m³（28°30′N、124°30′E），次高值为 15 008 ind./100 m³（27°30′N、124°30′E）。构成高密集区的主要种为东方双尾纽鳃樽，其最高个体密度达 22 230 ind./100 m³，其次还有小齿海樽和软拟海樽，但数量较少。

夏季（6—8月）：夏秋共出现海樽类 505.5 ind./m³，占该季浮游动物总量的 8.1%，居第四位。夏季海樽类遍布于整个调查区，近海区稍高于外海。本调查期间出现了两个较高密集区（>2 500 ind./100 m³）。位于福建东沙岛（26°~26°30′N、120°30′~121°30′）周围水域，范围较小，最高值为 5 329 ind./100 m³；舟山渔场 29°N、124°E 水域，最高值为 3 900 ind./100 m³。构成高密集区的主要处有软拟海樽、东方双尾海樽、齿形海樽等。

秋季（9—11月）：秋季数量明显下降，共出现 135.18 ind./m³，平均值为 122 ind./100 m³，分布极不均匀，呈斑块状。广大水域密度大于 100 ind./100 m³，东海近海（26°N 以北）水域丰度稍高，最高密集区（>2 500 ind./100 m³）位于浙江台山列岛（26°30′~27°N、

122°~122°30′E）水域，范围小，中心密度达 4 707 ind./100 m³，主要是小齿海樽（2 442 ind./100 m³）和邦海樽（2 156 ind./100 m³）高度聚集所致。

冬季（12 月至翌年 2 月）：该季海樽类数量降至四季最低，共出现 34.95 ind./m³，平均值为 53.8 ind./100 m³，占该浮游动物总量的 2.23%，仅占全年海樽类总量 2.1%。主要分布在东海暖水区，无明显密集区出现，东海北部 29°30′N 以北、127°30′E 以西水域几无分布。主要种仍为小齿海樽和东方双尾纽樽。

16.2.4.5　水母类

水母类主要包括腔肠动物门的水螅水母、管水母、钵水母和栉水母动物门的栉水母。

本次调查共采集水母类 115 种，其中水螅水母类 61 种，占总数的 9.95%；管水母类 46 种，占 7.5%；钵水母类 1 种，占 0.16%；栉水母类 7 种，占 1.14%。广泛分布于东海调查水域。其中出现数量较高的有五角水母、双生水母、半口壮丽水母（*Aglaura hemistoma*）、拟细线室水母（*Lensia subtiloides*）、四叶小舌水母（*Liriope tetraphylla*）、小方拟多面水母（*Abylopsis eschscholtzi*）、拟双生水母（*Diphyes bozani*）等。其中以五角水母、双生水母、半口壮丽水母、拟细线室水母等数量占优势。

调查期间，共出现水母类 1 177.57 ind./m³，占浮游动物总量的 5.95%。其中水螅水母类 131.56 ind./m³，占 0.66%；管水母类 1 038.6 ind./m³，占 5.25%；钵水母极稀少，仅占 0.42 ind./m³；栉水母 6.99 ind./m³，占 0.04%（表 16.1）。

1）水螅水母类

调查期间共鉴定 61 种，种类数居东海区浮游动物第三位，但数量低，共出现 131.56 ind./m³，仅占浮游动物总量的 0.66%。种类数由高到低依次为夏季（33 种）、春季（30 种）、冬季（23 种）、秋季（22 种）。

水螅水母类的主要种有半口壮丽水母、四叶小舌水母、两手筐水母（*Solmundella bitentachlata*）、宽膜棍手水母（*Rhopalonema velatum*）和八囊摇篮水母（*Cunina octonaria*）。其中数量上以半口壮丽水母和四叶小舌水母占优势。该两种数量分布决定水螅水母类总量的平面分布。

春季（3—5 月）：共出现 30 种，但总数量稀少（29.9 ind./m³），仅占该季浮游动物总量的 0.94%，平均值为 22.8 ind./100 m³。除浙江北部近海几分布于整个调查区，但数量极稀少，一般在 25 ind./100 m³ 左右，浙江中南部（27°30′~29°30′N）水域零星出现大于 100 ind./100 m³ 的小密集区，组成该季总数量的主要种为半口壮丽水母和四叶小舌水母。

夏季（6—8 月）：种类和数量均达四季最高，分别为 33 种和 51.45 ind./m³，均值为 35 ind./100 m³。相对比较均匀地分布于整个调查水域，无明显密集区。最高值出现在福建东沙岛（26°~27°N、121°~122°30′E）附近水域，中心密度最高达 325 ind./100 m³。主要由半口壮丽水母和四叶小舌水母构成。

秋季（9—11 月）：种类数为四季最低，仅 22 种。共出现 31.43 ind./m³，均值为 28.3 ind./100 m³，遍布于整个调查区，但不均匀，无明显密集区，高值位于长江口 31°30′N、123°E 水域，中心密度为 264 ind./100 m³。由半口壮丽水母（168 ind./100 m³）和四叶小舌水母（90 ind./100 m³）构成。

冬季（12 月至翌年 2 月）：出现 23 种，平均值为 29 ind./100 m³，零星分布于调查水域，东海外海 127°E 以东水域密度较高（>100 ind./100 m³）。由半口壮丽水母和四叶小舌水母组成。

2) 管水母类

这是独特的一类水母，没有世代交替，但有多态现象。绝大多数为大洋性热带种，种类多，数量大，分布广，不少种类由于群体大，随流漂浮，是良好的海流指示生物（Totton and Bargmann，1965）。

共鉴定管水母类 41 种，占浮游动物总种类的 7.5%，居第四位。其中夏季和冬季均出现 38 种，其次是春季 31 种，秋季最少为 26 种。四季共出现 1 039 ind./m³，占浮游动物总量的 5.25%，平均值为 229 ind./100 m³。主要种类有五角水母、双生水母、拟细线室水母、小方拟多面水母、拟双生水母、扭歪爪室水母（Chelophyes contorta）和方拟多面水母等，其中以五角水母、双生水母和拟细线室水母在数量上占绝对优势。

3) 钵水母

调查期间仅出现一种，红斑游船水母（Nausithoe punctata），数量极稀少。仅春、夏季零星出现在浙江中部水域。

16.2.4.6　栉水母类

调查期间，东海共采集到栉水母类 7 种，其中春、冬季均为 6 种、夏季 5 种，秋季最少仅 4 种。该类动物数量稀少，共出现 6.99 ind./m³，仅占浮游动物总量的 0.04%，其中秋季出现 4.69%，占该种总量的 71%；其次是冬季（1.26 ind./100 m³），占 18%。主要种类有掌状风球水母（Hormiphora palnata）、球型侧腕水母（Pleurobrachia globosa）和瓜水母等。

掌状风球水母，暖水近岸种，共出现 3.03 ind./m³，占栉水母类总量的 43.3%。其中秋季丰度最高，共出现 2.63 ind./m³，占该种总数的 86.8%。仅在长江口近海和台湾海峡金门岛附近零星分布。

16.2.4.7　软体动物（翼足类、异足类）

调查期间仅采到腹足纲前缌亚纲中的异足亚目和后缌亚纲中的翼足亚目。它们大多是暖水种，广布于热带和亚热带，以及受暖流影响较大的温带海区。因此，不少种类，特别是异足类是良好的暖流指示种。

经鉴定东海调查共计有翼足类 15 种，异足类 11 种，共计 26 种。四季共同出现的翼足类有 4 种，异足类 1 种。总数翼足类 199.63 ind./m³，异足类 30.79 ind./m³，分别占浮游动物总量的 1.01% 和 0.16%，其中以蝴蝶螺（Desmopterus papilio）最占优势，尖笔帽螺（Creseis acicula）、马蹄虫虎螺（Limacina trochiformis）和锥笔帽螺（Creseis virgula var. comica）次之。这些浮游软体动物在调查区的总数量在秋季最高，为 142.08 ind./m³，占该动物总量的 61.7%；其次是夏季 56.11 ind./m³，占 24.2%；春季最少，仅占 5.8%。春、冬季它们一般分布在 30°N 以南、126°E 以东水域；夏、秋季向北扩展，几遍布整个东海调查区。它们出现的种类和数量的变化，都反映出台湾暖流的季节变化（Xu and Li，2005）。

16.2.4.8　浮游多毛类

浮游多毛类均是经济水产动物，特别是鱼类的天然饵料。由表 16.1 显示浮游多毛类占浮游动物总种数的 5.40%，其中夏季种类最多，为 21 种；其次是春、秋季，均为 19 种；冬季最少，仅 12 种。调查水域多毛类数量稀少，密度为42.41 ind./m³，占浮游动物总量的0.21%。没有明显的优势种，数量上稍占优势的为盘管虫（*Hydroides* sp.）、游蚕（*Pelagobia longicirrata*）、单丁齿蚕（*Phalacrophorus uniformis*）、秀丽浮蚕（*Tomopteris elegans*）等。春季向北分布到31°30′N，数量极稀少，一般在 10 ind./100 m³ 以下；夏季数量有所上升，分布趋势与春季基本相似，但在浙江南麂山列岛和福建台山岛水域形成高值区（ > 100 ind./100 m³），中心密度达 170 ind./100 m³，秋季数量达四季最高峰，密度为23.89 ind./m³，占该季总量的56.33%，分布范围向北扩展，但分布极不均匀，呈斑块状。广大水域密度一般小于 10 ind./100 m³，在长江口近海、济州岛南部和浙江近海、韭山列岛附近水域出现了 3 个小密集区（ >100 ind./100 m³），最高值位于长江河口外侧31°30′N、123°E 水域，中心密度最高为 322 ind./100m³；冬季数量少，零星分布于东海暖流区。

16.2.5 东海的小型桡足类

对东海小型桡足类的研究资料并不多见，比较完整的研究来自1981 年 2—11 月在黄海南部及东海28°00′~34°00′N、121°00′~127°00′E 海域进行的春（5 月）、夏（8 月）、秋（11 月）和冬（2 月）4 个航次的调查资料。

16.2.5.1 分布格局季节变化

春季，浮游桡足类总丰度的变动范围在 14.86~1 014.27 ind./m³，高密集区（500~1 000 ind./m³）主要分布于黄海南部近岸和长江口 29°N 以北、125°E 以西海域，中心区丰度最高值位于32°N、122°15′E 附近海域，主要是拟长腹剑水蚤（*Oithona similis*）（445.71 ind./m³）和近缘大眼剑水蚤（*Corycaeus affinis*）（217.14 ind./m³）等。黄海南部外海和东海 30°N 以南、123°E 以东的外海桡足类丰度低，一般在 100~250 ind./m³。杭州湾近海海域桡足类丰度最低。春季桡足类的丰度平面分布取决于优势种拟长腹剑水蚤、小拟哲水蚤（*Paracalanus parvus*）和近缘大眼剑水蚤的分布，上述 3 种桡足类的丰度占春季桡足类总丰度的67.85%。

夏季，浮游桡足类总丰度达到 4 季最高峰，振幅为170.79~2 224.39 ind./m³。最高密集区（1 000~2 000 ind./m³）分布范围较大，占总调查面积的32.35%，位于29°N 以北海域，中心区丰度高达2 224.39 ind./m³（31°N、124°E）。构成高丰度的主要种类有小拟哲水蚤、拟长腹剑水蚤、瘦长毛猛水蚤（*Setella gracilis*）、弓角基齿哲水蚤（*Causocaianus arcuicornis*）等。

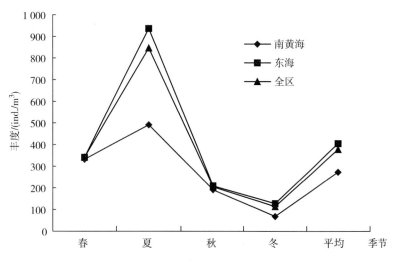

图 16.14　东海北部小型桡足类总丰度季节变化

秋季，浮游桡足类总丰度急剧下降，平均丰度仅为夏季的 1/4，振幅为 51~487.29 ind./m³，没有出现明显的密集区，广大调查海域的丰度在 50~100 ind./m³ 之间，仅在长江口 31°N 以北近海和 29°N 以南、126°E 以西海域出现两个丰度为 100~250 ind./m³ 的低密集区。构成前者桡足类丰度的主要种类有尖额保猛水蚤（*Aegisthus mucronatus*）、孔雀丽哲水蚤（*Calocalanus pavo*）、近缘大眼剑水蚤和针丽哲水蚤（*Calocalanus styliremis*），构成后者桡足类丰度的主要种类有锦丽哲水蚤（*Calocalanus pavoninus*）、尖额保猛水蚤、羽丽哲水蚤（*Calocalanus plumulosus*）、亮大眼剑水蚤（*Corycaeus andrewsi*）等。

冬季，浮游桡足类总丰度为 4 季最低，分布不均匀，振幅为 18.95~580.00 ind./m³，在长江口北部近岸和东海南部近海出现两个小范围的密集区（250~500 ind./m³），构成总丰度的主要是拟长腹剑水蚤、小拟哲水蚤和近缘大眼剑水蚤等。

16.2.5.2 主要种类、优势度及其出现季节

这一海区成为优势种（$Y \geq 0.02$）的小型浮游桡足类共有 15 种。15 个优势种中没有一个种在四个季节都是优势种，3 个季节（冬、春、夏季）皆为优势种的仅 3 种，分是拟长腹剑水蚤、小拟哲水蚤和近缘大眼剑水蚤。两个季节的仅弓角基齿哲水蚤 1 种。秋季的 5 种优势种均未在其他 3 季的优势种中出现，它们分别为尖额保猛水蚤、孔雀丽哲水蚤、锦丽哲水蚤等（表 16.8）。优势种更替率 R 值分析结果表明：R 值在夏 - 秋 - 冬季最高，均达 100%，春 - 夏季次之，为 70%，冬 - 春季最低，为 57.1%。可见在夏季转至秋季、秋季转至冬季这段时期，上述优势种类随着季节的变换而出现明显的更替现象。

表 16.8　中小型浮游桡足类优势种的优势度（Y）

中文名	种　名	春	夏	秋	冬
拟长腹剑水蚤	*Oithona similis*	0.38	0.31	0.06	*
小拟哲水蚤	*Paracalanus parvus*	0.25	0.23	0.23	*
近缘大眼剑水蚤	*Carycaeus affinis*	0.10	0.10	0.02	*
弓角基齿哲水蚤	*Causocalanus arcuicornis*	0.02	*	0.10	*
强额拟哲水蚤	*Paracalanus crassirostris*	*	0.03	*	*
中华哲水蚤幼体	*Calanus sinicus larvae*	*	0.02	*	*
真刺水蚤幼体	*Euchaeta larvae*	*	0.02	*	*
瘦长毛猛水蚤	*Setella gracilis*	*	*	0.05	*
挪威小毛猛水蚤	*Microsetella norvegica*	*	*	0.02	*
等刺隆剑水蚤	*Oncaea mediterranea*	*	*	0.02	*
尖额保猛水蚤	*Aegisthus mucronatus*	*	*	*	0.27
孔雀丽哲水蚤	*Calocalanus pavo*	*	*	*	0.13
锦丽哲水蚤	*Calocalanus pavoninus*	*	*	*	0.10
羽丽哲水蚤	*Calocalanus plumulosus*	*	*	*	0.03
针丽哲水蚤	*Calocalanus styliremis*	—	*	*	0.03

*：Y 小于 0.02；—：没有出现。

16.2.5.3 主要优势种及其分布

1) 拟长腹剑水蚤（*Oithona similis*）

暖温带近海种。太平洋、印度洋和大西洋的热带和温带区，地中海和红海均有分布。在

我国各海区都有，其中以渤海和黄海的数量最多。该种在本调查区春季丰度最高，为桡足类第一优势种。该种分布不均匀，变化范围为 0～445.71 ind./m³，高丰度区（100～250 ind./m³）分布有两处，其一位于长江口区的 31°～32°N 两侧。另一处位于 33°N，122°～124°E。与总丰度高密集区相重叠。夏季高丰度区（100～250 ind./m³）主要位于 31°～33°N，123°～126°E，其范围要比春季大得多。冬季较高丰度区（50～100 ind./m³）在我国的吕泗渔场和鱼山渔场，其范围要比春夏季小得多。

2）小拟哲水蚤（*Paracalanus parvus*）

为广温广盐种，北至黄海，南至南海，在我国的广大海区都有分布。与拟长腹剑水蚤相比，高丰度区（100～250 ind./m³）的位置靠近我国近海，出现的区域更广。春季吕泗渔场，鱼山渔场和长江口区的 31°N 线两侧丰度较大，夏季在 31°～33°N，122°～125°E 形成了一个总丰度大于 500 ind./m³ 的最高丰度区。同时出现的范围却有所缩小。冬季较高丰度区（50～100 ind./m³）在我国的鱼山渔场，即 29°N，122°E。出现的区域与春季相同，但丰度值要小得多。

3）近缘大眼剑水蚤（*Corycaeus affinis*）

广温广盐种，较高丰度区（100 ind./m³）的位置比小拟哲水蚤更靠近我国近海，出现区域也较小。春季较高丰度区在我国的吕泗渔场，冬季在鱼山渔场，夏季则与小拟哲水蚤基本相同，但丰度和分布范围均小于小拟哲水蚤。

16.2.6　东海浮游动物生态类群的划分

从已经发表的文献看，不少研究曾给出了浮游动物生态类群的划分结果。但是，国内大多数的研究都将生态类群作为一个结果提出，尚未见到有关确定浮游动物生态类群的依据和研究报道。我国从有浮游动物系统分类专著的出版起，可能受调查范围、资料完整性和数学分析手段等的限制，这样的现状已经维持了 40 多年。近年来，徐兆礼依据浮游动物不同种类的地理分布、季节变化资料，依据数理统计计算出各浮游动物种类的最适温度、最适盐度、最适温度区间和最适盐度区间。根据最适温度和最适盐度等量化指标数据，以及参考以往研究的结果，对东海浮游动物不同物种的生态类群进行了详细的研究，详细结果可以参考有关文献，例如 Xu（2009）、Xu 和 Gao（2011）等。这里以最近徐兆礼的桡足类不同种类生态类群的划分结果为例，介绍东海浮游桡足类不同物种生态类群的划分概况。

16.2.6.1　热带大洋种桡足类

研究中，将最适温度接近或超过 25℃、同时最适盐度接近或超过 34，分布位置主要在东海暖流水域的种都称为热带大洋种，共有 20 种。可以分为以下 3 类亚型。

典型的热带大洋种　共 9 种，丹氏厚壳水蚤（最适温度 26.04℃ 和最适盐度 34.19，以下同）、细真哲水蚤、伪细真哲水蚤（27.64℃ 和 34.07）、瘦新哲水蚤、粗长腹剑水蚤（27.78℃ 和 34.5）、中型真刺水蚤（27.49℃ 和 34.11）、单隆哲水蚤（26.14℃ 和 34.1）、长突平头水蚤（26.94℃ 和 34.11）和尖头海羽水蚤（27.5℃ 和 34.13）。在东海，这些种大部分能够在不同季节和不同的水体中出现。特别是粗长腹剑水蚤和尖头海羽水蚤，甚至在冬春季外海和南部的更多海区出现，因此是具有广泛环境适应性的热带大洋种。丹氏厚壳水蚤还是西印度洋热带水域的优势种。它们主要分布在夏季东海南部台湾暖流影响的水域和外海暖流水域。在这9种中，尖头海羽水蚤和粗长腹剑水蚤是最为典型的热带大洋种。

偏低温热带大洋种 共7种，这些种最适温度接近25℃（高于24.5℃），最适盐度在34以上。有海洋真刺水蚤（24.52℃）、弓角基齿哲水蚤（24.53℃）、瘦乳点水蚤（24.61℃）、玛瑙叶剑水蚤（24.8℃）、长桨剑水蚤（24.51℃）、尖真鹰嘴水蚤（24.51℃）、黑斑平头水蚤（24.98℃）7种，主要分布在东海的暖流水域，过去都被认为是热带种（郑重等，1984），但是这些种具有一定的低温适应能力。上述种类又可以分为两类，其中海洋真刺水蚤、弓角基齿哲水蚤、瘦乳点水蚤在不同的季节和不同水域都可以出现，但高丰度分布水域在台湾以北和黑潮水域，被认为是暖流指示种。其余4种夏秋季出现较多，冬春季在暖流水域也有一定的数量，因而最适温度偏低。

偏低盐热带大洋种 共4种，最适盐度分别是：椭形长足水蚤（33.97）、大桨剑水蚤（33.97）、粗壮真胖水蚤（33.93）和斑点厚剑水蚤（33.94）。这些种最适盐度非常接近34，多分布在外海，有时近海数量较多，如斑点厚剑水蚤夏季在北部近海出现，大桨剑水蚤夏秋季在南部近海和台湾海峡近海出现，因而最适盐度低于典型的热带大洋种。

16.2.6.2 亚热带外海种桡足类

将最适温度接近或超过20℃、最适盐度接近或超过32的种类都归纳为亚热带外海种，共有114种。同时将最适温度接近20℃、最适盐度大于34，冬春季主要分布在东海外海部分的种类也归于这一类。包含以下5种亚型。

偏低温种 这类桡足类最适温度低于20℃、同时最适盐度大于34。共由13种，最适盐度分别是：角锚哲水蚤（35.1）、鼻锚哲水蚤（34.1）、瘦长真哲水蚤（34.5）、伯氏小厚壳水蚤（34.23）、秀真胖水蚤（35.06）、瘦拟哲水蚤（34.5）、北方乳点水蚤（34.41）、短尾基齿哲水蚤（34.4）、双棘拟平头水蚤（34.66）、卵形光水蚤（34.67）、菱形大眼剑水蚤（34.6）、尖额海羽水蚤（34.66）和缘齿厚壳水蚤（33.2）。这些种最适盐度大都高于34，冬春季外海高盐水出现或出现的数量较多。另外平滑真刺水蚤是黄海东南部的优势种，在黄海暖流中有一定的数量，春季在东海也有一定的数量。由于分布位置偏北，显示出较低的最适温度。这些种较低的最适温度仅仅是东海北部外海表层水在冬春季西北风作用下温度变性的表象。由于这些种所分布的水域位于东海暖流势力范围内，具有亚热带海洋环境的特征，因此将这些种归为亚热带外海种。

偏低盐种 这类桡足类最适盐度接近32，一般不到32.5，共有5种。即柱形宽水蚤、丹氏纺锤水蚤、阔节角水蚤、叉胸刺水蚤和长刺小厚壳水蚤。它们最适温度分别是27.37℃、26.17℃、27.05℃、23.46℃和23.4℃。这些种在东海主要在夏秋季和近海出现，除东海以外，柱形宽水蚤、丹氏纺锤水蚤和阔节角水蚤还广泛地出现在南海、日本沿海暖流区、马来亚沿海、澳大利亚和红海沿岸水域。丹氏纺锤水蚤甚至是东大西洋沿岸径流的指示种。叉胸刺水蚤和长刺小厚壳水蚤在黄海南部、南海和地中海都很常见。从这些种的最适温度看，偏低盐种最适温度多高于25℃，以热带高温适应为主，其次是亚热带适应种类。

偏高盐种 这类桡足类最适盐度大于34，最适温度在20～25℃，共有18种。这一类浮游动物分布区域或高丰度分布区域与东海暖流活动有一定的关系。例如，达氏波水蚤（23.2℃），锥形宽水蚤（22.96℃）主要在东海混合水团偏暖流一侧，由此形成较高的盐度适应，但它们秋季数量较多，冬春季分布在外海，有时也作为冬春季暖流指示种。研究还发现，在东太平洋加利福尼亚水域，达氏波水蚤数量与该水域厄尔尼诺现象有一定的关系。该亚型其他种还有长角海羽水蚤、羽小角水蚤、腹突乳点水蚤、厚指平头水蚤、小纺锤水蚤、微胖大眼剑水蚤、亮大眼剑水蚤、乳状异肢水蚤、小长足水蚤、刺长腹剑水、柔大眼剑水蚤、腹突平头水蚤、长尾基齿哲水蚤、星叶剑水蚤和圆矛叶剑水蚤等。这些种主要在秋季出现，冬春季盐度较高的水域也有一定的数量，所以最适盐度较高。它们也可以分布在整个东海，同时具有广泛的温度适应。因此这些生态类群的物种与由黑潮从赤道和热带水域带入的热带大洋种概念有一定的区别。这些种对东海亚热带海洋环境有一定的适应，因此称为亚热带外海种。

偏高温种 这些种最适温度大于 25℃，最适盐度在 32～34，共有 19 种。该生态类型以东海桡足类优势种亚强真哲水蚤和异尾宽水蚤为代表。包括幼平头水蚤、截拟平头水蚤、微驼隆哲水蚤、芦氏拟真刺水蚤、方桨剑水蚤、粗乳点水蚤、短平头水蚤、尖额真哲水蚤、金叶剑水蚤、细胸刺水蚤、粗新哲水蚤、克氏纺锤水蚤、红大眼剑水蚤、细角新哲水蚤、奇桨剑水蚤、隆线似哲水蚤和近缘大眼剑水蚤。该生态类型物种的数量季节特征是夏季丰度最高，如亚强真哲水蚤（徐兆礼，2006d）。有些种在黄海和东海北部也有大量出现，如克氏纺锤水蚤和近缘大眼剑水蚤，是夏季的主要优势种。同时这 2 种在太平洋、印度洋、大西洋的热带海区也有出现。粗乳点水蚤在近海出现较多，最适盐度并不高。该种以往被认为是黑潮指示种。芦氏拟真刺水蚤在厦门海域较多，曾被视为是高温低盐种。根据最适温盐度和分布温/盐度研究，本文认定，这些种在东海往往具有较为广泛的温/盐适应能力和广泛的分布，应属亚热带外海种。较高温度适应，还可以说明该种分布与暖流有一定的关系。

典型的亚热带外海种 除了上述生态类群已经分析过的种外，其余种均属于典型的亚热带外海种。这类亚热带外海种最适温度在 20～25℃，同时盐度在 32～34。由于有些种对温度和盐度的变化不敏感，因而难以求得其最适温度和最适盐度。如双翼平头水蚤、小突大眼剑水蚤、哲胸刺水蚤、长刺大眼剑水蚤、弯尾叶剑水蚤、小型大眼剑水蚤、剑乳点水蚤、粗大眼剑水蚤、后截唇角水蚤、圆额海羽水蚤、东亚大眼剑水蚤和双尖叶剑水蚤。分析这些种类出现的区域和季节特征，仍可以将这些种归纳为亚热带外海种。并以精致真刺水蚤和普通波水蚤为主要代表，是东海桡足类最主要的部分。它们最大数量往往出现在夏秋季，如精致真刺水蚤（徐兆礼，2006a）、普通波水蚤（徐兆礼，2006b）。但在比较这 2 种地理分布上的不同点后，发现精致真刺水蚤更多在近海形成很高的数量，普通波水蚤在外海形成较高的数量，因此后者的最适盐度高于前者。典型的亚热带外海种大多数有广泛的分布，但高数量往往位于东海的混合水团。其中大多数物种分布在暖水水团一侧，少数最适盐度较低的种类分布在近海水团一侧。

以上研究仅仅考虑东海盐度在 30 以上的外海水域浮游动物的外海种，大洋种的生态类群。一些河口海域，海湾海域浮游动物生态类群的研究尚在进行中。因而，对浮游动物咸淡水种，沿岸种，近海种生态类群的划分，由于大范围的资料收集更加困难，研究所需的资料在积累中。

16.3 小结

从有限的微型浮游动物研究结果来看，在东海陆架区浮游纤毛虫丰度与生物量秋季在外陆架区和中陆架区高于内陆架区，冬季中陆架区纤毛虫丰度和生物量高于外陆架区和内陆架区。秋、冬季都是无壳纤毛虫占优势，而秋季砂壳纤毛虫对生物量的贡献大于无壳纤毛虫。

东海浮游动物群落特征与海洋水文环境特征有密切的关系。在东海外海的黑潮水域，浮游动物种类较多，大多数物种属于亚热带外海种，但在温、盐度适应能力上，大部分物种都有广泛的温、盐度分布区间，且地理分布非常广泛。这是东海浮游动物物种分布多样性的主要原因。

春季，台湾暖流在台湾海峡和台湾北部海域形成后，沿着陆架200 m等深线，由西南向东北方向流动，最终汇入对马暖流，同时在济州岛以南，对马暖流形成分支向西北运动，形成黄海暖流。此时东海近海主要优势种为暖温带近海种，台湾暖流西侧浮游动物种类较少，多样度明显较低。台湾暖流东侧的东海外海，浮游动物多样性较高，种类以亚热带外海种和热带大洋种为主。

夏季，台湾暖流势力增强，除了向东北方向伸展，另外还沿着东海近海向长江口海域推进。长江冲淡水，黄海冷水团和台湾暖流形成了东海广大的混合水团。在混合水团南部，由于主要受暖流水团势力控制，由暖流带来丰富的种类形成较高的种类多样性，种类以亚热带外海种为主，其中东南部黑潮水域有较多的热带大洋种。在混合水团北部，受长江冲淡水和黄海冷水团的影响，西北部有较多的亚热带近海种，东北部暖流水域以亚热带外海种为主，也有较多的热带大洋种。

秋季，较强的台湾暖流已经持续一段时间，亚热带外海种和近海种均在东海近海有广泛的分布，形成一定数量的种群。由于暖流开始消退，水温开始下降，形成适宜亚热带外海种生长的温度环境，形成大部分海域浮游动物多样度较高现象。

冬季，尽管浮游动物多样性指数等值线密集分布带如同夏季仍呈东西走向。但是，这一多样度分布格局形成的机制不同于夏季。这里，东海南部近海浮游动物多样性较高，多以亚热带外海种为主，少量的亚热带近海种，还有个别的热带大洋种出现。黑潮暖流进入东海后，有部分黑潮表层水入侵东海大陆架后向西北伸展，直至浙江近海。东海南部近海浮游动物多样度的较高的水域和与黑潮表层水对陆架东部的入侵在时间上和空间上基本一致，因而可以认为，正是黑潮表层水入侵东海陆架，丰富了冬季东海南部近海浮游动物的种类。同期，东海西北部是典型的暖温带环境，浮游动物种类较少，数量较低。

第 17 章　东海底栖动物

东海是西北太平洋北部一个较开阔的陆源海，北以长江口北岸的启东嘴至韩国济州岛西南角的连线与黄海相连；东北以济州岛 – 五岛列岛 – 长崎半岛南端连线为界，并经对马海峡、朝鲜海峡与日本海相通；东以九州岛、琉球群岛和台湾诸岛连线与太平洋相连；南以广东省南奥岛至台湾南端猫鼻头连线为界与南海相连。东海平均水深 370 m，最大水深 2 322 m。

东海是一个具有宽大陆架的海区，其中大陆架和大陆坡面积约 55×10^4 km²，平均水深 72 m。东海大陆架在我国各海区中最宽阔，略呈扇形，水深大部分在 60 ~ 140 m，陆架外缘转折处水深多为 140 ~ 180 m。南部台湾海峡大部分在 100 m 以内，平均水深 60 m，地形地貌较复杂，海底有许多宽阔低矮的海山或隆起及一些浅海槽。

海域西部受长江、钱塘江等江河入海径流的影响，东海东南部外海有高温高盐的黑潮暖流流过，为东海提供了丰富的生源要素，正是这些优良的自然环境条件造就了东海区底栖动物物种丰富、数量较多的特点。

17.1　大型底栖动物种类组成、群落结构、栖息密度与生物量分布

17.1.1　物种组成

17.1.1.1　物种组成

东海海域已发现大型底栖动物 855 种，其中多毛类环节动物 268 种、软体动物 283 种、甲壳动物 171 种、棘皮动物 68 种、其他动物 65 种。多毛类环节动物、软体动物和甲壳动物三大类群占该海域大型底栖动物总种数的 85.94%，是构成大型底栖动物的主要类群（唐启升等，2006）。

与我国黄、渤海物种组成相比，东海海域分布的大型底栖动物物种数量较多，与黄海的共有种为 209 种，其中多毛类 139 种、软体动物 31 种、甲壳动物 18 种、棘皮动物 16 种和其他动物 5 种。东海与南海物种组成的相似性较高，共有种达 318 种，其中多毛类 155 种、软体动物 91 种、甲壳动物 29 种、棘皮动物 31 种和其他动物 12 种；仅在东海出现的种类有 333 种，其中多毛类 83 种、软体动物 105 种、甲壳动物 81 种、棘皮动物 30 种和其他动物 34 种。东海海域大型底栖动物各类群种数和总种数在不同季节有明显的变化，由大到小依次为春季（452 种）、秋季（435 种）、夏季（380 种）、冬季（288 种）（表 17.1）（唐启升等，2006）。

表 17.1　东海海域大型底栖动物种类数目季节变化　　　　　　　单位：种

季　节	多毛类	软体动物	甲壳动物	棘皮动物	其他动物	总种数
春季	155	147	92	37	21	452
夏季	139	92	86	36	27	380
秋季	153	126	100	25	31	435
冬季	129	66	48	24	21	288
全年	268	283	171	68	65	855

资料来源：唐启升等，2006。

图 17.1 为东海大型底栖动物种数的分布情况。可以看出，春季种数较多的海域为东海的南部、北部和台湾海峡北部，而中部海域则相对较少；夏季以中部、北部和台湾海峡北部的种数较多；秋季种数较多的海域为中部和东北部，南部相对较少；冬季整个东海海域相对较均匀。总体来说，东海海域中部种数较多（李荣冠，2003）。

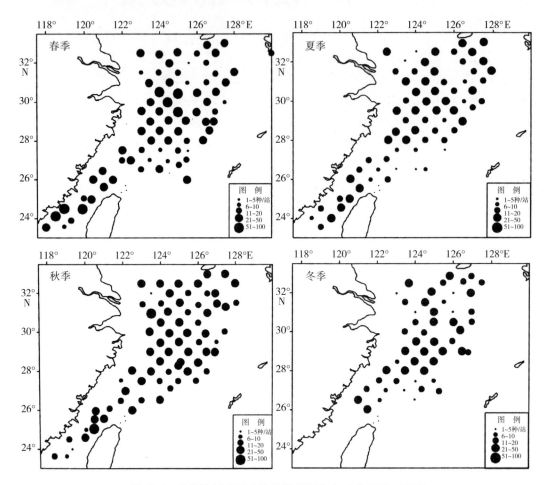

图 17.1　东海海域底栖动物种数平面分布（李荣冠，2003）

"908"专项的 ST04、ST05、ST06 区块分别针对东海海区的长江口海域、浙江海域和台湾海峡海域进行了调查。通过对调查资料的汇总分析，在整个调查海区范围内共采集大型底栖生物 1 300 种，其中多毛类 428 种、软体动物 291 种、甲壳动物 283 种、棘皮动物 80 种、其他动物 218 种。此外，该三个区块所采集得到的大型底栖生物种数分别为 418 种、327 种和 492 种，均是以多毛类种数为最多，其他类别的大型底栖生物种数多少有所差异（表 17.2）。东海大型底栖生物种数的季节变化见表 17.3。

表 17.2　"908"专项调查东海海区大型底栖生物物种数目组成及其所占比例

类　别	多毛类		软体动物		甲壳动物		棘皮动物		其他动物		总种数
	种数/种	比例/%	种数/种	比例/%	种数/种	比例/%	种数/种	比例/%	种数/种	比例/%	
东海	392	41.35	205	21.62	210	22.15	65	6.86	76	8.02	948
长江口海域	148	35.41	135	32.30	69	16.51	27	6.46	39	9.33	418
浙江海域	187	57.19	46	14.07	49	14.98	26	8.87	16	4.89	327
台湾海峡	249	50.61	50	10.16	135	27.44	31	6.30	27	5.49	492

表17.3 东海海域大型底栖动物种数季节变化 单位：种

季 节	多毛类	软体动物	甲壳动物	棘皮动物	其他动物	总种数
春季	239	108	157	41	86	631
夏季	274	169	170	43	117	773
秋季	256	102	133	46	82	619
冬季	260	121	156	44	76	657
全年	428	291	283	80	218	1 300

17.1.1.2 优势种

东海海域大型底栖动物优势种和常见种有以下45种（表17.4）。各种优势种的平面分布也不相同。

表17.4 东海海域大型底栖动物优势种

中文名	学 名	中文名	学 名
拟特须虫	*Paralacydonia paradoxa*	肋变角贝	*Dentalium octangulatum*
花冈钩毛虫	*Sigambra hanaokai*	习见蛙螺	*Bursa rana*
斑角吻沙蚕	*Goniada maculata*	布尔小核螺	*Mitrella burchardi*
吻沙蚕一种	*Glysera* sp.	西格织纹螺	*Nassarius siquijorensis*
长吻吻沙蚕	*Glysera chirori*	织纹螺一种	*Zeuxis* sp.
丝鳃稚齿虫	*Prionospio malmgreni*	黄短口螺	*Inquisitor flavidula*
矮小稚齿虫	*Prionospio pygmaea*	白龙骨乐飞螺	*Lophiotoma leucotropis*
奇异拟稚齿虫	*Paraprionospio pinnata*	轮双眼钩虾	*Ampelisca cyclops*
稚齿虫属一种	*Paraprionospio* sp.	美原双眼钩虾	*Ampelisea miharaensis*
斑角吻沙蚕	*Goniada maculata*	塞切儿泥钩虾	*Eriopisella sechellensis*
索沙蚕	*Lumbrineris latreilli*	尖尾细螯虾	*Leptochela acculeocaudata*
长手沙蚕一种	*Magelona* sp.	鲜明鼓虾	*Alpheus distinguendus*
背毛背蚓虫	*Notomastus aberans*	日本美人虾	*Callianassa japonica*
欧努菲虫	*Onuphis eremita*	廉形叶钩虾	*Jassa falacata*
双鳃内卷齿蚕	*Aglaophamus dibranchis*	日本沙钩虾	*Byblis japonicus*
独指虫	*Aricidea fragilis*	日本大螯蜚	*Grandidierella japonica*
矛角樱蛤	*Angulus lanceolatus*	光滑倍棘蛇尾	*Amphioplus laevis*
刺襞蛤	*Spiniplicatula muricata*	洼鄂倍棘蛇尾	*Amphioplus depressus*
胶州湾角贝	*Episiphon kiaochowwanensis*	钩倍棘蛇尾	*Amphioplus ancistrotus*
喇叭角贝	*Graptacme buccinulim*	滩栖阳遂足	*Amphiura vadicola*
蕃红花丽角贝	*Calliodentalium crocinum*	指棘阳遂足	*Amphiura digitula*
沟竹蛏	*Solen canaliculatus*	金氏真蛇尾	*Ophiura kinbergi*
小榧螺属一种	*Olivella* sp.		

资料来源：李荣冠，2006。

"908"专项针对东海海区的长江口海域、浙江海域和台湾海峡海域进行了调查，通过对以上海区采集的标本情况进行分析统计发现，三个海区有相似的优势种分布，也存在不一致的情况。其中，不倒翁虫（*Sternaspis sculata*）、双形拟单指虫（*Cossurella dimorpha*）、钩虾

（Gammaridea）、洼颚倍棘蛇尾（*Amphioplus depressus*）、纽虫（Nemertinea）等在三个海区的优势度都比较高，但是与黄海海域的优势种生物之间有较大的差别（表 17.5）。

表 17.5　"908"专项调查东海海区底栖动物优势种类

长江口海域		浙江海域		台湾海峡	
多毛类					
奇异稚齿虫	*Paraprionospio pinnata*	不倒翁虫	*Sternaspis sculata*	不倒翁虫	*Sternaspis sculata*
双形拟单指虫	*Cossurella dimorpha*	背蚓虫	*Notomastus latericeus*	拟特须虫	*Paralacydonia paradoxa*
小头虫	*Capitella capitata*	后指虫	*Laonice cirrata*	袋稚齿虫	*Paralacydonia ehlersi*
不倒翁虫	*Sternaspis sculata*	双形拟单指虫	*Cossurella dimorpha*	中蚓虫	*Mediomastus californiensis*
后指虫	*Laonice cirrata*	尖叶长手沙蚕	*Magelona cincta*	背毛背蚓虫	*Notomastus aberans*
软体动物					
纵肋织纹螺	*Nassarius variciferus*	圆筒原盒螺	*Eocylichna braunsi*	带偏顶蛤	*Modiolus comptus*
红带织纹螺	*Nassarius succinctus*	西格织纹螺	*Nassarius siquijorensis*	刀明樱蛤	*Moerella culter*
江户明樱蛤	*Moerella jedoensis*			衣角蛤	*Angulus vestalis*
甲壳动物					
绒螯近方蟹	*Hemigrapsus peniciillatus*	钩虾一种	*Gammaridea* sp.	塞切尔泥钩虾	*Eriopisella sechellensis*
鲜明鼓虾	*Alpheus distinguendus*	豆形短眼蟹	*Xenophthalmus pinnotheroides*	葛氏胖钩虾	*Urothoe grimaldii*
轮双眼钩虾	*Ampelisca cyclops*	寄居蟹	Diogenidae	拟猛钩虾一种	*Harpiniopsis* sp.
细螯虾	*Leptochela gracilis*			日本沙钩虾	*Byblis japonicus*
棘皮动物					
滩栖阳遂足	*Amphiura vadicola*	棘刺锚参	*Protankyra bidentata*	阳遂足一种	*Amphiura* sp.
洼颚倍棘蛇尾	*Amphioplus depressus*	滩栖阳遂足	*Amphiura vadicola*	近辐蛇尾	*Ophiactis affinis*
				洼颚倍棘蛇尾	*Amphioplus depressus*
其他动物					
纽虫	Nemertinea	纽虫	Nemertinea	毛头梨体星虫	*Apionsoma trichocephala*
红狼牙鰕虎鱼	*Odontamblyopus rubicundus*	海葵	Actiniaria	纽虫	Nemertinea
海葵	Actiniaria			厦门文昌鱼	*Branchiostoma belcheri*

17.1.2　生物量分布

东海海域底栖动物四季平均生物量为 21.36 g/m^2，其中软体动物居首位，其次为棘皮动物和其他动物。生物量也存在明显的季节性变化，由大至小依次为春季（41.27 g/m^2）、秋季（21.12 g/m^2）、夏季（12.45 g/m^2）、冬季（10.23 g/m^2）。各类群的季节性变化见表 17.6（唐启升等，2006）。

表 17.6　东海大型底栖动物各类群数量季节变化

项　目	季　节	多毛类	软体动物	甲壳动物	棘皮动物	其他动物	合　计
生物量/（g/m^2）	春季	3.27	29.3	2.14	2.91	3.62	41.27
	夏季	3.49	1.29	1.53	3.65	2.48	12.45
	秋季	3.32	5.74	1.55	3.51	4.98	21.12
	冬季	2.42	1.69	1.17	3.75	1.55	10.23
	平均	3.13	9.51	1.60	3.46	3.16	21.26

资料来源：唐启升等，2006。

大型底栖动物生物量的平面分布因季节和纬度不同而有明显差异。春季以东海近岸海域较高，呈近岸向远岸递减的趋势，在浙江温州沿岸最高生物量达到250.00 g/m²，同时在台湾西北部水域和中部也形成一高值区；夏季生物量较春季低，高生物量分布区在东海中部长江口和杭州湾远岸，台湾海峡北部海域较低；秋季高值区位于长江口和杭州湾近岸，最高生物量可达150.00 g/m²，而台湾海峡北部海域较低；冬季高值区位于东海中部长江口与杭州湾近岸和长江口近岸（李荣冠，2003）。

"908"专项对东海海域的大型底栖生物情况进行了较为细致的调查。其平均生物量的季节变化见表17.7。由表17.7可见，东海大型底栖生物平均生物量的季节变化不显著，由大到小依次为春季、冬季、夏季、秋季。

表 17.7 "908"专项调查东海海域大型底栖生物生物量季节变化 单位：g/m²

季 节	多毛类	软体动物	甲壳动物	棘皮动物	其他类	合 计
春季	2.06	3.31	1.17	11.26	1.59	19.39
夏季	2.84	3.20	2.06	3.92	2.05	14.07
秋季	1.81	3.08	1.96	3.53	1.32	11.71
冬季	2.69	2.74	1.20	6.43	2.00	15.06

"908"专项调查中长江口、浙江、台湾海峡三个区块的平均生物量水平有一定的差异，以浙江海域的生物量最高，其次是长江口海域，台湾海峡海域的生物量水平最低。再之，3个区块海域内的各类群的生物量水平的高低也不尽相同，但是由于软体动物和棘皮动物的个体较大，因此通常这两类生物类群占了总生物量的主要组成部分。多毛类动物虽然栖息密度高，但是因为其个体较小，所以往往在生物量水平方面并不占优势（表17.8）。

表 17.8 "908"专项调查东海海域部分海区大型底栖生物生物量组成及其所占比例 单位：g/m²

类 别	多毛类		软体动物		甲壳动物		棘皮动物		其他动物		总生物量
	生物量	比例	生物量	比例	生物量	比例	生物量	比例	生物量	比例	
长江口海域	2.85	18.33%	4.78	30.74%	2.75	17.72%	3.53	22.71%	1.63	10.50%	15.55
浙江海域	1.49	5.28%	2.77	9.81%	1.36	4.82%	19.73	69.92%	2.87	10.16%	28.22
台湾海峡	1.46	16.26%	2.01	22.42%	1.01	11.20%	3.27	36.46%	1.23	13.66%	8.98

17.1.3 栖息密度分布

东海海域大型底栖动物四季平均栖息密度为283个/m²，其中多毛类较高，其次为甲壳动物，软体动物占第三位。平均栖息密度的季节性变化与平均生物量略有不同，秋季最高，其次为春季，由大至小表现为秋季（461个/m²）、春季（384个/m²）、夏季（178个/m²）、冬季（146个/m²）。各类群的季节性变化见表17.9（唐启升等，2006）。

表 17.9 东海大型底栖动物各类群数量季节变化

项 目	季 节	多毛类	软体动物	甲壳动物	棘皮动物	其他动物	合 计
栖息密度/（个/m²）	春季	151	69	69	13	34	348
	夏季	99	6	50	12	11	178
	秋季	134	108	203	6	10	461
	冬季	81	3	47	5	10	146
	平均	116	47	92	9	16	283

资料来源：唐启升等，2006。

大型底栖动物栖息密度同生物量具有相似的平面分布趋势，整体分布趋势为近岸高于远岸海域，但也因季节和海域纬度不同呈现明显的差异。春季高值区分布在东海中部长江口近岸和台湾海峡北部，最高可达 1 000 个/m²，呈近岸向远岸递减趋势。夏季，出现两个高值区，其一分布在长江口近岸，最高栖息密度达 250 个/m²；其二分布范围较广，从长江口向南至台湾海峡北部近岸，最高栖息密度可达 250 个/m²。秋季，栖息密度近岸高于远岸，近岸海域最高栖息密度可达 1 000 ~ 1 500 个/m²，第二高值区分布在台湾岛东北部海域，可达 500 个/m²。冬季，高值区分布在浙江温州沿岸和东海中线杭州湾外缘水域，最高栖息密度达 250 个/m²（李荣冠，2003）。

最新的"908"专项调查的数据结果显示，东海海域大型底栖生物年平均栖息密度为 164 个/m²。其季节变化见表 17.10。

表 17.10　"908"专项调查东海海域大型底栖生物栖息密度季节变化　单位：个/m²

季　节	多毛类	软体动物	甲壳动物	棘皮动物	其他类	合　计
春季	61	8	29	12	10	120
夏季	123	11	47	10	9	200
秋季	65	8	16	9	10	108
冬季	122	8	65	14	15	224

"908"调查结果显示在东海长江口海域、浙江沿海海域和台湾海峡海域的大型底栖生物栖息密度有着各自的分布特点，总的平均栖息密度呈现由北向南逐渐增加的趋势，其中长江口海域的总的平均栖息密度为 92.06 个/m²，浙江沿海海域为 140.87 个/m²，台湾海峡海域为 330.52 个/m²，而且与以上 3 个海区总生物量的水平分布规律也并不一致。但是相同的是这 3 个海区的总生物密度的主要贡献类群均是多毛类，并且优势十分明显，这与多毛类个体小、分布集中的特点相吻合。此外，台湾海峡海域生物栖息密度远高于另两个海区的另外一个重要原因是由于存在大量的钩虾、涟虫、水虱等小型甲壳动物，在冬季航次大量的小型甲壳动物占据了近一半的生物密度（表 17.11）。

表 17.11　"908"专项调查东海海区大型底栖生物栖息密度组成及其所占比例　单位：个/m²

类　别	多毛类		软体动物		甲壳动物		棘皮动物		其他动物		总密度
	密度	比例/%	密度	比例/%	密度	比例/%	密度	比例/%	密度	比例/%	
长江口海域	53.60	58.23	11.78	12.79	19.48	21.16	4.32	4.69	2.88	3.13	92.06
浙江海域	92.81	65.88	6.58	4.67	20.50	14.55	9.88	7.01	11.10	7.88	140.87
台湾海峡	148.13	44.82	2.88	0.87	128.21	38.79	26.70	8.08	24.61	7.44	330.51

17.1.4　群落结构分析

东海不同水域底栖动物群落的 Bray-Curtis 相似性系数存在一定差异，较大的为 40 ~ 50%，大多数为 10% ~ 40%。根据不同区域，李荣冠（2003）把东海海域大型底栖动物划分为东海北部近海群落、东海南部近海群落、东海北部外海群落、东海南部外海群落和台湾海峡群落（图 17.2）。

1）东海北部近海群落

包括 2 个群落：

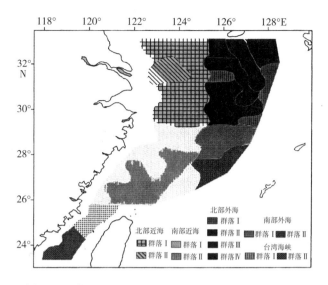

图 17.2 东海大型底栖生物群落分布（李荣冠，2003）

群落Ⅰ，独指虫（*Aricidea fragilis*）–蕃红花丽角贝（*Calliodentalium crocinum*）–鸟喙小脆蛤–日本美人虾–洼鄂倍棘蛇尾群落；

群落Ⅱ，球小卷吻沙蚕（*Micronephtys sphaerocirrata*）–双带瓷光螺（*Eulima bifascialis*）–不等壳毛蚶（*Scapharca inaequivalvis*）–东方长眼虾（*Ogyrides orientalis*）群落。

2）东海南部近海群落

包括 2 个群落：

群落Ⅰ，欧努菲虫（*Onuphis eremita*）–蕃红花丽角贝–日本美人虾–钩倍棘蛇尾（*Amphioplus ancistrotus*）群落；

群落Ⅱ，独指虫–蕃红花丽角贝–日本大螯蜚（*Grandidierella japonica*）–钩倍棘蛇尾群落。

3）东海北部外海群落

包括 4 个群落：

群落Ⅰ，加州中蚓虫–日本沙钩虾（*Byblis japonicus*）–戈芬星虫（*Golfingia* sp.）群落；

群落Ⅱ，双边帽虫（*Amphictene* sp.）–蕃红花丽角贝–原足虫（*Leptochelia aculeocauclata*）–条纹板刺蛇尾（*Placophiothrix striolata*）群落；

群落Ⅲ，花冈钩毛虫–蕃红花丽角贝–日本美人虾–指棘阳遂足（*Amphiura digitula*）群落；

群落Ⅳ，独指虫–蕃红花丽角贝–日本美人虾–倍棘蛇尾群落。

4）东海南部外海群落

包括 2 个群落：

群落Ⅰ，双须内卷齿蚕（*Aglaophamus dicirris*）–带锥螺（*Turritella fascialis*）–日本美人虾–条纹板刺蛇尾群落；

群落Ⅱ，奇异稚齿虫（*Paraprionospio pinnata*）–刺襞蛤（*Spiniplicatula muricata*）–拟栉管鞭虾（*Solenocera pectinulata*）–女神蛇尾（*Ophionephthy difficilis*）群落。

5）台湾海峡群落

包括 2 个群落：

群落 Ⅰ，独毛虫 – 蕃红花丽角贝 – 轮双眼钩虾（*Ampelisca cyclops*） – 洼鄂倍棘蛇尾群落；

群落 Ⅱ，长锥虫（*Haploscoloplos elongatus*） – 宽壳胡桃蛤（*Nucula convexa*） – 短角双眼钩虾群落。

17.1.5 东海典型海域分述

由于东海不同纬度的区域其大型底栖生物群落有较大差异，有些海域特别是近海、内湾受到较多人类活动的干扰，因此有必要对这些典型区域和不同的生态系统类型进行分类叙述和讨论。

17.1.5.1 长江口

长江口是我国最大的河流入海口，有关长江口底栖生物的大规模调查可追溯到 20 世纪 50 年代末，即 1958—1960 年开展的第一次全国海洋普查就涉及该海域。在之后几十年时间内，随着一系列研究项目的实施，人们对长江口大型底栖生物的认识也逐渐深化。但由于学者们所关注的重点各异以及调查船只、采样设备等条件限制，已有研究多局限于河口段或口外浑浊带等长江口局部水域（徐兆礼等，1999；刘录三等，2002；吴耀泉等，2003；李宝泉等，2007）。本部分是 2005—2006 年 4 个航次共计 86 个站位的综合调查结果，站位覆盖河口段、杭州湾、舟山海区与 124°E 以西近海区等水域，同时结合相关历史资料，探讨调查区域大型底栖生物的历史演变情况，可为实现海洋生物资源的可持续利用和河口生态系统的健康评价提供基本数据支持。

于 2005 年 5—7 月、2005 年 9 月、2005 年 11 月与 2006 年 6 月进行的 4 个航次调查中，分别对长江河口段、杭州湾、舟山海区等不同水域进行了共计 86 个站位的大型底栖动物样品采集工作，调查水域位于 29°00′~31°50′N 与 121°02′~124°02′E 之间（图 17.3）。

为了阐述长江口及毗邻水域大型底栖动物的空间分布规律，按照地理位置与水文条件的不同，本研究将 86 个调查站位划分为 5 个分区进行对比分析。5 个分区依次为：河口区（Ⅰ区）、杭州湾（Ⅱ区）、口外区（Ⅲ区）、舟山海区（Ⅳ区）和近海区（Ⅴ区），各区分布见图 17.3。

1）种类分布

4 个航次共计采泥站位 85 个（仅杭州湾有一取样站未采泥），拖网站位 40 个。经鉴定，在长江口及其毗邻海域共发现大型底栖动物 330 种，其中包括软体动物 122 种，多毛类 83 种、甲壳动物 67 种、棘皮动物 23 种、底栖鱼类 28 种以及其他类群 7 种。

河口区（Ⅰ区，21 站）历次调查共发现大型底栖动物 24 种。其中在 12 个站位的拖网作业中获取大型底栖生物 8 种，平均每站出现 3.8 种，常见种有日本沼虾（*Mcrobrachium nipponense*）、刻纹蚬蛤（*Corbicula largillierti*）、狭颚绒螯蟹（*Eriocheir leptognathus*）、安氏白虾（*Exopalaemon annandalei*），出现率分别为 83.3%、66.7%、66.7%、58.3%。在 21 个站位的采泥作业中获取底栖生物 18 种，平均每站出现 1.7 种，常见种有多鳃齿吻沙蚕（*Nephtys polybranchia*）、背蚓虫（*Notomastus latericeus*）、刻纹蚬蛤，出现率分别为 47.6%、28.6%

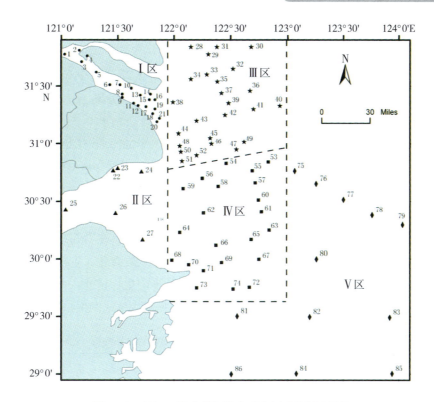

图 17.3　长江口及毗邻海域大型底栖动物调查站位

和 28.6%。

杭州湾（Ⅱ区，6 站）历次调查共发现大型底栖动物 20 种。其中在 4 个站位的拖网作业中获取底栖生物 12 种，平均每站出现 4.8 种，常见种有葛氏长臂虾（*Palaemin gravieri*）、安氏白虾、凤鲚（*Coilia mystus*），出现率分别为 100%、75%、75%。在 5 个站位的采泥作业中获取底栖生物 9 种，平均每站出现 2 种，各站位间的种类差异显著，除星虫（*Sipunculidae*）在其中两站位发现有分布外，其他物种均于单一站位出现，出现率极低。

口外区（Ⅲ区，25 站）历次调查共发现大型底栖动物 149 种。其中在 11 个站位的拖网作业中获取底栖生物 64 种，平均每站出现 14.1 种，常见种有葛氏长臂虾、安氏白虾、棘头梅童鱼（*Collichthys lucidus*）、口虾蛄（*Oratosquilla oratoria*），出现率分别为 81.8%、63.6%、54.5%、45.5%。在 25 个站位的采泥作业中获取大型底栖生物 100 种，平均每站出现 7.4 种，常见种有不倒翁虫（*Sternaspis scutata*）、丝异蚓虫（*Heteromastus filiforms*）、秀丽织纹螺（*Nassarius festivus*）、中蚓虫（*Mediomastus californiensis*），出现率分别为 32%、28%、20% 和 16%。

舟山海区（Ⅳ区，22 站）历次调查共发现大型底栖动物 126 种。其中在 13 个站位的拖网作业中获取大型底栖生物 56 种，平均每站出现 10.5 种，常见种有中国毛虾（*Acetes chinensis*）、细螯虾（*Leptochela gracilis*）、葛氏长臂虾、日本鼓虾（*Alpheus japonicus*），出现率分别为 84.6%、61.5%、53.8%、46.2%。在 22 个站位的采泥作业中获取底栖生物 76 种，平均每站出现 7.1 种，常见种有圆筒原核螺（*Eocylichna cylindrella*）、不倒翁虫、丝异蚓虫、红狼牙虾虎鱼（*Odontamblyopus rubicundus*），出现率分别为 31.8%、27.3%、27.3% 和 22.7%。

近海区（Ⅴ区，12 站）在调查中未进行拖网作业，该区域 12 个站位的采泥作业中获取大型底栖动物 176 种，平均每站出现底栖生物 26.9 种，常见种有胶州湾角贝（*Episiphon kiaochowwanense*）、东方缝栖蛤（*Hiatella orientalis*）、小指阳遂足（*Amphiura digitula*）、尖叶长手沙蚕（*Magelona cincta*），出现率分别为 75%、58.3%、50%、50%。

2）数量特征

具体海区大型底栖动物的平均栖息密度为（146.4 ± 22.3）个/m²，平均生物量为（12.8 ±2.3）g/m²，平均香农指数、丰富度指数与均匀度指数分别为 1.72 ±0.16、1.37 ±0.19、0.64 ±0.04。在空间分布上，不同分区间大型底栖动物的生态特征差异显著（表 17.12）。以栖息密度为例，河口区与杭州湾的平均值仅为 25.5 ind. /m² 与 20.1 ind. /m²，口外区与舟山海区的平均值分别为 173.7 ind. /m² 与 128.4 ind. /m²，而近海区栖息密度的平均值则达到了 386.3 ind. /m²。总体来说，5 个分区的大型底栖生物自西向东、由近岸向外海大致可分为 3 个等级：在最西侧的河口区与杭州湾，大型底栖生物种类组成最为单调，生物量、栖息密度以及生物多样性指数最低，显示该区域大型底栖生物群落最为脆弱；在紧邻该底栖生物贫乏带的东侧，也就是口外区与舟山海区，大型底栖生物种类组成呈现复杂化，生物量、栖息密度以及生物多样性指数较高；而在调查海域东南侧的近海区，除平均生物量外，大型底栖生物的种类组成最为复杂，栖息密度、生物多样性指数最高，显示该区域大型底栖生物群落最为稳定。

表 17.12　东海不同分区间大型底栖动物的生态特征

分　区	生物量/ (g/m²)	栖息密度/ (ind. /m²)	香农指数	丰富度指数	均匀度指数
河口区（Ⅰ区）	3.2 ±2.5	25.5 ±7.3	0.67 ±0.17	0.28 ±0.08	0.44 ±0.10
杭州湾（Ⅱ区）	10.0 ±9.5	20.1 ±7.9	0.85 ±0.41	0.34 ±0.19	0.59 ±0.24
口外区（Ⅲ区）	19.9 ±5.2	173.7 ±40.2	1.73 ±0.25	1.19 ±0.27	0.65 ±0.07
舟山海区（Ⅳ区）	14.8 ±5.4	128.4 ±35.5	1.74 ±0.25	1.17 ±0.27	0.73 ±0.08
近海区（Ⅴ区）	12.7 ±2.0	386.3 ±81.4	3.88 ±0.31	4.45 ±0.51	0.83 ±0.05

各分区大型底栖动物的累积优势度曲线也显示，大型底栖动物群落由近岸向外海存在显著差异（图 17.4）。其中，河口区与杭州湾的累积优势度曲线位于所有分区曲线的左上方，第一优势种的优势度均在 30% 左右，物种优势现象显著，同时该水域的物种总数稀少。其次

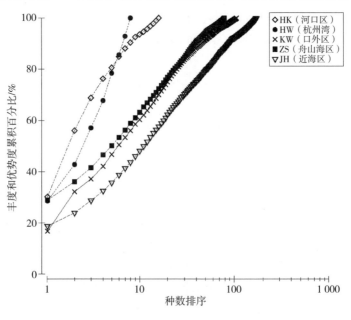

图 17.4　东海各分区大型底栖动物的优势度曲线

是口外区与舟山海域，尽管口外区第一优势种的优势度不足 20%，显著低于舟山海域，但自第二优势种起，其累积优势度曲线的走向与舟山海区十分相似，两分区的物种总数显著增多。近海区的累积优势度曲线位于所有分区曲线的右下方，第一优势种的优势度不足 20%，前 10 个优势种的累积优势度低于 50%，显示该分区的优势现象不明显，物种组成丰富，大型底栖生物群落也最为稳定。

3）群落结构分析

对长江口调查中定量采集的大型底栖生物定量采集样本进行群落结构分析。由于相近物种在生态系统中通常占据相近的生态位，为了突出大型底栖生物的生态作用，选择在属级分类水平上进行聚类分析与 MDS 排序；同时剔除无生物或仅有 1 种生物出现的站位。

SIMPER 分析表明，在各分区中，河口区各站位间的物种平均相似性最高，达 37.6%，表征该分区群落特征的物种主要有齿吻沙蚕与背蚓虫，它们对平均 Bray-Curtis 相似性的贡献分别为 21% 与 13.2%。其次，近海区各站位间的物种平均相似性为 24.2%，表征该分区群落特征的物种主要有顶管角贝、索沙蚕、异毛虫等，它们对平均 Bray－Curtis 相似性的贡献分别为 2.3%、1.9%、1.4%。舟山海区、杭州湾的物种平均相似性分别为 18.1%、10.2%。口外区各站位间的物种平均相似性最低，仅为 8.8%，对平均相似性的贡献超过 1% 的物种仅有织纹螺与不倒翁虫，其贡献率分别为 2% 与 1.1%。

结合 SIMPER 分析与 MDS 排序结果可以看出，河口区、近海区的大型底栖生物群落在两分区内分别呈现出较高水平的一致性，但在两分区之间存在显著差异（图 17.5）。杭州湾、口外区、舟山海区的大型底栖生物群落结构相对松散，且杭州湾的群落结构与河口区更为接近，口外区、舟山海区的群落结构则与近海区表现出更大的相似性。

调查区内大型底栖生物的群落结构之所以呈现出这种规律性变化的空间分布格局，主要是由于各分区受河流冲淡水影响的强弱不同。河口区与近海区分别代表了淡、咸水两种截然不同的水环境，大型底栖生物群落较为单纯；杭州湾作为钱塘江入海口，受钱塘江径流影响显著，且由于该分区调查站位相对稀少，导致大型底栖生物的组成与河口区较为接近但群落结构松散；口外区与舟山海区位于咸淡水混合区域，大型底栖生物区系复杂，但生物种类仍以海洋性物种为主（刘瑞玉等，1986），导致两分区大型底栖生物的群落结构相对松散且更接近于近海区。另外，由于受强大的长江径流影响，口外区有部分站位在 MDS 排序图中靠近河口区各站的集中区域；而舟山海区受长江径流的影响较弱，致使该分区的所有站位在 MDS 排序图中均远离河口区各站的集中区域。

4）长江河口区单壳类软体动物的死亡现象

在以往长江口大型底栖动物调查中曾发现一些单壳类软体动物，包括纵肋织纹螺、红带织纹螺、圆筒原盒螺与双层笋螺等，说明长江口的某些水域适合这些单壳类生存（徐兆礼等，1999）。而于 2005 年 9—11 月开展的长江口河口区调查中，未能在任何站位发现活体单壳类软体动物，仅在长兴岛东南侧的定量采泥样品中出现大量不同种类的软体动物死壳。该现象一方面说明调查区域的栖息环境总体上不适宜单壳类生存；另一方面还暗示调查区的底泥中曾经分布有大量营吞食性生活的单壳类底栖生物，只是由于某种原因而导致栖息环境不再适宜它们的生存与发展，同时又因为单壳类底栖生物活动能力较差、难以及时躲避不利影响的生态特点，从而引起该生态类群的大量死亡。底栖生物与其生活的底质生境具有密切关

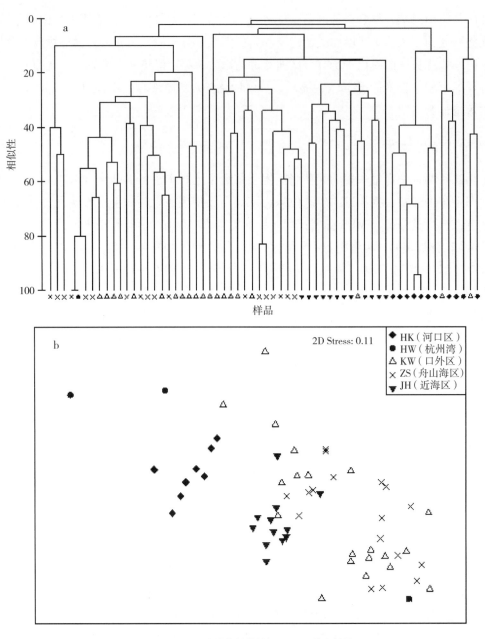

a. Bray – Curtis 聚类分析结果；b. MDS 排序结果

图 17.5　长江口及毗邻水域大型底栖动物的群落分析

系，位于长兴岛东南侧的调查站位水深 24 m，底质为硬泥，属于长江口深水航道治理工程区域。可能正是受航道治理工程建设以及航道疏浚的影响，使底质处于强烈的扰动变化之中，致使该水域生境改变且不再适宜单壳类（腹足类）的生存。此外，河口区内有毒污染物在底质沉积物中的大量富集，也进一步加剧了该吞食性底栖生物类群的死亡。

5）大型底栖动物的历史演变

在参照历史调查资料探讨大型底栖生物的历史演变时，由于 1958—1960 年全国海洋综合调查中在长江口设置的站位均位于 122°E 以东水域，为增加数据的可比性，现选择调查范围集中于长江口冲淡水区的 3 次定量调查资料，从生物量组成方面分析该水域大型底栖动物在几十年来的动态变化。其中，1959 年资料为春夏季节（5—7 月）在冲淡水区 22 个站位的平均数据，1985—1986 年资料为该水域的年平均数据，2005—2006 年资料为本次调查在口外区的平均数据。

从表 17.13 可以看出，近半个世纪以来，本海区大型底栖动物的总生物量未呈现明显变化，其值在 20 g/m² 左右变动。以 1959 年为参考点，到 1985—1986 年，总生物量仅下降了 0.9%；到 2005—2006 年，总生物量也不过下降了 4.8%。但从四大类大型底栖生物对总生物量的贡献来看，近 50 年来该水域的底栖生物群落结构发生了显著改变。在 1959 年调查中，棘皮动物的生物量为 9.61 g/m²，占总生物量的 43.8%，生物量贡献率居四大类群首位，其次是软体动物与多毛类，甲壳动物的生物量最低，为 0.81 g/m²，仅占总生物量的 3.7%。在 1985—1986 年调查中，软体动物的生物量高达 10.26 g/m²，占总生物量的 47.2%，成为总生物量的最大贡献者，棘皮动物退居次席，生物量为 4.19 g/m²，其次是多毛类，甲壳动物的生物量仍然最低，占总生物量的 8%。到 2005—2006 年，多毛类的生物量超过其他类群，跃居四大类群首位（8.64 g/m²），占总生物量的 43.4%，其次是软体动物与甲壳动物，棘皮动物的生物量最低，为 2.35 g/m²。

表 17.13　长江口冲淡水区大型底栖动物生物量的年际变化　　单位：g/m²

调查时间	总生物量	类　群				资料来源
		多毛类	软体动物	甲壳动物	棘皮动物	
1959 年 5—7 月	21.95	3.63	5.15	0.81	9.61	*
1985—1986 年	21.75	3.45	10.26	1.73	4.19	刘瑞玉等，1992
2005—2006 年	19.9	8.64	4.83	2.96	2.35	本研究

* 全国海洋综合调查资料，中华人民共和国科学技术委员会海洋组综合调查办公室编。

在四大类大型底栖动物中，甲壳动物是 50 年来生物量呈现持续增长的唯一类群，本次调查的生物量为 20 年前调查时的 1.71 倍，更是 1959 年的 3.65 倍之多。棘皮动物的生物量则在 50 年来呈现持续下降趋势，本次调查的生物量为 20 年前调查时的 56%，仅为 1959 年的 24%。多毛类在前两次调查中生物量变化不大，本次调查中生物量却出现显著增长，为 50 年前的 2.38 倍，增长率仅次于甲壳动物。软体动物的生物量在 1985—1986 年调查中出现高值，为 1959 年调查的 1.99 倍，但在本次调查中又降低至 50 年前的水平。总体来说，长江口冲淡水区大型底栖动物的总生物量在近 50 年来变化不大，但各生态类群的优势地位出现了明显更替。个体较小、生长周期较短的多毛类取代个体较大、生长周期较长的棘皮动物，成为目前冲淡水区最重要的优势类群。

值得注意的是，与湖泊、淡水河道等生态环境较为稳定的研究区域相比，河口因其固有的复杂性与多样性，其物理、化学和生物特征的空间变化十分剧烈，致使长江口大型底栖动物的空间分异现象显著，如河道内的大型底栖生物种类与数量都远远低于口外海域。在诸多已有的长江口大型底栖动物研究中，由于研究者关注的重点各有不同，调查区域往往都存在显著差异。因此，对不同时期的大型底栖动物资料进行比较时，应谨慎考虑调查站位的具体设置情况。

17.1.5.2　浙江近岸海域

浙江省大陆海岸线长达 2 253.7 km，并附有杭州湾、宁波港、象山港、三门湾、舟山群岛、温州港、乐清湾、台州湾等诸多港湾和岛屿，海洋资源极其丰富，且工农业也十分发达。

该省沿岸海域地处中纬度地带，属亚热带季风气候，受台湾暖流和东海沿岸流影响，水体营养盐丰富，适宜海洋生物的栖息、生长、繁殖，是我国重要的海洋渔业生产基地。但近年来由于经济的快速发展和人类活动的增加，该海域底栖生物群落受到越来越大的干扰。

胡颢琰等（2006）对浙江省近岸海域底栖生物进行了系统的生态学研究。共获得大型底栖生物 126 种，其中甲壳类 36 种，占 28.6%；软体动物 29 种，占 23.0%；鱼类 24 种，占 19.0%；多毛类 22 种，占 17.5%；棘皮动物 9 种，占 7.1%；腔肠动物 5 种；大型藻类 1 种。

种类组成随海域环境的差异有明显的不同。浙江近岸海域各海区底栖生物种类数由多至少依次为浙北海区、浙南海区、浙中海区、杭州湾。从种类分布的特征来看，整个调查海域中浙北海区和浙南海区种类分布较多，而杭州湾较少。浙江省近岸海域海洋生物主要以低盐沿岸种和半咸水性河口种为主，各种生物在不同海区的分布也极不均匀。

浙江省近岸海域大型底栖生物的总平均生物量为 18.74 g/m^2，其中棘皮动物居首位，占 31.9%，其次为单位质量较大的腔肠动物，第三为鱼类。而 1982 年 5 月浙江省近岸海域底栖生物的总平均生物量为 11.61 g/m^2，生物量组成以软体动物占优势，为 54.2%。可以看出，浙江省近岸调查海域的生物量及生物量组成均发生了较大变化。各海区间的大型底栖生物生物量分布甚不均匀，这与沉积物类别、底质环境质量等因素密切相关。

浙江省近岸海域的平面分布也各不相同。浙南海区、浙北海区大型底栖生物平均生物量均较高，分别达 28.93 g/m^2 和 27.46 g/m^2；杭州湾海区底栖生物平均生物量较低，仅为 0.5 g/m^2。在浙江省近岸海域各类底栖生物总量中棘皮动物的平均生物量最大，为 5.98 g/m^2；随着海域环境条件的变化，不同类别底栖生物的平均生物量在不同海区所占比率有明显的差异：杭州湾海区以软体动物占优势，为 88.0%；浙北海区以腔肠动物为主，占 39.7%；浙中海区以棘皮动物占绝对优势，为 67.5%；浙南海区以棘皮动物和鱼类为优势，分别为 38.4% 和 28.5%。

17.1.5.3 泉州湾

泉州湾位于福建省中部沿海，面积 136.42 km^2，可分为内湾和外湾。内湾面积 79.5 km^2，其中潮间带滩涂占 88.7%。内湾是晋江和洛阳江的出海口。2003 年整个内湾建立了"泉州湾河口湿地省级自然保护区"。

1）种类组成

泉州湾共记录大型底栖动物 169 种，其中甲壳动物最多，为 55 种，占总数的 32.54%；多毛类次之，45 种，占 26.63%；再次为软体动物 41 种，占 24.26%；其他动物 19 种，占 11.2%；棘皮动物仅 9 种，占 5.33%（黄宗国，2004）。

从种类组成来看，以暖水广盐种为主。其中主要代表种和优势种有 15 种，依次为日本强鳞虫、长吻沙蚕、双鳃内卷齿蚕、利波巢沙蚕、棒锥螺、弯六足蟹、模糊新短眼蟹、棘刺锚参和光滑倍棘蛇尾等，多分布在我国长江口以南沿岸浅水区。

2）生物量

泉州湾大型底栖动物平均总生物量为 26.37 g/m^2，组成中以棘皮动物占优势，平均为 13.64 g/m^2，占总生物量的 51.73%；其次为软体动物，6.96 g/m^2，占 26.39%；其他动物最低，仅 0.52 g/m^2，占 1.97%。

生物量的平面分布以港湾中部最高，平均为 56.38 g/m²；湾口北侧居第二，平均为 32.11 g/m²；生物量最低为湾口南侧，平均仅 0.82 g/m²（黄宗国，2004）。

3）栖息密度

平均栖息密度为 99 个/m²，其中以多毛类最高，平均 46 个/m²，占总密度的 46.46%；其次为甲壳动物和软体动物，分别为 28 个/m² 和 11 个/m²；棘皮动物平均为 10 个/m²，占 10.10 %；其他动物最低，仅为 4 个/m²，占 4.04 %。

栖息密度的平面分布以近湾口北侧近岸区最高，平均为 220 个/m²；其次为湾中部，平均为 136 个/m²；栖息密度最低为湾口南侧，平均仅为 10 个/m²（黄宗国，2004）。

4）季节性变化

泉州湾大型底栖动物的分布种数、生物量和栖息密度季节变化明显。物种组成中秋季种数为 160 种，而冬季仅为 73 种。在不同季节间存在较大的差异，但生物量以冬季最高，为 29.96 g/m²，高于秋季的 22.76 g/m²。栖息密度则以秋季（127 个/m²）高于冬季（68 个/m²）。产生上述季节性变化的主要决定类群为棘皮动物和软体动物。

17.2　小型底栖生物种类组成、群落结构、栖息密度与生物量分布

相比其他海域，东海的小型底栖生物的研究工作相对落后，全面的调查资料较少，下面以台湾海峡、厦门港和浔江湾、长江口等区域为代表，分析小型底栖动物生物种类组成、群落结构、栖息密度与生物量等特征。

17.2.1　台湾海峡

方少华等（2000a）对台湾海峡的小型底栖生物进行了调查采样得到总平均丰度为 247 个/10 cm²，密度分布趋势是近岸水域数量较多。自由生活海洋线虫是数量最多的类群，占总平均丰度的 87.86%；其次是底栖桡足类，占 7.04%。对小型底栖生物类群分析结果表明，台湾海峡小型底栖生物的组成具有高类群优势度和低类群多样性特征，这与沉积物类型有直接关系。

蔡立哲等 1997 年 8 月和 1998 年 2 月对台湾海峡进行了自由生活海洋线虫的调查，获得自由生活海洋线虫 137 种，隶属于 3 目 31 科 121 属。其中密度较高的属有萨巴线虫（*Sabatieria*）、矛咽线虫属（*Dorylaimopsis*）、杯囊线虫属（*Vasostoma* sp.）、花斑线虫属（*Spilophorella*）、吞咽线虫属（*Daptonema*）、冷燕线虫属（*Linhystera*）、吸咽线虫属（*Halalaimus*）和链咽线虫属（*Filoncholaimus*）等。台湾海峡自由生活海洋线虫种类多样性指数值高，在 2.6 ~ 4.8，比大型底栖动物的多样性指数值高。台湾海峡海洋线虫的取食类型以选择性食沉积物者（1A）占优，有 45 种，但刮食性种类（2A）和非选择性食沉积物者（1B）也分别为 42 种和 36 种，表明了台湾海峡海洋线虫取食类型的复杂性。台湾海峡自由生活海洋线虫种类多样性指数值高和取食类型的多样化与台湾海峡的地理位置和水文特征有关。沿岸流、上升流导致台湾海峡沉积环境的生态多样性，从而导致自由生活海洋线虫的物种多样性。

17.2.2　厦门港和浔江湾

厦门浔江湾水域 5 个监测站调查结果显示小型底栖动物的平均丰度为 597 个/10 cm²（方

少华等，2000b），自由生活海洋线虫是优势类群，丰度占总丰度的89.28%，其次为底栖桡足类，占2.76%，丰度水平分布为湾口区低，湾中部高。调查海域的小型底栖生物具有高类群优势度和低类群多样性特征。

蔡立哲等1999年2月和1999年5月在厦门钟宅泥滩3个取样站获得自由生活海洋线虫48种，隶属于3目19科41属。这些海洋线虫在厦门潮间带均是首次记录。主要优势种有变异毛咽线虫（*Dorylaimopsis variabilis*）、胶粘线虫一种（*Viscosia* sp.）、吞咽线虫（*Daptonema* sp.1）、囊咽线虫（*Sphaerolaimus balticus*）和海单宫线虫一种（*Thalassomonhystera* sp.）五种。海洋线虫的密度从较高潮区向较低潮区增加。

郭玉清等2002年6月和7月在厦门海域共鉴定自由生活海洋线虫53种，其中西海域37种，东海域31种，优势种是变异毛咽线虫萨巴线虫（*Sabaticria* sp.）、霍帕线虫（*Hoppcria* sp.）、海洋拟齿线虫（*Parodontophora marina*）和星火线虫（*Marylymnia* sp.）。西海域出现的种类多，但种类分布不均匀；东海域出现的种类少，但种类分布较均匀。非选择性沉积食性者（1B）和底上硅藻食性者（2A）是厦门海域的优势摄食类群。

17.2.3 长江口

17.2.3.1 种类组成与数量特征

根据2003年6月长江口外陆架浅海水域的取样研究结果（华尔等，2005），小型底栖生物平均丰度（1 971±584）个/10 cm²，平均生物量和平均生产量为（1 393±516）μg/10 cm²（dw）和（12 543±4 645）μg/10 cm²·a（dw），鉴定出的21个小型生物类群中，最为优势的自由生活海洋线虫占总丰度的91%和总生物量的51%，其他数量上较为重要的类群还包括底栖桡足类、多毛类、动吻类和双壳类。

17.2.3.2 空间分布

小型底栖生物垂直分布的测定结果为：沉积物表层0～2 cm的数量比例为53.83%±24.45%，分布于2～5 cm的比例为32.36%±17.40%，5～8 cm的比例为13.81%±9.99%。不同类群的垂直分布略有不同，线虫和桡足类分布于表层的数量比例分别为53.91%±27.05%和77.80%±21.00%。

17.2.3.3 环境因子相关分析

小型底栖生物的垂直分布与环境因子相关分析显示分布于2～5 cm和5～8 cm的线虫和小型底栖生物丰度与该层沉积物叶绿素a和脱镁叶绿酸（Pha-a）含量呈显著正相关，而底栖桡足类与其无相关性，因此叶绿素a和Pha-a是影响小型底栖生物（特别是线虫）垂直分布的重要环境因子，但对底栖桡足类影响较小，其他环境因子，如溶解氧、氧化还原电位等可能对该类群的垂直分布起重要作用，进一步分析表明，小型底栖生物的生物量也分别与叶绿素a和Pha-a呈极显著的正相关（张艳，2006）。

17.2.3.4 海洋线虫群落

根据对典型站位海洋线虫种类组成的分析，线虫群落的多样性在研究海域呈现一定的变化梯度：离长江入海口近的站位受长江冲淡水的影响显著，种类组成单一，优势度高，多样性低；而位于研究海域最外侧受长江冲淡水影响弱的站位，底质异质性高，种类丰度高，多样性高。因此，线虫群落的变化趋势为由长江口向邻近海域优势度降低，多样性增加（张艳，2006）。

17.3 小结

2006—2007 年对东海海区的长江口海域、浙江海域和台湾海峡海域采集得到的大型底栖生物种数分别为 418 种、327 种和 492 种，均是以多毛类种数为最多，在整个调查海区范围内共采集大型底栖生物 1 300 种，其中多毛类 428 种，软体动物 291 种，甲壳动物 283 种，棘皮动物 80 种，其他动物 218 种。夏季的种数大于其他季节。长江口海域、浙江海域和台湾海峡海域有相似的优势种分布，不倒翁虫、双形拟单指虫、钩虾、洼颚倍棘蛇尾、纽虫等在 3 个海区的优势度都比较高，与黄海海域的优势种生物之间有较大的差别。与以往的调查相比（李荣冠，2006），优势种的变化也较大。

2006—2007 年平均生物量浙江海域（28.22 g/m²）大于长江口海域（15.55 g/m²）大于台湾海峡（8.98 g/m²）。东海大型底栖生物平均生物量的季节变化不显著，由多至少为春季、冬季、夏季、秋季。三个区块海域内的各类群生物量水平的高低也不尽相同，由于软体动物和棘皮动物的个体较大，通常这两类生物类群占了总生物量的主要组成部分。整体分布趋势为近岸高于远岸海域，但也因季节和海域纬度不同呈现明显的差异。

2006—2007 年平均栖息密度为 164 个/m²，呈现由北向南逐渐增加的趋势。其中长江口海域的总的平均栖息密度为 92.06 个/m²，浙江沿海海域为 140.87 个/m²，台湾海峡海域为 330.52 个/m²，台湾海峡海域生物栖息密度远高于另两个海区的一个重要原因是由于存在大量的钩虾、涟虫、水虱等小型甲壳动物，在冬季航次大量的小型甲壳动物占据了近一半的生物密度。

2003 年 6 月长江口外陆架浅海水域的取样研究结果（华尔等，2005），小型底栖生物平均丰度（1 971 ±584）个/10 cm²，平均生物量为（1 393 ±516）μg/10 cm²（dw）；厦门浔江湾水域小型底栖动物的平均丰度为 597 个/10 cm²（方少华等，2000b）；方少华等（2000a）对台湾海峡的小型底栖生物进行了调查采样得到总平均丰度为 247 个/10 cm²，密度分布趋势是近岸水域数量较多。长江口海域的小型底栖动物的丰度大于其他两个海区。

第 18 章　东海特定生境的
生物海洋学特征

　　属于东海部分的长江口、上升流和黑潮分别是三个具代表性的重要生态系统。它们的形成与东海海流系统密切相关。东海海流系统是我国东部海区环流最重要的部分。其海流可分为两大系统：一是外来的黑潮暖流；二是海域内生成的沿岸流和季风漂流。由黑潮不同运动形式可以派生出三种不同的流系生境：其一是黑潮的暖流流系；其二是黑潮次表层水在东海北部近海涌升所形成的上升流；其三是台湾浅滩上升流，也就是由底层南海暖流沿着陡坡朝台湾浅滩爬升和风的作用以及海流绕台湾浅滩的流动而诱发形成的台湾浅滩上升流（苏纪兰，2001）。

　　在东海东部，黑潮的暖流流系由黑潮暖流主干、对马暖流及黄海暖流组成。在东海南部和西部，由黑潮的暖流流系派生出的台湾暖流对当地水环境有重要影响。在东海西部，沿岸流是一支重要的海流。东海北部近海主要受长江冲淡水的影响，外海有黄海暖流向西运动形成的小型气旋式环流。台湾暖流是长江口以南、东海沿岸东流东侧的一支海流。冬季，受东北风影响，台湾暖流表层流向虽然向南，但深层流及其他季节的表层流都是由西南向东北的流向，并且贯穿东海中部的大部分水域。对马暖流是黑潮主干在九州西南海域向北分出的一个支流（郭炳火等，1993）。东海的沿岸流主要由长江、钱塘江等入海径流构成。冬季，东海沿岸流在东北季风的推动下，向南流经台湾海峡，与南海沿岸流衔接。夏季，在东南季风影响下，东海沿岸流北上，在长江口外与长江及钱塘江的淡水汇合，离开海岸流向东北直指济州岛方向。台湾海峡是东海水和南海水交换的主要通道，海流较强。夏季，南海水经此向北流动。冬季，海峡西部和中部为南下的东海沿岸流，东部是紧贴台湾西岸北上的黑潮水，入东海后与台湾暖流汇合（翁学转等，1992）。

　　从地理上讲，东海东部属于热带海区，强大的黑潮暖流可以将太平洋赤道水域的热带种带到这一水域，是东海浮游动物热带大洋种分布所在。而东海西部，东海东北部都是亚热带海区。在东海，季风对海洋环境同样有重要的影响。例如在西北风盛行的季节，东海北部和南部近海的一部分又呈现暖温带的海洋环境特征。因此，东海区特定生境水域生态系统是研究浮游动物生态特征的理想区域（徐兆礼，2006e）。

　　在东海特定生境的生物海洋学研究中，对长江口生物海洋学研究无疑是较为活跃的一支。对其他生境生物海洋学研究，近年来的报道较少见到。而在长江口生物海洋学研究中，对长江口浮游动物的研究报道较多。

18.1　长江口海域的生物海洋学

18.1.1　长江口不同区域生物海洋生境特征

　　长江口就不同的地理位置和生态特征可以分为口内水域、口外海域。
　　口内水域自徐六泾向下，开始分汊。崇明岛北面称北支，南面称南支；南支经宝山的长兴岛、横沙岛又分为北港和南港；南港在口门附近因九段沙分为北槽和南槽。因此，长江河口形成三级分叉、四口入海的格局。

长江口外、长江径流入海与海水混合的冲淡水范围，称为口外海域。口外海域又分为最大浑浊带水域，河口锋海域和海域。而最大浑浊带位于横沙岛以东，10 m 等深线以西的北港、北槽和南槽水域。河口锋位于 122°00′~122°35′E 水域，是清水和浑水交汇的过渡水域。29°00′~32°00′N，122°00′~123°30′E 的水域，包括舟山群岛附近的海域，都属于长江河口锋海域。影响长江口不同水域海洋生态环境的主要是 3 个要素：盐度、悬浮物及营养盐分布和数量的变化。

就盐度而言，长江口口内水域，除了北支，主要还是呈现出淡水径流的盐度特征。在南支、南港和北港。盐度基本上在 3 以内。丰水期盐度更低。而北支水体则表现为咸淡水的属性，盐度在 8~15。枯水期与丰水期不同，表现在 3 个方面：一是南支盐度出现了内高外低逆盐分布现象。二是在南支河段的上段，出现高潮时刻盐度低而低潮时刻盐度高的反相位差现象。三是南支河段的下段出现大 - 中潮盐度偏低、小 - 中潮盐度反而偏高的现象。这些现象与北支咸水倒灌南支有关。在长江口最大浑浊带，出现了明显的盐度梯度，盐度约以 0.41/km 速率由西向东递减。长江径流冲出口门外以后，盐度迅速上升，到了河口锋水域，盐度已经上升到 20 左右，属于咸淡水的范畴。在舟山群岛附近盐度进一步上升到 30 左右，逐渐与外海水的盐度相近。盐度分布是影响长江口海域海洋生物种类组成最重要的环境因素（罗小峰等，2006）。

悬沙浓度与水文因素息息相关。在长江口徐六泾以东河段和水域，由于各汊道的分流比不同，地形不同，潮流影响不同，其悬沙浓度的分布也存在着差异，呈现低 - 高 - 低分布，高悬沙浓度多数出现在拦门沙及其附近的最大浑浊带水域。在涨落潮潮流不断变化过程中，部分泥沙颗粒不断地经历着悬浮、落淤、再悬浮的运动，通常，长江口的悬沙浓度在垂向上是由表层向底层逐渐增加的。在长江口水域，径流大小、汊道分流比、潮汐强弱以及河道形态对悬沙浓度变化影响很大。例如在洪季，南槽水域的悬沙浓度往往高于北槽水域，而枯季相反。长江口水域悬沙浓度具有明显的季节变化。在洪季，由于长江径流量较大，受其影响，洪季悬沙浓度也明显高于枯季。在最大浑浊带以东，由于海面开阔，潮汐动力减弱，盐度梯度变化减小。悬沙逐渐沉淀，到了河口锋以东水域，悬沙浓度逐渐接近外海海水。悬沙的分布，是影响长江口海域海洋生物数量和密度最重要的环境因素之一（左书华等，2006；沈健等，1995）。

长江口内水域营养盐有逐年增高的趋势。20 世纪 60 年代初，长江河口氮含量 13~15 μg/L，80 年代为 60 μg/L，2000 年为 178 μg/L。参考 2000 年海洋公报的数据：20 世纪 80 年代初为 I 类和 II 类水，2000 年为 II 类，溶解氧为 III 类，COD 是 III 类。在南港地区，局部水体氨氮磷为 IV 类甚至 V 类。最近，长江口水质，按海洋标准属于 IV 类、劣 IV 类。到了 2009 年，生态系统处于亚健康状态。水体营养盐污染严重，80% 站位无机氮含量和 50% 以上站位活性磷酸盐含量劣于第 IV 类海水水质标准。虽然海洋标准和陆地标准有差异，但总体看来水质是下降的。1976 年以来，每 5 年下降一个等级。具体到不同水体，北支青龙港水域低潮期和连兴港水域的总氮（TN）浓度值较高，超过 III 类水质标准，COD_{Mn} 浓度值在连兴港水域严重超标。而在北支其他水域，包括口门和青龙港水域高平潮期则均符合 II 类水质标准。在南支，主要污染指标沿断面分布分析：在徐六泾断面处，TN、有机物耗氧量（COD_{Mn}）的浓度值自江北往江南逐渐递减，TP 的浓度在断面上分布较均匀。在白茆断面处，总磷（TP）在断面上分布较均匀，而 TN、COD_{Mn}，呈现中间高、两岸低的特征。在北港断面处，TP 由崇明岛到长兴岛递减。在南港断面处，TN、TP、COD_{Mn} 由长兴岛到上海浦东一侧逐渐递增（李伯昌等，2005）。

在长江口外整个最大浑浊带和河口锋海域，各项营养盐的浓度均为最大浑浊带高于整个海域，这是因为最大浑浊带位于长江入海的口门区及其外围水域，长江淡水带来了大量的营养盐，所以营养盐的浓度总体上随着离岸距离的增加逐渐减小（周淑青等，2007）。其中 PO_4-P 的分布显示出河口附近高，外海较低，其中以 8 月最为显著。11 月，表层 PO_4-P 浓度在口门附近形成一个高值区，浓度从河口向东部和东北部逐渐递减。2 月，表层 PO_4-P 浓度由口门向东南逐渐减小。NO_3-N 的分布趋势也是河口及附近高，向外逐渐降低，浓度随盐度的增加而减小，与 PO_4-P 的分布相似（杨东方等，2007）。

由于上述原因，导致长江口河口锋外 122°30′~123°30′E 存在一个显著的浮游植物高生物量区，其中心叶绿素浓度一般在 10 mg/m³ 以上，初级生产力（以碳计，后同）高于 1 000 mg/（m²·d），是夏季我国近海叶绿素和初级生产力水平最高的区域，这一现象也被称为"浮游植物初级生产力锋面"。

18.1.2 长江口海域浮游植物特征

18.1.2.1 浮游植物种类组成和优势种

依据对长江口海域浮游植物（林峰竹等，2008）的研究结果，长江口浮游植物约 153 种，其中硅藻类 111 种，甲藻类占 42 种。四个季节调查中，春季有 89 种（其中硅藻类 26 属 62 种，甲藻类 9 属 26 种），夏季 101 种（其中硅藻类 27 属 98 种，甲藻类 5 属 12 种），秋季 74 种（其中硅藻 22 属 57 种，甲藻 6 属 16 种），冬季 54 种（其中硅藻类 23 属 46 种，甲藻类 2 属 7 种）。可以看出，浮游植物种类以春季和夏季为最多。

浮游植物群落优势种组成上，中肋骨条藻（*Skeletonema costatum*）在长江口各季度月调查中，均占据优势地位。春季，中肋骨条藻占据绝对优势，其他浮游植物种类优势度均未超过 0.005；夏季，暖水近岸性的翼根管藻纤细变形（*Rhizosolenia alata* f. *gracillima*）、热带近岸性的洛氏角毛藻（*Chaetoceros subtilis*）和温带近岸性的尖刺拟菱形藻（*Nitzschia pungens*）成为优势种；秋季，洛氏角毛藻（*Chaetoceros lorenzianus*）保持其优势地位，广布性的菱形海线藻（*Thalassiothrix nitzschioides*）、琼氏圆筛藻（*Coscinodiscus jonesianus*）、中华盒形藻（*Biddulphia sinensis*）演替为优势种；冬季，随水温降低，冲淡水范围缩小，中肋骨条藻的优势地位明显下降，世界广布性的星脐圆筛藻（*Coscinodiscus asteromphalus*）和具槽直链藻（*Melosira sulcata*）优势度上升，广布性的中华盒形藻和琼氏圆筛藻保持其优势地位。

18.1.2.2 浮游植物不同的地理区系

春季，长江口水域有四个浮游植物生态区系，即长江口门内水域、南部近岸水域、北部水域和东南部外海水域。每一区域的种类组成具有显著差异：口门内水域以淡水种冰岛直链藻（*Melosirai slandica*）占优势，并有脆杆藻（*Fragilaria* sp.）分布；琼氏圆筛藻为南部近岸水域的优势度最高的种类，是位列第二的中肋骨条藻 5.6 倍。中肋骨条藻在调查区域北部的分布占其全部分布的 83.2%；东南部外海水域是东海原甲藻（*Prorocentrum donghaiensis*）的高分布区，其丰度占其全部调查站位分布的 98.8%。

夏季，长江口水域浮游植物具两类生态区系，一是口门附近水域，为淡水种冰岛直链藻和脆杆藻的高分布区；其他站位被划归为口门外水域，多种生态类群的浮游植物种类交叠分布。秋季长江口河道水域，浮游植物群落分布以淡水种盘星藻（*Pediastrum* sp.）为代表，中肋骨条藻在此水域分布非常稀少；河道外水域又被细分为口门附近水域和外海水域，口门附近水域有盘星藻和少量中肋骨条藻分布，外海水域中肋骨条藻占绝对优势，并包括外海高盐型浮游植物种类。

冬季，调查区域被分为三个生态区系，即长江口门内水域、南部近岸水域和外海水域。其中，长江口门内河道水域以菱形海线藻和中肋骨条藻占优势，并且在该区域有淡水种针杆藻分布；中肋骨条藻在长江口口门附近和南部水域占绝对优势；长江口外水域以世界广布种（包括河口常见种），如琼氏圆筛藻、星鲦圆筛藻、中华盒形藻分布最多，并有外海高盐种如粗根管藻（*Rhiz. robusta*）分布。由于冬季的径流量少，温度低，暖水性种类和数量较少，半咸水的中肋骨条藻数量明显降低，分布范围缩向河道附近。而具槽直链藻、卡氏角毛藻（*Chaetocero carstracanei*）、苏里圆筛藻（*Coscinodiscus thorii*）、布氏双尾藻（*Ditylum bright-wellii*）、斜纹藻（*Pleurosigma* sp.）、小环毛藻（*Corethron hystrix*），这些耐冷种和温带近岸种的数量有所增加。

18.1.2.3 浮游植物丰度和群落多样性

春季浮游植物总量为 1.92×10^9 个/m³，平均 6.41×10^7 个/m³；夏季总量为 4.67×10^8 个/m³，平均 1.61×10^7 个/m³；秋季总量为 8.72×10^6 个/m³，平均 2.91×10^5 个/m³；冬季总量为 1.58×10^6 个/m³，平均 5.44×10^4 个/m³。可以看出，2004 年春季长江口浮游植物数量丰度最高，长江口北部靠近岸水域是其高分布区；其次为夏季和秋季，主要分布于口门附近偏南部水域；冬季最低，分布较均匀。从长江口浮游植物群落多样性指数（H'）可以看出，群落多样性 H' 值以冬季为最高，其次为秋季，而浮游植物数量丰度最高的春季和夏季群落多样性较低。从空间分布上，长江口浮游植物种类丰度分布与数量丰度分布趋势不同：冬季和春季，长江口东南部水域浮游植物种类最多；夏季和秋季的种类丰度的高分布区在长江口 $122°30'E$ 以东水域。

与 20 世纪 80 年代相比，2004 年春季浮游植物种类数量增加，其中甲藻种类数量增加幅度较大；夏季、秋季和冬季的浮游植物种类数量减少，但甲藻种类数量仍略有上升。这一现象是 20 多年来长江口浮游植物种类组成方面最大的变化。三峡工程建成后，外海高温高盐水向近岸逼近，已经带来更多的暖水种。2004 年共记录甲藻类 42 种，除个别种类外，大多种类出现在水温高于 19℃ 的外海海域。其中，广温性的纺锤角藻四个季节均有出现；东海原甲藻只出现在春季个别站位，但数量很多。自 20 世纪 80 年代以来，中肋骨条藻曾在长江口春季、夏季和秋季的浮游植物中占据绝对优势地位，但是，在 2004 年，中肋骨条藻的优势度已经明显下降（吴玉霖等，2004）。

18.1.3 长江口不同区域浮游动物特征

有关长江口浮游动物的研究，包括长江口口内水域浮游动物的研究，最大浑浊带水域浮游动物的研究和口外水域浮游动物的研究（徐兆礼等，1995；徐韧等，2009）。

长江口口内水域浮游动物的研究，依据曾强（1993）对 1988—1990 年间对长江口南支和北支浮游甲壳动物调查，在长江口南、北支水域采集到的浮游甲壳动物，共计 77 种，隶属于 17 科、45 属。其中，枝角类 7 科、17 属、34 种，占浮游甲壳动物种类数的 44.16%；桡足类

10 科、28 属、43 种，占种类数的 55.84%。南支水域出现的种类有 63 种（其中，枝角类 31 种，桡足类 32 种），以多刺秀体溞（*Diaphanosoma sarsi*）、透明溞（*Daphnia hyalina*）、短型裸腹溞（*M. brachiata*）、微型裸腹溞（*M. micrura*）、脆弱象鼻溞（*Bosmina fatulis Burckhardt*）、汤匙华哲水蚤（*Sinocalanus dorrii*）、球状许水蚤（*Schmackeria forbesi*）、右突新镖水蚤（*Neodiaptomus schmackeri*）、中华窄腹剑水蚤（*Limnoithona sinensis*）、宽足咸水剑水蚤（*Halicyclops latus*）、广布中剑水蚤（*Mesocyclopos leuckarti*）、台湾温剑水蚤（*Thermocyctops taihokuensis*）、透明温剑水蚤（*Thermocyclops hyalinus*）为主。北支水域 56 种（其中，枝角类 21 种，桡足类 35 种），以多刺秀体溞、微型裸腹溞、短型裸腹溞、虫肢歪水蚤（*Tortanus vermiculus*）、中华华哲水蚤（*Sinocalanus sinensis*）、汤匙华哲水蚤、球状许水蚤、中华窄腹剑水蚤、四刺窄腹剑水蚤（*Limnoithona tertraspina*）、广布中剑水蚤、台湾温剑水蚤、透明温剑水蚤为主。整个浮游动物分布特征是，南支的枝角类明显多于北支，而桡足类略少于北支。枝角类适宜生活在淡水水体，而北支的高盐水限制了枝角类在这一水体的分布。在枯水季节，北支下游段没有枝角类出现，而已桡足类种类多，主要出现了许多半咸水河口种，如虫肢歪水蚤、中华华哲水蚤、火腿许水蚤、四刺窄腹剑水蚤、真猛水蚤（*Euterpe sp.*）等。

由于北支水体受潮汐影响大，时常造成北支高盐水倒灌南支的现象（枯水季节尤为明显）。伴随着北支海水倒灌水南支，北支水体中生活的半咸水河口种可以进入南支，因而改变了南支水域的浮游甲壳运动种类组成。受倒灌水影响最大的是南支的上游水域，还出现了半咸水的河口种，而南支下游却未出现这些种类。

长江口南支与北支水域的浮游甲壳动物的数量和生物量亦存在着差异，北支的平均数量和生物量高于南支。南支的枝角类的平均丰度和生物量高于北支，北支的桡足类在数量上占有优势。

徐兆礼（2005e）在对长江口北支浮游动物特征的研究中发现，涨潮时，受柯氏力的影响，北岸的潮流强于南岸，落潮时相反。潮流较强的一侧，能够带来更多数量的海洋性浮游生物。因此长江口北支两岸浮游动物生物量变化与柯氏力有密切的关系，产生这一背景的原因是北支接纳的长江径流数量较少，仅为 1%，所以潮汐水流是控制北支水流流向的主要因子。

高倩等（2008）比较了崇明东滩浮游动物群落从受潮汐影响的淡水水域（北港）到中等盐度的半咸水水域（北支）的变化，发现北港主要优势种为适应低盐度环境的中华华哲水蚤；北支优势种数较多，主要由真刺唇角水蚤（*Labidocera euchaeta*）、火腿许水蚤（*Schmackeria poplesis*）、小拟哲水蚤（*Paracalanus parvus*）、针刺拟哲水蚤（*Paracalanus aculeatus*）等河口种组成，冬季也有数量较多的中华华哲水蚤。北港的丰度和多样性大多数情况下均明显低于北支，夏季则比较接近。

长江的口内外交界处是长江口最大浑浊带所在。长江口内外附近水域盐度环境多变，为适应不同环境，该水域浮游动物可以划分为如下生态类群（张锦平等，2005）。

淡水种 镰型臂尾轮虫（*Brachionus falcatus*）、萼花臂尾轮虫（*Brachionus calycif lorus*）、汤匙华哲水蚤和广布中剑水蚤等，它们均可以作为淡水水系指示种，主要分布于盐度小于 2 的水域。其中轮虫类主要出现于小网中。

河口半咸水种 虫肢歪水蚤、火腿许水蚤、江湖独眼钩虾（*Monoculodes limnophilus*）等种类常分布于半咸水性质的河口水域内，适盐范围 2~10。这些河口性种类常因径流强度的不同而变化，丰水期其分布位置相对于枯水期要向口外移动，如虫肢歪水蚤丰水期可分布至

122.5°E，而枯水期仅分布于 122°E 以西水域。

沿岸种 长江口羽状锋内所栖息的大部分种类皆为沿岸性种类。适应盐度范围为 10 ~ 25。此类指示种主要有真刺唇角水蚤、海龙箭虫（*Sagitta nagae*）、中华假磷虾（*Pseudeuphausia sinica*）、中华刺糠虾（*Acanthomysis sinensis*）等。这些种类向东部水域的扩展分布可以反映出长江径流向东伸展的范围和强度。

近海种 本调查水域由于范围较小，受暖流影响的范围较小，出现的外海种类数量很少。主要有肥胖箭虫（*Sagitta enflata*）、中华哲水蚤等。其数量的多少及分布范围能够反映出台湾暖流的强度及长江冲淡水作用的强度。

2002—2003 年，徐兆礼等（2005a；2005b；2005d）对长江口外（29° ~ 32°N，122° ~ 123°E）海域的浮游动物调查资料进行研究。发现该水域饵料浮游动物共有 128 种［不含 16 种浮游幼虫（体）和仔鱼］，分 5 门 12 大类，其中，以桡足类占优势，其次为端足类和介形类（表 18.1）。种数分布呈由外海向近岸递减趋势。其中 31°N、123°E 和 29° ~ 30°N、123°E 以西则是种数最为丰富的水域。

表 18.1 长江口海域饵料浮游动物种类组成及平均丰度

类 群		种 数	百分比	丰度/（个/m³）	百分比
多毛类	Polychaeta	1	0.78	0.04	0.02
异足类	Heteropoda	3	2.34	0.17	0.08
翼足类	Pteropoda	5	3.91	2.19	1.05
桡足类	Copepoda	40	31.25	154.97	74.26
端足类	Amphipoda	22	17.19	1.35	0.65
磷虾类	Euphausiacea	5	3.91	2.29	1.1
十足类	Decapoda	4	3.13	0.46	0.22
糠虾类	Mysidacea	8	6.25	0.8	0.39
涟虫类	Cumacea	1	0.78	0.05	0.02
介形类	Ostracoda	16	12.5	4.85	2.32
毛颚类	Chaetognatha	6	4.69	4.29	2.06
有尾类	Appendiculata	1	0.78	0.06	0.03
浮游幼体	Pelagic larvae	16	12.5	36.85	17.66
鱼卵	Fish eggs	—	—	0.08	0.04
仔鱼	Fish larvae	—	—	0.24	0.11
合计	Total	128		208.69	—

这一水域浮游动物群落种类组成简单，种间分布不均匀，优势种突出，尤其是长江口北部（31°30′N 以北）和舟山岛东南近海（123°E 以西）水域，H'、J' 和 d 值低、种类贫乏，种间分布不均匀，反映出部分调查水域浮游动物群落结构不够稳定（徐兆礼，2004）。

多样性指数的分布特征是 H' 和 d 均值春季最低，秋季最高，C 值春季最高，其中 H' 值由大至小为秋季（3.90）、夏季（2.57）、冬季（2.94）、春季（1.78）。春季 H' 值小于 2 的占 37.03%，大于 3 的占 11.11%，与其他季节相比，反映出该水域春季浮游动物群落结构不够稳定，优势种突出（徐兆礼，2004）。

总生物量四季平均为 170.75 mg/m³，季节变化非常明显。春季总生物量居第 2 位，略低于夏季，但明显高于秋季和冬季，冬季最低（徐兆礼，2004）。

　　总生物量分布以长江口生态环境最敏感的春季（5月）为例，2002年5月总生物量均值为243.80 mg/m³（55.53～773.92 mg/m³），分布不均匀，最高密集区（＞500 mg/m³）位于长江口外海（30°45′～31°15′N、122°45′～123°15′E）；舟山岛东南（30°N以南、122°15′E以东）水域总生物量最低（50～100 mg/m³）（徐兆礼和沈新强，2005b）。

　　2002年5月饵料浮游动物生物量均值为195.96 mg/m³（55.53～496.09 mg/m³），其分布趋势与总生物量分布基本一致，高密集区（＞250 mg/m³）分布范围较大，主要分布于长江口30°15′～31°50′N、122°15′E以东外海水域，大部分水域与总生物量最高密集区（＞500 mg/m³）相重叠（图18.1b）。构成本调查水域饵料浮游动物生物量的主要种类有：中华哲水蚤（*Calanus sinicus*）、精致真刺水蚤（*Euchaeta concinna*）、海龙箭虫（*Sagitta nagae*）等。

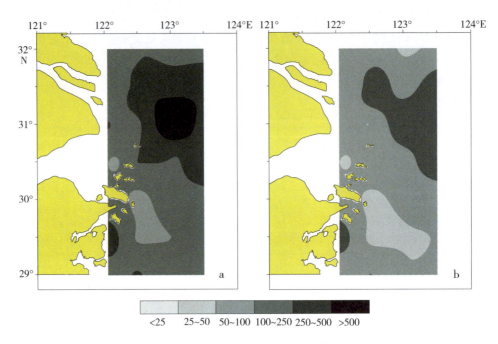

<25　　25~50　　50~100　　100~250　　250~500　　>500

a. 总生物量；b. 饵料生物量

图18.1　2002年5月浮游动物总生物量和饵料生物量平面分布图（mg/m³）

　　以优势种优势度 *Y* 大于等于0.02的种类为本区浮游动物优势种。如表18.2所示，四季共有优势种19种，其中四季皆为优势种的仅中华哲水蚤1种。春季优势种仅出现3种，夏、秋和冬季分别为6种、11种和7种。春季中华哲水蚤优势度高达0.68，其平均丰度占春季浮游动物总丰度的68.09%，远高于其他优势种（徐兆礼，2004）。

表18.2　长江口海域浮游动物不同季节优势种的优势度

优势种	优势度			
	春	夏	秋	冬
中华哲水蚤（*Calanus sinicus*）	0.68	0.50	0.03	0.10
五角水母（*Muggiaea atlantica*）	0.14	—	—	0.04
异尾宽水蚤（*Temora discaudata*）	—	0.02	—	—
太平洋纺锤水蚤（*Acartia pacifica*）	—	0.04	0.03	—
Lucifer intermedius	—	0.03	—	—
肥胖箭虫（*Sagitta enflata*）	—	0.05	0.03	0.03

续表18.2

优势种	优势度			
	春	夏	秋	冬
双生水母 (*Diphyes chamissonis*)	—	—	0.04	0.03
驼背隆哲水蚤 (*Acrocalanus gibber*)	—	—	0.02	—
小哲水蚤 (*Nannocalanus minor*)	—	—	0.02	—
丽隆剑水蚤 (*Oncaea venusta*)	—	—	0.02	—
微刺哲水蚤 (*Canthocalanus pauper*)	—	—	0.03	—
长刺小厚壳水蚤 (*Scolecithricella longispinosa*)	—	—	0.04	—
亚强次真哲水蚤 (*Subeucalanus subcrassus*)	—	—	0.06	—
精致真刺水蚤 (*Euchaeta concinna*)	—	—	0.27	0.02
百陶箭虫 (*Sagitta bedoti*)	—	—	0.03	—
平滑真刺水蚤 (*Euchaeta plana*)	—	—	—	0.02
缘齿厚壳水蚤 (*Scolecithrix nicobarica*)	—	—	—	0.03
海龙箭虫 (*Sagitta nagae*)	—	—	—	0.07

18.1.4　长江口不同区域大型底栖动物特征

依据 2005 年 5—7 月、9 月、11 月与 2006 年 6 月资料,刘录三等(2008)对大型底栖动物进行了研究。

大型底栖动物约有 24 种。其中在 12 个站位的拖网作业中获取底栖生物 8 种,平均每站出现 3.8 种,常见种有日本沼虾 (*Mcrobrachium nipponense*)、刻纹蚬蛤 (*Corbicula largillierti*)、狭颚绒螯蟹 (*Eriocheir leptognathus*)、安氏白虾 (*Exopalaemon annandalei*),出现率分别为 83.3%、66.7%、66.7%、58.3%。在 21 个站位的采泥作业中获取底栖生物 18 种,平均每站出现 1.7 种,常见种有多鳃齿吻沙蚕 (*Nephtys polybranchia*)、背蚓虫 (*Notomastus latericeus*)、刻纹蚬蛤,出现率分别为 47.6%、28.6% 和 28.6%。

口外海域共设 25 个站位,历次调查共发现大型底栖动物 149 种。其中在 11 个站位的拖网作业中获取底栖生物 64 种,平均每站出现 14 种,常见种有葛氏长臂虾 (*Palaemon gravieri*)、安氏白虾 (*Exopalaemon annandalei*)、棘头梅童鱼 (*Collichthys lucidus*)、口虾蛄 (*Oratosquilla oratoria*),出现率分别为 81.8%、63.6%、54.5%、45.5%。在 25 个站位的采泥作业中获取底栖生物 100 种,平均每站出现 7.4 种,常见种有不倒翁虫 (*Sternaspis scutata*)、丝异蚓虫 (*Heteromastus filiforms*)、秀丽织纹螺 (*Nassarius festivus*)、中蚓虫 (*Mediomastus californiensis*),出现率分别为 32%、28%、20% 和 16%。

邻近的舟山海区共设 22 个站位,历次调查共发现大型底栖动物 126 种。其中在 13 个站位的拖网作业中获取底栖生物 56 种,平均每站出现 10.5 种,常见种有中国毛虾 (*Acetes chinensis*)、细螯虾 (*Leptochela gracilis*)、葛氏长臂虾、日本鼓虾 (*Alpheus japonicus*),出现率分别为 84.6%、61.5%、53.8%、46.2%。在 22 个站位的采泥作业中获取底栖生物 76 种,平均每站出现 7.1 种,常见种有圆筒原核螺 (*Eocylichna cylindrella*)、不倒翁虫 (*Sternaspls scutata*)、丝异蚓虫、红狼牙虾虎鱼 (*Odontamblyopus rubicundus*),出现率分别为 31.8%、27.3%、27.3% 和 22.7%。

长江口口内海域密度平均值仅为 25.5 个/m²,口外区与舟山海区的平均值分别为 173.7

个/m² 与 128.4 个/m²。总体来说，底栖生物自西向东、由近岸向外海大致可分为 2 个等级：在最西侧的河口区底栖生物种类组成最为单调，生物量、栖息密度以及生物多样性指数最低，显示该区域底栖生物群落最为脆弱；在紧邻该底栖生物贫乏带的东侧，也就是口外区与舟山海区，底栖生物种类组成呈现复杂化，生物量、栖息密度以及生物多样性指数较高，显示该区域底栖生物群落较为稳定（表 18.3）。

表 18.3　长江口不同海域大型底栖动物的生态特征

分　区	生物量/(g/m²)	栖息密度/(个/m²)	H' 指数	丰富度指数	均匀度指数
口内海域	3.2 ± 2.5	25.5 ± 7.3	0.67 ± 0.17	0.28 ± 0.08	0.44 ± 0.10
口外海域	19.9 ± 5.2	173.7 ± 40.2	1.73 ± 0.25	1.19 ± 0.27	0.65 ± 0.07
舟山海区（Ⅳ区）	14.8 ± 5.4	128.4 ± 35.5	1.74 ± 0.25	1.17 ± 0.27	0.73 ± 0.08

18.1.5　长江口海域生态灾害的海洋生物学分析

长江口是我国海洋生态灾害的高发海域，主要海洋生态灾害是赤潮、大型水母暴发、外来种入侵、低氧区扩大、底栖生物荒漠化和渔场退化等。其中，最主要的海洋灾害是赤潮。

依据国家海洋局海洋灾害公报，2005 年我国 1 000 km² 以上面积的赤潮事件共有 10 次：

- 4 月 1 日，浙江中南部海域赤潮，最大面积约 3 000 km²。
- 5 月 24 日至 6 月 1 日，长江口外海域赤潮，最大面积约 7 000 km²。
- 6 月 2—10 日，渤海湾赤潮，最大面积约 3 000 km²。
- 6 月 3—5 日，长江口外海域赤潮，最大面积约 2 000 km²。
- 6 月 8 日，浙江南韭山列岛海域赤潮，最大面积约 2 000 km²。
- 6 月 13 日，浙江嵊泗至中街山海域赤潮，最大面积约 1 300 km²。
- 6 月 16 日，浙江舟山附近海域赤潮，最大面积约 1 000 km²。
- 6 月 16—18 日，辽宁营口海域赤潮，最大面积约 2 000 km²。
- 9 月 23—27 日，江苏海州湾海域赤潮，最大面积约 1 000 km²。

可见以上赤潮中长江口发生的面积和次数都占了全国的 60%。长江口水域是我国和世界上赤潮最严重的海域。

我国长江口赤潮为何频频暴发？从以上赤潮发生时间表，同时还依据历年国家海洋局海洋灾害公报，长江口赤潮几乎都在春夏之交暴发。长江口赤潮暴发，水域富营养化是重要的原因。然而，其中的生物海洋学原因是什么？这是赤潮科学需要探索的重要问题。虽然我国对长江口水域大规模赤潮暴发的机理和过程尚未完全搞清楚，作为生物海洋学重要的研究任务，这里还应该讨论长江口赤潮的几个重要的生物海洋学背景。

在长江口海域，硅藻在浮游植物种类组成和群落结构中占有极为重要优势地位。长江口海域浮游植物主要优势种类有：中肋骨条藻、柔弱菱形藻（*Nitzschia dilicatissima*）、海链藻（*Thalassiosira* sp.）、锥状斯氏藻（*Scrippsiella trochoidea*），其中，中肋骨条藻在本区处于绝对优势，对数量分布起决定作用。其他以近岸低盐性类群居多，代表种有中肋骨条藻、虹彩圆筛藻（*Cosdnodiscus oculsiridis*）、琼氏圆筛藻、蛇目圆筛藻（*Coscinodiscus argus* Ehrenberg）、弯菱形藻中型变种（*Nitzschia sigma* var. *intercedens*）、布氏双尾藻、蜂窝三角藻（*Triceratium favus* Ehr）、中华盒形藻和夜光藻（*Noctiluca scintillans*）等。此外，外海高盐性类群也有一定分布，主要集中在长江口东侧水域，代表种有洛氏角毛藻、并基角毛藻、星脐圆筛藻、海链藻等。在丰水期，随着长江径流量的增大，也会带来较多的淡水种，如颗粒直链藻、盘星藻等。

长江口曾引发生过赤潮的种类约有 26 种，分别为：夜光藻、红色中缢虫（*Mesodinium rubrum*）、束毛藻（*Trichodesmium* sp.）、长耳盒形藻（*Biddulphia aurita*）、威氏海链藻（*Thalassiosira weissflogii*）、中肋骨条藻、浮动弯角藻（*Eucampia zoodiacus*）、短弯角藻（*Eucampia zoodicacus*）、柔弱角毛藻（*Chaetoceros debilis*）、聚生角毛藻（*Chaetoceros socialis*）、角毛藻（*Chaetoceros* sp.）、尖刺菱形藻（*Pseudo-nitzschia pungens*）、地中海指管藻（*Datyliosolen mediterrancus*）、二角多甲藻（*Protoperidinium bipes*）、具齿原甲藻、短裸甲藻（*Gymnodinium abbreviatum*）、红色裸甲藻（*Gymnodinium sanguineum*）、微型裸甲藻（*Gymnodinium mikimotoi*）、菱形裸甲藻（*Gymnodinium rhomboides*）、链状亚历山大藻（*Alexandrium catenella*）、海洋原甲藻（*Protoperidinium oceanicum*）、原甲藻（*Protoperidinium* sp.）、三叉角藻（*Ceratium trichoceros*）、微型蓝藻（*Cyanophyta* sp.）、棕囊藻（*Phaeocystis* sp.）和米氏凯伦藻（*Karenia mikimotoi*）。长江口主要赤潮种类的重要性在不同年代经历不同的变化。

20 世纪 80 年代之前发生的长江口水域有种类记载的 23 次赤潮，有 13 次是由夜光藻引起的。有 6 次是由中肋骨条藻引发，短湾角藻、三叉角藻、原甲藻和束毛藻各引发 1 次，所以 80 年代的长江口赤潮主要种类是夜光藻（王金辉，2002）。

20 世纪 90 年代发生的有种类记载的 13 次赤潮中，有 5 次是由夜光藻引发的，有 4 次是由中肋骨条藻，其余的是由东海原甲藻（*Prorocentrum donghaiense*）、海洋原甲藻（*P. micans* APBM）、中缢虫（*Mesodinium* spp.）、尖刺菱形藻和二角多甲藻等引发。因此，90 年代主要赤潮种是夜光藻和中肋骨条藻。

2000 年以后赤潮的种类以具齿原甲藻占绝对优势（7 次有种类记载的赤潮中有 6 次由其引发），2001 年的主要赤潮种也是具齿原甲藻，2002 年赤潮主要优势种同 2001 年，同时在具齿原甲藻的赤潮发生过程中，伴随数量较高的夜光藻和中肋骨条藻出现，但是经常作为具齿原甲藻赤潮的第二优势种发生。进入 2003 年，有种类记载的 10 次赤潮全是由东海原甲藻引发的。所以从 2000 年开始，浙江近岸海域的赤潮以具齿原甲藻占据绝对的优势（王金辉和黄秀清，2003）。

2005 年 5 月下旬至 6 月中旬，浙江沿海发生超过 7 000 km^2 的有毒米氏凯伦藻赤潮，该赤潮对浙江的养殖业造成很大危害，东海海域持续发生的赤潮已经引发了养殖鱼、贝类大量死亡。米氏凯伦藻赤潮频率有上升的趋势。可见近年来，米氏凯伦藻是长江口海域重要的赤潮种类（夏平等，2007）。

赤潮种类的历史变迁与本书前面提到的，近年来长江口藻类组成中，甲藻数量逐渐增加，甚至在局部海域成为绝对优势种有密切的关系。从以中肋骨条藻为主要种类，逐渐演变为甲藻优势地位越来越重要。其中的海洋学原因是未来长江口生物海洋学研究的重要命题。

无论如何，长江口藻类多样性较低，单一优势种占有绝对优势，不同种类之间缺乏有效的生态竞争，这是长江口海域赤潮发生的一个重要原因。

同样，作为浮游植物上行的浮游动物，其生物海洋学特征也与长江口赤潮形成有密切的联系。前面提到，长江口海域浮游动物也具有单一优势种的特征。春夏之交单一优势种植食性种中华哲水蚤优势度高达 0.68，种间数量分布极不均匀，这是一类很不稳定、极易产生赤潮的浮游动物群落结构，这种生物量与群落变化的不同步、不对称性和浮游动物群落结构的脆弱性形成了东海近海春季赤潮的生物环境特征。而依据 1959 年长江口调查记录（中国科学院海洋研究所浮游生物组，1977），当时优势种除了中华哲水蚤以外，还有真刺唇角水蚤（徐兆礼等，2009）、平滑真刺水蚤（*Eucalanus plana*）等都是重要的桡足类优势种。徐兆礼经研究认为，长江口浮游动物单一优势种的形成，是全球变暖对长江口生态系统影响的结果。春夏之交，东海近海水温逐渐升高，台湾暖流势力增强。在这一特定的环境条件下，浮游动物首先呈现出一个暖温种数量的增长过程，随着水文环境的继续变化，继而形成了暖温种和暖水种的交替，原来暖温种为主的浮游动物群落逐渐消退，而以暖水种为主的浮游动物群落在数量上尚未形成一定的规模，这种浮游动物数量的减少，在单一优势种的背景下，有可能影响浮游植物摄食压力，从而影响赤潮发生的过程。这就是东海近海赤潮频繁发生的一个重要背景因素。全球变暖的影响通过浮游动物优势种交替，对浮游植物下行压力的减弱，这就很好地解释了长江口大规模赤潮基本上在春夏之交发生的原因（徐兆礼，2004）。

长江口低氧区的形成是赤潮和富营养化的产物，在长江口海域，合适的温度、光照条件，就会导致藻类大范围暴发，从而形成赤潮。而赤潮到了后期，水体中的营养盐消耗殆尽后就开始沉落海底并被细菌有氧分解，这个过程会消耗大量氧气，从而形成缺氧区。这也是长江口低氧区形成的重要原因。5月到6月是在长江口赤潮高发期，以后的7月和8月，长江口低氧区面积就达到最大值。1980年长江口含氧量低值是2~3 mg/L，1986年时为2 mg/L，到了2000年，低于1 mg/L。面积则达到上万平方千米。2006年7月监测结果，低氧区面积达到13 740 km^2。总体呈逐年扩大之势（王丹等，2008）。

刘勇等（2008）在2004年对长江口低氧区大型底栖动物的四个季节生态调查结果是低氧鼎盛时期的夏季，软体动物、多毛类和棘皮动物等因活动范围有限，受低氧环境影响较大，生物量和种类数在四季中均处于最低值。因此，低氧环境是长江口底栖生境荒漠化的重要原因，也是导致当地渔场退化的重要原因之一。

18.1.6　全球变暖对长江口海洋生物的影响

由于缺乏长周期的资料，我国这方面的研究起步较晚，研究较为困难。然而徐兆礼等在这方面进行了初步的探索。这一探索主要从全球变暖对浮游动物影响入手。

长江口浮游动物群落有明显的季节变化，冬春季群落主要由暖温种组成，夏秋季有亚热带种组成，反映了水环境的季节变化特征。在全球变暖的影响下，长江口浮游动物群落的变化主要在春季。东海近海不同浮游动物类群对全球变暖的响应机制。在全球变暖背景下，温水种和多数暖温种，地理分布北移，太平洋磷虾和强壮箭虫稀少甚至消失。而广温性暖温种（如中华哲水蚤），高丰度峰值提前消退；以精致真刺水蚤、肥胖箭虫为代表的亚热带种和热带种的数量及出现频率明显增加。春季，东海近海浮游动物从温水性或暖温性群落向亚热带群落更替的时间提前。进一步了解可以参阅相关文献。

18.2　黑潮流系水域的生物海洋学

18.2.1　黑潮流域海洋生物的环境背景

流经台湾东岸和东海东部的黑潮，是整个黑潮流系的起源和上游部分。流量约占黑潮总流量的一半。对马暖流，一般认为是黑潮主干在九州西南海域分离出来，向北流动的一个分支。近来也有人认为是黑潮表层水在东海中央部分和中国大陆沿岸水混合后生成的一支海流（郭炳火等，1998）。在东海的东北部，对马暖流的暖水舌冬季伸向西北，形成黄海暖流，将部分暖流的环境特征带入黄海。台湾暖流是出现在东海沿岸流东侧和长江口以南的一支海流。除冬季表层易受偏北季风影响流向可能偏南偏外，表层以深的流向几乎终年沿着闽、浙海岸的方向指向东北，台湾暖流接近深底层时，爬坡和趋岸迹象相当明显，海水易产生上升运动（经志友等，2007）。

18.2.2　浮游植物组成和分布

黑潮是中国海陆架区毗邻的最大流系，其热量和水量对中国陆架区浅海都有重大影响。据1984—1990年进行的黑潮调查及中日合作黑潮调查研究，黑潮流域生物已鉴定的有：浮游植物419种、浮游动物697种、鱼类180余种以及游泳生物约2000种。黑潮生物主要类群的生态特点多样，如浮游植物有高温高盐种，偏高温低盐种，偏低温高盐种和广温广盐种。浮游动物包括暖温带近岸类群和热带大洋类群。

由于黑潮的高温、高盐特性，生活在其中的浮游生物可能成为黑潮指示种。如浮游植物的热带戈斯藻（Gossleriella tropica）、南方星纹藻（Asterolampra marylandica）、达氏角毛藻（Cheatoceros dadayi）、双刺角甲藻（Ceratocorys bipes）、四齿双管藻（Amphisolenia schauinslandi）等。浮游动物指示种有海洋真刺水蚤（Euchaeta rimana）、芦氏拟真刺水蚤（Pareuchaeta russelli）、四叶小舌水母（Liriope tetraphylla）、宽假浮萤（Pseudoconchoecia concentrica）和柔巧磷虾（Euphausia tenera）等20余种。

东海黑潮区浮游植物细胞数量以硅藻为主，占浮游植物细胞数总数量的84.9%；蓝藻类次之，占11.7%；甲藻类占3.3%，甲藻类所占的比例虽少，但出现的种类相当丰富。

出现种类主要有掌状冠盖藻（Stephanopyxis palmeriana）、细弱海链藻（Thalassiosira subtillis）、劳氏角刺藻（Chaetoceros lorenzi anus）、秘鲁角刺角（Ch. peruvianus）、密集角刺藻（Ch. coarctatus）、佛氏梯形藻（Climacodium frauenfeldianum）、伯戈根管藻（Rhizosolenia bergonii）、印度翼根管藻（Rh. alata f. indica）、菱形海线藻（Thalassionema nitzschioides）等，以细弱海链藻和劳氏角刺藻为优势种，细胞数量一般在 1×10^3 个/m³ 左右，主要分布在台湾以北和东北，黑潮主干左侧分区及30°N的黑潮水域。这两种优势种在分布区域上稍有不同，细弱海链藻主要分布在黑潮主干左右两侧及台湾东北的水域；劳氏角刺藻分布在黑潮和其他水团锋区，密度约为 3×10^4 个/m³。

甲藻类主要有夜光梨甲藻（Pyrocystis Pseudonoctiluca）、纺锤梨甲藻（Pyr. fusiformis）、梭梨甲藻双凸变型（Pyr. fusiformis f. biconica）、波状角藻（Ceratium trichoceros）、偏转角藻（C. deflexum）、马西里亚角藻（C. massiliense）等，以夜光梨甲藻为优势种。梨甲藻属的种类分布较普遍，黑潮主干的左侧区为该属种类的主要分布区。

蓝藻类出现种类数有铁氏束毛藻（Trichodesmium thiebautii）、红海发束毛藻（T. erythraeum）和汉氏束毛藻（T. hildebrandtii），其中以铁氏束毛藻为主，几乎遍布全区，个体数分布主要在黑潮左侧锋区及台湾东北，陆架混合水区个体数较少（徐敏芝等，1990）。

18.2.3　浮游动物的组成和分布

依据洪旭光等（2001）东海北部黑潮区浮游动物资料，黑潮区浮游动物种类繁多，共记录了386种，其中水螅水母类为22种、管水母类为35种、钵水母类为3种、栉水母类为2种、浮游多毛类为18种、毛颚类为24种、翼足类为3种、枝角类为2种、介形类为34种、桡足类为159类、端足类为36种、糠虾类为3种、磷虾类为27种、莹虾类为3种、海樽类为 15 种及浮游幼虫多类。由西向东走向的梯度上，物种数呈有规律的递增趋势。其中 127°E 以西海域浮游动物反映出陆架水域的群落特征，浮游动物种数较少，每个站位约 40~70 种。一些暖温带近海种如水母类（五角水母 *Muggiaca atlantic*）、毛颚类（海龙箭虫 *Sagitta nagae*）、桡足类（中华哲水蚤 *Calanus sinicus*）等主要分布在这个区域，127~128°E 海域基本上属于陆架混合水区，物种明显增加，每个站位有 80~110 种。一些广暖水类群的种类如毛颚类（肥胖箭虫 *Sagitta enflata*）、介形类（后圆真浮萤 *Euconchoecia maimai*）、桡足类（达氏波水蚤 *Udinula darwinii*）、樱虾类（中型莹虾 *Lucife intermedius*）、海樽类（小齿海樽 *Doliolum denticulatum*）等主要分布在这个区域。128°E 以东海域基本上属于黑潮水区，浮游动物种类繁多，每个站位有 120~180 种。一些外海高温高盐种如水母类（*Amphogona pusilla*）、毛颚类（*Sagitta heraplera*）、介形类（*Paraconchoecia echinata*）、桡足类（*Euchiretta pulchra*）、磷虾类（*Euphausia hemigibba*）、樱虾类（*Lucifer typus*）等主要分布在这个区域。

对东海南部外海桡足类研究表明（何德华等，1990；杨关铭等，1999），春季桡足类类数最多，达 148 种；秋季和冬季次之，各为 141 种和 140 种；夏季最少，仅 129 种。周年可见的种类，即 4 个航次的共有 71 种，约占总种数的 32%。黑潮影响海域浮游动物主要由以下生态类群组成。

暖温带种　与本区其他生态类群相比，这一类群主要由适温上限较低的低温低盐种类所组成，它们的出现和数量变动一般受控于沿岸水的影响，密集区大多出现在暖流与沿岸流交汇的沿岸流一侧锋区。这类群的种类不多，仅仅 8 种，占总种数的 3.4%。主要种是中华哲水蚤，其他还有小拟哲水蚤（*Paracalanus parvus*）、针刺拟哲水蚤（*Paracalanus aculeatus*）和太平洋纺锤水蚤（*Acartia pacifica*）等。

外海种　该类群是本区在数量上占据相当优势的一类桡足类，与热带大洋高温高盐类群相比，其适盐、适温性较低，它们在陆架混合水区广泛分布，密集区一般出现在黑潮锋内侧的混合锋区，该类群共有 42 种，占总种数的 17.7%，代表种为普通波水蚤（*Undinula vulgaris*）、亚强次真哲水蚤（*Subeucalanus subcrassus*）、狭额真哲水蚤（*Eucalanus subtenuis*）、平滑真刺水蚤（*Eucalanus plana*）和异尾宽水蚤（*Temora discaudata*）等。

热带大洋种　这一类由适温适盐性较高的高温、高盐种类组成，广泛分布于受黑潮暖流影响的水域，主要分布在黑潮表层水中，密集区出现在黑潮锋附近水域。该类群的种类最多，达 138 种，占总种数的 58.2%，代表种有达氏筛哲水蚤（*Cosmocalanus darwini*）、海洋真刺水蚤、瘦乳点水蚤（*Pleuromamma gracilis*）、乳状异肢水蚤（*Heterorhabdus papilliger*）、粗壮真胖水蚤（*Euchirella amoena*）、印度真胖水蚤（*Euchirella indica*）、粗刺盾水蚤（*Gaidius pungens*）、斯氏手水蚤（*Chirundina streeti*）、异刺小胖水蚤（*Scottocalanus securifrons*）、海伦小胖水蚤（*Scottocalanus helena*，）圆额海羽水蚤（*Haloptilus ornatus*）、弯额海羽水蚤（*H. piniceps*）、长额海羽水蚤（*H. oxycephulus*）、长尾亮羽水蚤（*Augaptilus longicaudatus*）、长尾真亮羽水蚤（*Euaugaptilus hecticus*）和渡刺水蚤属（*Undeuchaeta* spp.）等种类。

深海种　该群生物主要栖息于 1 000 m 以下水域，即中、深层水域。受生物的昼夜垂直移动及中、深层水的涌升出现于这一海区。在本区出现 3 个种，仅占总种数的 1.3%，它们是隆线似哲水蚤（*Calanoides carinatus*）、宽头真亮羽水蚤（*Euaugaptilus laticeps*）和大型刺哲水蚤（*Spinocatanus magnus*），出现于黑潮峰外侧黑潮次表层水涌升域。

表 18.4 概括了黑潮流域不同生态类群代表种（何德华等，1993）。

表18.4　东海黑潮域不同生态类群代表种主要分布区及指示水系

生态类群	代　表　种		主要分布区	指示水系
暖温带近海种	*中华哲水蚤 *Calanus sinicus* 针刺拟哲水蚤 *P. aculetus* 等7种	小拟哲水蚤 *Paracalanus parvus* 强额拟哲水蚤 *P. crassirostris*	近海峰面	沿岸水
亚热带外海种	精致真刺水蚤 *Euchaeta concinna* 普通波水蚤 *Undinula vulgaris* 异尾宽水蚤 *Tomora discaudata* 等42种	平滑真刺水蚤 *E. plana* 亚强次真哲水蚤 *Subeucalanus subcrassus* 丽隆剑水蚤 *Oncaea renusta*	黑潮峰内侧域	东海陆架混合水
热带大洋种（广布类群）	海洋真刺水蚤 *Eucheta rimana* 狭额真哲水蚤 *Eucalanus subtenuis* 芦氏拟真刺水蚤 *Pareuchaeta russelli* 长角海羽水蚤 *Haloptilus lonhicornis* 乳状异肢水蚤 *Heterorhabdus pepilliger* 叶剑水蚤 *Sapphirina* spp. 等118种	达氏筛哲水蚤 *Cosmocalanus darwini* 瘦乳点水蚤 *Pleuromamma gracilis* 哲胸刺水蚤 *Centropages calaninus* 伯氏平头水蚤 *Candacia bradyi* 刺长腹剑水蚤 *Oithona setigera* 桨剑水蚤 *Copilia* spp.	黑潮峰外侧域	黑潮表层水
热带大洋种（狭布类群）	印度真胖水蚤 *Euchirella indica* 粗壮真胖水蚤 *E. amoena* 波刺水蚤 *Undeuchaeta* spp. 异刺小胖水蚤 *Scottocalanus securifrous* 海伦小胖水蚤 *S. helena* 锯齿舟哲水蚤 *Scaphocalanus echinata* 刺额异肢水蚤 *Heterorhabdus spinifrons* 澳氏海羽水蚤 *Haloptilus austini* 瘦长真亮羽水蚤 *Euaugaptilus elongates* 等59种	秀丽真胖水蚤 *E. bella* 斯氏手水蚤 *Chirundina streeti* 法氏小胖水蚤 *S. farran* 尖额海羽水蚤 *H. mucronatus*	次表层涌升域	黑潮次表层水
深水类群	隆线拟哲水蚤 *Calanoides carinatus* 宽头真亮羽水蚤 *Euaugaptilus laticeps*	短角抢水蚤 *Gaetanus pileatus* 居首巨型哲水蚤 *Megacalanus princeps*	涌升域	黑潮中、深层水

*为主要种。

18.2.4　物种多样性和暖流流系的关系

以上概括黑潮水域浮游生物种类组成的基本状况。然而，黑潮水系浮游生物种类如何反映水系的季节变化？换句话说，黑潮流系所属暖流系统的移动和季节变化，如何对东海浮游生物分布产生影响？这里以东海水母多样性分布的定量分析（徐兆礼和林茂，2006）为例，试图解释由于黑潮流系暖流运动特征，形成东海特有的水团格局，从而影响东海浮游动物时空分布特征，进一步形成东海不同水域浮游动物的区系特征。图18.2是东海水母类多样性分布特征。

从图18.2可以明显地看到，春季多样性较高的水域是台湾海峡、东海南部外海（Ⅳ）和东海北部外海（Ⅱ），并由东南向西北逐渐降低。夏季分布以29°00′N为界分南北两个部分，北部 H' 值低于2，南部大都高于2.5，由南向北逐渐降低，其中在29°00′N附近变化非常明显。秋季变化规律不如春季明显，但也有由东南向西北逐渐降低的趋势，因此台湾海峡南部和东海外海多样性稍高。冬季分布趋势与夏季相似。

东海水母类多样性平面分布有3种类型。冬夏季类型特征反映出南部多样性明显高于北部，外海高于近海。这两个季节，在东海中部都有等值线密集分布，夏季密集分布带靠北，冬季偏南。春季类型显示出由东南向西北逐渐降低的趋势，因此等值线密集带沿东海大陆架200 m 等深线由西南至东北走向。秋季类型与春季分布趋势相似，但是缺少走向一致的等值线，更多地呈现出交错状分布。

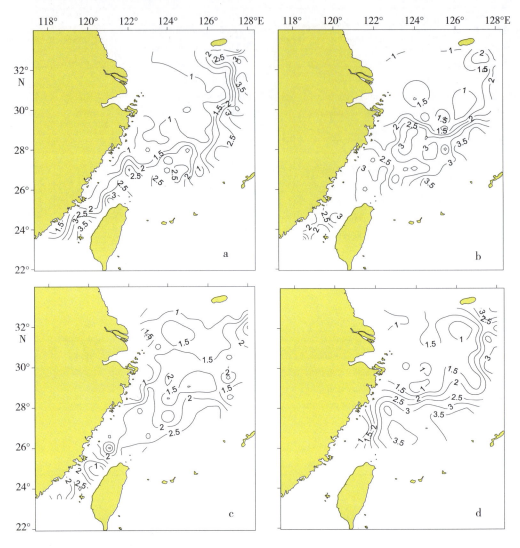

a. 春季；b. 夏季；c. 秋季；d. 冬季

图 18.2　东海区水母类多样性指数（H'）的平面分布

上述水母类多样性分布特征与东海海流流向和分布特征密切相关。

春季，台湾暖流势力较弱，台湾暖流在台湾海峡和台湾北部海域形成后，沿着大陆架200 m 等深线，由西南向东北方向流动，最终汇入对马暖流。同时在济州岛以南，黄海暖流向西北运动，从图 18.2 可见黄海暖流西北向锋面。多样性等值线密集分布带沿着台湾暖流由西南向东北伸展，西侧的多样性明显较低而东侧较高，泾渭非常分明。

夏季，台湾暖流势力增强，除了向东北方向伸展，还沿着东海近海向长江口海域推进。夏季多样性等值线密集分布带呈东西走向，在此分布带南侧，处于台湾暖流势力控制，暖流带来丰富的种类形成较高的多样性，南部近海种数达64 个便是例证。而在北侧，是长江冲淡水、黄海冷水团和台湾暖流形成的混合水团，混合水团中水母类多样性明显低于南侧。

秋季，台湾暖流已经持续一段时间。由表 18.1 可见，秋季不同海区种数差异较小。依据徐兆礼对东海其他浮游动物类群研究的结果（Xu, et al, 2009），秋季暖水种在东海北部种群有较大的发展。秋季长江冲淡水东北转向，暖流持续所形成适宜的温度环境，使双生水母在长江口高度聚集（徐兆礼，2006c），也使北部近海多样性较夏季有所降低。

冬季，海流特征与夏季有很大的差别，尽管多样性等值线密集分布带形如夏季呈东西走向（图 18.2），但这一格局形成的机制不同于夏季。冬季东海南部近海多样性较高的原因是什么？苏纪兰等（1987）证实，黑潮暖流进入东海后，有部分黑潮表层水入侵东海大陆架。由图 18.2 可见，冬季多样性等值线锋面由黑潮主流区向西北伸展，直至浙江近海，与黑潮表层水对陆架东部的入侵在时间和空间上基本一致。正是冬季黑潮表层水入侵东海陆架，丰富了这一时段东海中南部近海的种类。该区域冬季浮游动物多样性较高，种数也较高证实了这一点。

上述分析，从数量上显示了浮游动物对海流变化的响应，例如，黄海暖流在冬春季向西北方向伸展，春夏季台湾暖流由南向北运动，与长江冲淡水在东海北部交汇，黑潮暖流在冬季入侵陆架等黑潮流系活动在浮游动物上的反映。实际上不但水母类与暖流分布有关，介形类的多样性与暖流也有一定的关系（Xu, 2008）。

18.3　东海上升流区生物海洋学特征

在长江口外和东海近海，大约在 31°00′ ~ 32°00′N、122°20′ ~ 123°10′E 海区存在着明显的下层高盐冷水的抬升现象（赵保仁等，2001）伴随这种上升运动，于 5 ~ 10 m 层在上述高盐冷水区明显地存在一个低溶解氧，高营养盐区。资料表明，这一海域底层低氧、高营养盐水不是直接来自表层的长江冲淡水而是来自深底层的变性后的台湾暖流水。同时，在浙江近海 27°30′ ~ 30°00′N、123°30′E 以西海域也观察到上升流的存在。胡敦欣等（1980）认为，台湾暖流在浙江沿岸的沿坡爬升是该上升流形成的主要因子。这两个上升流区合称为东海上升流。

东海上升流的水文特征是底层高盐冷水向上层涌升。在非上升流区，上层的高硅酸盐水只占据 5 m 层以浅水域，在长江口和舟山群岛海域，这一层高硅酸盐水是直接由长江冲淡水带来的，属于低盐水的范畴。在上升流区，深底层的高硅酸盐水则属高盐水范畴，它可抬升到 5 m 层水域附近。5 m 水层属于低硅酸盐区，楔入上下两层不同来源的高硅酸盐水之间，将这两层高硅酸盐水明显地区分开来。NO_3 – N 分布特征与硅酸盐极为相似，5 m 层附近有低硝酸盐水自东向西楔入，深底层和表层均存在高硝酸盐水。深底层的高硝酸盐水可抬升到 5 m 层水域。长江冲淡水中的磷酸盐含量并不高，因而在上层的冲淡水范围内磷酸盐含量较低，长江口近海和浙江近海上升流，可以将深底层的高磷酸盐水抬升到 5 m 层附近水域（赵保仁等，2001）。

东海近海上升流区呈现高叶绿素和高初级生产力的特征，其表层叶绿素浓度一般在 1 mg/m³ 左右，升高并不明显，但次表层往往存在高值，可达 5 mg/m³ 以上，在上升流区初级生产力一般在 1 000 mg/（m² · d）（以 C 计）左右，而其中心则可达 2 000 mg/（m² · d）（以 C 计）以上，是夏季除长江口以外东海初级生产力最高的区域。这一浮游植物生物量和生产力高值区与上升流强度息息相关，自春末夏初，随着季风由北转南，海域的叶绿素和初级生产力逐渐升高，在夏季上升流最强时达到顶峰，由夏入秋，随着上升流减弱，其所形成的高生产力区也逐渐消退（Ning, et al, 1988）。

何德华等（1987）对浙江近海上升流水域桡足类中的生态类群进行分析。发现近岸处以暖温带外海种的中华哲水蚤为主，它是构成海区夏季浮游动物高生物量区优势种类之一，其次为亚热带外海的精致真刺水蚤（*Euchaeta concinna*）。在 122°30′E 左右，以暖温带外海种的平滑真刺水蚤（*Euchaeta plana*）占优势，其次为微刺哲水蚤（*Canthocalanus pauper*），外部水域以亚热带外海种和热带大洋种居多。如普通波水蚤（*Undirula vulgates*）、细真哲水蚤（*Eucalanus attenuatus*）、尖额真哲水蚤（*Euchaeta mucronatus*）、角锚哲水蚤（*Rhincalanus cornulus*）、粗乳点水蚤（*Pleuromammarobusta*）、截平头水蚤（*Candacia truncate*）、刺长腹剑水蚤（*Oithana setigera*）和粗新哲水蚤（*Neocalanus robustior*）等。这些狭高温高盐种少量分布于东海外海及南部测站，而特别要提出的是，在东南部深水区可以发现外海深层冷水种，如海伦小胖水蚤（*Scottcalanus helenae*）、奇桨剑水蚤（*Copilia mirabilis*）等。

长江口和浙江近海上升流对海洋生物分布的影响，主要是在夏季高水温背景下，局部海域暖温种数量上升。何德华研究了夏季浙江沿岸上升流盛期浮游动物的种类，主要研究浮游动物分布、多样性指数与海洋动力因子之间的相互关系。夏季，在上升流核心区边缘近岸侧，形成个别种类较高的优势度。同时，浮游动物生物量的分布趋势为近岸高于外海。最大丰度出现在上升流核心区边缘近岸侧。该区因三种水系交汇而形成营养物质滞留，盐度锋和温度锋叠置。植食性的磷虾类、桡足类和被囊类是形成浮游动物高丰度分布中心的主要类群。浮游动物生物量的高值区与浮游植物、叶绿素 a 和磷酸盐的高值区基本重叠，相互之间不存在"排斥现象"。显示出浮游动物生物数量较高丰度的海域，同时也是浮游动物多样度较低的水域。这些海域同样在上升流核心区边缘的近岸一侧。但在上升流核心区，浮游动物数量较少，虽有丰富营养条件，但浮游动物难以适应由于上升流带来的低温缺氧的生态环境。

值得注意的是，中华哲水蚤在高温季节里大量出现，而其个数的垂直分布在一定程度上体现了上升冷水所造成的适宜暖温种生活的水体环境。观察发现，暖温种中华哲水蚤在该区域的下层大量出现，该种以 15～20℃ 为最适温度范围，且有草食性特征，主要分布于营养物质丰富的高、低盐水交汇区。该种在长江口海域 5 月出现全年的数量最高峰。到了 8 月，东海区的水温已经升高，该种在东海的大部分水域数量很少。但在上升流海域，上升流带来了高盐低温的底层冷水，水温约在 18℃ 左右，较适合中华哲水蚤的生存。同时该上升水带来了丰富的营养盐，利于浮游植物的生长。

长江口和浙江近海上升流区同长江口赤潮多发区的位置基本吻合，表明上升流从底层往上层输送的营养盐对浮游植物和赤潮生物的大量滋生有重要的作用。长江口赤潮暴发，主要受制于磷酸盐含量。台湾暖流在近海爬升，形成了上升流，而上升流将底层的磷酸盐带到表层，正好补充长江口水域这一营养成分的不足，长江口上升流在这一水域的赤潮形成中起了重要作用（杨东方等，2007）。

浙江近海上升流区与中国最大的渔场，长江口渔场，舟山渔场和渔山渔场的形成有关。现有的研究表明，这一带渔场之所以成为我国最大的渔场，与千岛渔场、加拿大的纽芬兰渔场、秘鲁的秘鲁渔场齐名，一方面，由于长江径流带来巨大的营养盐，另一方面与台湾暖流高温高盐，在春夏自东南向西北楔入沿着大陆架爬升，形成上升流有关。加上这一海域岛屿列布，往复流转突出，特殊的水文地理特点为渔场带来大量浮游生物，与海水营养盐类相结合，促使其迅速生长繁殖。在上升流区，磷、硅含量较高，浮游硅藻占 90% 以上。水体中浮游动物数量巨大。优越的自然环境条件，使这一上升流区及其附近海域成为适宜多种鱼类繁殖、生长、索饵、越冬的生活栖息地。在历史上，大黄鱼、小黄鱼、带鱼和乌贼，为捕捞量最多的资源群体，被称为东海渔业资源的"四大渔产"。

18.4 台湾海峡生物海洋学特征

台湾海峡地处东海和南海之间，存在诸多上升流现象，风、地形、海流是形成上升流的主要驱动因子，以海流及地形为共同驱动因子的上升流包括福建中、北部沿岸上升流、闽南－台湾浅滩上升流、澎湖群岛附近上升流、台湾东北沿岸上升流、台湾东南沿岸上升流；以风为主要驱动因子的上升流包括闽南—台湾浅滩近岸（东山－汕头）上升流（颜廷壮，1991）。

自 20 世纪 70 年代中期以来，厦门大学、国家海洋局第三海洋研究所、福建海洋研究所、中国水产科学研究院东海水产研究所和南海水产研究所等多家海洋科研单位对台湾海峡做了多学科的综合研究。例如，闽南—台湾浅滩渔场资源调查（1975—1976 年）、台湾海峡中、北部海洋综合调查研究（1983—1984 年）、台湾海峡西部海域海洋综合调查（1986—1987 年）、闽南—台湾浅滩渔场上升流生态系统研究（1987—1988 年）、台湾海峡生物生产力及其调控机制研究（1994—1995 年）、台湾海峡生源要素生物地球化学过程研究（1997—1998 年）、生物资源栖息环境调查与研究（1997—2000 年）、台湾海峡上升流区浮游植物对海洋环境年际变动的响应（2004—2007 年）以及我国近海海洋综合调查与评价（"908"专项）（2006—2008 年）等。

18.4.1 台湾海峡叶绿素 a 和初级生产力

在叶绿素 a 测定方法方面，20 世纪 80 年代（1984—1988 年）的调查按照 1966 年联合国教科文组织公布的暂行标准法（分光光度法）。采用 Jeffrey 的三色方程计算叶绿素 a 含量。之后叶绿素 a 的测定均参照 JGOFS 或 Parsons 等所描述的方法进行。萃取样品用荧光分光光度计测定加酸前后荧光值，激发光和发射光波长分别为 430 nm 和 670 nm。叶绿素 a 的分粒级测定采用 20 μm 筛绢、2 μm、0.2 μm 的聚碳酸酯（PC）核孔膜或玻璃纤维滤膜（GF/F，孔径为 0.7 ~ 0.8 μm）。初级生产力的测定采用 ^{14}C – $NaHCO_3$ 核素示踪技术，按海洋调查规范或 JGOFS 或 Parsons 等所描述的方法进行（Parsons，et al，1984）。

18.4.1.1 叶绿素 a 的时空分布

台湾海峡叶绿素 a 存在较大的时空变动，其变动主要与季风及其驱动的中尺度物理过程（包括上升流、浙－闽沿岸流、珠江冲淡水等）密切相关。

1）空间分布

叶绿素 a 的空间分布存在明显的季节差异（图 18.3）（康建华等，2009）。

春季，表层叶绿素 a 含量介于 0.11 ~ 5.45 mg/m^3，平均值为 1.07 mg/m^3。分布呈由北向南减少的趋势。北部海区（海坛岛以北海域）叶绿素 a 含量较高（>3.00 mg/m^3）；中部海区（海坛岛与厦门湾之间海域）叶绿素 a 含量总体呈现两侧高、中间低的分布格局；南部海区（厦门湾以南海域）叶绿素 a 含量高值区集中在石碑山角－南澎列岛－兄弟屿近岸（>1.00 mg/m^3），而海峡南部的东南海区则较低（<0.30 mg/m^3）。

夏季，表层叶绿素 a 含量介于 0.06 ~ 4.13 mg/m^3，平均值为 0.53 mg/m^3，呈北高、南

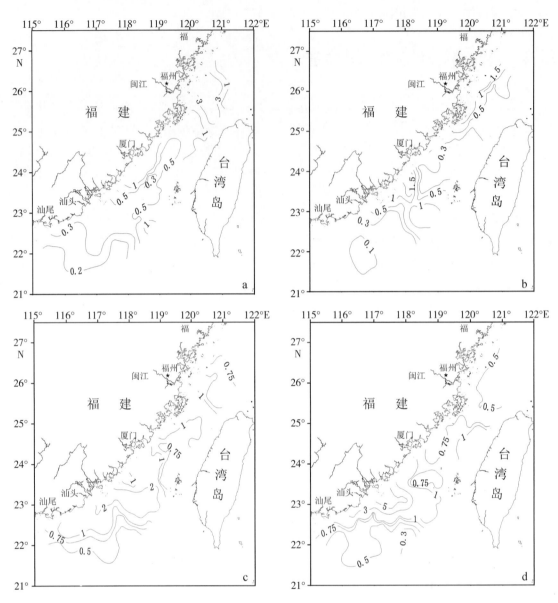

a. 2007 年 4—5 月（春季）；b. 2006 年 7—8 月（夏季）；c. 2007 年 10—12 月（秋季）；
d. 2007 年 1—2 月（冬季）

图 18.3　2006—2007 年台湾海峡及其邻近海域各季节表层叶绿素 a 含量（mg/m³）的平面分布
（康建华等，2009）

次、中低的分布格局。北部近岸海区叶绿素 a 含量高于 1.00 mg/m³，中部海区海坛岛附近海域较高（>1.00 mg/m³），其他海域均较低，且分布较均匀；南部海区叶绿素 a 含量高值区位于具有上升流的闽南—台湾浅滩海区（>1.00 mg/m³），海峡南部的东南海区则较低（<0.50 mg/m³）。

秋季，表层叶绿素 a 介于 0.39 ~ 4.24 mg/m³，平均值为 1.15 mg/m³，呈南高、中次、北低的分布格局。北部海区叶绿素 a 分布较均匀，中部海区叶绿素 a 乃以海坛岛附近海域较高（>1.00 mg/m³）；南部海区叶绿素 a 含量高值区位于台湾浅滩西南海域（>2.00 mg/m³），而低值区位于海峡南部的陆架边缘和东南海区。

冬季，表层叶绿素 a 含量介于 0.22 ~ 7.56 mg/m³，平均为 1.10 mg/m³，总体呈南高、中次、北低的分布格局。北部海区的叶绿素 a 含量较低，中部海区近岸海域叶绿素 a 含量在 0.70 mg/m³ 左右；南部海区叶绿素 a 含量分布呈现由大陆一侧向外海逐渐降低的趋势。

基于多年据平均有色遥感的数据表明（1997—2007 年），台湾海峡南部叶绿素 a 呈东北季风期（0.69 mg/m³，10 月至翌年 4 月）明显大于西南季风期（0.53 mg/m³，6—8 月）（图 18.4）（Hong, et al, 2009）。

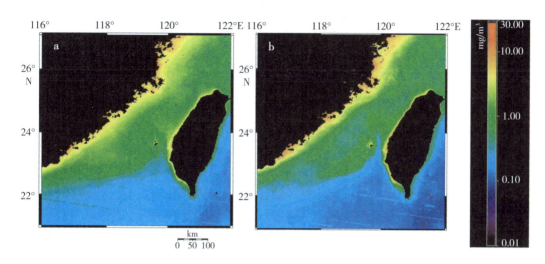

a. 东北季风期间（10 月至翌年 4 月）；b. 西南季风期间（6—8 月）

图 18.4　基于 SeaWiFS 和 MODIS 的台湾海峡表层多年平均叶绿素 a mg/m³ 分布特征（1997—2007 年）（Hong, et al, 2011）

夏季，受近岸风生上升流及台湾浅滩南部地形上升流的影响，在台湾海峡南部叶绿素 a 通常存在两个高值区（可达 4 mg/m³ 以上），其中之一位于东山及南澳岛外侧海域，另一个位于台湾浅滩南侧。浮游植物生物量和群落组成受上升流的显著影响，上升流发展过程会诱导浮游植物的藻华（生物量的增加），而上升流的衰退即刻会引起浮游植物藻华的消退（生物量的减少）（洪华生等，1997）。

在叶绿素 a 粒级结构方面，海峡南北海域存在明显的差异。在海峡北部，浮游植物以微型浮游植物（nanophytoplankton，2~20 μm）为优势，占整个浮游植物的 60% 左右，小型浮游植物（microphytoplankton，20~200 μm）和微微型浮游植物（picophytoplankton，<2 μm）基本相当；而在海峡南部，浮游植物以微微型浮游植物为主，对浮游植物的生物量贡献达 63%~71%，其次是微型浮游植物，小型浮游植物比例最小（洪华生等，1997；Huang, et al, 1999）。

2）季节变化

台湾海峡浮游植物叶绿素 a 含量呈明显的季节变化，而且不同区域的变动特征不同。

在台湾海峡北部，叶绿素 a 含量呈明显的双周期型季节变化，最高值出现在 10 月，而 4—5 月存在另外一个高值；浙、闽沿岸流输入是产生春、秋季叶绿素 a 峰值的主要原因。而在营养盐较为丰富的冬季，温度是限制浮游植物生长的主要因子，浮游植物叶绿素 a 浓度较低。

在台湾海峡南部，叶绿素 a 含量呈单峰型季节变化，高值出现在 7—10 月，上升流使得夏季叶绿素 a 呈持续高值特征。而卫星遥感进一步证实台湾海峡叶绿素 a 的年变化特征可以分成三个类型：①北部和中部呈现春秋双峰型；②西南部近岸夏季单峰型；③东南部（澎湖水道）的季节变化不显著型（张彩云等，2006）。海峡南部进一步分区结果表明，不同区域的变动显著不同，在南部近岸区（<75 m，不包括浅滩区），由于受夏季上升流和冬季浙闽沿岸流的影响，呈夏冬双峰型分布；在台湾浅滩区域，由于常年受上升流的影响，叶绿素 a 持续较高且无明显的变动；而在陆架外缘区（>75 m），由于受冬季东北季风强烈混合的影响，呈冬季单峰型（Hong, et al, 2009）。分析表明，台湾海峡叶绿素 a 的季节分布的区域性差异与直接调控本海区营养盐输入和分布的海洋动力过程的季节演变（如西南和东北季风）密切相关，特别是浙、闽沿岸水、南海暖水以及近岸与浅滩上升流的季节消长密切相关（张彩云等，2006；Hong et al, 2009, 2011）。

我国近海海洋综合调查与评价（"908"专项）调查结果显示，叶绿素 a 平均值在北部以春季居高，夏秋季次之，冬季最低；中部则以秋季最高，冬季次之，夏季最低；南部则呈冬季最高，秋季次之，夏季最低（图18.5）（康建华等，2009）。

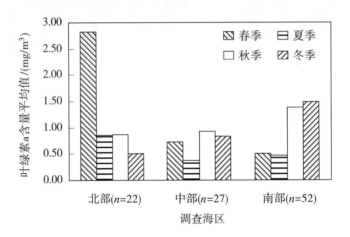

图 18.5 台湾海峡各区表层叶绿素 a 含量的季节变动

18.4.1.2 台湾海峡初级生产力的分布特征

1）空间分布

李文权和王宪（1991）的测定结果表明，台湾海峡南部的初级生产力空间分布差异较大，主要受上升流的影响。夏季，在近岸上升流区，平均初级生产力（以碳计，下同）为 0.74 g/（m² · d）（以 C 计），台湾浅滩东南上升流区，平均初级生产力较低，只有 0.40 g/（m² · d）（以 C 计），台湾浅滩西南上升流区，平均初级生产力最高，为 0.86 g/（m² · d）（以 C 计）。其他大部分区域在 0.20 ~ 0.40 g/（m² · d）（以 C 计）（表18.5）。在冬季，由于近岸上升流消失，浅滩东南上升流减弱，初级生产力较低，而只有浅滩西南上升流仍具有较高的初级生产力。总体而言，夏季台湾海峡南部初级生产力水平明显低于东边界上升流区，如秘鲁沿岸、西北非、西南非和加利福尼亚州沿岸，也低于浙江沿岸上升流区（表18.5）。

表 18.5 台湾海峡南部夏季初级生产力及其与典型上升流区的比较

单位：g/（m² · d）（以 C 计）

海区	台湾海峡南部			澎湖岛夏季	浙江沿岸	加州沿岸	秘鲁沿岸	西北非	西南非
	近岸	浅滩西南	浅滩东南						
初级生产力	0.74	0.86	0.40	0.25	1.25	1.12	1.76	2.00	2.80

洪华生等（1997）测定结果表明：夏季，海峡北部呈现台湾岛以北和闽江口外海域较高，中部海域较低的分布格局，南部呈现由大陆近岸向离岸方向递减的趋势，但台湾浅滩以南较高。冬季，台湾海峡南部初级生产力高值位于台湾浅滩西南部，北部呈现由台湾淡水港以外海域向大陆方向递减的趋势，近岸向外海逐渐降低的空间分布模式，南部初级生产力的高值出现在台湾浅滩西南部。而初级生产力的粒级结构在空间上也存在差异，北部夏季以微型粒级为优势，冬季各粒级呈"三足鼎立"之势，南部冬夏两季均以微微型粒级为优势，但夏季微微型粒级比例高于冬季。

2）季节变化

洪华生等（1997）调查表明，台湾海峡南北海域冬夏浮游植物生产力存在差异（表18.6）。夏季初级生产力北部大于南部；冬季南、北部海域初级生产力几乎没有差异。从整个区域而言，夏季初级生产力明显高于冬季。

李文权和王宪（1991）的调查表明，台湾海峡南部初级生产力高值出现在夏季的6月和8月（图18.6），分别为0.67 g/（m^2·d）（以 C 计）和0.74 g/（m^2·d）（以 C 计），其他季节秋冬季节较低，11月只有0.37 g/（m^2·d）（以 C 计）。

表 18.6　台湾海峡初级生产力冬夏比较　　单位：g/（m^2·d）（以 C 计）

季　节	区　域	初级生产力	
		范　围	平均值
夏季	北部	0.17～0.82	0.36
	南部	0.18～0.34	0.24
冬季	北部	0.022～0.27	0.12
	南部	0.054～0.19	0.12

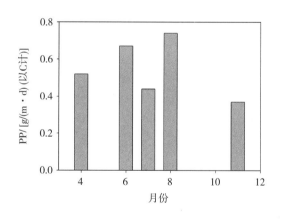

图 18.6　台湾海峡初级生产力的季节变化

18.4.2　浮游植物种类与类群组成、丰度与分布

采用传统的显微镜方法、荧光显微镜技术、流式细胞技术和光合色素分析技术等多种手段来研究浮游植物的种类与类群组成。

20 多年的调查结果表明，台湾海峡共报道 598 种浮游植物。主要为硅藻，447 种，其中新种 14 个；其次是甲藻，有 143 种；绿藻、金藻和蓝藻的种类较少（表 18.7）。

表18.7 台湾海峡浮游植物种类组成特征

类 别	种 数	新种数	待定种
硅藻（Bacillariophyta）	447	14	26
甲藻（Dinophyta）	143	—	5
绿藻（Chrysophyta）	1	—	1
金藻（Chrysophyta）	2	—	1
蓝藻（Cyanophyta）	5	—	—
合计	598	14	33

资料来源：李少菁等，2006。

黄邦钦等（1991）采用聚类分析方法，可将海峡南部浮游植物分成三个生态类群，即①近岸广温（广温低盐近岸）类群，②高温高盐外海类群，③近海暖水类群。不同类群的丰度受季节消长影响而明显变动。各类群的代表性种类及其分布特征如下：①近岸广温（广温低盐近岸）类群，主要分布于近岸海域，代表性种类包括中肋骨条藻（*Skeletonema costatum*）、佛氏海毛藻（*Thalassiothrix frauenfeldii*）、菱形海线藻（*Thalassionema nitzschilides*）、尖刺拟菱形藻（*Pseudo-nitzschia pungens*）、斯氏根管藻（*Rhizosolenia stolterfothii*）、细弱拟菱形藻（*Pseudo-nitzschia delicatissima*），丹麦细柱藻（*Leptocylindrus danicus*）等；②高温高盐外海类群，主要分布于台湾浅滩南部的陆架外缘区，代表性种类包括距端根管藻（*R. calcar-avis*），丛毛辅杆藻（*Bacteriastrum comosum*），柏氏根管藻（*R. bergoni*）、细弱海链藻（*Thalassiosira subtilis*）、铁氏束毛藻（*Trichodesmium thiebauii*）、太阳漂流藻（*Planktoniella sol*）、热带顾氏藻（*Gossleriella tropica*）等；③近海暖水类群，主要分布在台湾浅滩区，代表性种类包括霍氏半管藻（*Hemiaulus hauckii*），翼根管藻（*R. alata*），短刺角刺藻（*Chaetoceros messanensis*）、秘鲁角刺藻（*C. peruvianus*）、洛氏角刺藻（*C. lorenzinnus*）等。

1）微微型浮游植物类群组成与丰度

黄邦钦等（2003）采用荧光显微镜研究台湾海峡微微型浮游植物的组成与丰度，表明台湾海峡以含藻红素的蓝藻（PE细胞）占优势，平均为83%～93%（3个航次平均，下同）；微微型真核浮游植物（EU细胞）次之，平均为7%～11%；含藻蓝素的蓝细菌（PC细胞）最少，平均为0～6%。在碳生物量的组成上，PE细胞仍占优势，但其贡献率降低（52%～74%），EU细胞所占比例则升高（26%～44%）。台湾海峡微微型浮游植物生长速率的变异性较大（0.52～2.25/d），这可能与其所在测站的环境异质性（如营养盐的差异等）有关。采用叶绿素估算法证实该海域存在原绿球藻，其丰度介于 $1 \times 10^4 \sim 1 \times 10^5$ cell/mL。邓鸿（2007）应用流式细胞仪分析2004年和2005年夏季台湾海峡南部的三类微微型浮游植物，表明聚球藻介于 $0.47 \times 10^4 \sim 16.85 \times 10^4$ cell/mL，占微微型浮游植物的77%～83%；原绿球藻介于 $2.48 \times 10^3 \sim 55.49 \times 10^3$ cell/mL，占14%～20%；微微型真核浮游植物介于 $0.75 \times 10^3 \sim 4.33 \times 10^3$ cell/mL约占2%。

受复杂水团及物理过程的影响，台湾海峡微微型浮游植物的空间分布存在明显分化。海峡陆架外缘区主要由来自南海的高盐高盐水所控制，因此，该区PE细胞比例较高；PC主要分布于淡水区域，因此其在台湾海峡近岸尤其是河流陆地径流影响的区域较高，EU细胞在近岸测站较高。

微微型浮游植物总丰度夏季高于冬季；PE 细胞丰度与总丰度一致，夏季高于冬季。而 PC、EU 细胞则不同，有时也会出现冬季高于夏季，这可能与近岸区域浙闽沿岸流的强弱有关。在各类群的比例方面，PE 细胞夏季高于冬季，PC 及 EU 细胞则冬季高于夏季，也就是说季节分布上 PE 细胞与 PC 及 EU 细胞存在时间上的"位移"现象（黄邦钦等，2003）。

2）基于光合色素的浮游植物类群组成

利用高效液相色谱技术分析光合色素指示浮游植物生物量及类群组成具有高效、全粒级以及重复性较高等特征（Makey, et al, 1996），因而被多数科学家广泛接受，并成为浮游植物群落结构表征的重要方法。我国采用光合色素研究海洋浮游植物生物量粒级结构特征开始于20 世纪末（王海黎，1997；王海黎和洪华生，2000），但由于当时仪器设备的限制，致使无法指示浮游植物所有类群的信息（如原绿球藻）。胡俊（2009）研究了台湾海峡南部上升流区 2005年夏、冬季浮游植物类群（群落）组成，结果表明，夏季（2005 年6—7 月），浮游植物类群组成以硅藻占优势（42%）；随后依次绿藻（12%）、金藻（10%）、蓝藻（8%），定鞭金藻（8%）、原绿球藻（6%）、甲藻（5%）、青绿藻（5%）与隐藻（4%）（图 18.7a）。在冬季（2005 年2—3 月），海峡南部受浙闽沿岸流影响，浮游植物类群乃以硅藻占优势，但其贡献有所降低（仅34%）；而适应高温的蓝藻显著减少，成为贡献最低的类群（仅 3%），绿藻和隐藻的比例也有所增加，分别达20% 和11%；其他类群变化不大（图 18.7b）。

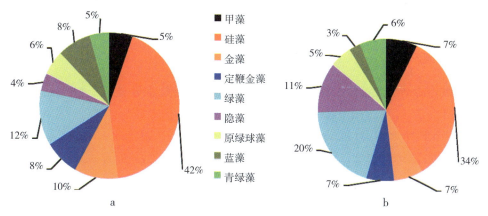

图 18.7　台湾海峡南部（a）夏季和（b）冬季基于特征光合色素的浮游植物类群组成平均值

台湾海峡南部浮游植物类群组成存在较大的空间变动（图 18.8）（胡俊，2009）。夏季近岸，由于受风生上升流的影响，浮游植物发生藻华，硅藻的比例较高，最高可达 86%，而原绿球藻（<1%）和蓝藻（<3%）的比例较低。在台湾浅滩南侧，由于受地形和海流的共同作用上升流的影响，硅藻的比例也高，最高可达71%。浅滩东南及西南侧大部分测站原绿球藻（6%～13%）和蓝藻（20%～45%）比例明显高于近岸区域，同时出现较高的绿藻比例（13%～37%）。

台湾海峡北部海域，浮游植物类群组成以定鞭金藻占优势，其贡献平均高达45%，硅藻16%、甲藻14%、其他类群贡献比例总和为25%（王海黎和洪华生，2000）。

基于光合色素的浮游植物类群组成也存在明显的时间（年际）变化，王海黎和洪华生（2000）报道，1994 年夏季台湾海峡南部浮游植物以蓝藻占优势（高达49%），定鞭金藻、硅藻和甲藻的贡献比例分别为13%、4% 和10%，而其他类群贡献为24%。这与 2005 年浮游植物的浮游植物类群组成存在明显的差异。这种差异可能由两个主要因素导致：①1994 年夏季台湾海

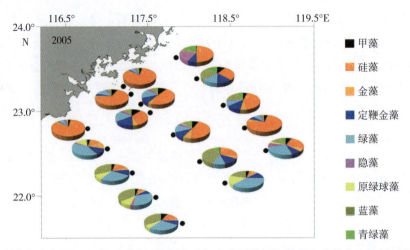

图18.8　台湾海峡南部2005年夏季基于特征光合色素的浮游植物类群组成的分布特征（胡俊，2009）

峡南部风应力小，上升流相对较弱，由上升流带来的营养盐浓度较低，导致低营养适应性的蓝藻生物量贡献较高；而2005年夏季风应力大，上升流强，使得硅藻的比例较高。②1994年夏季浮游植物光合色素分离分析时未采用二极管矩阵检测器，未能将二乙烯基叶绿素a和叶绿素a二者分离，而作为蓝藻特征色素的玉米黄素（zeaxanthin）在原绿球藻中也存在，在多元回归的方法下无法将其分开，因而会高估了蓝藻的丰度，而低估了原绿球藻的丰度（胡俊，2009）。

18.4.3　浮游动物

18.4.3.1　概况

台湾海峡浮游动物已鉴定1 365种，其中桡足类299种、水母类265种、放射虫167种、纤毛虫137种（表18.8）。浮游动物（不包括原生动物）优势种为：拟细浅室水母（*Lensia subtiloides*）、中华哲水蚤（*Calanus sinicus*）、普通波水蚤（*Undinula vulgaris*）、锥形宽水蚤（*Temora turbinata*）、肥胖箭虫（*Sagitta enflata*）和萨利纽鳃樽（*Thalia democratica*）。根据生态习性和分布，浮游动物可分为3个类群（广温低盐近岸类群、高温高盐外海类群和深水类群），5个群落（北部近岸群落、南部近岸群落、中部群落、东北部群落和东南部群落）（图18.9）。浮游动物生物量的季节变化可分为3种类型（即海峡中、北部双峰型，海峡西南部单峰型和海峡东南部季节变化不显著型），具有春、秋较高，冬季较低的特点。浮游动物生物量的平面分布呈现北部高，南部低；近岸高，远岸低的特点（李少菁和陈钢，2000；李少菁等，2006）。

表18.8　台湾海峡浮游动物的群落特征

群落类别	栖居位置	理化特征	浮游动物代表类别	营养结构特点
北部近岸群落	闽、江口—围头的沿岸带	低温低盐，闽浙沿岸水、闽江冲淡水和其他径流控制	鸟喙尖头溞、中华哲水蚤、海龙箭虫和双生水母等	组成较简单，以桡足类、枝角类为主
南部近岸群落	厦门外海以南的近岸水域	高温低盐，海峡暖流水、粤东沿岸水、沿岸径流以及季节性上升流控制	中华哲水蚤、锥形宽水蚤、芦氏拟真刺水母、海龙箭虫、中华假磷虾、亨生莹虾、双生水母、软拟海樽、异体住囊虫等	组成复杂，有季节性变动，大型浮游动物有重要作用
中部群落	近岸群落以东的海峡中部	高温高盐，海峡暖流水终年控制	波水蚤、真刺水母、真哲水蚤、锚哲水蚤、肥胖箭虫、乳点水蚤、异肢水母、正型莹虾等	组成较复杂，外海种为主

群落类别	栖居位置	理化特征	浮游动物代表类别	营养结构特点
东北部群落	台湾西北部水域	高温高盐，海峡外海水控制	真刺水蚤、强真哲水蚤等	组成简单，生物量低
东南部群落	台湾浅滩东南部水域	高温高盐，南海水、黑潮水控制	中部群落代表以及隆线似哲水蚤、樱磷虾、多变箭虫等	组成较简单，以深水种为主

资料来源：Guo, et al, 2011。

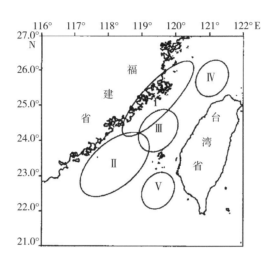

Ⅰ. 北部近岸群落；Ⅱ. 南部近岸群落；Ⅲ. 中部群落；Ⅳ. 东北部群落；Ⅴ. 东南部群落

图 18.9 台湾海峡浮游生物群落空间分布

目前，微型浮游动物的研究不多，仅限台湾海峡南部海域。据已有研究资料可知，2004年7—8月，表层微型浮游动物的丰度为 180~5 665 ind. /L，主要由 30 μm 以下无壳纤毛从组成。微型浮游动物摄食率为 0.45~1.33/d，对浮游植物现存量的摄食压力为每天 36.2%~73.8%，对初级生产力的摄食压力为每天 88.1%~141.2%（曾祥波和黄邦钦 2006）。

2005 年 7 月，台湾海峡南部表层海水中，上升流区微型动物的平均丰度为 1 869 ind. /L，而非上升流区平均 544 ind. /L，无壳纤毛虫的丰度为 100~2 300 ind. /L，砂壳纤毛虫的丰度为 50~975 ind. /L，异养甲藻的丰度为 10~75 ind. /L，桡足类六足幼体丰度为 15~50 ind. /L。2004—2007 年的夏季，表层微型浮游动物对浮游植物的摄食率在上升流区域为 0.36~1.34/d（平均 0.85±0.37）/d，而在非上升流区域为 0.30~0.70（平均 0.50±0.17）/d（Huang, et al, 2011）。

1997 年 8 月，异养鞭毛虫主要由 2~22 μm 的鞭毛虫组成，丰度范围为 $391 \times 10^3 \sim 1\ 846 \times 10^3$ ind. /L，平均为 949×10^3 ind. /L，生物量范围为 3.64~16.96 μg/L（以 C 计），平均为 8.45 μg/L（以 C 计）（林元烧等，2001）。

18.4.3.2　闽南—台湾浅滩

根据 1987—1988 年闽南—台湾浅滩渔场上升流区调查结果（黄加祺等，1991；朱长寿等，1991），大型浮游生物网采样品共鉴定浮游动物 638 种（不包括原生动物）和 22 类浮游幼虫，其中桡足类 228 种、水母类 146 种、浮游端足类 59 种。主要浮游动物有：双生水母（*Diphyes chamissonis*）、半口壮丽水母（*Aglaura hemistoma*）、马蹄虎螺（*Limacina trochiformis*）、中华哲水蚤（*Calanus sinicus*）、驼背隆哲水蚤（*Acrocalanus gibber*）、中型莹虾（*Lucifer intermedius*)、肥胖箭虫（*Sagitta enflata*）、软拟海樽（*Dolioletta gegenbauri*）和萨利纽鳃樽（*Thalia democratica*）。夏季近岸上升流出现大量植食性浮游动物如鸟喙尖头溞（*Penilia avirostris*）、锥形宽水蚤（*Temora turbinata*）、亚强真哲水蚤（*Eucalanus subcrassus*）、小拟哲水蚤（*Paracalanus parvus*）、马蹄虎螺（*Limacina trochiformis*）和软拟海樽（*Dolioletta gegenbauri*）；而浮游植物细胞高密集区则位于近岸上升流区的外缘。夏季低温种中华哲水蚤（*Calanus sinicus*）（Guo，et al，2011）、低温高盐种芦氏拟真刺水蚤（*Paraeuchaeta russelli*）、较深层种鼻锚哲水蚤（*Rhincalanus nasutus*）和后圆真浮萤（*Euconchoecia maimai*）可为近岸上升流的存在提供良好的佐证。一些具有指示作用的深水浮游动物类群在台湾浅滩南部终年出现，特别是冬季隆线似哲水蚤（*Calanoides carinatus*）、春季瘦乳点水蚤（*Pleuromamma gracilis*）在浅滩南部大量出现，在一定程度上可佐证台湾浅滩南部终年有上升流的存在。

浮游动物生物量季节分布呈现单峰型：冬季生物量最低（58.6 mg/m³），春季生物量明显上升（107.586 mg/m³），夏季达全年最大高峰（161.7 mg/m³），秋季生物量下降（95.7 mg/m³）。生物量平面分布呈现近岸大于远岸，北部大于南部的趋势。浮游动物丰度季节分布和平面分布与生物量分布相近。

李松和邓榕（1991）应用生理学方法，估算闽南—台湾浅滩浮游动物产量平均为 45.8 mg/（m²·d）（以 C 计）或 0.95 mg/（m³·d）（以 C 计）[2.7 ~ 178.8 mg/（m²·d）（以 C 计）或 0.008 ~ 2.95 mg/（m³·d）（以 C 计）]。季节变化明显，冬季平均产量最低 [18.4 mg/（m²·d）（以 C 计）或 0.34 mg/（m³·d）（以 C 计）]，春季上升达 36.6 mg/（m²·d）（以 C 计）或 0.79 mg/（m³·d）（以 C 计），夏季最高 [60.1 mg/（m²·d）（以 C 计）或 1.21 mg/（m³·d）（以 C 计）]，秋季下降为 27.9 mg/（m²·d）（以 C 计）或 0.61 mg/（m³·d）（以 C 计）。春、夏、秋近岸水域浮游动物平均产量最高，台湾浅滩及其以南和西南附近水域次之，海区西南部最低，冬季整个海区都很低。初级产量（PP）转化为浮游动物产量（ZP）的转化效率（ZP/PP，%）随初级产量的增加而下降，二者回归关系为 $\log ZP/PP = -0.7806 \log PP + 7.0189$（$n = 64$，$r = -0.7121$），转化效率平均为 16.1%（1.4% ~ 81.1%），且季节变化明显。

台湾海峡微型浮游动物（<200 μm）夏季主要由无壳纤毛虫组成，冬季则以红色中缢虫（*Mesodinium rubrum*）、急游虫（*Strombidium* spp.）、异养甲藻 – 螺旋环沟藻（*Gyrodinium spirale*）和砂壳纤毛虫为主。稀释法测得夏季微型浮游动物的摄食率为 0.45 ~ 1.33/d，相当于每天摄食浮游植物现存量的 36% ~ 74% 和初级生产力的 88% ~ 141%；冬季微型浮游动物的摄食率为 0.12 ~ 0.30/d，相当于每天摄食浮游植物现存量的 11% ~ 26%，初级生产力的 28% ~ 84%（曾祥波和黄邦钦，2006，2007）。

18.4.3.3　台湾海峡中、北部海域

1983—1984 年台湾海峡中、北部调查（福建海洋研究所，1988），大型浮游动物网采样品共鉴定浮游动物（不包括原生动物）484 种，其中桡足类 187 种、水母类 115 种、端足类 54 种。主要浮游动物为：五角水母（*Muggiaea atlantica*）、双生水母（*Diphyes chamissonis*）、中华哲水蚤（*Calanus sinicus*）、普通波水蚤（*Undinula vulgaris*）、锥形宽水蚤（*Temora turbinata*）、真刺水蚤（*Euchaeta* spp.）、中华假磷虾（*Pseudeuphausia sinica*）、小型磷虾（*Euphausia nana*）、中型莹虾（*Lucifer intermedius*）、肥胖箭虫（*Sagitta enflata*）、萨利纽鳃樽东方亚种（*Thalia democratica orientalis*）。夏季中型浮游生物网采样品优势种为强额拟哲水蚤（*Pa-*

racalanus crassirostris)、小拟哲水蚤（*Paracalanus parvus*）、驼背隆哲水蚤（*Acrocalanus gibber*）、中隆剑水蚤（*Oncaea media*）；冬季优势种为小拟哲水蚤、强额拟哲水蚤、拟长腹水蚤（*Oithona similis*）（黄加祺等，1991 年）。根据生态习性和分布情况，浮游动物可分为 3（5）个类群：广温低盐类群、高温低盐类群、高温高盐类群（广高温高盐类群和狭高温高盐类群）；3 个群落：广温低盐近岸群落、高温高盐外海群落、混合群落。浮游有孔虫泡抱球虫（*Globigerina bulloides*）在台湾海峡北部近岸大量出现，可佐证上升流的存在（方惠瑛，1995）。

浮游动物总生物量周年变化为双峰型，春季最高（182.4 mg/m³），秋季次之（144.5 mg/m³），冬季最低（22.9～60 mg/m³）。

根据福建北部三沙湾、兴化湾 2007 年四季数据，浮游动物次级产量分别为 11.924 mg/（m²·d）（以 C 计）和 23.486 mg/（m²·d）（以 C 计），平均转化效率分别为 36.17% 和 21.01%（刘育莎，2009）。肠色素法测得夏季亚强真哲水蚤（*Eucalanus subcrassus*）的摄食率为 0.6 μg/（ind./d），该桡足类种群对浮游植物现存量的摄食压力是 0.1%～0.6%，对应 0.2%～0.6% 初级生产力；冬季中华哲水蚤（*Calanus sinicus*）的摄食率为 5.4 μg/（ind./d），该种群对浮游植物现存量的摄食压力为 1.5%～3.1%，对应 26.8%～53.7% 初级生产力（陈钢等，1997）。

18.4.4　底栖生物

18.4.4.1　台湾海峡西部

吴启泉等（2004）对台湾海峡西部及台湾浅滩附近的底栖生物群落进行了研究。根据群落间的 Bray-Curtis 相似性系数，同时参考拖网样品中主要种类和特有种的资料以及调查海域的水深、海流、底层水温、盐度和沉积物等环境资料，把该海域的底栖生物群落划分为 7 个类型，归为河口型、近岸型、中央型和远岸型 4 类，群落的分布范围简称区（图 18.10）。

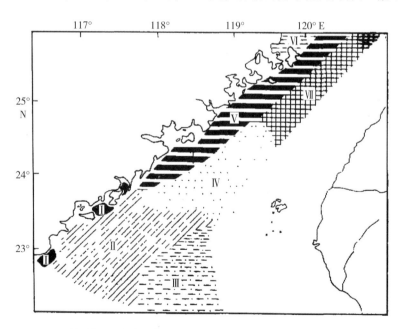

Ⅰ. 刺瓜参 – 二色桌片参群落；　Ⅱ. 短刀偏文昌鱼 – 尖豆海胆群落；

Ⅲ. 裂边毛饼海胆 – 壶海胆 – 豆海胆群落；　Ⅳ. 骑士章海星 – 红色扇形珊瑚 – 特异扇形珊瑚群落；

Ⅴ. 光滑倍棘蛇尾 – 浅缝骨螺 – 幽僻新短眼蟹；　Ⅵ. 滩栖阳遂足 – 奇异稚齿虫群落；

Ⅶ. 金氏真蛇尾 – 红色相机蟹 – 栉毛头星群落

图 18.10　台湾海峡底栖生物群落分布情况（吴启泉等，2004）

18.4.4.2 福建沿海海岛

周时强等（2001）对福建沿海海岛［大嵛山岛、西洋岛、三都岛、粗芦岛、琅岐岛、平潭岛群、江阴岛、南日岛、湄洲岛、紫泥岛和东山岛共11个主要海岛（岛群）］潮间带底栖生物群落进行研究，共鉴定大型底栖生物862种，其中藻类128种、多毛类163种、软体动物248种、甲壳动物181种、棘皮动物40种、其他动物102种。种数以软体动物居首，占总种数的28.8%。广温、广布暖水种占种类组成的绝大多数。台湾海峡南部海区受南海水系影响，北部海区受台湾暖流支流影响，不少强暖水性种类亦侵入闽南东山岛和闽中平潭岛群等水域，仅少数藻类属温带性种类。

不同底质类型的潮间带生物种类数依次为：岩相353种、泥沙滩260种、泥滩249种、沙滩125种、红树林区27种。岩相群落种类组成的主要类群为石生海藻和软体动物；泥滩为多毛类、甲壳动物和软体动物；沙滩为甲壳动物和软体动物；泥沙滩为软体动物、甲壳动物和多毛类；红树林区则为甲壳动物。

18.4.4.3 闽南—台湾浅滩

方少华等（1991）在闽南—台湾浅滩渔场进行了6个航次的底栖生物研究。结果表明闽南—台湾浅滩渔场底栖生物年均生物量10.58 g/m²，生物量组成以软体动物占优势，占总生物量47.15%，甲壳动物占16.73%，多毛类占10.74%，棘皮动物最低，仅占9.6%，鱼类和其他类群占15.78%。栖息密度538.3 g/m²，密度组成以甲壳动物占优势，占总密度84.7%，多毛类占6.53%，软体动物占2.89%，棘皮动物最少，仅占1.66%，鱼和其他类群占4.21%。影响栖息密度组成的主要种类是底栖端足类。生物量和栖息密度的分布趋势类似，均以近岸水域高，台湾浅滩和调查海区南部边缘低。与我国近海其他海区比较，生物量较低，与南海相近，生物量与栖息密度的组成亦与南海相似。生物量的分布符合我国近海水域底栖生物量自北向南逐步减少，自近岸向远岸而降低的分布趋势。

种类组成以甲壳动物占优势，占405种中的140种（34.6%）、软体动物99种（24.4%）、多毛类79种（19.5%）、棘皮动物46种（11.4%）、鱼类24种（5.9%）、腔肠动物15种（3.7%）、脊索动物2种（0.5%）。出现数量较多的种类中多毛类有欧努菲虫（*Onuphis eremita*）、锥唇吻沙蚕（*Glycera onomichiensis*）、拟特须虫（*Paralacydonia paradoxa*）、马氏独毛虫（*Tharyx marioni*）、羽鳃稚齿虫（*Paraprionospio pinnata*）、梯额虫（*Scalibregma inflatum*）和太平洋长手沙蚕（*Magelona pacifica*）；软体动物有亮樱蛤（*Nitidotellina nitidula*）、玻璃壳蛤蝓（*Philine vitrea*）和粒帽蚶（*Cucullaea granulose*）；甲壳动物有颗粒关公蟹（*Dorippe granulata*）、短刺黎明蟹（*Mututa curtispina*）、戴氏赤虾（*Metapenaeopsis dalei*）、圆板赤虾（*Metapenaeopsis lata*）和东方长眼虾（*Ogyrides orientalis*）；棘皮动物有刺瓜参（*Cucumaria echrinatus*）、洼颚倍棘蛇尾（*Amphioplus depressus*）和尖豆海胆（*Fibularis acuta*）。种类的区系特点是典型的热带性种类少，以热带亚热带种类占优势。种类的分布受环境的影响，沉积食性种类少，沙栖性种类多。亚热带性较强的种类主要分布在近岸海域，热带性种类主要分布在受南海暖流影响较甚的台湾浅滩东南水域。

18.4.4.4 台湾海峡小型底栖生物

314

张玉红（2009）于2006年7月（夏季）、12月（冬季）和2007年4月（春季）、10月

（秋季）在 22 ~ 27°N，115 ~ 121°E 台湾海峡及邻近海域进行了 4 个航次的小型底栖生物调查。研究结果表明小型底栖动物的平均密度为（311.94 ± 18.52）个/10 cm^2，夏季航次小型底栖动物密度最高，高达（331.97 ± 234.85）个/10 cm^2；其次依次为秋季、春季和冬季，密度分别为（318.32 ± 186.55）个/10 cm^2，（311.82 ± 313.20）个/10 cm^2 和（286.80 ± 239.41）个/10 cm^2。自由生活海洋线虫占小型底栖动物总密度的 85.4%，是小型底栖动物中最优势的类群；桡足类占 8.8%，居第二位；多毛类 2.8%，居第三位；其他较为重要的类群还有：无节幼体（0.7%）、双壳类（0.5%）、动吻类（0.4%）和介形类（0.4%）。线虫和底栖桡足类是小型底栖动物中最丰富的两个类群。类群组成的结果与方少华等（2000）的结果基本保持一致。

台湾海峡小型底栖动物四个季节平均生物量为（345.02 ± 70.16）μg/10 cm^2（dw），春季航次平均生物量为（280.84 ± 263.62）μg/10 cm^2（dw），夏季航次平均生物量为（443.70 ± 412.04）μg/10 cm^2（dw），秋季航次平均生物量为（315.18 ± 183.45）μg/10 cm^2（dw），冬季航次平均生物量为（340.36 ± 224.155）μg/10 cm^2（dw）。

线虫的生物量占全部小型底栖动物生物量的平均比例为 31.8%，出现频率较高的 4 个主要优势属为矛咽线虫属（*Dorylaimopsis*）、吞咽线虫属（*Daptonema*）、萨巴线虫属（*Sabatieria*）和希阿利线虫属（*Xyala*）。多毛类为 36.2%、桡足类为 12.7%、介形类为 9.4%、无节幼体为 2.1%、双壳类为 1.8%，其余类群 0.6%。不同季节不同站位小型底栖动物生物量和生产量的构成，各个类群所占的比例与密度有很大的区别。

18.4.5　微生物

郑天凌等（1993）研究了闽南—台湾浅滩上升流区海洋发光细菌的生态分布与种类组成，结果表明：该海区海水中发光细菌的数量波动范围为 0.5 ~ 12.5 CFU/mL，占总菌数的 0.49% ~ 14.67%。对所采得的共 108 个水样进行了发光菌数分析，其中有 74 个水样可检出发光细菌，占总水样数的 68.7%。发光细菌在沉积物中的数量波动在 0.188 × 10^3 ~ 2.25 × 10^3 CFU/g，占总菌数的 0.67% ~ 9.44%。发光细菌由明亮发光细菌（*Photobacterium phosphoreum*）、哈维氏发光细菌（*Lucibacterium harveyi*）、曼德帕姆发光细菌（*Photobacterium mandapamensis*）和费氏发光细菌（*Vibrio fischeri*）4 个种组成，以明亮发光细菌为优势种。

郑天凌等（1994）研究了闽南—台湾浅滩上升流区海洋拮抗菌的生态分布、种类组成及其抗菌活性。结果表明：在该海区海水中桔杭菌占总异养菌数的 1.2% ~ 9.4%，在沉积物中则占 4.3% ~ 15.6%；拮抗菌的分布具有明显的季节变化，夏季拮抗菌的丰度大于其他季节，属的组成也较复杂多样。在所分离的拮抗菌中鉴定出假单胞菌属（*Pseudomonas*）、孤菌属（*Vibro*）、黄杆菌属（*Flavobacterium*）和无色杆菌属（*Achromobacter*）。

郑天凌等（2002）采用改进的 ^{3}H - 胸苷组入 DNA 法和 DAPI 染色法对台湾海峡细菌丰度及生产力进行了研究。表明，夏季台湾海峡南部细菌的平均丰度为 5.31 × 10^8 cell/L，各站位变化幅度较大 [（0.35 ~ 16.1）× 10^8 cell/L]。细菌生产力的平均值为 0.09 μg/（L·h）（以 C 计），最大值为 0.39 μg/（L·h）（以 C 计），位于最南部的 40 m 水层测得。夏季各站位表层水有相对较高的细菌生物量 [9.97 ~ 23.16 μg/L（以 C 计）]。冬季海峡北部细菌的平均丰度（8.12 × 10^8 cell/L）高于夏季南部海区，细菌生产力的平均值为 0.047 μg/（L·h）（以 C 计），比夏季北部海区低约 50%（表 18.9）。

表18.9 台湾海峡异养细菌生物量与生产力

细菌参数	夏 季	冬 季
丰度/（10^{8}个/L）	5.31（0.35~16.11）	8.12（2.59~20.63）
生物量/（g/L）	10.62（0.69~32.21）	16.24（5.18~41.26）
生产力/［g/（L·h）］	0.089（0.003~0.39）	0.047（0.002~0.16）

注：括号内数据为各参数的范围。

邓鸿（2007）应用流式细胞仪测定了台湾海峡南部2004年和2005年夏季异养细菌丰度与生物量，表明该海区异养细菌丰度分别为2.11×10^5~8.60×10^{5}个/mL和2.30×10^5~10.29×10^{5}cell/mL。其空间分布呈现由近岸到外海逐渐降低的趋势，且异养细菌生物量与超微型自养生物生物量之比表现出离岸越远越低的趋势。

18.4.6 台湾海峡关键海洋学过程对浮游植物生物量及群落结构的影响

台湾海峡浮游植物叶绿素 a 的含量和浮游植物群落结构及季节性的变化明显受主要物理过程的影响。在上升流、沿岸流等过程存在时，叶绿素 a 含量显著增加，达1.682 μg/L；当这些过程消失或较弱时，叶绿素 a 含量在0.5~1.0 μg/L（张钒，2001）。

胡俊（2009）跟踪了2004年台湾海峡上升流的衰退过程和2005—2006年的上升流发展过程。结果表明，2004年8月1—5日，因上升流的衰退，浮游植物生物量逐步下降，由2.6 μg/L降至0.51 μg/L，粒级结构由小型（Micro-）（大于70%）占优势逐步演变为微微型（Pico-）占优势或微微型与微型（Nano-）共同占优势的群落特征（70%~95%），浮游植物类群组成由硅藻为优势（68%）演替为以蓝藻为优势（37%）的特征。该过程不仅与因涌升减弱或消退而导致的营养盐补充减少，从而使磷胁迫加剧有关，而且还与微型浮游动物的选择性摄食（对蓝藻和甲藻的避食）等生物过程的共同作用有关。

在2005年和2006年夏季，因该海域上升流处于发展过程中，叶绿素 a 浓度逐渐增加，如2005年由0.5 μg/L增加至1.46 μg/L，2006年由0.83 μg/L增加至3.99 μg/L；同时营养盐逐渐被消耗，并伴随着小型浮游植物的比例增加，微型及微微型浮游植物比例减少，小型浮游植物由40%增加至70%，且硅藻的比例逐渐增加，由40%增至70%左右（图18.11）。

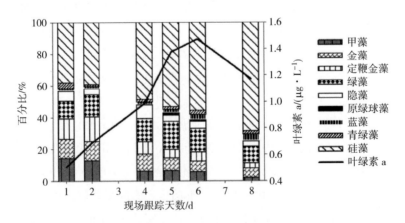

图18.11 台湾海峡2005年上升流发展过程浮游植物类群组成变动（胡俊，2009）

第4篇 南 海①

———————

① 本篇编者：

第 19 章　宋星宇、谭烨辉（中国科学院南海海洋研究所）

第 20 章　蔡昱明（国家海洋局第二海洋研究所），黄邦钦（厦门大学），孙军（中国科学院海洋研究所）

第 21 章　刘诚刚（国家海洋局第二海洋研究所）

第 22 章　谭烨辉、陈清潮、李开枝（中国科学院南海海洋研究所），张武昌（中国科学院海洋研究所）

第 23 章　蔡立哲（厦门大学），李新正、王金宝、寇琦（中国科学院海洋研究所）

第 24 章　陈清潮、李开枝、谭烨辉（中国科学院南海海洋研究所）

第 19 章 南海叶绿素和初级生产力

南海生态系统是全球范围内备受关注的大海区生态系统之一。南海水体透明度很高,其上层水体(epipelagic zone)从海洋表层直到大约 200 m 左右的深度并涵盖了真光层,因此是初级生产过程相对活跃的水域,并且维持了该水域及深层水体更高营养阶层生物的生存。真光层区域常常存在极低的营养盐含量,而上升流等物理输送作用可能会将富含营养盐的水体输送至上层水体,并影响相应水域的初级生产力分布。南海属低纬度海域,四季温差较小,复杂的水文环境加上珊瑚礁等特殊生态系统的存在,使得该海域相对于我国北方诸海,存在别具特色的浮游植物动态分布特征及初级生产过程。

19.1 叶绿素 a 的时空分布

19.1.1 空间分布特征

南海南部水域叶绿素 a 水平分布存在一定的规律性,在历年调查结果中,叶绿素 a 的高值区常出现在巴拉巴克海峡以西、加里曼丹岛西部近岸水域以及中南半岛近岸水域,但近岸高值区的出现位置可能存在季节性的变化,例如,1994 年 9 月的近岸高值区主要出现在中南半岛东南部近岸水域;而在 1989 年 12 月东北季风盛行期则出现在加里曼丹岛西部近岸水域(黄良民,1997),这可能和季节性的沿岸上升流等物理现象有关。在南海北部水域,高值区多出现在珠江口邻近水域、粤东近岸水域,在台湾南部、吕宋海峡以西附近水域常发现表层叶绿素 a 的次高值分布。此外,在南海常出现中小尺度离岸的叶绿素 a 高值区,这可能是南海水域中尺度涡旋及其带来的下层高营养盐水体涌升造成的。在深海水域较大尺度的叶绿素 a 高值和低值的季节分布与南海季风驱动的流场关系密切,例如,在 1994 年 9 月,南沙上层反气旋控制水域,上层水体叶绿素 a 浓度呈明显的低值分布(图 19.1)。

根据"908"专项调查结果,南海西北部粤西、琼东海域不论夏季还是冬季,叶绿素 a 整体分布均呈由近岸向远岸递减趋势,这主要与地形特征及近岸陆源输入有关。北部近岸水域,即粤西及湛江湾近岸水域、琼州海峡以东、海南岛东北部近岸水域的上层水体叶绿素 a 分布整体高于海南岛东部,主要也与北部海域水深较浅有关,在夏季,该水域更易于受到近岸上升流的影响,同时该水域还可能存在中尺度范围的冷涡,利于底层高营养盐水体向上层输送,并进一步影响浮游植物生物量及生产力的分布。冬季该水域则更易受垂直混合影响,表层叶绿素 a 值整体分布较高。冬季南海上层水体整体上存在较强烈的垂直混合,叶绿素 a 在上层水体分布相对均匀,而夏季叶绿素 a 次表层最大值现象较为明显,受水深、光照及营养盐分布等因素影响,部分近岸水体叶绿素高值出现在底部。

南海北部湾叶绿素 a 浓度存在明显的区域性分布特征,高值区主要位于湾北部雷州半岛以西的近岸海域,而低值区在湾南部远岸深水区海域,呈现自北向南、由近岸向远岸、由东向西逐渐递减的规律。这一规律是由北部湾的地理环境特征所决定的,北部湾为天然的半封闭海湾,北部海域的东、北、西面沿岸有较多的工业、农业及养殖区域,同时还有众多大小

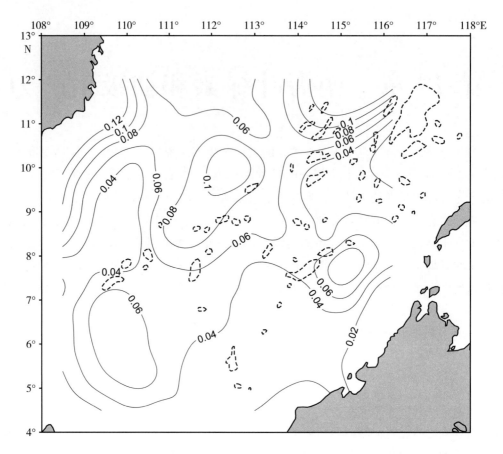

图 19.1　1994 年 9 月南海南部水域表层叶绿素 a 平面分布（mg/m³）（黄良民，1997）

河流入湾，为近岸水域浮游植物的生长带来了大量陆源营养物质。而湾南部离岸较远，陆源营养盐补充少，另外还可能存在与南海北部贫营养水体的交换。与南海西北部粤西、琼东水域叶绿素垂直分布类似，北部湾夏季水体层化现象明显，水体稳定度较高，底层丰富的营养盐难以补充到表层，使得叶绿素 a 浓度最大值出现在温跃层下方、营养盐跃层的上方，而在秋、冬季，风力增强与表层水体降温使水体垂直混合程度加大，各水层间叶绿素 a 浓度的差异也随之下降。近岸浅水区叶绿素 a 浓度垂直分布相对均匀，这显然是由近岸水深较浅，垂直混合作用较强所致。

　　1987 年对南沙群岛海域 8 个珊瑚礁潟湖叶绿素 a 分布情况进行了调查（中国科学院南沙综合考察队，1989）。结果表明，其叶绿素 a 总平均值为（0.41 ± 0.17）mg/m³；其中信义礁潟湖表层叶绿素 a 平均值最高，为（0.63 ± 0.07）mg/m³，仙娥礁次之［（0.50 ± 0.04）mg/m³］，仙宾礁最小［（0.13 ± 0.06）mg/m³］，从平面分布来看，表层叶绿素 a 含量分布较为均匀；底层叶绿素 a 浓度则普遍高于表层。1999 年 4—5 月对 5 座珊瑚礁潟湖的叶绿素 a 分布情况进行了调查（吴成业等，2001）。珊瑚礁潟湖表层和底层叶绿素 a 平均值分别为（0.25 ± 0.18）mg/m³、（0.27 ± 0.17）mg/m³，明显高于外海叶绿素 a 平均浓度。

　　南海近岸水体有着明显的热带及亚热带特征，其所处纬度较低，气候条件接近，生态环境特征也存在某些相似之处，与我国高纬度近岸海域相比，叶绿素 a 的季节变化相对较小；另外，南海近岸水体自然环境特征及人类活动影响情况的差异性，也造成了浮游植物生物量分布上的地域差异性。本书对位于南海近岸的热带海湾——三亚湾及亚热带海湾——大亚湾叶绿素 a 及初级生产力的分布特征进行阐述。

三亚湾地处海南岛的最南端，属于典型热带海湾类型，并且是一个大型的开阔港湾。根据1998—1999年的现场调查资料，三亚湾叶绿素a的含量范围在0.45～1.55 mg/m³，年平均值为0.93 mg/m³。从平面分布来看，各季节叶绿素a的平面分布基本上呈由近岸向海洋逐渐降低的趋势，其中三亚河河口附近水域常常为浮游植物生物量的高值区，其叶绿素a年平均值在表层和底层水体分别为1.55 mg/m³和1.51 mg/m³，均显著高于湾内其他监测水域。

根据2003年大亚湾水域的调查资料（宋星宇，2004），大亚湾叶绿素a平面分布的高值区常出现在大鹏澳及澳头网箱养殖区附近水域，此外在大亚湾中心偏东北方向海域也常存在叶绿素a的高值分布。大鹏澳在大亚湾中的生态环境特别，受多种人为活动的影响，一直是大亚湾海洋生态研究中的重点水域，对该水域叶绿素a的水平分布研究结果表明，其水平分布呈由澳口近岸向外逐渐减少的趋势，其中，大鹏澳网箱养殖区及邻近水域始终为叶绿素a分布的高值区域。大亚湾核电站附近水域受温排水影响，形成了叶绿素a分布的低值区，各季节调查中其表层含量均不超过3 mg/m³；但底层水体受温排水影响较小，其叶绿素a浓度明显高于表层且接近整个监测水域的平均值。

19.1.2 季节变化

根据1988年南海中北部水域叶绿素a平均值的调查结果（表19.1），南海中北部水域叶绿素a浓度的季节变化较小，在秋季和冬季略高，表层平均值为0.11 mg/m³；而春夏季略低；就各水层水柱平均值而言，秋季最高，春季次之，而夏冬季最低。2000—2002年南海北部海域表层叶绿素a分布在冬季航次出现最高值，达到0.29 mg/m³，而其他季节的含量较低且较为接近，其中春季表层叶绿素a平均含量为0.14 mg/m³，秋季和冬季叶绿素a含量分别为0.11 mg/m³和0.10 mg/m³（Chen，2005）。

表19.1 南海中部水域不同季节叶绿素a分布平均值　　　　单位：mg/m³

深度/m	春 季	夏 季	秋 季	冬 季	平 均
0	0.09	0.10	0.11	0.11	0.10
10	0.09	0.09	0.10	0.12	0.10
30	0.09	0.10	0.14	0.12	0.11
50	0.17	0.13	0.25	0.14	0.17
75	0.28	0.15	0.32	0.15	0.23
100	0.22	0.10	0.23	0.08	0.16
150	0.07	0.05	0.04	0.03	0.05

资料来源：国家海洋局，1988。

根据2006—2007年"908"专项调查结果，南海西北部粤西、琼东海域夏季0 m、10 m、30 m层平均含量分别为0.197 mg/m³、0.370 mg/m³、0.548 mg/m³；测值范围分别为0.047～2.267 mg/m³、0.004～5.173 mg/m³、0.024～3.481 mg/m³。水柱叶绿素a平均含量为0.413 mg/m³，含量在0.026～3.250 mg/m³变化。冬季0 m、10 m、30 m水层叶绿素a平均含量分别为0.387 mg/m³、0.404 mg/m³、0.372 mg/m³；测值波动范围分别为0.106～0.944 mg/m³、0.112～1.314 mg/m³、0.046～0.757 mg/m³。夏季叶绿素a含量波动范围明显地大于冬季的，季节性差异较明显。

南海北部湾海域春、夏季的叶绿素 a 含量均值很接近（多在 1.1～1.2 mg/m³），秋季叶绿素 a 含量均值有所上升，冬季与秋季的含量也很接近。以水柱平均叶绿素 a 浓度的平均值进行衡量，春季、夏季、秋季和冬季依次为 1.16 mg/m³、1.33 mg/m³、1.55 mg/m³ 和 1.62 mg/m³，呈现逐渐上升的趋势，但增幅不大。

根据南海南部水域不同季节航次的调查结果，夏季该水域的叶绿素 a 平均值最高，例如 1999 年 7 月表层水体平均值达到 0.13 mg/m³；冬季次之，1993 年 12 月表层叶绿素 a 平均值为 0.07 mg/m³，而春季和秋季较低，平均值为 0.05 mg/m³（2002 年 5 月及 1994 年 9 月）。总体而言，南海深水水域叶绿素 a 含量较低，特别是南海南部水域表层叶绿素 a 含量常在 0.1 mg/m³ 以下，而季节变化幅度较小，在夏季和冬季均有可能存在较高的叶绿素 a 值分布。但是受调查海域选取的差异性以及调查海域本身可能存在时间尺度上的波动的影响，各实测资料所显示的季节变化不尽相同。

南海近岸三亚湾海域春季的叶绿素 a 分布值较低，表层叶绿素 a 含量范围为 0.19～0.57 mg/m³，平均为 0.41 mg/m³；底层叶绿素 a 的含量范围则在 0.25～0.84 mg/m³ 变化，平均值为 0.41 mg/m³；冬季叶绿素 a 含量较高，表层叶绿素 a 含量的测值范围在 0.73～2.66 mg/m³，平均为 1.29 mg/m³；底层叶绿素 a 的含量范围在 0.82～3.48 mg/m³ 之间，平均为 1.43 mg/m³，而夏季表底层叶绿素 a 含量均低于冬季（表 19.2）。

表 19.2　三亚湾 1998—1999 年不同季节叶绿素 a 表、底层含量变化　　　　单位：mg/m³

季 节	表 层		底 层	
	平均值±标准差	变化范围	平均值±标准差	变化范围
春	0.41±0.18	0.19～0.57	0.41±0.18	0.25～0.84
夏	0.87±0.63	0.18～2.11	1.29±0.68	0.31～2.62
秋	0.86±0.66	0.37～2.21	0.86±0.50	0.46～2.12
冬	1.29±0.60	0.73～2.66	1.43±0.77	0.82～3.48

资料来源：黄良民，2007。

大亚湾海域夏季表层叶绿素 a 浓度最高，平均值为 6.94 mg/m³，冬季次之，平均值为 3.55 mg/m³，而春、秋季较低，叶绿素 a 平均值分别为 1.52 mg/m³ 和 2.12 mg/m³，四个季节底层叶绿素 a 浓度均略低于表层。根据 2001—2003 年的调查资料，大亚湾大鹏澳水域叶绿素 a 整体分布偏高，其中夏季表层叶绿素 a 平均值为 12.78 mg/m³；冬季平均值为 7.94 mg/m³。而从春季到夏季，浮游植物生物量波动较为剧烈；其中表层叶绿素 a 4 月平均值为 12.98 mg/m³，而在 5 月则下降为 3.22 mg/m³，这可能与营养盐结构的变化及降水过程等扰动因素有关。

19.1.3　年际变化

历年来在南海南部水域（南沙群岛及邻近海域）的生态调查表明，该水域叶绿素 a 值分布存在一定的年际变动，除 1994 年 9 月调查的南海水域叶绿素 a 整体水平明显偏低外，其他各南海水域调查的叶绿素 a 平均值差异并不明显（图 19.2）。不同水层叶绿素 a 的年际变化情况相似。1999 年 7 月测得的叶绿素 a 浓度较高，表层达 0.127 mg/m³，75 m 水层叶绿素 a 平均值为 0.341 mg/m³，均为各航次调查结果的最高值。南海外海不同水体的生态调查均表明，南海水域存在较明显的次表层最大值现象，次表层叶绿素 a 高值层基本上位于温跃层范围内，其峰值区深度也与营养盐的垂直分布突变点深度相近，多出现在 50 m 至 75 m 水深处。在南海南部水域 75 m 层水体多年叶绿素 a 平均值为 0.211 mg/m³，高于其他水层平均值，而表层平均叶绿素 a 值为 0.078 mg/m³。

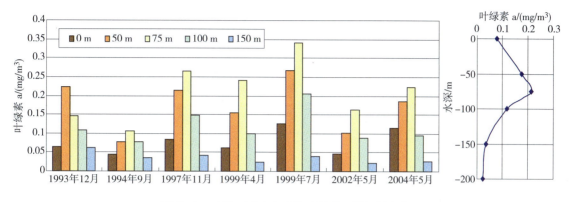

图 19.2　1993—2004 年南海叶绿素 a 的年际变化

19.2　初级生产力水平的分布特征

19.2.1　空间分布

南海水体初级生产力分布特征常接近于叶绿素 a 的分布特征，在外海较低，如 1999 年夏季基于 ^{14}C 示踪法测得的南沙群岛附近水域初级生产力平均值为 0.27 mg/（m³·h）（以 C 计）（吴成业等，2001），尽管在南海南部水域，浮游植物可有效进行光合作用的真光层深度可达 100 m 以上，其水柱初级生产力平均值常低于 500 mg/（m²·d）（以 C 计）。在南海北部大洋海区，平均真光层深度浅于南海南部水体，水柱初级生产力平均值也常低于南海南部水域，例如 2004—2006 年秋季其水柱初级生产力平均值为 362.67 mg/（m²·d）（以 C 计）。

"908"专项调查结果显示，在南海西北部粤西、琼东海域，夏季表层初级生产力和水柱初级生产力平均值分别为 2.61 mg/（m³·h）（以 C 计）、700.97 mg/（m²·d）（以 C 计）；冬季分别为 1.95 mg/（m³·h）（以 C 计）、266.88 mg/（m²·d）（以 C 计）。表层初级生产力分布规律与叶绿素接近，整体呈近岸高远岸低的趋势；由于近岸水体真光层深度明显低于远岸水体，水柱初级生产力的水平分布相对表层初级而言相对均匀，在近岸及远岸海域均有较高值分布。北部湾海域水柱平均初级生产力分布也基本呈近岸高，远岸低的特征，但由于远岸海域真光层深度明显高于近岸水体，整个水柱初级生产力在远岸深水海区，如北部湾南部及海南岛南部远岸水域也常出现高值。

对南海初级生产力多年的研究资料表明，影响南海初级生产过程的最主要环境因子包括光照和营养盐等。南海深海海区营养盐的分布特征以及初级生产力与辐照度的关系见图 19.3 和图 19.4。和很多大洋水体一样，南海远岸水体存在光照的表层抑制作用，初级生产力随光照辐射强度增加，但当辐射强度达到一定阈值时，生产力不再增加，甚至受到抑制作用。这导致初级生产力最大值层常不出现在表层，且初级生产力的垂直结构存在周日变化。初级生产力的垂直分布常表现为双峰或单峰型特征，最大值多出现于 20～25 m 水层，而在 50 m 左右水深处也常出现较高的初级生产力分布。硝酸盐是南海上层水体溶解无机氮盐的最主要组成部分，水体 N∶P 值常低于 16，理论上南海水体初级生产受氮营养盐的潜在限制。尽管主要营养盐均有受水深增加的趋势，但受真光层深度及温盐跃层深度的影响，南海初级生产过程被限制在营养盐含量较低的浅层水体。

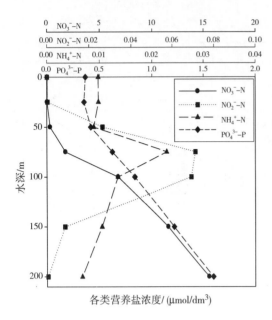

图 19.3 南海营养盐分布特征（1993 年 11—12 月）　　　图 19.4 南海初级生产力与辐照度的关系

（黄良民，1997）　　　　　　　　　　　　　　（黄良民，1997）

1999 年 4—5 月对 5 座珊瑚礁潟湖的初级生产力分布情况进行了调查（吴成业等，2001）。珊瑚礁潟湖水域平均初级生产力和平均碳同化系数分别为（1.52 ± 0.90）mg/（m³·h）（以 C 计）和（6.34 ± 1.56）mg/（mg·h）（叶绿素 a）；而附近外海海区的平均初级生产力为（0.27 ± 0.12）mg/（m³·h），平均碳同化系数为（2.99 ± 0.85）mg/（mg·h）（叶绿素 a），可见珊瑚礁潟湖初级生产力和同化系数都比附近海区高，这可能与潟湖较为封闭的水体及其特殊的生态环境和生物群落组成有关。

19.2.2 季节变化

南海北部海域初级生产力在 1997—1999 年不同季节的实测资料（王增焕等，2005）表明，夏季和冬季的初级生产力都显示了较高的分布，其中夏季最高，初级生产力达到了43.82 mg/（m²·d）（以 C 计），冬季次之，初级生产力平均值为 40.66 mg/（m²·d）（以 C 计），而冬季 [33.1 mg/（m²·d）（以 C 计）] 和春季 [24.7 mg/（m²·d）（以 C 计）] 较低。2000—2003 年南海北部初级生产力的调查则表明，冬季水柱初级生产力平均值达到 550 mg/（m²·d）（以 C 计），秋季和春季次之，而夏季最低 [190 mg/（m²·d）（以 C 计）]（Chen，2005）。与叶绿素 a 的季节分布类似，由于具体调查海域选取的不一致性，以及可能存在的年际变化等时间序列的波动，不同航次调查所得初级生产力的季节变化特征可能存在一定的差异。

南海西北部粤西、琼东海域"908"专项调查期间，冬季受东北季风的影响，调查海区垂直混合程度较高，水体透明度明显下降致使水柱初级生产力明显低于春、夏季。与夏季初级生产力水平分布呈近岸向远岸明显降低的分布规律相比，冬季初级生产力的平面分布相对均匀，在远岸水域也存在表层及水柱初级生产力的较高值分布。初级生产力的垂直分布多在真光层上层水体出现高值。夏季，调查海区南部常出现表层初级生产力最大值现象，而北部海域则多出现在次表层或真光层深处；冬季初级生产力最大值普遍出现在表层水体。北部湾初级生产力季节变化范围为 2.29 ~ 271.31 mg/（m² · h），平均值为 36.90 mg/（m² · h），季节差异十分明显。春季、夏季、秋季和冬季初级生产力的平均值分别为 23.82 mg/（m² · h）、24.80 mg/（m² · h）、89.25 mg/（m² · h）和 9.74 mg/（m² · h），秋季初级生产力明显远远高于其他三季，夏季和春季初级生产力相差不大，冬季初级生产力最低，与秋季相差近十倍。

南海近岸与我国高纬度近岸海域相比，初级生产力的季节变化较小，全年初级生产力平均值较高（表19.3），这与浮游植物生物量的季节变化特征相似。另外，南海近岸不同水域受地理特征、水文条件、陆源及人类活动影响情况的差异，在浮游植物生物量分布以及初级生产过程上也存在着一定的地域区别。

表 19.3　不同纬度近岸海湾初级生产力分布的比较　　单位：[mg/（m² · d）]

	春	夏	秋	冬	调查时间
胶州湾	276.0	754.0	170.0	137.0	1990
胶州湾	134.5	819.1	151.6	55.8	1999
莱州湾	203.9	751.4	111.2	137.3	1990
四十里湾	452.4	508.6	139.0	100.0	1997—1998
大亚湾	362.1	894.2	886.5	—	2001—2003
三亚湾	594.8	872.6	—	570.0	2000—2003
三亚湾	276.5	696.7	258.9	531.2	1998—1999
杭州湾	—	150.3	692.5	—	1988（夏）1995（秋）
三门湾	—	229.7	36.0		1994（夏）1987（秋）
湄洲湾		210.0	—		1992
北部湾	—	351.0	—		1994

资料来源：宋星宇，2004。

三亚湾1998—1999年调查期间初级生产力平均值在春秋季较低，而在夏季和冬季较高（黄良民，2007）。与浮游植物生物量季节分布稍有不同的是，夏季初级生产力略高于冬季，两者平均值分别为（4.59 ± 2.40）mg/（m³ · h）（以 C 计）和（4.06 ± 1.78）mg/（m³ · h）（以 C 计）；而春季和秋季初级生产力平均值分别为（2.09 ± 1.82）mg/（m³ · h）（以 C 计）和（1.57 ± 0.71）mg/（m³ · h）（以 C 计）。水柱初级生产力的平面分布与叶绿素 a 的分布类似，基本呈近岸（特别是河口附近水域）高、远岸低的趋势，其中冬季和夏季的初级生产力高值区分布水域较广；而秋季的水平分布特征则与其他季节有较大差异，其外海海区高而近岸海区低；分布较为均匀，变化缓慢。这可能与秋季真光层深度以及三亚河淡水输入影响范围的变化有关。三亚湾初级生产力主要受季风性水文环境条件的变化以及三亚河等陆源营养物质输入等因素的影响。夏季在三亚湾附近水域存在季节性的上升流过程，而冬季则形成混合层，这本身很可能与南海其他海域一样，是受季风驱动的。由于上升流或陆源输入均可能对三亚湾近岸水域带来较为充足的营养盐，加上该水域水温的季节变化不大，使得该湾初级生产力及叶绿素 a 的季节波动较小，而平面分布特征则较多地体现为以三亚河口附近水域为浮游植物生物量及初级生产力的高值中心，并向远岸水域降低的趋势。浮游动物对浮游植物初级生产的上行控制也是不容忽视的因素。近期研究结果表明，三亚湾秋季浮游动物丰度常高于其他季节，表明秋季三亚湾浮游植物可能受到更高的摄食压力，这也进一步解释了三亚湾冬季浮游植物现存量及上层水体初级生产力高于秋季的原因。大亚湾大鹏澳附近水域春季初级生产力水平较低，平均值为 362.1 mg/ (m² · d) （以 C 计）。夏季，浮游植物初级生产力明显升高，水柱初级生产力的变化范围为 404.08 ~ 1 697.25 mg/ (m² · d) （以 C 计），平均值 894.24 mg/ (m² · d) （以 C 计），其中网箱养殖区及邻近的大鹏澳中部水域初级生产力较高，而靠近南北两岸的值明显偏低（宋星宇，2004）。在核电站附近水域同样受高水温的影响，浮游植物的初级生产过程被抑制，初级生产力为调查水域最低值。冬季，大鹏澳水域初级生产力平均值为 886.51 mg/ (m² · d) （以 C 计）。初级生产力分布的区域差异明显，除核电站排水口水柱初级生产力仅 123.8 mg/ (m² · d) （以 C 计）以外，大鹏澳澳口水域的初级生产力也只有 283.4 mg/ (m² · d) （以 C 计）；而在大鹏澳内湾近岸及中心水域，水柱初级生产力的平均值均超过 1 000 mg/ (m² · d) （以 C 计）。三亚湾叶绿素 a 及初级生产力的季节变化主要受自然条件因素的影响，其中季节性沿岸流及相关的水体季节性层化或垂直混合现象，以及相应的水体营养盐含量、结构的变化和水体真光层深度的改变，是该湾叶绿素 a 及初级生产力的重要影响因素；而且三亚湾水域四季温差不大，在冬季平均水温仍超过 22℃，温度对该水域浮游植物生长的直接抑制作用不明显。大亚湾叶绿素 a 及初级生产力的空间分布特征则较多的受到人类活动及陆源输入的影响，大鹏澳及澳头近岸水域，特别是网箱养殖水域常常是叶绿素 a 及初级生产力的高值区，而核电站温排水则对其邻近表层水体的初级生产力有明显的抑制作用。

19.3 小结

南海叶绿素 a 及初级生产力基本呈近岸高、远岸低的趋势，这是由于近岸陆源营养物质输入、季节性沿岸上升流以及浅层水体垂直混合等多种因素造成的；地形因素、水文物理过程的复杂性造成了南海光照、营养盐等关键环境因子分布的时空差异性，并决定了该海区浮游植物生物量及生产力的时空变化特征。对于南海深海海区而言，较高的真光层深度，以及冷涡等物理过程对初级生产力的促进作用，使远岸水体也可能出现比较高的水柱初级生产力分布。与北方高纬度海区相比，南海初级生产力的季节变化相对较小，但由于浮游植物生物量及初级生产力地域差异性、具体调查区域以及不同时间尺度上其本身的波动性，该海域季节变化的调查结果可能不尽相同，还需要结合具体的水文物理过程与环境背景来进行分析。

第20章 南海细菌和其他类群微生物

海洋细菌在海洋生态系统中的作用既是分解者，也是生产者，由于其在海洋中数量大，增殖速度快，且转换效率高，生物量循环迅速，因而在海洋生态系统能量流动和物质循环过程中扮演极其重要的角色。作为有机质的分解者，海洋细菌在海洋无机营养再生过程中起着重要的作用，其分解有机物质的终极产物，如氨、硝酸盐、磷酸盐以及二氧化碳等，都直接或间接地为海洋植物提供营养。同时，海洋细菌自身增殖的生物量，也为海洋原生动物、浮游动物以及底栖动物等提供直接的营养。除异养细菌外，某些海洋细菌具有光合作用的能力，而另一类海洋化能自养细菌，则能从氧化氨、硝酸盐、甲烷、分子氢和硫化氢等中取得能量，在深海生态系食物链中起着重要作用。

由于具有各种高效的酶系统和特殊的生化活性，海洋细菌还参与到海洋的碳、氮、磷、硫等元素的生化过程中，如固氮菌、硝化和反硝化细菌、聚磷菌、硫细菌等，成为海洋生物地球化学循环过程的重要环节。此外，海洋细菌还参与海洋的沉积成岩作用，如深海锰结核和泥炭层的形成等，在海洋成油成气的过程中细菌也起着重要作用；海洋细菌参与降解各种海洋污染物和毒物的过程，有助于保持海洋生态系的平衡和促进海洋自净能力；一些海洋细菌代谢产物的积累会毒化水体环境，对养殖生物造成危害，某些海洋细菌还是人类或海洋生物的病原菌；海洋细菌是产生新抗菌素、氨基酸、维生素和其他生理活性物质的重要生产者，是海洋生物资源利用的重要资源库。

由于海洋细菌的复杂多样及其在海洋生态系统中的重要作用，对海洋细菌种类组成，数量分布及其生长效率的研究，已经成为海洋生态学、海洋生物地球化学、海洋地质学、水产养殖学、海洋生物资源利用等研究领域的重要研究内容。

南海是我国最大的陆架边缘海，其北部有主要来自于珠江的大量陆源淡水和营养物质输入，同时东南部又有太平洋大洋水的入侵，从而形成强烈的物理和化学梯度分布特征，是研究海洋细菌生态分布和控制机制很好的场所。但在该海域进行的海洋细菌研究起步较晚，1976—1977年日本学者Simidu等（1982）对南海和孟加拉湾海域的异养细菌群落进行了观测，其中在南海海域的观测航线上共设置5个测站，采样深度从海表层至水深2 000 m处。1981年，Ishida等（1986）在南海南部及西太平洋海域利用$^{14}C-MPN$（最大可能数）法对贫营养细菌的分布，种类组成和细菌活性进行了观测，其中在南海南部设置3个观测站位。

1983—1984年周宗澄和倪纯治（1989）进行了我国首次对南海中部海域的系统微生物调查，观测了该海区的异养细菌数量分布、种群特征及其生理生化特征。在南沙群岛及其邻近海区综合调查研究中，沈鹤琴等（1991a，b）对南沙群岛及其邻近海区的异养细菌和异养弧菌的生态分布进行了研究。沈建伟等（1988）对南海中国沿海的发光细菌的分离鉴定进行了报道。此后，不同研究者对南海海域的浮游细菌组成，分布及其生物量和细菌生产力进行了多次研究报道。

2006—2007年，国家海洋局组织实施了"我国近海海洋综合调查与评价"专项，这是我国有史以来所开展的规模最大、时间最长、研究内容最丰富的近海海洋综合调查。其中，在南海的珠江口和南海北部海域、海南岛东部近海、海南岛西部、广东、广西和海南近岸水域等区块均开展了海洋浮游细菌的观测，观测内容包括细菌种类组成和数量分布等，是南海海域目前为止所完成的最为系统的海洋细菌调查工作，为深入了解南海北部海域浮游细菌生态分布提供了丰富的数据。

20.1 南海浮游细菌的种类组成

细菌分类包括自然分类法和系统分类法两大分类系统，其中，自然分类法主要采用表型鉴定的方法，根据细菌（菌落）形态、生理生化特征、细胞组分、蛋白质组分等表型特征的相似程度分群归类；而系统分类法按照生物系统发育相关性水平来分群归类，是核酸水平的分类系统，主要采用 DNA 指纹图谱（RFLP，AFLP，DGGE，RADP 等）、核酸序列分析（16S rRNA、16S - 23S rRNA 基因间隔区序列、全基因组测序等）、核酸杂交、核酸探针等分子遗传学鉴定方法。

海洋细菌研究早期，细菌的鉴定和计数通常传统的培养和表型鉴定方法，即将海水水样经过 0.2 μm 或 0.3 μm 滤膜无菌过滤后，把滤膜置于培养基平板上进行培养后对菌落计数，得到的菌落再进行分离纯化后通过形态和生化特征进行菌种鉴定。但由于海洋独特的环境特征，如高盐、高压、低营养、低温等，造就了海洋细菌中存在很多难培养和不可培养的种类，传统的培养鉴定方法无法对该部分细菌进行分析。因此，基于分子遗传学鉴定方法的系统分类技术在 20 世纪 90 年代以后越来越多的应用于海洋细菌的观测研究。

1976—1977 年 Simidu 等（1982）在南海进行观测的结果是革兰氏阴性菌在浮游细菌中占绝对优势，占总菌群的 92%。其中，弧菌（Vibrionaceae）在所有的观测站位均为优势菌，其丰度占分离细菌总数的比例平均达 32%，特别是在 10～400 m 水层其丰度更高，而在表层和 400 m 以深的水层则相对减少。其他主要的细菌类别包括：假单胞菌（Pseudomonas），不动杆菌属（Acinetobacter）和莫拉克菌属（Moraxella），产碱杆菌属（Alcaligenes），黄杆菌属（Flavobacterium）等。其中，假单胞菌在南海的表层水体丰度很高，占表层水样分离菌株的 44%。而产碱杆菌在 800 m 以深的水层数量更多。革兰氏阳性菌，如芽孢杆菌属（Bacillus），微球菌属（Micrococcus）和棒状杆菌属（Corynebacterium），占总菌数的 8.0%，他们零散的分布在超过 800 m 的深层。

1983 年 9 月和 1984 年 5 月，周宗澄和倪纯治（1989）在南海中部 12°～19°30′N、111°～118°E 的海域内进行了两个航次异养浮游细菌调查，观测鉴定的异养细菌种群共 16 属和 1 科。其中，革兰氏阴性菌占优势，有 8 属和 1 科：假单胞菌属、不动杆菌属、产碱杆菌属、黄单胞菌属、黄杆菌属、邻单胞菌属、无色杆菌属、葡糖细菌属和弧菌科，其中以弧菌科细菌的数量最多，假单胞菌属其次。革兰氏阳性菌有 8 个属：微球菌属、芽孢杆菌属、棒杆菌属、节杆菌属、分支杆菌属、葡萄球菌属和芽孢杆菌属，其中出现较多的是微球菌属。通常认为，革兰氏阳性菌在天然海水数量很少，但在本次调查中，球菌占的比例较大，主要存在于表层水中，深水站位出现少。说明球菌在南海上层水体中起着不可忽视的作用。

赖福才等（2004）应用 Phoenix - 100 细菌分析仪对南海西沙海域海面水细菌种类分布及其对抗菌药物的敏感性情况进行分析。结果 80 份海水样本检出 12 种共 84 株细菌，其中溶藻弧菌 38 株（45.24%），少动鞘氨醇单胞菌 11 株（13.10%），土生丛毛单胞菌 9 株（10.72%），假单胞菌属 7 株（8.3%），莫拉氏菌属 6 株（7.14%），西地西菌 5 株

（5.95%），其他细菌 8 株（气单胞菌、不动杆菌各 2 株，成团泛菌、金氏杆菌、腐败西互菌和产吲哚萨顿菌各 1 株）。在分布上，近滩海水细菌数量比外海高出 1 倍以上，距海岸 20 km 的外海水主要以溶藻弧菌为主（占 85.0%），其次为少动鞘氨醇单胞菌，近滩海水溶藻弧菌数量显著减少。生理生化试验结果显示，南海中部异养细菌适于生长在碱性和低温的环境中，其对有机质的分解和使糖类发酵产酸能力都比长江口和东海大陆架差，但比太平洋中部高。

要特别指出的是，Ishida 等（1986）使用低营养浓度培养基（含有 0.2 mg/L 的有机碳）进行对比培养实验发现，专性贫养细菌通常为南海等寡营养海区的优势种群，而此类细菌往往只能生长在低营养浓度培养基，而不能生长在传统培养基，如常用的 ZoBell 2216E 培养基中。说明在对浮游细菌特别是寡营养水体的细菌进行计数时应特别注意培养基的营养浓度，依靠传统的培养基对寡营养海区细菌进行的培养和种类分析，可能并不能真实反应水体中细菌的种类组成情况。

Zhang 等（2006）采用显微放射自显影和荧光原位杂交结合的技术（Micro - FISH），对珠江口到南海北部海区不同细菌类群的相对丰度，分布及其对生产力的贡献进行了研究。该研究采用了分别针对 α -、β - 和 γ - 变形菌以及 *Cytophaga-Flavobacterium* 菌群的不同分子探针（Alf 96、Bet 42a、Gam 42a 和 CF 319a）以进行对不同细菌类群的分析。结果表明，以上 4 个类群的细菌占水体原核微生物总数的平均 67% ±16%，为主要的优势类群。随着珠江口到外海的盐度梯度变化，这 4 个类群细菌的分布呈现显著不同的区域分布特征。其中 α - 变形菌的相对丰度及其对细菌生产力的贡献随盐度增加而升高，在高盐度水域占优势，在盐度分别为 24、30 和 34.5 的站位，α - 变形菌所占比例分别为（26% ±7%、29% ±7% 和 31% ±7%），而在盐度为 1 的淡水区，其所占比例在 10% 以下。β - 变形菌则呈相反的趋势，其在淡水区域的所占比例较高，在盐度为 1PSU 的区域达 30% ±3%，而在盐度 34.5 的外海仅占 5% ±1.5%。*Cytophaga-Flavobacterium cluster* 无论在海洋系统还是在淡水系统中都占有相当的比例，其中在盐度最低的 3 个站位（盐度分别为 1、7 和 16）该菌群均为最优势类群，其平均丰度比例分别为（45% ±4%、21% ±3% 和 24% ±4%），在盐度 30 的站位，该菌群和 α - 变形菌的丰度比例同样为 28%，而在盐度最高的开阔外海，其相对丰度仅次于 α - 变形菌。γ - 变形菌是处于较次要地位的菌群，在所有站位中其丰度比例在这 4 类细菌中都为最低，最高不超过总菌数的 14%。

20.2　南海浮游细菌丰度和生物量分布及其时空变化

20.2.1　南海中部

周宗澄和倪纯治（1989）报道了 1983—1984 年春、秋两季的南海中部表层异养细菌数量分布，秋季平均为 7.7×10^3 cell/dm^3，春季为 92×10^3 cell/dm^3，春季是秋季的 12 倍。两个航次菌数最少的纬向都在 19°30′N，在此断面上，秋季水样平均数量为 5.2×10^3 cell/dm^3，春季为 23×10^3 cell/dm^3。而菌数最多的纬向：秋季在 16°30′N，春季在 13°30′N，在这两个断面上，秋季水样平均菌数为 10×10^3 cell/dm^3，春季为 106×10^3 cell/dm^3。在垂直分布上，大多数站位的表层和 50 m 深度的菌数最多，作者分析，这是由于表层和近表层水体含有丰度的有机质，溶解氧量较高，有利于微生物的生长。在季节变化上，由于春秋季表层水体的平均温度分别达到 28.76℃ 和 30.01℃，而海洋细菌适于生长于 25℃ 或更低的温度下，所以平均水温较低的春季更利于异养细菌的生长，这可能是春季表层细菌丰度大大高于秋季的主要原因。

20.2.2　珠江口及南海北部

2004 年冬季和夏季，Cai 等（2007）在南海北部对微微型浮游生物分布进行的研究中，夏季调查海区异养细菌丰度平均为（1.09±6.6）×10⁵ cell/cm³，冬季平均为（7.8±3.5）×10⁵ cell/cm³。细菌丰度平面分布总体呈现从近岸向外海降低的趋势（图 20.1），其中，冬季在珠江口、海南岛和东沙群岛附近出现 3 个高值分布区。垂直分布上，表层水体异养细菌丰度大大高于深层。

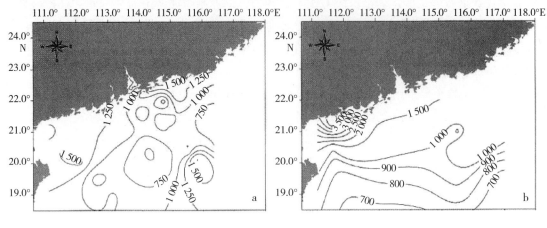

a. 冬季；b. 夏季

图 20.1　2004 年南海北部异养细菌丰度分布（×10³ cell/cm³）（Cai, et al, 2007）

He 等（2009）于 2005 年 9 月对南海北部的水体异养细菌、病毒和叶绿素 a 浓度分布进行了研究，发现叶绿素 a、病毒和细菌丰度高值都出现在上升流和冷涡区。细菌丰度分布呈现显著的空间变化，从河口向外海逐渐降低（图 20.2），河口、陆架和外海区的平均丰度分别为（4.6±1.1）×10⁶ cell/cm³、（2.7±1.6）×10⁶ cell/cm³ 和（1.6±0.8）×10⁶ cell/cm³，沿岸河口区平均约为开阔外海的 3 倍。细菌丰度最高值出现在富营养的珠江河口冲淡水区以及由于前期台风造成垂直混合均匀的台湾海峡区域，较高值出现在东南向外海的暖水团区。而在 200 m 等深线和陆坡区附近存在细菌丰度较低的区域。

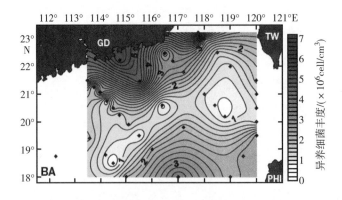

图 20.2　2005 年夏季南海北部异养细菌丰度分布（He, et al, 2009）

2006 年 7 月—2007 年 11 月，"我国近海海洋综合调查与评价"专项调查中对南海北部浮游细菌分布进行了四个季节航次调查（调查站位见图 20.3）。调查结果显示，不同季节南海北部浮游细菌平均丰度变化从高到低依次为冬季、春季、秋季和夏季。其中，冬季表层浮游细菌丰度平均为（14.7±13.2）×10⁵cell/cm³，春季为（9.4±9.5）×10⁵cell/cm³，秋季为（8.3±5.6）×10⁵cell/cm³，夏季为（6.7±3.2）×10⁵cell/cm³。

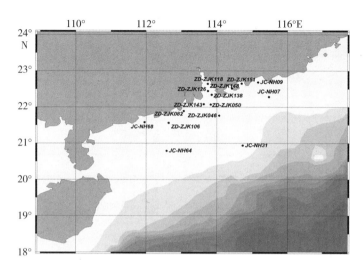

图20.3　2006—2007年珠江口及南海北部异养细菌分布观测站位

20.2.2.1　夏季

2006年夏季各站的浮游细菌丰度为 $0.97 \times 10^5 \sim 25.70 \times 10^5$ cell/cm³，最低值出现在大亚湾 ZD－ZJK151 站的表层水体，最高值出现在 JC－NH64 站的 10 m 水层。

在表层分布上，高值区出现于珠江口冲淡水舌中部（图20.4a），其中以 ZD－ZJK126 站和 ZD－ZJK050 站最高（ $>10 \times 10^5$ cell/cm³）；而在冲淡水舌两侧为低值分布区，其中东侧的 ZD－ZJK151 站（大亚湾）、ZD－ZJK148 站（大鹏湾）以及西侧的 ZD－ZJK148 站表层细菌丰度均在 3×10^5 cell/cm³ 以下。

与表层相反，底层水体的细菌丰度在珠江口门出现低值（图20.4b），ZD－ZJK138、ZD－ZJK126 和 ZD－ZJK143 站都低于 5×10^5 cell/cm³，调查海区最南端的 JC－NH31 和 JC－NH64 站也在 5×10^5 cell/cm³ 以下；调查区东北和珠江口西侧为底层高值分布区，ZD－ZJK082 和 JC－NH07 站分别高达 17.6×10^5 cell/cm³ 和 20.9×10^5 cell/cm³。

在垂直分布上，不同站位的垂直分布特征差异较大，总体来说，在调查区域南侧水深较高的站位，细菌丰度高值多出现在中上层水体，底层相对较低。而近岸的浅水区，其垂直分布无明显规律性，高值可出现在表层、中层和底层。从珠江口向往延伸的断面的细菌丰度垂直剖面分布上可以观察到以上分布特点（图20.5a）。

20.2.2.2　冬季

冬季各站的浮游细菌丰度为 $3.51 \times 10^5 \sim 48.90 \times 10^5$ cell/cm³，最低值出现在 JC－NH07 站和 ZD－ZJK151 站的表层水体，最高值出现在 JC－NH64 站的底层水体。

表层水体的浮游细菌丰度高值出现在调查区南侧外海（图20.4c），其中在 JC－NH31、JC－NH64 和 ZD－ZJK046 站分别高达 46.0×10^5 cell/cm³、31.2×10^5 cell/cm³ 和 33.3×10^5 cell/cm³；在调查区东北侧和珠江口西侧 ZD－ZJK082 站等区域较低。

底层水体的浮游细菌丰度在 JC－NH64、ZD－ZJK046 和 ZD－ZJK126 等站较高，其中西

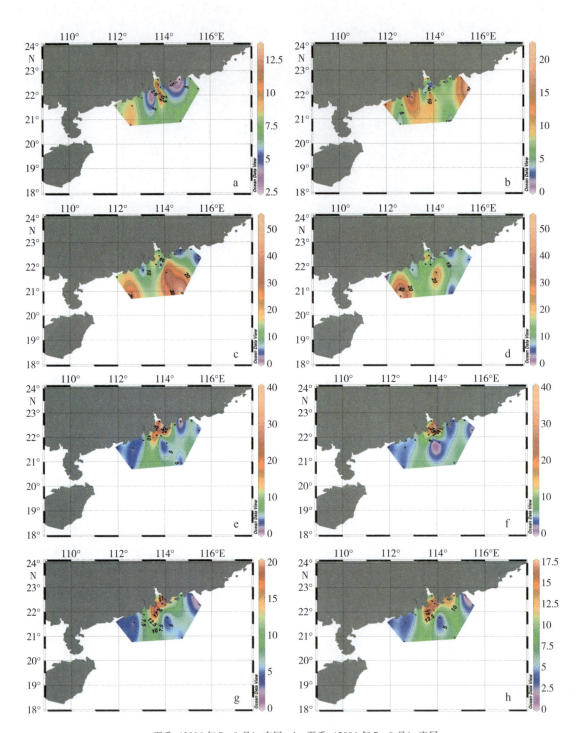

a. 夏季（2006 年 7—8 月）表层；b. 夏季（2006 年 7—8 月）底层；

c. 冬季（2006 年 12 月至 2007 年 1 月）表层；d. 冬季（2006 年 12 月—2007 年 1 月）底层；

e. 春季（2007 年 4 月）表层；f. 春季（2007 年 4 月）底层；

g. 秋季（2007 年 10—11 月）表层；h. 秋季（2007 年 10—11 月）底层

图 20.4　2006—2007 年珠江口及南海北部浮游细菌丰度分布（×10⁵cell/cm³）

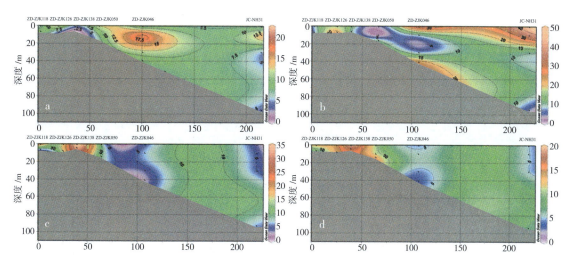

a. 夏季（2006 年 7—8 月）；b. 冬季（2006 年 12 月至 2007 年 1 月）；

c. 春季（2007 年 4 月）；d. 秋季（2007 年 10—11 月）

图 20.5　2006—2007 年珠江口及南海北部断面浮游细菌丰度垂直分布（×10⁵cell/cm³）

南侧的 JC－NH64 站（48.9×10⁵cell/cm³）为最高。在调查区东侧和西北侧（JC－NH68、ZD－ZJK151 和 JC－NH31 等站）较低（图 20.4d）。

　　冬季除深水区站位细菌丰度垂直分布差异较大外，大多数浅水站位表层水体和底层水体差异较小，细菌丰度的最高值可出现在各个水层。在珠江口延伸断面上（图 20.5b），最外侧的 JC－NH31 站丰度高值出现在表层，向深层逐渐降低；断面中部的 ZD－ZJK046 站在表底出现高值，中层较低；断面内侧浅水站位垂直分布差异较小。

20.2.2.3　春季

　　2007 年春季珠江口和南海北部的浮游细菌丰度为 1.12×10⁵~34.6×10⁵cell/cm³，最低值出现在 ZD－ZJK151 站的表层水体，最高值出现在 ZD－ZJK138 站的表层。

　　春季调查海区各站位浮游细菌丰度的垂直分布普遍比较均匀（图 20.5c），上层水体和中下层水体差异不大，因而表层和底层的细菌分布格局非常相似。细菌丰度高值区存在于在珠江口门海区（图 20.4e、f），该区域内表层和底层细菌丰度值均在 10×10⁵cell/cm³ 以上，其中最高值都出现在 ZD－ZJK138 站，表层和底层细菌丰度分别为 32.9×10⁵cell/cm³ 和 34.6×10⁵cell/cm³。在调查区东侧、西侧和南侧珠江口外区域，细菌丰度相对较低。

20.2.2.4　秋季

　　2007 年秋季各站的浮游细菌丰度为 1.45×10⁵~19.6×10⁵cell/cm³，最低值出现在 JC－NH09 站底层，最高值出现在 ZD－ZJK138 站的表层水体。

　　秋季细菌丰度的垂直分布特征与春季相似，各层水体差异不大（图 20.5d）。由于垂直分布均匀，各层水体的平面分布呈现同样的特征，且与 2007 年春季的分布格局非常相似（图 20.4e、f、g、h），即高值区只出现在珠江口门海区，与春季最高值出现的站点一样，都在 ZD－ZJK138 站，珠江口外调查区细菌丰度普遍降低。但秋季的丰度水平大大低于春季，口门区细菌最高丰度（19.6×10⁵cell/cm³）仅为春季最高值的一半左右。

20.2.3 海南岛东部

2006 年 4 月和 2007 年 10 月，"我国近海海洋综合调查与评价"专项调查中对南海北部浮游细菌分布进行了 2 个季节航次调查（调查站位图见图 20.6）。

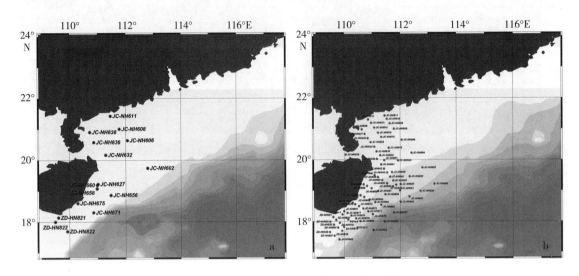

a. 春季（2007 年 4 月）；b. 秋季（2007 年 10 月）

图 20.6　2007 年珠江口及南海北部浮游细菌丰度分布观测站位

20.2.3.1 春季

2007 年 4 月，南海海南岛东部海区浮游细菌丰度范围为 $1.7 \times 10^5 \sim 18.6 \times 10^5 \mathrm{cell/cm^3}$，最低值出现在 JC – NH632 站 30 m 层，最高值出的水体为 ZD – HN822 站表层。

春季，调查区表层和底层的浮游细菌丰度平均分布特征截然不同（图 20.7a、b），表层高值区出现在调查区中部的 JC – NH606（$14.3 \times 10^5 \mathrm{cell/cm^3}$）和 JC – NH627（$9.0 \times 10^5 \mathrm{cell/cm^3}$）站，南侧和北侧区域相对较低；而底层的高值则出现在调查区南北两端的 JC – NH611（$11.5 \times 10^5 \mathrm{cell/cm^3}$）和 ZD – HN822（$18.6 \times 10^5 \mathrm{cell/cm^3}$）站，中部相对较低。上层和下层水体的分布差异显示了海区各站位的细菌丰度垂直分布差别较大，总体而言，调查区东侧远岸区域以上层水体的细菌丰度较高，下层明显降低；近岸区域则无明显规律，水柱中的高值可能出现在表层、中层或底层水体。

20.2.3.2 秋季

2007 年 10 月，调查区浮游细菌丰度范围为 $0.17 \times 10^5 \sim 16.76 \times 10^5 \mathrm{cell/cm^3}$，最低值出现在 JC – NH667 站水深 1 600 m 的底层，最高值出现在 JC – NH625 站底层。

秋季不同水层的细菌丰度平面分布特征基本相似（图 20.7c、d），高值区主要出现在调查区北部广东近岸区域，以及中部的 JC – NH629 站和东南侧的 JC – NH625 站，其余区域除在海南岛以南近岸站位（D21 – a、JC – NH677、JC – NH676）表层出现较高丰度外，大部分站位相对较低，最低值主要出现于调查区东侧深水站位的底层。在垂直分布上，大部分站位上层水体细菌丰度高于下层，但除个别深水站位外，上下水层总体差异不大，调查表层平均细菌丰度（4.35 ± 2.88）$\times 10^5 \mathrm{cell/cm^3}$，略高于底层（$3.13 \pm 2.88$）$\times 10^5 \mathrm{cell/cm^3}$。

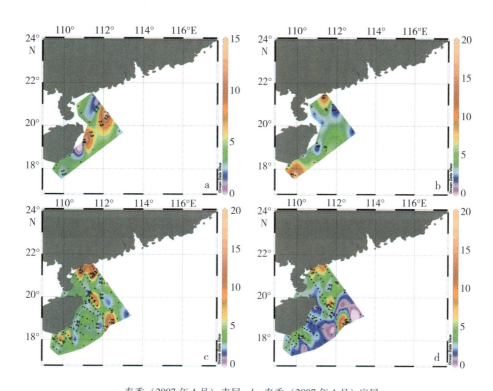

a. 春季（2007 年 4 月）表层；b. 春季（2007 年 4 月）底层；

c. 秋季（2007 年 10 月）表层；d. 秋季（2007 年 10 月）底层

图 20.7　2007 年珠江口及南海北部浮游细菌丰度分布（$\times 10^5$ cell/cm³）

20.2.4　海南岛西部

ST 09 区块尚未提交微生物数据，且无历史资料，故此部分内容暂缺。

20.3　南海细菌生产力、比生长率

20.3.1　南海细菌生产力分布

海洋异养浮游细菌是海洋水生生态系统中利用溶解有机物的最主要的生物，异养细菌以渗透营养的方式摄取海水中 DOM，将其转换为颗粒有机质（POM），构成自身的生物量，这一过程被称为细菌的二次生产，也即细菌生产力（Bacterial Production，BP）。细菌生产力是了解浮游细菌在海洋微食物环和碳循环中作用的重要参数，一般通过对³H－胸腺嘧啶或³H－亮氨酸结合速率的测定来确定。

我国自 20 世纪 90 年代中期开始进行海洋异养细菌生产力的相关研究，目前已报道的研究区域包括我国的东海、渤海、黄海、南海、台湾海峡和长江口等海域。其中南海区域研究报道较少，彭安国等（2003）在广东近岸大亚湾内进行了细菌生产力研究，刘诚刚等（2007）报道了对南海陆架和开阔海区及珠江口海区细菌生产力的研究，Zhang 等（2006）研究了珠江口到南海北部海区不同细菌类群对细菌生产力的贡献。

2004 年 2—3 月和 2004 年 8—9 月 2 个航次中（刘诚刚等，2007），采用³H－亮氨酸示踪法对珠江口及南海北部海域的浮游细菌生产力进行了观测。两个航次细菌生产力的变幅为0.001～1.03 mg/（m³·h）（以 C 计）。在分布上，冬季珠江口内的表层 BP 显著高于陆架和

外海区，冬季珠江口内表层 BP 平均为（0.37±0.47）mg/（m³·h）（以 C 计），南海北部平均为（0.08±0.09）mg/（m³·h）（以 C 计），最高值 1.03 mg/（m³·h）（以 C 计）出现在最内侧的 P3 站，而该站位同时也是冬季航次 BP 测站中表层 BA 最高的站位（3 480×10³个/cm³）。冬季和夏季南海北部近岸陆架区和外海区之间表层 BP 相差不大，外海区略高于陆架区。将真光层内各层次 BP 积分，得到真光层积分细菌生产力（integrated bacterial production，IBP）。冬季 IBP 平均（65±43）mg/（m²·d）（以 C 计），夏季平均（53±29）mg/（m²·d）（以 C 计）。两个航次 IBP 的分布趋势都呈现由近岸向外随真光层深度增加而升高（图 20.8）。

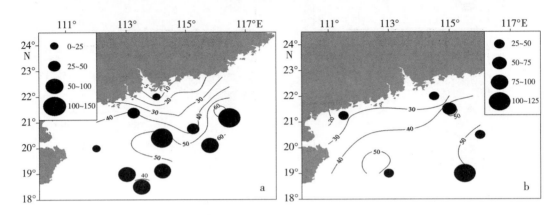

a. 2004 年冬季　b. 2004 年夏季

等值线表示真光层深度，面积圆表示真光层 BP 值

图 20.8　南海北部真光层深度（m）及真光层细菌生产力［BP，mg/（m²·d）（以 C 计）］分布

（刘诚刚等，2007）

环境控制因素分析显示，水温不是南海北部海区细菌生产力的主要控制因素，而营养物质供应，包括浮游植物来源和陆源输入的溶解有机物质供应，以及无机营养盐特别是无机氮的补充，对细菌生产力起着主要的控制作用。并导致冬季航次珠江口内延伸至外海的调查断面表层细菌生物量和生产力呈现沿盐度升高的梯度逐渐降低的分布特征。

2000 年 4 月，彭安国等（2003）采用³H－胸腺嘧啶核苷示踪法测定了大亚湾的细菌生产力，结果表明，该海区的细菌生产力（C）的变化范围为 $0.50×10^{-3} ～ 30.2×10^{-3}$ mg/（dm³·h）。其表层的水平分布特征，湾顶和湾口的 BP 较高，两者均向湾的中部逐渐减小；另一特征是离岸越近 BP 越大，因为越靠岸边有利于细菌生长的有机营养物含量就越高。中层的 BP 与表层的分布相似。而底层的分布趋势与表层刚好相反，在湾的四周 BP 较小，而湾中心的测站 BP 最大，而且该站位由上至下细菌生产力逐渐增大，与营养盐的分布趋势相似；随着深度的增加，细菌可利用的无机营养盐的浓度呈增大的趋势。同时也表明，底层营养盐主要由外海低温、高盐海水底层的入侵来供给，由于湾口处水温较低，抑制了细菌的生长，从而使湾口的 BP 小于湾中部。

Zhang 等（2006）的研究报道，α－变形菌、β－变形菌和 γ－变形菌以及 *Cytophaga-Flavobacterium* 菌群总计对细菌³H－亮氨酸同化速率的贡献平均为 94%±2%，也即异养细菌生产力基本上都由以上几类细菌贡献。其中在高盐度海区，对细菌生产力贡献最大的为 α－变形菌，在盐度为 24、30 和 34.5 的 3 个站位，其占³H－亮氨酸同化速率的比例分别为 44%±9%、54%±8% 和 45%±16%，而在盐度为 1、7 和 16 的站位，其比例分别仅为 8%±6%、21%±6% 和 27%±6%。与之相反，在低盐度海区 β－变形菌对细菌生产力的贡献最大，上述 3 个低盐度站位 β - 变形菌占^{3}H - 亮氨酸同化速率的比例分别为 40% ±8% 、45% ±8% 和 40% ±6% ，而在 3 个高盐度站位的比例分别仅为 22% ±4% 、24% ±5% 和 3% ±2% 。*Cytophaga-Flavobacterium* 菌群也是总细菌生产力的重要组分，其中在低盐度站位与 β - 变形菌共同占支配地位，而在所有站位，γ - 变形菌对细菌^{3}H - 亮氨酸同化速率的贡献均在 13% 以下。

20.3.2　南海细菌比生长率

细菌比生长率指细菌在单位生物量、单位时间内的生产量，定义式是 $\mu = P/B$。比生长率的高低，反应了细菌活性的强弱。另细菌比生长率也叫细菌转化率、周转率（turnover rates）。刘诚刚等（2007）报道 2004 年冬季和夏季南海北部真光层细菌周转率平均分别为（0.09 ± 0.06）/d 和（0.05 ±0.04）/d。冬季珠江口表层细菌周转率平均为（0.21 ±0.23）/d，而同样用表层数据计算得到的南海北部表层细菌周转率，冬季和夏季分别为（0.14 ±0.18）/d 和（0.08 ±0.05）/d，珠江口内细菌更新速率大大高于南海北部海区。同时，真光层和表层细菌周转率的对比也反映出表层细菌的更新速率快于表层以下真光层水体中细菌的更新速率。

20.4　小结

南海浮游细菌以革兰氏阴性菌占绝对优势，其中以弧菌科细菌的数量最多，假单胞菌属其次。其他主要的细菌类别还包括不动杆菌属、产碱杆菌属、黄杆菌属等。专性贫养细菌通常为南海寡营养海区的优势种群。系统分类结果显示，珠江口至南海北部海域，α - 变形菌、β - 变形菌和 γ - 变形菌以及 *Cytophaga-Flavobacterium* 菌群 4 个类群的细菌为水体原核微生物的主要的优势类群。其中 α - 变形菌的相对丰度及其对细菌生产力的贡献随盐度增加而升高，在高盐度水域占优势；β - 变形菌则呈相反的趋势，其在淡水区域的所占比例较高；*Cytophaga - Flavobacterium* cluster 无论在海洋系统还是在淡水系统中都占有相当的比例，其中在盐度最低的区域为最优势类群；γ - 变形菌是处于较次要地位的菌群，其丰度比例最高不超过总菌数的 14% 。

文献报道南海中部表层异养细菌丰度秋季平均为 7.7×10^3 cell/L，春季为 92×10^3 cell/L。在垂直分布上，多数站位的表层和 50 m 深度的菌数最多。

2006 年 7 月—2007 年 11 月，"我国近海海洋综合调查与评价"调查结果显示，南海北部不同季节浮游细菌平均丰度变化从高到低依次为冬季、春季、秋季和夏季。其中冬季表层浮游细菌丰度平均为（14.7 ±13.2）$\times 10^2$ cell/L，春季为（9.4 ±9.5）$\times 10^2$ cell/L，秋季为（8.3 ±5.6）$\times 10^2$ cell/L，夏季为（6.7 ±3.2）$\times 10^2$ cell/L，各季节细菌丰度的垂直分布具有明显差异。

调查期间，海南岛东部海区春季浮游细菌丰度范围为 $1.7 \times 10^2 \sim 18.6 \times 10^2$ cell/L，调查区东侧远岸区域以上层水体的细菌丰度较高，下层明显降低；近岸区域则无明显规律，水柱中的高值可能出现在表层、中层或底层水体。秋季海南岛东部浮游细菌丰度范围为 $0.17 \times 10^2 \sim 16.76 \times 10^2$ cell/L，高值区主要出现在调查区北部广东近岸区域，在垂直分布上，大部分站位上层水体细菌丰度高于下层，但除个别深水站位外，上下水层总体差异不大。

研究报道珠江口及南海北部海域的浮游细菌生产力变幅为 $0.001 \sim 1.03$ μg/（L·h）（以 C 计），其中珠江口的表层细菌生产力显著高于陆架和外海区。冬季和夏季真光层细菌生产力平均分别为（65 ±43）mg/（m^2·d）（以 C 计）和（53 ±29）mg/（m^2·d）（以 C 计），分布趋势都呈现由近岸向外随真光层深度增加而升高，海湾细菌生产力明显高于开放海区。系统分类研究显示，珠江口和南海北部异养细菌生产力基本上都由 α – 变形菌、β – 变形菌和 γ – 变形菌以及 *Cytophaga-Flavobacterium* 菌群贡献。其中在高盐度海区，对细菌生产力贡献最大的为 α – 变形菌，在低盐度海区 β – 变形菌对细菌生产力的贡献最大。根据细菌生产力和细菌现存量计算，南海北部动冬季和夏季真光层细菌周转率平均分别为（0.09 ± 0.06）/d 和（0.05 ± 0.04）/d，珠江口内细菌更新速率大大高于南海北部海区。

第 21 章　南海浮游植物

21.1　微微型光合浮游生物主要类别的丰度与分布

21.1.1　微微型浮游植物

21.1.1.1　南海北部

1）水平分布

2007 年夏季，微微型光合浮游生物总丰度平均值在表层、10 m 层、30 m 层和底层分别为 1.86×10^8 cell/L、8.79×10^7 cell/L、7.55×10^7 cell/L 和 1.30×10^8 cell/L。表层分布趋势为近岸较外海高，高值区主要出现在近岸海区，低值区主要出现在外海区东南部；10 m 层分布与表层相似；30 m 层高值区出现在东北部海域，低值区（$<5 \times 10^7$ cell/L）主要出现在调查区东南部和西北部海域；底层近岸海域较高，东南部外海区较低（图 21.1）。

2007 年冬季，微微型光合浮游生物总丰度平均值在表层、10 m 层、30 m 层和底层分别为 2.68×10^7 cell/L、3.33×10^7 cell/L、3.85×10^7 cell/L 和 1.48×10^7 cell/L。水深大于 260 m 的站位底层大部分未发现微微型光合浮游生物细胞。表层分布趋势为珠江口外较高，口内较低，高值区（$>8 \times 10^7$ cell/L）出现在离岸较远的外海，低值区主要出现在珠江口内（$<5 \times 10^6$ cell/L）；10 m 层分布与表层相似；30 m 层主要存在于离岸较远的海区，其平面分布也与表层相似；底层受水深的影响较大，外海深水区底层丰度低，近岸海区变化比其他水层小，西部海区出现一高值区（$>5 \times 10^8$ cell/L）（图 21.2）。

2）垂直分布

2007 年夏季，微微型光合浮游生物平均丰度最大出现在表层，最小值出现在 30 m 层；2007 年冬季，微微型光合浮游生物平均丰度最大值出现在 30 m 层，最小出现在底层。

选取 4 条断面分析垂直变化：横断面 1（H1）为外海断面；横断面 2（H2）为近岸断面；纵断面 1（Z1）为珠江口断面，从珠江口里（深圳湾口）至外（澳门附近海域）；纵断面 2（Z2）为近岸—外海断面，位于从磨刀门向外海延伸。

2007 年夏季，H1 断面微微型光合浮游生物总丰度从表层到底层逐渐降低；H2 断面珠江口东侧底层和珠江口西侧 10 m 层较高，底层较低；Z1 断面垂直变化较小；Z2 断面浅水区从表到底呈递减趋势，深水区垂直变化较小。

2007 年冬季，H1 断面微微型光合浮游生物总丰度从表层至底层逐渐降低；H2 断面在珠江口东侧部分站位表层至底层呈增加的趋势，其余站位垂直分布均匀；Z1 断面底层较高；Z2 断面近岸海域垂直分布均匀，外海区从表至底递减。

3）季节变化和周日变化

夏季表层和底层微微型光合浮游生物总丰度平均值均比冬季高 1 个数量级，冬季个别水

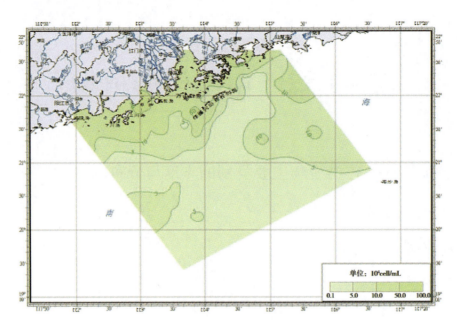

图 21.1　2007 年夏季表层微微型光合浮游生物总丰度平面分布（×10^{7}cell/L）

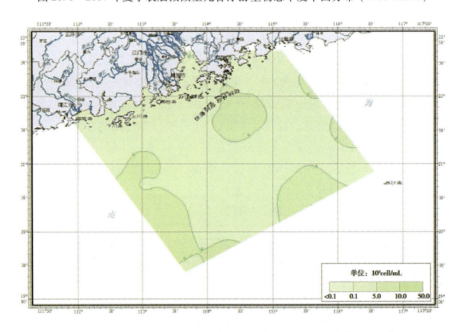

图 21.2　2007 年冬季表层微微型光合浮游生物总丰度平面分布（×10^{7}cell/L）

深较大的站位底层未发现微微型光合浮游生物细胞。夏季 10 m 和 30 m 层总丰度平均值均约为冬季相应水层的 2 倍，变化范围也比冬季大。

微微型光合浮游生物总丰度在表、底层的周日变化一致。夏季周日变化较大，冬季较小，夏、冬季的周日变化呈相反变化趋势。夏季峰值出现在下午 16:00，低谷值出现在上午 4:00 ~ 10:00；冬季峰值出现在晚上 22:00，低谷值出现在下午 16:00 和次日早上 7:00。

21.1.1.2　南海南部

南沙群岛微微型光合浮游生物丰度的水平和垂直分布受到水流和水层结构的影响：微微型光合浮游生物丰度在南沙群岛西北部（表层水温低，混合层浅较低）出现表层最大值；在东南部出现次表层（50～75 m）最大值（Yang，et al，2004）。

21.1.2　聚球藻

21.1.2.1　南海北部

1）水平分布

2007 年夏季，聚球藻丰度平均值在表层、10 m、30 m 和底层分别为 1.61×10^8 cell/L、6.06×10^7 cell/L、3.00×10^7 cell/L 和 1.20×10^8 cell/L，平均丰度百分比分别为 73.1%、57.0%、42.3% 和 83.7%。表层、10 m 层和底层平面分布的总体趋势均为近岸较高，外海较低；30 m 层聚球藻丰度东北部较高，东南部较低（图 21.3）。

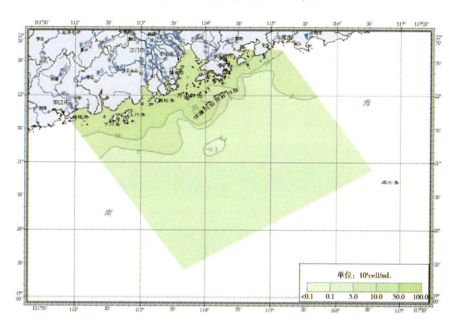

图 21.3　2007 年夏季表层聚球藻丰度平面分布（$\times 10^7$ cell/L）

资料来源：我国近海海洋生物与生态调查研究报告

2007 年冬季，聚球藻丰度平均值在表层、10 m 层、30 m 层和底层分别为 1.64×10^7 cell/L、2.06×10^7 cell/L、2.40×10^7 cell/L 和 9.05×10^6 cell/L；平均丰度百分比分别为 56.4%、61.1%、63.5% 和 51.0%。表层、10 m 层和 30 m 层聚球藻丰度平面分布的总体趋势为外海较高，沿岸较低，高值区（$>5 \times 10^7$ cell/L）主要出现在外海东部海域，低值区（$<1 \times 10^7$ cell/L）主要出现在珠江口内、沿岸海域；底层聚球藻丰度的平面分布与水深有关，水深较大的外海区底层细胞数量较少，而高值区主要出现在近岸海区，沿岸海区较少（图 21.4）。

2000 年的调查中（Huang，et al，2002；林学举，2006），聚球藻主要分布在真光层以内，并在各测站都表现出次表层的弱峰。聚球藻丰度最大值出现在珠江口表层（1.38×10^7 cell/L）和次表层（2.45×10^7 cell/L）。水平方向上的分布依各测站的理化条件而变。珠江口往外海方向，聚球藻的丰度明显降低，但在外海各站间的差异不大，数值一般不超过 10^7 cell/L。聚球藻水柱碳生物量的分布相对均匀，变化范围为 17.6～119.1 mg/m³（以 C 计）。

1999 年夏季，聚球藻丰度平均值为 5.0×10^7 cell/L（$0.7 \times 10^5 \sim 6.9 \times 10^8$ cell/L）；丰度

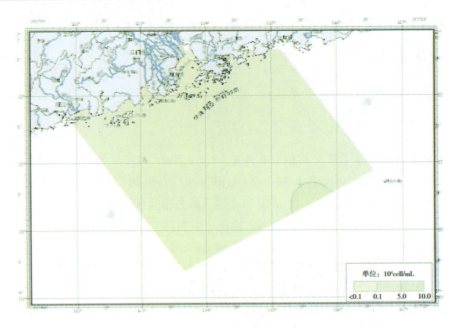

图 21.4 2007 年冬季表层聚球藻丰度平面分布（×10⁷ cell/L）

资料来源：我国近海海洋生物与生态调查研究报告

百分比为 50.9%。2004 年冬季和夏季，聚球藻平均生物量分别为 5.22 g/dm³（0.01～27.19 g/dm³）和 9.40 g/dm³（0.06～11.97 g/dm³）。聚球藻的高丰度和高生物量大多出现在海南岛以东的沿岸带与陆架区和北部湾海域，在陆坡与开阔海其丰度显著降低，这与前二海区营养盐，尤其是与无机氮丰富有关（图 21.5）（宁修仁等，2003；Ning，et al，2005；Cai，et al，2007）。

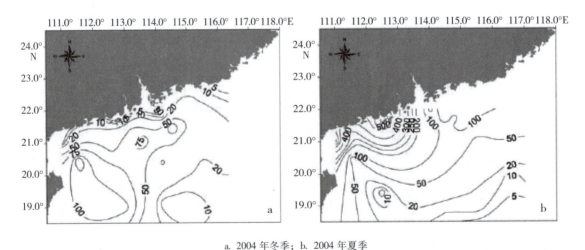

a. 2004 年冬季；b. 2004 年夏季

图 21.5 2004 年表层 Syn 丰度平面分布（×10⁶ cell/L）（Cai，et al，2007）

2001—2002 年和 2004—2005 年的调中（Liu，et al，2007），发现聚球藻在一年的大多数时间中较原绿球藻低 1～2 个数量级，但季节变化大，最大丰度值出现在冬季和早春。聚球藻的冬季锋与强西北季风造成表层水冷却而引起的混合层深度加大有关。聚球藻最大值位于 60 m 和 100 m 之间，再向深层降低（图 21.6）。

2）垂直分布

2007 年夏季，不同水层聚球藻平均丰度差异较大，表层最大，其次是底层，30 m 层最

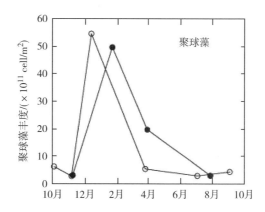

图21.6 2001—2002 年和2004—2005 年 SEATS 水柱积分聚球藻丰度的变化（Liu，et al，2007）

小；聚球藻平均丰度百分比底层最高，其次是表层，30 m 层最低。2007 年冬季，不同水层聚球藻平均丰度以 30 m 层最大，底层最小；不同水层聚球藻平均丰度百分比较接近。

夏季断面分布，外海横断面（H1）聚球藻多数站位趋势为从表层到底层增加；近岸横断面（H2）珠江口东侧底层较高，西侧表层和 10 m 层较高；珠江口纵断面（Z1）和近岸—外海纵断面（Z2）聚球藻垂直变化较小。冬季断面分布，H1 断面从表至底呈减少的趋势，H2 断面珠江口东侧部分站位从表至底逐渐减少，其余站位垂直分布均匀；Z1 断面表层和底层较高；Z2 断面近岸海域垂直分布均匀，外海区从表至底减少。

1999 年和 2004 年调查中（宁修仁等，2003；Ning，et al，2005；Cai，et al，2007），聚球藻丰度最大值出现在温跃层和 NO_3 跃层之上或出现在温、盐跃层和真光层的底部（图21.7）。在

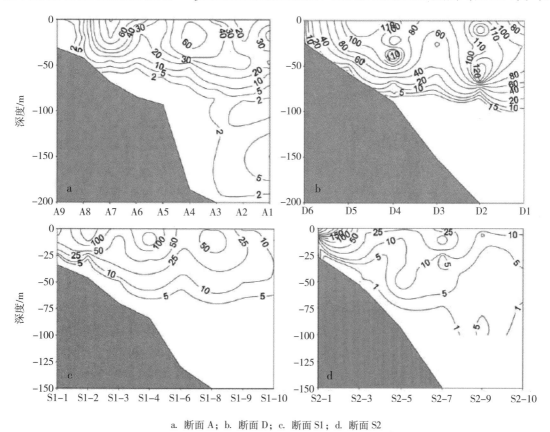

a. 断面 A；b. 断面 D；c. 断面 S1；d. 断面 S2

图21.7 2004 年不同断面聚球藻丰度的垂直分布（$\times 10^6$ cell/L）（Cai，et al，2007）

海南岛以东的沿岸带水域，受陆源冲淡水的影响，温、盐垂直梯度很大，跃层强（温度跃层强度分别为 0.48 ℃/m 和 0.42 ℃/m；盐度跃层强度分别为 0.39 ℃/m 和 0.49 ℃/m），而且盐度跃层在 0～10 m，几乎没有盐度混合层，因此水体垂直稳定度高，加之营养盐丰富，光强适宜，有利于浮游植物的生长，所以表层叶绿素 a 浓度高（分别为 5.17 g/dm³ 和 1.22 g/dm³），并出现聚球藻丰度的高值（分别为 3.1×10^5 cell/cm³ 和 3.3×10^5 cell/cm³）。聚球藻丰度的最大值出。在夏季许多站位发现聚球藻存在两个种群，它们细胞中的藻红蛋白含量不同。

混合层与真光层的相对深度对聚球藻丰度分布至关重要，当混合层深度大于真光层深度时，不利于聚球藻在真光层中的光合作用，因浮游植物对光、暗适应需要一定时间，在真光层中停留和适应的时间不足会影响其生长，造成丰度降低。在本研究海区大多是混合层深度小于真光层，因此光对聚球藻不会产生限制作用。聚球藻大多生长在温跃层以上的真光层浅层，跃层以下丰度大多迅速降低，在真光层之下不能生存（宁修仁等，2003；Ning, et al, 2005；Cai, et al, 2007）。

3）季节变化和周日变化

夏季各水层聚球藻平均丰度较冬季高，变化范围较大；但聚球藻丰度百分比的季节变化相对较小，夏季垂直变化较明显。

聚球藻丰度的周日变化表、底层较一致，夏、冬季周日变化不一样。夏季峰值出现在下午 16:00，低谷值出现在上午 4:00～10:00。冬季峰值出现在晚上 22:00，低谷值出现在早上 7:00。

21.1.2.2 南海南部

南海群岛聚球藻丰度水柱平均值为 1.6（0.4～5.7）$\times 10^6$ cell/L，其分布格局是西北低，东南高。在西北海域，聚球藻丰度水柱平均值低于 1×10^6 cell/L；而在东南海域，这个值增加了 2～4 倍（图 21.8）。聚球藻最大值往往出现在 50 m 层。

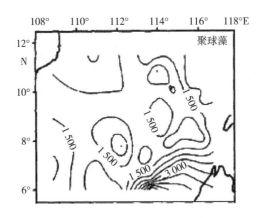

图 21.8 南沙群岛聚球藻丰度水柱平均值的分布（$\times 10^3$ cell/L）（Yang, et al, 2004）

21.1.3 微微型光合真核生物

21.1.3.1 南海北部

1）水平分布

2007 年夏季，微微型光合真核生物丰度平均值在表层、10 m 层、30 m 层和底层分别为 1.96×10^6 cell/L、1.55×10^6 cell/L、2.24×10^6 cell/L 和 2.20×10^6 cell/L；平均丰度百分比分

别为 1.3%、1.9%、3.9% 和 3.5%。表层微微型光合真核生物最大值为 1.65×10^8 cell/L。表层高值区出现在近岸海域东南面外海区大部分海域小于 1×10^6 cell/L；10 m 层高值区出现在万山列岛西南部海域，外海区西部和东南部海域小于 1×10^6 cell/L；30 m 层高值区出现在东北部和西北部海域，南部大部分外海区 $< 1 \times 10^6$ cell/L；底层高值区出现在西部沿岸和加蓬列岛东南部海域（图21.9）。

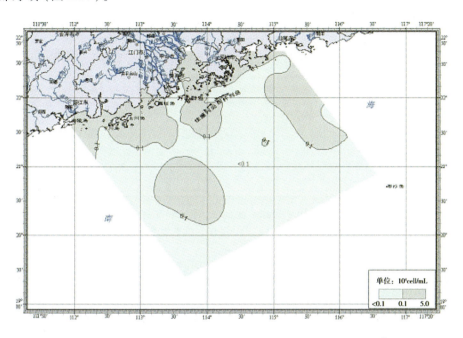

图 21.9　2007 年夏季表层微微型光合真核生物丰度平面分布（$\times 10^7$ cell/L）

资料来源：我国近海海洋生物与生态调查研究报告

2007 年冬季，微微型光合真核生物丰度平均值在表层、10 m、30 m 和底层分别为 3.75×10^6 cell/L、3.66×10^6 cell/L、3.29×10^6 cell/L 和 3.04×10^6 cell/L；平均丰度百分比分别为 28.2%、18.1%、9.7% 和 29.5%。表层高值区出现在黄茅海外部海域，低值区（$< 2 \times 10^6$ cell/L）出现在伶仃洋外万山列岛南部海域；10 m 层平面变化较小，高值区出现在大鹏湾、大亚湾口和东北部海域，低值区与表层相似；30 m 层东、西部海域较高，中部海域较低；底层高值区出现在伶仃洋以外、黄茅海以外海域及大鹏湾、大亚湾（图21.10）。

2000 年的调查（Huang, et al, 2002；林学举, 2006）中，微微型光合真核生物丰度从珠江口向外海方向显著降低，其对生物量的贡献远远大于对丰度的贡献，丰度最大值也出现在次表层。近岸水体中微微型光合真核生物的生物量明显高于外海水（图21.11）。

1999 年夏季（宁修仁等, 2003；Ning, et al, 2005），2004 年冬季和夏季（Cai, et al, 2007），微微型光合真核生物丰度平均值分别为 1.8×10^6 cell/L、3.2×10^6 cell/L 和 4.5×10^6 cell/L。其水平分布为近岸和海湾丰度高，向外海方向逐渐降低，这显然与营养盐的丰度和分布有关。在海南岛以东的沿岸带水域，出现微微型光合真核生物丰度高值（分别为 0.7×10^8 cell/L 和 0.3×10^8 cell/L）。微微型光合真核生物丰度最大值出现在真光层和温跃层底部及盐度跃层极强的河口区表层，是次表层叶绿素 a 极大值的主要贡献者（宁修仁等, 2003；Ning, et al, 2005；Cai, et al, 2007）。2004 年冬季和夏季，微微型光合真核生物平均生物量分别为 4.84 g/dm³（0.02 ~ 27.71 g/dm³）和 3.39 g/dm³（0.48 ~ 13.97 g/dm³）（Cai, et al, 2007）。

2001—2002 年和 2004—2005 年的调查中（Liu, et al, 2007），发现微微型光合真核生物

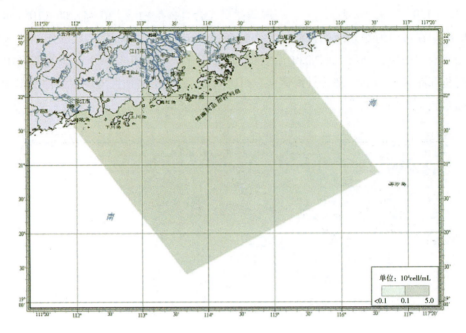

图 21.10 2007 年冬季表层微微型光合真核生物丰度平面分布（×10⁷cell/L）

资料来源：我国近海海洋生物与生态调查研究报告

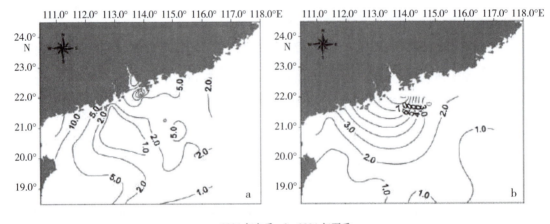

a. 2004 年冬季；b. 2004 年夏季

图 21.11 2004 年表层微微型光合真核生物丰度平面分布（×10⁶cell/L）（Cai, et al, 2007）

在一年的大多数时间中较原绿球藻低 1~2 个数量级，但季节变化大，最大丰度值出现在冬季和早春。微微型光合真核生物的冬季锋与强西北季风造成表层水冷却而引起的混合层深度加大有关。在 El Niña 年（2004—2005 年）期间，冬季微微型光合真核生物生物量升高，带来了较高的叶绿素 a 浓度（图 21.12）。

2）垂直分布

2007 年夏季，不同水层微微型光合真核生物平均丰度在 30 m 层最大，表层最小；微微型光合真核生物平均丰度百分比 30 m 层最高，其次是底层，表层最低。2007 年冬季，不同水层微微型光合真核生物平均丰度接近，表层最大，底层最小；微微型光合真核生物平均丰度百分比底层最高，30 m 层最低。

夏季 H1 断面微微型光合真核生物。丰度东、西两侧垂直变化较大，中部垂直变化小，

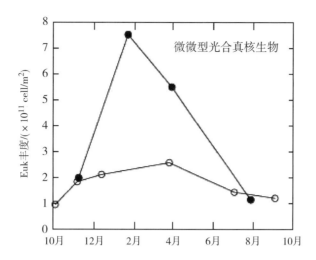

图 21.12 2001—2002 年和 2004—2005 年 SEATS 水柱积分微微型光合真核生物丰度的变化（Liu, et al, 2007）

从表层到底层呈递减趋势；H2 断面东侧从表到底层递增，西侧区域 10 m 层出现高值区；Z1 纵断面珠江口内垂直变化为表、底高中间低，近口外侧垂直分布较均匀；Z2 纵断面浅水区大部分底层比表层高，深水区垂直分布均匀。冬季，H1 断面从表至底逐渐减少；H2 断面垂直变化较小，垂直分布无明显规律；Z1 纵断面从表至底层呈增加趋势；Z2 断面近岸处垂直分布变化不大，远岸处从表至底递减。

2000 年的调查中（Huang, et al, 2002；林学举, 2006），微微型光合真核生物在外海各站都表现出亚表层的峰值（>2 000 cell/mL），而且两倍于表层的丰度。与叶绿素的剖面分布相比，两者具有极其相似的垂直分布模式，表明微微型光合真核生物对总叶绿素 a 的巨大贡献。

由季风和地形引起的局部上升流对微微型光合真核生物的丰度与分布也具有重要的影响。具低温度、高盐度、高营养盐浓度的外海深层水在站 S2-5 自东南爬坡涌升，由该上升流的诱导，使邻近的站 S2-3 产生下降流区。该气旋上升流与反气旋的下降流之间形成很强的锋面，致使在站 S2-3 跃层的中部水体垂直稳定度高和硝酸盐跃层的形成，在该跃层之上（50 m 处）出现叶绿素 a 和微微型光合真核生物丰度的高值（>4.0×10^7 cell/L）（图 21.13）（Cai, et al, 2007）。

3）季节变化和周日变化

冬季各水层微微型光合真核生物丰度和平均丰度百分比均比夏季高，尤其是丰度百分比；夏季丰度垂直变化较明显，30 m 层和底层较高，冬季丰度垂直变化小。

微微型光合真核生物丰度周日变化波动较大，表、底层变化相似。夏季表层变化周期为半日，两个峰值分别出现在下午 13:00 和次日凌晨 1:00，两个低谷值分别出现在傍晚 19:00 和次日上午 7:00。底层峰值出现在 16:00 和 22:00，低谷值出现在 19:00 和次日上午 7:00。冬季周日微微型光合真核生物丰度无明显的双峰变化，表、底层高值多出现深夜至次日凌晨，低值多出现在中午至傍晚。

2000 年的调查中（Huang, et al, 2002；林学举, 2006），从 9:00 到午夜（00:00），微微型光合真核生物丰度增长 69%；从午夜（00:00）到第二天 6:00，微微型光合真核生物丰度减少 6.4%/h。

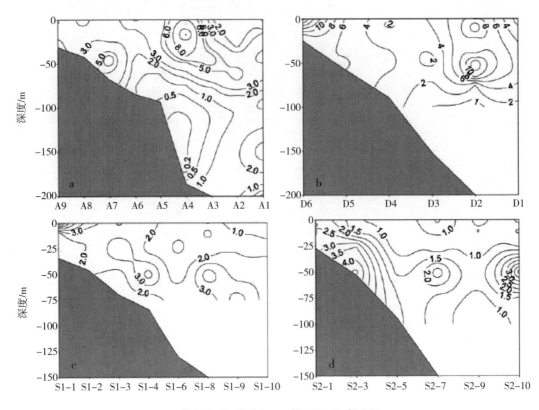

a. 断面 A；b. 断面 D；c. 断面 S1；d. 断面 S2

图 21.13　2004 年不同断面微微型光合真核生物丰度的垂直分布（×10^{6}cell/L）（Cai, et al, 2007）

21.1.3.2　南海南部

南海群岛微微型光合真核生物丰度水柱平均值为 0.7（0.2 ~ 2.2）×10^6 cell/L，其分布格局是东南低，西北高。在西北海域，微微型光合真核生物丰度水柱平均值高于 1 × 10^7 cell/L，最高能达到 2.2 × 10^{7}cell/L。微微型光合真核生物最大值往往出现在 75 m 层（图 21.14）。

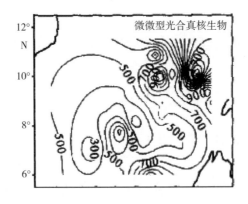

图 21.14　南沙群岛微微型光合真核生物丰度水柱平均值的分布（×10^{3}cell/L）（Yang, et al, 2004）

21.1.4　原绿球藻

21.1.4.1　南海北部

1）水平分布

2007 年夏季，原绿球藻丰度平均值在表层、10 m 层、30 m 层和底层分别为 2.28 × 10^7

cell/L、2.58×10^7 cell/L、4.32×10^7 cell/L 和 8.58×10^6 cell/L；平均丰度百分比分别为 22.6%、41.2%、53.8%和12.8%。表层高值区出现在广海湾附近海域，近岸海域个别站位未发现原绿球藻；10 m层平面变化较小，高值区出现在东北部海域，低值区出现在东南部海域；30m层高值区出现在东北部海域，低值区出现在近岸海域；底层高值区出现在西南海域、万山列岛西南侧和调查海区东南部海域，部分站位未出现原绿球藻细胞（图21.15）。

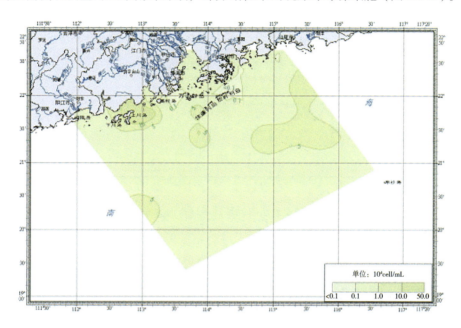

图 21.15　2007 年夏季表层原绿球藻丰度平面分布（$\times 10^7$ cell/L）
资料来源：我国近海海洋生物与生态调查研究报告

2007 年冬季，原绿球藻丰度平均值在表层、10 m 层、30 m 层和底层分别为 6.62×10^6 cell/L、9.12×10^6 cell/L、1.12×10^7 cell/L 和 2.78×10^6 cell/L；平均丰度百分比分别为 15.4%、20.8%、26.8%和12.9%。表层和 10 m 层高值区出现在外海区西南部海域，沿岸的部分站位未发现原绿球藻，外海的低值区出现在东部海域；30 m 层高值区与 10 m 层相同，但范围有所扩大，低值区主要出现在近岸和调查海区中部和东部海域；底层高值区北移，沿岸海域和远岸深水区大部分站位未发现原绿球藻细胞（图21.16）。

2000 年的调查中（Huang, et al, 2002；林学举，2006），原绿球藻在次表层叶绿素最大层形成峰值，丰度范围为 $6 \times 10^7 \sim 1.5 \times 10^8$ cell/L。从表层丰度的水平分布来看，外海原绿球藻的丰度大约为 2.0×10^7 cell/L 左右。

1999 年夏季（宁修仁等，2003；Ning, et al, 2005），2000 年冬季和夏季（Cai, et al, 2007），原绿球藻丰度平均值分别为 4.6×10^7 cell/L、2.1×10^7 cell/L 和 8.5×10^7 cell/L，丰度百分比为47.3%。原绿球藻丰度主要在外海（陆坡和开阔海区）占优势；但在海南岛以东的沿岸带水域出现高值（分别为 3.8×10^8 cell/L 和 5.5×10^8 cell/L）。2004 年冬季和夏季，原绿球藻平均生物量分别为 1.25 g/dm^3（0.01～14.80 g/dm^3）和 4.75 g/dm^3（0.21～15.22 g/dm^3）（图21.17）（Cai, et al, 2007）。

2001—2002 年和 2004—2005 年的调查中（Liu, et al, 2007），原绿球藻是自养微微型浮游植物中丰度最大的，最大丰度值出现在夏季，贡献了夏季总自养生物量的80%以上。在 El Niño 年（2001—2002 年）期间，表层海水温度增高，叶绿素a 浓度降低，原绿球藻升高（图21.18）。

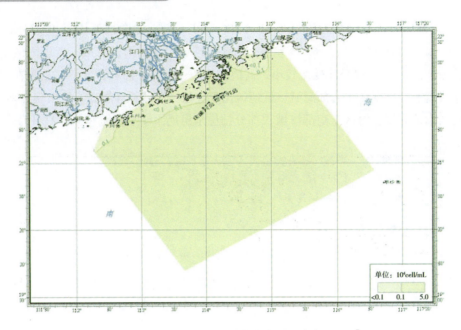

图 21.16　2007 年冬季表层原绿球藻丰度平面分布（×10⁷cell/L）

资料来源：我国近海海洋生物与生态调查研究报告

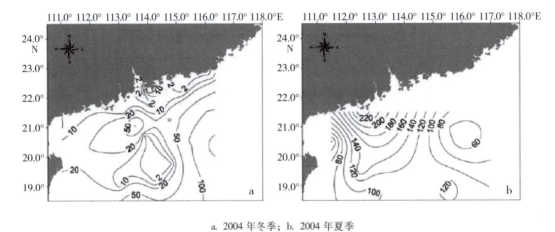

a. 2004 年冬季；b. 2004 年夏季

图 21.17　2004 年表层原绿球藻丰度平面分布（×10⁶cell/L）（Cai, et al, 2007）

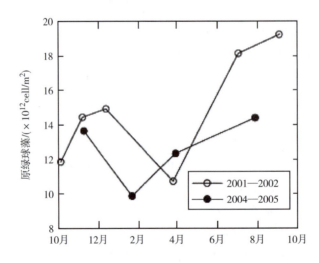

图 21.18　2001—2002 年和 2004—2005 年 SEATS 水柱积分原绿球藻丰度的变化（Liu et al, 2007）

2）垂直分布

2007 年夏季，不同水层原绿球藻平均丰度在 30 m 层最大，底层最小；原绿球藻的平均丰度百分比以 30 m 层最高，底层最低。2007 年冬季，原绿球藻平均丰度在 30 m 层最大，底层最小；原绿球藻平均丰度百分比以 30 m 层最高，底层最低。

夏季，H1 断面原绿球藻丰度从表层到底层呈递减的变化趋势；H2 断面珠江口东侧垂直分布均匀，西侧 10 m 层出现高值区；Z1 断面变化趋势不明显；Z2 断面浅水区从表至底递减，深水区垂直变化较小。冬季，H1 断面西侧垂直变化较大，从表至底呈递减趋势，东侧垂直分布均匀；H2 断面珠江口东侧表层和 10 m 层较高，西侧表层和 10 m 层较低，远离珠江口的东西两侧的垂直分布均匀；Z1 纵断面各站均未发现原绿球藻细胞；Z2 断面近岸海区垂直分布均匀，外海区从表至底逐渐降低。

原绿球藻的平均丰度冬季低于夏季。SEATS 观察结果表明，原绿球藻丰度最大值出现在夏季，贡献夏季自养生物总量的 80% 以上。在 El Niño 年（2001—2002 年）期间，表层海水温度增高，叶绿素 a 浓度降低，原绿球藻和细菌生物量升高（Huang，et al，2002；林学举，2006）。原绿球藻高丰度值大多出现在大陆坡和开阔海。

原绿球藻丰度的最大值出现在温跃层和 NO_3 跃层（50 m 层上下）之上或出现在温、盐跃层和真光层的底部。这可能是由于硝酸盐跃层之上其浓度极低，几乎被浮游植物耗尽，原绿球藻种群的增长主要与再生氮 – 铵盐有关，与新生氮 – 硝酸盐关系不在所致（图 21.19）。原绿球藻的分布还受到温度的限制（Cai，et al，2007）。

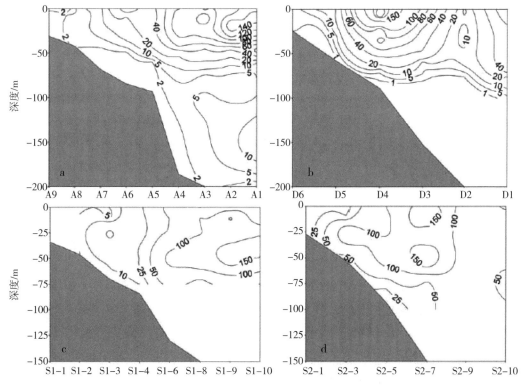

a. 断面 A；b. 断面 D；c. 断面 S1；d. 断面 S2

图 21.19　2004 年不同断面原绿球藻丰度的垂直分布（×10⁶cell/L）（Cai，et al，2007）

发现原绿球藻存在两个种群：表层种群和深层种群（真光层底部），前者细胞色素含量低，荧光微弱，后者细胞色素含量较高，荧光信号强，因此易于鉴别。表层种群的丰度有向外海方向逐渐降低而深层种群的丰度有向外海方向增高的趋势（Cai, et al, 2007）。

3）季节变化和周日变化

2007年夏季各水层原绿球藻平均丰度比冬季高1个数量级，夏季平均丰度百分比也比冬季高。但垂直变化相似。夏季原绿球藻丰度表、底层除下午16:00外，其他时间点的变化情况一致。表层峰值出现在下午16:00，其余时段变化较小；底层低谷值出现在下午16:00，未形成明显峰值。冬季连续站未发现原绿球藻。

2000年的调查中（Huang, et al, 2002；林学举，2006），从9:00到午夜00:00，原绿球藻丰度增长57%。从午夜00:00到第二天6:00，微微型光合真核生物丰度减少6.7%/h。

21.1.4.2 南海南部

1998年夏季，原绿球藻丰度在表层和75 m层分别为 3×10^7 cell/L和 8×10^7 cell/L。无论对水体中浮游植物的丰度还是生物量的贡献，原绿球藻都占重要地位（Yang, et al, 2002）。

南海群岛水柱平均原绿球藻丰度水柱平均值为5.4（0.1~7.3）$\times 10^7$ cell/L，其分布格局是西北低，东南高。在西北海域，原绿球藻丰度水柱平均值低于 2×10^7 cell/L；而在东南海域，这个值增加了2~4倍。原绿球藻最大值往往出现在50 m层（图21.20）（Yang, et al, 2004）。

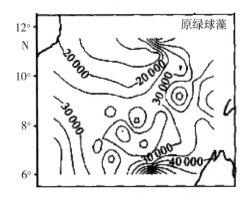

图21.20 南沙群岛原绿球藻丰度水柱平均值的分布（ $\times 10^3$ cell/L）（Yang, et al, 2004）

21.2 南海微、小型浮游植物种类组成、主要类群、丰度分布

南海海域辽阔、物种丰富，是世界第三大陆缘海。对于南海浮游植物的研究，从20世纪70年代开始，各相关部门和学者做过大量的调查研究。郭玉洁、叶嘉松等对南海浮游植物物种鉴定和分类做了大量研究工作（郭玉洁，1976；郭玉洁等，1978；郭玉洁等，1979；郭玉洁，1981；郭玉洁，1982；郭玉洁等，1983；郭玉洁，1985；叶嘉松等，1983），近期的研究工作以分类和研究物种的生态分布习性为主（朱根海等，2003；林永水，1989；林永水，1991；钱树本，1996；孙军等，2007），并且调查范围多在南沙群岛和南海北部区域，近年来的研究主要针对近海环境变化，如富营养化等过程为主进行了南海各海湾和养殖水域的浮游植物群落分析（李纯厚，2002；蔡文贵，2003）。

21.2.1 物种组成和主要类群

对于南海浮游植物群落的研究，多采用网采样品和水采样品进行分析和研究。网采样品的采集是按照《海洋调查规范》（国家技术监督局，1992），采用小型浮游生物网（网口直径为 37 cm，网口面积 0.1 m，网身长 270 cm，网目 76 μm），在每个调查站位自底至表垂直拖网 1 次。样品用 2% 甲醛固定和保存。分析方法是取 0.25 mL 亚样品在本实验室的 Palmer-Maloney 型计数框中，于 NikonYS100 研究显微镜下进行浮游植物物种鉴定和细胞计数。水采样品的采集是采样方式按《海洋调查规范》（国家技术监督局，1992）进行，每站位取 500 mL 标准层水样于聚丙烯瓶中，立即用中性福尔马林（2% 最终浓度）固定。样品分析方法多是按 Utermöhl 方法分析：取 25 mL 浮游植物亚样品于 Hydro-bios 的 Utermöhl 计数框，用 AO 倒置显微镜，在 ×200 和 ×400 倍下进行物种鉴定与计数。

孙军等（2007）2004 年对南海北部调查研究发现，2 月冬季时，浮游植物物种为 198 种，共 5 门 106 属，其中硅藻门 72 属 130 种（未定种 14 种），占所有物种的 65.99%；甲藻门 24 属 58 种（未定种 5 种），占所有物种的 29.44%；金藻门 6 属 6 种，占所有物种的 3.05%；蓝藻门 2 属 3 种，占所有物种的 1.52%；绿藻门 1 属 1 未定种。表 21.1 表明，硅藻在物种丰富度上有优势，其次为甲藻，它们是南海北部的主要浮游植物功能群（functional group）。优势物种主要是：菱形海线藻、佛氏海线藻、贺胥黎艾氏颗石藻、柔弱伪菱形藻、长海毛藻、海洋桥球石藻、具齿原甲藻、具槽帕拉藻和旋沟藻。浮游植物物种以广温、广布型为主，其次是暖水性种，热带、亚热带和冷水性种都较少，可见冬季南海北部的浮游植物群落优势种主要以硅藻为主。此外，甲藻也是海区浮游植物群落的一个重要类群。

表 21.1 冬季南海北部浮游植物优势种名录[*]

门 类	中文名	拉丁文	丰度比例/%	频度（f_i）	优势度（Y）
硅藻门	菱形海线藻	*Thalassionema nitzschioides* Grunow	34.53	0.64	0.22015
硅藻门	佛氏海线藻[*]	*Thalassionema frauenfeldii*（Grunow）Hallegraeff	14.58	0.56	0.08121
硅藻门	柔弱伪菱形藻[*]	*Pseudo-nitzschia delicatissima*（Cleve）Heiden	12.63	0.40	0.05000
金藻门	艾氏贺胥黎颗石藻	*Emiliania huxleyi*（Lohmann）Hay et Mohler	3.10	0.89	0.02771
硅藻门	伪菱形藻	*Pseudo-nitzschia* sp.	1.99	0.77	0.01523
硅藻门	长海毛藻	*Thalassiothrix longissima* Cleve & Grunow	3.61	0.25	0.00897
硅藻门	海链藻	*Thalassionsira* sp.	1.12	0.44	0.00487
金藻门	海洋桥球石藻	*Gephyrocapsa oceanica* Kamptner	1.35	0.36	0.00481
硅藻门	具槽帕拉藻[*]	*Paralia sulcata*（Ehrenberg）Cleve	2.31	0.17	0.00387

[*]种名更改参见孙军和刘东艳（2002）。

在 8 月夏季时，调查结果与 2 月类似：共鉴定浮游植物 159 种，其中硅藻门 46 属 103 种，占所有物种的 64.78%；甲藻门 21 属 48 种，占所有物种的 30.19%；金藻门 4 属 5 种，占所有物种的 2.52%；蓝藻门 3 属 4 种，占所有物种的 2.52%。浮游植物物种大多为浮游硅藻类，主要优势种为柔弱伪菱形藻、旋链角毛藻、冕孢角毛藻、具齿原甲藻、冰河拟星杆藻、菱形海线藻、洛氏角毛藻、丛毛辐杆藻、贺胥黎艾氏颗石藻。浮游植物以热带暖水性类群和广布性类群为主，这一结果与其他研究者对南海其他海区调查的研究结果基本一致（叶嘉松等，1983；郭玉洁和周汉秋，1985；朱根海等，2003）。这表明南海北部近岸浮游植物的群落组成相对稳定，这和南海是个相对稳定的水团体系有关。

值得一提的是，近年来孙军等（2007）研究发现，南海北部海域浮游植物群落特征明显地存在与以往所有的研究结果不同的地方：颗石藻在南海北部广泛分布，虽然丰度不高，但在调查区域出现频度较高，甚至构成优势。

对于南海南沙群岛及其邻近海域浮游植物的研究也有不少，从20世纪80年代开始就在南沙群岛海区进行浮游植物的分布与组成调查，多年的研究资料表明，南沙群岛及其邻近海域浮游植物物种多样性比较丰富（李开枝等，2005a）。物种的生态类群多属于热带大洋种，如硅藻类有太阳漂流藻、钝刺根藻半刺变种、粗根管藻、密联角毛藻、热带顾氏藻等。甲藻类具代表性的有大角角藻、蛙趾角藻掌状变种、兀鹰角藻苏门答腊变种、楔形鳍藻、原多甲藻、马来西亚角藻等。另一重要类群是广布性类群，主要由广温广盐种和广温高盐种组成，如硅藻类的菱形海线藻、甲藻类的梭状甲藻等。南沙群岛海区的浮游植物明显属于热带生物区系。1998—1999年对海南岛以南海域调查和研究，结果显示，浮游植物物种丰富，以硅藻门和甲藻门为主，其优势种的暖水性、高盐性或广盐性特征明显。这与历史资料相比无明显差异（戴明等，2007）。

21.2.2 空间分布

2004年冬季南海北部浮游植物各类群在调查海区水体中的垂直分布主要有以下特征：浮游植物（硅藻和甲藻）细胞丰度在10 m层出现最大值，但这并不是真正的次表层最大值，因为调查区中出现10 m采样层的站位大多数都是近岸水层不超过20 m的区域，这些10 m层是底层水样，而且这样的站位占整个调查站位的少数。所以，总体的浮游植物垂直分布还是表层最大，随着水深增加，丰度逐渐减少。平面分布主要有以下特征：调查区浮游植物主要分布在表层，一般仅对表层浮游植物的平面分布进行表述。冬季南海北部浮游植物细胞丰度的分布格局是靠近珠江口南部的近岸海域较高，向外海逐渐降低，浮游植物（硅藻和甲藻）密集区分布在陆架区表层水体；在114°E以西的外海水域，细胞丰度有逐渐升高的趋势，在外海南部海域表层水体也出现了浮游植物（硅藻和甲藻）密集区。这种分布格局是由硅藻、甲藻和金藻的共同分布格局决定的。

夏季时南海北部硅藻和甲藻的比率越靠近外海越低，说明在大洋中甲藻的比重增加。受夏季太平洋的高温高盐水团和黑潮水的影响（苏纪兰等，1999），使得近海性浮游硅藻物种和数量大大减少，而大洋暖水性浮游硅藻和甲藻则显著增加。较高的盐度（大于30）和温度（大于30℃）会限制浮游植物生长不利于近岸低盐种的生长繁殖，而对于耐高盐、大洋暖水性的浮游植物（以甲藻类和蓝藻类为主）则有利。而在海南岛东北部由于受冲淡水的影响，盐度低于30，浮游植物的近岸物种多，尤以硅藻类明显。

表层浮游植物细胞丰度的平面分布特征是细胞丰度从沿岸向外海迅速减少，在海南岛东北部和珠江口附近存在几个细胞丰度的高值区，出现这种分布特征是各种环境因素综合作用的结果。珠江口附近海区丰度较高，是因为河口径流带来丰富的陆源物质，不断补充浮游植物光合作用所消耗的营养盐，从而使浮游植物的生长不存在营养盐的限制，故会出现密集区。海南岛东北部受到沿岸水（珠江口径流大量入海）和西北太平洋外海水以及西南季风的作用和影响，海南岛东北沿岸区域营养盐丰富，水体肥沃且相对稳定，给浮游植物生长、繁殖带来了有利条件。而且该海区还存在上升流区，带来富含营养盐的下层较冷海水（袁叔尧和邓九仔，1998），也是形成浮游植物密集的主要原因。

21.2.3 时间变化

21.2.3.1 年际变化

历年研究资料证实，尽管总体来说南海浮游植物群落相对稳定，但是不同区域不同时期的物种丰度和优势物种存在一定的差异。1999 年 8 月南海表层浮游植物细胞丰度是 1.81×10^5 cell/L，优势物种主要为菱形海线藻（朱根海等，2003），2004 年孙军等（2007）对南海北部调查研究发现，表层浮游植物丰度为 100.39×10^3 cell/L，0～200 m 浮游植物丰度为 58.71×10^3 cell/L，此调查结果同历史资料对比见表 21.2，可以看出，表层浮游植物细胞丰度同 1998 年 12 月历史准同期水样资料相比较相差 10 多倍（朱根海等，2003），同 1984 年 12 月历史准同期水样资料相比较相差 3 000 多倍，这是由于分析方法和采样区域的差异造成的。

南沙群岛及其邻近海域中，1984—1988 年春夏季 0～75 m 层浮游植物细胞平均数量高达 $(5.6 \sim 8.3) \times 10^5$ cell/m³（林永水和林秋艳，1991），1984—1988 年优势种以菱形海线藻和大西洋角刺藻那不勒斯变种为主（林秋艳，1989；林永水和林秋艳，1991），而在 90 年代细胞丰度明显偏低，1993 年 5 月仅有 8×10^3 cell/m³。1997 年 11 月南沙群岛 0～75 m 和 75～150 m 浮游植物细胞数量平均值分别是 0.07×10^4 cell/m³ 和 0.04×10^4 cell/m³，调查海区 0～75 m 层和 75～150 m 层优势种以甲藻较多。在 1999 年调查中发现，南沙群岛夏季浮游植物的平均密度为 1.03×10^4 cell/m³，而在春季最低，仅为 0.73×10^4 cell/m³。春季渚碧礁潟湖的浮游植物密度明显高于开阔海区，达到 2.49×10^4 cell/m³。

表 21.2　南海夏季水样浮游植物丰度和以前水样或网样浮游植物丰度的比较

时　间	层　次	物种/个	平均丰度/×10³cell/L	采样位置	参考文献
2004 年 2—3 月	0～200 m	195	58.71	18°～23°N，111°～117°E	孙军等，2007
2004 年 2—3 月	表层	157	100.39	18°～23°N，111°～117°E	孙军等，2007
2004 年 8—9 月	0～200 m	162	115.00	18°～22°N，110°～117°E	乐凤凤等，2006
2004 年 8—9 月	表层	112	387.00	18°～22°N，110°～117°E	乐凤凤等，2006
1999 年 8 月	表层	58	181.00	18°～22°N，105°～117°E	朱根海等，2003
1998 年 6—7 月	表层	63	0.83	5°～5°N，105°～120°E	朱根海等，2003
1985 年 6 月	0～200 m	152*	0.40	3°47′～4°02′N，111°58′～112°25′E	中科院南海所，1987
1984 年 12 月	0～200 m	177*	0.03	12°～19°30′N，111°～118°E	中科院南海所，1988
1984 年 7 月	0～200 m	177*	0.01	12°～19°30′N，111°～118°E	中科院南海所，1988
1979 年 6—7 月	0～75 m	204*	0.05	17°～23°N，113°～120°E	叶嘉松等，1983
1979 年 6—7 月	0～200 m	287*	20.00	17°～23°N，112°～120°E	中科院南海所，1985
1978 年 6 月	0～75 m	60	0.10	12°～15°N，116°～118°E	郭玉洁和叶嘉松，1982

* 为表示各个季节总种数。

21.2.3.2 季节变化

南海浮游植物群落季节变化差异不明显，孙军等（2007）对南海北部浮游植物群落研究得到，2004 年冬季浮游植物细胞丰度介于 $0.25 \sim 2\ 159.94 \times 10^3$ cell/L，平均值为 58.71×10^3 cell/L。硅藻占细胞丰度的比例最大，其值介于 $0.07 \sim 2\ 136.28 \times 10^3$ cell/L，平均值为 54.68×10^3 cell/L；其次为甲藻，其细胞丰度介于 $0.02 \sim 39.09 \times 10^3$ cell/L，平均值为 2.39×10^3 cell/L。南海北部浮游植物垂直分布规律是表层最大，随着水深增加，细胞丰度逐渐减少。平面分布规律是靠近珠江口南部的近岸海域较高，向外海逐渐降低，这种分布格局是由硅藻、甲藻和金藻的共同刻画的。

在 2004 年夏季南海北部调查结果为，浮游植物物种以硅藻和甲藻为主，浮游植物以热带暖水性类群和广布性类群为主，表现为热带、亚热带区系性质。浮游植物优势种大多为浮游硅藻类，生态类型以暖温带近海种和浮游广布种为主，夏季甲藻类出现频率较大，丰度也较高，如具齿原甲藻成为海区优势种之一。另外金藻门的赫胥黎艾氏颗石藻虽然丰度不高，但在多数站位都有出现，也构成优势（乐凤凤等，2006）。这与冬季特征大体一致。夏季时浮游植物平均丰度是 $115.05 \times 10^3 \sim 438.89 \times 10^3$ cell/L。其中浮游硅藻类平均丰度为 111.71×10^3 cell/L，占总丰度的 97.10%；浮游甲藻类平均丰度为 2.73×10^3 cell/L，占总丰度的 2.37%；浮游金藻类平均丰度为 0.35×10^3 cell/L，占总丰度的 0.31%；蓝藻类平均丰度为 0.25×10^3 cell/L，占总丰度的 0.22%。浮游植物丰度从沿岸向外海迅速减少，在海南岛东北部和珠江口附近存在浮游植物细胞丰度的高值区，丰度最高值可达 3051.96×10^3 cell/L，硅藻和甲藻的比率越靠近外海越低，受夏季太平洋的高温高盐水团和黑潮水的影响（苏纪兰等，1999），使得近海性浮游硅藻物种和数量大大减少，而大洋暖水性浮游硅藻和甲藻则显著增加。而在海南岛东北部由于受冲淡水的影响，盐度较低，浮游植物的近岸物种多，尤以硅藻类为多。

南沙群岛及其邻近海域浮游植物群落的季节变化也不明显。1984—1988 年春夏两季 0 – 75 m 层浮游植物细胞数量为 $5.6 \times 10^4 \sim 83 \times 10^4$ cell/m³，相比之下秋季浮游植物细胞数量比春、夏季有所减少。南沙群岛海区不同月份的调查结果显示，优势种的组成结构在不同月份有所不同。1993 年 5 月以距端根管藻和笔尖形根管藻为主，1993 年 12 月优势种主要是菱形海线藻（钱树本和陈国蔚，1996）。1997 年秋季浮游植物细胞数量为 2.31×10^4 cell/m³，比其他季节相比偏低（林秋艳，1989；林永水和林秋艳，1991；钱树本和陈国蔚，1996），受海水的温度、盐度、光照、营养盐、海流及浮游动物等多种环境因子的综合作用，南沙群岛海域浮游植物细胞数量分布具有斑块状特点，在温度、盐度和营养盐较高的海域浮游植物丰度较高。1999 年春季南沙群岛海区以硅藻门的菱形海线藻和甲藻门的二齿双管藻等为主要优势种。其中渚碧礁潟湖水域的优势物种中日本星杆藻占绝对优势（宋星宇，2004），在 1987 年春季调查中，优势种不仅在属级水平的分布几乎全部集中于菱形藻属、海线藻属及角毛藻属，且甲藻的优势度远不及 1999 年春季高（南沙群岛及其邻近海区综合调查报告，1989）。而在 1999 年夏季，距端根管藻等为南沙群岛海区的主要优势种。根管藻属在夏季占据着优势地位，其中距端根管藻在春、夏季南沙海区和春季渚碧礁潟湖均为优势种。南沙群岛夏季浮游植物分布密度高于春季，主要是因为夏季南沙海区降雨量较丰富，为海区输入了较多的营养物质，另外，春季浮游动物对浮游植物较高的摄食压力也影响了浮游植物的分布数量（陈清潮等，1996）。在夏季，受季风和海流影响，沿西南—东北走向的南沙海区中部区域呈低值分布，南沙群岛东部及南部水域营养盐相对丰富，有利于浮游植物生长，为浮游植物数量高值区域，中南半岛东南部沿岸受湄公河水影响的区域存在浮游植物的一个相对密集水域。

海南岛以南海域浮游植物群落具有独特的热带开阔海域生物区系特征。冷暖季群落特征有明显差异。冷季以广温种小舟形藻占优势，随气温回升，暖水性种类优势地位突出。9 月暖水种劳氏角毛藻、变异辐杆藻、伯氏根管藻和距端根管藻等丰度较高，形成优势物种。12 月的优势种为小舟形藻、佛氏海线藻和柔弱海毛藻。1 月的优势种为小舟形藻、细微舟形藻、翼根管藻和细弱海链藻。4 月的优势种为笔尖形根管藻长棘变种、翼根管藻纤细变型、窄隙角毛藻、翼根管藻和劳氏角毛藻。不同季节浮游植物丰度差异小，4 月和 9 月的高丰度中心位于北部湾湾口附近，1月和12月则出现在中东部水域。

21.2.4 群落多样性

南海浮游植物通常保持较高的物种多样性，1993年5月的调查结果发现南沙群岛春季浮游植物多样性指数平均值略高于夏季（钱树本和陈国蔚，1996）。孙军等（2007）发现2004年冬季南海调查区域中部的多样性较高，近岸和外海区则较低；并将海区浮游植物物种划分为5个组：组I是海区中主体物种，是能在高温度、高盐度、高光照和低营养盐环境中生存的物种，主要分布在大洋上层水体；组II是喜高温度和高光照环境，而对其他环境因子不敏感的物种，主要分布在大洋区最表层水体；组III是喜高磷酸盐和硅酸盐环境的物种，主要分布在近岸水体；组IV是喜低光强高盐度的荫生物种，主要分布在底层水体；组V是喜高硝酸盐环境的物种，主要分布在近岸水体。应用特征光合色素研究浮游植物群落结构发现，2002年南海北部浮游植物群落形成近岸与离岸两种类型，近岸以硅藻、隐藻、绿藻为主要优势类群；离岸以定鞭金藻、蓝藻、原绿球藻为主要优势类群（陈纪新等，2006）。

21.3 基于光合色素的浮游植物类群组成

21.3.1 冬季光合色素及浮游植物类群的分布特征

21.3.1.1 光合色素的水平分布

冬季南海北部光合色素分布的基本模式为（图21.21），岩藻黄素（fucoxanthin）、多甲藻素（peridinin）、青绿藻素（prasinoxanthin）、别藻黄素（alloxanthin）、叶黄素（lutein）、叶绿素b和叶绿素a在近岸浓度较高，在陆架边缘及陆坡区则较低。岩藻黄素及叶绿素a最高值出现在珠江口海域，分别为242.1 ng/L，536.3 ng/L，而多甲藻素、青绿藻素、别藻黄素、叶黄素则在位于湛江外海区浓度最大；19′-己酰基氧化岩藻黄素和19′-丁酰基氧化岩藻黄素则在位于陆坡的海区浓度较高。

值得注意的是，南海是一个中尺度暖涡现象非常普遍的海域，浮游植物光合色素的分布明显会受到暖涡的影响。在暖涡影响的海域，玉米黄素、二乙烯基叶绿素a都出现高值，海南岛东侧暖涡（局地起源的），两种光合色素浓度分别达到87.7 ng/L和48.7 ng/L，东沙群岛附近暖涡（黑潮入侵形成的），玉米黄素和二乙烯基叶绿素a的浓度分别为54.9 ng/L和46.5 ng/L，与之相反的岩藻黄素和硅藻黄素在两个暖涡海区出现了调查海区最低值。

21.3.1.2 浮游植物类群组成的水平分布

应用CHEMTAX软件计算冬季南海北部表层浮游植物的类群组成，结果如图21.22所示。硅藻在近岸测站特别是珠江口外为优势类群，最高可达70%，而在陆架区分布较低，青绿藻和隐藻的高比例出现在海南岛东侧的近岸区域，特别是青绿藻，其所占比例超过40%，这可能与近岸的低温环境有关。定鞭金藻则在陆架海区比例最高。绿藻、甲藻及金藻在南海海域分布不高，后二者（甲藻和金藻）在陆架有相对较高的比例。

21.3.1.3 冬季浮游植物类群的断面分布

沿珠江口向东南延伸的断面温、盐特征表明，冬季东北季风强盛，近岸海水混合均匀，

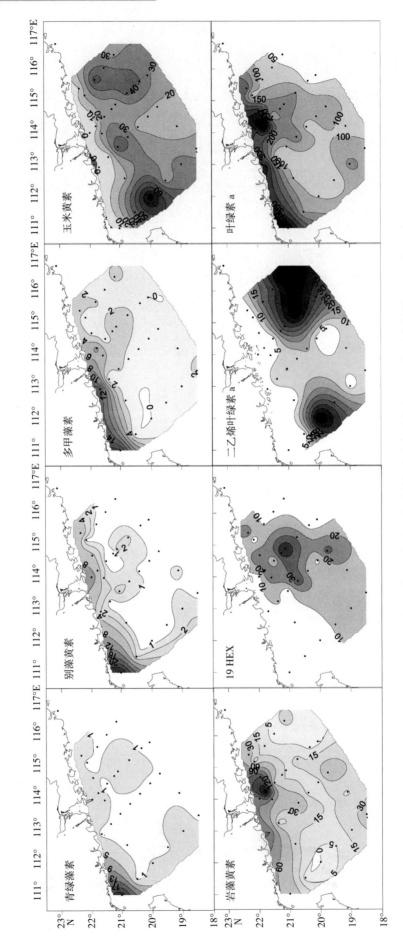

图21.21 2004年2月南海北部表层部分特征光合色素分布（ng/L）（曹振锐，2006）

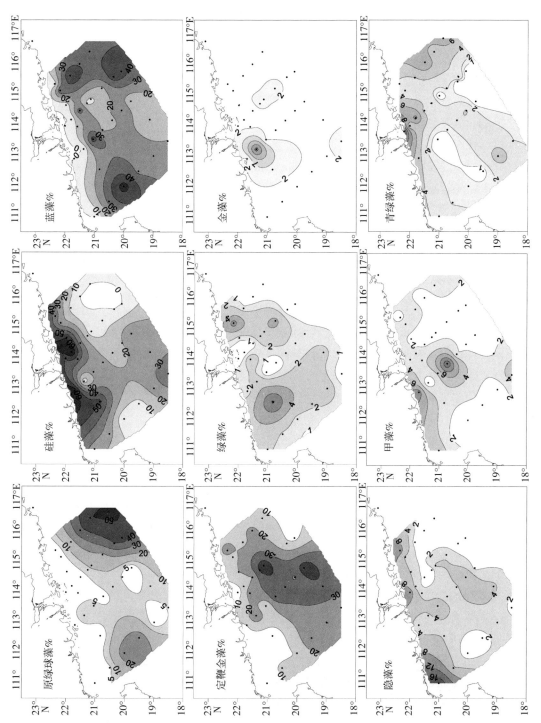

图21.22 2004年2月南海海北部表层浮游植物类群组成（曹振锐，2006）

等值线基本与海面垂直，由近岸向陆架温度及盐度逐渐升高，陆架外缘，温盐等值线向上凸起，表明沿陆坡有一个明显的冷水团的爬升。自陆坡向外，存在着弱的温度跃层（约在 80 ~ 100 m 深处），其所在深度几乎达到全年最大值，但跃层内的温度变化较小。

营养盐的分布与温、盐分布比较吻合，富含营养盐的下层冷水爬升，使得陆坡处营养盐的等值线明显向上凸起。珠江口外陆架测站三种营养盐都从下向上涌升了 40 m 左右。

与温盐及营养盐的分布相一致，近岸，叶绿素 a 等值线也几乎垂直于海平面。陆坡附近，由于涌升水的营养盐丰富，叶绿素 a 浓度也出现了提升，影响范围已经接近表层，并在 20 ~ 40 m 深度处出现最高值（>200 ng/L），该浓度也是整个陆架海区的最大值。自陆坡向外的测站，叶绿素 a 的垂直分布又呈现典型的陆架特征，在 60 m 水深附近亚表层叶绿素最大值层出现，叶绿素 a 浓度也达到 200 ng/L（曹振锐，2006）。

珠江口延伸断面浮游植物的类群组成，硅藻占据着近岸浮游植物的绝对优势（60% ~ 80%）。在冷水涌升的陆坡附近，定鞭金藻和原绿球藻占据优势，青绿藻也有一定的比例。陆架测站，则由蓝藻，定鞭金藻和原绿球藻为优势类群。蓝藻主要分布在表层，定鞭金藻则在次表层（30 m）出现高比例。

21.3.2 夏季光合色素及浮游植物类群组成的分布特征

21.3.2.1 光合色素水平分布

受珠江径流的影响，夏季光合色素的分布与冬季也有所差异（图 21.23），岩藻黄素、多甲藻素、青绿藻素、别藻黄素、叶黄素、叶绿素 b 和叶绿素 a 依然在近岸浓度较高，但分布与冬季不同。叶绿素 a 在近岸特别是珠江口外浓度很高（>2 800 ng/L），且与盐度的分布相一致，叶绿素 a 等值线在珠江口北部断面向南偏移，显然这是受珠江冲淡水的作用影响。岩藻黄素的最高值出现珠江口外测站，浓度达到 2 517.8 ng/L，为 2 月的 10 倍。另外，受西南季风影响，驱使珠江冲淡水向东北流动，在珠江口东侧低盐度的测站，也出现了岩藻黄素的高值区，浓度为 1 164.2 ng/L。光合色素分布与水文特征及上述温盐及营养盐的分布十分吻合。光合色素分布的季节差异还表现在多甲藻素、青绿藻素、别藻黄素、叶黄素、叶绿素 b 等表征青绿藻和隐藻的特征色素在海南岛东侧测站的高值消失，高值出现在珠江口外的测站，这可能与夏季近岸海区高温升高有关，这几种光合色素浓度等值线也在珠江口外向南偏移。19′ - 己酰基氧化岩藻黄素和 19′ - 丁酰基氧化岩藻黄素分布也与冬季不同，高值区出现在珠江口北部测站，紧邻有着高岩藻黄素浓度存在的珠江口北部测站，显示了两个测站间存在着比较明显的类群组成差异（曹振锐，2006）。

玉米黄素和二乙烯基叶绿素 a 同样在陆架及陆坡区具有较高的浓度，二者的分布规律有所不同，玉米黄素最高值区出现珠江口北部测站（226.3 ng/L），明显高于冬季暖涡区的浓度，次高值出现在海南岛西侧测站（182.0 ng/L）。而二乙烯基叶绿素 a 在陆坡附近海区浓度较高，在海南岛西侧及珠江口断面陆坡的测站出现两个相对高值，浓度分别为 47.2 ng/L 和 46.3 ng/L，与冬季相比变化不大。二乙烯基叶绿素 a 浓度等值线与叶绿素 a 形状相似，但梯度变化恰好相反，二乙烯基叶绿素 a 由近岸向外海浓度逐渐增加，在叶绿素 a 出现高值区域，二乙烯基叶绿素 a 浓度较低（曹振锐，2006）。

21.3.2.2 浮游植物类群组成的分布

CHEMTAX 的计算结果显示，夏季浮游植物的优势类群依然是硅藻、定鞭金藻、原绿球藻和蓝藻（图 21.24），硅藻在近岸站位有很高的分布，平均比例高于冬季，在陆架所占比例

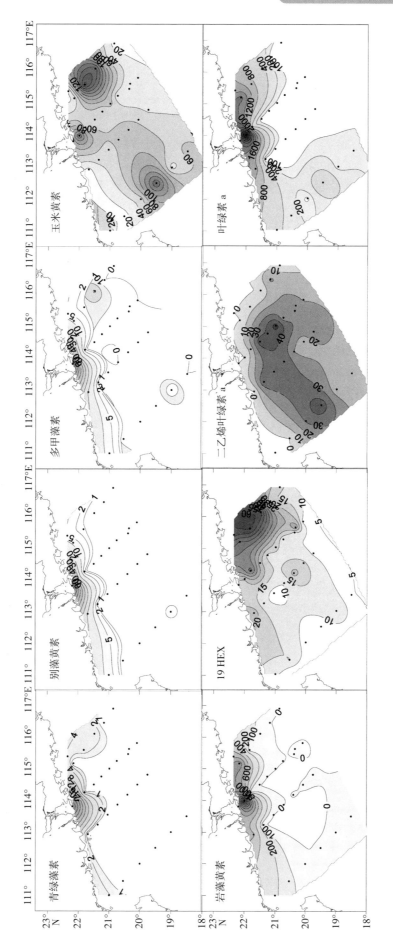

图21.23　2004年7月南海北部表层部分特征光合色素分布（ng/L）（曹振锐，2006）

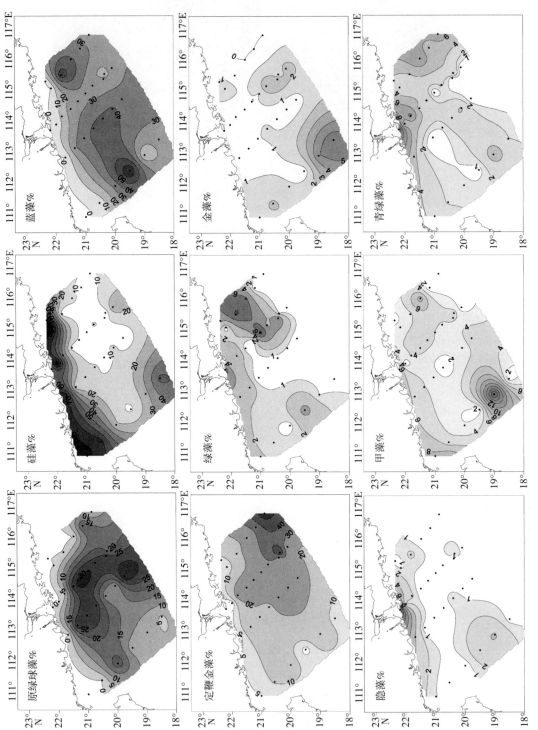

图21.24 2004年7月南海北部表层浮游植物类群组成（曹振锐，2006）

则较少，但是在海南岛东南站位出现了较高的分布（>40%）。定鞭金藻、原绿球藻和蓝藻在整个陆架海域都占有一定比例，相对地，定鞭金藻高比例区域出现在调查海区最东面的测站，原绿球藻在珠江口断面有较高分布，而蓝藻则在珠江口北面站和南面测站有较高比例。

南海北部浮游植物的水平分布，春、夏两季，近岸特别是珠江口外以硅藻为主要优势类群；青绿藻和隐藻的分布也以近岸为主，冬季在海南岛近岸测站出现较高比例，其高比例可能有低温有关。夏季受珠江水输入影响，近岸浮游植物叶绿素 a 浓度远高于冬季，但对浮游植物类群影响不大。

陆架和陆坡，叶绿素 a 浓度的季节差异不大。浮游植物的优势类群为原绿球藻、蓝藻和定鞭金藻。冬季，研究海域存在两个中尺度暖涡，可能因其来源不同，形成不同的浮游植物群落特征，位于东沙群岛附近的黑潮起源的暖涡，以原绿球藻占优势，而位于海南岛东部的局地起源的暖涡，则以定鞭金藻占优势（Huang, et al, 2009）。

绿藻，甲藻和金藻在整个南海北部比例不高。

2004 年 7 月，珠江口径流量增加，近岸海域受冲淡水影响，盐度明显低于冬季。陆坡附近与冬季相似，也出现了冷水涌升，但形成机制可能并不相同，南海北部盛行西南季风，形成 Ekman 漂流，促进沿岸上升流发生。温度分布表现水平方向差异很小，垂直分布上，与冬季不同的是，温跃层更为明显。营养盐分布，7 月略低于 2 月，陆架外缘随冷水涌升，营养盐等值线也向上抬升。叶绿素 a 分布在近岸受珠江水营养盐影响，出现高值。陆架测站，叶绿素 a 最大值出现在陆坡涌升水附近（>200 ng/L），陆架测站，亚表层叶绿素最大值层（SCM）出现深度比 2 月深。

从浮游植物的类群组成来看，近岸仍以硅藻占绝对优势（50%~80%）。外海各测站，与冬季珠江口断面的分布格局相似，涌升水海区，定鞭金藻和原绿球藻占优势，陆架的车 1 站，蓝藻在表层占据优势。另外值得注意的是定鞭金藻和原绿球藻的高比例都出现在跃层之下。

21.3.3　冬夏季浮游植物类群分布格局比较

结合上述光合色素分布的分析，将冬季和夏季 2 个航次珠江口断面垂直剖面上各点按浮游植物类群组成用 SPSS 软件进行聚类分析，得到了南海北部浮游植物类群组成的分布格局（图 21.25），两个季节的类群分布模式都可以分为两个大类，第 I 大类代表近岸海域，此处有珠江淡水的输入，加之水深浅，垂直混合均匀，营养盐浓度相对高，形成了以硅藻绝对优势的浮游植物分布态势。第 II 大类包括除近岸海区外的所有测站，代表了寡营养海区浮游植物类群组成特点。按照浮游植物类群垂直分布的差异，基本可以将第 II 大类分为两个小类别。第一小类（II-1）为表层水层，浮游植物类群以蓝藻和原绿球藻占绝对优势，第二小类（II-2）为真光层的中、下层，该层的代表类群为定鞭金藻和原绿球藻。冬季，第二小类（II-2）可以在细划为真光层的中和下层两部分，与中层相比，下层原绿球藻的比例增加，定鞭金藻的比例有所下降。冬季，在陆坡附近，由于涌升水的补充，温、盐及营养盐等值线向上抬升，也把第二小类的分布深度向表层扩张，基本取代了表层类别。

两个季节蓝藻的分布都集中在表层，与蓝藻特有的光保护机制有一定关系。Llewellyn（1997）报道蓝藻具有特有的光保护光合色素 Scytonemin，Sinha（1998）指出 Scytonemin 可减少蓝藻 90% 的紫外线伤害。7 月，出现高蓝藻丰度的海南岛东南侧测站都检测到了 Scytonemin 的存在，也验证了这一说法。原绿球藻整个深度都有分布，这可能与各层优势亚种不同有关，Mackey（2002）报道了原绿球藻至少有 3 个亚种存在，各亚种具有不同的光合色素比值，以适应不同深度下的光强。

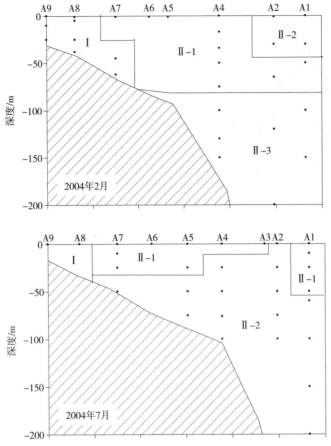

图 21.25　南海北部珠江口—东沙岛断面浮游植物类群组成的聚类分析结果（曹振锐，2006）

21.4　小结

各类微微型浮游生物在南海均普遍存在。在平面分布上，夏季聚球藻的高丰度和高生物量大多出现在营养盐较为丰富的海域，水平分布呈现出由高至低为海南东部近岸海区，北部湾，海南东部外海的规律；冬季聚球藻高值区则出现在陆架中部营养盐和水温均较为适宜海域；垂直分布上聚球藻往往存在次表层的最大值，其丰度在真光层下方迅速降低。真核球藻在南海的分布与营养状况密切相关，一般呈现出从富营养的近岸向贫营养的远海递减的趋势，其水平和垂直分布特征与聚球藻相近。在季节变化上，近岸海域聚球藻和真核球藻均表现出夏高冬低的趋势，其高值多集中在河口外等营养盐丰富的区域；而在南海海盆区等贫营养海域，一年中的高值均出现在冬季，这与该季节东北季风导致混合层减弱、营养盐条件改善有关。原绿球藻的水平分布同样呈现明显的近岸低外海高的特征；在垂直分布上，原绿球藻存在明显的次表层高值区，其丰度的最大值出现在温跃层和 NO_3 跃层附近或出现在温、盐跃层和真光层的底部（曹振锐，2006）。

南海北部冬季浮游植物物种以广温、广布型为主，其次是暖水性种，热带、亚热带和冷水性种都较少，优势种类主要以硅藻为主；夏季浮游植物以热带暖水性类群和广布性类群为主，优势种类大多为浮游硅藻。夏季，南海北部受太平洋的高温高盐水团和黑潮水的影响，近海性浮游硅藻物种和数量大大减少，而大洋暖水性浮游硅藻和甲藻则显著增加，而在珠江口、海南岛东北部由于受大陆径流沿岸冲淡水的影响，盐度低于 30，浮游植物的近岸物种多。南海南部的浮游植物的生态类群多属于热带大洋种，另一重要类群是广布性类群，主要由广温广盐种和广温高盐种组成。

南海是中尺度涡形成非常普遍的海域，暖涡形成主要受冬夏季反向季风强迫影响，同时，黑潮水的入侵在南海北部也可形成暖涡。宁修仁等（Ning, et al, 2004）研究表明，南海北部冷涡具有高营养盐、低溶解氧、高叶绿素和初级生产力，而暖涡表现为低营养盐、高溶解氧、低叶绿素 a 和初级生产力，用显微镜镜检表明冷涡与暖涡的浮游植物群落的优势类群均为硅藻和甲藻。黄邦钦等（Huang, et al, 2010）进一步应用光合色素分析方法研究了2003—2004年冬季南海北部两个暖涡的浮游植物群落特征，由于中尺度涡的起源与发展阶段的差异，两个暖涡中浮游植物群落具有不同的优势类群（图21.26），一个暖涡是由于黑潮水入侵所形成的，在真光层内浮游植物的优势类群为原绿球藻，由于暖涡在一定时间内可以保持水团物理与化学特征稳定，暖涡原绿球藻的优势地位与黑潮水的群落组成特征一致（Furuya, et al, 2003）；另一个暖涡是由于南海北部陆架海水所形成的，定鞭金藻是群落的主要优势类群，也同南海北部陆架区浮游植物群落结构一致（陈纪新等，2006）。

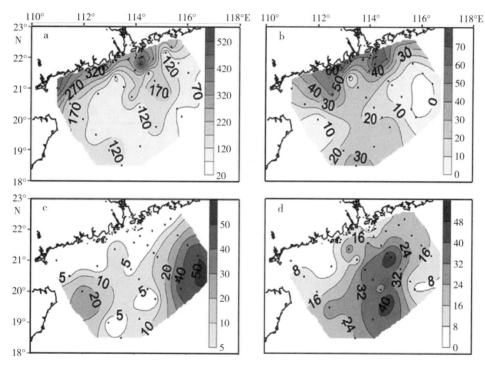

a. 浮游植物总叶绿素 a（ng/L）；b. 硅藻所占生物量比重（%）；

c. 原绿球藻所占生物量比重（%）；d. 定鞭金藻所占生物量比重（%）

图21.26 南海北部2003—2004年冬季浮游植物群落结构（Huang, et al, 2010）

暖涡中，由于下降流的作用，真光层主要营养盐（磷酸盐、硝酸盐）很快被消耗掉，而硅藻对营养盐需求较长，暖涡中代表硅藻的岩藻黄素浓度很低（图21.27）。显微镜计数也表明，暖涡中硅藻和较大浮游植物丰度较低（Sun, et al, 2007）。通常认为冷涡可以引发硅藻水华，形成选择性硅泵（Benitez-Nelson, et al, 2007），而在黑潮水入侵所形成的暖涡中，由于硅藻生物量低，降低了该海域浮游植物硅泵效率。同时，由近岸海水形成的暖涡中硅泵效率要强于黑潮水入侵形成的暖涡，在其真光层以下水深（70～150 m）主要光合色素（叶绿素 a、岩藻黄素和 19′– 己酰基氧化岩藻黄素）浓度依然很高，这表明由近岸海水形成的暖涡由于下降流的作用，促进浮游植物从真光层向深层输出，加强生物泵作用。

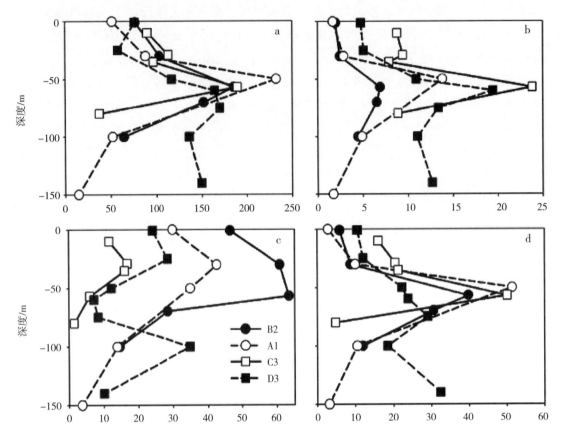

a. 总叶绿素 a；b. 岩藻黄素；c. 二乙烯叶绿素 a；d. 19′– 己酰基氧化岩藻黄素（Huang, et al, 2010）

站位：B2 – 黑潮水入侵形成的暖涡；D3 – 陆架水形成的暖涡；A1、C3 – 暖涡外站位

图 21.27　南海北部 2003/2004 年冬季两个暖涡内外浮游植物典型光合色素（ng/L）

第22章 南海浮游动物

南海可分为近海及陆架、南海中部和南沙岛礁三个基本单元,在陆架海域,受陆源的影响大,特别是陆源输入对沉积物的影响不能很迅速反映在上层生态系统上。南海北部陆架海域是我国近海主要的季节性上升流区之一,夏季海表温度存在着明显的低值区,主要存在于海南岛东部沿岸、雷州半岛以东广州湾东南部直至珠江口南部一带海域,粤东沿岸和福建沿海以及台湾浅滩海域,同属于一个上升流系。浮游动物在这些区域出现明显的丰度和种类数的高值区。所以夏季上升流对营养盐和生物种群结构存在显著地影响。冬季,主要是由于陆架东部还受黑潮入侵的影响,浮游动物丰度和种类具有热带大洋特性。鉴于南海的这些特点,以下论述分南海北部、南海中部和南海南部,对南海典型的生态特征区的浮游动物如上升流区、珠江口外重点讲述。

22.1 微型浮游动物种类组成、丰度与生物量分布

22.1.1 南海北部微型浮游生物

22.1.1.1 纤毛虫丰度和生物量

南海北部的浮游纤毛虫的丰度只有2007年8月和10月两个航次的资料。2007年8月,南海北部(18°~23°N,113°~120°E)纤毛虫丰度为50~2 425 ind./L,平均为796 ind./L,表层砂壳纤毛虫的丰度为0~2 175 ind./L,平均为415 ind./L。砂壳纤毛虫的优势种为长形旋口虫(*Helicostam longa*)和根状拟铃虫(*Tintinnopsis radix*)(刘华雪等,2010;Liu, et al, 2010)。

2007年10月南海北部(21°25.47′~17°24.95′N,109°28.86′~13°13.01′E)的纤毛虫资料比较详细(张翠霞等,2010;丰美萍等,2010)。表层纤毛虫丰度为15~5 486(822±877)ind./L,生物量为0~9.76(1.12±1.53)μg/L(以C计),纤毛虫丰度和生物量的高值都位于雷州半岛东部海域的浅水区(<30 m)(图22.1)。

10 m层纤毛虫丰度为[1 191±819(85~4 604)]ind./L,纤毛虫平均生物量为[1.79±1.79(0.02~12.09)]μg/L(以C计),丰度和生物量的最大值出现在雷州半岛东部水域(图22.2)。

30 m水层纤毛虫丰度为[883±392(92~2 054)]ind./L,生物量为[1.01±0.79(0.12~4.51)]μg/L(以C计),丰度和生物量的高值出现在远岸的深水区(>100 m)(图22.3)。

底层纤毛虫丰度为[508±729(0~5 757)]ind./L,生物量为[0.86±1.45(0~7.23)]μg/L(以C计),不同站位底层的水深不相同,底层的纤毛虫多集中在近岸的浅水区(图22.4)。

2007年10月共发现砂壳纤毛虫16属49种(表22.1),其中拟铃虫属种类最多,共有17个种,且分布广泛。其次是*Dadayiella*和*Steenstrupiella*属,*Stenosemella*、*Rhabdonella*、*Epiplocylis*、*Epiplocyloides*和*Proplectella*是偶见的属,其种类也很少。*Tintinnopsis radix*分布最广,

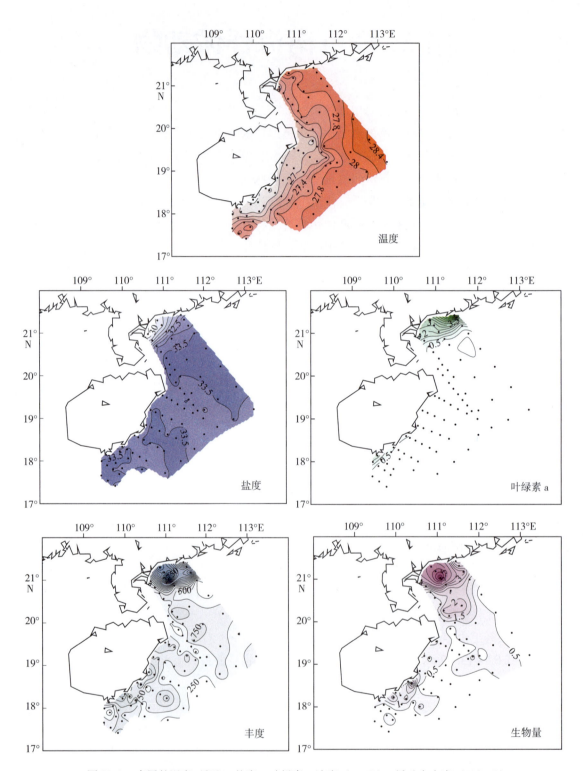

图 22.1　表层的温度（℃）、盐度、叶绿素 a 浓度（μg/L）、纤毛虫丰度（ind. /L）
和生物量［μg/L（以 C 计）］的水平分布

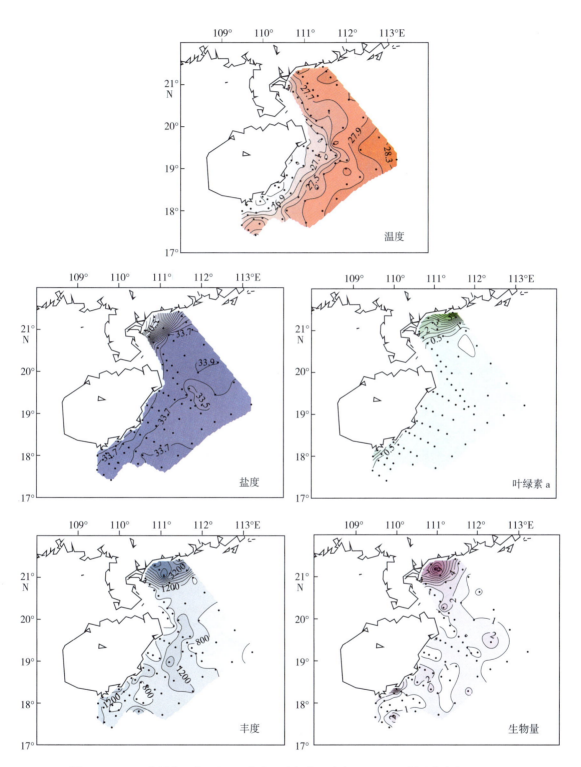

图22.2　10 m 水层的温度（℃）、盐度、叶绿素 a 浓度（μg/L）、纤毛虫丰度（ind./L）和生物量［μg/L（以 C 计）］的水平分布

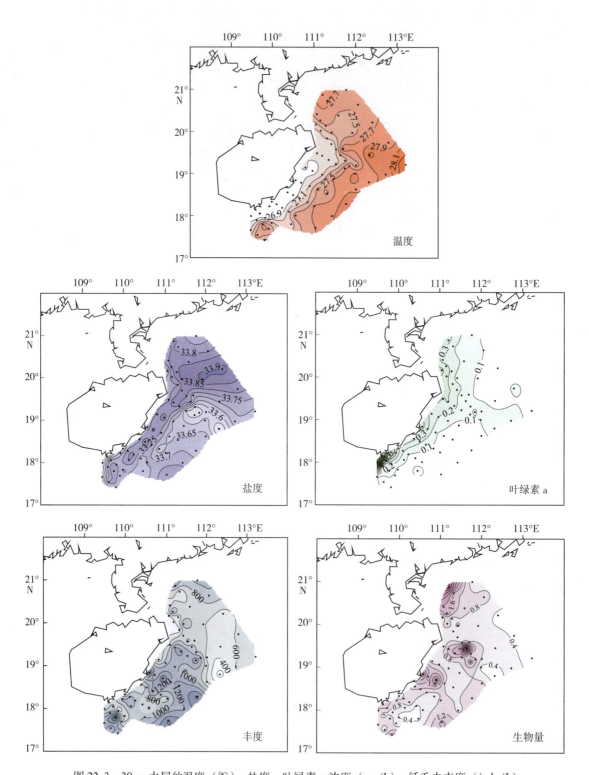

图 22.3　30 m 水层的温度（℃）、盐度、叶绿素 a 浓度（μg/L）、纤毛虫丰度（ind./L）
和生物量［μg/L（以 C 计）］的水平分布

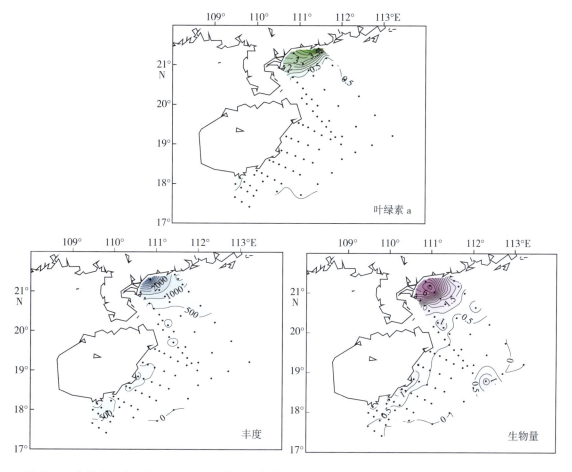

图 22.4 底层叶绿素 a 浓度（μg/L）、纤毛虫丰度（ind./L）和生物量［μg/L（以 C 计）］的水平分布

Tintinnopsis tocantinensis 丰度最高，最大丰度可达 192 ind./L。

纤毛虫的平均丰度是［848±776（0～5 757）］ind./L，其中以无壳纤毛虫居多。无壳纤毛虫占纤毛虫丰度的比例最小 50%，平均为 91.9%±9%。砂壳纤毛虫与无壳纤毛虫丰度的比例平均为 10%。纤毛虫的生物量［1.2±1.54（0～12.09）］μg/L（以 C 计），其中无壳纤毛虫的生物量平均为（0.94±1.27）μg/L（以 C 计），对生物量的贡献是（78.6±23.8）%。砂壳纤毛虫与无壳纤毛虫的生物量比例平均为 27.2%。

纤毛虫 30 m 水体丰度为［$3.6 \times 10^7 \pm 1.4 \times 10^7$（$6.4 \times 10^6$～$9.1 \times 10^7$）］ind./m^2（以 C 计）。水体生物量［48.1±33.7（3.6～195.8）］mg/m^2（以 C 计）。水体丰度与水体生物量的高值出现在雷州半岛东部的沿岸浅水区，与表层的丰度和生物量的分布相似。在海南岛沿岸及向外延伸到水深 100 m 纤毛虫水柱丰度不是很低，除水体生物量的高值区外，其他位置的水体生物量平均偏低些（图 22.5）。

22.1.1.2 南海北部异养鞭毛虫和异养甲藻的丰度和生物量

2004 年 2 月在南海北部，异养鞭毛虫丰度范围为 0.157×10^3～9.193×10^3 ind./mL，平均为 0.891×10^3 ind./mL，异养甲藻丰度范围为 4×10^3～102×10^3 ind./L，生物量为 0.34～12.3 μg/L（以 C 计）。2004 年 7 月的范围为 0.107×10^3～5.417×10^3 ind./mL，平均为 0.599×10^3 ind./mL，异养甲藻丰度范围为 2×10^3～142×10^3 ind./L，生物量为 0.22～31.4 μg/L

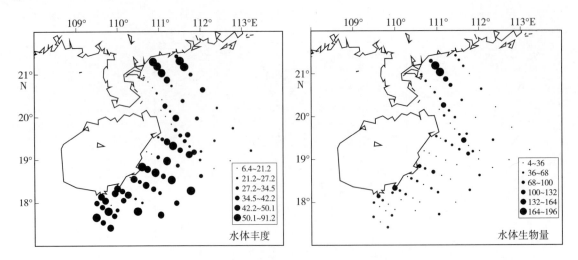

图 22.5　纤毛虫水体丰度（×10^6 ind./m^2）与水体生物量 [mg/m^2（以 C 计）]

（以 C 计）（Huang, et al, 2008; Lan, et al, 2009）。异养鞭毛虫丰度从从近岸海域向外海降低。在外海，冬季的丰度大于夏季。小于 5 μm 个体占优势（Huang, et al, 2008）。

22.1.1.3　南海北部微型浮游动物对浮游植物的摄食

2000 年 8 月在香港牛尾海和龙鼓水道，南海北部微型浮游动物的摄食率为 0.71～1.56/d，对浮游植物现存量的摄食压力为每天 143.7%～209.7%，对初级生产力的摄食压力为每天 78.6%～126.6%（孙军等，2003）。这个海域 2007 年 2 月—2008 年 2 月每月的稀释培养实验显示微型浮游动物的摄食率为 0.71～1.56/d，0～1.88/d（Chen, et al, 2009 a）。

2004 年秋季，南海北部微型浮游动物的摄食率为 0.01～1.06/d，对浮游植物现存量的摄食压力为每天 0.089%～65.23%，对初级生产力的摄食压力为每天 33.63%～86.04%（Su, et al, 2007）。2007 年 8—9 月，南海西部微型浮游动物的摄食率为 0.08～2.19/d（Chen, et al, 2009 b）。

22.1.2　热点地区微型浮游动物及其对浮游植物的摄食

22.1.2.1　大亚湾

1997 年 4 月，在大亚湾中大鹏澳的核电站附近水域，优势种为腹羽急游虫和球形急游虫，浮游纤毛虫的丰度为 2 000～13 400 ind./L，距离核电站冷却水排放口较近的地方丰度较低，远离冷却水排放口的密度较高（徐润林和白庆笙，1998）。2004 年 12 月和 2005 年 3 月，微型浮游动物的摄食率分别为 1.00～2.08/d 和 0.33～1.74/d，对浮游植物现存量的摄食压力分别为每天 76%～287% 和 47%～258%，对初级生产力的摄食压力分别为每天 101%～445% 和 70%～330%（王学锋等，2006）。

22.1.2.2　三亚湾

2005 年 8 月、11 月和 2006 年 4 月，微型浮游动物的摄食率分别为 0.85～1.79/d、1.29～2.57/d 和 1.28～2.37/d，对浮游植物现存量的摄食压力分别为每天 57.26%～83.30%、72.47%～92.35% 和 72.20%～90.65%，对初级生产力的摄食压力分别为每天 78.13%～140.38%、86.65%～97.90% 和 113.31.65%～315.34%（苏强等，2007，2008）。

22.1.2.3 珠江口

2004 年 2 月，珠江口表层鞭毛虫丰度为 $3.4 \times 10^3 \sim 25.6 \times 10^3$ ind./mL，异养甲藻丰度为 11 ~ 312 ind./mL，纤毛虫丰度为 7 ~ 172 ind./mL，高丰度的原生动物主要集中在珠江口上段盐度小于 8.0 处（蓝文陆等，2009）。

22.2 浮游动物种类组成、优势类群及其丰度和生物量分布

22.2.1 种类组成和生态类群

22.2.1.1 空间分布

1）南海北部

南海北部浮游动物从空间分布看，粤东、珠江口至粤西海域主要优势种基本类似，主要为微刺哲水蚤（*Canthocalanus pauper*）和普通波水蚤（*Undinula vulgaris*），粤东的肥胖箭虫（*Sagitta enflata*）优势地位居第一水平；北部湾海域的亚强次真哲水蚤（*Subeucalanus subcrassus*）和微刺哲水蚤分别占据第一和第二优势地位；琼南海域优势种单一，共 2 种（表 22.1）。在空间分布上，台湾浅滩和粤东海域优势种相似度较大，主要为微驼隆哲水蚤（*Acrocalanus gracilis*）和精致真刺水蚤（*Euchaeta concinna*）等，但各海域次优势种类明显不同；珠江口和琼南海域优势种组成较为接近，主要为精致真刺水蚤、微刺哲水蚤和肥胖箭虫等；粤西和北部湾海域主要优势种为肥胖箭虫和微刺哲水蚤等，但优势水平和优势地位具有一定差异（李纯厚，2004）。北部湾桡足类高密集区（> 100 ind./m³）位于海南南部，芦氏拟真刺水蚤（*Pareuchaeta russelli*）、狭额次真哲水蚤（*Subeucalanus subtenuis*）和彩额锚哲水蚤（*Rhincalanus rostrifrons*）占优势。次高密集区（> 50 ind./m³）位于湾顶北，以汤氏长足水蚤（*Calanopia thompsoni*）占绝对优势；低密集区（< 10 ind./m³）位于湾中部。冬季高密集区（> 100 ind./m³）位于湾北部，亚强次真蜇水蚤和精致真刺水蚤占优势，而在湾顶部为低密集区。冬季桡足类丰度高达 46.38 ind./m³，较夏季（23.41 ind./m³）数量增加近 1 倍。

表 22.1 南海浮游动物优势种或主要种类的年际变化

年　　份	优势种或主要种类	调查海域
1959—1960	中华哲水蚤、普通波水蚤、精致真刺水蚤、狭额次真哲水蚤、亚强真哲水蚤、微刺哲水蚤、海洋真刺水蚤、中型莹虾、肥胖箭虫、半口壮丽水母	南海北部 200 m 等深线以内
1964—1965	普通波水蚤、海洋真刺水蚤、中华哲水蚤、亚强真哲水蚤、狭额次真哲水蚤、鼻猫哲水蚤、歪尾宽水蚤、丹氏厚壳水蚤、微刺哲水蚤、中型莹虾、肥胖箭虫	南海北部大陆架（海南岛以东）
1978—1979	普通波水蚤、精致真刺水蚤、狭额次真哲水蚤、亚强真哲水蚤、微刺哲水蚤、海洋真刺水蚤、达氏筛哲水蚤、锥形宽水蚤、中型莹虾、肥胖箭虫、小齿海樽、双生水母	南海北部大陆架外海
1979—1980	狭额次真哲水蚤、普通波水蚤、瘦乳点水蚤、瘦新哲水蚤、丹氏厚壳水蚤、隆长螯磷虾、中型莹虾、肥胖箭虫	南海北部大陆斜坡
1979—1981	锥形宽水蚤、普通波水蚤、达氏筛哲水蚤、狭额次真哲水蚤、亚强真哲水蚤、海洋真刺水蚤、瘦乳点水蚤、肥胖箭虫、太平洋箭虫、中型莹虾、正型莹虾等	南海东北部

续表 22.1

年 份	优势种或主要种类	调查海域
1980—1985	刺尾纺锤水蚤、精致真刺水蚤、异尾宽水蚤、肥胖箭虫、亚强真哲水蚤、锥形宽水蚤、中华哲水蚤、微刺哲水蚤、肥胖箭虫、真刺唇角水蚤、椭形长足水蚤、伯氏平头水蚤、中型莹虾、双生水母、小齿海樽	广东省海岸带
1989—1990	中华哲水蚤、微刺哲水蚤、刺尾纺锤水蚤、亚强真哲水蚤、瘦歪水蚤、鸟喙尖头溞、肥胖箭虫、普通波水蚤、真刺唇角水蚤、伯氏平头水蚤、中型莹虾、瘦尾胸刺水蚤、异尾宽水蚤、锥形宽水蚤、双生水母	广东省海岛
1997—2000	达氏筛哲水蚤、叉胸刺水蚤、角锚哲水蚤、精致真刺水蚤、普通波水蚤、瘦乳点水蚤、微刺哲水蚤、狭额次真哲水蚤、亚强真哲水蚤、异尾宽水蚤、中型莹虾、肥胖箭虫、住囊虫	126 调查
2007—2008	强次真哲水蚤、异尾宽水蚤、小哲水蚤、锥形宽水蚤、肥胖箭虫、裂颏蛮蜮和正型莹虾、双生水母、狭额次真哲水蚤、鸟喙尖头溞、红住囊虫、蛇尾类长腕幼虫、多毛类幼虫；微驼隆哲水蚤、微刺哲水蚤、精致真刺水蚤、真刺水蚤幼体、亚强次真哲水蚤、达氏筛哲水蚤、普通波水蚤、太平洋箭虫	开放航次与 ST 07 – 09

琼东粤西海域夏季浮游动物优势类群为桡足类、浮游幼虫和毛颚类；冬季优势类群为桡足类、毛颚类，其中桡足类的优势度相当突出，占浮游动物总密度的 59.70 %。整个南海北部情况类似，南海北部浮游动物平均丰度为 133.37 ind. /m³，其中桡足类丰度最高（69.40 ind. /m³），其次是浮游幼虫和毛颚类，丰度分别为（21.00 ind. /m³）和（12.99 ind. /m³）。然而，2008 年 8 月浮游动物丰度急剧下降（75.49 ind. /m³），桡足类和浮游幼虫丰度大大降低，而水母类和海樽类丰度大大升高。

2）南海中部

在南海中部浮游动物（大网采集）中，桡足类 200 种，磷虾 33 种、大眼端足类 55 种、糠虾 6 种、细螯虾 1 种、浮游介形类 20 种、莹虾 4 种、枝角类 1 种、毛颚类 30 种、浮游多毛类 30 种、翼足类和异足类 35 种，浮游头足类 14 种、有尾类 10 种、海樽 11 种、水螅、水母 10 种、管水母 55 种、栉水母 4 种。浮游动物共采集到 519 种。在这些种类中，构成数量优势的种类，通常由 10 ~ 12 个种类所组成，这较黄海、东海为多。数量多少具有季节性的变化，但种类保持相对的稳定性（李纯厚等，2005）。

从群落的组成来看，该海域的浮游动物种类，远超过我国北方诸海区。在浮游动物各个类群中，桡足类占 38.5%、磷虾占 6.3%、端足类占 10.5%、莹虾占 0.7%、浮游介形类占 3.8%、枝角类占 0.1%、翼足类和异足类占 6.7%、浮游头足类占 2.6%、毛颚类占 5.7%、水螅、水母类占 1.9%、管水母类占 10.5%、钵水母占 0.7%、被囊类占 4.0%。在南海中部群落的结构中，优势种一般由 10 到 12 种组成。这个特点与太平洋、印度洋热带区的情况基本相似。这个群落的主要成员是桡足类和毛颚类，优势种是达氏筛哲水蚤（*Cosmocalanus darwini*）、狭额次真哲水蚤、肥胖箭虫、太平洋箭虫（*Sagitta pacifica*）、海洋真刺水蚤等所组成。这些种类大多数生活在 200 m 上层，因此它们是影响上层生物量的主要成分。

从群落的个体大小来看，这海域的个体较寒带、温带海域者小。例如，在哲水蚤类中，体长在 2 mm 以上者占 46%、1 ~ 2 mm 者占 37%、1 mm 以下者占 17%。在剑水蚤类中，2 mm 以上者占 26%，1 ~ 2 mm 者占 24%，1 mm 以下者占 50%。上例说明，大个体种数虽占一定比例，但其中小个体的种数和数量很多，故浮游动物的平均体长就较小。这与寒带、温带海域的种数少、个体数多，其平均体长也较大的现象迥然不同。

在这群落中，各类群的颜色较鲜艳或透明，身体呈水平方向扩大或扁平，附肢有的加长，体内一般缺乏发达的油囊或脂肪球，这些适应性的特点同海水的温度、透明度以及黏性都有密切关系（陈清潮等，1978）。

在这些群落中以终生浮游生活的种类及其发育中的幼体为主要成分。个别在岛礁或浅滩，虽然也见到一些临时性浮游生活的种类，诸如短尾类、长尾类幼体，但它们的种数和数量，却不如南海北部陆架区那样丰富。

浮游动物群落的种类和数量的季节性更替较小。虽然个别种类在秋、冬或夏季略有变化，但并不影响其性质的改变。加之，群落内经常见到发育中的浮游动物幼体，这可能与周年繁殖次数多，再生周期短，保持种群数量相对稳定性有关。浮游动物总生物量维持在 20 ~ 60 mg，呈现较低而均匀的现象，季节上增减的幅度并不大，缺乏显著单次或双次数量高峰。这与黄海、东海甚至南海北部陆架区有明显的不同。

3）南海南部

南沙海区浮游动物研究从 1984 年开始，到 2007 年，将近有 20 个航次。南沙群岛海区地处热带，生态环境又十分复杂，浮游动物种类繁多，已报道 700 多种。南沙群岛海区的浮游动物最新的报道在 1997—1999 年，三个航次就鉴定出 255 种，其中桡足类种类最多为 98 种，占 38.4%，其中是端足类 32 种，占 12.5%；再次是介形类为 26 种，占 10.2%；水母类 25 种，占 9.8%；毛颚类、磷虾类、软体动物、被囊类的种数在 10 ~ 18；幼虫、栉水母、十足类、枝角类、糠虾类的种类较少，均少于 10 种（尹健强，2006）。

南沙群岛海区的优势种共有 12 种（$Y \geqslant 0.02$），每个航次的优势种由 5 ~ 7 个种所组成，这与热带海区的生物群落特征相符合；优势种通常不占绝对优势，仅肥胖箭虫的优势度稍大于 0.10，其余优势种的优势度均在 0.10 以下（表 22.2）。优势种以高盐暖水种类占多数，如纳米海萤（Cypridina nami）、达氏筛哲水蚤（Cosmocalanus darwinii）、瘦乳点水蚤（Pleuromamma gracilis）、瘦新哲水蚤（Neocalanus gracilis）、太平洋箭虫、狭额次真哲水蚤和龙翼箭虫（Pterosagitta draco）等；其次也有低盐暖水种类，如异尾宽水蚤和亚强次真哲水蚤；个别底栖动物的幼虫如海胆长腕幼虫也常占优势。优势种由于生态习性不同，其分布特征也有不同，肥胖箭虫、达氏筛哲水蚤、纳米海萤在调查区分布相当广泛的分布相对比较均匀；而纳米海萤和肥胖箭虫有集群的习性，常在个别测站或局部水域出现较高的数量。纳米海萤是上层种，主要栖息于表层。瘦乳点水蚤也有集群的习性，但栖息于较深水层，例如，1999 年 4 月航次的调查区域主要位于西南部，瘦乳点水蚤在个别深水测站的密度达 13 ind./m^3，但在浅水测站的数量十分稀少，海胆长腕幼虫是阶段性浮游生物，其分布与成体的分布关系密切，在南沙群岛海区主要分布于近岸浅水水域，即调查区的西南部，其次是西部，而其他区域的数量比较稀少，并且有季节变化，夏季数量最高，春季次之，秋季最少。

表 22.2　1993—1999 年南沙海区浮游动物不同类群出现的种类

类 群	1993 年 5 月		1993 年 12 月		1994 年 3 月	
	种 数	百分率/%	种 数	百分率/%	种 数	百分率/%
水螅、水母类	8	6.9	16	10.6	10	8.8
栉水母类	0	0	1	0.7	0	0
枝角类	1	0.9	0	0	0	0

续表 22.2

类　群	1993 年 5 月		1993 年 12 月		1994 年 3 月	
	种　数	百分率/%	种　数	百分率/%	种　数	百分率/%
介形类	8	6.9	14	9.3	7	6.2
桡足类	53	45.7	75	49.7	54	47.8
端足类	10	8.6	9	6.0	11	9.7
磷虾类	8	6.9	8	5.3	8	7.1
莹虾类	1	0.9	2	1.3	1	0.9
软体动物	12	10.3	7	4.6	7	6.2
多毛类	2	1.7	0	0	1	0.9
毛颚类	7	6.0	8	5.3	7	6.2
被囊类	4	3.4	8	5.3	3	2.7
幼虫	2	1.7	3	2.0	4	3.5
合计	116	100	151	100	113	100

类　群	1997 年 11 月（冬季）	1999 年 4 月（春季）	1999 年 7 月（夏季）	3 个航次
水螅、水母类	20	13	21	25
栉水母类	1	1	2	2
软体动物	12	6	7	13
多毛类	2	2	2	2
枝角类	1	0	1	1
介形类	25	20	21	26
桡足类	82	71	77	96
端足类	11	8	24	31
糠虾类	1	1	1	1
磷虾类	12	12	9	17
十足类	2	2	2	2
毛颚类	16	13	16	18
被囊类	8	8	8	10
合计	193	157	191	244
浮游幼虫（Larvae）	8	6	7	8

　　调查海区的不同季节，浮游动物种类变化不大。根据浮游动物的生态特性和地理分布，调查海区的浮游动物大多数属于暖水外海生态类群，其次是暖水近岸生态类群和广布生态类群。揭示了南沙海区主要由外海高温高盐水所控制，但沿岸低盐水对调查区也有影响。每一航次的优势种由 4~6 个种所组成，季节更替现象不甚明显，优势种有肥胖箭虫、纳米海萤、瘦乳点水蚤、达氏筛哲水蚤、海胆长腕幼虫（*Echinopleura* larva）、住囊虫（*Oikopleura* spp.）等（表 22.3）。

表 22.3　南海浮游动物各门类出现种类数统计表

门　类	南海北部春	南海北部夏	南海北部秋	南海北部冬	南海中南部春	南海南部春	南海北部全年
肉足鞭毛虫门（有孔虫纲）	1	1	1	1	1	1	1
腔肠动物门	53	36	38	62	91	101	81
水螅水母纲	15	11	11	20	26	31	31
管水母纲	35	23	26	38	59	63	43
钵水母纲	3	2	1	4	6	7	7
纽形动物门	0	0	0	0	0	0	0
环形动物门	14	13	10	2	1	14	14
多毛纲	14	13	10	2	1	14	14
软体动物门	25	32	22	40	49	50	47
前腮亚纲	8	12	9	14	20	20	18
后腮亚纲	17	20	13	26	29	30	29
节肢动物门	272	239	203	256	320	433	379
鳃足亚纲	2	3	3	2	1	2	3
介形亚纲	33	19	19	30	39	48	59
桡足亚纲	158	144	118	137	196	241	199
软甲亚纲	79	73	63	87	84	142	118
毛颚动物门	21	19	20	21	22	24	27
尾索动物门	18	13	15	20	19	27	58
有尾纲	4	4	4	4	1	4	4
海樽纲	14	9	12	16	18	23	21
浮游动物幼体	26	27	28	26	29	32	33
合计（不包括幼体）	786	686	598	782	983	1 275	1 153

　　暖水外海生态类群：适应高温高盐的环境，种类较多，如水母类的马蹄水母（*Hippopodius hippopus*）、微脊浅室水母（*Lensia cossack*）、双小水母（*Nanomia bijuga*）、长囊无棱水母（*Sulculeolaria chuni*）、无疣拟蹄水母（*Vogtia glabra*）；软体动物的球龟螺（*Cavolinia globulosa*）、冕螺（*Corolla ovata*）、蝴蝶螺（*Desmopterus papillio*）；介形类的尖细浮萤（*Cypridina acumnata*）、细齿浮萤（*Conchoecia parvidentata*）、膨大双浮萤（*Disconchoecia tamensis*）、胖海腺萤（*Halocypris inflata*）、宽短小浮萤（*Microconchoecia curta*）、双刺直浮萤（*Orthoconchoecia bispinosa*）、棘状拟浮萤（*Paraconchoecia echinata*）、小刺拟浮萤（*Paraconchoecia spinifera*）、同心假浮萤（*Pseudoconchoecia concentrica*）、贞洁浮萤（*Spinoecia parthenoda*）；桡足类的幼平头水蚤（*Candacia catula*）、厚指平头水蚤（*Candacia pachydactyla*）、瘦胸刺水蚤（*Centropages gracilis*）、奇浆水蚤（*Copilia mirabilis*）、红大眼水蚤（*Corycaeus erythraeus*）、长刺大眼水蚤（*Corycaeus longistylis*）、达氏筛哲水蚤、印度真刺水蚤（*Euchaeta indica*）、美丽真胖水蚤（*Euchirella pulchra*）、长角全羽水蚤（*Haloptilus longicornis*）、乳突异肢水蚤（*Heterorhabdus papilliger*）、后截唇角水蚤（*Labidocera detruncata*）、粗新哲水蚤（*Neocalanus robustior*）、细长腹剑水蚤（*Oithona attenuata*）、等刺隆水蚤（*Oncaea mediterranea*）、瘦乳点水蚤、伯氏厚壳

水蚤（*Scolecithrix bradyi*）、狭额次真哲水蚤；端足类的三宝拟狼蚖（*Lycaeopsis zamboangae*）、武装宽腿蚖（*Platyscelus armatus*），磷虾类的长额磷虾（*Euphausia diomedeae*）、缘长螯磷虾（*Stylocheiron affine*）、二晶长螯磷虾（*Stylocheiron microphthalma*）、十足类的正型莹虾（*Lucifer typus*）；毛颚类的多变箭虫（*Sagitta decipiens*）、六翼箭虫（*Sagitta hexaptera*）、太平洋箭虫（*Sagitta pacifica*）和被囊类的大西洋火体虫（*Pyrosoma atlanticum*）等。

暖水近岸生态类群：适应高温低盐的种类，如双生水母（*Diphyes chamissonis*）、拟细浅室水母（*Lensia subtiloides*）、球型侧腕水母（*Pleurobrachia globosa*）、肥胖三角溞（*Pseudevadne tergestina*）、小纺锤水蚤（*Acartia negligens*）、太平洋纺锤水蚤（*Acartia pacifica*）、小长足水蚤（*Calanopia minor*）、锥形宽水蚤（*Temora turbinata*）、异尾宽水蚤（*Temora discaudata*）、亚强真哲水蚤（*Subeucalanus subcrassus*）、百陶箭虫（*Sagitta bedoti*）、弱箭虫（*Sagitta delicata*）、小箭虫（*Sagitta neglecta*）和柔佛箭虫（*Sagitta johorensis*）等。7 月，西南季风强劲，南沙群岛南部和西部沿岸低盐水随季风漂流向东北方向扩布；11 月，东北季风盛行，外海高盐水随季风漂流向西南推移。无论是 7 月还是 11 月，暖水近岸种大多数都主要分布于调查区的南部和西部，在中部、东部和北部等外海水域多零星出现。但有些适盐范围较宽的近岸种也可以在调查区广泛分布，如异尾宽水蚤在 7 月和 11 月的航次分布都相当广泛，而亚强次真哲水蚤仅在 7 月航次分布广泛。

广盐暖水生态类群：既可在高盐的外海水域，也可在低盐的沿岸水域广泛分布，如四叶小舌水母（*Liriope tetraphylla*）、两手筐水母（*Solmundella bitentaculata*）、尖笔帽螺（*Creseis acicula*）、针刺真浮萤（*Euconchoecia aculeata*）、精致真刺水蚤、宽额假磷虾（*Pseudeuphausia latifrons*）、肥胖箭虫、小齿海樽（*Doliolum denticulatum*）和红住囊虫（*Oikopleura rufescens*）等。

22.2.1.2 季节变化

1）南海北部

南海北部浮游动物出现种数有明显的季节变化。冬季出现种类数最多，为 469 种，占全海区总种类数的 66.2%；其次是春季，为 446 种，占总种类数的 62.9%；夏季和秋季出现种类数较为接近，各为 381 种和 379 种，分别占总种类数的 53.7% 和 53.5%。总体呈现冬、春季高于夏、秋季的趋势。

优势种的季节演替和空间分布变化特征明显，微刺哲水蚤和肥胖箭虫在四季均为优势种群；普通波水蚤在春、夏、秋季丰度高，为主要优势种群之一，而在冬季数量降低，失去优势种群地位；异尾宽水蚤则仅在春、夏季成为优势种，而在秋、冬季处于非优势地位。按季节分析，春季以异尾宽水蚤和肥胖箭虫为主要种类，其优势度和数量百分比分别为 0.056、0.046 和 6.14%、5.65%。台湾浅滩、粤东至珠江口海域以异尾宽水蚤为第一优势种；粤西和琼南海域则以肥胖箭虫为主要优势种群；北部湾海域则以介形类的针刺真浮萤为第一大优势种，精致真刺水蚤为第二大优势种群（表 22.4）。

表 22.4　南海浮游动物优势种的季节演替

种　类	北部海域				中南部海域
	春 季	夏 季	秋 季	冬 季	春 季
达氏筛哲水蚤				+	+ +
叉胸刺水蚤					

种 类	北部海域				中南部海域
	春 季	夏 季	秋 季	冬 季	春 季
角锚哲水蚤		+ +			+ + +
精致真刺水蚤				+ +	
普通波水蚤	+		+	+	
瘦乳点水蚤	+	+ +	+ + +		+ +
微刺哲水蚤				+ +	
狭额次真哲水蚤	+ +	+ +	+ + +		+ +
亚强真哲水蚤				+	
异尾宽水蚤		+	+ +		
中型莹虾	+ + +	+ +		+	
肥胖箭虫	+ +		+	+ +	+ +
红住囊虫	+ + +		+ +	+ +	+

资料来源：李纯厚，2005。

"＋"表示优势度范围为 0.007～0.015，"＋＋"表示优势度在 0.016～0.035，"＋＋＋"表示优势度≥0.036。

夏季，肥胖箭虫处于较高的优势水平（优势度0.043），异尾宽水蚤优势地位明显下降，而叉胸刺水蚤和微刺哲水蚤优势水平上升。粤东至粤西海域以肥胖箭虫数量占优，台湾浅滩的中型莹虾、珠江口的普通波水蚤优势地位亦较明显；琼南海域春季肥胖箭虫的第一优势地位被微刺哲水蚤所取代；北部湾主要优势种演替为叉胸刺水蚤和肥胖箭虫（表22.5）。秋季，与春、夏季不同，微刺哲水蚤和普通波水蚤数量明显增加，分别成为第一、第二优势种，优势度分别达到0.049和0.040；肥胖箭虫优势水平下降，异尾宽水蚤优势地位消失。

表22.5 南海浮游动物优势种及其数量百分比

海域	春 季	夏 季	秋 季	冬 季
南海	桡足类幼虫、异尾宽水蚤、肥胖箭虫、长尾类幼虫、莹虾幼体、普通波水蚤、微刺哲水蚤、中型莹虾（46.62%）	桡足类幼体、莹虾幼体、肥胖箭虫、长尾类幼虫、叉胸刺水蚤、微刺哲水蚤、中型莹虾、蛇尾类长腕幼虫、异尾宽水蚤、普通波水蚤（50.52%）	桡足类幼体、微刺哲水蚤、普通波水蚤、肥胖箭虫、亚强真哲水蚤、长尾类幼虫（55.59%）	桡足类幼虫、微刺哲水蚤、红住囊虫、肥胖箭虫、精致真刺水蚤、箭虫幼体（53.17%）
粤东海域	桡足类幼体、异尾宽水蚤、长尾类幼虫、达氏筛哲水蚤、小型海萤、微刺哲水蚤、普通波水蚤、肥胖箭虫、莹虾幼体（42.61%）	桡足类幼体、莹虾幼体、蛇尾类长腕幼虫、肥胖箭虫、长尾类幼虫、中型莹虾、普通波水蚤（56.50%）	桡足类幼体、肥胖箭虫、微刺哲水蚤、普通波水蚤、长尾类幼虫、箭虫幼体（57.32%）	桡足类幼体、微驼隆哲水蚤、磷虾类幼体、红住囊虫、精致真刺水蚤、肥胖箭虫、微刺哲水蚤（50.85%）
珠江口	异尾宽水蚤、桡足类幼体、中型莹虾、莹虾幼体、普通波水蚤、长尾类幼虫、小型海萤、肥胖箭虫、达氏筛哲水蚤（55.54%）	桡足类幼体、肥胖箭虫、长尾类幼虫、蛇尾类长腕幼虫、莹虾幼体、普通波水蚤、中型莹虾、微刺哲水蚤、箭虫幼体（50.78%）	桡足类幼体、微刺哲水蚤、普通波水蚤、亚强真哲水蚤、肥胖箭虫、精致真刺水蚤、箭虫幼体（62.56%）	桡足类幼体、精致真刺水蚤、微刺哲水蚤、箭虫幼体、肥胖箭虫、普通波水蚤（56.97%）
粤西海域	桡足类幼体、肥胖箭虫、莹虾幼体、异尾宽水蚤、毛颚类幼体、中型莹虾、长尾类幼虫（53.35%）	桡足类幼体、肥胖箭虫、微刺哲水蚤、锥形宽水蚤、长尾类幼虫、普通波水蚤、莹虾幼体、异尾宽水蚤（52.20%）	桡足类幼体、微刺哲水蚤、普通波水蚤、精致真刺水蚤、亚强真哲水蚤、针刺拟哲浮萤（53.19%）	桡足类幼体、红住囊虫、肥胖箭虫、达氏筛哲水蚤、微刺哲水蚤、针刺拟哲水蚤、弓角基齿哲水蚤（55.88%）

海域	春 季	夏 季	秋 季	冬 季
北部湾	桡足类幼体、针刺真浮萤、精致真刺水蚤、肥胖箭虫、异尾宽水蚤、鸟喙尖头溞、微刺哲水蚤、长尾类幼体（59.86%）	叉胸刺水蚤、桡足类幼体、肥胖箭虫、长尾类幼体、微刺哲水蚤、小型箭虫、莹虾类幼体、异尾宽水蚤、亚强真哲水蚤、奥氏胸刺水蚤（50.19%）	桡足类幼体、亚强真哲水蚤、微刺哲水蚤、肥胖箭虫、中型莹虾、叉胸刺水蚤（50.32%）	桡足类幼体、微刺哲水蚤、红住囊虫、肥胖箭虫、莹虾幼体、亚强真哲水蚤、中型莹虾、毛虾幼体、异尾宽水蚤（65.07%）
琼南	桡足类幼体；肥胖箭虫、普通波水蚤、异尾宽水蚤、太平洋箭虫（45.47%）	桡足类幼体、微刺哲水蚤、齿形海萤、肥胖海体、莹虾幼体、长尾类幼虫、叉胸刺水蚤、异尾宽水蚤（40.10%）	桡足类幼体、微刺哲水蚤、精致真刺水蚤（75.42%）	桡足类幼体、精致真刺水蚤、微刺哲水蚤、肥胖箭虫（74.91%）
南海中南部	桡足类幼体、小型海萤、角锚哲水蚤、磷虾类幼体、达氏筛哲水蚤、狭额次真哲水蚤、瘦乳点水蚤、肥胖箭虫（54.20%）	—	—	—

资料来源：李纯厚，2005。

2）南海中部和南部

优势种季节变化不明显，1959—1960 年，南海浮游动物出现总数为 510 种（陈清潮，1964），到 1978—1979 年调查时，维持这一水平（陈清潮，1985），而到 1997—1999 年调查，种类总数明显增加，达到 709 种（李纯厚等，2004），浮游动物种类数量显示出递增的趋势。优势种组成总体变化不明显，但在不同调查年代、调查海域和调查季节显示出一定差异。从 1959—1960 年调查到 126 调查，一直保持优势地位的优势种有微刺哲水蚤、精致真刺水蚤、普通波水蚤、狭额次真水蚤、亚强真哲水蚤、中型莹虾和肥胖箭虫等；到 1978—1979 年调查时，达氏筛哲水蚤、锥形宽水蚤跃居优势种行列；到 1997—1999 年调查，叉胸刺水蚤、异尾宽水蚤成为主要优势种之一。

22.2.2 生物量和丰度

22.2.2.1 空间分布

南海北部浮游动物总生物量四季均值变化范围为 18.07 ～ 38.27 mg/m³，平均 25.27 mg/m³，以冬季最高，夏、春季次之，秋季最低。数量呈块状分布特征，高生物量密集区一般分布在沿岸水域和沿岸水与外海水交汇海域，见图 22.6。春季，平均生物量 25.43 mg/m³，呈块状分布，极不均匀，粤东与台湾浅滩交汇处、珠江口与粤西海域交汇处和北部湾形成相对高密区。夏季，平均生物量 26.00 mg/m³，呈现明显的条带状分布趋势，即东部海域高于西部，近海水域高于远海的分布规律，大于 200 mg/m³ 的高生物量密集区分布在广东与福建相邻近海和粤东惠来神泉以外水深 40 m 局部海域。秋季，平均生物量 18.07 mg/m³，分布趋势与夏季基本相似，即总体以近海向外海递减，东部略高于西部，台湾浅滩和北部湾北部为较高密集区。冬季，平均生物量 38.27 mg/m³，分布比较均匀，大部分水域在 10 ～ 50 mg/m³ 左右，大于 200 mg/m³ 的高密集区范围狭小，仅分布在粤东海域的红海湾与碣石湾外 30 m 水深范围和珠江口佳蓬列岛外 80 m 水深海域。琼东粤西海域季节变化明显，春季浮游动物生物量变化范围为 44 ～ 3 607 mg/m³，平均为 355 mg/m³，略低于夏季（370 mg/m³），高于秋、冬

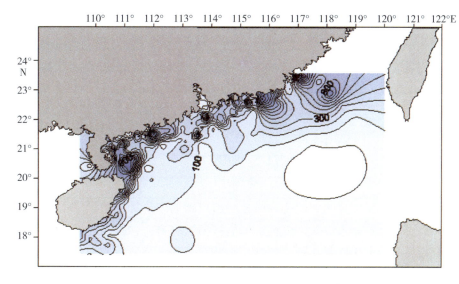

图22.6 2006年南海北部夏季浮游动物生物量（mg/m³）的水平分布

季（191 mg/m³），秋季浮游动物总生物量均值为（39.8±35.4）mg/m³。

雷州半岛东部近海至琼州海峡东口，雷州半岛东部近海的浮游动物生物量比海南岛东部近海数值高，范围大，强次真哲水蚤、中华哲水蚤、肥胖箭虫数量多、个体大，是浮游动物生物量高值区的主要贡献者。冬季调查海域浮游动物生物量普遍降低，没有明显的高值区，>250 mg/m³的生物量呈斑块状，小范围分布于粤西和海南岛东部近海。

北部湾夏季浮游动物半年变化幅度介于20.93~700.85 ind./m³，显然较高于冬季（16.56~622.71 ind./m³），主要密集区（>500 ind./m³,）位于湾顶部，以浮游幼体占绝对优势，其次（>250 ind./m³）分布在西北部和三亚西南；冬季较夏季均匀，密集区近北合河附近，其他均低于100 ind./m³。北部湾调查海域ST09浮游动物丰度的季节变化呈现明显单峰型特征，即四季中夏季为最高峰，为189.81 ind./m³；秋季次之，为174.12 ind./m³；春季高于冬季，为125.12 ind./m³；冬季最低，仅112.52 ind./m³。浮游动物丰度四季均值范围在50~100 ind./m³的站位与南海北部冬季最高、夏季次之、秋春季最低的季节变化趋势有一定差异。

整个南海北部区域浮游动物丰度范围为0.24~621.13 ind./m³，四季平均为27.52 ind./m³。春季，变化范围为0.80~174.25 ind./m³，平均15.65 ind./m³，为全年最低值，高密集区分布在北部湾北部、粤西近海和台湾浅滩西南部。夏季，丰度范围0.94~183.77 ind./m³，平均30.04 ind./m³，以近岸丰度最高，由近海向外海递减，趋势明显。秋季，丰度范围0.24~272.78 ind./m³，平均23.61 ind./m³，仍呈近海高于外海的总体分布趋势，高密集区主要分布在台湾浅滩至粤东近海、北部湾北部和粤西局部海域。冬季，丰度范围为0.90~621.13 ind./m³，平均46.78 ind./m³，为全年最高，分布较为均匀，局部海域出现小范围高密集区（表22.6）。

表22.6 浮游动物饵料生物量的时空变化 　　　　　　　　　　单位：mg/m³

海　域	年均值	春　季	夏　季	秋　季	冬　季
南海	22.05	16.89	22.02	17.06	35.19
台湾浅滩	34.18	16.33	65.96	25.87	33.84
粤东海域	21.91	8.16	24.71	18.64	38.81

海　域	年均值	春　季	夏　季	秋　季	冬　季
珠江口	18.81	15.23	13.45	12.76	42.25
粤西海域	21.99	19.56	19.19	16.73	36.40
北部湾	22.46	22.61	16.87	22.21	27.7
琼南	15.89	19.06	9.42	8.22	37.18
南海中北部	—	22.00	—	—	—
南海中部	—	24.90	—	—	—
南海西南部	—	33.20	—	—	—

资料来源：李纯厚，2005。

南海中部浮游动物总生物量在秋、冬季，如 1977 年秋、冬季，浮游动物总生物量的平面分布中，在 0～100 m 层（以下简称上层）为 50～60 mg/m³，分别出现在越南芽庄东南、南沙群岛的永登暗沙和礼乐滩北面，黄岩岛西南和蓬勃礁的西南。在这些高生物量的分布区中，主要成分是桡足类，其次为毛颚类。但在一些测站，如永登暗沙到礼乐滩北面，分布有丰富的浮游翼足类、异足类和细螯虾，平均值达到 90 mg/m³（这几种生物因个体大，数量多，未加入上述生物量计算），如加上已计生物量，这些测站就达到 150 mg/m³，此为秋、冬测站中最高生物量（陈清潮，1982）。除高生物量站外，其余一些测站都在 30 mg/m³，分布也较均匀。这一层次的平均数为 37 mg/m³。在 100～200 m 层（下层），一般浮游动物总生物量偏低，最大 10～25 mg/m³ 的分布区与上层高生物量的位置基本一致，其余测站都在 10 mg/m³ 左右，这层的平均数为 10 mg/m³。从垂直分布中，在西沙群岛的南部，其上层生物量平均大于下层 3.5 倍，在南沙群岛北部，其上层生物量大于下层四倍。

1978 年夏季，浮游动物总生物量平面分布中，上层最大 50～60 mg/m³，分别出现在南沙群岛双子礁北面，西沙群岛和中沙群岛南面，即在北纬 14° 左右，以及黄岩岛东面。与秋、冬季相反，在南沙群岛礼乐滩东北，却是一片低生物量分布区，这层平均数为 37 mg/m³。下层生物量一般在 10～20 mg/m³，最大为 60 mg/m³，分布在西沙群岛西南（越南东面）和中沙群岛南面，即在 14°N 左右，这层平均数为 27 mg/m³。从垂直分布中看，一般都是上层大于下层，个别在西沙群岛西南面的测站（北纬 15°）呈现下层高于上层。此外，在调查区中部，也有一些测站的上、下层数量近乎相等。由此可看出 100 m 上层的数量变化不显著。这符合热带低纬度的一般规律。当然，其出现的数量级，要比南海北部陆架区要低。至于 100～200 m 层次的数量，是低于上层的，特别是秋、冬季，下层比上层少四倍。但在夏季，上下层的数量却近似。构成浮游动物总生物量的主要成分是桡足类、毛颚类。局部测站还有较高数量的浮游翼足类、细螯虾、磷虾等。主要成分的季节变化不显著。

南沙群岛海区冬季浮游动物生物量在 11～80 mg/m³ 变化，平均为 31 mg/m³。分布趋势为西部高于东部，其中东北部的生物量最低，在 20 mg/m³ 以下；而西北部又高于西南部，在西北部形成了大于 50 mg/m³ 高生物量分布区，并且梯度变化较大。

春季的浮游动物生物量在 12～56 mg/m³ 变化，平均为 32 mg/m³。分布趋势明显呈由近岸向外海递减。而浮游动物生物量在 11～54 mg/m³ 变化，平均为 28 mg/m³，大于 40 mg/m³ 的高生物量分布于西北部和安渡滩附近；大于 30 mg/m³ 的次高生物量延伸至万安滩，并小范围分布于调查区的南部；东部和南部的生物量较低，多在 30 mg/m³ 以下。

浮游动物总密度在冬季于 12～54 ind./m³ 变化，平均为 31 ind./m³。分布趋势与生物量分布基本相同，西部高于东部，仍以东北部的密度最低，在 20 ind. / m³ 以下。大于 40 ind. / m³ 的高密度呈斑块状分布于万安滩的东侧和调查区的中偏北部，前者优势种较多，有肥胖箭虫、海胆长腕幼虫、达氏筛哲水蚤、瘦乳点水蚤、细角哲水蚤（*Mesocalanus tenuicornis*）、瘦新哲水蚤等，后者以纳米海萤、瘦乳点水蚤、肥胖箭虫占明显优势。

春季浮游动物总密度在 24 ~ 59 ind. / m³ 变化，平均为 39 ind. / m³。分布趋势与生物量分布基本相同，由近海往外海递减，西部和南部近海的浮游动物总密度分别大于 50 ind. / m³ 和 40 ind. / m³。前者优势种依次有住囊虫、肥胖箭虫、后圆真浮萤（*Euconchoecia maimai*）、达氏筛哲水蚤、纳米海萤、太平洋箭虫等，后者以瘦乳点水蚤、肥胖箭虫占明显优势。

夏季浮游动物总密度在 17 ~ 112 ind. / m³ 变化，平均为 35 ind. / m³。浮游动物总密度分布不均匀，浮游动物主要密集于西南部，并且梯度变化很大，海胆长腕幼虫以及肥胖箭虫占绝对优势，其次是西北部和南部的站，西北部的优势种有肥胖箭虫、纳米海萤、海胆长腕幼虫、奇浆水蚤、瘦乳点水蚤；南部以住囊虫、肥胖箭虫、达氏筛哲水蚤、红住囊虫、刺长腹剑水蚤（*Oithona setigera*）等占优势。浮游动物总密度的分布趋势与生物量不完全相同，主要原因是种类组成所造成，夏季的优势种海胆长腕幼虫虽然数量大，但个体小，质量轻，对浮游动物生物量的贡献并不大。南沙群岛西南部陆架海域，1990 年春季调查平均生物量为 53.0 mg/m³，最高 222.0 mg/m³，略高于 2000 年的均值 33.2 mg/m³；平均丰度 27.4 ind. / m³，最高 81.7 ind. / m³，与 2000 年春季结果 28.1 ind. / m³ 基本一致。两次调查的生物量和丰度平面分布极为类似，较高丰度密集区均分布在调查海域的西部、西南部和南部海域。

南海南部的浮游动物生物量和密度每个航次差异不大，表明调查海区环境较为稳定，浮游动物的数量季节变化不大。南沙群岛海区主要由外海高温高盐水所控制，但沿岸低盐水对调查区也有影响。根据调查海区的理化环境、浮游动物的种类组成和生态习性以及优势种的结构，调查海区的浮游动物属于比较典型的热带大洋生物群落。

桡足类的数量均居首位，占浮游动物总数量 37.69% ~ 47.30%，其次为毛颚类占 20.5% ~ 25.38%。浮游动物的分布与环境因子密切相关。中南半岛外海有冷水上升，尤其在西南季风期间，将富含营养盐的深层水带至表层，提高了水域生产力，夏、秋季西北部的生物量明显高于其他区域的现象也为上升流的存在提供了佐证。

22.2.2.2　年际变化

南海北部浮游动物数量发生明显变化（表 22.7），1959—1960 年，南海北部饵料浮游动物生物量（一般占总生物量的 80% 以上）平均 65.97 mg/m³，1964—1965 年总生物量平均达到 366.40 mg/m³，1978—1979 年，饵料生物量有所下降，平均 117.96 mg/m³，"126" 调查，数量发生急剧下降，仅为 25.7 mg/m³。生物量的区域分布也发生明显变化，1959—1960 年，最高生物量分布在粤东，其次是珠江口，粤西海域最低；1978—1979 年调查结果显示，生物量高值区西移，以粤西海域数量最高，其次是粤东，珠江口最低；2004 年调查结果表明，各海域生物量差异不显著，相对以粤西海域略高于粤东，珠江口较低（李纯厚，2004）。2006—2007 年 "908" 调查显示，春季浮游动物总密度变化范围为 28.37 ~ 1 488.67 ind. / m³，平均为 197.63 ind. / m³，高于冬季（104 ind. / m³），低于夏季（279.89 ind. / m³）。春季浮游动物总密度呈现近岸高外海低的分布格局。近岸水域的浮游动物总密度基本在 100 ind. / m³ 以上，但在雷州半岛东部水域的范围相对宽阔，而在海南岛东部水域的范围较为狭窄；外海水域浮游动物总密度基本上在 100 ind. / m³ 以下。

关于南沙群岛海区浮游动物数量的年际变化，由于 1993—1999 年的 7 个航次的浮游动物调查的拖网层次为 0 ~ 200 m，资料比较匮乏。南沙群岛海区浮游动物数量的垂直分布一般随水深而递减，据陈清潮等的资料，0~100 m 层的浮游动物平均生物量和总密度分别为 100~200 m 层的 4.5 和 4.7 倍。1984—1990 年的 6 航次相同层次的调查的浮游动物平均密度均略低于 1997—1999 年的 3 次调查结果，而生物量却高于 1997—1999 年的 3 次调查，前者平均为后者的 1.56 倍。

表 22.7 南海不同海域浮游动物生物量和密度

时　间	海　区	站　数	层次/m	平均生物量 / (mg/m³)	平均密度 / (ind./m³)	资料来源
1984 年 5—7 月	南沙群岛	26	0~100	51	26	陈清潮等
1985 年 5—6 月	南沙群岛	37	0~100	41	27	陈清潮等
1986 年 4—5 月	南沙群岛	32	0~100	45	21	陈清潮等
1987 年 5 月	南沙群岛	20	0~100	56	29	陈清潮等
1988 年 7—8 月	南沙群岛	36	0~100	36	30	陈清潮等
1990 年 4 月	南沙群岛西南部	31	0~底 (<145 m)	53	27	章淑珍
1993 年 5—6 月	南沙群岛	13	0~200	—	11	陈清潮等
1993 年 11—12 月	南沙群岛	15	0~200	—	19	陈清潮等
1994 年 3—4 月	南沙群岛	10	0~200	—	11	陈清潮等
1994 年 9 月	南沙群岛	40	0~200	—	18	陈清潮等
1997 年 11 月	南沙群岛	25	0~100	31	31	尹健强等
1999 年 4 月	南沙群岛	10	0~100	32	39	尹健强等
1999 年 7 月	南沙群岛	28	0~100	28	35	尹健强等
1977 年 10 月	南海中部	19	0~100	37	—	陈清潮等
1978 年 6—7 月	南海中部	18	0~100	37	—	陈清潮等
1979 年 6—7 月	南海东北部	32	0~100	108	—	陈清潮等
1981 年 3—5 月	南海东北部	47	0~100	55	—	陈清潮等
1982 年 6—7 月	南海东北部	30	0~100	92	—	陈清潮等
1990 年 4—5 月	南海西南部		0~100	53	27.4	李纯厚等
1990 年 4—5 月	南海北部		0~100	96	45	李纯厚等
1997 年 12 月至 1998 年 2 月 1998 年 12 月至 1999 年 1 月	南海北部	100	0≤200	38	47	李纯厚等
1998 年 7—8 月	南海北部	132	0≤200	26	30	李纯厚等
1998 年 9—11 月	南海北部	132	0≤200	18	24	李纯厚等
1999 年 4—5 月	南海北部	132	0≤200	25	16	李纯厚等
2000 年 5 月	南海西南部		0~100	33.2	22	李纯厚等
2000 年 5 月	南海中部		0~100	24.9	23.7	李纯厚等
2000 年 5 月	南海北部		0~100	22	22.1	李纯厚等
2007 年 8 月	南海北部	33	0~200	207.68	133.37	连喜平等
2008 年 8 月	南海北部	33	0~200	52.98	75.49	连喜平等
2006 年 8 月	ST08	82	0~100	370	279.88	尹建强等
2007 年 1 月	ST08	82	0~100	104.08	191	尹建强等
2007 年 1 月	ST09	76	0~100	107	112.5	李炎等

资料来源：尹健强，2006。

22.2.3 优势种

22.2.3.1 空间分布

南海北部浮游动物优势种共9种，即异尾宽水蚤、普通波水蚤、微刺哲水蚤、叉胸刺水蚤、亚强次真哲水蚤、精致真刺水蚤、肥胖箭虫中型莹虾和红住囊虫。北部湾 ST09 调查海域四季共出现桡足类优势种（$Y \geqslant 0.015$）8 种：亚强次真哲水蚤、精致真刺水蚤、微刺哲水蚤、中华哲水蚤（*Calanus sinicus*）、伯氏平头水蚤、普通波水蚤、椭圆长足水蚤、异尾宽水蚤。南沙群岛海区的浮游动物优势种有些也是南海北部的优势种或主要种类，如肥胖箭虫、达氏筛哲水蚤、瘦乳点水蚤、狭额次真哲水蚤、异尾宽水蚤、亚强次真哲水蚤和住囊虫等。优势种是具有控制群落和反映群落特征的种类。由此可见，南海北部和南部的浮游动物群落是十分相似的。

双生水母为沿岸暖水种，多分布于近岸低盐水域，常在沿岸海域形成数量密集区，外海数量较低。夏季分布由近岸往外海递减，密集区位于粤西近岸水域调查期间，北部湾调查海域四季数量密集区均分布在 20°N 以北海域，出现总数为 915.34 ind./m³，占水母类总数的 18.00%，仅次于拟线浅室水母，为北部调查海域水母类第二优势种。数量季节变化明显，以夏季最高，春季次之，秋季最低（图 22.7）。

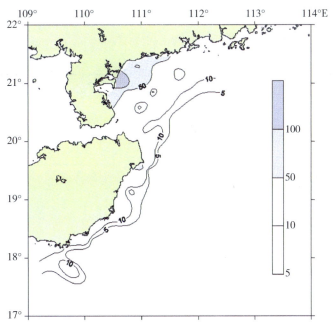

图 22.7 ST08 夏季双生水母密度（ind./m³）水平分布

资料来源：王春生和陈兴群，2012

鸟喙尖头溞是适高温低盐种类，在珠江口夏季数量丰富，而在冬季未见出现，季节性显著。夏季珠江口外，第一优势种鸟喙尖头溞在调查海区的分布规律为近岸较高，外海较低，近岸较高值出现在大鹏湾、万山群岛、海陵岛和下川岛附近海域（图 22.8）（董燕红，2007）。由图 22.9 可见，第二优势种肥胖三角溞的平面分布规律为近岸偏高（珠江口除外），

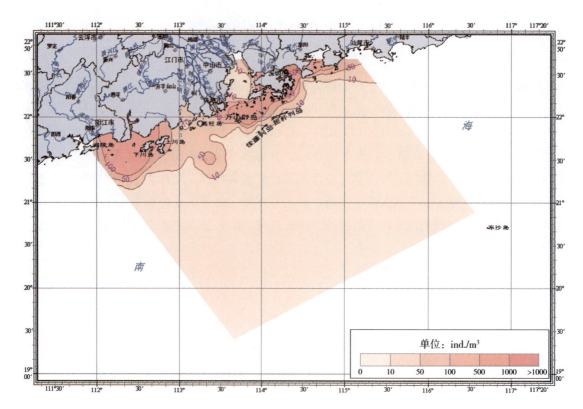

图 22.8　夏季第一优势种鸟喙尖头溞个体密度平均分布（ind./m³）

资料来源：王春生和陈兴群，2012

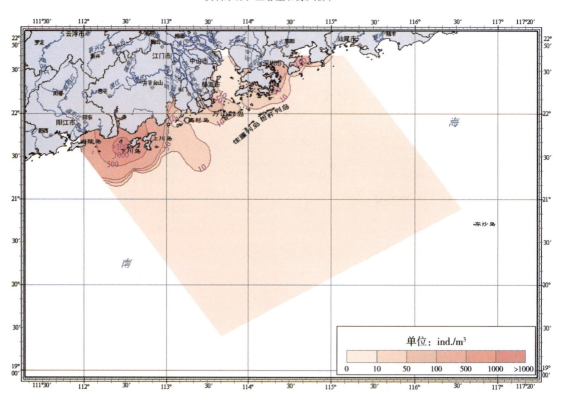

图 22.9　夏季第二优势种肥胖三角溞个体密度平均分布（ind./m³）

资料来源：王春生和陈兴群，2012

外海偏低，高值区出现在海陵岛和万山群岛附近海域。琼东粤西海域夏季鸟喙尖头溞呈近岸分布，在外海数量稀少，存在二个密集中心，分别位于海南岛清澜和粤西电白近岸水域，密度达100 ind./m³以上。北部湾调查海域枝角类出现数量为1 060.60 ind./m³，占甲壳类总数的2.08%，居于甲壳类第三大类群。主要优势种也是鸟喙尖头溞，数量季节变化呈典型单峰型特征，以秋季最高，夏季次之，冬季第三，春季数量最少。北部湾北部海域数量高于南部，近岸高于远岸。

肥胖箭虫，肥胖箭虫是暖水表层种，在南海广泛分布，且数量终年均很高，是南海毛颚动物的主要优势种，也是南海浮游动物的优势种类适应温、盐度范围较广，在调查海区广泛分布，冬季第一优势种肥胖箭虫在调查海区的分布规律为珠江口及其外部海域偏高，最高值出现在高栏岛附近夏季肥胖箭虫数量分布由近岸往外海递减，特别密集于雷州半岛东部近岸水域，而冬季则均匀分布，没有特别的密集区，秋季肥胖箭虫在琼东以西海域的个体密度占该区块总个体密度的10%，站位出现率为99%。从该种的个体密度范围为0.1~29.6 ind./m³，平均为4.3 ind./m³。从它的分布格局上看，肥胖箭虫在测区的近岸有较高的分布，尤其是雷州半岛以东海域，琼东近岸海域。在北部湾的地位亦然，其数量变化基本上决定了北部湾调查海域毛颚动物总量的平面分布和季节变化。调查期间，肥胖箭虫出现数量达到7 832.96 ind./m³，占毛颚动物总数的87.68%，居绝对优势地位；四季遍及调查海域，为各季浮游动物主要优势种之一。数量平面分布和季节变化与毛颚动物一致，夏、秋季高，冬、春季低，总体呈现北部高于南部的分布趋势（图22.10）。

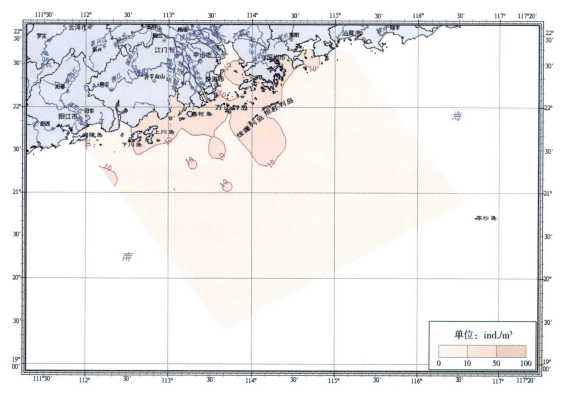

图22.10 冬季第一优势种肥胖箭虫个体密度平面分布（ind./m³）

资料来源：王春生和陈兴群，2012

普通波水蚤，在琼东粤西海域为主要的分布中心的雷州半岛以东海域、琼东南近岸海域以及测区中部海域的三个浮游动物个体密度高值区，普通波水蚤个体密度占该区块总个体密

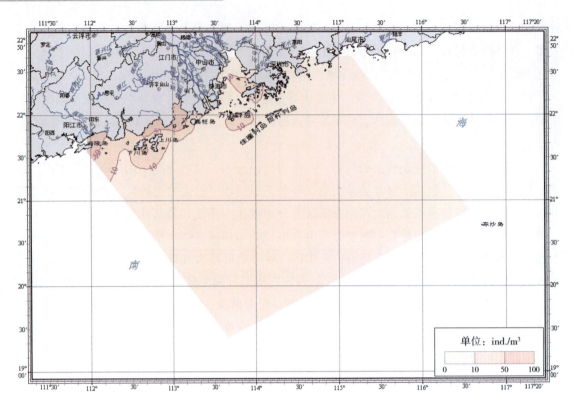

图 22.11　冬季第二优势种亚强真哲水蚤个体密度平面分布（ind./m³）

资料来源：王春生和陈兴群，2012

度的 7.4%，站位出现率为 89%（图 22.12）。该种的个体分布密度范围为 0.05~39 ind./m³，平均为 3.5 ind./m³。

强次真哲水蚤是暖水性沿岸种，在南海北部广泛分布，夏季平均密度达 21.87 ind./m³，占浮游动物总密度的 7.82%，居首位，而冬季平均密度仅 0.17 ind./m³，数量季节变化显著。夏季强真哲水蚤呈近岸多外海少的分布趋势，密集区位于雷州半岛东部即广州湾一带，密度高达 200 ind./m³ 以上。

狭额次真哲水蚤是暖水性种类，夏季在调查海域广泛分布，仅在广州湾出现小范围的密集区。

亚强次真哲水蚤是暖水沿岸种，其分布规律为近岸高，外海低。ST08 区块调查中，其总数季节变化明显，呈典型单峰型变化趋势，以秋季出现数量最高，冬季次之，夏季居第三，春季数量最低（图 22.13）。

蛇尾类长腕幼虫是底栖动物的幼虫，它们的时空分布往往与其成体的分布和繁殖季节密切相关。春季蛇尾类长腕幼虫的平均密度明显高于冬季（平均 0.61 ind./m³），也高于夏季（平均 20.21 ind./m³），表明春季是蛇尾类动物的繁殖盛期。春季蛇尾类长腕幼虫的分布由近岸往外海减少，主要分布于粤西和海南岛东北部近海，在局部水域有时形成很大的数量。

红住囊虫是暖水性近海种类，夏季数量分布近岸多于外海，特别密集于琼州海峡东口一带，密度达 100 ind./m³ 以上。ST09 北部湾调查期间数量以春季最高，秋、冬季次之，夏季最低。春季数量最高，总数达 184.84 ind./m³，基本上只分布在调查海域 40 m 水深以外区域，在白马井北侧海域出现小范围大于 10.00 ind./m³ 的较高数量密集区，最高数量达 23.26 ind./m³。夏季数量最低，总数仅 60.69 ind./m³，也仅在调查海区 40 m 水深以外区域出现，仅在 32.89% 的测站出现，没有明显的数量密集区。秋季数量略有增加，总数为 74.82 ind./m³，

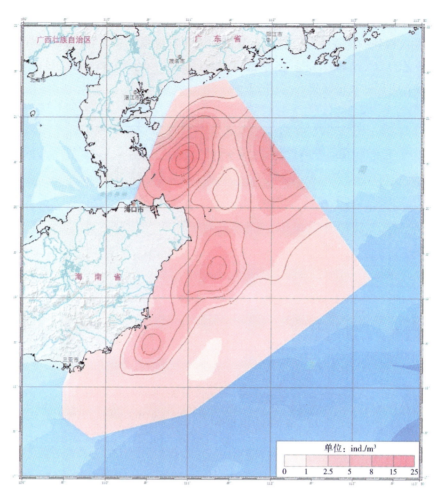

图 22.12 普通波水蚤在琼东粤西海域平面分布

资料来源：王春生和陈兴群，2012

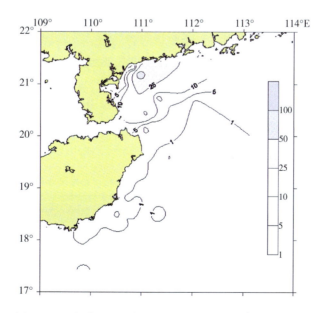

图 22.13 冬季亚强次真哲水蚤密度（ind./m³）水平分布

资料来源：王春生和陈兴群，2012

分布范围比春、夏季有明显扩大，56.58% 的测站均有出现，广泛分布于除海南岛北部 109.00°E 以东区域外的调查海域，在北仑河口外海有小范围大于 5.00 ind./m³ 的较高数量密集区，最高数量为 26.47 ind./m³。冬季数量与秋季相仿，为 77.45 ind./m³，分布范围也与秋季相似，没有明显的数量密集区（图 22.14）。

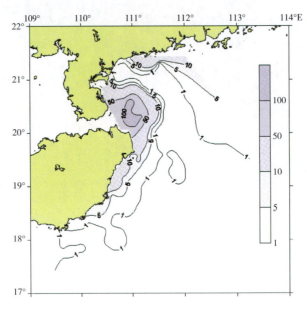

图 22.14　夏季红住囊虫密度（ind./m³）水平分布

资料来源：王春生和陈兴群，2012

暖水性广布种微刺哲水蚤、精致真刺水蚤，冬季在近岸的数量稍多于外海（而微驼隆哲水蚤则呈斑块状分布）。

22.2.3.2　季节变化

在南海北部夏季优势种肥胖箭虫，长腕幼虫，柱头虫，短尾类幼虫，中型莹虾，拟细浅室水母，长尾类幼虫和亚强次真哲水蚤；冬季优势种 7 种，亚强次真哲水蚤，肥胖箭虫，精致真刺水蚤，中型莹虾，长尾类幼虫，百陶箭虫和双生水母。

而南沙海区上层的浮游动物优势种季节更替规律不明显，纳米海萤、肥胖箭虫、狭额次真哲水蚤、瘦乳点水蚤、太平洋箭虫、亚强次真哲水蚤等为南沙群岛海区浮游动物的优势种。但由于南沙海区的浮游动物优势种的种类较多，一些次要优势种的优势度不显著，故时常出现变化（表 22.8）。

表 22.8　1993—1999 年南沙海区浮游动物优势种的年际变化

时　间	主要种类名称	数量 / （×10² ind./m³）	占总数百分比 /%	f_i	Y
1993 年 5—6 月	纳米海萤（*Cypridina nami*）	446	39.3	0.347	0.136 5
	肥胖箭虫（*Sagitta enflata*）	64	5.6	0.325	0.018 4
	狭额真哲水蚤（*Eucalanus subtenuis*）	31	2.7	0.347	0.009 5
	瘦乳点水蚤（*Pleuromma gracilis*）	41	3.6	0.232	0.008 4
	瘦新哲水蚤（*Neocalanus gracilis*）	39	3.4	0.201	0.006 9
	普通波水蚤（*Undinula vulgaris*）	34	3.0	0.209	0.006 3

续表 22.8

时　间	主要种类名称	数量 / (×10²ind./m³)	占总数百分比 /%	f_i	Y
1993 年 11—12 月	普通波水蚤（*U. vulgaris*）	231	12.0	0.289	0.034 5
	肥胖箭虫（*S. enflata*）	177	9.2	0.273	0.025 0
	精致真刺水蚤（*Euchaeta concinna*）	223	11.5	0.212	0.024 5
	角锚哲水蚤（*Rhincalanus concinna*）	151	7.8	0.304	0.023 7
	多毛拟弯喉萤（*Paravargula hirsuta*）	135	7.0	0.276	0.019 3
	狭额次真哲水蚤（*Subeucalanus subtenuis*）	129	6.7	0.193	0.012 9
1994 年 3—4 月	多毛拟弯喉萤（*Paravargula hirsuta*）	247	22.6	0.420	0.095 1
	瘦乳点水蚤（*Pleuromma gracilis*）	76	7.0	0.420	0.029 3
	角锚哲水蚤（*R. cornutus*）	90	8.2	0.344	0.028 4
	太平洋箭虫（*S. pacifica*）	51	4.7	0.300	0.014 0
	普通波水蚤（*U. vulgaris*）	70	6.4	0.214	0.013 7
	肥胖箭虫（*S. enflata*）	61	5.6	0.233	0.013 0
1997 年 11 月	肥胖箭虫（*Sagitta enflata*）	398	12.80	—	0.13
	纳米海萤（*Cypridina nami*）	222	7.13	—	0.07
	达氏筛哲水蚤（*Cosmocalanus darwinii*）	126	4.07	—	0.04
	瘦乳点水蚤（*Pleuromma gracilis*）	190	6.11	—	0.04
	瘦新哲水蚤（*Neocalanus gracilis*）	73	2.34	—	0.02
1999 年 4 月	肥胖箭虫（*Sagitta enflata*）	552	14.07	—	0.14
	纳米海萤（*Cypridina nami*）	120	3.06	—	0.03
	达氏筛哲水蚤（*Cosmocalanus darwinii*）	158	4.03	—	0.04
	住囊虫（*Oikopleura* spp.）	390	9.93	—	0.08
	太平洋箭虫（*S. pacifica*）	141	3.62	—	0.04
1999 年 7 月	肥胖箭虫（*Sagitta enflata*）	446	12.84		12.84
	纳米海萤（*Cypridina nami*）	118	3.40		3.40
	达氏筛哲水蚤（*Cosmocalanus darwinii*）	121	3.47		3.47
	海胆长腕幼虫（*Echinopluteus larva*）	507	14.61		14.61
	狭额次真哲水蚤（*Subercalanus subtenuis*）	82	2.37		2.37

资料来源：尹建强等，2006。

22.2.4　主要类群的季节变动

22.2.4.1　桡足类

在南海北部以强次真哲水蚤、异尾宽水蚤、小哲水蚤、锥形宽水蚤为优势种，其中强次真哲水蚤是最主要的桡足类优势种，丰度为 6.04 ind./m³。而琼东粤西海域，夏季浮游动物优势种强次真哲水蚤和中华哲水蚤占优势、狭额次真哲水蚤（*Subeucalanus subtenuis*），冬季浮游动物优势种微刺哲水蚤（*Canthocalanus pauper*）、精致真刺水蚤（*Euchaeta concinna*）、真刺水蚤幼体（*Euchaeta* larva）、亚强次真哲水蚤（*Subeucalanus subcrassus*）、达氏筛哲水蚤（*Cosmocalanus darwini*）、普通波水蚤（*Undinula vulgaris*）。

北部湾调查海域浮游动物各类群组成百分比虽呈现一定的季节差异，但桡足类作为第一大类群，在各季优势地位明显，种类组成百分比范围为 24.06% ~ 28.37%，年占有率为 25.61%。

南海中部桡足类的优势种，有狭额次真哲水蚤、达氏筛哲水蚤、瘦新哲水蚤（*Neocalanus gracilis*）、瘦乳点水蚤（*Pleurommama gracilis*）、角锚哲水蚤（*Rhincalanus cornutus*）。这是亚热带下层水（次表层水）的种类，同南海北部陆架区分布的优势种不同。在秋、冬季或夏季这些优势种基本相似。但各种的数量却有季节变化，秋、冬季上层的总数量较夏季大两倍，而下层在两个季节中较为接近。

秋、冬季的种数较夏季增加 1/3。例如真哲水蚤（*Eucalanidae* spp.）、平头水蚤（*Candacia* spp.）、大眼剑水蚤（*Corycaeus* spp.）、小哲水蚤（*Nannocalanus minor*）等的数量有不同程度的增加。夏季不仅种数减少，同时总数量也较秋、冬季低。这个现象同冬季黑潮支梢输入南海较夏季显著有关。

22.2.4.2　毛颚类

南海北部夏季肥胖箭虫占明显优势，其次为微箭虫（*Sagitta minima*），分别占毛颚类总密度的 63.36% 和 11.3%，分布都相当广泛。夏季毛颚类分布比较均匀，在粤西近岸水域密度基本上在 50 ~ 100 ind./m³，其他水域在 10 ~ 50 ind./m³ 变动。冬季仍然以肥胖箭虫占优势，其次是太平洋箭虫（*Sagitla pacifica*）。北部湾毛颚类为第 4 类群，种类组成百分比平均范围为 4.20%；南海中部的毛颚类，以肥胖箭虫（*Sagitta enflata*）、太平洋箭虫（*Sagitta pacifica*）、龙翼箭虫（*Pterosagitta draco*）占优势。在秋、冬季和夏季两个季节中，种类的更迭是不明显的。不过夏季的数量明显较秋、冬季增多，并且发现有大量的幼体，说明了正处于发育盛期。除此，凶形箭虫（*Sagitta ferox*）、粗壮箭虫（*Sagitta robusta*）和纤细撬虫（*Krohnitta subtilis*）也较秋、冬季分布普遍，数量也较增多。

在 4 月下旬至 8 月上旬其总数量东部和东南部水域较丰富，并向西和西北部水域逐渐减少，即以礼东滩西侧至北康暗沙一线为界，其东部的丰度显著地高于西部。东部的数量一般在 1 000 以上，高数量区常见于曾母暗沙附近和南沙海槽北部区。西部的丰度，一般均小于 500，保持较低丰度，毛颚类总个数分布形式与浮游动物总生物量和浮游植物总个数的分布一致。4 月和 5 月的下旬，均为表层毛颚类总数量的低谷期，而 5 月上旬和 7 月中下旬至 8 月上旬是高峰期，低谷期持续时间短，高峰期持续时间较长；丰度的年变化小。

22.2.4.3　浮游多毛类

浮游多毛类初步统计有 30 种左右，在样品中虽是习见种类，但数量低，不如底栖多毛类，但在生态学上具有一定的意义。它有以下的几个特点：

南海中部秋冬季，浮游多毛类出现的种数几乎超过夏季的一倍。相反，夏季的总数量却远超过秋冬季的数量。

两个季节所出现的主要种类有一定的更替。秋、冬季以北斗星浮蚕、箭蚕（*Sagitella kowalevskii*）以及底栖多毛类幼体较为常见。而夏季普遍见到有短盘首蚕（*Lopadorhynchus brevis*）、等须浮蚕（*Tomopteris duccii*）等。在个别站如漂泊浮蚕（*Tomopteris planktonis*）等具较高数量。

调查区东部，以囊明蚕（*Vanadis fuspunctata*）、太平洋浮蚕（*Tomopteris pacifica*）等较多。在南沙群岛双子礁北面有较多的北斗星浮蚕、箭蚕以及底栖性多毛类幼体。分布不均匀性较为显著。

22.2.4.4　水母类

南海北部水螅水母 148 种，管水母 59 种，钵水母 6 种；栉水母动物门 7 种，管水母在琼东和粤西海域是优势类群，双生水母主要优势种，夏季南海北部分布由近岸往外海递减，密集区位于粤西近岸水域。夏季双生水母、半口壮丽水母（*Aglaura hemistoma*）数量呈集中型平面分布，最高值和最低值均出现在珠江口，最高值在珠江口外部，最低值在珠江口内。北部湾水螅水母是第二优势类群，种类组成百分比平均范围为 19.50%。

南海中部常见的小型水母，仍然是半口壮丽水母、秋、冬季主要分布在南沙群岛双子礁西北（越南芽庄东南），礼乐滩东北和西沙群岛西南，其余数量皆很低。夏季的数量明显高于秋、冬季，密集区与秋、冬季相似。此外，四叶小舌水母（*Liriope tetraphylla*）分布也相当普遍。在秋季，南沙群岛北面，表层经常可见到 10～40 cm 的黄斑海蜇。

在南沙东南部海区上层出现的优势种为半口壮丽水母（占总数量的 35.7%）、四叶小舌水母（占 14.8%）、两手筐水母（占 13.7%）和夜光游水母（占 10.5%）；下层出现的优势种为半口壮丽水母（占下层总数量的 23.9%）、真胃穴水母（占 16.7%）、宽膜棍手水母（占 16.2%）、两手筐水母（占 11.3%）和四叶小舌水母（占 9.0%）。此外，在上层出现的 57 个种中，有 36 个种是上层种类，有 21 个种则是上层及下层共有种类；仅在下层出现的种类只有 4 种：双手外肋水母、锥形面具水母、拟帽水母和马氏嗜阴水母。根据上述种类在水层分布特点，可将其划分为两个主要类群：上层类群和下层类群（黎爱韶，1991）。

管水母类是水螅水母纲中的一个目，由于结构特殊，种类众多。因此，它在热带浮游动物中占有一定的意义。在南海北部陆架区出现优势的管水母，如双生水母（*Diphyes chamissonis*），在暹罗湾也是优势种类，可是在南海中部却很少发现。有的种类，如深杯水母（*Abylopsis tetragona*）等虽在南海北部陆架区也有分布，但数量不多，而在南海中部却为优势种，这可能与种类的适温范围有关。北部湾优势类群除桡足类，第 3 类群为管水母类，种类组成百分比范围为平均 9.57%；南海中部管水母类有 70 种左右、种类季节变化较小。数量的季节变化较显著。夏季较秋、冬季高五倍，这可能与繁殖有关。在密集分布区中，两个季节相近似，大多数分布在中沙群岛和西沙群岛的南部。

南海中部的优势种有扭形爪室水母（*Chelophyes contorta*）、深杯水母（*Abylopsis tetragona*）等。在夏季，螺旋尖角水母（*Eudoxoides spiralis*）、巴斯水母（*Bassia bassensis*）等分布都很普遍，并占有一定的数量。

秋、冬季，在中沙群岛东南和永登暗沙东北，有梨杯形管水母（*Ceratocymba leuckarti*）、顶大多面水母（*Abyla schmidti*）等，这是过去调查中未见到的。夏季，在西沙群岛和中沙群岛南部出现锯齿角杯水母（*Ceratocymba dentata*），异板浅室管水母（*Lensia challengeri*）等，这说明除优势种外，一般种类也有更替现象。

22.2.4.5　被囊类

南海的浮游被囊类，经初步鉴定，属海樽类近 20 种，有尾类 10 余种。这类群在南海中部的分布比较普遍，但数量不大，没有像南海北部陆架区沿岸水和外海水交汇区所出现的密集现象。

南海中部优势的被囊类有双尾纽鳃樽（*Thalia democratica*）、小齿海樽（*Doliolum denticulatum*）等。磷海樽（*Pyrosoma* spp.）也是个广布种类，特别在夏季更为突出，但数量不如东沙群岛那样丰富。垂直分布中，在 100 m 上层，有主要小齿海樽、住囊虫（*Oikopleura* spp.）、在 200 m 上下或更深水中有磷海樽等。

22.2.4.6　磷虾类

南海的磷虾共有 42 种，其中在南沙群岛海区分布 33 种，占 78.6%。南海磷虾类的种数远比我国北方诸海为多，特别是中部深水区更为丰富。这一类群在海洋食物链中，具有重要的意义（张谷贤，1991）。

秋、冬季在南沙群岛礼乐滩北面，发现有大眼磷虾（*Euphausia sanzoi*）一个密集点，它的分布主要在116°E以东，类似这分布型式还有假驼磷虾（*Euphausia pseudogibba*）。在西沙群岛岛礁附近常发现有宽额假磷虾（*Pseudeuphausia latifrns*）的群聚，它们大多数是抱卵的成熟雌体，雌雄比率为10:1，并有强烈趋光的行为。这说明在深海岛礁等环境，可能提供给它们摄食、繁殖和庇护的良好条件。

22.2.4.7 端足类

裂颏蛮蜮是南海北部夏季的优势种，南海中部浮游端足类，论其数量远不如东海或南海北部陆架区那样丰富，但其种数较复杂。特别是上层的一些种类，如小锯宽腿蜮（*Platyscelus serratulus*）、宽短足蜮（*Brachyscelus latipes*）是黄鳍金枪鱼的重要食料，从其胃含物分析，这些种类所占比例较大，经济意义较显著。几年的调查结果，可归纳为几点：

两个季节调查中，浮游端足类的高数量级，以及地理分布区都比较接近。这说明在这海域中，它们的变化较为稳定。这结果如与南海北部近岸区相比较的话，显然南海中部的数量低2.5倍，相应地，分布也较为均匀。

浮游端足类上层优势种有小泉蜮（*Hyperietta* spp.），蛮蜮类（*Lestrigonus* spp.）等为主。秋、冬季的习见种还有半月喜蜮（*Phrosina semilunata*）、斑点真海精蜮（*Eupronoe maculata*）。春、夏季习见的有刺拟慎蜮（*Phronimopsis spinifera*）。

22.2.4.8 莹虾类

南海莹虾类，经鉴定有6种。有些种类在南海北部陆架区，形成较高密集区。这次ST07结果显示，东方莹虾是珠江口外的优势种。是南海鳀鲕鱼类主要的食料。在南海中部，目前只见到四种，东方莹虾（*Lucifer orientalis*）、仅见于西沙群岛北面深水。在整个调查区，正型莹虾（*Lucifer typus*）为习见种。秋、冬季，中型莹虾（*lucifer intermedius*）也较普通。其分布有以下几个特点：①南海中部秋、冬季莹虾的数量较夏季为高。主要种类为正型莹虾和中型莹虾。夏季以正型莹虾为主，而中型莹虾的数量极低，而且分布范围较小。②秋、冬季莹虾主要分布在西沙群岛和中沙群岛南部，夏季主要在南沙群岛双子礁北面的上层较为丰富。总的数量远不如南海北部陆架区那样丰富。相对地，它在这海域的重要性较小。

22.2.4.9 浮游介形类

南海共有介形类61种，隶属于3科，17属，南沙海区介形类基本上可分为热带、亚热带高盐外海种和热带低盐沿岸浅水种两大生态类群，尤以前者的种数为多，共代表有棘状浮萤、贞洁浮萤、长方浮萤、宽短浮萤、多变浮萤。尖细浮萤、同心浮萤、拟尖浮萤、双刺浮萤、大弯浮萤、小刺浮萤和胖海腺萤等；后者有蓬松椭萤、尖突海萤、齿形海萤和弱小铃萤等。此外，还有一些广盐性或广温性广布种。前者如细长真浮萤和针刺真浮萤既可在高盐的外海上层水中，也可在低盐的沿岸水中分布；后者如秀丽浮萤和鳞状浮萤在高、低纬度均有其分布（尹健强，1991）。

南海中部的浮游介形类的总数量是秋、冬季高于夏季。该海域的数量远不及陆架区近岸的数量，特别是珠江口或粤东近海，在春季的蓝圆鲹等上层鱼类的胃含物中，含有大量的浮游介形类。目前看来，南海中部这类群的重要性可能小于北部陆架区。

22.2.4.10 浮游翼足类和异足类

南海中部和南沙群岛海区山现的翼足类和异足类共26种。其中翼足类20种，异足类6

种，均为大洋性暖水种。

南海中部，秋、冬季期间，浮游翼足类和异足类的种数和数量较夏季为多。在两个季节中，高数量的分布区都很近似。调查区南部的数量较北部为高。习见种有明螺（*Atlanta* spp.）、虎螺（*Limacina* spp.）和笔帽螺（*Creseis* spp.）等，它们大部分集中在 100 m 上层，这可能同摄取食物有关。

22.2.4.11　枝角类

珠江口第一优势种鸟啄尖头溞在调查海区的分布规律为近岸较高，外海较低，近岸较高值出现在大鹏湾、万山群岛、海陵岛和下川岛附近海域。第二优势种肥胖三角溞的平面分布规律为近岸偏高（珠江口除外），外海偏低，高值区出现在海陵岛和万山群岛附近海域。

在南海中部，种数很少而且数量极低。仅见到肥胖三角溞（*Pseudevadne tergestina*）一个种。秋、冬季仅块状分布在中沙群岛东南和南沙群岛东北部的礼乐滩西北，它们大多数在 100 m 上层，个别也见于 100～200 m 层。可惜，在夏季的调查中并没有发现。看来，它的分布没有连续性。在这海域中，它的重要性较小。而在南沙岛礁有肥胖三角溞（*Pseudevadne tergestina*）出现。

22.2.5　南海浮游动物摄食

22.2.5.1　三亚湾桡足类对浮游植物现存量的摄食压力

根据 2000 年 11 月对三亚湾的调查研究发现（谭烨辉等，2004），三亚湾秋季桡足类优势种为针刺拟哲水蚤和拟哲水蚤幼体。强额孔雀哲水蚤对浮游植物现存量的平均日摄食压力最大，各站平均为叶绿素 a 的（6.97 ± 6.82）%，其次是针刺拟哲水蚤，平均为（5.97 ± 5.67）%，强次真哲水蚤对浮游植物现存量的摄食压力较低，平均为（2.20 ± 2.33）%，桡足类在秋季对浮游植物的日摄食压力占叶绿素 a 的（22.31 ± 18.92）%（图 22.15）。三亚湾属于生产力偏低的海区，对初级生产力的摄食压力以中型浮游动物针刺拟哲水蚤、锯缘拟哲水蚤、红纺锤水蚤、微驼隆哲水蚤和驼背隆哲水蚤为主。

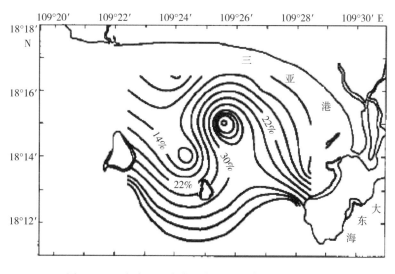

图 22.15　秋季三亚湾桡足类对叶绿素 a 的摄食压力

22.2.5.2　珠江口桡足类对浮游植物现存量的摄食压力

根据 1999 年夏季和 2000 年冬季对珠江口的调查研究发现（Tan, et al, 2004），夏季桡足类优势种为刺尾纺锤水蚤、强额孔雀哲水蚤、尖长腹剑水蚤、针刺拟哲水蚤和尖额谐猛水蚤。而冬季优势种为锯缘拟哲水蚤、强额孔雀哲水蚤、小拟哲水蚤、刺尾纺锤水蚤和腹剑水蚤。桡足类平均肠道排空率在冬季为（0.032 ± 0.006）/min，而在夏季为（0.039 ± 0.008）/min。珠江口桡足类的摄食压力随季节的变化而变化，在夏季其摄食压力可达浮游植物现存量的104%（图22.16），冬季其平均摄食压力为浮游植物现存量的21%（图22.17）。

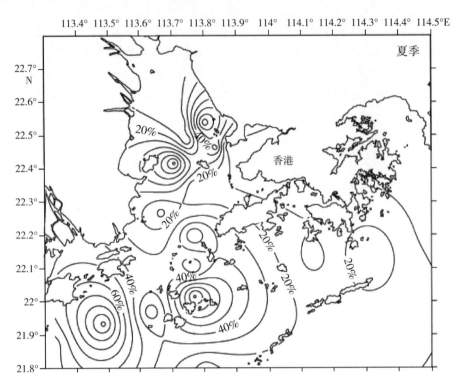

图22.16　夏季珠江口桡足类对水柱叶绿素 a 的摄食压力

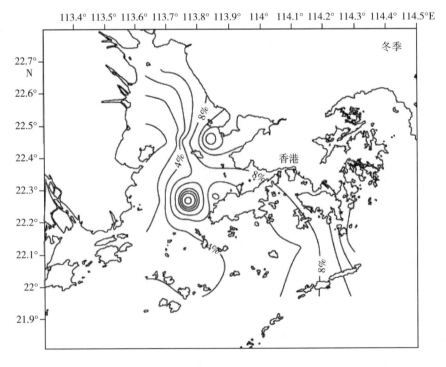

图22.17　冬季珠江口桡足类对水柱叶绿素 a 的摄食压力

22.2.5.3 南海北部桡足类对浮游植物现存量的摄食压力

南海北部大型浮游动物的优势种主要为小哲水蚤、锥形宽水蚤，异尾宽水蚤，亚强次真哲水蚤，桡足类丰度为 13.88 ~ 155.4 ind./m³，平均为 66.24 ind./m³，桡足类对水柱叶绿素的摄食压力为每天 0.23% ~ 4.00%，平均为 1.33%（图 22.18）。本次的排空率偏低。大多数研究表明，浮游动物的日摄食量通常小于浮游植物现存量的 5%，低于初级生产力的 10%。在黄、东海春季桡足类对浮游植物现存量的摄食压力为 6.4% ~ 21.5%（李超伦等，2001），渤海莱州湾浮游动物对浮游植物的摄食压力为 2.53% ~ 6.36%（李超伦和王荣，2000），Barquero，et al（1998）在 N W Spain 海域得研究发现春季浮游桡足类对浮游植物的摄食压力不大于 3%。该实验说明南海北部桡足类对浮游动物的摄食压力较小，其不是浮游植物的主要摄食者。因南海北部处于亚热带寡营养水域，其主要的能量传递途径为微食物环的途径，Dagg（1995）等认为在亚热带海区，微型浮游动物对浮游植物的摄食率达到 95% 以上。所以，对浮游植物起控制作用的主要是微型和微微型浮游生物而非大、中型的桡足类。

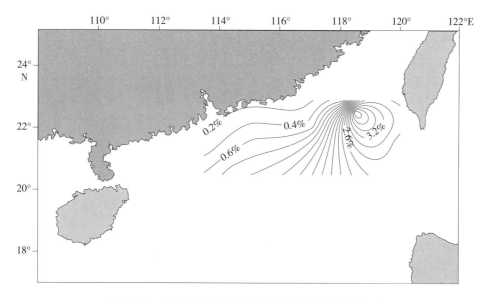

图 22.18 南海北部浮游动物对水柱叶绿素的摄食压力

22.3 小结

浮游生物中仅有少数类群具较强的游泳能力，但大多数的种类是随波逐流，抵御环境条件的力量极为微弱，因此依赖环境属性极强。在自然选择中，有一些种类能够生活在各种水团中，但有的却仅能生活在某特定的环境之中。这取决于种类对环境适应能力大小。

秋季（10 月），已是南海冬季季风开始发展的时期。这时一个特点是在 110°E 以东退缩的西南季风和正兴起向南推进的东北季风，在 10°N 附近形成气流辐合带。与此相适应，在南海西部已出现一个向南推进的风海流，沿着海南岛东南直下越南东岸，并继续向南推进。在北部湾湾口东侧海域，由于地形的关系，该海域的水流、水团错综复杂，主要分布有 3 个水系：南海表层和次表层的高盐水（盐度 >34.1），自湾口侵入并沿海南岛西岸北上，向北可达 20°30′N 附近，形成这一带海域高盐的水文特性。琼州海峡自东向西的沿岸水，主要是分布在雷州半岛东、西部的沿岸，为调查海域次高盐水系，盐度范围在 29.5 ~ 33.0，主要影响海域在北部湾的东北海区，雷州半岛西侧和广西沿岸。北部湾沿岸水，主要为湾内沿岸各江河径流的冲淡水，分布于湾顶和湾西沿岸的表层，盐度小于 29.5。从浮游动物种类组成与丰度的时空分布上看，上述水系的季节变化对北部湾调查海域浮游动物种类组成、丰度时空分布有重要影响。

在此强大南进海流的作用下，受到西沙群岛、中沙群岛的岛礁障碍的影响，于是在这些群岛的南部（即南海中部），分别形成气旋式或反气旋式的局部涡动。在调查区的西部（即我国西沙群岛至越南东方），由于近岸存在向南的风海流，于是在外海（110°E 左右）相应出现一个较强左旋的密度环流，其中心区呈现高盐低温为特征的上升流区，从浮游动物密集分布区来看其中心区的种数和数量很稀少。而其外围，浮游生物是很丰富的，这与上升流区浮游生物的分布特征很近似。不过就目前浮游动物的资料分析，尚未见到底层浮游动物上升到 200 m 的上层，只见到一些生活在中层水的种类有向上分布的趋势，是造成 100 m 层浮游动物较为丰富的一个重要因素。

此时，在南海中部海域东面，正好北面有中沙群岛等屏障，由西南向东北的右旋涡动，相应在岛礁附近也见到斑块状高生物量分布区。这些现象同这时期局部涡动有很大关系。夏季正是西南季风盛行时期，海区上层流向东北，在整个调查海区自表层到深层被两个反向密度流所取代，在 112°E 以东，出现一个大范围左旋涡动。据实测结果，在 12 ~ 13°N，流向为东，可能这时期有一部分南海水通过巴拉望到苏禄海，而其北面海流折向西北，形成涡动，由于其间存在岛礁、暗沙，可能出现局部上升。因此在礼乐滩附近，中沙群岛南面的浮游生物都较为丰富。在 112°E 以西，相应存在一个右旋的涡动，根据浮游动物调查的初步观察，其中心可能在 110°E、15°N 左右，表层水辐聚较为显著，在那里 0 ~ 100 m 层各类浮游动物极为稀少，而在 100 ~ 200 m 层浮游动物极为丰富，原先分布在 100 m 上层的浮游动物，也都出现在这一层次，显然是受表层水下沉的影响。从上述季风期海流动态、涡动出现，水的上升或下降都直接影响浮游生物的平面和垂直分布。再者，对几个昼夜连续观测站以及大面垂直分层采集资料分析，上层的浮游动物一般密集在 50 m 上层，移动范围可达 100 m 层。因此，构成 100 m 上层是调查区域中出现浮游生物最为活跃的层次。在这一层次中同高温、高盐、高含氧量、充足阳光，容易获得食料等环境因素是有密切联系的。通过资料初步看出，在 100 m 层的温跃层，似乎对一些显著移动的浮游动物，并不起阻碍的作用。内波也是影响浮游动物移动和分布的一个外在因素，但对大部分的浮游动物来说，似乎也不是一个决定性条件。光线强弱或食料等可能对浮游动物起重要的影响。

许多研究表明，中尺度的物理海洋过程如环流和海洋锋等能影响浮游动物种类的水平分布和数量变化。在北半球气旋式环流（冷涡）会产生海面辐散，下层富含营养盐的海水不断上升，因而常有浮游植物大量繁殖，为浮游动物提供丰富的饵料，从而提高浮游动物的数量；而反气旋式环流（暖涡）会产生海面辐聚，表层水下沉，营养盐不能得到补充，浮游生物常十分贫乏。南沙群岛海区在西南季风和东北季风期间存在了两种不同方向的环流和海流。在东北季风盛行期间，南沙群岛海区上层存在 3 个不同大小的环流——南沙气旋、东南沙上层反气旋和北南沙上层反气旋，南沙气旋和东南沙上层反气旋分别位于南沙群岛海区的西部和东部，北南沙上层反气旋位于南沙群岛海区的西北部并与南沙气旋对峙而形成海洋锋。1997 年 11 月浮游动物生物量的分布趋势也是西部高于东部，并在西北部形成了高值区而且梯度变化较大。东北季风期间种类比较稳定，也反映出大洋区 200 m 水的趋同性。在西南季风盛行期间，南沙群岛海区上层被一大的反气旋式环流所控制，在其中还嵌套着几个局地性的小尺度环流——万安气旋和南沙海槽西北气旋，在西北部存在着南沙反气旋环流和南海中部气旋环流对峙而形成的海洋锋，在该区域也存在强烈的上升流。

第23章　南海底栖动物

南海是世界著名的热带大陆边缘海之一，面积辽阔，水体巨大，水域深渊，以闽粤沿海省界到诏安的宫古半岛经台湾浅滩到台湾岛南端的鹅銮鼻的连线与东海相接。整个南海几乎被大陆、半岛和岛屿所包围，北面是我国广东、福建沿海大陆和台湾、海南两大岛屿，东面是菲律宾群岛，西面是中南半岛和马来半岛，南面是力里曼岛与苏门答腊岛等。海区与太平洋、印度洋等均有水道相通。整个海域面积约 $350 \times 10^4 \ km^2$，大陆架面积为 $37.4 \times 10^4 \ km^2$。其平均水深为 1 212 m，最深处为 5 559 m。整个南海四周几乎全为大陆和岛屿所包围，因而与地中海及加勒比海常被称为世界三大内海。

南海海底表面沉积的分布是自岸向外颗粒由粗逐渐变细，整个南海的底质以砂为主。南海作为边缘海，其底质分布状况和沉积速率，早已引起世界各国许多科学家的关注，我国许多学者在这些方面也作了大量的工作。南海地区的底质分布在海岸带和内陆架部分比较复杂，其分布主要受物源影响。从外陆架至深海盆地，其底质分布主要受水深变化和珊瑚礁分布的影响，物源影响在陆架外部和陆坡顶部也较大。

南海海水表层水温较高，从 25℃ 到 28℃ 左右，年温差 3 ~ 4℃，盐度为 35，潮差平均 2 m。

南海的底栖生物，无论是大型还是小型底栖生物，其多样性在 4 个海区中也是最高的。

23.1　大型底栖动物种类组成、群落结构、栖息密度与生物量分布

23.1.1　物种组成

23.1.1.1　物种组成

由于我国南海水域宽阔、水体较深，大型底栖生物的取样采集比较困难，与我国其他三海域相比，对该海域大型底栖动物的研究尤其是深水水域的研究比较薄弱。唐启升等（2006）主编的《中国专属经济区海洋生物资源与栖息环境》对南海海域栖息的大型底栖动物进行了全面的概括。

南海北部海域大型底栖动物已鉴定种类 690 种，其中，多毛类环节动物 238 种，软体动物 217 种，甲壳动物 138 种，棘皮动物 48 种，其他动物 49 种。其中，多毛类环节动物、软体动物和甲壳动物三大类群占该海域大型底栖动物总种数的 89.37%，构成大型底栖动物的主要类群。

南海南部海域大型底栖动物 114 种，其中，多毛类环节动物 34 种，软体动物 39 种，甲壳动物 28 种，棘皮动物 5 种，其他动物 8 种。其中，多毛类环节动物、软体动物和甲壳动物三大类群占该海域底栖动物总种数的 88.6%，构成大型底栖动物的主要类群（李荣冠，2003）。

南海海域大型底栖动物各类群种数和总种数在不同季节有明显的变化（表23.1），由大

到小依次为春季（388种）、夏季（293种）、秋季（279种）、冬季（253种）。

表23.1　南海海域大型底栖动物种类季节变化

季　节	多毛类	软体动物	甲壳动物	棘皮动物	其他动物	总种数
春季	143	122	72	32	19	388
夏季	132	50	76	16	19	293
秋季	110	71	57	22	19	279
冬季	108	65	50	14	16	253
全年	238	217	138	48	49	690

资料来源：唐启升等，2006。

种数在南海海域的平面分布也因为位置和季节不同呈现明显的差异，春季种数较大的站位主要位于北部湾、海南岛南部沿岸、珠江口和台湾浅滩；夏季种数较大的站位分布则相对较均匀，几乎遍布整个海区；秋季种数较大的站位主要分布在北部湾、海南岛东北部、湛江沿岸，南海北部和台湾浅滩相对较小；冬季种数较大的站位主要位于北部湾和湛江沿岸外缘。

"908"专项调查共发现南海大型底栖生物1830种。其季节变化见表23.2。由表23.2可知，南海大型底栖生物种数由多到少依次为春季、夏季、冬季、秋季。

表23.2　南海海域大型底栖动物种数季节变化

季　节	多毛类	软体动物	甲壳动物	棘皮动物	其他动物	总种数
春季	381	208	264	83	69	1005
夏季	393	202	267	64	57	983
秋季	376	143	196	58	50	823
冬季	337	157	259	69	60	882
全年	607	440	504	136	143	1 830

资料来源："908"专项数据。

在南海的ST07、ST08和ST09区块，"908"专项分别对我国南海海域的珠江口海域、海南岛东部海区及北部湾海域进行了深入的海洋调查，共设置站位250余号（图23.1），共采集大型底栖生物标本1 661种，其中珠江口海域采集到大型底栖生物971种，海南岛东部海区采集到大型底栖生物577种、北部湾海区采集大型底栖生物580种，明显高于渤海、黄海和东海。在这三个海区所采集的标本，均是以多毛类动物种数最多，其次是甲壳动物类群，通常二者一共占据了近一半以上的种数，同时也反映出亚热带海区丰富的物种多样性（表23.3）。

表23.3　"908"专项调查南海海域部分海区大型底栖生物物种数目组成及其所占比例

类　别	多毛类		软体动物		甲壳动物		棘皮动物		其他动物		总种数
	种数	比例/%	种数	比例/%	种数	比例/%	种数	比例/%	种数	比例/%	
南海	590	35.52	307	18.48	466	28.06	144	8.67	154	9.27	1 661
珠江口海域	392	40.37	154	15.86	254	26.16	86	8.86	85	8.75	971
海南岛东部海域	258	44.71	109	18.89	117	20.28	45	7.80	48	8.32	577
北部湾海域	208	35.86	104	17.93	183	31.55	49	8.45	36	6.21	580

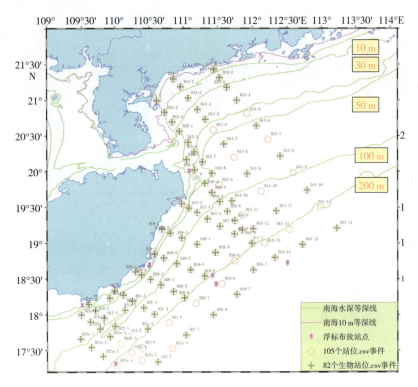

图 23.1　"908"专项 ST08 区块 2007 年秋季航次调查站位

23.1.1.2　优势种类

南海海域大型底栖动物优势种和常见种有 35 种（表 23.4）。

表 23.4　南海海域大型底栖动物优势种

种　名	学　名	种　名	学　名
斑角吻沙蚕	*Goniada maculata*	光织纹螺	*N. dorsatus*
小卷吻沙蚕	*Micronephtys sphaerocirrata*	红侍女螺	*Ancilla rubiginosa*
独指虫	*Aricidea fragilis*	三带缘螺	*Marginella tricincta*
丝鳃稚齿虫	*Prionospio malmgreni*	齿痕露齿螺	*Ringicula niinoi*
热带杂毛虫	*Poecilochaetus tropicus*	畸形鎚肢虫	*Sphyrapus anomalus*
梳鳃虫	*Terebellides stroemii*	日本圆柱水虱	*Cirolana japonensis*
双鳃内卷齿蚕	*Aglaophamus dibranchis*	轮双眼钩虾	*Ampelisca cyclops*
弦毛内卷齿蚕	*A. lyrochaeta*	日本沙钩虾	*Byblis japonicus*
长吻沙蚕	*Glycera chirori*	塞切儿泥钩虾	*Eriopisella sechellensis*
独毛虫一种	*Tharyx* sp.	尖尾细螯虾	*Leptochela acculeocaudata*
背蚓虫一种	*Notomastus* sp.	鲜明鼓虾	*Alpheus distinguendus*
单钩襟节虫	*Glymenella cincta*	日本美人虾	*Callianassa japonica*
欧努菲虫	*Onuphis eremita*	细腕阳遂足	*Amphiura tenuis*
毡毛岩虫	*Marphysa stragulun*	光滑倍棘蛇尾	*Amphioplus laevis*
短叶索沙蚕	*Lumbrineris latreilli*	洼鄂倍棘蛇尾	*Amphioplus depressus*
不倒翁虫	*Sternaspis scutata*	小鳞三棘蛇尾	*Amphiodia microplax*
简易襞蛤	*Plicatula simplex*	脆棒鳞蛇尾	*Ophiopsila abscissa*
角贝	*Graptucme aciculum*	中华衣笠螺	*Xenophora sinensis*
梭角贝一种	*Gadila* sp.	浅缝骨螺	*Murex trapa*
蕃红花丽角贝	*Calliodentalium crocinum*	西格织纹螺	*Nassaricus siquijorensis*

通过对"908"专项南海 ST07、ST08 和 ST09 三个区块的采集标本情况进行分析统计，三个海区的优势种分布如下（表 23.5）。三个海区的大型底栖生物优势种类有所差别，但是也有一些种类有重叠，如背蚓虫（*Notomastus latericeus*）、棒锥螺（*Turritella bacillum*）、日本美人虾（*Callianassa japonica*）、光滑倍棘蛇尾（*Amphioplus laevis*）、洼颚倍棘蛇尾（*Amphioplus depressus*）、毛头梨体星虫（*Apionsoma trichocephala*）、纽虫（*Nemertinea*）等。个别栖息范围较广的种类，如背蚓虫、塞切尔泥钩虾（*Eriopisella sechellensis*）、毛头梨体星虫、洼颚倍棘蛇尾也是东海海域的常见种类。

表 23.5 "908"专项调查南海各海区大型底栖动物物优势种类

珠江口海域		海南岛东部海域		北部湾海域	
多毛类					
背蚓虫	*Notomastus latericeus*	梳鳃虫	*Terebellides stroemii*	双须内卷齿蚕	*Aglaophamus dicirris*
双形拟单指虫	*Cossurella dimorpha*	双须内卷齿蚕	*Aglaophamus dicirris*	背蚓虫	*Notomastus latericeus*
不倒翁虫	*Sternaspis sculata*	斑角吻沙蚕	*Goniada maculata*	栉状长手沙蚕	*Magelona crenulifrons*
中华内卷齿蚕	*Aglaophamus sinensis*	简毛拟节虫	*Praxillella gracilies*	丝鳃稚齿虫	*Prionospio malmgreni*
软体动物					
光滑河兰蛤	*Potamocorbula laevis*	棒锥螺	*Turritella bacillum*	波纹巴非蛤	*Paphia undulata*
鳞片帝纹蛤	*Timoclea imbricata*	维提织纹螺	*Nassarius（Zeuxis）vitiensis*	小亮樱蛤	*Nitidotellina minuta*
棒锥螺	*Turritella bacillum*	—	—	豆形凯利蛤	*Kellia porculus*
甲壳动物					
日本美人虾	*Callianassa japonica*	轮双眼钩虾	*Ampelisca cyclops*	塞切尔泥钩虾	*Eriopisella sechellensis*
短角双眼钩虾	*Ampelisca brevicornis*	日本美人虾	*Callianassa japonica*	哈氏美人虾	*Callianassa harmandi*
鼓虾一种	*Alpheus* sp.	大蝼蛄虾	*Upogebia major*	模糊新短眼蟹	*Neoxenophthalmus obscurus*
棘皮动物					
光滑倍棘蛇尾	*Amphioplus laevis*	光滑倍棘蛇尾	*Amphioplus laevis*	克氏三齿蛇尾	*Amphiodia clarki*
中间倍棘蛇尾	*Amphioplus intermedius*	长腕双鳞蛇尾	*Amphipholis loripes*	歪刺锚参	*Protankyra asymmetrica*
—	—	洼颚倍棘蛇尾	*Amphioplus depressus*	洼颚倍棘蛇尾	*Amphioplus depressus*
其他动物					
毛头梨体星虫	*Apionsoma trichocephala*	纽虫一种	*Nemertinea*	毛头梨体星虫	*Apionsoma trichocephala*
纽虫一种	*Nemertinea*	小头栉孔鰕虎鱼	*Ctenotrypauchen microcephalus*	纽虫一种	*Nemertinea*

23.1.2 生物量分布

南海海域大型底栖动物四季平均生物量为 10.83 g/m^2，其中棘皮动物最多，其次为其他动物，多毛类。生物量也存在明显的季节性变化，由大到小依次为春季（13.26 g/m^2）、夏季（12.44 g/m^2）、秋季（9.73 g/m^2）、冬季（7.88 g/m^2）（表 23.6）。

表 23.6 南海大型底栖动物各类群数量季节变化

项 目	季 节	多毛类	软体动物	甲壳动物	棘皮动物	其他动物	合 计
生物量/（g/m^2）	春季	2.05	1.34	1.71	3.15	5.00	13.26
	夏季	2.35	1.69	1.50	4.71	2.19	12.44
	秋季	2.39	4.00	1.00	0.52	1.82	9.73
	冬季	2.17	0.89	1.51	2.35	1.44	7.88
	平均	2.24	1.98	1.43	2.68	2.61	10.83

资料来源：唐启升等，2006。

"908"专项对南海海域的大型底栖生物情况进行了较为细致的调查。其年平均生物量为
20.06 g/m²，其季节变化见表23.7。由表23.7可见，南海大型底栖生物平均生物量的季节变
化不显著，由大到小依次为春季、冬季、秋季、夏季。

表23.7　"908"专项调查南海海域大型底栖生物生物量季节变化　　　单位：g/m²

季　节	多毛类	软体动物	甲壳动物	棘皮动物	其他类	合　计
春季	2.33	14.89	1.71	2.48	1.84	23.25
夏季	2.83	8.51	1.86	2.50	0.59	16.29
秋季	1.70	9.04	1.51	3.68	2.89	18.81
冬季	1.94	8.64	3.25	6.51	2.36	22.69

"908"专项在我国南海海域三个海区的大型底栖生物生物量的年平均状况分别为：珠江
口海域的大型底栖生物年平均生物量为12.60 g/m²，海南岛东部海区的大型底栖生物年平均
生物量为18.52 g/m²，北部湾海区的大型底栖生物平均年生物量为19.57 g/m²，均高于之前
唐启升等（2006）调查的生物量水平。在各类群生物量比例方面，仍然是以个体较大、密度
较高的软体动物和棘皮动物占据主要部分，数量上占优的多毛类和甲壳类只有较小比例（表
23.8）。

表23.8　"908"专项调查南海某些海区大型底栖生物生物量组成及其所占比例　　单位：g/m²

类　别	多毛类		软体动物		甲壳动物		棘皮动物		其他动物		总生物量
	生物量	比例	生物量	比例	生物量	比例	生物量	比例	生物量	比例	
珠江口海域	1.79	14.20%	4.78	37.94%	1.20	9.56%	3.13	24.84%	1.70	13.47%	12.60
海南岛东部海域	1.62	8.73%	10.27	55.45%	1.21	6.51%	2.87	15.49%	2.56	13.83%	18.52
北部湾海域	2.37	12.12%	7.52	38.42%	2.87	14.69%	5.65	28.87%	1.15	5.90%	19.57
南海	1.93	11.68%	7.52	43.94%	1.76	10.25%	3.88	23.07%	1.80	11.07%	16.90

大型底栖动物生物量的平面分布因季节和纬度不同而有明显差异。春季以珠江口以西沿
岸和北部湾较高，最高生物量大于10.00 g/m²，海南岛南部近岸相对较低；夏季生物量分布
近岸高于远岸，在珠江口、近台湾浅滩附近和北部湾形成一生物量较高数值区；秋季高值区
分布在北部湾和海南岛北部，最高生物量为25.00 g/m²；冬季生物量高值区分布在北部湾和
珠江口附近海域，分布有近岸向远岸递减趋势（李荣冠，2003）。

李荣冠等（2006）简要分析了南海海域大型底栖生物群落的变化趋势，指出与1980—
1985年相比，大型底栖动物种数相对变化不大，种类组成中均以多毛类、软体动物和甲壳动
物占优势。比较1979—1982年南海东北部大陆架海域大型底栖动物平均生物量，发现近年来
平均生物量有下降的趋势，而且分布格局也发生一定的变化，但其群落组成中仍以多毛类、
软体动物和甲壳动物为主要类群。

23.1.3　栖息密度分布

南海海域大型底栖动物四季平均栖息密度为122 ind./m²，其中多毛类较大，其次为甲壳
动物，其他动物占第三位。平均栖息密度的季节性变化与平均生物量基本相同，由大至小依
次表现为冬季（130 ind./m²），夏季（126 ind./m²），秋季（121 ind./m²），春季（110 ind./
m²）。各类群的季节性变化见表23.9。

表23.9 南海大型底栖动物各类群数量季节变化

项 目	季 节	多毛类	软体动物	甲壳动物	棘皮动物	其他动物	合 计
栖息密度/（ind./m²）	春季	47	8	28	6	21	110
	夏季	73	6	29	8	11	126
	秋季	58	16	33	3	11	121
	冬季	79	11	25	3	11	130
	平均	64	10	29	5	14	122

资料来源：唐启升等，2006。

最新的"908"专项调查的数据结果显示，南海海域大型底栖生物年平均栖息密度为198个/m²。其季节变化见表23.10。由表可知，南海大型底栖生物的平均栖息密度由大至小依次为夏季、春季、冬季、秋季。

表23.10 "908"专项调查南海海域大型底栖生物栖息密度季节变化 单位：个/m²

季 节	多毛类	软体动物	甲壳动物	棘皮动物	其他动物	合 计
春季	103	50	51	17	22	242
夏季	136	42	50	18	13	258
秋季	60	19	28	13	14	133
冬季	68	29	37	13	13	160

我国南海海域不同海区大型底栖生物栖息密度的调查结果为：平均生物栖息密度为196.29个/m²，其中珠江口海域的大型底栖生物年平均生物栖息密度为242.99个/m²，海南岛东部海区的大型底栖生物年平均生物量为53.35个/m²，北部湾海区的大型底栖生物平均年生物量为292.52个/m²。三个海区的生物栖息密度均是以多毛类生物占了绝对优势，基本上达到了一半的比例，这与唐启升等（2006）的调查结果相一致（表23.11）。

表23.11 "908"专项调查南海各海区大型底栖生物栖息密度组成及其所占比例 单位：个/m²

类 别	多毛类		软体动物		甲壳动物		棘皮动物		其他动物		总密度
	密度	比例	密度	比例	密度	比例	密度	比例	密度	比例	
珠江口海域	104.01	42.80%	56.16	23.11%	43.09	17.73%	11.35	4.67%	28.38	11.68%	242.99
海南岛东部海域	27.28	51.14%	6.82	12.78%	10.72	20.09%	6.37	11.94%	2.16	4.06%	53.35
北部湾海域	148.47	50.76%	14.19	4.85%	66.31	22.67%	27.79	9.50%	35.76	12.22%	292.52
南海	93.25	48.23%	25.72	13.58%	40.04	20.16%	15.17	8.70%	22.1	9.32%	196.29

大型底栖动物栖息密度同生物量具有相似的平面分布趋势，也因季节和海域纬度不同呈现明显的差异。春季高值区分布在北部湾和广东沿岸，最高栖息密度达到100个/m²，呈近岸向远岸递减趋势；夏季高值区分布在珠江口外一带，最高栖息密度达250个/m²，分布趋势为近岸向远岸递减；秋季高值区分布在珠江口东侧和北部湾，最高栖息密度达500个/m²；冬季高值区分布在湛江沿岸水域，最高栖息密度达250个/m²（李荣冠，2003）。

23.1.4 群落结构分析

根据南海不同区域以及大型底栖动物群落的 Bray - Curtis 相似性系数的差异，李荣冠

（2003）把南海海域大型底栖动物话划分为14个群落（图23.2），依次为：

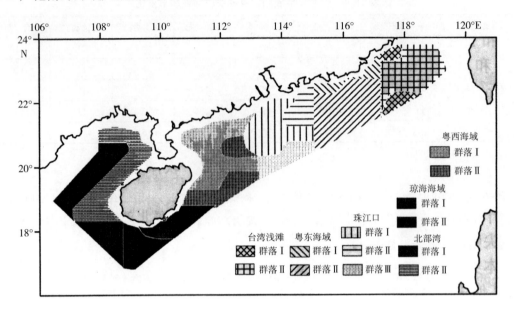

图23.2　南海北部大型底栖生物群落分布（李荣冠，2003）

1）台湾浅滩群落，包括两个群落

群落Ⅰ，边鳃拟刺虫（*Linopherus pancibranchiata*）－三崎双眼钩虾（*Ampelisca misakiensis*）－哈氏刻肋海胆（*Temnopleurus hardwickii*）群落。该群落位于台湾浅滩东南部海域，底质为砂和粗砂。主要组成种除以上三种外，还有袋稚齿虫（*Prionospio ehlersi*）、美丽日本日月贝（*Amusium japonicum formosum*）、日本美人虾、日本圆柱水虱、小头弹钩虾（*Orchomene breviceps*）、纹尾长眼虾（*Ogyrides striaticauda*）、小双鳞蛇尾（*Amphipholis squamata*）和广蜒蛇尾（*Ophionereis porrecta*）等。该群落的特点是组成物种少，群落中软体动物出现率较低。

群落Ⅱ，丝鳃稚齿虫－尖顶肋角贝（*Scabricola desetangsii*）群落。位于台湾浅滩中部，底质为砂和粗砂。群落中的优势种为丝鳃稚齿虫和尖顶肋角贝，其他主要种有球小卷吻沙蚕、福威背蚓虫（*Notomastus fauvel*）、安塔角贝（*Anatlis* sp.）、希氏笔螺（*Scabricola desetangsii*）、海南细螯虾和纹长眼虾等。该群落特点为组成物种较少且物种的优势度低。

2）粤东海域，包括2个群落

群落Ⅰ，弦毛内卷齿蚕－尖顶肋角贝－小鳞三棘蛇尾群落。位于粤东海域近海，底质以砂和黏土粉砂为主。

群落Ⅱ，无须锥头虫－三棘蛇尾群落。位于粤东海域东南部，底质为砂、细砂和砂质黏土。

3）珠江口，包括3个群落

群落Ⅰ，双鳃内卷齿蚕－日本美人虾－分歧阳遂足群落。位于珠江口西侧，底质为砂和黏土粉砂。

群落Ⅱ，真鳞虫－淡黄金雕角贝－鼓虾群落。位于珠江口东侧，底质为粉砂黏土。群落特点为分布范围小，软体动物物种较少。

群落Ⅲ，中华内卷齿蚕－轮双眼钩虾－多棘中华真蛇尾群落。位于珠江口外侧，水深

111 ~ 117 m，底质为砂和黏土粉砂。群落特点为物种丰富度较低，软体动物物种较少。

4）粤西海域，包括2个群落

群落Ⅰ，双鳃内卷齿蚕 – 西格织纹螺 – 滩栖阳遂足群落。位于粤西大部分水域，水深24 ~ 112 m，底质为粉砂黏土和黏土粉砂。群落特点种数较多，软体动物物种增加。

群落Ⅱ，龟斑角吻沙蚕 – 日本美人虾 – 洼鄂倍棘蛇尾群落。位于粤西海域外侧，水深77 ~ 157 m，底质为粉砂黏土和黏土粉砂。该群落特点为物种丰富度低，软体动物物种少。

5）琼海海域，包括2个群落

群落Ⅰ，尖叶长手沙蚕 – 日本美人虾群落。位于琼海北部海域，水深95 m，底质为粉砂黏土和砂质黏土。群落特点为物种栖息密度较低，软体动物物种数少。

群落Ⅱ，热带杂毛虫 – 三角角贝 – 赛切尔泥钩虾群落。位于琼海南部海域，水深62 ~ 107 m，底质以粉砂黏土和砂质黏土为主。

6）北部湾，包括2个群落

群落Ⅰ，栉状长手沙蚕 – 日本美人虾 – 洼鄂倍棘蛇尾群落。位于北部湾西部和南部，水深47 ~ 97 m，底质以粉砂黏土和黏土粉砂为主。群落特点为软体动物物种数明显减少。

群落Ⅱ，双鳃内卷齿蚕 – 联珠蚶 – 脆棒鳞蛇尾群落。位于北部湾东部和北部，水深14 ~ 59 m，底质以砂质黏土和粉砂黏土为主。

7）南海南部群落

丝鳃稚齿虫 – 淡黄金雕角贝（*Omniglypta cerina*） – 日本沙钩虾群落。位于湄公河口东南部海域，水深71 ~ 145 m，底质以砂、粉砂质黏土和黏土质砂为主。

23.1.5 南海典型海域分述

鉴于南海海域水深海阔，同时受人类活动和陆源径流等环境的影响，不同纬度的区域其底栖生物群落有较大差异。因此有必要对这些典型区域和不同的生态系统类型进行分类叙述和讨论。

23.1.5.1 大亚湾

大亚湾位于南海北部，约 22°30′ ~ 22°50′N，114°30′ ~ 114°50′E，面积约 600 km²。海岸线曲折，岸线长约 92 km，水深 3 ~ 5 m 以上。湾内有大小岛屿 50 多个，沿岸生长有红树林，面积约 300 hm²，湾口附近的岛屿岩礁上生长有珊瑚生物群。大亚湾的沉积物可分为九种类型：粗砂（CS），中砂（MS），细砂（FS），粉砂质砂（TS），砂质粉砂（ST），砂 – 粉砂 – 黏土（S – T – Y），细粉砂（FT），黏土质粉砂（YT），粉砂质黏土（TY）。

大型底栖生物物种组成：

徐恭昭（1989）报道大亚湾为一个底栖生物资源较为丰富的海湾。大型底栖生物 197 种，其中以软体动物最多（87 种），其次为甲壳类动物（69 种），但以甲壳类分布最普遍，软体动物次之。

大亚湾底栖生物量年平均达 72.43 g/m²，但湾内分布不均衡，以东南部湾口附近水域为主要的高生物量区，中心区域位于中央列岛东侧，年平均生物量高达 189.33 g/m²，各主要类群对总生物量的贡献不同，其中蜫虫类所占比率最大，达 50.8%，其次为软体动物 28.7%，甲壳类和棘皮动物基本相同，分别为 8.4% 和 8.3%，多毛类仅占 1.7%，其他类群包括蠕虫类、腔肠动物和鱼类等，仅占 2.1%（图 23.3）。

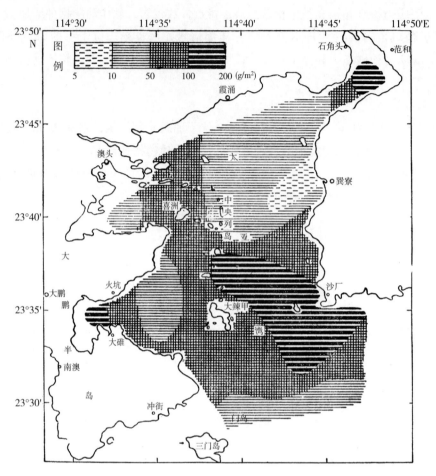

图 23.3　大亚湾大型底栖生物平均生物量分布（徐恭昭，1989）

李荣冠等（1993）报道大亚湾潮间带大型底栖生物 456 种，其中软体动物 209 种，多毛类 120 种，甲壳类动物 83 种，棘皮动物 19 种，其他动物 25 种。该群落的区系性质以热带－亚热带温水种占多数。

林炜等（2002）报道报道大亚湾潮间带软体动物 241 种，区系特点是以南海亚热带—热带种和东海、南海亚热带种为主要成分。

梁超愉等（2005 b）分析了广东省大亚湾潮间带生物的种类组成、数量分布和生物多样性等特点。报道该海域潮间带采潮间带生物共 70 科 150 种，其中软体动物和甲壳类为主要类群，占总种数的 80%。潮间带生物全年平均生物量为 1 954.26 g/m²，平均栖息密度为 1 003.77 个/m²。全年各类群生物中，平均生物量及栖息密度都以软体动物居首位。其物种多样性指数中，Shannon-Weiner 多样性指数属中等水平，分布范围在 1.419～3.562，平均为 2.663。

23.1.5.2　北部湾

黎国珍（1984）总结了中科院南海所于 1964 年 7—9 月在北部湾北部进行的大型底栖生

物调查，共发现甲壳动物蟹类 73 种，分属于 13 科、48 属。优势种是矛形梭子蟹、硬宽背蟹、豆形短眼蟹、直额蟳和刺足掘沙蟹。

王雪辉等（2003）对北部湾分布的甲壳类动物进行了调查，共记录种类 63 种，其中虾类 24 种，蟹类 30 种。在生物量方面占优势的种类为锈斑蟳（*Charybdis feriatus*），其次为猛虾蛄（*Harpiosquilla harpax*）、逍遥馒头蟹（*Calappa philarguis*）和日本蟳（*Charybdis japonica*）；在栖息密度方面占优势的种类为长足鹰爪虾（*Trachypenaeus longipes*），其次为哈氏仿对虾和中华管鞭虾（*Solenocera crassicornis*）。

2006—2007 年"908"专项 ST09 区块，蔡立哲等在四个季度对北部湾 16 个站位进行底拖网，共获得软体动物 125 种、甲壳动物有 175 种、鱼类 90 种、棘皮动物 43 种、其他动物约 40 种。地理分布上，软体动物丰度北部最高，中部次之，南部最低。北部明显高于南部。生物－环境分析表明盐度在四个季度中均是影响软体动物组成的主要环境因子，但除了冬季的相关值较高外，其他季节的相关值均低于 0.4，说明盐度对底拖网软体动物组成的影响不显著。优势种波纹巴非蛤丰度与溶解氧、黏土和叶绿素含量呈显著正相关；赛氏毛蚶（*Scapharca satowi*）丰度与水深、底盐呈显著负相关，与溶解氧和叶绿素呈极显著正相关；浅缝骨螺（*Murex trapa*）丰度与水深、底盐呈显著负相关，与底温、黏土和叶绿素含量呈显著正相关（叶洁琼等，2010）。

23.1.5.3　海南东寨港、清澜港及雷州半岛红树林区域

红树林是生长于热带亚热带海岸潮间带的木本植物群落，与生活在其中的动物、微生物及非生物环境一起构成了红树林生态系统。红树林滩涂水域是红树林生态系统与浅海物质和能量交流的重要通道，其生物资源非常丰富。其中底栖动物是红树林生态系统的重要组成部分，是其物质循环、能量流动中积极的消费者和转移者。

海南东寨港红树林滩涂大型底栖动物 68 种。其中软体动物 39 种，占 57.4%；甲壳动物 19 种，占 27.9%。冬季优势种是珠带拟蟹手螺（*Cerithidea cingulata*）、古氏滩栖螺（*Batillaria cumingi*）和环肋樱蛤（*Cyclotettina remits*）；夏季优势种是珠带拟蟹手螺、环肋樱蛤和红肉河蓝蛤（*Potamocorbmla rubrorauscuta*）。大型底栖动物的生物量夏季平均为 133.0 g/m²；冬季平均为 63.0 g/m²。栖息密度夏季平均为 106.4 个/m²，冬季平均为 103.5 个/m²。物种多样性指数夏季为 1.841，冬季为 0.380；均匀度指数夏季为 0.514，冬季为 0.112。大型底栖动物的生物量、栖息密度、物种多样性指数和均匀度指数大都有季节变化及底质差异，基本趋势是夏季明显高于冬季，沙泥底的滩涂高于泥底质的滩涂（邹发生等，1999 a）。

海南清澜港红树林滩涂大型底牺动物 45 种，隶属于 4 个门，26 个科。其中软体动物 31 种，占 68.9%；甲壳动物 10 种，占 22.2%。优势种是珠带拟蟹手螺（*Cerithidea cingulata*）、古氏滩栖螺（*Batillaria cumingi*）、中国紫蛤（*Hiatula chinensis*）及奥莱彩螺（*Clithon oualanensis*）。大型底栖动物的平均生物量 198.5 g/m²、平均栖息密度 352.4 个/m²（邹发生等，1999 b）。

雷州半岛主要红树林区的软体动物计有 110 种，主要为亚热带海岸区系种类。种类组成中，全国沿海广泛分布的暖水种 36 种，占 32.8%；仅分布于东、南沿海的暖水种 60 种，占 54.3%；分布于南海的暖水种 13 种，占 11.8%；外来种 1 种，占 0.9%；具有较高经济和可以开发利用的贝类约占总数的 1/2。同时由于人为过度采捕和环境污染严重，部分软体动物资源已遭到破坏，因此，急需加强红树林区生态保护和环境污染整治（韩维栋等，2003）。

梁超愉等（2005）对广东省雷州半岛红树林滩涂大型底栖生物种类组成与数量分布特点也进行了报道。结果表明，调查所采获的大型底栖生物种类共有68科165种，种类组成以软体动物和甲壳类动物为主。红树林滩涂全年平均生物量为223.25 g/m²，平均栖息密度为210.97 个/m²。物种多样性指数 H' 2个季度平均为2.263 3~2.741 1，物种均匀度指数 J 平均为0.640 7~0.641 1，物种丰富度指数 D 平均达到1.491 0~2.623 2。全年各类群生物组成中，生物量及栖息密度以软体动物居首位。红树林滩涂底栖生物主要经济种类有中国绿螂（*Glauconome chinensis*）、四角蛤蜊（*Mactrar*（*Mactra*）*veneriformis*）、青蛤（*Cyclina sinensis*）等20多种。

余日清等（1996；1997）于1991年4月至1993年1月对深圳福田红树林中大型底栖动物的空间分带及灌溉的可能影响进行了研究，报道了大型底栖动物84种，其中软体动物37种，甲壳动物27种，其他动物20种。

23.1.5.4　南海北部

1）海岸带浅海水域

1980—1985年在广东、广西和海南3省区海岸带浅海水域调查共发现大型底栖生物1 023种，其中软体动物302种、节肢动物217种、鱼类204种、藻类88种和棘皮动物84种以及环节动物68种、腔肠动物52种，其他类群8种。总生物量和栖息密度平均分别为81.8 g/m²和481.90 个/m²。主要类群为软体动物、棘皮动物、甲壳类和多毛类，其中软体动物生物量所占比例为82.4%（余勉余等，1990；李纯厚等，2005）。

三亚湾由于特有的海岸生态多样性，具有珊瑚礁、红树林、岩礁、砂、泥等多种海岸，在底栖动物的种类组成和数量分布方面，以种类众多著称。黄良民等（2007）报道三亚湾大型底栖动物共380种，其中软体动物158种，节肢动物142种。总平均生物量为11.55 g/m²，总栖息密度为30.91 个/m²。

2）海岛周围浅海水域

海岛及其周围海域底栖生物828种，其中软体动物335种、甲壳类动物247种、棘皮动物79种、多毛类79种，其他类群包括藻类54种、腔肠动物17种、海绵动物8种，其他9种。生物量和栖息密度平均值分别为44.3 g/m²和122.6 个/m²，生物量组成中以软体动物为主，其次是蟹虫类动物，分别占总生物量的59.4%和20.4%（郭金富 等，1994；李纯厚 等，2005）。

3）潮间带生物

1980—1985年调查结果显示，南海北部3省区沿海潮间带生物1 545种，以软体动物、甲壳类、鱼类、棘皮动物和藻类为主，占总种类数的89%。平均生物量和栖息密度分别为580.91 g/m²和469.95 个/m²。主要类群包括软体动物、海藻类、甲壳类、棘皮动物和多毛类，其中软体动物生物量和栖息密度分别占总量的54.35%和73.7%（余勉余等，1990；李纯厚等，2005）。

1989—1991年调查显示，海岛潮间带种类763种，以软体动物、甲壳类、鱼类、棘皮动物和藻类为主，种类组成具有明显的热带、亚热带区系特征。生物量和栖息密度平均分别为

958. 2 g/m² 和 282.7 个/m²，主要类群由海藻类植物、甲壳类、软体动物、棘皮动物和多毛类等组成（郭金富等，1994）。

王丽荣等（2003）对琼州海峡西口雷州半岛灯楼角珊瑚岸礁进行调查，共报道造礁石珊瑚 25 种，以及栖息于潮间带的 88 种底栖生物，其中大多数种类属于印度—西太平洋热带区系。优势类群是软体动物和节肢动物。珊瑚礁段底栖生物的平均生物量、栖息密度和多样性值分别为 1 173.30 g/m²，790.0 个/m² 和 5.69。

费鸿年等（1981）对南海北部大陆架底栖鱼群聚的多样度以及优势种区域和季节变化进行了报道，共获得底栖型鱼类 501 种，其中生物量较大的种类有 50 种。

唐以杰等（2005）报道位于广东省阳江市南部海陵岛的沿海软体动物 180 种，分属 60 科。李荣冠等（1997）调查了海门湾春季和夏季的大型底栖生物，发现该区域分布有 193 种，其中多毛类、软体动物和甲壳动物占总种数的 79.79%。两季平均生物量为 133.21 g/m²，平均栖息密度为 543 个/m²。

蔡立哲等（1997）于 1995 年 3 月和 8 月对香港维多利亚港 8 个站位的大型底栖生物进行了调查，共获得 40 种大型底栖生物。其中多毛类 25 种，软体动物 4 种，甲壳动物 7 种，鱼类 4 种。平均生物量和密度分别为 11.14 g/m² 和 297.5 个/m²。

吴启泉，吴宝铃（1987）报道了海南岛鹿回头潮间带多毛类 25 种，绝大多数为热带性种类，其中 5 种为优势种，分别为毛须鳃虫（*Cirriformia filigera*），厚鳃蚕（*Dasybranchus caducus*），软须阿曼吉虫（*Armandia leptocirrus*），沙蛇潜虫（*Ophiodromus berrifordi*），领襟松虫（*Lysidice ninetta collaris*）。鹿回头潮间带多毛类的数量很大，平均栖息密度 696 个/m²，平均生物量 35.26 g/m²。且主要分布在中、低潮区，其分布明显受到潮汐和底质环境的影响。

袁秀珍（1998）报道北海涠洲岛潮间带底栖贝类 137 种。

澄迈湾定量（采泥）底栖生物平均生物量为 7.0 g/m²，波动范围 1.6 ~ 12.8 g/m²；平均栖息密度为 21.6 个/m²，波动范围 12 ~ 28 个/m²。拖网底栖生物平均生物量为 0.31 g/m²，波动范围在 0.14 ~ 0.57 g/m²；平均栖息密度为 0.90 个/m²，波动范围在 12 ~ 28 个/m²（周祖光、吴国文，2007）。

澄迈湾潮间带底栖动物共分布有 32 种，其中软体动物 8 种，甲壳动物 14 种，多毛类 8 种，纽虫和昆虫各 1 种。栖息密度低和生物量小，总栖息密度 44.04 个/m²。软体动物 7.79 个/m²，占 17.7%；甲壳类 30.94 个/m²，占 70.3%；多毛类 5.31 个/m²，占 12%。该潮间带总生物量 13.64 g/m²，软体动物 10.69 g/m²，占 78%；其次为甲壳类 2.29 g/m²，占 16%；最低为多毛类 0.66 g/m²，占 4.8%（徐利生等，1992）。

三亚湾潮间带共分布底栖动物 125 种，其中软体动物最多，为 74 种，其次是甲壳动物为 32 种，各占总种数的 58.7% 和 25.4%。该区域年平均底栖动物的生物量和栖息密度分别为 644.71 g/m² 和 816.29 个/m²。岩礁岸段生物量最高，达到 1 673.47 g/m²；最高栖息密度出现在红树林区域达到 1 219 个/m²（黄良民等，2007）。

23.1.5.5 南海南部

深海底栖生物的研究由于取样的困难，进展速度极为缓慢。南海海盆位于南海的中心海域，最大深度超过 5 500 m，因此对该区域的研究较为匮乏。沈寿彭（1982）根据 1977—1978 年对南海中部海域（12° ~ 15°N，110° ~ 118°E）进行的综合性调查，研究了该海域底栖生物的状况。发现南海海盆底栖生物的分布，具有随着海盆地形由西向东倾斜而呈现东密西疏的趋势，基本以 3 000 m 等深线为界。在海盆底栖生物中，环节动物多毛类为主要的优势类群，其次为小型线虫类和节肢动物甲壳类。海盆区底栖生物的分布与底质和地形有关，不同类型的底质栖息密度不同。其中放射虫沉积类型的底质最丰，其次为深海黏土，氧化泥和有孔虫沉积类型的底质最低（图 23.4）。

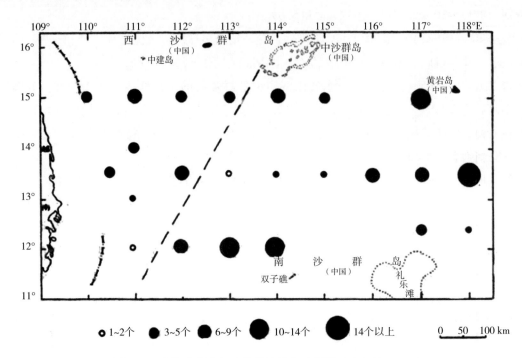

图 23.4　南海中部底栖生物数量分布示意图（沈寿彭，1982）

根据国家海洋局对南海中部海域资源调查所作的《综合调查报告》，该海域共获得大型底栖生物 61 种，其中多毛类 37 种，占 60.6%；软体动物 10 种，占 16.4%；甲壳动物 5 种，站 8.2%；棘皮动物 9 种，占 14.8%。并且在所有类群中没有发现优势种，这反映了调查海域大型底栖生物的多样性。大型底栖生物平均总生物量为 2.09 g/m²，其中多毛类最多，为 1.30 g/m²，占总生物量的 65.1%；软体动物、甲壳动物和棘皮动物均较低，平均值分别为 0.06 g/m²、0.08 g/m² 和 0.08 g/m²，其他动物平均生物量仅为 0.51 g/m²。生物量在调查海域的分布趋势为西北部海区高于南部海区。本海区大型底栖生物栖息密度为 16～112 个/m²，平均密度为 46 个/m²。其中多毛类所占比例最大，为 24.3 个/m²，占 52.8%。其次为甲壳动物，为 13.3 个/m²，占 15.3%；软体动物和棘皮动物较低，平均密度小于 5 个/m²（表 23.12 和表 23.13）。

表 23.12　南海中部深海区大型底栖生物及其与临近海域的比较

	物种数量	平均生物量/（g/m²）	平均栖息密度/（个/m²）
南海中部	61	2.09	16～112
中太平洋西部	—	—	8.3
太平洋东北部	—	—	26
太平洋中部	—	—	115

资料来源：国家海洋局南海中部海域资源《综合调查报告》。

表 23.13 大型底栖生物生物量及栖息密度

		多毛类	软体动物	甲壳动物	棘皮动物	其他动物	合 计
生物量	g/m²	1.36	0.06	0.08	0.08	0.51	2.09
	%	65.1	2.9	3.8	3.8	24.4	100
密度	ind./m²	24.3	3.8	7.0	1.3	9.6	46.0
	%	52.8	8.3	15.3	2.8	20.8	100

资料来源：国家海洋局南海中部海域资源《综合调查报告》。

23.1.5.6 西沙群岛和南沙群岛

1）自然环境

西沙群岛位于 15°50′~17°33′N，111°17′~112°13′E 之间，处于南海西北部，海南岛的东南，由宣德群岛、永乐群岛和其他岛礁共计多个岛礁组成，年平均气温为 26.4℃，每年 1 月平均气温 22.7℃，为全年最低；7 月平均气温 28.6℃，为全年最高，全年表层水温在 24~29℃ 之间，水温年变动幅度仅为 5℃，是热带海区典型的珊瑚礁岛群之一。

南沙群岛位于南海南部，3°37′~11°57′N，109°30′~117°47′E 之间，是我国南海热带海区面积最大、岛礁最多（200 多座大小岛礁）、海洋生物多样性最高的海区。年平均气温 27.9℃，一月最低，平均气温 26.8℃，最热月（5 月）平均气温 29.0℃，全年表层水温在 26~30℃ 之间（永暑礁），年变动幅度仅为 3.6℃。

南沙群岛的自然环境条件面积、纬度、岛礁数量、水温、海水交换、周边环境优于西沙群岛，南沙群岛海洋生物多样性亦高于西沙群岛。

2）生物考察和分类学研究

对西沙群岛海洋生物的考察主要有：1956—1959 年，中国科学院海洋研究所、动物研究所、上海水产学院联合或单独的调查；1965 年，北京自然博物馆，海南岛和南海水产部门、中国科学院动物研究所联合调查；1973—1974 年，中国科学院南海海洋研究所调查；1975—1981 年，中国科学院海洋研究所、南海海洋研究所的多次生物调查。底栖生物的采集主要是潮间带采集、岛礁近岸潜水和拖网采集等。中科院南海海洋研究所生物室资源组曾于 1973—1975 年对西沙群岛进行多次考察，获得棘皮动物 80 余种。成庆泰和王存信（1966）报道了中国西沙群岛鱼类 119 种，与珊瑚礁有密切关系的种类计 32 种。

对南沙群岛的生物考察虽然在 1955—1975 年已开展，但规模小，亦不系统。大规模的、有系统的调查始于 1984 年，以中国科学院南海海洋研究所为主的中国科学院南沙综合科学考察队承担调查任务，在"七五"、"八五"和"九五"期间采集了大量生物标本。对于底栖生物的调查与研究则主要由中国科学院海洋研究所、南海海洋研究所等单位承担，调查方法和范围主要是登礁潜水和大面站采泥、拖网采集。

3）报道种类比较

本文依据下列期刊、研究报告和专著中的论文及有关内容，总结了两个群岛已有报道的海洋底栖生物种类。

（1）西沙群岛。

《西沙群岛海洋生物调查报告专辑》Ⅰ—Ⅵ（《海洋科学集刊》第 10、12、15、17、20、

24 卷，中国科学院海洋研究所，1975，1978，1979，1980，1983，1985）；《南海中部海区综合调查研究报告集》（中国科学院南海海洋研究所，1979）；《海洋与湖沼》、《海洋科学集刊》等期刊有关论文，以及其他文献等。

（2）南沙群岛。

《南沙群岛及其邻近海区综合调查研究报告（一）》（上、下卷）（中国科学院南沙综合科学考察队，1989）、《南沙群岛及其邻近海区综合调查研究报告（二）》（中国科学院南海海洋研究所，1985）、《南沙群岛及其邻近海区海洋生物研究论文集》系列Ⅰ—Ⅲ（中国科学院南沙综合科学考察队，1991）、《南沙群岛海区海洋动物区系和动物地理研究专集》（中国科学院南沙综合科学考察队，1991）、《南沙群岛及其邻近海区海洋生物分类区系与生物地理学研究》系列论文集Ⅰ—Ⅲ（中国科学院南沙综合科学考察队，1994，1996，1998）、《南沙群岛及其邻近海区海洋生物多样性研究》系列论文集Ⅰ—Ⅲ（中国科学院南沙综合科学考察队，1994，1996），以及其他有关文献。

经统计，西沙群岛已报道原生动物、腔肠动物、扁形动物、多毛类环节动物、软体动物、甲壳动物、棘皮动物、大型藻类等门类的底栖生物计 309 科 663 属 1 570 种；南沙群岛已报道腔肠动物、多毛类环节动物、软体动物、甲壳动物、棘皮动物、苔藓动物、大型藻类等门类的底栖生物计 309 科 837 属 1 444 种。二者在科、属和种的水平上基本持平，南沙群岛已报道的属多于西沙群岛，而总种数少于西沙群岛。

从两地均有报道的腔肠动物、多毛类环节动物、软体动物、甲壳动物、棘皮动物和大型藻类的种类看，南沙群岛有 309 科、812 属和 1 399 种，均多于西沙群岛的 195 科、456 属和 1 031 种。这证明了南沙群岛比西沙群岛物种多样性高的估计，同时也说明南沙群岛还有很多类群没有开展研究（李新正、王永强，2002 a）。

南沙群岛渚碧礁共获得底栖动物标本 314 种，其中多毛类 31 种，占 9.87%，软体动物 130 种（腹足纲 109 种，双壳纲 18 种，其他软体动物 3 种），占 41.40%；甲壳类 110 种（蟹类 86 种，虾类 4 种，其他甲壳类 20 种），占 35.03%，棘皮动物 21 种，占 6.69%，鱼类 15 种，占 4.78%，其他类群动物 7 种（包括尾索动物 2 种，半索动物 1 种，纽虫 1 种，星虫 1 种，其他 2 种），占 2.23%。南沙群岛渚碧礁底栖动物平均栖息密度为 357.94 个/m²，平均生物量为 64.85 g/m²。群落中有 10 种相对重要性指数较高的种类（见表 23.14）（李新正 等，2007）。

表 23.14　南沙群岛渚碧礁各取样站 10 种主要大型底栖动物的相对重要性指数（*IRI*）

主要种	取样站				
	5#	6#	7#	8#	9#
白褶蚶（*Acar plicata*）	—	—	—	—	1.98
扁犹帝虫（*Eurythoe complanata*）	—	—	—	—	1.72
刺毛壳蟹（*Pilodius pugil*）	—	10.69	4.05		8.82
刺蛇尾（*Macrophiothrix propinqua*）	—	—	—	2.10	—
粗糙毛壳蟹（*Pilodius scabriculus*）	29.94	17.77	20.72	28.85	12.30
高山瘤蟹（*Phymodius monticulosus*）	2.05	—	—	—	—
光滑缘蟹（*Chlorodiella laevissima*）	—	—	3.70	5.35	1.64
广阔疣扇蟹（*Daira perlata*）	—	3.02		2.94	
黑纹心蛤（*Cardita variegate*）	1.11	—	—	—	
黑指缘蟹（*Chlorodiella nigra*）	—	—	7.24		
黑栉蛇尾（*Ophiocoma erinaceus*）	—	2.17	10.63		9.42

主要种	取样站				
	5#	6#	7#	8#	9#
画栉蛇尾（*Ophiocoma pica*）	—	—	—	—	8.78
襟松虫（*Lysidice ninetta*）	3.11	2.49	—	—	—
铠甲虾属一种（*Galathea sp.*）	1.44	—	—	2.60	—
瘤结蟹（*Tylocarcinus styx*）	—	—	—	1.32	—
毛糙仿银杏蟹（*Actaeodes hirsutissimus*）	1.81	—	—	—	—
毛壳蟹属一种（*Pilodius sp.*）	1.75	2.18	3.82	4.17	—
毛掌梯形蟹（*Trapezia cymodoce*）	—	—	—	1.01	—
美丽花瓣蟹（*Liomera bella*）	—	4.60	—	—	—
挪威矶沙蚕（*Eunice norvegica*）	—	2.82	4.07	—	12.82
绒毛涤蟹（*Chlorodiella barbata*）	—	12.73	12.00	—	—
三带刺蛇尾（*Ophiothrix trilineata*）	—	—	—	—	1.64
小球缩口螺（*Collonia pilula*）	—	—	—	1.44	—
蟹守螺（*Cerithium rarimaculatum*）	3.07	—	—	—	—
芝麻蟹守螺（*Cerithium punctatum*）	6.33	—	4.09	—	—
棕蚶（*Barbatia amygdalumtostum*）	11.01	3.11	6.23	5.45	4.42

资料来源：李新正等，2007。

23.2　小型底栖生物种类组成、群落结构、栖息密度与生物量分布

本部分除了引用"908"专项对南海大面站调查数据外，也特别提到北部湾和广东近海的一些调查情况。

23.2.1　南海大面站

"908"专项对南海小型底栖生物调查数据表明其生物量水平分布特点为近岸高于远岸，珠江口以南的海域高于珠江口以北的海域，北部湾北部及广东茂名近岸高于珠江口水域。全年平均生物量为（467.84 ± 465.45）μg/10 cm²（dw）。生物量季节变化见表 23.15，由表 23.15 可见，平均生物量由大到小依次为夏季、冬季、秋季、春季。栖息密度水平分布与生物量分布状况相似，近岸高于远岸，珠江口以南的海域高于珠江口以北的海域。全年平均栖息密度为（376.63 ± 422.33）个/10cm²。平均栖息密度季节变化见表 23.15，由表可见，平均栖息密度由大到小依次为秋季、春季、冬季、夏季。

表 23.15　南海小型底栖生物生物量和栖息密度的季节变化

	春　季	夏　季	秋　季	冬　季	平　均
平均生物量/（μg/10 cm²）（dw）	398.17 ± 400.99	555.46 ± 544.24	412.93 ± 421.20	504.79 ± 495.36	467.84 ± 465.45
平均栖息密度/（个/10 cm²）	381.00 ± 492.13	315.92 ± 295.74	466.41 ± 514.65	341.38 ± 385.25	376.63 ± 422.33

23.2.2　北部湾

2006 年和 2007 年厦门大学海洋与环境学院在北部湾 13 个取样站（图 23.5）进行了小型底栖生物调查。四个航次调查共鉴定出自由生活海洋线虫（Nematoda）、底栖桡足类（Copepoda）、多毛类（Polychaeta）、介形类（Ostracoda）、无节幼体（Nauplii）、双壳类（Bivalvia）

幼体、腹足类（Gastropoda）、寡毛类（Oligochaeta）、缓步类（Tardigrada）、海螨类（Halacaroidea）、十足目（Decapoda）、动吻类（Kinorhyncha）等12个小型底栖动物类群，还有少许未定类群，归为其他类（Others）。在四个航次中，小型底栖生物的丰度均为自由生活海洋线虫占绝对优势，占总丰度的82%~85%，其次为桡足类占5%~12%。

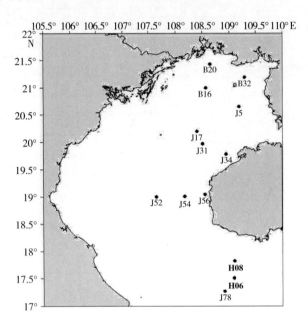

图23.5　北部湾小型底栖动物取样站示意图

夏季 J5 和 J31 取样站底栖桡足类密度比例比较高，在 J52 和 J34 取样站其他类密度比例比较高（图23.6）。冬季 J5 取样站底栖桡足类密度比例比较高，在 J16 和 J78 取样站多毛类密度比例比较高（图23.7）。春季 B20 和 J52 取样站自由生活线虫密度所占小型底栖生物密度比例低于80%（图23.8）。秋季 J16、J31 和 J52 取样站自由生活线虫密度所占小型底栖生物密度比例均低于80%（图23.9）。B16 取样站四个季度小型底栖自由生活线虫密度所占小型底栖生物密度比例均高于90%。

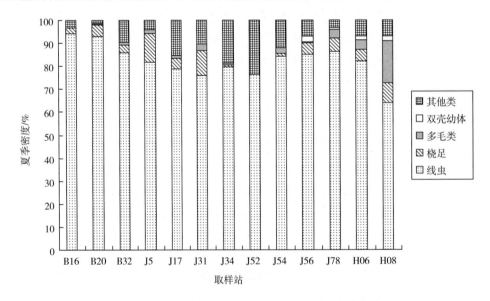

图23.6　夏季各取样站小型底栖生物各类群密度组成

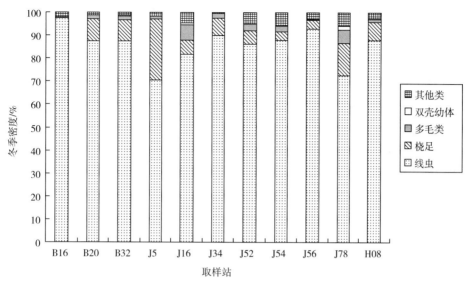

图 23.7　冬季各取样站小型底栖生物各类群密度组成

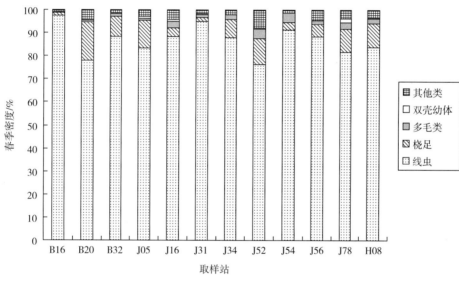

图 23.8　春季各取样站小型底栖生物各类群密度组成

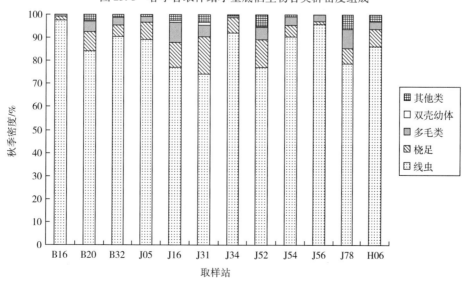

图 23.9　秋季各取样站小型底栖生物各类群密度组成

4 个航次的小型底栖动物生物量构成，各个类群所占的比例与丰度相比较有较大区别。相对于多毛类，线虫个体较小，虽然在小型底栖动物总生物量中线虫仍然占优势，但所占比例降低，仅为 37.27%，其次是多毛类（33.60%）和桡足类（17.07%）。

夏季在 J5 取样站底栖桡足类生物量比例比较高，在 J52 和 J34 取样站其他类生物量比例比较高，在 H08 取样站多毛类生物量比例比较高（图 23.10）。

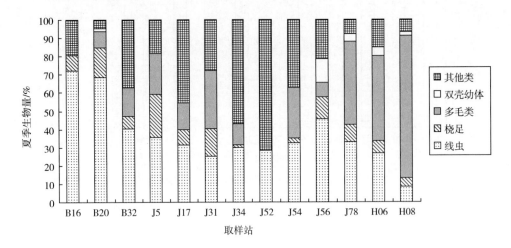

图 23.10　夏季各取样站小型底栖生物各类群生物量组成

冬季在 J5 取样站底栖桡足类生物量比例比较高，在 J16 和 J78 取样站多毛类生物量比例比较高（图 23.11）。

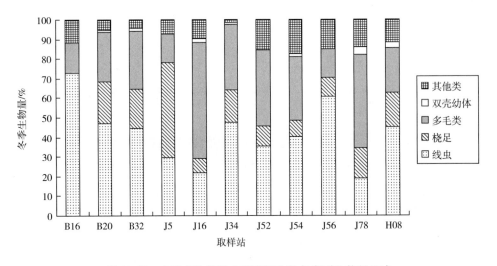

图 23.11　冬季各取样站小型底栖生物各类群生物量组成

春季在 B20 底栖桡足类生物量比例比较高，在 J54 取样站多毛类生物量比例比较高（图 23.12）。

秋季大部分取样站多毛类生物量比例均比较高，平均占 48.20%，比自由生活线虫平均生物量比例（31.75%）高（图 23.13）。

23.2.2.1　季节变化

夏季（2006 年 7—8 月）小型底栖生物平均丰度 362 个/10 cm²，最高值出现在北部海域

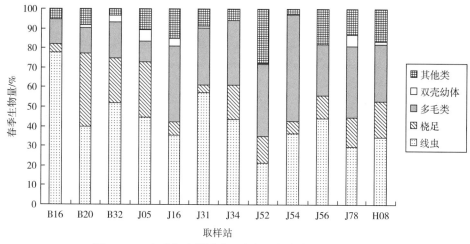

图 23.12 春季各取样站小型底栖生物各类群生物量组成

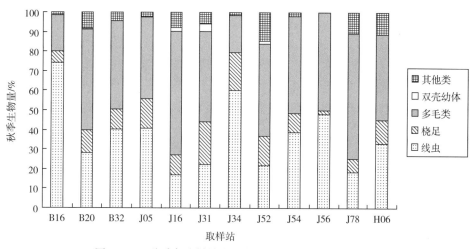

图 23.13 秋季各取样站小型底栖生物各类群生物量组成

的 B20 取样站，其丰度达到 1 040 个/10 cm²，丰度最低在海南岛西部海域的 J52 取样站，为 86 个/10 cm²（图 23.14）。

冬季（2006 年 12 月—2007 年 1 月）小型底栖生物平均丰度 623 个/10 cm²，最高值出现在北部海域的 B20 取样站，其丰度达到 1 894 个/10 cm²，丰度最低在海南岛南部海域的 J56 取样站，仅为 108 个/10 cm²（图 23.14）。

春季（2007 年 4—5 月）小型底栖生物平均丰度 946 个/10 cm²，最高值出现在北部海域的 B20 取样站，其丰度达到 3 806 个/10 cm²，丰度最低在海南岛南部海域的 J56 取样站，为 239 个/10 cm²（图 23.14）。

秋季（2007 年 10—11 月）小型底栖生物平均丰度 378 个/10 cm²，最高值出现在北部海域的 B20 取样站，其丰度达到 988 个/10 cm²，丰度最低在海南岛南部海域 J78 取样站，为 126 个/10 cm²（图 23.14）。

四个季度小型底栖生物密度平均值为 577 个/10 cm²。四个季度均是 B20 取样站小型底栖生物密度最高，J56 取样站密度较低，可见，小型底栖生物密度分布有从北至南降低的趋势。

夏季（2006 年 7—8 月）北部湾小型底栖动物的平均生物量为 447 μg/10 cm²（dw），最高值出现在 H08 取样站，其生物量达到 2 026 μg/10 cm²（dw），主要原因是在此站发现大量多毛类，导致了 H08 站的高生物量；生物量最低值出现在 J52 取样站，为 100 μg/10 cm²（dw）（图 23.15）。

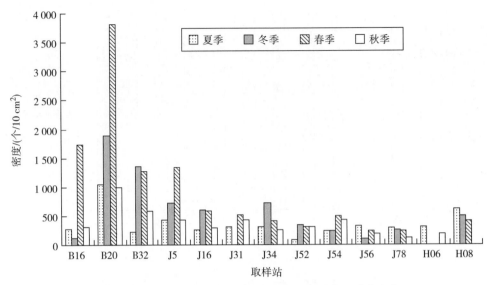

图 23.14　北部湾各取样站小型底栖生物密度分布及季节变化

冬季（2006 年 12 月—2007 年 1 月）北部湾小型底栖动物的平均生物量为 594 μg/10 cm² （dw），最高值出现在 B20 取样站，其生物量达到 1 525 μg/10 cm²（dw），主要原因是在此站发现较多多毛类；生物量最低在 B16 取样站，仅为 68 μg/10 cm²（dw）（图 23.15）。

春季（2007 年 4—5 月）北部湾小型底栖动物的平均生物量为 785 μg/10 cm²（dw），最高值出现在 B20 取样站，其生物量达到 3 195 μg/10 cm²（dw），其高生物量的原因仍然是具有较多的多毛类；生物量最低在 J56 取样站，为 205 μg/10 cm²（dw）（图 23.15）。

秋季（2007 年 10—11 月）北部湾小型底栖动物的平均生物量为 438 μg/10 cm²（dw），最高值出现在 B20 取样站，其生物量达到 1 275 μg/10 cm²（dw）；生物量最低在 J56 取样站，为 148 μg/10 cm²（dw）（图 23.15）。

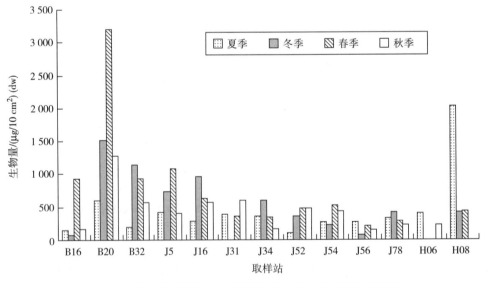

图 23.15　北部湾各取样站小型底栖生物生物量分布及季节变化

23.2.2.2　垂直分布

北部湾小型底栖动物主要分布在沉积物 0～2 cm 的表层，平均丰度为 252～609 个/10 cm²，占总丰度的 62%～65%，分布于 2～5 cm 的平均丰度为 112～275 个/10 cm²，占 25.6%～

30.3%，分布在 5～10 cm 层的丰度为 38～91 个/10 cm²，仅占 7.7%～9.8%（图 23.16）。

不同类群在表层（0～2 cm）的分布占其同类百分比略有不同，线虫丰度 56.5%～68.1% 分布于表层，而桡足类丰度 79%～95.1% 分布于表层。

傅素晶等 2006—2007 年北部湾北部海域的 9 个站位鉴定出自由生活海洋线虫 102 属（表23.16）（傅素晶，2009）。刮食者摄食类型占绝对优势。四个季度群落相似性比较来看，春季和夏季的群落相似性程度高，且具较低的群落优势度和较高的物种多样性，秋季和冬季的群落相似度高，且具较高的群落优势度和较低的物种多样性。

表 23.16 北部湾北部自由生活海洋线虫属名录

属	营养类型	属	营养类型	属	营养类型
Actarjania	1B	Euchromadora	2A	Paralongicyatholaimus	2A
Actinonema	2A	Eumorpholaimus	1B	Paramesonchium	2A
Ammotheristus	1B	Eurystomina	2B	Paramonohystera	1B
Amphimonhystera	1B	Filoncholaimus	1B	Parasphaerolaimus	2B
Amphimonhystrella	1B	Gammanema	2B	Pareudesmoscolex	1A
Anoplostoma	1B	Halalaimus	1A	Parironus	2A
Anticyathus	1A	Halichoanolaimus	2B	Parodontophora	2A
Astomonema	1A	Hopperia	2A	Pierrickia	1A
Axonolaimus	1B	Laimella	1B	Procamacolaimus	2B
Belbolla	2A	Latronema	2B	Pselionema	1A
Bolbolaimus	2A	Leptolaimus	1B	Pseudolella	2A
Calligyrus	1A	Linhystera	1A	Quadricoma	1A
Calomicrolaimus	2A	Litinium	1A	Rhabdocoma	1A
Calyptronema	2A	Longicyatholaimus	2A	Rhabdodemania	2A
Camacolaimus	2A	Metachromadora	2A	Richtersia	1B
Campylaimus	1B	Metacyatholaimus	2A	Sabatieria	1B
Cervonema	2A	Metadesmolaimus	1B	Scaptrella	2B
Cheironchus	2B	Metalinhomoeus	1B	Setosabatieria	1B
Choniolaimus	2B	Metaparoncholaimus	2B	Southerniella	1B
Chromadora	2A	Meyersia	2B	Sphaerolaimus	2B
Chromadorina	2A	Microlaimus	2A	Spilophorella	2A
Crenopharynx	1A	Molgolaimus	1B	Stylotheristus	1B
Daptonema	1B	Nemanema	1A	Subsphaerolaimus	1B
Desmodora	2A	Neochromadora	2A	Synonchiella	2B
Desmolaimus	1B	Odontophora	2A	Syringolaimus	2B
Desmoscolex	1A	Onyx	2A	Terschellingia	1A
Dichromadora	2A	Oxyonchus	2B	Thalassironus	2A
Didelta	1B	Oxystomina	1A	Thalassoalaimus	1A
Diodontolaimus	2A	Paracanthonchus	2A	Tricoma	1A
Diplopeltula	1A	Paracomesoma	2A	Tripyloides	1B
Disconema	1A	Paracyatholaimus	2A	Vasostoma	2A
Dorylaimopsis	2A	Paradesmodora	2A	Viscosia	2B
Eleutherolaimus	1B	Paralinhomoeus	1B	Wieseria	1A
Elzalia	1B	Parallelocoilas	2A	—	—

2006年夏季航次小型底栖动物的垂直分布

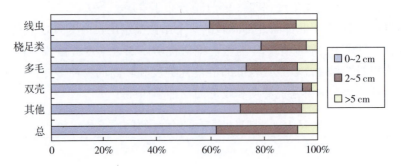

2006年冬季小型底栖动物的垂直分布

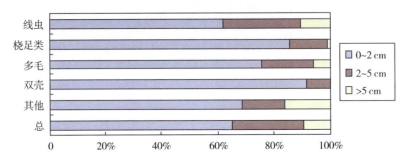

2007年春季小型底栖动物的垂直分布

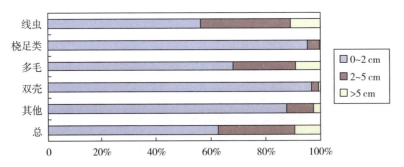

2007年秋季小型底栖动物的垂直分布

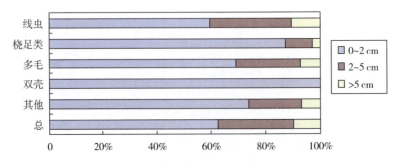

图23.16　北部湾各季度小型底栖生物的垂直分布

23.2.3 广东近海

23.2.3.1 群落组成和数量分布

2006 年和 2007 年在广东近海 15 个取样站中获得自由生活的海洋线虫、桡足类、介形类、多毛类及其他一些小型生物。春季的小型底栖生物平均密度为 270 个/10 cm², 各类群中自由生活线虫占绝对优势, 占小型底栖生物总平均密度的 88.1%, 各主要类群的密度组成由大到小依次为: 线虫（88.1%）、其他类（3.8%）、桡足类（3.6%）、多毛类（2.8%）、介形类（1.6%）。夏季的小型底栖生物平均密度为 2 890 个/10 cm², 各类群中线虫占绝对优势, 占小型底栖生物总平均密度的 83.3%, 各主要类群的密度组成由大到小依次为: 线虫（83.3%）、其他类（9.0%）、多毛类（4.1%）、桡足类（2.7%）、介形类（0.9%）。秋季的小型底栖生物平均密度为 209 个/10 cm², 各主要类群的密度组成由大到小依次为: 线虫（92.8%）、多毛类（3.3%）、其他类（1.6%）、桡足类（1.3%）、介形类（0.9%）。冬季的小型底栖生物平均密度为 2 180 个/10 cm², 各主要类群的密度组成由大到小依次为: 线虫（86.5%）、其他类（5.3%）、介形类（3.1%）、桡足类（3.0%）、多毛类（2.1%）。

春季小型底栖生物密度在珠江口万山群岛附近和粤东汕尾过去的一小片海域的密度最高, 超过 500 个/10 cm²; 珠江口以内水域和外海水深较深的海域, 小型底栖生物的密度偏低, 小于 100 个/10 cm²; 海陵岛附近, 高栏岛至粤东汕尾海域的小型底栖生物的密度则在 250 ~ 500 个/10 cm²。

夏季小型底栖生物密度从珠江口内向外逐渐增高, 当水深逐渐增加时, 小型底栖生物密度又逐渐变低; 下川岛和大亚湾附近海域的小型底栖生物密度最高。珠江口内各站的小型底栖生物密度均较低, 而位于佳蓬列岛附近海域的小型底栖生物密度较高。

秋季小型底栖生物密度在珠江口万山群岛附近和大亚湾海域的密度最高, 超过 500 个/10 cm²; 珠江口以内水域和佳蓬列岛东南海域, 小型底栖生物的密度偏低, 小于 100 个/10 cm²; 其他近岸海域的小型底栖生物密度则在 100 ~ 500 个/10 cm²。

冬季海陵岛和大亚湾附近海域的小型底栖生物密度最高, 从这两个海域向外海, 水深越深, 小型底栖生物密度越低; 珠江口内向外, 小型底栖生物密度逐渐增高, 珠江出海口附近海域小型底栖生物密度较高, 当水深逐渐增加时, 小型底栖生物密度又逐渐变低。

23.2.3.2 垂直分布

春季自由生活线虫有 46.5% 分布在 0 ~ 2 cm 层, 有 37.2% 分布在 2 ~ 5 cm 层; 桡足类有 87.1% 分布在 0 ~ 2 cm 层; 介形类有 44.6% 分布在 0 ~ 2 cm 层, 有 42.9% 分布在 2 ~ 5 cm 层; 多毛类有 51.5% 分布在 0 ~ 2 cm 层, 有 35.0% 分布在 2 ~ 5 cm 层; 其他类有 75.3% 分布在 0 ~ 2 cm 层。总体来看, 线虫的垂直分布与小型底栖生物的垂直分布较一致, 桡足类在 0 ~ 2 cm 层的比例很高（图 23.17）。

夏季线虫有 49.6% 分布在 0 ~ 2 cm 层, 有 39.3% 分布在 2 ~ 5 cm 层; 桡足类有 85.0% 分布在 0 ~ 2 cm 层; 介形类有 71.4% 分布在 0 ~ 2 cm 层; 多毛类有 53.8% 分布在 0 ~ 2 cm 层, 有 31.2% 分布在 2 ~ 5 cm 层; 其他类有 66.4% 分布在 0 ~ 2 cm 层（图 23.18）。

秋季线虫有 57.5% 分布在 0 ~ 2 cm 层, 有 30.6% 分布在 2 ~ 5 cm 层; 桡足类有 69.9% 分布在 0 ~ 2 cm 层; 介形类有 49.4% 分布在 0 ~ 2 cm 层, 有 31.0% 分布在 2 ~ 5 cm 层; 多毛类

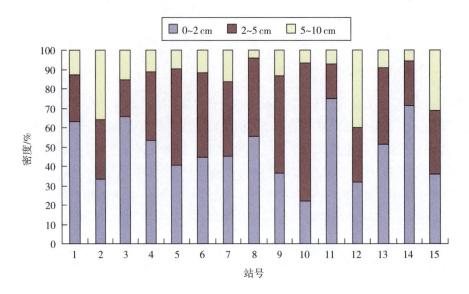

站号1代表JC－NH07，2代表JC－NH09，3代表JC－NH31，4代表JC－NH64，5代表JC－NH68，
6代表ZD－ZJK046，7代表ZD－ZJK050，8代表ZD－ZJK082，9代表ZD－ZJK106，10代表ZD－ZJK118，
11代表ZD－ZJK126，12代表ZD－ZJK138，13代表ZD－ZJK143，14代表ZD－ZJK148，15代表ZD－ZJK151

图23.17 春季广东近海各站小型底栖生物分层的密度百分比组成

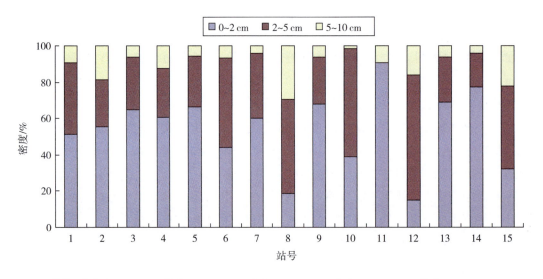

站号1代表JC－NH07，2代表JC－NH09，3代表JC－NH31，4代表JC－NH64，5代表JC－NH68，
6代表ZD－ZJK046，7代表ZD－ZJK050，8代表ZD－ZJK082，9代表ZD－ZJK106，10代表ZD－ZJK118，
11代表ZD－ZJK126，12代表ZD－ZJK138，13代表ZD－ZJK143，14代表ZD－ZJK148，15代表ZD－ZJK151

图23.18 夏季广东近海各站小型底栖生物分层的密度百分比组成

有57.7%分布在0～2 cm层，有32.5%分布在2～5 cm层；其他类有67.0%分布在0～2 cm
层（图23.19）。

冬季线虫有39.2%分布在0～2 cm层，有47.5%分布在2～5 cm层；桡足类有91.5%分
布在0～2 cm层；介形类有44.6%分布在0～2 cm层；多毛类有47.1%分布在0～2 cm层；
其他类有52.9%分布在0～2 cm层（图23.20）。

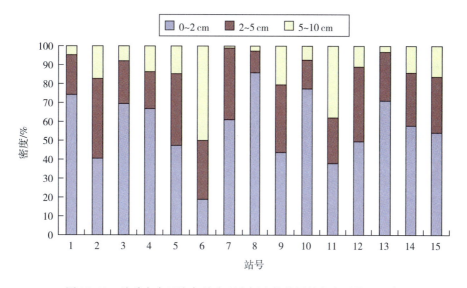

图 23.19 秋季广东近海各站小型底栖生物分层的密度百分比组成

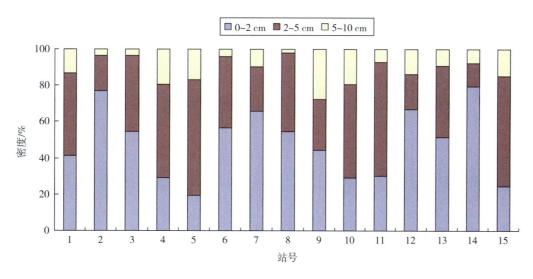

图 23.20 冬季广东近海各站小型底栖生物分层的密度百分比组成

23.3 小结

南海是我国近海底栖动物物种多样性最高的区域。2006—2007年我国近海海洋调查在南海海域共采集大型底栖生物共1 661种，其中珠江口海域采集到大型底栖生物971种、海南岛东部海区采集到大型底栖生物577种、北部湾海区采集底栖生物580种，明显高于渤海、黄海和东海，三个海区的大型底栖生物优势种类有所差别，但是也有一些共同的优势种类，如背蚓虫、棒锥螺、日本美人虾、光滑倍棘蛇尾、洼颚倍棘蛇尾、毛头梨体星虫等。个别栖息范围较广的种类，如背蚓虫、塞切尔泥钩虾、毛头梨体星虫、洼颚倍棘蛇尾也是东海海域的常见种类。

2006—2007年平均生物量为20.06 g/m²，由大到小依次为春季、冬季、秋季、夏季，软体动物和棘皮动物占据主要部分。珠江口海域的大型底栖生物年平均生物量为12.60 g/m²，海南岛东部海区的大型底栖生物年平均生物量为18.52 g/m²，北部湾海区的大型底栖生物平均年生物量为19.57 g/m²，均高于之前唐启升等（2006）调查的生物量水平。在各类群生物量比例方面，以个体较大、密度较高的软体动物和棘皮动物占据主要部分。

南海海域不同海区平均生物栖息密度为 196.29 个/m²，其中珠江口海域的大型底栖生物年平均生物栖息密度为 242.99 个/m²，海南岛东部海区的大型底栖生物年平均生物量为 53.35 个/m²，北部湾海区的大型底栖生物平均年生物量为 292.52 个/m²。三个海区的生物栖息密度均是以多毛类生物占了绝对优势，基本上达到了一半的比例，平均栖息密度由大到小依次为夏季、春季、冬季、秋季。

2006—2007 年全国近海海洋调查表明南海小型底栖生物调查表明其生物量水平分布特点为近岸高于远岸，珠江口以南的海域高于珠江口以北的海域，北部湾北部及广东茂名近岸高于珠江口水域。全年平均生物量为（467.84±465.45）μg/10 cm²（dw）。平均生物量由大到小依次为夏季、冬季、秋季、春季。栖息密度水平分布与生物量分布状况相似，近岸高于远岸，珠江口以南的海域高于珠江口以北的海域。全年平均栖息密度为（376.63±422.33）个/10 cm²。平均栖息密度由大到小依次为秋季、春季、冬季、夏季。

第 24 章 南海特定生境的生物海洋学特征

南海海底地形复杂多样，既有宽广的大陆架，又有险峻的大陆坡和辽阔的深海盆地，南海地处东亚季风区，稳定强大的季风是南海环流的主要驱动力，因此南海流系复杂、中、上层的基本流型、广东沿岸流的变化等方面都不同于黄海和东海，南海珠江冲淡水和上升流都显示出自身的特色。在南海北部，中、上层海流主要有三支流系：广东沿岸流、南海暖流和黑潮南海分支。上升流是南海北部陆架区 6—9 月的一个规律性现象。南海生态系统类型多种多样，不仅具有沿岸河口、海湾、陆架和深海生态系统，而且还有典型特色生态系统，如珊瑚礁、红树林和海草床等，为各种各样的生物生长繁殖提供了十分有利的自然环境。

24.1 珠江口区生物海洋学

24.1.1 珠江口生态环境特征

珠江是西江、北江和东江的总称，流域面积达 $45 \times 10^4 \ km^2$，年输沙量为 $8\ 340 \times 10^4 \ t$；年平均径流量约为 $1 \times 10^4 \ m^3/s$，年径流总量为 $3\ 124 \times 10^8 \ m^3$，占全国第 2 位，世界第 13 位。从东向西有虎门、蕉门、洪奇沥、横门、磨刀门、鸡啼门、虎跳门和崖门呈 8 条放射状排列汇入南海，其中虎门、蕉门、洪奇沥、横门先汇入珠江口伶仃洋海域。伶仃洋海域纳入的径流量约占珠江水系的 61%，水域宽阔，是珠江口渔业资源的重要栖息地。珠江口是我国三大河口之一，是珠江的河口湾，形如喇叭，受地球科氏力的影响，淡水主要从西南边流入南海。珠江口潮汐属不正规半日潮型，平均潮位差 0.86 ~ 1.35 m，主要是太平洋潮波经巴士海峡，越过南海，传入珠江河口后，受地形、径流和气象等因素的影响形成的。珠江口属于典型亚热带季风气候带，河流径流量季节性变化显著，丰水期（4—9 月）的径流量约占年径流总量的 79.18%，枯水期（10 月至翌年 3 月）仅占 20.82%。海域生态环境和动力条件受东亚季风气候的调节。冬季（枯水期）珠江径流量较小，低营养盐含量的外海水几乎控制整个珠江口水域，夏季（丰水期）径流量显著增加，水体营养盐也显著提高。珠江口年表层水温介于 15.3 ~ 30.8℃，平均为 24.8℃；底层水温在 14.8 ~ 29.3℃，平均为 23.6℃；丰水期平均温度为 29.0℃，枯水期平均为 15.0℃。伶仃洋海域平均盐度介于 5 ~ 25，是典型的咸淡水交汇区。受珠江径流、广东沿岸流和南海外海水的综合影响，存在三个不同性质的水团：珠江径流、外海水随潮上溯过程中与淡水相掺混后形成的咸淡水，以及位于河口外边界的南海内陆架水，水动力条件复杂，咸淡水交汇现象明显，还出现浑浊带现象。珠江口水域咸淡水混合，一般为缓和型，在枯水期表现强混合型，而在丰水期呈高度成层型，有明显的盐水楔存在。

珠江口海域咸淡水交汇区环境独特，受珠江径流影响，透明度较低，营养盐含量丰水期高于枯水期，盐度则相反，水温、pH 值、DO、COD 等要素存在明显的季节变化，并且水平分布也不相同。珠江口海域营养盐呈现明显的空间和时间分布特征，从口门向外逐渐递减，西部海域高于东部海域。珠江口无机氮主要来自四个口门的径流，深圳湾附近的陆源亦有一定贡献；无机氮的形态主要以硝酸氮为主，而在深圳湾附近海域则以氨氮为主。珠江口海域的 N、P 比值普遍较高，而且北部海域的 N、P 值高于南部海域；最高比值超过 300，最低比值也大于 30；丰水期珠江口浮游植物生长的潜在限制因子为磷，外海区浮游植物生长可能同时受硅、磷的限制；枯水期珠江口浮游植物生长的限制因子在淡水控制区为磷限制，河口混合区以外则转为氮、磷限制。珠江口地处亚热带，水环境条件复杂，既受珠江冲淡水和沿岸低盐水的影响，也与南海外海水的消长密切相关，因此浮游生物群落结构复杂。

珠江口海域习惯上指北自香港横栏岛，经担杆列岛至南边上川岛一线以西的海域，地质学家认为该海域 120 m 水深线以浅的大陆架均可划为珠江口海区，本章节仅限阐述珠江口伶仃洋河口湾的生物海洋学特征。

24.1.2 珠江口叶绿素 a 和初级生产力

珠江口叶绿素和初级生产力有明显的季节变化。春季、夏季、秋季和冬季表层叶绿素 a 平均值（Mean ± SD）分别为（1.07 ± 0.93）mg/m^3、（2.98 ± 3.33）mg/m^3、（2.60 ± 1.58）mg/m^3 和（1.10 ± 0.52）mg/m^3，夏季最高，秋季次之，冬春季较低。枯水期叶绿素 a 在河口上游明显高于下游的，而丰水期，叶绿素 a 浓度空间变化不大。珠江口从近岸到外海断面叶绿素 a 垂直分布在春季比较均匀，夏季表层含量明显高于其他水层；秋季表底层分布较均匀；冬季在水体中层叶绿素 a 含量较高，主要是由于浮游植物受到温度、光照强度等因素的影响导致表层的浮游植物受到光抑制，从而影响叶绿素 a 含量。定量分析结果表明，珠江口水域叶绿素 a 分布变化与 COD、pH 值和硝酸还原酶呈显著正相关，与 PO$_4$ – P、SiO$_3$ – Si 和水动力也有一定关系，但与其他因素的相关性不显著（黄良民，1992）。珠江口初级生产力年平均值为（29.78 ± 8.02）mg/（m^2·h），比粤东和粤西海域的低。珠江口海域受内河入海挟带的高悬浮物质和潮汐、潮流以及风浪等的影响，海水运动所引起的海底沉积物的上移，整个海区混浊度高，阻挡了光强在水体中穿透，水色低，透明度小，真光层薄，浮游植物现存量低，光合作用弱，导致初级生产力量较低。珠江口水域存在叶绿素 a 分布最大值区，该区域位于珠江口咸淡水交汇区附近，并随之发生季节移动和变化，不同季节叶绿素 a 最大值所在水域均处于盐度约 25 ~ 30 的咸淡水混合区域范围内；多元回归分析表明，营养盐、温度、盐度、pH 值等环境因子与叶绿素分布有关；气候因素对表层叶绿素 a 分布有重要影响（Huang，et al，2004）。

珠江口微型浮游植物对叶绿素 a 的贡献均占优势，但在不同河口区域，占优势的粒级有所不同，例如，在丰水期小型浮游植物在河口下游的浮游植物群落中占优势，枯水期微微型浮游植物在河口下游占主导地位，微型浮游植物则在上游河口区和深圳湾占优势，初级生产力的粒级结构变化与叶绿素 a 一致（黄邦钦 等，2005）。冬季，远岸高盐水团控制河口水域网采浮游植物的比例较低，微微型浮游植物对叶绿素 a 的贡献较大；受冲淡水影响作用较大的水域，网采浮游植物则占明显的优势地位；而在同样是近岸，受珠江淡水影响作用很小的香港南部水域及大鹏湾口附近水域，网采浮游植物占总叶绿素 a 的比例明显较低。类似的情况在夏季也有所体现，但夏季可能受降雨及粤东沿岸流的影响，近岸水域无论是否受到珠江冲淡水的影响，浮游植物的粒级结构分布较为相似，均以网采浮游植物为主；同时，珠江冲淡水影响水域与远岸高盐水域的差别依然十分明显。与历史资料相比，珠江口叶绿素 a 含量、初级生产力总体呈现逐渐上升趋势，这主要与人类日益频繁的活动有关。人类活动造成海湾水体富营养化，导致浮游植物生物量及初级生产力迅速增加（黄良民，1992）。

24.1.3 珠江口浮游植物特征

珠江口浮游植物共 224 种，大多数为沿岸种，也有少数的淡水种和咸淡水种，其中硅藻占绝对优势。珠江口浮游植物组成呈现显著的亚热带性质。浮游植物种类数在丰水期与枯水期之间差别不大，分布状况也接近。虽然在局部站位浮游植物生物量在枯水期明显高于丰水期，但整体而言，还是丰水期浮游植物丰度高。浮游植物种数分布在四个季节都呈现从珠江河道上游到下游逐渐增加的趋势，总体来说，珠江河道种类数四个季节都较低，近海沿岸种类数在四个季节都较高。

河口区既受到珠江冲淡水和广东沿岸低盐水的影响，又受高温高盐的南海外海水的入侵，咸淡水交汇明显，水域环境条件复杂，浮游植物的生态类型多种多样，根据浮游植物的生态习性及地理分布，珠江河口区的浮游植物可划分 3 个生态群落：① 河口群落，淡水种和咸淡水种是其重要的组成部分，特别是颗粒直链藻（*Aulacoseira granulata*）是该群落的主要代表种，另外近岸种拟旋链角毛藻（*Chaetoceros pseudocurvisetus*）和中肋骨条藻（*Skeletonema costatum*）等随潮水进入河口，成为优势种；② 混合群落，分布于伶仃洋西部，以低盐近岸种、广温沿岸种和广布种为主，如菱形海线藻（*Thalassionema nitzschioides*）、窄细角毛藻（*Chaetoceros affinis* v. *affinis*）、双孢角毛藻（*Chaetoceros didymus* v. *didymus*）、中肋骨条藻和一些广布近岸甲藻等；③ 沿岸群落，主要分布与伶仃洋外和河口东部，以拟旋链角毛藻、长角弯角藻（*Eucampia cornuta*）等为代表。由于受外海水的影响显著，一些热带外海种，如威利圆筛藻（*Coscinodiscus wailesii*）、美丽漂流藻（*Planktoniella formosa*）和蓝藻类的红海束毛藻（*Trichodesmum erythraeum*）、铁氏束毛藻（*T. thiebautii*）等出现。

珠江口海域浮游植物年平均丰度为 $7\,695.19 \times 10^4 \text{cell/m}^3$，浮游植物丰度在夏季最高，秋季次之，冬季最低，春季、夏季、秋季和冬季浮游植物平均丰度分别为 $(189.06 \pm 344.72) \times 10^4 \text{cell/m}^3$、$(3\,291.85 \pm 9\,625.79) \times 10^4 \text{cell/m}^3$、$(783.19 \pm 1\,674.51) \times 10^4 \text{cell/m}^3$ 和 $(22.57 \pm 20.19) \times 10^4 \text{cell/m}^3$（数据来源于我国近海海洋综合调查与评价专浮游植物项网采数据）。珠江河口是咸淡水交汇的典型海域，其大量径流每年为河口带来大量的有机和无机营养物质，为浮游植物的生长提供了良好的环境。河口水域受人类活动的影响剧烈，大量工业废水和生活污水排放使珠江口水域生态环境发生了改变，也影响了浮游植物的种类组成和数量变化。珠江口及其毗邻海域是典型的河口型水域，冲淡水在汛期影响范围可达内伶仃岛南部水域，枯水期可退至虎门附近。由于径流带来丰富的有机物及营养盐，使珠江口海域浮游植物密度比粤东和粤西海域高，尤其在夏季，珠江口咸淡水交汇海域出现了大片的浮游植物高值区。

24.1.4 珠江口浮游动物特征

珠江口伶仃洋海域浮游动物 146 种（含浮游幼虫 17 类），其中桡足类种数最多，其次是水母类和枝角类（表 24.1）。浮游动物种数有明显的季节变化，夏季最高，冬季最低。四个季节种类数的相似度值仅为 18.49%，四个季节种类组成差异明显（表 24.1）。浮游动物类群中，不同类群占总种数的比例发生变化，桡足类占总种数的百分比最高。浮游动物种数从河口上游至下游，种类数逐渐增多，在河口上游主要是一些淡水种类出现，一般调查站种类数小于 10 种；在河口中部和下游，主要是河口咸淡水种和沿岸种，种类数介于 10 ~ 40 种。

表 24.1　珠江口浮游动物类群数及季节变化

类　群	春季	夏季	秋季	冬季	合　计	四个季节共有种	四个季节相似度/%
水螅水母类	4	7	9	8	15	1	6.67
管水母类	1	4	2	2	4	1	25.00
栉水母类	1	1	1	1	1	1	100.00
多毛类	0	1	1	0	2	0	0.00
软体动物	4	3	1	1	7	0	0.00
枝角类	8	11	5	3	14	3	21.43
介形类	1	1	0	2	2	0	0.00
桡足类	29	35	30	26	58	11	18.97
端足类	2	0	1	2	2	0	0.00
糠虾类	2	2	1	2	2	1	50.00
磷虾类	1	0	1	1	1	0	0.00
十足类	2	2	2	4	4	1	25.00
毛颚类	5	6	3	4	8	2	25.00
有尾类	3	6	5	2	7	1	14.29
海樽类	1	2	1	1	2	1	50.00
浮游幼虫类	12	11	12	8	17	4	23.53
合计	76	92	75	67	146	27	18.49

珠江口浮游动物平均丰度为 (519.30±710.66) ind./m³, 春、夏、秋和冬季的密度分别为 (756.84±909.93) ind./m³、(390±711.33) ind./m³、(591.56±488.01) ind./m³ 和 (338.79±733.38) ind./m³, 春季浮游动物丰度最高, 冬季最低。珠江口浮游动物密度分布空间异质性很高, 春季浮游动物高密度主要出现在虎门附近的调查站位, 最高达 4 130.77 ind./m³; 夏季浮游动物密度高值出现咸淡水交汇区; 秋季浮游动物高值出现在河口上游和河口外, 内伶仃洋海域丰度不高; 冬季浮游动物丰度相比其他 3 个季节的分布, 较均匀。浮游动物丰度在河口上游一般高于下游的主要原因是由单一的淡水种或咸淡水种数量激增引起的。珠江口浮游动物优势种呈现季节演替现象 (李开枝等, 2005)。春、夏、秋和冬季的优势种分别有 4 种、7 种、6 种和 6 种, 其中刺尾纺锤水蚤 (Acartia spinicauda) 和中华异水蚤 (Acartiella sinensis) 是四个季节中均出现的优势种 (表 24.2)。春季和冬季, 河口半咸水种刺尾纺锤水蚤、中华异水蚤和火腿伪镖水蚤 (Pseudodiaptomus polesia) 在河口上游占优势, 广布种肥胖软箭虫 (Flaccisagitta enflata) 和沿岸种亚强次真哲水蚤 (Subeucalanus subcrassus) 在河口下游丰度较高。夏季, 淡水枝角类底栖泥溞 (Ilyocryptus sordidus) 和直额裸腹溞 (Monia rectirostris) 在虎门以上的河段明显占优势, 浮游幼虫在夏季和秋季的优势种出现, 特别是长尾类幼虫分布较广。浮游动物的系统聚类分析表明珠江口存在河口、沿岸和外海三个群落结构。三个群落的主要区别是不同生态特征的优势种所占的比例不同引起的。春季和秋季处于季风转换期, 淡水和海水混合, 富有东区群落分布格局不明显; 而在夏季和冬季, 珠江口分别是由淡水河海水控制, 群落结构差异明显。珠江口海域浮游动物种类、丰度和生物量呈现明显的时间和区域变化, 优势种存在明显的季节演替和空间变化, 不同区域浮游动物的群落结构反映了珠江口三种性质水团的分布变化 (Li, et al, 2006)。

表 24.2 珠江口浮游动物优势种的季节变化

季 节	中文名	学 名	出现频率	优势度	平均丰度 / (ind./m³)	占丰度百分比 百分比/%
春季	刺尾纺锤水蚤	*Acartia spinicauda*	0.68	0.29	328.87	43.45
	中华异水蚤	*Acartiella sinensis*	0.50	0.08	122.15	16.14
	火腿伪镖水蚤	*Pseudodiaptomus polesia*	0.36	0.04	82.06	10.84
	肥胖箭虫	*Sagitta enflata*	0.46	0.03	41.78	5.52
夏季	底栖泥溞	*Ilyocryptus sordidus*	0.25	0.04	65.87	16.89
	直额裸腹溞	*Monia rectirostris*	0.21	0.04	81.52	20.90
	刺尾纺锤水蚤	*Acartia spinicauda*	0.61	0.07	45.02	11.54
	中华异水蚤	*Acartiella sinensis*	0.68	0.06	32.75	8.40
	火腿伪镖水蚤	*Pseudodiaptomus polesia*	0.43	0.03	27.61	7.08
	仔稚鱼	Fish larva	0.75	0.02	10.10	2.59
	长尾类幼虫	Macrura larva	0.82	0.03	15.16	3.89
秋季	刺尾纺锤水蚤	*Acartia spinicauda*	0.68	0.05	42.47	7.18
	中华异水蚤	*Acartiella sinensis*	0.43	0.06	83.17	14.06
	百陶箭虫	*Sagitta bedoti*	0.75	0.03	24.16	4.08
	长尾住囊虫	*Oikopleura longicauda*	0.57	0.03	32.87	5.56
	蔓足类六肢幼虫	Cirripedia larva	0.57	0.02	21.55	3.64
	长尾类幼虫	Macrura larva	0.93	0.09	54.59	9.23
冬季	刺尾纺锤水蚤	*Acartia spinicauda*	0.71	0.05	21.56	6.36
	中华异水蚤	*Acartiella sinensis*	0.39	0.04	35.87	10.59
	火腿伪镖水蚤	*Pseudodiaptomus polesia*	0.25	0.10	134.73	39.77
	亚强次真哲水蚤	*Subeucalanus subcrassus*	0.54	0.05	32.20	9.50
	百陶箭虫	*Sagitta bedoti*	0.61	0.02	12.19	3.60
	肥胖箭虫	*Sagitta enflata*	0.36	0.03	26.56	7.84

珠江口水域某些浮游动物的食性随生长发育而转变（尹健强等，1995）。珠江口的桡足类以滤食性种类为主，不同种类之间肠道色素含量差异大，草食滤食性种类的肠道色素含量高于杂食滤食性种类的，桡足类肠道色素含量高值区主要位于咸淡水混合区；桡足类对浮游植物现存量的摄食压力范围是 0.3% ~ 75%，其在夏季和冬季对初级生产力的摄食压力分别为 104% 和 21%（Tan, et al, 2004）。珠江口海区夏季浮游动物对浮游植物的摄食压力大，主要是在春季浮游植物高峰期后，提供了丰富的饵料，使浮游动物大量繁殖。而冬末春初，浮游植物正待繁殖，饵料浓度相对夏季较低，浮游动物数量少，对浮游植物的摄食压力也相应降低，所以珠江口浮游植物的生长主要是上行控制作用。

24.1.5 珠江口底栖动物特征

共鉴定珠江口伶仃洋海域大型底栖生物 245 种，多毛类最多（140 种）。其中夏季共获大型底栖生物 153 种，多毛类为 91 种；冬季 157 种，多毛类为 93 种。夏冬季调查都有出现的生物种类 65 种。夏季珠江口大型底栖生物平均生物量为 14.313 g/m²，平均栖息密度为 205.3 ind./m²。冬季珠江口大型底栖生物平均生物量为 13.077 g/m²，平均栖息密度为

168.8 ind./m²（张敬怀等，2009）。春季底栖动物的栖息密度和生物量平均值分别为591.7 ind./m² 和 26.73 g/m²，均高于秋季的 85.0 ind./m² 和 7.4 g/m²。各主要类群底栖动物中，软体动物的栖息密度和生物量所占比重最大（黄洪辉等，2002）。从珠江口底栖动物各大生物类群的数量百分比组成及其年际变化来看，一般以软体动物个体数量和生物量百分比组成最高，个体数量百分比组成占第二位，一般是多毛类。此外，多毛类和软体动物栖息密度及甲壳动物生物量百分组成年际变化都较稳定，尤其是软体动物生物量的百分组成的年际变化最为稳定，其他各大类群底栖动物的百分比组成年际变化则波动较大。珠江口大型底栖生物分布受珠江入海淡水的影响明显，大型底栖生物种类数、生物量和栖息密度均呈现由河口内向外海增加的趋势。

24.1.6 珠江口游泳动物特征

共鉴定珠江口伶仃洋海域 268 种游泳生物，其中鱼类 167 种，头足类 7 种，虾蛄类 10 种，虾类 31 种和蟹类 53 种（李永振等，2002）。20 世纪 80 年代和 90 年代后期，中国水产科学研究院南海水产研究所在珠江口鱼、虾类资源和鱼类生物学方面做了大量工作。随着生态环境条件的改变，尤其是过度捕捞对渔业资源的严重破坏，珠江口伶仃洋海域游泳动物的组成已经发生了明显变化。根据 2009—2010 年在珠江口伶仃洋海域四个季节游泳动物的调查数据，游泳动物种数夏季最高，春季最低，春、夏季和冬、春季种类季节更替显著。优势种组成较为稳定，以日本蟳（*Charybdis japonica*）、黑斑口虾蛄（*Oratosquilla kempi*）和棘头梅童鱼（*Collichthys lucidus*）为主要优势种，其中日本蟳全年优势种，平均密度占总密度的 8.07% ~ 26.22%。游泳动物资源密度和尾数密度季节变化趋势一致，均为夏季最高，秋季和春季次之，冬季最低。珠江口伶仃洋海域温度和盐度有明显的季节变化，夏季和秋季温度较高，盐度较低，冬季和春季温度较低，而盐度较高。温度是伶仃洋海域游泳动物种类和数量季节变化的主要因子。伶仃洋海域平均盐度介于 5 ~ 25，是典型的咸淡水交汇区，水团的变化受东亚季风驱动。西南季风期间（4—9 月），珠江径流起主导作用，底层盐度仅 3 号站高于 25，夏季表层和底层盐度低于 20，温度在夏季和秋季较高。南海外海水和沿岸流在东北季风期间（10—3 月）占优势，盐度比西南季风期间高，而温度降低。受水文动力条件的影响，珠江口伶仃洋海域渔业资源包括栖息在淡水、河口和沿岸的 3 种生态类型，鱼类以小型的咸淡水种为主，虾类主要由对虾科的仿对虾和新对虾组成。伶仃洋海域内游泳动物种类以河口小型咸淡水种为主，如优势种棘头梅童鱼、红鳗鰕虎鱼（*Trypauchen vagina*）和凤鲚（*Clilia mystus*）是典型的底栖性河口种类，皮氏叫姑鱼（*Johnius belengerii*）为底栖性沿岸种类。

珠江口伶仃洋海域游泳动物渔获资源密度和尾数密度的季节变化均为夏季最高，冬季最低，与温度季节变化趋势一致。珠江口游泳动物资源产卵和渔汛期主要在丰水期，如脊尾白虾（*Palaemon carinicaudn*）亲虾的抱卵期为 2—5 月和 8—9 月，抱卵场水温在 20 ~ 30℃；康氏小公鱼（*Stolephorus commersoni*）盛期为 5 - 6 月，表层水温和底层水温平均值为 29℃ 和 28℃；凤鲚是典型的咸淡水鱼类，尽管产卵期很长，但产卵盛期在 4 - 6 月，产卵场表层和底层平均水温为 25℃ 左右；棘头梅童鱼产卵盛期为 4 月和 7 月。由此可推断咸淡水种类的产卵期的温度基本在 20℃ 以上。珠江口表层和底层温度只有冬季低于 20℃ 以下，这与游泳动物资源密度和尾数密度冬季最低的变化趋势吻合。温度一方面直接影响游泳动物资源的产卵，另一方面通过食物链影响其产量。根据饵料生物的重量组成和出现频率发现硅藻类和浮游动物是河口游泳动物胃含物的重要饵料组成。珠江口浮游植物和浮游动物密度均是丰水期高于枯水期，高值区位于咸淡水汇合区域。游泳动物资源密度和尾数密度的季节变化与浮游生物一致，即夏季高，冬季低。南海的禁渔期为每年6月1日至8月1日，珠江口伶仃洋海域夏季渔获量高可能与禁渔期刚结束有关。

珠江口棘头梅童鱼和风鲚与历史资料比较，体长和体重显著降低。秋季和冬季棘头梅童鱼和风鲚平均个体体重均小于10 g，而20世纪90年代棘头梅童鱼和风鲚的平均个体体重均大于11 g。秋季风鲚的体长与历史资料相比，变化不大，而冬季降低。脊尾白虾、亨氏仿对虾、周氏新对虾和周氏新对虾的最小和最大体长低于1986—1987年的体长范围数据。秋季棘头梅童鱼和风鲚的体长和体重通常比冬季低。与历史资料相比，珠江口主要经济鱼类和虾类已出现小型化趋势。珠江口水域的游泳生物主要是沿岸性或河口性的小型种类，基本由当年生个体组成，它们与高温低盐水环境特征相适应，构成珠江口游泳生物组成的主体。游泳生物组成的季节变化明显，但对于鱼类的底栖类群和中上层类群则存在着时间上的差异（李永振等，2002）。

24.2 南海上升流区生物海洋学

24.2.1 南海上升流区生态环境特征

上升流（upwelling）是一类重要的海洋现象，是深层海水涌升到表层，将底层的营养盐不断地带到海洋表层，表层水团出现低温、高盐、低溶解氧和高营养盐的特征。根据上升流在海洋中的分布分为沿岸上升流（coastal upwelling）和大洋上升流（oceanic upwelling），沿岸上升流是由特定的风场、海岸线或海底地形等特殊条件所引起的。南海受东亚季风的控制，每年10月到翌年3月盛行东北季风，6—8月盛行西南季风。风、地形、海流是形成南海沿岸上升流的主要因子，并且上升流的消长与范围变动主要受劲吹的西南风强度大小所限制，存在着从夏季形成、强盛到冬季消失的过程。南海北部陆架、越南的东部沿岸和吕宋岛的西北外海是南海的主要上升流区。南海北部陆架海域是我国近海主要的季节性上升流区之一，夏季海表温度存在着明显的低值区，主要存在于海南岛东部沿岸、雷州半岛以东广州湾东南部直至珠江口南部一带海域，粤东沿岸和福建沿海以及台湾浅滩海域，同属于一个上升流系（吴日升和李立，2003）。

上升流是南海北部陆架区6—9月的一个规律性现象，海南岛东部沿岸及雷州半岛以东广州湾东南部一带海域（琼东上升流区）、汕头沿岸直至福建沿岸南日群岛附近海域（闽南—粤东上升流区）夏季表层及次表层海水均表现出明显的低温、高盐、高密度等陆架上升流特征。琼东沿岸上升流中心主要位于海南岛以东清澜湾至七洲列岛之间的111°10′E、19°45′N附近，陵水湾至陵水沿岸的110°15′E、18°25′N附近，闽南—粤东上升流区包括粤东汕头沿岸的116°45′E、22°50′N附近及澎湖列岛以西的118°E、23°40′N附近（经志友等，2008）。闽南近岸上升流区从礼是列岛到甲子一带近岸海域，具有明显的地位高盐特征，表层营养盐氮浓度高达13.8 μmol/L，硅和磷分别为8.08 μmol/L和0.4 μmol/L（洪华生等，1991）。夏季粤东离岸海域温度、盐度和溶解氧等要素的等值线分布从外海向岸抬升，上升流区位于大鹏湾至神泉湾沿岸，约20~60 m等深线，中心位置紧靠岸边，其时空变异较大，并会形成若干个中心区。粤东上升流区水体具有低温、高盐、低氧、高磷等基本特征（韩舞鹰和马克美，1988）。台湾浅滩上升流区夏季表层温度低于25.5℃，盐度约34。关于越南东部上升流区和吕宋岛西北部上升流区的海洋生物研究少，从现有的资料看多是通过卫星遥感分析叶绿素a

浓度变化。该章节重点阐述南海闽南—粤东和琼东沿岸上升流区的生物海洋学特征。

24.2.2 闽南—粤东沿岸上升流区生物学特征

闽南—台湾浅滩渔场上升流区生态系研究较为全面、系统，终年存在，具有季节性和区域性变化，其包括福建南部沿岸上升流区和台湾浅滩上升流区。本部分阐述的是福建南部至汕头沿岸一带上升流区的生物海洋学特征。闽南—粤东近岸上升流区叶绿素 a 浓度 8 月达 2.06 mg/m³，其分布由近岸向远岸减少，平均初级生产力为 0.74 g/（m²·d），夏季平均细菌生物量为（27.60±6.08）mg/m³，是近岸区全年均值的两倍多。浮游植物有 298 种，硅藻占绝对优势，有明显的季节变化，夏季浮游植物分布不均匀，高密集区出现在上升流区，在上升流中心区，有外海高盐种出现。浮游动物 638 种，生物量高峰出现于 7 月，总数量高峰在 8 月，12 月最低，浮游动物垂直分布随深度增加而数量下降。上升流区的鱼卵和仔稚鱼数量有明显的季节变化，6 月和 8 月出现高峰期，密集区集中在南澎列岛至礼是列岛近岸和台湾浅滩西南一带。底栖生物年平均生物量仅为 10.58 g/m²，栖息密度较高为 538.3 ind./m²，高密度区是闽南—台湾浅滩中心渔场位置（洪华生等，1991）。

闽南—粤东上升流区的从 6 月开始，西南季风引起表层海水的离岸运动，促进底层海水的涌升，把丰富的营养盐带到真光层，促进了浮游植物的生长繁殖，从而使近岸叶绿素 a 含量和初级生产力显著提高。底层海水涌升随西南季风消长而消长，于 7、8 月达到盛期，叶绿素 a 和初级生产力也最高。秋季，海区转为东北季风，上升流减弱，叶绿素 a 和初级生产力也明显下降。一些生活于 100~200 m 的浮游植物种类出现在上升流中心区，如圆头形角藻（*Ceratium gravidum*）、长头形角藻（*C. praelpngum*）和板角藻（*C. platycorne*）等。在上升流中心区，温带中数量不多，但相对密集，可作为上升流的出现提供佐证。栖息水层较深的低温高盐种芦氏拟真刺水蚤（*Pareuchaeta russelli*）一般零星出现在西南外海，到在夏季，其数量明显增多，密集区由西南沿 100 m 等深线逐渐向南澎列岛方向推进。浮游植物与浮游动物的密集区错开，浮游植物在上升流区的外缘密集，一些草食性浮游动物如鸟喙尖头溞（*Penilia avirostris*）、锥形宽水蚤（*Temora turbinata*）、亚强次真哲水蚤（*Subeucalanus subcrassus*）、小拟哲水蚤（*Paracalanus parvus*）高数量出现在上升流中心区，这是由于上升流带来丰富的营养盐，促进浮游植物大量繁殖，为草食性浮游动物提供丰富的饵料，并大量消耗浮游植物的结果。浮游植物转化为浮游动物的效率季节变化显著，夏季最高为 21.6%。高的初级和次级生产量及转换效率为渔场形成提供了良好的条件。闽南—粤东和台湾海峡西南部是天然的渔场，渔业资源丰富，是蓝圆鲹（*Decapterus maruadsi*）、金色小沙丁鱼（*Sardinella aurita*）、脂眼鲱（*Etrumeus teres*）和鲐鱼（*Pueumatophorus japanicus*）等多种中上层鱼类群居的良好场所。

24.2.3 琼东沿岸上升流区生物学特征

琼东沿岸上升流自 4 月开始出现，6—8 月最强，9 月减弱，10 月以后消失，持续时间约 150 天。属风生的季节性上升流，主要发生在暖半年。该上升流出现的位置少变，但其强度及持续时间逐年有异。海南岛东岸的低温区出现在 18°30′~20°30′ N、112°30′ E 以西的 30 m 等深线以浅的海域，长约 200 km，宽约 90~120 km。低温中心有两个：一个出现在清澜和陵水之间的博鳌附近；另一个出现在琼州海峡的东口附近，在多数情况下，该低温区以琼州海峡东口为圆心，呈孤立的半圆状存在，但也有时候，该低温区与清澜低温区相连成片。低温中心处的温、盐特征是，低温、高盐。表层、20 m 层的温度，分别比周围的温度低 4~5℃和 2~3℃；表层和 20 m 的盐度分别比周围的高 0.5~1.0。而且上升流最明显的是发生在 20 m 层。涌升现象大体从 150 m 开始，沿陆坡海岸爬升，大致涌升到 10 m 左右。由于海水的涌升，造成上升流中心周围为 pH 值、溶解氧的低值区和磷酸盐高值区（韩舞鹰等，1990）。夏季水柱叶绿素 a 平均含量变化范围为 0.03~3.25 mg/m³，比其他 3 个季节的变化范围波动大，夏季叶绿素 a 高值区主要出现在粤西海域和琼东沿岸上升流海域，南部常出现表层初级生产力最大值现象。

海洋浮游生物集聚的数量往往是随上升流的生消过程而增减。6 月的浮游植物个数达到了全年的最高峰，7 月以后又逐月下降，浮游植物密集区的范围与同期出现上升流的位置基本上一致。在上升流区，同时也出现一些浮游植物的外海种。说明上升流不仅带来了丰富的营养盐，也使一些外海浮游植物的种类在近海得以繁殖。浮游动物高生物量和密度区集中在海南岛东南部近岸海域和广州湾内，浮游动物中的有尾类和海樽类在上升流区域出现聚集现象，琼东沿岸上升流和雷州半岛东部海域冷涡现象对种类向沿岸推移及其丰度增加有一定的助长作用，阿氏住筒虫（*Fritillaria abjornseni*）、迷住筒虫（*F. aberrans*）和太平洋住筒虫（*F. pacifica*）可作为琼东沿岸上升流的指示种（Li, et al, 2010；2011）。上升流的位置大体就是清澜渔汛的传统作业区。该渔场水产品繁多，常见的鱼类有竹荚鱼（*Trachurus japouicus*）、鲐鱼（*Pueumatophorus japanicus*）、蓝圆鲹和黄鲷（*Taius tumifrons*）等。

琼东沿岸上升流区为中华哲水蚤提供度夏场所。中华哲水蚤是暖温种，是黄海和东海近岸水域的优势种，台湾海峡及粤东沿岸海域是其季节分布区，之前认为粤西沿岸中华哲水蚤数量少而且出现的时间短。根据国家我国近海海洋综合调查与评价专项的调查结果发现，夏季中华哲水蚤在粤西沿岸和海南岛东部上升流区很丰富。这改变了以往认为中华哲水蚤夏季在粤西和海南岛海域不存在的认识。中华哲水蚤是东北季风期间由广东沿岸流连接东海沿岸流从东海沿岸携带而来，夏季西南季风期间在雷州半岛东部海域和琼东近岸形成的冷涡和上升流是中华哲水蚤度夏的避难所，秋季中华哲水蚤因耐受不了高温（>27℃）死亡而消失。受南海暖流或外海水影响的琼东沿岸流外海域，中华哲水蚤仅有少量分布（Yin, et al, 2011）。

Shaw 等（1996）证实越南东部沿岸夏季存在着强的上升流。Tang 等（1999）利用卫星遥感和现场调查分析越南东部夏季上升流区叶绿素 a 出现高值和发生赤潮（赵辉 等，2005）。Shaw 等（1996）指出在冬季 10 月至翌年 1 月吕宋岛西北 16°~19°N 约 100 km 外海存在着一个强上升流区。叶绿素浓度的最高值出现在 12 月（赵辉等，2005）。无论是现场调查还是卫星遥感数据分析，南海沿岸上升流区均是初级生产和次级生产者密度的高值区，渔业资源丰富。

24.3 黑潮水入侵南海生物海洋学特征

24.3.1 黑潮水文和流场特征

黑潮是西北太平洋最强大而且稳定的海流。终年水温较高，盐度高而均匀，水色深蓝，透明度大，故称此名。它的厚度约 800 m，自上而下分为 4 层，即表层水，位于 80 m 以浅，温度 27.5~29.0℃，盐度 34.20~34.60，具有高温、次高盐的特点；次表层水，从表层以下至 400 m，盐度最大值在 150 m 左右，温度 14.3~27.4℃，盐度 34.70~34.90，特点是盐度高、核心盐度达 35.02；中层水从 400 ~ 1 200 m，盐度最低值在 500 ~ 600 m，温度在 4.3 ~ 13.5℃之间，盐度在 34.25 ~ 34.40，特点是盐度较低，并有多个低盐核，最低值 34.17；深层水位于 1 200 m 以下，温度 1.5 ~ 4.0℃，盐度 34.45 ~ 34.65 之间，具有温度低、盐度中等、水团稳定等特点。

黑潮流幅较窄约 100 n mile，2 kn 以上的强流带不超过 25 n mile，但流量巨大，相当长江径流 1 000 倍，即长江一年的流量，黑潮仅用 8 h 即可输送完。黑潮起源于台湾东南、巴布延群岛以东海域，是北赤道流向北延伸重要部分，其主干沿台湾东岸北上，经苏澳—与那国岛之间的水道进入东海，沿东海大陆架毗连区域流回东北，至奄美大岛以西约 29°N、128°E，主流折向东，经吐噶喇和大隅海峡离开东海返回太平洋，沿日本南岸向东北到北纬 35°N 附近（图 24.1）。

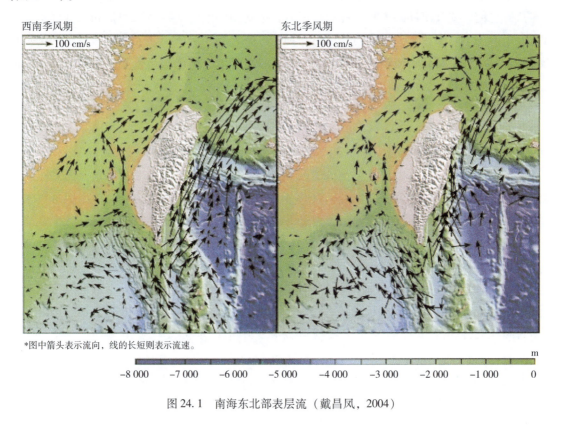

*图中箭头表示流向，线的长短则表示流速。

图 24.1　南海东北部表层流（戴昌凤，2004）

黑潮主干向北输送，其西侧常有许多分支出现，分支常以所在地理位置命名，如黑潮南海分支、台湾暖流、黄海暖流、对马暖流等。黑潮的流速、流量、流幅和流轴等流场的特性，都有时空的变化。从时间看，有中、短各种周期，从空间看，有中、小尺度的变化，此外，它的两侧时有冷涡和暖涡相伴出现。

24.3.2　黑潮水南海分支

20 世纪 60 年代以来，黑潮水入侵南海，曾进行过多次海洋水文物理调查、遥感技术、简化过程模式计算和全三维数值模拟等多种手段，众说纷纭，尚未取得一致意见，大致归纳如下观点：其一认为，黑潮在冬季偏北季风作用下，黑潮上层水有一支由巴士海峡进入南海后，向西推进，并沿中南半岛沿岸向南流，夏季受西南季风影响，南海上层水向东北，其中部分海水经巴士海峡流向太平洋，早期的南海表层流向分布图都持此观点（Wyrtki，1961）。

其二观点认为，黑潮终年皆可进入南海，但黑潮水进入南海后的去向，说法不一。Niino 和 Emery（1961）的观点是，冬、夏均有黑潮水进入，沿台湾西岸北上，冬季并有一支向西进入南海北部。伍伯瑜的观点是，黑潮终年有一分支进入南海，并沿台湾海峡北上。仇德忠等（1984）提出，夏季沿南海北部陆坡存在一支向西流动的逆风海流，是黑潮水南海分支。钟欢良（1990）观点是黑潮水终年进入南海，还提出南海暖流是黑潮水南海分支，它们两者是一脉相承的，南海暖流是黑潮水南海分支的延续、演变来的。李立（1989）提出黑潮水常呈套状入侵南海，终年都可能发生、流套的水平尺度为 200～400 km，垂直尺度为 1 000 m 深。黄企洲等（1996）观点是，黑潮水自巴士海峡中部偏南进入南海，入侵黑潮水的一部分在台湾西南形成流套结构后，从海峡北部流出，另一部分沿东沙群岛北部流向西，并有一支在海峡偏南部形成一个气旋式环流。李凤岐等（2000）提出，一年中大部分时间都有黑潮水流入南海，其中一部分流入南海时呈一反气旋式弯曲，然后在巴士海峡北部发生流套，又从南海流出进入太平洋黑潮主干；另一部分与南海北部的一个气旋式涡漩的北翼，一起向西流动入南海内部区。6 月南海北部不存在气旋式涡漩，从巴士海峡南部黑潮水的南海分支只呈反气旋流动，此分支从巴士海峡北部又重流回太平洋，此时段没有向西流动的海流。除 9、10 月外，其他月份都有一个和高海面起伏对立的脊存在。通过巴士海峡伸入南海，一部分海水沿着脊的等值线流动，使流动路线呈反气旋式弯曲。但在 9 月和 10 月，由于黑潮流轴已经向东北推移，没有海面高度脊伸入南海，也没有呈反气旋式流动的海流，因而从巴士海峡入南海的黑潮水全部向西流到海南岛以东，并汇入向南的沿岸流。黑潮水南海分支，以东沙群岛为界，分东、西两段，东段流幅较宽，表层地转流速约 0.5～0.8 kn，流轴位置摆动较大。西段流幅较窄，表层地转流速约 0.5～0.9 kn，最大为 0.7～1.5 kn，流轴位于 200～1 000 m 等深线附近，较为稳定，流量约（2.5～4.0）×16^{6}m^3/s，地转流速和实测余流较为接近。冬季南海分支较夏季强，最大表层地转流速超过 2.0 kn，流幅 70 n mile，流量接近 10×20^6 m^3/s，流轴较夏季偏南，在东沙群岛东侧的流速和流幅都比西侧为大。其三的观点认为，黑潮无显著的分支进入南海，或黑潮并未直接入侵南海。他们将南海东北部陆坡外出现的一支向西或西南向的海流，看做是黑潮诱生的南海气旋环流南侧的海水，向北流动再循环的海水。最近胡筱敏等（2005）利用漂流浮标资料对黑潮及其邻近海域表层流场及其季节分布特征分析，黑潮水入侵南海只出现在冬季和秋季，这可能与盛行季风有关。冬、秋盛行的东北季风，有利于黑潮表层流向南海入侵。而春、夏的西南季风，起着抑制黑潮水入侵南海的作用。早期赫崇本等（1984）已指出，南海海盆的深底层水（1 500～4 000 m）是源自西北太平洋深层水（1 500～2 000 m），这一过程一直持续着，从南海海盆中溶解氧含量没有耗尽，反而增加，由此得到佐证。

24.3.3 黑潮水入侵南海区域生物学

24.3.3.1 叶绿素 a 和浮游植物

冬季叶绿素 a 的分布在菲律宾西部（17°N，118°E）出现叶绿素 a 最高数量（2.17 mg/m^3），其余调查区数量均低于 1.0 mg/m^3 以下。夏季在东沙群岛西南出现 1.29 mg/m^3 的数量，其余调查区均在 0.50 mg/m^3 以下。

黑潮水入侵南海区，最直接影响是东沙群岛周围。秋季在东沙群岛西南海域初级生产力估算为 0.50～1.50 g/（m^2·d）（以 C 计），其南部达到 0.50～4.80 g/（m^2·d）（以 C 计）。春季西南区为 0.30～0.50 g/（m^2·d）（以 C 计），南部为 1.00 g/（m^2·d）（以 C 计），夏季西南区为 0.30 ~ 1.00 g/（m² · d）（以 C 计），冬季西南区 0.1 ~ 0.30 g/（m² · d）（以 C 计），由此表明以秋季在黑潮水影响深水区出现最高生产力。

从台湾浅滩南部 500 m 等深线外的深海区上层水，浮游植物以热带种类为主，甲藻种类和数量增加，浮游植物数量的季节变化均为单周期型，近岸高峰出现在夏季（2×10^7 cell/m³），而外海深水区却以冬季为高峰期，夏季为低谷期。

24.3.3.2　浮游动物

南海东北部是受黑潮水入侵南海分支和南海暖流流经区域，浮游动物生物量以夏季最高。一年呈现单峰期，在沿岸受冲淡水以及沿岸流的影响，浮游动物生物量均较高，但在外海深水区以 0 ~ 100 m 上层生物量最高，而 100 ~ 200 m 层偏低。上水层高于下水层 2 ~ 3 倍。生物量主要成分是桡足类、毛颚类。

浮游动物的数量分布，种类有一定区域性，桡足类在东沙群岛周围深水区占优势是狭额真哲水蚤等，毛颚类以太平洋箭虫，飞龙翼箭虫和微箭虫等为主。磷虾类以柔巧磷虾、隆线长螯磷虾等为主。大眼端足类以扁足蚊科、短足蚊科和臂蚊科的种类为优势。莹虾以正型莹虾占优势。浮游介形类在深海区的上层出现种类较多，密集区较小，在东沙群岛周围上层水，特别南部有较多浮游软体动物的球形水贝出现。被囊类的住囊虫和海樽常有较大密集区。

24.3.3.3　鱼卵仔稚鱼

黑潮水入侵南海后影响鱼卵仔稚鱼分布的区域有，巴士海峡西北海区。当春、夏期间是鱼卵仔稚鱼密集区，该区受南海分支的影响，种类以深海大洋性鱼类为主，是金枪鱼、飞鱼等大洋性上层鱼类密集分布区之一。

中沙群岛北部海区。春、夏、秋三季出现仔稚鱼的数量均较多，因该区位于冷涡西缘，与来自西南方的暖水交汇，种类组成以深海大洋性鱼类为主，也是金枪鱼类重要分布区之一。

宪法暗沙北面海区。春、夏、秋三季出现较多的数量。该区位于冷涡东南边缘，与来自南面的暖水交汇，种类组成均为深海大洋性鱼类，并以灯笼鱼科等深海性种类占优势。

东沙群岛南面和东面海区。春、夏、秋三季仔稚鱼出现数量较多，主要种类以深海鱼类为主，也有较多岛礁性种类。春季由于冷涡中心靠近东沙群岛南面，仔稚鱼数量少。夏、秋季节冷涡中心偏西南方，仔稚鱼数量显著增加。

24.3.3.4　底栖生物

底栖生物种类繁杂，大小不一，其生物量、栖息密度与生境（水深、底质）关系密切，根据采泥所得为中型底栖生物，拖网采集所得为大型底栖生物。

中型底栖生物高生物量的类群为软体动物、甲壳类和多毛类，分别占总生物量 48.2%，33.8% 和 13%，而栖息密度以甲壳类、多毛类和软体动物，分别占总密度 40.5%、28.6% 和 13.6%。软体动物在陆坡区数量较高，深水区少。同样棘皮动物出现率低，不过分布较集中，在深水区首次采到须腕动物。

大型底栖生物是以甲壳类、软体动物、多毛类和棘皮动物为主，分别占总数 26.1%、25.7%、20.4% 和 12.1%。当浅于 3 050 m 的测站，无论底栖生物的多样性，还是数量都较高，超过 3 050 m 以深区域，其多样性和数量均显著降低。

冬季在台湾浅滩西南海域是南海暖流流经之处，表层和底层温度较相似，底栖生物都是热带性较强的种类分布。但在东沙群岛东侧到南侧，以及延伸到西南侧，该区水深、种类少，所出现的种类与菲律宾、印度尼西亚、马来半岛种类相似性较强。这与黑潮水流入南海的流场相吻合。

24.3.3.5　深海鱼类

巴士海峡以西深水区，是黑潮水入侵南海主要区域，经三航次调查共获深海鱼类79种，隶属6目19科41属。这些深海鱼类大部分是广布太平洋、印度洋和大西洋的深海广布种有44种，占总种数56%。分布印度——太平洋仅11种，占14%，仅限于西太平洋种类仅2种，占2.5%。

在79种中，生活在200～2 000 m水层，个体小，游泳力弱，并有昼夜垂直移动习性，属于深海大洋暖水性，有74种，占94%，少数属于深海底栖性，生活在陆坡或深海盆底，如豆腹鳕（*Ventrifossa petersoni*），齿棘膜头鱼（*Hymenocephalus gracilis*）和长须膜头鱼（*Hymenocephalus longibarbis*）等4种，占5%。

深海鱼类分布密度较大区域位于东沙群岛南面和西南面，约18°00′～20°00′N、115°00′～117°00′之间区域，其中以钻光鱼科鱼类占绝对优势。

24.4　南海暖流和涡旋的生物海洋学特征

南海暖流是指南海北部陆架坡折带附近，在广东沿岸流的外侧，黑潮南海分支的近岸侧，从海南岛东，大体沿100～300 m等深线的走向由西南流向东北一支海流，其表层余流最大流速在200 m以深处，约50 cm/s。在东沙群岛以东流幅较宽，约70 n mile，最大流量约为4×10⁶ m³/s，东部较强。流轴在800～1 500 m区域。但东沙群岛以西流幅最小仅15 n mile，流量约4×10⁶ m³/s，西部较弱，流轴在600～800 m以浅区域，流轴有年变化，大体上冬季偏南，夏季偏北，春、秋两季介于冬、夏之间。

早在1964年管秉贤、陈上及发现这支逆东北风而流动的海流，定为"冬季逆风海流"，最近管秉贤（2002）认为南海暖流通过台湾海峡直至福建、浙江和长江口外的东海陆架海区，终年存在一支从SW流向NE的海流，称为"中国东南近海冬季逆风海流"。

但是刘倬腾（2004）从ADCP锚碇所量测的流速资料看出，南海暖流流场几乎与涡漩相对应，说明黑潮水进入南海形成涡漩，对陆架边缘的流场有相当大的影响。他提出南海暖流是由黑潮水南海分支经间歇性进入南海北部的涡旋所造成，因为南海分支是暖涡，常见于冬季并沿大陆架向西南方向流动的途中，形成一个东北向的流场，即是南海流场。由上表明，研究者对南海暖流尚未取得一致的观点。

东沙群岛存在的涡旋，其中心位置和强度都有季节性的移动和变化。在东侧的暖涡，冬季温度分布呈椭圆形，长轴呈SW—NE约90 n mile，短轴约60 n mile。在250 m上层，暖涡中心温度100 m层较周围高2.5℃，在200 m较周围约高3.5℃。该暖涡在冬季形成与黑潮南海分支和南海暖流，在东沙群岛东侧受岛屿和海底地形的影响而发生的偏转有关。在夏季，暖涡的中心位置南移，出现在东沙群岛的东南海域，它的形成与黑潮南海分支的改变有关，即黑潮水进入南海后开始向西流动到东沙群岛南部，由于受海底地形和西南季风的作用，南海分支的主流转向NE，从而在东沙群岛东南方形成一个暖涡，该暖涡的尺度与东沙群岛东侧冬季所形成的暖涡相当。可认为无论冬、夏形成的暖涡同黑潮南海分支由NE向SW流动转向

NE 的弯曲现象联系在一起的。在东沙群岛西南海域终年存在一个气旋式涡漩，该气旋式环流导致下层海水向上涌升，出现的冷涡范围在 114°~117°30′E，17°30′~21°N，中心位置大致集中在 115°~116°30′E、18°30′~20°30′N，水深约 1 000~3 000 m 的区域内。水平约 100 n mile，厚度 500~600 m，中心位置较为偏南。当冬、夏季，冷涡较弱，其厚度仅 300 m，中心位置偏北趋势，轴心位置较为倾斜。在水平方向上冷涡的环流速度很不均匀，如北侧的地转流速表层为 20~45 cm/s，50 m 层为 16~36 cm/s，而南侧或西侧的流速仅为北侧的 1/2~1/3 至 300 m 为 5~7 cm/s，变化很小。

关于南海暖流和涡旋海区的生物海洋学研究较少。中国科学院南海海洋研究所在我国近海海洋综合调查与评价专项的结果发现，南海暖流对海南岛东面大陆架和大陆坡区域的高物种多样性的维持起促进作用。

24.5 南海特色生态系统

24.5.1 南海珊瑚礁

在热带、亚热带海洋中出现一种石灰质的岩礁，这种岩礁主要是由造礁珊瑚所分泌的石灰性物质和遗骸长期聚集而成。参加建造珊瑚礁的生物，除造礁珊瑚（石珊瑚）外，还有珊瑚藻、多孔螅、海绵、苔藓虫和有孔虫等，虽然他们的个体很微小，但经过长年积累，在一些岛屿和海岭顶部，水深在 40 m 以内形成了一座座或巨大连成数千海里长，具有抗击风浪的海底隆起，这就是由珊瑚骨骼和生物碎骨组成的珊瑚礁或称生物礁，是重要生物海岸之一。这些珊瑚礁以太平洋中部和西部、澳大利亚东北部、印度洋和大西洋的西部、百慕大群岛和巴西一带最为发达。珊瑚礁在全世界海洋面积虽不足 0.25%，但超过 1/4 的海洋鱼类是靠珊瑚礁生活，并相互依存。珊瑚美丽颜色来自体内虫黄藻，这些共生藻通过光合作用向珊瑚提供能量，如果共生藻离开，珊瑚就会变白，濒临死亡。在世界海洋中，珊瑚金三角位于印度尼西亚、马来西亚、菲律宾、巴布新几内亚、所罗门群岛和东帝汶之间区域，在这区域生活珊瑚占珊瑚总种数 37.5%，超过了 300 多种，（现世界已知珊瑚 800 多种）。该区珊瑚面积约为世界总面积 30%，其中鱼类总数也占全世界的 35% 多，包括珊瑚中的其他动、植物共 3 000 多种。南海位于热带西太平洋区的边缘，它是一个生物多样性高，动、植物种数极为丰富的区域。

根据珊瑚礁与岸线远近的关系，珊瑚礁可划分为五种类型。

（1）岸礁。珊瑚礁沿着大陆或岛屿岸边生长发育，称为岸礁或边缘礁或裙礁，因它很靠近陆岸，退潮时仅数米深，如台湾恒春或海南沿岸呈现不发达的岸礁分布。

（2）堡礁。珊瑚礁离岸有一定距离，形似岸堤，称为堡礁或堤礁。它与陆地隔开之间有潟湖或水道，船只可在其间通行，如澳洲大堡礁。

（3）环礁。珊瑚礁呈环带状，其中间具有深度不等的潟湖，潟湖与外海有水道相通，为开放型环礁。没有水道相通，为封闭性的环礁。南沙群岛这两种类型都有。

（4）台礁。在水中呈台地状高出，中间没有潟湖，有的在礁坪上可发育成灰沙岛这种类型称为台礁或桌礁。如西沙群岛的中建岛、南沙群岛的牛车轮礁等。

（5）点礁。出现在堡礁和环礁潟湖中高出的礁体，大小不等，深浅不一，形状多样，呈圆丘礁、塔礁，马蹄礁。层状礁都称为点礁或礁斑。

24.5.1.1　珊瑚礁现状

南海周边地区和南海诸岛已记录珊瑚 50 属 300 余种，约占印度—太平洋珊瑚总属数的 2/3 和总种数的 1/3。台湾近 300 种石珊瑚、100 多种八放珊瑚；香港有 84 种岸礁分布在台湾东部沿岸和海南南部沿岸，广东沿岸多数是大大小小的礁块，仅在雷州半岛西岸出现不典型的岸礁。而在南海诸岛中，却有数百座环礁和少数台礁。依地貌类型分，东沙、中沙，共有环礁 15 座，其中沉没环礁 3 座，南沙群岛 113 座，其中干出的环礁（或台礁）51 座，沉没礁体 62 座。

估算出南海诸岛珊瑚礁总面积为 $3 \times 10^4 km^2$，占全球珊瑚礁总面积 $60 \times 10^4 km^2$ 的 5%，其中 5/6 为沉没水下礁体，63 座干出礁的总面积约为 $5\,286.5\ km^2$（包括潟湖区的面积），其中最大是南沙群岛的九章群礁和郑和群礁，面积分别约为 $619\ km^2$ 和 $615\ km^2$ 最小如南道礁，仅 $1.2\ km^2$，高低潮出露的礁坪总面积约为 $907.1\ km^2$，高潮出露 48 个沙洲和岛屿总面积约为 $11.41\ km^2$（其中西沙群岛约 $8\ km^2$，东沙群岛和南沙群岛各占约 $2\ km^2$）。

南海珊瑚礁有下面的特点。

（1）南海珊瑚礁属于印度——太平洋区系，但在广东沿岸受水文条件影响，多数不成礁，仅在雷州半岛西岸和海南岛南岸均呈现不典型的"岸礁"[①]，在东沙、中沙、西沙和南沙群岛，均有大量典型的环礁和少数的台礁。沉没型珊瑚礁分布广、规模小，也是南海诸岛珊瑚礁地貌的一个特点。

（2）南海的南北部由于水文动力条件差异，北部的西沙群岛和东沙群岛海区的风暴次数和强度远大于南部的南沙群岛，出现北部岛礁露出面积大于南部，如东沙群岛面积为 $1.8\ km^2$ 较南沙群岛全部岛屿面积之和还要大；又如南沙群岛最大的太平岛面积，仅只有西沙群岛的永兴岛面积的 1/4。

（3）海南岛沿岸的"近岸礁"，具有宽广的礁坪后侧，相对处于低潮带，有利于沉积泥质物，对红树林的生长提供了适宜环境，如新村港部分海岸，新盈海岸，冯家海岸均生长着红树林。而在南沙群岛的环礁都没有红树林滩的存在。

（4）在西沙群岛环礁的礁坪外缘的藻脊发育不好，而在南沙群岛环礁的藻脊更加不明显；

（5）西沙群岛的石岛是由更新世至全新世初期沉积（风积）后胶结成岩的灰岩岛，是由钙质生物屑沙丘组成，并受强烈海蚀。而南沙群岛却没发现该种灰岩岛；

（6）目前在东沙、西沙和南沙群岛的礁体上发展众多的人工地貌；

（7）南海诸岛拥有最大珊瑚礁群，为珊瑚礁生态系物流和能流的研究，提供了很好的条件，20 世纪 80 年代已开展海水骨骼中的元素含量，海水中碳、氮及稀有元素等垂直通量研究，小型浮游动物，虫黄藻的营养作用等工作，为今后深入研究奠定基础。

24.5.1.2　珊瑚礁的生态过程

珊瑚礁生态系统是众多湿地类型的一种，不仅在陆海交接地带外，它还出现在大洋孤立耸起的岛礁或海山顶部，遍布在热带区域，它对维护海洋生物多样性，生物生产率和海洋生态平衡具有至关重要的意义。

————————————————

① 广东"908"调查资料。

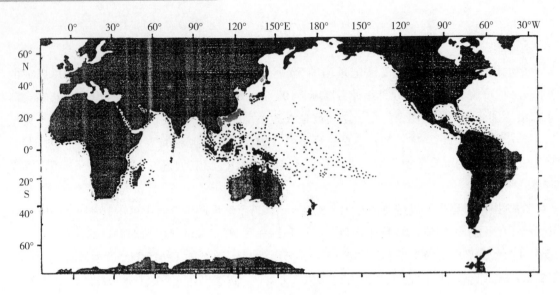

图 24.2　世界珊瑚礁的分布

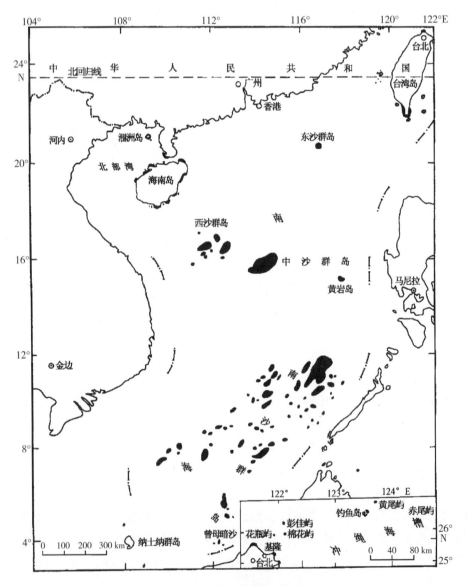

图 24.3　南海珊瑚礁的分布

珊瑚礁是古老海洋动物，约在2.25亿年前的中生代就繁衍生息，其中一类叫石珊瑚，也称造礁珊瑚，能够从海水中大量提取碳酸钙后于体外分泌形成石灰质骨骼，它还同光合海藻构成共生关系，互补获取生存必须物质。

1）珊瑚礁生物多样性

珊瑚礁生物多样性是海洋生物多样性最丰富的储库，这是由于珊瑚礁形成复杂生态环境，容纳庞大生物群在这个环境生存繁衍后代。据记录，澳大利亚石珊瑚500多种，斯里兰卡183种，越南250种，菲律宾400多种，台湾280种，南海多于250种。珊瑚礁支撑着4 500多种鱼类生存于珊瑚礁生态系统中。

从生物生产功能划分，珊瑚礁的生产者包括硅藻、甲藻、裸甲藻、蓝绿藻及营自养的蓝细菌、底栖红藻、绿藻、褐藻和硅藻，以及共生的虫黄藻；消费者有浮游动物，有孔虫、放射虫、纤毛虫、水螅水母、钵水母、桡足类、毛颚类、磷虾类和其他底栖动物海绵、双壳类、螺类、虾、蟹、苔藓、多毛类、棘皮动物和大量鱼类，海龟、蛇类等；分解者是礁内的异养细菌，是碳和氮循环的主要媒介，利用礁内自己调控机制和周围环境变化的反应，保持珊瑚礁生态系统相对稳定和发展。

2）珊瑚礁生态能流

珊瑚礁在适宜光照、温度环境下，它的能量流通效率是由礁内生物群间相互活动所决定的。礁内底栖大型水生植物、海草、固着生物和微型底栖植物营高水平的光合作用，通过海水中溶解有机物的利用，以及底栖滤食者对悬浮有机物的利用，维持高水平的生产量具有重要意义。

3）珊瑚礁生态物质流

进入珊瑚礁内碳，氮素可通过多种途径转化和迁移，其中一个重要途径是生物的摄取，礁内生物群与碳，氮素之间存在动态的相互作用，生物对碳，氮素的吸收和输出取决于季节和碳，氮素的浓度的变化。在礁体内的沉积物是碳，氮素贮存和再生的主要储库，为浮游生物生长提供大量持久的碳，氮素供应，再循环过程通常也发生在沉积物中，且流失很少，可从潟湖沉积物碳，氮的浓度高于周围水体得到佐证。

24.5.1.3 珊瑚礁的价值

珊瑚礁孕育着丰富的生物资源。在珊瑚礁内拥有许多重要经济鱼类（石斑、笛鲷、石鲈、鹦嘴鱼、青眉等）甲壳类（龙虾等），贝类与章鱼、海参类，是经济生物资源的繁育区，也是海龟产卵孵化场，还有不少装饰品也是从珊瑚礁中采得。

天然药用资源的宝库。珊瑚礁的生物群具有大量生理活性物质。如海洋毒素中的海绵聚醚毒素、海葵的肽类毒素，刺尾鱼素，都是未来研发毒素的重要来源。近20年来，已从软珊瑚、柳珊瑚等分离出前列腺素、萜类、双萜、醇类、生物碱、肽类等具有抑制癌细胞、抗肿瘤、抗病毒、抗心脂血管病等物质。目前被分离的天然药物已有百种，中成药70种。

珊瑚骨骼可用于修复人骨的材料，在伤残人的腿骨和颜骨中装接珊瑚，疗效显著，不仅用于骨科、还在矫形外科，颅骨、颌骨外科、美容外科和口腔外科等领域得到应用。

利用沉积于地下的古珊瑚和地表层的珊瑚化石提供鉴别古代地壳、古气候的可靠证据。同时也可以通过珊瑚岩层的厚度来验证海洋地质，地貌的变化。无论古生代的珊瑚化石，还是现代造礁的六放珊瑚，其组织内部和外部都有年生长和季节成长现象，并与海水温度有关。这与 1963 年美国学者 T. W 威尔斯发现珊瑚礁"日生长论"相吻合。

当代珊瑚礁不具备矿物资源蕴存条件，这是由于它结构疏松所决定。但是在古生代的古生物礁中有油气的前景，主要还在于石灰岩储藏有丰富的有机物质，油气在其中储存。古代珊瑚礁每公顷每年可产 $0.6 \times 10^4 \sim 3 \times 10^4$ t 的碳酸钙，可作为水泥、石灰建筑材料。

珊瑚礁积成的石灰岩，具有建造陆地的功能，可保护海岸，防止台风、风暴潮的冲击，形成天然屏障，保护海岸带的建设，在一个礁体中，发育的礁突起带，南海是北部较南部高而宽，可防风抗浪，保护礁体。

珊瑚礁构成五彩缤纷，鲜艳多姿多态的海底世界，及奇特新颖的地质地貌，提供人们旅游、度假、休闲的场所，也是人类亲近海洋、探索海洋的活动空间。

24.5.1.4 珊瑚礁未来开展的工作

珊瑚礁是海洋中生物多样性最丰富的生态系统之一，在该生态系中超过 2 500 种珊瑚礁鱼类，有 800 种珊瑚和数以万计的植物与无脊椎动物，珊瑚礁荣获"海中热带雨林"的美誉，不仅滋养了丰富生物多样性，也是渔业和旅游资源场地，由于全球气候暖化，珊瑚礁生态系统遭受的破坏日益严重，如果不加强管理与保护，估计到 2060 年全球有 50% 珊瑚礁会从地球上消失。鉴于此情况，加强保护与管理已得到国际上广泛的关注，在 20 世纪 90 年代中，形成全球珊瑚礁监测网络（GCRMN），全球珊瑚礁考察（Reef check）全球珊瑚礁数据库（Reef Base）等监测项目不断发展。

我国也采取多项措施加强南海珊瑚礁的保护。如 1998 年海南省颁布"海南省珊瑚礁保护规定"，2001 年"中国珊瑚礁生态系统的保护"列入"中国湿地保护行动计划"的优先项目，成立国家级三亚珊瑚礁自然保护（1990 年）、徐闻珊瑚礁国家级自然保护区（2007 年），西沙群岛建立 4 个珊瑚礁监控区（2005），香港海下湾（1996）、鹤嘴（1996）、东平洲（2001）先后建立珊瑚礁海洋公园，东沙群岛（2003）建立国家公园，加强在南沙群岛的珊瑚礁管理，拟在太平岛建立保护区。只有重视珊瑚礁的保护、修复和重建，才能提高对南海珊瑚礁管理水平。

海峡两岸珊瑚礁学者确定每两年召开一次珊瑚礁学术会议，目的是研讨人类活动和全球气候变化影响下珊瑚礁生态系统的变化；研讨南中国海珊瑚礁的生物多样性和资源状况，以及珊瑚礁的保护与管理；促进中国大陆、台湾、香港对南中国海珊瑚礁生态系统研究的合作与交流。2005 年第一届在台北中研院召开，议题有：南沙群岛珊瑚礁潟湖浮游动物生态类型；东沙珊瑚礁多样性与海洋保护区之规划；我国造礁石珊瑚的分布特点，南中国海珊瑚礁生物多样性与保育研究等。原定 2007 年在大陆召开第二届两岸珊瑚礁学术会议，因 2006 年在香港举行亚洲－太平洋国际珊瑚礁会议，经两岸双方商定在当年 6 月 26—30 日，在大陆三亚提前举行两岸珊瑚礁学术会议，会议议题有，南沙群岛岛礁生物资源；台湾珊瑚礁的长期生态研究；近年来大陆珊瑚礁研究状况；东沙群岛珊瑚礁的研究；海南三亚鹿回头珊瑚礁健康评估和管理策略；全球气候变暖与珊瑚白化；还有许多专家就珊瑚礁鱼类、海洋遥感技术对珊瑚礁监测应用，珊瑚礁资源现状及珊瑚礁生态系统的物质迴圈做了精彩报告和交流，2009 年第三届在台湾垦丁举行；2011 年第四届在广州举行，议题包括珊瑚礁生态系统和全球变化，珊瑚礁生物多样性与资源，珊瑚礁保护与管理等。该会议推动了两岸珊瑚礁的合作与交流，并促进了社会各界关注珊瑚礁的保护和管理。

2007 年台湾中研院通过海洋研究主题计划，涉及珊瑚礁领域有"珊瑚共生体生物多样性，造礁珊瑚共生之微生物多样性模式与功能研究和造礁珊瑚之共生藻样聚、光合生理差异与共生体逆境蛋白表现的时空变化；由营养的观点探索共生藻与其宿主成功建立共生关系的过程与机制"；"以比较生物多样性方法探讨造礁珊瑚共栖之微生物变异与时空变化"；"以培养法探讨造礁珊瑚共栖微生物多样性与时空变化"等。2008 年 1 月 18 日台湾举行珊瑚礁年会，主题演讲有，"台湾南部海域珊瑚礁现状及保育建议"；"垦丁珊瑚礁对气候变迁的抵抗力与恢复力"；"1997 年度垦丁国家公园管理处海洋保育重点"；"绿岛与兰屿海洋生物多样性及渔业现状之研究"等。2008 年是国际珊瑚礁年，联合国开展全球珊瑚总体检计划，台湾中研院陈昭伦于 2007 年 6 月和 2008 年 3 月两度潜入东海岸杉原湾进行珊瑚礁调查，发现贝氏耳纹珊瑚（Oulophyllia bennethae）分布台湾新记录。去年 10 月台湾对东沙群岛珊瑚礁移植复育召开研讨会，会上戴昌凤教授建议经费应投注保育和加强执法。2008 年大陆方面对南海北部开展珊瑚普查，并就三亚海域出现病毒开展研究。台湾也发现珊瑚发生新病毒—黑斑病。

2009 年 2 月 14 日台湾中研院举行珊瑚礁论坛主题有，陈正平报告绿岛现有鱼种 660 种；戴昌凤认为台湾北部彭佳屿、棉花屿和花瓶屿应设立国家公园；孟培杰报道垦丁珊瑚礁环境现状与变迁。并在 4 月 7 日后一周，台湾举行珊瑚礁生态保育活动，这时是台湾南部珊瑚产卵季节，举行多方面科普教育活动，并提出禁止宝石珊瑚渔业活动。6 月台湾举行气候变迁下珊瑚共生体反应研讨会，主题有，"气候变迁下珊瑚共生体的反应"；"共生藻多样性"；"珊瑚白化与疾病暨海洋酸化"等。

2005 年由香港天地图书有限公司出版《香港石珊瑚图鉴》共报道香港 84 种石珊瑚。2007 年由海洋出版社出版的《徐闻珊瑚礁及其生物多样性》共报道徐闻 37 种石珊瑚。2009 年由广东科技出版社出版的《广东徐闻西岸珊瑚礁》（赵焕庭等编著）共报道徐闻西岸 56 种 5 个未定种石珊瑚。2009 年由猫头鹰出版社出版的《台湾珊瑚图鉴》共报道台湾 281 种石珊瑚，当年 7 月由台湾大学出版的《台湾石珊瑚志》上、下两册，大大丰富印度 – 西太平洋珊瑚的研究成果。2009 年由海洋出版社出版的《福建东山珊瑚自然保护区及其生物多样性》（黄晖等编著）共报道该区 10 种石珊瑚。2010 年由海洋出版社的《三亚珊瑚礁及其生物多样性》（练健生等编著）共报道 81 种石珊瑚，其中包括三亚湾、大小东海和亚龙湾在内。经广东"908"调查广东沿岸共有 30 种石珊瑚，大鹏湾 10 种，大亚湾 8 种，平均重复率 10.17%，珠江口外有 25 种，平均重复率 18.17%。茂名海区有 13 种，平均重复率为 9.67%，雷州半岛西海岸共有 18 种，重复率为 9.50%。

24.5.1.5 珊瑚礁面临的威胁

珊瑚经历长达 2.5 亿年的演变过程，保持顽强的生命力，但是珊瑚礁的衰亡，并非始于近几十年之事，当数千年前，人类学会捕鱼之时，就已经开始，只不过不如近年来如此严重。科学家研究了太平洋、印度洋、大西洋 14 个珊瑚礁生存区域，发现珊瑚的疾病。水温升高引起白化和全球变暖是加速本世纪珊瑚礁衰亡的原因。衰亡是沿着同一条路线，首先是大型食植物性和食肉性动物被人类捕杀，接着是中、小型鱼类；最后是珊瑚礁上的海草和活珊瑚，这种衰亡的趋势是带有普遍性的。当 20 世纪初，潜水面具发明之前，全世界 80% 珊瑚开始走上缓慢死亡之路。由联合国环境规划署提供的数据显示，全世界有 11% 珊瑚遭受毁灭之灾，16% 已不能发挥生态功能，60% 正面临严重威胁。威胁的主要原因是海水污染、透明度降低，过度捕捞珊瑚礁鱼类，气候变迁等、如果这种趋势持续发展下去，珊瑚金三角将在 21

世纪内被完全毁坏，依靠这区域生存1亿人的生计也同样受到严重威胁。

全球变暖引起海水表层异常高温，导致珊瑚白化将成为21世纪珊瑚礁的重大威胁。

一般认为珊瑚礁的威胁主要直接来自人类的干扰气候变化威胁，仅是遥远的未来，但在1998年出现全球最高年平均气温，造成20世纪最强厄尔尼诺事件和40年来最大规模的全球性空前严重的珊瑚礁白化死亡事件后，人们逐渐认识到全球气候变化的威胁要大于人类活动的直接威胁，它是大尺度涉及全球性，而人类干扰偏重于局部威胁和破坏。

预计未来50 a二氧化碳的增加和全球温度的升高都会大大超过以往50a的水平。从IPCC预报，2030—2050年珊瑚礁可能在全球损失一半以上，温度升高明显对珊瑚新陈代谢、繁殖、抗病能力、幼虫固着等正面的影响，珊瑚钙化率降低，造成生存威胁。到2100年热带海洋水温上升1~3℃，珊瑚礁系统可能会在全球中消失。

海洋酸化对珊瑚礁的胁迫：全球每年排放二氧化碳多达200×10^8 t吨，其中1/3在海水中分解成碳酸，并与碳酸盐发生反应，海水中水解导致H^+浓度增加和海水酸化。虽然海洋吸收30%大气二氧化碳总量，有利于减缓未来气候变化，随着表层海水碳酸盐矿物质饱和度下降，珊瑚和其他海洋生物的骨骼形成所需要霰石就是碳盐的一种，易被碳酸盐溶解，缺少霰石的珊瑚易碎。如果大气二氧化碳维持目前水平、气温上升1℃，海洋霰石可供珊瑚继续生长，当大气二氧化碳升高500 ppm以上，气温上升3℃，海水温度增加，表层海水碳酸盐矿物质饱和度下降，引起珊瑚骨骼钙化率下降，造礁珊瑚和钙质生物建礁能力也会下降。加上碳酸盐矿物质饱和深度变浅，这些建礁生物居住空间会越来越小，导致生存空间丧失。

根据南沙群岛碳酸盐化学及相关资料分析得出，IPCC的二氧化碳"正常排放"构思，从工业革命前至2002年、2065年和2100年，南沙群岛表层水中$CaCO_3$的各种矿物的饱和度将分别下降16%、34%和43%，利用饱和度推算相应时段的珊瑚礁生态平均钙化率将分别下降12%、26%和33%，这将导致珊瑚生长缓慢，骨架变脆和易受侵蚀破坏。由此海水酸化威胁建礁生物钙化率降低，这是21世纪对珊瑚礁的重大冲击。

2008年在台湾绿岛和兰屿珊瑚礁蔓延一种黑病，在100 m内有26 m被黑皮海绵所覆盖，导致珊瑚覆盖率下降，这是由于缺乏大型食海绵鱼类所造成。近年来不论西沙还是南沙珊瑚礁，遭受长棘海星吞食，这与珊瑚金三角出现的敌害相似，同样缺少大型贝类克星。长棘海星大量繁殖生长，可能与水质变化有关，是珊瑚礁大面积死亡的早期迹象。

24.5.1.6 拯救珊瑚礁的对策

世界自然基金会2009年5月13日在印尼万鸦老的世界海洋大会上报告，如果全世界不采取有效措施应对气候变化，珊瑚金三角地区的珊瑚到21世纪末就会消失，并在当天发表题为"珊瑚金三角气候变化、生态系统、人类和社会面临威胁"，在该会议上已起草一个协议，并准备今年底在丹麦哥本哈根世界气候大会正式通过全世界减排二氧化碳气体的决议。最近美国国会众议院代表团访问中国，众议长评价中国积极应对全球气候变化的行动。

南海珊瑚礁仍然处于生存危机之中。这取决于政治意愿、资金和其他预料的困难，需要周边各国共同维护和恢复。特别是要使用综合性、多学科的手段加强岛礁规划和使用。加大渔民参与维护的力度，积极利用经济刺激，顺应渔民可替代资源充分利用，加强对珊瑚礁有效管理同时，加强对渔民教育与宣传。

南海珊瑚礁修复和重建：从20世纪50年代以来，我国沿岸珊瑚礁受到人为严重干扰和破坏，特别是海南岸礁采挖珊瑚骨骼，用于建筑和烧制石灰，在礁区炸鱼、毒鱼、电鱼，锚锭……造成海南离岛80%珊瑚礁严重衰退，以及近年来珊瑚礁潜水活动，捕捉观赏鱼类造成损害。东沙群岛1998年受全球珊瑚白化严重影响，南沙群岛礁群受渔业过度开发的破坏等一时难以恢复。从20世纪末开始，在华南沿岸、香港、广东、广西、海南、台湾垦丁、以及东沙、西沙和南沙，已建立或在建保护区或国家公园，加强对珊瑚礁的保护和管理，促使珊瑚礁生态系统的恢复与重建。

24.5.2 南海红树林

红树林是湿地盐生植物，即指生长在热带、亚热带海洋潮间带地区，受海水潮起潮落浸淹、干露的耐盐性木本植物群落，也是独一无二形成保护海岸的植物群体。它们适应在海滨泥滩地带，土壤缺氧、通气性差、水分饱和，质地黏重，贫瘠，土壤的养分不在表层，而在下层，与陆地森林明显差别。它的生境特点是：①土壤呈酸性，pH值小于5.0，泥底硫化物经氧化生成硫酸，增强酸度，pH值可降到2.2。②富含有机质，由于植物落叶，根系分泌物多加上大量微生物作用，提供丰富有机质来源，由于底泥缺氧，有机质分解缓慢，含量可高达2.0%，如广东雷州半岛红树林土壤有机质含量达0.7% ~4.9%，平均为2.4%。③含盐度高，不仅水体具较高的含盐量，土壤中盐量也较高，在黏土质内可高达4%，并具有积盐特性。

全球红树林总面积约为$17 \times 10^4 km^2$，分别占全球森林总面积（$37.79 \times 10^8 km^2$）的0.47%和热带雨林面积（$19.35 \times 10^8 km^2$）的0.92%，红树林大致分布在南北回归线之间，主要在印度洋及西太平洋沿岸。全世界有113个国家和地区的海岸分布，约占热带、亚热带海岸线的1/4，如以子午线为分界线，可将世界红树林分成东、西方两个中心，一是西方类群，分布在热带、北美洲东、西沿岸、西印度群岛，北起自佛罗里达半岛，南至巴西，经大西洋至非洲西岸，这区域红树林种类较少；二是东方类群，分布于亚洲、大洋洲、非洲海岸，以及印度尼西亚的苏门答腊岛、马来半岛西海岸，这区域种类较丰富。东、西两中心交界处在太平洋中部的 和汤加群岛。印度－马来半岛被认为是世界红树植物生物多样性最丰富的地区，澳大利亚次之。世界红树林面积最大国家为巴西（$2.5 \times 10^4 km^2$），印度尼西亚（$2.7 \times 10^4 km^2$），澳大利亚（$1.16 \times 10^4 km^2$）。

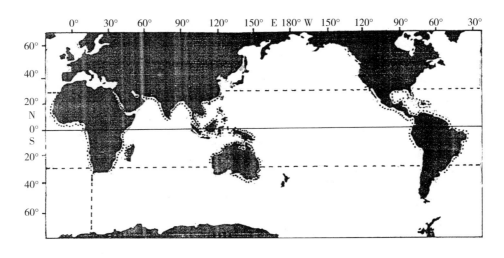

图24.4　世界东、西方红树林的分布示意图（小黑点表示红树林分布）

中国红树林是主要的生物海岸，历史上面积达到$2 500 km^2$，20世纪50年代近$500 km^2$，2001年全国红树林资源调查显示，面积仅$225 km^2$，占世界红树林总面积的0.13%，其中

80%均为次生林。至今，中国已建成27个不同级别的红树林保护区。

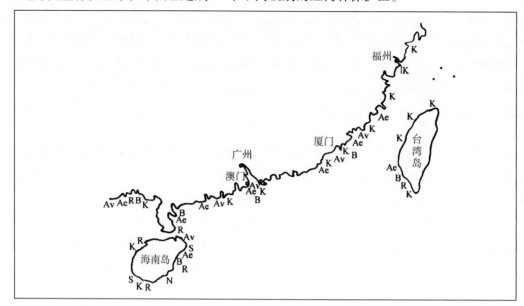

Ae. 桐花树；Av. 白骨壤；B. 木榄；K. 秋茄；S. 海桑；N. 水椰；R. 红树

图24.5　中国主要红树林的分布示意图

24.5.2.1　红树林现状

红树林遍布中国南海沿岸，常见真红树植物26种，半红树植物11种（表24.3）。

海南：红树林总面积为39.3 km²，是中国红树林分布中心，主要在清澜港、东寨港、三亚港以及新英港，种类有瓶花木、红树、水椰、红榄李等23种，现建有东寨港、清澜港、花场湾、新盈、彩桥、新英、三亚河口、青梅港等10个红树林自然保护区（表24.4）。

广东：红树林原有面积为$8.4 \times 10^4 km^2$，占全国红树林总面积的40%，20世纪70年代之前，由于建造盐田和围塘养殖，遭到严重破坏，80年代后才逐渐恢复，据广东"908"调查现有12 546.4 km²，人造未成林940 km²，天然未成林667.4 km²。它主要分布在湛江、深圳、珠海等地区，优势种为桐花树、秋茄、红海榄、白骨壤、木榄等11种。现建有湛江和福田等8个红树林自然保护区。

广西：红树林总面积83.7 km²，主要分布在英罗湾、铁山港、北仑河口、丹兜海，珍珠港等地区。优势种为桐花树、红海榄、木榄、白骨壤等10种，现建有山口、茅尾海、北仑河口红树林自然保护区。

福建：红树林总面积4 038 km²主要分布在漳江、九龙江、泉州湾等地区，优势种为秋茄、桐花树、白骨壤、木榄等4种。现建有九龙江等3个红树林自然保护区。

香港：红树林总面积为3.8 km²，主要分布在深圳湾米埔、大埔汀角、大屿山岛、西贡等地区、优势种为秋茄、桐花树、白骨壤等9种，现建有米埔红树林1个自然保护区。

台湾：红树林总面积2.8 km²，主要分布在台北淡水河口，仙脚石海岸、新竹红毛港等地。优势种为秋茄、白骨壤等4种，建有淡水河口等3个红树林自然保护区。

澳门：红树林总面积0.01 km²，主要分布在仔跑马场外侧，水仔与路环之间的大桥西侧海滩等地区。优势种为桐花树、老鼠勒、白骨壤等9种。现尚未建立红树林自然保护区。

底栖动物是红树林生态系统的重要组成部分，是其物质循环、能量流动中积极的消费者和转移者。海南东寨港红树林滩涂大型底栖动物68种。其中软体动物39种，占57. 4%；甲壳动物 19 种，占 27.9%。冬季优势种是珠带拟蟹手螺（*Cerithidea cingulata*）、古氏滩栖螺（*Batillaria cumingi*）和环肋樱蛤（*Cyclotettina remits*）；夏季优势种是珠带拟蟹手螺、环肋樱蛤和红肉河蓝蛤（*Potamocorbmla rubrorauscuta*）。大型底栖动物的生物量夏季平均为 133.0 g/m^2；冬季平均为 63.0 g/m^2。栖息密度夏季平均为 106.4 个/m^2，冬季平均为 103.5 个/m^2。物种多样性指数夏季为 1.841，冬季为 0.380；均匀度指数夏季为 0.514，冬季为 0.112。大型底栖动物的生物量、栖息密度、物种多样性指数和均匀度指数大都有季节变化及底质差异，基本趋势是夏季明显高于冬季，沙泥底的滩涂高于泥底质的滩涂（邹发生等，1999a）。

海南清澜港红树林滩涂大型底牺动物 45 种，隶属于 4 个门，26 个科。其中软体动物 31 种，占 68.9%；甲壳动物 10 种，占 22.2%。优势种是珠带拟蟹手螺（*Cerithidea cingulata*）、古氏滩栖螺（*Batillaria cumingi*）、中国紫蛤（*Hiatula chinensis*）及奥莱彩螺（*Clithon oualanensis*）。大型底牺动物的生物量平均 198.5 g/m^2、栖息密度 352.4 个/m^2（邹发生等，1999 b）。

雷州半岛主要红树林区的软体动物计有 110 种，主要为亚热带海岸区系种类。种类组成中，全国沿海广泛分布的暖水种 36 种，占 32.8%；仅分布于东、南沿海的暖水种 60 种，占 54.3%；分布于南海的暖水种 13 种，占 11.8%；外来种 1 种，占 0.9%；具有较高经济和可以开发利用的贝类约占总数的 1/2。同时由于人为过度采捕和环境污染严重，部分软体动物资源已遭到破坏，因此，急需加强红树林区生态保护和环境污染整治（韩维栋 等，2003）。

梁超愉等（2005）对广东省雷州半岛红树林滩涂大型底栖生物种类组成与数量分布特点也进行了报道。结果表明，调查所采获的大型底栖生物种类共有 68 科 165 种，种类组成以软体动物和甲壳类动物为主。红树林滩涂全年平均生物量为 223.25 g/m^2，平均栖息密度为 210.97 个/m^2。H' 2 个季度平均为 2.263 3 ～ 2.7411，J 平均为 0.6407 ～ 0.6411，D 平均达到 1.4910 ～ 2.6232。全年各类群生物组成中，生物量及栖息密度以软体动物居首位。红树林滩涂底栖生物主要经济种类有中国绿螂（*Glauconome chinensis*）、四角蛤蜊（*Mactrar（Mactra）veneriformis*）、青蛤（*Cyclina sinensis*）等 20 多种。

余日清等（1996；1997）1991 年 4 月至 1993 年 1 月对深圳福田红树林中大型底栖动物的空间分带及灌溉的可能影响进行了研究，报道了大型底栖动物 84 种，其中软体动物 37 种，甲壳动物 27 种，其他动物 20 种。蔡立哲等（2001 a，2001 b）经过 4 年的定量采集，获得深圳湾红树林湿地的大型底栖动物 47 种，其中多毛类种，软体动物种，甲壳动物种，其他动物 2 种。

表 24.3　南海红树林植物名录及分布

科　名	种名（真红树植物）	海南	广东	广西	福建	香港	台湾	澳门
爵床科 Acanthaceae	小花老鼠勒（*Acanthus ebracteatus vahl*）	√						
	老鼠簕（*Acanthus ilicifolius*）L.	√	√	√		√		
卤蕨科 Acrostichaceae	卤蕨（*Acrostichum aureum Linn*）	√						
	尖叶卤蕨（*Acrostichun speciosum Willd*）	√						
使君子科 Combretaceae	榄李（*Lumnitzera racemosa* Willd.）	√	√	√		√		
	红榄李（*Lumnitzera littorea（Jack）Voigt*）	√						
大戟科 Euphorbiaceae	海漆（*Excoecaria agallocha*）L.	√	√	√		√		√
楝科 Meliaceae	木果栋（*xylocarpus granatum Koenig*）	√						
紫金牛科 Myrsinaceae	桐花树（*Aegiceras corniculatum（L.）Blanco*）	√		√				
棕榈科 Palmaceae	水椰（*Nypa fruticans* van Wurmb.）	√						

科　名	种名（真红树植物）	海南	广东	广西	福建	香港	台湾	澳门
红树科 Rhizophoraceae	木榄（*Bruguiera gymnorhiza*（L.）Lamk）	√	√	√	√	√	√	√
	柱果木榄（*Bruguiera cylindrica*（L.）Blume）	√						
	海莲（*Bruguiera sexangula*（Lour.）Poir.）	√						
	尖瓣海莲（*Bruguiera sexangula*（lour）van rhynchopetala Ko）	√						
	角果木（*Ceriops tagal*（Perr.）C. B. Rob.）	√	√	√			√	
	秋茄（*Kandelia candel*（L）Druce）	√	√	√	√	√	√	√
	红海榄（*Rhizophora stylosa* Griff）	√	√	√				
	红茄苳（*Rhizophora mucronta* Poir）						√	
	正红树（*Rhizophora apiculata* Blume）	√						
茜草科 Rubiaceae	瓶花木（*Scyphiphora hydrophyllacea* Gaertn）	√						
海桑科 Sonneratiaceae	海桑（*Sonneratia caseolaris*（L）Engler）	√						
	海南海桑（*Sonneratia hainanensis* Ko et Chen）	√						
	拟海桑（*Sonneratia paracaseolaris* Ko）	√						
	杯萼海桑（*Sonneratia alba* J. Smith）	√						
	卵叶海桑（*Sonneratia ovata* Backer）	√						
	无瓣海桑（*Sonneratia apetala* Buch Han）	√						
马鞭草科 Verbenaceae	白骨壤（*Avicennia marina*（Försk）Vierh.）	√	√	√	√	√	√	
科　名	种名（半红树植物）							
夹竹桃科 Apocynaceae	海杧果（*Cerber manghas* L.）	√	√	√				
紫葳科 Bignoniaceae	海滨猫尾木（*Dolichandrone spathacea*（L. f.）Kschum）	√						
菊科 Compositae	阔苞菊（*pluchea indica*（Linn.）Less.）	√	√	√				
莲叶桐科 Hernandiaceae	莲叶桐（*Hernandia sonora* Linn.）	√						
玉蕊科 Lecythidaceae	玉蕊（*Barringtonia racemosa*（Linn）Spreng.）	√						
	滨玉蕊（*Barringtonia asiatica*（L.）Kurz.）							
锦葵科 Malvaceae	黄槿（*Hibiscus tiliaceus* I.）	√	√	√				
	桐棉（*Thespesia populnea* I. Soland. et Corr.）	√	√	√				
蝶形花科 Papilionaceae	水黄皮（*Pongamia pinnata*（L）Pierre）	√						
梧桐科 Sterculiaceae	银叶树（*Heritiera littoralis* Dryand）	√	√	√		√		
马鞭草科 Verbenaceae	许树（*Clerodendrum inerme*（Linn）Gaertn.）	√						
千屈菜科 Lythraceae	水芫花（*Pemphis acidula* J. R et Forst）	√						

表 24.4　南海红树林建立的自然保护区

省及地区	名　称	地区	建立时间	林区面积/km²	级　别
海南	东寨港红树林自然保护区	琼海	1980	17.33	国家级
	清澜港红树林自然保护区	文昌	1981	12.23	省级
	东场红树林自然保护区	儋州	1992	4.78	县级
	新英红树林自然保护区	儋州	1992	0.79	县级
	彩桥红树林自然保护区	临高	1986	0.86	县级
	花场湾红树林自然保护区	澄迈	1995	1.50	县级
	亚龙湾青梅港红树林自然保护区	三亚	1989	0.63	市级
	三亚河口红树林自然保护区	三亚	1989	0.60	市级
	铁炉港红树林自然保护区	三亚	1999	0.70	市级

省及地区	名 称	地 区	建立时间	林区面积/km²	级 别
广东	福田红树林鸟类自然保护区	深圳	1988	0.82	国家级
	湛江红树林自然保护区	湛江	1997	72.57	国家级
	淇澳红树林自然保护区	珠海	2004	1.93	省级
	电白红树林自然保护区	电白	1999	6.07	市级
	惠东红树林自然保护区	惠东	2000	0.14	市级
	镇海湾红树林自然保护区	台山	2005	0.13	市级
	南万红树林自然保护区	陆河	1999	1.60	省级
	程村豪光红树林自然保护区	阳西	2000	0.80	县级
广西	山口红树林自然保护区	合浦	1990	8.06	国家级
	北仑河口红树林自然保护区	防城	1990	11.31	国家级
	茅尾海红树林自然保护区	钦州	2005	18.92	省级
香港	米埔和后海湾红树林、鸟类保护区	香港	1980	3.80	香港
台北	淡水河口红树林自然保护区	台北	1986	0.50	省级
	关渡自然保留区	台北	1975	0.19	县级
	北门沿海保护区	台北	1984		县级
澳门		澳门		0.4	

24.5.2.2 红树林的功能

红树林生长于沿海、河口、港湾的湿地，具有以下特殊功能：

1）维持生物多样性

在红树林区具有丰富的生物多样性。它的叶、花、茎、枝等以凋落物的方式，形成复杂的食物网，创造良好的生存环境，为海洋底栖生物提供丰富营养物质。在这环境中有丰富藻类、底栖动物。浮游生物、鱼类、昆虫等各类生物。红树林具有发达的潮沟可以吸引深水动物到红树林区觅食、育肥、栖息、繁殖。这区域也成为候鸟越冬及中转站，并为海鸟栖息与繁殖场地。红树林生态系统是联结大陆与海洋重要媒介，是一个觉有全球高度生产力生态系统之一。

2）防浪护堤

红树林具有不同类型发达根系，可滞留陆地的泥沙，较好固沙功能。它茂密树体可有效抵御风浪冲击，具有消浪、缓流、减轻风暴破坏力。誉称"天然海岸卫士""海上绿色长城"。如50 m高的白骨壤红树林带，可以使1 m高的波浪削减到0.3 m以下。在台风引起风暴潮中，对减流消浪非常突出，宽100 m、高2.5~4 m红树林可消浪达80%以上。

3）促淤造陆

红树林促进颗粒泥沙、沉积，其速率较非红树林区高出2~3倍，并向海伸展，使海滩面积不断向外扩大和抬升，从而达到巩固海岸堤坝的作用，为防止因全球变暖带来的海平面上升具有独特功能，具有"造陆先锋"的美誉。

4）净化功能

红树林的净化功能包括大气净化、水体净化和土壤净化功能。它的固碳量高出热带雨林10倍，并将大气 CO_2 转化为有机碳。同时释放大量氧气，起到净化大气的功能。它的发达根系成为天然污水处理系统，既可以抵抗溢油污染，还可以吸收人类排放各类污染物中大量的氮磷和重金属等，将其吸收到不易转移扩散的根系或树干部位，从而达到净化水体和土壤的功能。

24.5.2.3 红树林的价值

1）经济价值

红树林生态系在全球 16 种生态系统中占第四，每公顷红树林湿地每年可产生价值近 1 万美元的经济效益，相当于珊瑚生态系统的 1.64 倍，为热带森林的 5 倍。

红树林湿地是鱼虾、蟹和贝类等海产品主要觅食、栖息繁殖的场地。它提供水产养殖业天然苗种的重要来源，它通过提供丰富食物和保护场地等途径来维持近海渔业高产。

红树林做木材、纸浆、化工原料、香料等提供多种工业、药物用途。20 世纪 70 年代前，渔民用它提取丹宁染渔网，耐于磨损。

红树林的海蕨、黄槿的嫩叶、秋茄、木榄、海莲、红海榄的胚轴、经脱涩处理皆可食用。

2）社会价值

旅游价值：红树林地处海陆交界，环境优美，具有多种观赏价值的资源，在南海红树林最早开发旅游的是东寨港红树林，在海岸众多选美名单中，能有幸选中，是它独特海岸类型和它胜似江南水乡般的蓝天、绿树、大海组成一个十分优美的景观。

科普活动场地：红树林也是科普活动、环保教育示范场地，如香港米埔建有野生生物教育中心，居民郊野学习中心，广西山口、深圳福田等都有近似的设施。

科学研究：红树林区保留地球上大陆变迁的痕迹，红树林区生物多样性及其演化，红树林在全球气候变化中的作用等研究。

24.5.2.4 红树林未来的研究

从研究资料表明，中国红树林研究是从 20 世纪 50 年代开始，先由红树林分类研究，进入资源调查和群落分析，以及引种、试种扩大红树林的工作。直到 80 年代才重新认识和重视红树林在沿海生态和经济效益方面的意义，明了保护红树林必须建立保护区。到 90 年代开始探索红树林生态系统结构，将其物质流和能量流的研究引向深入，并开展红树林区动、植物资源和红树林生理生态研究，胚轴发育特性和育苗试验，多项专著如"中国红树林研究与管理"、"中国红树林环境生态及经济利用"（1995）、"中国红树林生态系"（1997）、"海南省清澜港红树林发展动态研究"（1995）、"台湾红树林"（1998）等相继面世，这是中国红树林生态系统研究兴盛阶段，特点是研究队伍不断扩大，研究项目增多，设备逐步充实。

进入 21 世纪以来，红树林的保护得到国家主管部门林业部和国家海洋局的重视与支持，加强定位研究站的建设，长期积累观测数据，还加强国内省际沟通和扩展国际合作渠道。在21 世纪近 10 年内红树林研究领域进一步扩大，研究较深入、活跃，提供论文较为丰富。

1）重视抗浪护堤，扩大造林，有效进行生态恢复

20 世纪 50 年代到 90 年代，经 40 多年来红树林变迁，通过 2001 年普查，其面积锐减 68.7%，现存红树林 80% 以上是退化次生林，环境恶化，为此红树林恢复、发展和保护是一项较为紧迫任务。国际上已有先例（孟加拉国），造林是抵御红树林日益退化的举措，但也有的国家造林效果低。我国同样受到这一难题的挑战，为红树林恢复技术研究，投入大量人力物力，连续在"八五"和"九五"期间承担了红树林造林技术的国家科技攻关项目，终于获得进展，并出版"红树林主要树种造林和经营技术研究"专著，该成果获 2001 年国家科技进步二等奖，解决秋茄、桐花树、海桑等 8 个树种在不同地带的展候期，适宜采种时间，不同类型种实采后处理及贮藏方法，种子发芽条件，苗圃地的选择，不同树种育苗与种植多项技术。经试验表明，红海榄生长比木榄、海莲快 2~3 年进入防浪护堤功能，选用无瓣海桑有效改造退化灌丛，提前 2~3 年进入有效防护堤岸功能（PGPB）。目前该项研究利用根际培磷细菌和固氮细菌，生产高效促生菌剂接种红树苗木，加强促生壮苗措施，提供造林保存率，以提高我国红树林营造恢复技术，该项研究成果面向生产靠拢，直接纳入国民经济发展的项目。

2）继续红树林环境资源的深入研究

2002 年国家海洋局组织人力对北仑河红树林湿地开展调查，获得现场丰富资料，发现存在问题，用以指导和改善面上的红树林保护工作（江锦祥，2003）。可以通过人工方式适当增加红树林群落物种的多样性，使群落层次更加丰富，发挥更大防护效应，提升社会和经济效益（范伟等，2009）。红榄李的资源目前我国仅存 350 株，极度濒危，分布在海南东寨港、铁炉港和陵水，仅陵水有繁殖能力，其原因是人为干扰，出芽率极低，应采取从营养繁殖途径恢复该种的繁殖力（范航清，2006）。东寨港红树林湿地环境和社会环境总体较优越，经评价还有一定差距，应加强旅游基础设施管理和近海环境监测，提高从业人员的素质和总体服务水平，加大力度建设上的投资、设立岗位职责，建立环境补偿机制及管理机制（王计平等，2007）。东寨港有机氮农药处于较低水平，但却高于国外水平，DDTs 来源于历史积累，但 – HCH 类农药有新的输入（刘华峰 等，2007）。经现场调查，红树林区的资源、年度与生态环境要素有关，在东寨港红树林自然保护区内资源丰富，多样性较高，动植物种类达 252 种，其中红树林植物 31 种，海洋植物 47 种，红树林区大型底栖生物 174 种、包括海藻 18 种、多毛类 36 种、软体动物 67 种、贝壳动物 45 种、其他动物 8 种，其海域浮游植物 42 种、浮游动物 44 种（江锦祥，2009）。红树林区潮间带表层大型底栖动物平均生物量为 120.389 m²，成长密度为 80.535 m²，为今后合理开发和保护提供科学依据（黄勃等，2002），红树林底层的微生物，能维持红树林健康的生态系，对营养物质转化具有重要作用（李玫等，2006），这一研究加强了红树林生态系统分析，包括红树林区内生物和非生物环境、物流、能流、信息流汇总，建立各地区有特色的模型，便于管理、查询，提升成果效能。

3）宏观与微观

着眼宏观方面，如红树林的区域与全球气候变化的关系的观察。着手于微观方面对红树林高生产率、光合、适应生境机制、活物质提取、遗传多样性和生态工程的发展，取得持续的发展。

24.5.2.5 红树林面临的威胁

中国现有近海及海岸湿地约 $594.9 \times 10^4 hm^2$，其中海涂面积 $235 \times 10^4 hm^2$。近50年来已被垦 $119.2 \times 10^4 hm^2$，加上城乡工矿占地 $96.5 \times 10^4 hm^2$，人工养殖面积 $19.5 \times 10^4 hm^2$。中国现有红树林面积仅 $1.4 \times 10^4 hm^2$（全世界约170多 $\times 10^4 hm^2$）不足全世界总面积的千分之一。海南是我国红树林大省，原有 $8\,000\ hm^2$，现减少到 $2\,000\ hm^2$，其中35%被开垦和改造，30%受污染。对红树林负面影响相当严重，现红树林面临生存的威胁，并未缓解。

（1）海平面上升致使红树林分布面积减少，并加剧海岸被风浪侵蚀，大大降低海洋抵御风暴潮、海浪的能力。

近30年来，中国沿海海平面总体上升9 cm，但个别地区如2005年广西防城光坡镇被淹没土地面积达 $4.2\ km^2$，迫使沿海100多户迁移。预测未来30年，沿海海平面将上升 $8 \sim 13\ cm$。近十年来，广西有10%红树林消失。

（2）城市建设削减红树林的面积。如深圳福田红树林自然保护区与城建一直存在矛盾，保护区红线内面积数次被调整，城市建设工程侵占基围鱼塘和红树林湿地达 $147.2\ hm^2$，占保护区面积的48.68%，直接毁坏红树林 $36.13\ hm^2$，保护区严重受干扰。生态功能与效益显著下降。

（3）深圳湾红树林原与香港米埔红树林遥遥相望，近年来，由于加大开垦，致使周边环境恶化，严重遭受污染，生物多样性降低，生态功能退化，加之外来生物入侵，病虫害猖獗，已丧失保护区的效果，现拟建设深圳体育中心，彻底改变原有的蓝图。

（4）围（填）海工程的建设，大规模地改变了红树林生境，如深圳妈湾建造油码头及石油基地填海，高栏岛石化基地开垦毁掉红树林生境，北仑河口原有红树林 $3\,338\ hm^2$ 保护区，经历20世纪修堤毁林，滥砍滥伐，开垦造田以及毁林养虾，四次破坏高峰，现荡存仅 $1\,066\ hm^2$，致使国土流失。

（5）破坏红树林生境和资源。红树林滩除蕴藏丰富生物资源，退潮时群众进入林区无限制，无管理采捕贝、蟹等海产品，减少钻穴生物，直接影响红树林场透气功能，致使林场生长缓滞，矮化和稀疏化。直接砍伐红树林做薪柴，采集枝条上附着生物为饵料喂鱼虾，时有发生。

（6）虽然红树林对生活污水，重金属和有机物质具有抗御能力和净化功能，但是不能超过限度，特别是高浓度同样对红树林有威胁，如猪场浓粪水烧害了秋茄树林，油污飘落到红树林区也会造成毁灭性的后果。

（7）林区出现病害，在林区常发现甲壳类等足目、软体动物瓣鳃类、昆虫的星天牛、咖啡木蠹蛾的幼虫柱洞危害树干。

24.5.2.6 拯救红树林的对策

（1）2007年9月，在北海召开红树林论坛，与会人员230多人，盛况空前，发表《中国红树林湿地论坛北海宣言》回顾红树林湿地遭受开发、开垦被蚕食的教训。南方红树林的面积不断萎缩，生境严重污染，环境质量恶化，尚得不到有效的遏制，红树林湿地多样性及生物资源保护形势严峻，不容乐观。为此建议尽快制定红树林保护政策和法规体系，完善湿地管理机制，强化部门沟通和协调，拟订中国红树林保护行动计划和红树林保护发展规划，加强对红树林湿地资源利用项目的环境影响评价与监督，逐步建立重点湿地利用的补偿和有偿使用机制，维护生态安全，加强对红树林的研究以及国际会议与合作交流等。此次会议发表的宣言，拉开国家对红树林建设序幕。

（2）制定红树林建设各项规定。目前已完成《中国红树林国家数据和信息报告》和《中国红树林国家优势生境的评估和示范区推荐》等国家报告，也已完成《广西防城港市红树林备选示范区详细科学调查报告》和《广东珠江三角洲红树林的数量和生态功能演变报告》，现在进行《中国南海地区红树林 GIS 空间数据库》、《广西防城港 GEF 红树林示范区申请报告》，《海南东寨港 GEF 红树林示范区申请报告》《中国红树林保护行动计划》。

（3）加强南海红树林的保护。南海红树林占全国总面积 94.67%，是全国重点区域，拟在一些地区扩展红树林种植，如海南拟在 10 年内种植红树林 9 300 hm²，超过历史上红树林面积。将珠海市级保护区的大围湾扩大到横琴岛，前者改为试验区，后者作为核心区。将湛江地区特呈岛的白骨壤建设成城市公园，将广西防城马正开海港内红树林建设为滨海湿地公园。并加强对外来种限制，拟不在一些核心区种植无瓣海桑，对原地野生种群（银叶树等）加以保护。

（4）继续深入开展造林护岸的技术研究。如开展半红树林植物营造技术，红树林生态工程质量原理探索，外来种生态安全，红树林湿地生态系统科学管理示范的建设等。

（5）加大经费支持和国际合作渠道。2001 年林业部启动国际合作项目与荷兰政府合作，对湛江红树林工作投入 500 多万美元；2001 年广西红树林研究中心成为 UNEP/GEF 成为南海"国家红树林专项的中国执行机构"，负责南海红树林资源现状和社会经济关系的评估工作。山口红树林保护区也得到 UNESCP/Asipaco 的基金资助。

红树林是生活在热带或亚热带地区介于大陆与海洋交接处湿地生态系中重要的一环，它对于维持海陆生态平衡，提升环境质量具有重要实际意义，经济和社会效果。

跨入 21 世纪以来，中国开始重视保护红树林，不论在学术研究或在实践中，已迈开重要一步，期望红树林保护政策法规体系的完善，以及国际合作交流，能有更好的发展。

24.5.3 南海海草床

24.5.3.1 海草床现状

海草是唯一淹没在浅海水下的被子植物，其花在水下结果，然后发芽。现今世界上已发现的海草可以分为 5 科 13 属，共计 60 种，南海发现了 20 多种。海草分布在世界上大部分沿岸海域，最北在 70°30′N 的挪威 Veranger 海湾发现海草，最南在 50°S 的麦哲伦海峡发现海草。世界上 3 个明显的海洋多样性中心分别为东南亚岛国地区、日本与朝鲜半岛地区和澳大利亚西南部沿岸地区。另外印度南部沿岸地区和非洲东部沿岸地区也有海草分布。海草床是生物圈中最具生产力的水生生态系统之一。海草在海洋生态环境中的作用非常重要，如改善浅水水质、为许多动物提供重要的栖息地和隐蔽保护场所、能抗波浪与潮汐，是保护海岸的天然屏障。海草是最大的固碳贡献者之一，能通过其高生产力建立较大的碳储备。黄小平等对华南地区主要海草的地理分布、种类、生物量、生产力、主要生境特征和所受到的胁迫等进行了调查和研究（黄小平等，2006）。尽管海草具有很高的经济价值，但是海草床正面临着人类活动带来的严重威胁。

24.5.3.2 海草床的价值

海草床的资源价值主要体现在以下几个方面（黄小平和黄良民，2007）：

（1）由海草构成的复杂生境为各种经济鱼类和甲壳动物提供栖息场所、庇护场所和育仔场所。

（2）海草床提高沿岸海域的生物多样性和生境多样性。

（3）海草床通过降低水中悬浮物和吸收营养盐来改善水质。

（4）海草光合作用释放出的氧气改善水质并提供给其他生物群落。

（5）生长和输出有机物质。死亡的海草也是复杂食物链形成的基础，细菌分解海草腐殖质，为沙虫、蟹类和一些滤食性浮游动物如海葵和海鞘类提供食物。

（6）通过营养物质的再生和循环提供全面的生态系统生产力，海草在全球碳循环中也有重要意义。

（7）还要还具有重要的经济重要价值，如编织席子、床垫、作为绝缘体、磁疗原料和化妆品原料。

24.5.3.3　主要海草床的生物资源

2002—2003 年，黄小平等在 UNEP/GEF 的支持下考察了中国华南沿海地区海草的分布状况，具体见表 24.5。广东海草床主要分布在雷州半岛的流沙湾、湛江东海岛和阳江海陵岛等地。广西海草床主要分布在合浦附近海域和珍珠港海域等。海南岛海草床主要分布在黎安港、新村湾、龙湾和三亚湾等地。香港海草床面积相对较小，主要分布在深圳海湾和大鹏湾海域（黄小平和黄良民，2007）。

表 24.5　中国华南沿海海草的地理分布

省　份	海草床名称	面积/hm²	主要海草种类
广东	流沙湾海草床	900	喜盐草和二药藻
	湛江东海岛海草床	9	贝克喜盐草
	阳江海陵岛海草床	1	喜盐草
广西	合浦海草床	540	喜盐草、二药藻、矮大叶藻、贝克喜盐草
	珍珠港海草床	150	矮大叶藻、贝克喜盐草
海南	黎安港海草床	320	海菖蒲、泰来藻、海神草、喜盐草、二药藻
	新村港海草床	200	海菖蒲、泰来藻、海神草、二药藻
	龙湾海草床	350	海菖蒲、泰来藻、喜盐草
	三亚湾海草床	1	海菖蒲、泰来藻
香港	深圳湾海草床	—	矮大叶藻、喜盐草
	大鹏湾海草床	—	喜盐草、川蔓藻

热带、亚热带的许多海草床与红树林、珊瑚礁相毗邻，海岸带从浅水区到深水区依次分布有海草床、红树林和珊瑚礁。海草床中海洋生物资源丰富。广西合浦海草床的喜盐草为世界级珍稀保护动物儒艮的重要食物。该海草床还分布有 5 种对虾：长毛对虾（*Penaeus penicillatus*）、日本对虾（*Penaeus japonicus*）、布氏对虾（*Metapenaeus burkeroadi*）、刀额新对虾（*Metapenaeus ensis*）和边缘新对虾（*Metapenaeus affinis*）；2 种篮子鱼：黄斑篮子鱼（*Siganus oramin*）和褐篮子鱼（*Siganus fuscescens*）；3 种海胆：薄饼干海胆（*Langanum depressum*）、莴氏刻肋海胆（*Temnopleurus reevesii*）和扁平蛛网海胆（*Arachnoides placenta*）；4 种海参：马什海参（*Holothuria martensii*）、瘤五角瓜参（*Pentacta anceps*）、糙海参（*Holothuria scabra*）和

蛇锚参（*Opheodesome* sp.）；2 种海星：鹿儿岛槭海星（*Astropecten kagoshimensis*）和单棘槭海星（*Astropecten monacanthus*）。广东流沙湾海草床附近也分布有红树林和珊瑚礁，但二者规模较小，呈零星分布。该海草床分布有 5 种对虾：周氏新对虾（*Metapenaeus joyneri*）、日本对虾、短沟对虾（*Penaeus semisulcatus*）、刀额新对虾和哈氏仿对虾（*Parapenaeopsis hardwickii*）；黄斑篮子鱼、薄饼干海胆、飞白枫海星（*Archaster typicus*）和马什海参。海南黎安港海草床附近也有零星的红树林和珊瑚礁分布，该海草床有 4 种对虾：刀额新对虾、短沟对虾、短沟对虾和周氏新对虾；真锚参（*Euapta godefforyi*）、黄斑篮子鱼、飞白枫海星和刺冠海胆（*Diadema setosum*）。海南新村湾海草床附近有红树林和珊瑚礁分布，其中珊瑚的种类相对丰富，记录有 53 种。该海草床分布有 4 种对虾：周氏新对虾、日本对虾、短沟对虾和刀额新对虾；黄斑篮子鱼、飞白枫海星、玉足海参（*Holothuria leucospilota*）和杜氏洼角海胆（*Salmaciella dussumieri*）。

24.5.3.4 海草床面临的威胁

1）修建虾塘与海水养殖

近 10 年来，华南沿海的海水养虾业迅速发展，围海养虾成为海水养虾的主要形式，潮间带大面积的海草床变成了虾塘，对虾塘范围内的海草床造成毁灭性的破坏。这种现象在广东的流沙湾和海陵岛、广西的珍珠港、以及海南的黎安港等海草床都普遍存在。

2）围网捕鱼与底网拖鱼

在海草床内，鱼类资源较丰富，当地居民在海草床内设置大范围的渔网，利用潮水的涨落，围捕鱼类。该作业方式在打桩时破坏海草，作业时践踏海草，对海草的生长造成影响底拖网作业对海草的破坏比较严重。

3）毒虾、电虾与炸鱼

对虾是海草床主要的渔业资源，退潮后，有大批的渔民在海草床内进行毒虾和电虾，对海草造成严重的破坏。这种现象在华南沿海海草床普遍存在，其中，在广东流沙湾海草床尤为严重。海草床的炸鱼现象也比较突出，对海草构成严重威胁。

4）挖贝与耙螺

在华南沿海的绝大多数海草床普遍存在挖贝、挖沙虫和挖螺等活动。在广西合浦和广东流沙湾海草床，每天挖贝、耙螺者近千人。挖贝和耙螺是当地群众的经济来源之一、挖贝、耙螺将海草连根翻起，对海草造成毁灭性破坏；挖松滩涂的泥沙，造成泥沙流动，使泥沙埋没海草，影响海草的正常生长。

5）人为污染与开挖航道

陆地和海上排放的污染物等人为因素造成海水中难降解有机物、营养盐和悬浮物等的含量增加，破坏了海草床的生存环境，影响了海草的生长。例如海南新村湾海草床附近是一个旅游景点，人为污染比较严重，许多旅游餐馆的废水及生活垃圾排入海水中，增加了水中的有机物、悬浮物等含量，改变了海草床的生长环境。开挖航道对该地区的海草影响很大，工程区中原来生长的海草连同泥沙一起挖掉，彻底被毁坏，非工程区的海水受开挖航道的影响，水中悬浮物增加，严重时可以覆盖海草，影响海草的光合作用。

6）台风

台风引起的风暴潮、台风浪冲刷海草，将海草连根冲刷起来，或是将滩涂中的泥沙冲刷起来埋没海草从而影响海草的生长，造成海草资源破坏。

由此可见，中国华南地区的海草主要遭受到直接的人为破坏，而澳大利亚海草床退化的主要原因是由于海草吸收的光线减弱，影响海草的光合作用。

24.5.3.5 拯救海草床的对策

1）加强立法执法工作

鉴于海草保护工作的迫切性、复杂性和立法的薄弱情况，建议国家尽快制订《海草保护管理规定》，使海草保护工作走向正规化和法制化。一方面，在国家立法的前提下，结合合浦海草床的实际情况，制定配套的法规，使航运、水产、水资源开发、环境保护、生物多样性保护都有法可依、依法办事。同时，加强当地执法队伍的建设，改善执法条件，使得海草保护工作真正落到实处；另一方面，今后周边地区的涉海工程进行环境评价时，应对海草保护内容加以评估，如果工程对海草造成影响，应制定相应的解决措施。

2）制定正确的方针、政策指导保护和管理工作

海草床范围涉及多部门的管理，在制定保护政策时，必须与当地的渔业、水产、环保等部门协商，维护全局利益和长远利益，避免条块分割和短期行为。将海草保护工作纳入地方国民经济和社会发展规划，把自然环境保护作为衡量地方领导政绩的一项重要指标，这将是促进合浦海草床健康、快速发展的一条有效途径。

3）积极开展宣传教育工作

要实现海草的有效管理和保护（包括破坏后的恢复和发展），调动政府和群众的积极性，宣传教育工作是很有必要的。一方面对当地各级政府部门进行宣传和教育工作，另一方面将海草床周边地区的居民以及青少年作为重点宣传教育对象。可以通过各种途径增加人们对海草的认识，包括电影、电视、录像片、出版物、宣传画、研讨会、展览等多种形式。

4）加强海草研究，建立海草信息库

为当地培养一批懂专业，善于管理的人员以及具有较高学术水平的海草研究人员，属当务之急。政府应支持和鼓励海草的科学研究，注重培养和引进海草研究者。积极与有关政府组织、非政府组织、学术机构团体、基金组织等形式就海草保护与利用有关的科学研究进行多形式的合作与交流，通过各种渠道，筹集资金。建立海草床信息库，收集海草床内的所有相关信息，包括环境概况、海草生态特征、生物多样性资料等，根据工作进展情况，添加和更新信息库中的资料，保证海草信息的储存、资源共享，同时也为以后的海草床保护工作的开展提供科学依据。

5）鼓励居民开辟致富新渠道

目前，海草床中进行的破坏性的经济活动，是当地居民重要的经济来源，如果禁止这些人为破坏因素，居民的收入就会减少，可能会导致社会不稳定。因此，建议政府制定优惠和鼓励政策，为当地居民提供副业生产的培训和就业机会，拓宽渠道，以弥补居民的经济损失，为海草的管理和保护工作提供社会保障。

参考文献

白洁，李岿然，李正炎，等. 2003. 渤海春季浮游细菌分布与生态环境因子的关系 [J]. 青岛海洋大学学报，33 (6)：841 - 846.

白雪娥，庄志猛. 1992. 渤海浮游动物生物量及其主要种类数量变动的研究 [J]. 海洋水产研究，12：71 - 97.

毕洪生. 1997. 胶州湾环境对底栖生物的影响 [J]. 海洋科学，1：37 - 40.

毕洪生，冯卫. 1996. 胶州湾底栖生物多样性初探 [J]. 海洋科学，6：58 - 62.

毕洪生，孙松，高尚武，等. 2000. 渤海浮游动物群落生态特点 II. 桡足类数量分布及变动 [J]. 生态学报，21 (2)：177 - 195.

毕洪生，孙松，高尚武，张芳. 2000. 渤海浮游动物群落生态特点 I. 种类组成与群落结构 [J]. 生态学报，20 (5)：715 - 731.

毕洪生，孙松，高尚武，等. 2001. 渤海浮游动物群落生态特点 III. 部分浮游动物数量分布和季节变动 [J]. 生态学报，21 (4)：510 - 521.

毕洪生，孙松，孙道元. 2001. 胶州湾大型底栖生物群落的变化 [J]. 海洋与湖沼，32 (2)：132 - 138.

蔡立哲，洪华生，黄玉山. 1997. 香港维多利亚港大型底栖生物群落的时空变化 [J]. 海洋学报，19 (2)：65 - 70.

蔡立哲，厉红梅，林鹏，等. 2001b. 深圳河口潮间带泥滩多毛类的数量变化及环境影响 [J]. 厦门大学学报（自然科学版），40 (3)：741 - 750.

蔡立哲，厉红梅，刘俊杰，等. 2001a. 深圳河口泥滩三种多毛类的数量季节变化及污染影响 [J]. 生态学报，21 (10)：1648 - 1653.

蔡立哲，厉红梅，邹朝中. 2000. 厦门钟宅泥滩海洋线虫群落的种类组成及其多样性 [J]. 厦门大学学报（自然科学版），39 (5)：669 - 675.

蔡萌，徐兆礼，朱德弟. 2008. 长江口及邻近海域浮游端足类分布特征 [J]. 海洋学报，30 (5)：81 - 87.

蔡树群，王文质. 1997. 南海东北部及台湾海峡环流机制的数值研究 [J]. 热带海洋，16 (1)：7 - 15.

蔡文贵，李纯厚，贾晓平，等. 2003. 粤西海域浮游植物种类的动态变化及多样性 [J]. 海洋环境科学，22 (4)：34 - 37.

蔡昱明，宁修仁，刘子琳. 2002. 珠江口初级生产力和新生产力研究 [J]. 海洋学报，24 (3)：101 - 111.

蔡昱明，宁修仁，刘子琳，等. 2002. 莱州湾浮游植物粒径分级叶绿素 a 和初级生产力及新生产力 [J]. 海洋科学集刊，44：1 - 10.

曹善茂，周一兵. 2001. 大连市区沿海底栖动物的种、量和对环境质量的评价 [J]. 大连水产学院学报，16 (1)：34 - 41.

曹振锐. 2006. 珠江口及南海北部浮游植物光合色素研究 [D]. 厦门：厦门大学.

柴扉，薛惠洁，侍茂. 2001. 南海北陆架区 3 个典型反气旋涡水文特征及演变规律 [M] //中国海洋学文集（第13集）105 - 116.

柴扉，薛惠洁，许建平，等. 2001. 南海中、北部主要环流及其季节演变 [M] //中国海洋学文集（第13集）. 北京：海洋出版社，39 - 55.

陈斌林，方涛，李道. 2007b. 连云港近岸海域底栖动物群落组成及多样性特征 [J]. 华东师范大学学报，2：1 - 10.

陈斌林，方涛，张存勇，等. 2007a. 连云港核电站周围海域2005年与1998年大型底栖动物群落组成多样性特征比较［J］. 海洋科学，31（3）：94－96.

陈德昌，唐寅德，张勇，等. 1991. 连云港疏浚工程对底栖动物影响的调查研究［J］. 黄渤海海洋，9（3）：33－42.

陈钢，李少菁，黄加祺. 1997. 台湾海峡两种优势浮游桡足类——亚强真哲水蚤和中华哲水蚤的摄食研究［C］//中国海洋学文集，（7）北京：海洋出版社，196－204.

陈怀清，钱树本. 1992. 青岛近海微型. 超微型浮游藻类的研究. 海洋学报，14（3）：105－113.

陈纪新. 2006. 中国亚热带海域超微型浮游生物多样性研究［D］. 厦门：厦门大学.

陈纪新，黄邦钦，贾锡伟，等. 2003. 利用光合色素研究厦门海域微微型浮游植物群落结构［J］. 海洋环境科学，22（3）：16－21.

陈纪新，黄邦钦，刘媛，等. 2006. 应用特征光合色素研究东海和南海北部浮游植物的群落结构［J］. 地球科学进展，21（7）：738－746.

陈宽智，李泽冬. 1983. 沧口区海滩环境污染对大型底栖无脊椎动物生态学影响的初步研究［J］. 山东海洋学院学报，13（4）：38－46.

陈乃观，等. 2005. 香港石珊瑚图鉴［M］. 广州：天地图书有限公司，1－373.

陈清潮. 1964. 中华哲水蚤的繁殖、性比率和个体大小的研究［J］. 海洋与湖沼，6（3）：272－288.

陈清潮. 1982. 南海中部海域浮游生物的初步调查［R］//南海海区综合调查研究报告（一）. 北京：科学出版社.

陈清潮. 1982. 南海中部海域浮游生物的初步研究［R］//中国科学院南海海洋研究所编辑，南海海区综合调查研究报告（一）. 北京：科学出版社，199－216.

陈清潮. 2005. 红树林生态系统［M］//孙鸿烈. 中国生态系统（上册）. 北京：科学出版社，928－939.

陈清潮. 2005. 珊瑚礁生态系统［M］//孙鸿烈，中国生态系统上册. 北京：科学出版社，939－947.

陈清潮，陈亚瞿，胡雅竹. 1980. 南黄海和东海浮游生物群落的初步探讨［J］. 海洋学报，2（2）：149－157.

陈清潮，黄良民，尹健强，等. 1994. 南沙群岛海区浮游动物多样性研究［J］//中国科学院南沙综合科学考察队，南沙群岛及其邻近海区海洋生物多样性研究Ⅰ. 北京：海洋出版社，42－50.

陈清潮，黄良民，尹健强，等. 1996. 1994年秋季南沙群岛海区浮游动物多样性特征［J］//中国科学院南沙综合科学考察队，南沙群岛及其邻近海区海洋生物多样性研究Ⅱ. 北京：海洋出版社，38－43.

陈清潮，张谷贤，陈柏云. 1978. 西沙、中沙群岛周围海域浮游动物的平面分布和垂直分布［R］//我国西沙、中沙群岛海域海洋生物调查研究报告. 北京：科学出版社.

陈清潮，张谷贤，高琼珍，等. 1989. 浮游动物［R］//中国科学院南沙综合科学考察队，南沙群岛及其邻近海区综合调查研究报告（一）下卷. 北京：科学出版社，659－707.

陈清潮，张谷贤，尹健强. 1987. 浮游动物种类、数量和生物学［R］//中国科学院南海海洋研究所，曾母暗沙——中国南疆综合调查研究报告. 北京：科学出版社，132－146.

陈清潮，张谷贤，尹健强，等. 1988年夏季南沙群岛海区东部和南部浮游动物的分布［J］//中国科学院南沙综合科学考察队. 南沙群岛及其邻近海区海洋生物论文集②. 北京：海洋出版社.

陈亚瞿，徐兆礼，杨元利. 2003. 黄海南部及东海中小型浮游桡足类生态学研究Ⅱ. 种类组成及群落特征［J］. 水产学报，27（1）：9－15.

陈亚瞿，朱启琴，陈清潮. 1980. 黄海南部和东海浮游动物分布与鲐鲹渔场关系［J］. 水产学报，4（4）：371－383.

成庆泰，王存信. 1966. 中国西沙群岛鱼类区系的初步研究［J］. 海洋与湖沼，8（1）：29－35.

程家骅，丁峰元，李圣法，等. 2005. 东海区大型水母数量分布特征及其与温盐度的关系［J］. 生态学报，25（3）：440－445.

戴昌凤，洪圣雯. 2009. 台湾珊瑚礁图鉴［M］. 猫头鹰出版社，1－256.

戴明，李纯厚，张汉华，等. 2007. 海南岛以南海域浮游植物群落特征研究［J］. 生物多样性，15（1）：23

－30.

戴燕玉. 1995. 中国海毛颚类物种多样性的研究 [J]. 生物多样性, 3 (2): 69－73.

邓春梅, 于志刚, 姚鹏, 等. 2008. 东海、南黄海浮游植物粒级结构及环境影响因素分析 [J]. 中国海洋大学学报, 38 (5): 791－798.

邓鸿. 2007. 台湾海峡南部超微型生物生态学研究 [D]. 厦门: 厦门大学, 66.

邓松. 1995. 夏季南海暖流邻近海域的水文状况 [C] //台湾海峡及邻近海域海洋科学讨论会论文集. 北京: 海洋出版社.

刁焕祥. 1984. 胶州湾浮游植物与无机环境的相关研究 [J]. 海洋科学, 3: 16－19.

丁一汇, 李崇银. 1999. 南海季风暴发和演变及其与海洋的相互作用 [M]. 北京: 气象出版社, 66－72.

董金海, 焦念志 (编). 1998. 胶州湾生态学研究 [M]. 北京: 科学出版社, 96－102.

董婧, 刘海映, 王文波, 等. 2000. 黄海北部对虾放流区的浮游动物 [J]. 大连水产学院学报, 15 (1): 65－70.

杜飞雁, 李纯厚, 廖秀丽, 等. 2006. 大亚湾海域浮游动物生物量变化特征 [J]. 海洋环境科学, (25): 37－43.

范航清, 梁士楚. 1995. 中国红树林研究与管理 [C]. 北京: 科学出版社.

方惠瑛. 1995. 台湾海峡中、北部上升流区浮游有孔虫的生态研究. 热带海洋, 14 (3): 58－66.

方金钏, 李福振, 洪幼环, 等. 1979. 闽南—台湾浅滩渔场浮游动物调查报告 [J]. 福建水产科技, (3): 1－73.

方少华, 陈必达, 吕小梅. 1991. 闽南—台湾浅滩渔场底栖生物数量分布和种类组成的初步研究 [M] //洪华生, 丘书院, 阮五崎, 等. 闽南—台湾浅滩渔场上升流区生态系研究. 北京: 科学出版社, 581－589.

方少华, 吕小梅, 张跃平. 2000a. 台湾海峡小型底栖生物数量的量分布 [J]. 海洋学报, 22 (6): 136－140.

方少华, 吕小梅, 张跃平. 2000b. 厦门浔江湾小型底栖生物数量分布及生态意义 [J]. 台湾海峡, 19 (4): 474－477.

房恩军, 李军, 马维林, 等. 2006. 渤海湾近岸海域大型底栖动物初步研究 [J]. 现代渔业信息, 21 (10): 11－15.

费鸿年, 何宝全, 陈国铭. 1981. 南海北部大陆架底栖鱼群聚的多样度以及优势种区域和季节变化 [J]. 水产学报, 5 (1): 1－20.

费尊乐, 毛兴华, 朱明远, 等. 1988. 渤海初级生产力研究 I. 叶绿素的分布特征与季节变化 [J]. 海洋学报, 10 (1): 99－106.

费尊乐, 毛兴华, 朱明远, 等. 1988. 渤海生产力研究 II. 初级生产力及潜在渔获量的估算 [J]. 海洋学报, 10 (4): 481－489.

丰美萍, 张武昌, 张翠霞, 等. 2010. 2007 年 10 月南海北部大型砂壳纤毛虫的水分布 [J]. 热带海洋学报, 29 (3): 141－150.

福建海洋研究所. 1988. 台湾海峡、北部海洋综合调查研究报告 [R]. 北京: 科学出版社.

傅素昌. 2009. 北部湾北部海域自由生活线虫群落的研究. 厦门大学硕士学位论文.

高东阳, 李纯厚, 刘广锋, 等. 北部湾浮游植物的种类组成和数量分布 [J]. 湛江海洋大学学报, 32.

高倩, 徐兆礼, 庄平. 2008. 长江口北港和北支浮游动物群落比较 [J]. 应用生态学报, 19 (9): 2049－2055.

高翔, 徐敬明. 2002. 日照沿海开发对潮间带生境及底栖动物群落的影响 [J]. 海洋科学集刊, 44: 61－65.

顾新根. 1994. 对马渔场冬季浮游植物的分布生态研究 [J]. 海洋渔业, 16 (2): 55－58.

顾新根, 袁骐, 沈焕庭, 等. 1995b. 长江口最大浑浊带浮游植物的生态研究 [J]. 中国水产科学, 2 (1): 16－27.

顾新根, 袁骐, 杨焦文, 等. 1995a. 长江口羽状锋区浮游植物的生态研究 [J]. 中国水产科学, 2

（1）：1－15.

关东厅水产实验场. 1934. 海洋调查报告［R］. 13本，关东厅水产实验场，73－114.

管秉贤. 1998. 南海暖流研究回顾［J］. 海洋与湖沼，3：322－329.

郭炳火，李兴宰，李载学. 1998. 夏季对马暖流区黑潮水与陆架水的相互作用——兼论对马暖流的起源
［J］. 海洋学报，20（5）：1－12.

郭炳火，宋万先，道田丰，等. 1993. 对马暖流源区水文状况及其变异的研究 I. 水文结构和流场［A］.
北京：海洋出版社，1－15.

郭东晖，黄加祺，李少菁，等. 2008. 北部湾夏冬两季浮游动物生态学研究［J］//胡建宇，杨圣云. 北部湾
海洋科学研究论文集. 北京：海洋出版社，222－229.

郭金富，李茂照，余勉余. 1994. 广东海岛海域海洋生物和渔业资源［M］. 广州：广东科技出版社，82
－99.

郭玉洁. 1976. 南海圆筛藻属的五个新种［J］. 海洋科学集刊，11：77－90.

郭玉洁. 1981. 南海浮游圆筛藻的分类研究［J］. 海洋科学集刊，18：149－179.

郭玉洁. 1992. 胶州湾浮游植物［M］//刘瑞玉. 胶州湾生态学和生物资源. 北京：科学出版社，136－169.

郭玉洁，陈亚瞿. 1996. 初级生产力与浮游生物［M］//刘瑞玉. 中国海岸带生物. 北京：海洋出版社，89
－135.

郭玉洁，叶嘉松. 1982. 南海中部海域浮游植物的水平和垂直分布［R］//南海海区综合调查研究报告
（一）. 北京：科学出版社，217－230.

郭玉洁，叶嘉松，周汉秋. 1983. 西沙、中沙群岛海域的角藻［J］. 海洋科学集刊，20：70－108.

郭玉洁，周汉秋. 1985. 中沙和西沙群岛附近海域的浮游硅藻区系［J］. 海洋科学集刊，24：87－97.

郭玉洁，周汉秋，叶嘉松. 1978. 条纹藻属的一个新种－南海条纹藻［J］. 海洋科学集刊，12：53－58.

郭玉洁，周汉秋，叶嘉松. 1979. 西沙群岛和中沙群岛及其附近海域囊甲藻属的分类研究［J］. 海洋科学集
刊，15：47－55.

郭玉清. 2008. 厦门凤林红树林湿地自由生活海洋线虫群落的研究［J］. 海洋学报，30（4）：147－153.

郭玉清，蔡立哲. 2008. 厦门东西海域海洋线虫群落种类组成及摄食类型的初步比较研究［J］。海洋湖沼通
报，2008（3）：93－98.

郭玉清，张志南，慕芳红. 2002. 渤海小型底栖动物丰度的分布格局［J］. 生态学报，22
（9）：1463－1469.

郭忠信，方文东. 1988. 1985年9月吕宋海峡中黑潮的输送［J］. 热带海洋，7（2）：13－19.

郭忠信，杨天鸿，仇德忠. 1985. 冬季南海暖流及其右侧西南海流［J］. 热带海洋，4（1）：1－9.

国家海洋局. 1988. 南海中部海域环境资源综合调查报告［R］. 北京：海洋出版社.

国家海洋局. 1992. 全国海岸带和海涂资源综合调查，海洋生物专业调查报告［R］. 海洋出版社.

国家海洋局第二海洋研究所. 2011. 我国近海海洋综合调查与评价专项成果－我国近海海洋生物与生态调查
研究报告（上、中、下册）［R］.

国家技术监督局. 1992. 海洋调查规范［S］. 北京：海洋出版社.

国家技术监督局. 1992. 海洋生物调查，海洋调查规范. 北京：中国标准出版社，1－103.

国家技术监督局. 1992. 海洋生物调查，海洋调查规范. 北京：中国标准出版社，17－22.

韩洁，张志南，于子山. 2001. 渤海大型底栖动物栖息密度和生物量的研究［J］. 青岛海洋大学学报，31
（6）：889－896.

韩庆喜，高雯芳，李宝泉，等. 2004. 胶州湾菲律宾蛤仔生物量与资源评估［J］. 动物学杂志，39（5）：60
－62.

韩维栋，蔡英亚，刘劲科，等. 2003. 雷州半岛红树林海区的软体动物［J］. 湛江海洋大学学报，23（1）：1
－7.

韩舞鹰，马克美. 1988. 粤东沿岸上升流的研究［J］. 海洋学报，10（2）：52－59.

韩舞鹰，王明彪，马克美. 1990. 我国夏季最低表层水温海区 – 琼东沿岸上升流区的研究 [J]. 海洋与湖沼，21（3）：167 – 275.

何德华，杨关铭. 1990. 1986 年春季东海黑潮及其邻近海区的浮游桡足类的分布特征 I. 平面分布 [J] // 国家海洋局科技司. 黑潮调查研究论文选（第一集）. 北京：海洋出版社，294 – 265.

何德华，杨关铭. 1993. 指示性浮游桡足类在东海黑潮域的分布 [J] // 国家海洋局科技司. 黑潮调查研究论文选（第五集）. 北京：海洋出版社，421 – 435.

何德华，杨关铭，沈伟林，等. 1987. 浙江沿岸上升流区浮游动物生态研究 II. 浮游动物种类分布与多样度 [J]. 海洋学报，9（5）：617 – 626.

何青，孙军，栾青杉，等. 2007. 2005 年冬季长江口及其邻近海域浮游植物群集 [J]. 应用生态学报，18（11）：2559 – 2566.

何文珊，陆健健. 2001. 高浓度悬沙对长江河口水域初级生产力的影响 [J]. 中国生态农业学报，9（4）：24 – 27.

赫崇本，汪圆祥，雷宗友，等. 1959. 黄海冷水团的形成及其性质的初步探讨 [J]. 海洋与湖沼，2（1）：11 – 15.

洪华生等. 1997. 台湾海峡初级生产力及其调控机制研究 [J] // 中国海洋学文集（7）. 北京：海洋出版社.

洪华生，丘书院，阮五崎，等. 1991. 闽南—台湾浅滩渔场上升流区生态系研究 [M]. 北京：科学出版社.

洪旭光，张锡烈，俞建奏，等. 2001. 东海北部黑潮区浮游动物的多样性研究 [J]. 海洋学报，23（1）：139 – 142.

胡敦欣. 1980. 关于浙江沿岸上升流的研究 [J]. 科学通报，3：131 – 133.

胡颢琰，黄备，唐静亮，等. 2000. 渤、黄海近岸海域底栖生物生态研究 [J]. 东海海洋，18（4）：39 – 46.

胡颢琰，唐静亮，李秋里等. 2006. 浙江省近岸海域底栖生物生态研究 [J]. 海洋学研究，24（3）：76 – 89.

胡建宇，杨圣云. 2008. 北部湾海洋科学研究论文集 [C]. 北京：海洋出版社.

胡剑，徐兆礼，朱德弟. 2008. 长江口海域浮游软体动物生态特征的季节变化 [J]. 中国水产科学，15（6）：976 – 983.

胡俊，2009. 台湾海峡南部浮游植物群落结构及其对上升流的响应研究 [D]，理学博士学位论文. 厦门大学.

华尔，张志南，张艳. 2005. 长江口及邻近海域小型底栖生物丰度和生物量 [J]. 生态学报，2005，25（9）：2234 – 2242.

黄邦钦，洪华生，柯林，等. 2005. 珠江口分粒级浮游植物叶绿 a 和初级生产力研究 [J]. 海洋学报，27（6）：180 – 185.

黄邦钦，洪华生，林学举，等. 2003. 台湾海峡微微型浮游植物的生态研究 II. 类群组成、生长速率及其影响因子 [J]. 海洋学报，25（6）：99 – 105.

黄邦钦，洪华生，林学举，等. 2003. 台湾海峡微微型浮游植物的生态研究 I. 时空分布及其调控机制 [J]. 海洋学报，25（4）：72 – 82.

黄邦钦，洪华生，王大志，等. 2002. 台湾海峡浮游植物生物量和初级生产力的粒级结构及碳流途径 [J]. 台湾海峡，21（1）：23 – 30.

黄邦钦，林学举，洪华生. 2000. 厦门西侧海域微微型浮游植物的时空分布及其调控机制 [J]. 台湾海峡，19（3）：329 – 336.

黄邦钦，刘媛，陈纪新，等. 2006. 东海、黄海浮游植物生物量的粒级结构及时空分布 [J]. 海洋学报，28（2）：156 – 164.

黄邦钦，刘媛，陈继新，等. 2006. 东海、黄海浮游植物生物量的粒级结构及时空分布 [J]. 海洋学报，28（2）：156 – 164.

黄邦生，洪华生，柯林，等. 2005. 珠江口分粒级叶绿素 a 和初级生产力研究 [J]. 海洋学报，27（6）：180 – 186.

黄洪辉，林燕棠，李纯厚，等. 2002. 珠江口底栖动物生态学研究 [J]. 生态学报，22 (4)：603 - 607.

黄晖等. 2007. 徐闻珊瑚礁及其生物多样性 [M]. 北京：科学出版社. 1 - 132.

黄加祺，郑重. 1986. 温度和盐度对厦门港几种桡足类存活率的影响 [J]. 海洋与湖沼，17 (2)，161 - 167.

黄加祺，朱长寿，陈栅，等. 1991. 闽南—台湾浅滩渔场上升流区浮游动物的种类组成和数量分布.

黄良民. 1992. 珠江口水域叶绿素 a 和类胡罗卜素的周年分布 [J]. 海洋环境科学，11 (2)：13 - 18.

黄良民，陈清潮，黄创俭，等. 1994. 珠江口内海叶绿素 a 分布与环境因素关系 [J]. 生态学报，14 (增刊)：22 - 27.

黄良民，陈清潮，林永水. 1997. 南海北部海区浮游生物生产力分布初探 [J]. 热带海洋研究，5：44 - 53.

黄良民，陈清潮，尹建强，等. 1997. 珠江口及其邻近海域环境动态与基础生物结构初探 [J]. 海洋环境科学，16 (3)：1 - 7.

黄良民，张偲，王汉奎，等. 2007. 三亚湾生态环境与生物资源 [M]. 北京：科学出版社，266.

黄良民. 1997. 南沙群岛海区生态过程研究 (一) [M]. 北京：科学出版社，1 - 157.

黄凌风，郭丰，黄邦钦，等. 2003. 初夏黄海中部和北部海洋鞭毛虫的分布特征及其影响因素 [J]. 海洋学报，25 (s2)：81 - 87.

黄凌风，潘科，郭丰，等. 2006. 我国海洋微型异养鞭毛虫研究：现状与展望 [J]. 厦门大学学报 (自然科学版)，45 (增 2)：62 - 67.

黄企洲. 1983. 巴士海峡黑潮流速和流量变化 [J]. 热带海洋，2 (1)：35 - 41.

黄企洲. 1984. 巴士海峡的海洋学状况 [C] //南海海洋科学集刊 (第 6 集)，北京：科学出版社，54 - 66.

黄企洲，王文质，李毓湘，等. 1992. 南海海流和涡旋概况 地球科学进展，7 (5)：1 - 9.

黄企洲，郑有信. 1996. 1982 年 3 月 南海东北部和巴士海峡的海流 [C] 中国海洋学文集 (第 6 集). 北京：海洋出版社，42 - 51.

黄小平，黄良民. 2007. 中国南海海草研究 [M]. 广州：广东经济出版社.

黄勇. 2005. 南黄海小型底栖生物生态学和海洋线虫分类学研究. [J]. 中国海洋大学.

黄玉山，谭凤仪. 1997. 广东红树林研究论文选集 [C]. 广州：华南理工大学出版社.

黄宗国. 1993. 中国海洋生物种类与分布 [M]. 北京：海洋出版社，920.

黄宗国. 1994. 中国海物种的一般特点 [J]. 生物多样性，2 (2)：63 - 67.

黄宗国. 1994. 中国海洋生物种类与分布 [M]. 北京：海洋出版社，920.

黄宗国. 2004. 海洋河口湿地生物多样性 [M]. 北京：海洋出版社.

贾文泽，田家怡，潘怀剑. 2002. 黄河三角洲生物多样性保护与可持续利用的研究 [J]. 环境科学研究，15 (4)：35 - 53.

江蓓洁，鲍献文，吴德星，等. 2007. 北黄海冷水团温、盐多年变化特征及影响因素 [J]. 海洋学报，29 (4)：1 - 10.

姜太良. 1991. 莱州湾西南部水环境的现状与评价 [J]. 海洋通报，10 (2)：17 - 52.

焦念志，陈念红. 1995. 原绿球藻—海洋生态学研究的新领域 [J]. 海洋科学，(4)：9 - 12.

焦念志，等. 2001. 海湾生态过程与持续发展 [M]. 北京：科学出版社，257 - 281.

焦念志，杨燕辉. 2002. 中国海原绿球藻研究 [J]. 科学通报，(7)：485 - 491.

焦玉木，田家怡. 1999. 黄河三角洲附近海域浮游动物多样性研究. 海洋环境科学，18 (4)：33 - 38.

金德祥，陈金环，黄凯歌. 1965. 中国海洋浮游硅藻类 [M]. 上海：上海科学技术出版社，1 - 230.

金海卫，徐汉祥，姚海富，等. 2005. 浙江沿岸夏季浮游植物分布特征 [J]. 浙江海洋学院学报 (自然科学版)，24 (3)：231 - 235.

经志友，齐义泉，华祖林. 2007. 闽浙沿岸上升流及其季节变化的数值研究 [J]. 河海大学学报 (自然科学版)，35 (4)：464 - 470.

经志友，齐义泉，华祖林. 2008. 南海北部陆架区夏季上升流数值研究 [J]. 热带海洋学报，27 (3)：1 - 8.

康建华，陈兴群，黄邦钦. 2010. 台湾海峡及其邻近海域表层叶绿素 a 含量季节分布特征分析 [J]. 台湾海峡. 1：34 – 41.

康元德. 1991. 渤海浮游植物的数量分布和季节变化 [J]. 海洋水产研究，12：31 – 44.

赖福才，王前，周一平，等. 2004. 南海西沙海域海水细菌学调查及药敏检测 [J]. 解放军检验医学杂志，2（1）：12 – 14.

兰淑芳. 1990. 长山岛海区夏季扇贝大批死亡的水原因分析 [J]. 海洋科学，2：60 – 61.

蓝文陆，黄邦钦，黄凌风，等. 2009. 珠江口冬季小型原生动物的分布及其影响因素的初步研究 [J]. 海洋科学，33（5）：11 – 16.

蓝先洪. 1996. 珠江口沉积物的地球化学研究 [M] //张经. 中国主要河口的主物地球化学研究 – 化学物质的迁移与环境. 北京：海洋出版.

乐凤凤，孙军，宁修仁，等. 2006. 2004 年夏季中国南海北部的浮游植物 [J]. 海洋与湖沼，37（3）：238 – 248.

黎爱韶，陈清潮. 1991. 南沙群岛海区的水母类 [J]. 北京：海洋出版社，88 – 101.

黎国珍. 1984. 北部湾北部我国沿岸水域的蟹类 [J]. 热带海洋，3（2）：77 – 81.

李宝泉，李新正，王洪法，等. 2006a. 胶州湾大型底栖软体动物物种多样性研究 [J]. 生物多样性，14（2）：136 – 144.

李宝泉，李新正，王洪法，等. 2007. 长江口附近海域大型底栖动物群落特征 [J]. 动物学报，53（1）：76 – 82.

李宝泉，李新正，于海燕，等. 2005. 胶州湾底栖软体动物与环境因子的关系 [J]. 海洋与湖沼，36（3）：193 – 198.

李宝泉，张宝琳，刘丹运，等. 2006b. 胶州湾女姑口潮间带大型底栖动物群落生态学研究 [J]. 海洋科学，30（10）：15 – 19.

李伯昌，施慧燕. 2005. 长江口河段水环境现状分析 [J]. 水资源保护，21（1）：39 – 44.

李超伦. 2001. 海洋桡足类摄食生态及对浮游游植物的摄食压力 [D]. 博士毕业论文，60 – 67.

李超伦，栾凤鹤. 1998. 东海春季真光层分级叶绿素 a 分布特点的初步研究 [J]. 海洋科学，4：59 – 62.

李超伦，孙松，王荣. 2007. 中华哲水蚤对自然饵料的摄食选择性实验研究 [J]. 海洋与湖沼，38（6）：529 – 535.

李超伦，王克，王荣. 2000a. 潍河口浮游动物优势种的肠道色素含量分析及其对浮游植物的摄食压力 [J]. 海洋水产研究，21（2）：27 – 33.

李超伦，王荣. 2000b. 莱州湾夏季浮游桡足类的摄食研究 [J]. 海洋与湖沼，31（1）：15 – 22.

李超伦，王荣，孙松. 2003. 南黄海鳀产卵场中华哲水蚤的数量分布及其摄食研究 [J]. 水产学报，27（9）：55 – 63.

李纯厚，贾晓平，蔡文贵. 2004. 南海北部浮游动物多样性研究 [J]. 中国水产科学，（3）：139 – 146.

李纯厚，贾晓平，杜飞雁，等. 2005. 南海北部生物多样性保护现状与研究进展。海洋水产研究，26（3）：73 – 79.

李纯厚，贾晓平，林钦，等. 2002. 粤东沿海养殖水域浮游植物的生态特征. 湛江海洋大学学报，22（1）：24 – 29.

李冠国. 1958. 胶州湾口浮游生物的变化 [J]. 山东大学学报，2：27 – 35.

李冠国，黄世玖. 1956. 青岛近海浮游硅藻季节变化研究的初步报告 [M]. 山东大学学报，25（4）：119 – 143.

李国胜，梁强，李柏良. 2003. 东海真光层深度的遥感反演与影响机理研究 [J]. 自然科学进展，13（1）：90 – 94.

李洪波，肖天，丁涛等. 2006. 浮游细菌在黄海冷水团中的分布 [J]. 生态学报，26（4）：1012 – 1020.

李杰，吴增茂，万小芳. 2006. 黄海冷水团新生产力及微食物环作用分析 [J]. 中国海洋大学学报，36（2）：193 – 199.

李开枝，郭玉洁，尹健强，等. 2005a. 南沙群岛海区秋季浮游植物物种多样性及数量变化［J］. 热带海洋学报，24（3）：25 – 30.

李开枝，尹健强，黄良民，等. 2005b. 珠江口浮游动物的群落动态及数量变化［J］. 热带海洋学报，24（5）：60 – 68.

李培军，马莹，林兆岚，等. 1994. 黄海北部中国对虾放流虾的生物环境［J］. 海洋水产研究，15：19 – 30.

李清雪，赵海萍，陶建华. 2005. 渤海湾海域浮游细菌的生态研究［J］. 海洋技术，24（4）：50 – 56.

李荣冠. 2003. 中国海陆架及临近海域大型底栖生物［J］. 北京：海洋出版社，164.

李荣冠等. 2006. 底栖动物［M］//唐启升等. 中国专属经济区海洋生物资源与栖息环境. 北京：科学出版社，108 – 430.

李荣冠，江锦祥. 1993. 大亚湾潮间带底栖生物种类组成与分布［J］. 海洋与湖沼，24（5）：527 – 535.

李荣冠，江锦祥，蔡尔西，等. 1997. 广东海门湾大型底栖生物生态研究［J］. 台湾海峡，16（2）：217 – 222.

李瑞香，毛兴华. 1985. 东海陆架区的甲藻. 东海海洋，3（1）：41 – 55.

李少菁. 1963. 福建沿海太平洋哲镖蚤（Calanus pacificus Brodsky）的比较形态研究［J］. 厦门大学学报，10（1）：57 – 81.

李少菁，陈钢. 2000. 台湾海峡浮游动物生态学［C］//中国海洋生态系统动力学研究Ⅰ. 关键科学问题与研究发展战略. 北京：科学出版社，87 – 97.

李少菁，黄加祺，郭东晖，等. 2006. 台湾海峡浮游生物生态学研究［J］. 厦门大学学报，45（Sup. 2）：24 – 31.

李松，邓榕. 1991. 闽南—台湾浅滩渔场上升流区浮游动物产量［M］//洪华生，丘书院，阮五崎等、闽南—台湾浅滩渔场上升流区生态系研究. 北京：科学出版社，346 – 355.

李文全，王宪. 1991. 闽南—台湾浅滩渔场上升流区初级生产力研究［M］//洪华生，丘书院，阮五崎等. 闽南—台湾浅滩渔场上升流区生态系研究. 北京：科学出版社，331 – 340.

李新正，李宝泉，王洪法，等. 2006. 胶州湾潮间带大型底栖动物的群落生态. 动物学报，52（3）：612 – 618.

李新正，李宝泉，王洪法，等. 2007. 南沙群岛渚碧礁大型底栖动物群落特征. 动物学报，53（1）：83 – 97.

李新正，王洪法，王金宝，等. 2005b. 不同孔径底层筛对胶州湾大型底栖动物取样结果的影响［J］. 海洋科学，29（12）：68 – 74.

李新正，王洪法，于海燕，等. 2004. 胶州湾棘皮动物的数量变化及与环境因子的关系［J］. 应用与环境生物学报，10（5）：618 – 622.

李新正，王洪法，张宝琳. 2005a. 胶州湾大型底栖动物次级生产力初探［J］. 海洋与湖沼，36（6）：527 – 533.

李新正，王永强. 2002. 南沙群岛与西沙群岛及其临近海域海洋底栖生物种类对比［J］. 海洋科学集刊，44：74 – 79.

李新正，于海燕，王永强，等. 2001. 胶州湾大型底栖动物的物种多样性现状［J］. 生物多样性，9（1）：80 – 84.

李新正，于海燕，王永强，等. 2002. 胶州湾大型底栖动物数量动态的研究［J］. 海洋科学集刊，44：66 – 73.

李新正，张宝琳，李宝泉，等. 2007. 青岛文昌鱼体征变化及影响因素探究［J］. 海洋科学，31（1）：55 – 59.

李峣，赵宪勇，张涛，等. 2007. 黄海鳀鱼越冬洄游分布及其与物理环境的关系［J］. 海洋水产研究，28（2）：104 – 112.

李永振，陈国宝，孙典荣，等. 珠江口游泳生物组成的多元统计分析［J］. 中国水产科学，2002，9（4）：328 – 334.

梁超愉，张汉华，颉晓勇，等. 2005. 雷州半岛红树林滩涂底栖生物多样性的初步研究 [J]. 海洋科学，29 (2)：18 – 31.

梁华. 1998. 澳门红树林植物组成及种群分布格局的研究 [J]. 生态科学，17 (1)：25 – 31.

廖宝文. 2009. 海南东寨港红树林湿地生态系统研究 [M]. 青岛：中国海洋大学出版社.

林峰竹，吴玉霖，于海成等. 2008. 2004 年长江口浮游植物群落结构特征分析 [J]. 海洋与湖沼，39 (4)：401 – 410.

林凤翱，贺杰. 1989. 北黄海三类废弃物试验倾倒区海洋细菌的生态学研究：Ⅰ海洋异养细菌的分布. 海洋环境科学 [J]. 8 (3)：10 – 15.

林金英，林加涵. 1997. 南黄海浮游甲藻的生态研究. 生态学报，17 (3)：252 – 257.

林景宏，陈明达，陈瑞祥. 1995. 南黄海和东海浮游端足类的分布特征 [J]. 海洋学报，17 (5)：117 – 123.

林鹏. 1997. 中国红树林生态系 [M]. 北京：科学出版社，47 – 52.

林鹏. 2001. 中国红树林研究进展 [J]. 厦门大学学报 (自然科学报)，40 (2)：592 – 603.

林鹏，傅勤. 1997. 中国红树林环境生态及经济利用 [M]. 北京：高等教育出版社.

林秋艳. 1989. 浮游植物 [A] //南沙群岛及其邻近海区综合调查报告 (一) 下卷 [R]. 北京：科学出版社，652 – 659.

林炜，唐以杰，钟连华. 2002. 大亚湾潮间带软体动物分布和区系分类研究 [J]. 广东教育学院学报，22 (2)：63 – 72.

林学举. 2006. 南海北部微微型浮游生物结构及叶绿素 a 最大值的形成机制 [D]. 厦门大学硕士学位论文，1 – 79.

林永水. 1989. 珠江口甲藻生态及赤潮初步研究 [A] [P]. 暨南大学学报，赤潮研究专刊，22 – 31.

林永水，林秋艳. 1991. 南沙群岛及其邻近海浮游植物的分布特征 [A] [C] //南沙群岛及其邻近海区海洋生物研究论文集 (二). 北京：海洋出版社，66 – 88.

林永水，袁文彬. 1985. 珠江口浮游植物种类组成及群落结构 [A]. [C] //广东省海岸带和海涂资源综合调查领导小组办公室. 珠江口海岸带和海涂资源综合调查研究文集 (三). 广州：广东科技出版社，1 – 5.

林元烧，李少菁. 1984. 厦门港中华哲水蚤生活史的初步研究 [J]. 厦门大学学报 (自然科学版)，23：111 – 117.

林元烧，罗文新，曹文清，等. 2001. 台湾海峡异养性鞭毛虫生态研究 Ⅰ. 1997 年夏季南部海域鞭毛虫丰度及生物量分布 [J]. 厦门大学学报 (自然科学版)，40 (3)：798 – 803.

刘诚刚，宁修仁，蔡昱明，等. 2007. 南海北部及珠江口细菌生产力研究 [J]. 海洋学报，29 (2)：

刘东艳. 2004. 胶州湾浮游植物与沉积物中硅藻群落结构演替的研究 [D]. 中国海洋大学，博士学位论文，1 – 127.

刘东艳，孙军，唐优才，等. 2002a. 胶州湾北部水域浮游植物研究 Ⅰ，种类组成和数量变化 [J]. 青岛海洋大学学报，32 (1)：67 – 72.

刘东艳，孙军，唐优才，等. 2002b. 胶州湾北部水域浮游植物研究 Ⅱ，环境因子对浮游植物群落结构的影响 [J]. 青岛海洋大学学报，32 (3)：415 – 422.

刘华雪，谭烨辉，黄良民，等. 2010. 夏季南海北部纤毛虫群落组成及其水平分布 [J]. 生态学报，30 (9)：2340 – 2346.

刘录三. 2002. 黄东海大型底栖动物生物多样性现状及变化研究 [D]. 中国科学院海洋研究所、中国科学院研究生院研究生毕业论文 (导师：李新正).

刘录三，李新正. 2002. 东海春秋季大型底栖动物分布现状 [J]. 生物多样性，10 (4)：351 – 358.

刘录三，李新正. 2003. 南黄海春秋季大型底栖动物分布现状 [J]. 海洋与湖沼，34 (1)：26 – 32.

刘录三，孟伟，田自强，等. 2008. 长江口及毗邻海域大型底栖动物的空间分布与历史演变 [J]. 生态学报，28 (7)：3027 – 3034.

刘敏，朱开玲，李洪波，等. 2008. 应用 PCR – DGGE 技术分析黄海冷水团海域的细菌群落组成 [J]. 环境科学，29（4）：1082 – 1091.

刘秦玉，刘倬腾，郑世培，等. 1996. 黑潮在吕宋海峡的形变及动力机制 [J]. 青岛海洋大学学报，26
（4）：413 – 420.

刘秦玉，杨海军，李薇，等. 2000. 吕宋海峡纬向海流及质量输送 [J]. 海洋学报，22（2）：1 – 8.

刘瑞玉，崔玉珩，徐凤山. 1986. 黄海、东海底栖生物的生态特点 [J]. 海洋科学集刊，27：154 – 173.

刘瑞玉等. 1992. 胶州湾生态学和生物资源 [J]. 北京：科学出版社，229 – 237.

刘霜，张继民，杨建强，等. 2009. 黄河口生态监控区主要生态问题及对策探析 [J]. 海洋开发与管理，20
（3）：49 – 52.

刘先丙，苏纪兰. 1992. 南海环流的一个约化模式 [J]. 海洋与湖沼，23（2）：167 – 174.

刘晓收. 2005. 南黄海鳀鱼产卵场小型底栖动物生态学研究 [D]. 中国海洋大学，硕士毕业论文.

刘勇，线薇薇，孙世春，等. 2008. 长江口及其邻近海域大型底栖动物生物量、丰度和次级生产力的初步研
究 [J]. 中国海洋大学学报（自然科学版），38（5）：749 – 756.

刘育莎. 2009. 福建三沙湾兴化湾饵料浮游动物主要生态特征及次级产量的初步估算 [D]. 厦门大学硕士学
位论文.

刘媛，黄邦钦，曹振锐，等. 2005. 厦门海域春夏季微型浮游动物对浮游植物的摄食压力初探 [J]. 海洋环
境科学，24（1）：9 – 12.

刘增宏，许建平，李磊，等. 2001. 1998 年夏、冬季节的南海水团及其分布 [C]. 中国海洋学文集. 第 13
集，221 – 230.

刘镇盛，蔡昱明，刘子琳，等. 2003. 三门湾秋季浮游植物现存量和初级生产力 [J]. 东海海洋，21（2）：
30 – 36.

刘镇盛，张经，蔡昱明，等. 2003. 三门湾夏季浮游植物现存量和初级生产力 [J]. 东海海洋，21（3）：24
– 33.

刘镇盛，王春生，张志南，等. 2005. 乐清湾浮游动物的季节变动及摄食率 [J]. 生态学报，25（8）：1853
– 1862.

刘镇盛，王春生，张志南，等. 2006. 三门湾浮游动物的季节变动及微型浮游动物摄食影响 [J]. 生态学
报，26（12）：3931 – 3941.

刘子琳. 2001. 杭州湾 – 舟山渔场秋季浮游植物现存量和初级生产力 [J]. 海洋学报，23（2）：93 – 99.

刘子琳，宁修仁. 1994. 杭州湾锋区浮游植物现存量和初级生产力 [J]. 东海海洋，12（4）：58 – 66.

刘子琳，宁修仁. 1998. 北部湾浮游植物粒径分级叶绿素 a 和初级生产力的分布特征 [J]. 海洋学报，20
（1）：50 – 57.

陆赛英. 1998. 东海北部叶绿素 a 极大值的分布规律 [J]. 海洋学报，20（3）：64 – 75.

吕瑞华. 2005. 叶绿素 a 与初级生产力 [M] //金显仕，赵宪勇，孟田湘，崔毅，等. 黄渤海生物资源与栖
息环境. 科学出版社，75 – 90.

吕瑞华，等. 1999. 渤海水域初级生产力 10 年间的变化 [J]. 黄渤海海洋，17（3）：80 – 85.

吕瑞华，夏滨，李宝华，等. 1999. 渤海水域初级生产力 10 年间的变化 [J]. 黄渤海海洋，17（3）：80
– 86.

吕瑞华，朱明远，夏滨，等. 1998. 长城湾夏季初级生产力及其光量子产值 [J]. 黄渤海海洋，16（3）：52
– 59.

栾青杉. 2007. 长江口及其邻接水域浮游植物群集生态学研究 [D]. 中国海洋大学硕士学位论文，1 – 66.

栾青杉，孙军，宋书群，等. 2007. 长江口夏季浮游植物群落与环境因子的典范对应分析 [J]. 植物生态学
报，31（3）：445 – 450.

罗民波，陆健健，王云龙，等. 2007. 东海浮游植物数量分布与优势种 [J]. 生态学报，27（12）：5076
– 5085.

罗小峰，陈志昌. 2006. 长江口北槽近期盐度变化分析 [J]. 水运工程，11：79 – 82.

马喜平，高尚武. 2000. 渤海水母类生态的初步研究 – 种类组成、数量分布与季节变化 [J]. 生态学报，20（4）：533 – 540.

孟田湘，2001. 山东半岛南部鳀鱼产卵场鳀鱼仔、稚鱼摄食的研究 [J]. 海洋水产研究，22（2）：21 – 25.

慕芳红，张志南，郭玉清. 2001a. 渤海小型底栖生物的丰度和生物量. 青岛海洋大学学报，31（6）：897 – 905.

慕芳红，张志南，郭玉清. 2001b. 渤海底栖桡足类群落结构的研究. 海洋学报，23（6）：120 – 127.

宁修仁，1997. 海洋微型和微微型浮游生物 [J]. 东海海洋，15（3）：60 – 64.

宁修仁，蔡昱明，李国为，等. 2003，南海北部微微型光合浮游生物的丰度及环境调控 [J]. 海洋学报，25（3）：83 – 97.

宁修仁，刘子琳，蔡昱明. 2000. 我国海洋初级生产力研究二十年 [J]. 东海海洋，18（3）：14 – 20.

宁修仁，刘子琳，史君贤. 1995. 渤、黄、东海初级生产力和潜在渔业生产量的评估 [J]. 海洋学报，17（3）：72 – 84.

宁修仁，史君贤，蔡昱明，等. 2004. 长江口和杭州湾海域生物生产力锋面及其生态学效应 [J]. 海洋学报，26（6）：96 – 106.

宁修仁，史君贤，刘子琳，等. 1997. 象山港微微型光能自养生物丰度与分布及其环境制约 [J]. 海洋学报，19（1）：87 – 95.

宁修仁，沃洛 D. 1991. 长江口及其毗连东海水域蓝细菌的分布和细胞特性及其环境调节. [J]. 海洋学报，13（4）：552 – 559.

潘科，黄凌风，郭丰，等. 2005. 夏季黄、东海鞭毛虫与悬浮颗粒物的数量关系 [J]. 海洋学报，27（6）：107 – 115.

彭安国，黄奕普，刘广山，等. 2003. 大亚湾细菌生产力研究 [J]. 海洋学报，25（4）：83 – 90.

彭兴跃，洪海征，黄明等. 2002. 厦门港海水光合色素特征 [J]. 台湾海峡，21（1）：79 – 84.

钱树本，陈国蔚. 1996. 南沙群岛海区浮游植物多样性研究 [M] //中国科学院南沙综合科学考察队，南沙群岛及其邻近海区海洋生物多样性研究Ⅱ. 北京：海洋出版社，11 – 27.

钱树本，王筱庆，陈国蔚. 1983. 胶州湾的浮游藻类 [J]. 山东海洋学院学报，13（1）：39 – 56.

沈鹤琴，蔡创华，周毅频. 1991. 南沙群岛海区异养细菌的生态分布 [C]. 北京：海洋出版社，1 – 17.

沈鹤琴，周毅频，蔡创华. 1991. 南沙群岛海区异养弧菌的生态分布 [C]. 北京：海洋出版社，18 – 33.

沈建伟，朱文杰，吴自荣，等. 1988. 南海中国沿海发光细菌的分离鉴定 [J]. 海洋与湖沼，（1）：78 – 82.

沈健，沈焕庭，潘定安，等. 1995. 长江河口最大浑浊带水沙输运机制分析 [J]. 地理学报，50（5）：411 – 422.

沈寿彭. 1982. 南海海盆底栖生物分布初步分析 [R] //中国科学院南海海洋研究所. 南海海区综合调查研究报告（一）. 北京：科学出版社，231 – 240.

沈新强，胡方西. 1995. 长江口外水域叶绿素 a 分布的基本特征 [J]. 中国水产科学，2（1）：71 – 80.

沈志良. 2002. 胶州湾营养盐结构的长期变化及其对生态环境的影响 [J]. 海洋与湖沼，33（3）：322 – 331.

时翔，王汉奎，谭烨辉，等. 2007. 三亚湾浮游动物数量分布及群落特征的季节变化 [J]. 海洋通报，26（4），42 – 49.

宋新，林霄沛，王悦. 2009. 夏季黄海冷水团的多年际变化及原因浅析 [J]. 广东海洋大学学报，29（3）：59 – 63.

宋星宇，2004. 典型海湾初级生产力及其影响因素研究 [D]. 广州：中国科学院南海海洋研究所. （博士论文）

苏纪兰. 2001. 中国近海的环流动力机制研究 [J]. 海洋学报，23（4）：1 – 16.

苏纪兰，潘玉球. 1987. 台湾以北陆架环流动力学初步研究 [J]. 海洋学报，11（1）：1 – 14.

苏纪兰，许建平，蔡树群. 1999. 南海的环流和涡旋 [J]. 丁一汇，李崇银. 南海季风暴发和演变及其与海洋的相互作用. 北京：气象出版社，66 – 72.

苏纪兰, 袁业立. 2005. 中国近海水文. 北京: 海洋出版社.

苏强, 黄良民, 谭烨辉, 等. 2007. 三亚湾夏秋两季微型浮游动物摄食研究. 海洋通报, 26 (6): 19 – 25.

苏强, 黄良民, 谭烨辉, 等. 2008. 三亚湾珊瑚礁海区微型浮游动物种群组成和摄食研究 [J]. 海洋通报, 27 (2): 28 – 36.

孙道元, 刘银城. 1991. 渤海底栖动物种类组成和数量分布 [J]. 黄渤海海洋, 9 (1): 42 – 50.

孙道元, 张宝琳, 吴耀泉. 1996. 胶州湾底栖生物动态的研究 [J]. 海洋科学集刊, 37: 103 – 114.

孙军, J Dawson, 刘东艳. 2004. 夏季胶州湾微型浮游动物摄食初步研究 [J]. 应用生态学报, 15 (7): 1245 – 1252.

孙军, 刘东艳. 2002. 中国海区常见浮游植物种名更改初步意见 [J]. 海洋与湖沼, 33 (3): 271 – 286.

孙军, 刘东艳, 柴心玉, 等. 2003a. 1998 – 1999 年春秋季渤海中部及其邻近海域叶绿素 a 浓度及初级生产力估算 [J]. 生态学报, 23 (3): 517 – 526.

孙军, 刘东艳, 钱树本. 1999. 浮游植物生物量研究 I. 浮游植物生物量细胞体积转化法 [J]. 海洋学报, 21 (2): 75 – 85.

孙军, 刘东艳, 钱树本. 2000a. 浮游植物生物量研究 II. 胶州湾网采浮游植物细胞体积转换生物量 [J]. 海洋学报, 22 (1): 102 – 109.

孙军, 刘东艳, 钱树本. 2000b. 浮游植物生物量研究 III [J]. 海洋学报, 22 (增刊): 293 – 299.

孙军, 刘东艳, 钱树本. 2002a. 一种海洋浮游植物定量研究分析方法—Utermöhl 方法的介绍及其改进 [J]. 黄渤海海洋, 20 (2): 105 – 112.

孙军, 刘东艳, 王威, 等. 2004a. 1998 年秋季渤海中部及其邻近海域的网采浮游植物群落 [J]. 生态学报, 24 (8): 1644 – 1656.

孙军, 刘东艳, 魏皓. 2003b. 渤海生态系统动力学中的浮游植物采样及分析的策略 [J]. 海洋学报, 25 (Supp. 2): 41 – 50.

孙军, 刘东艳, 徐俊, 等. 2004b. 1999 年春季渤海中部及其邻近海域的网采浮游植物群落. 生态学报, 24 (9): 2003 – 2016.

孙军, 刘东艳, 杨世民, 等. 2002b. 渤海中部和渤海海峡及邻近海域浮游植物群落结构的初步研究 [J]. 海洋与湖沼, 33 (5): 461 – 471.

孙军, 刘东艳, 张晨, 等. 2003c. 渤海中;部和渤海海峡及其邻近海域浮游植物粒级生物量的初步研究 I. 浮游植物粒级生物量的分布特征 [J]. 海洋学报, 25 (5): 103 – 112.

孙军, 刘东艳, 钟华, 等. 2003d. 浮游植物粒级研究方法的比较 [J]. 青岛海洋大学学报, 33 (6): 917 – 924.

孙军, 宋书群. 2009. 东海春季水华期浮游植物生长与微型浮游动物摄食 [J]. 29 (12): 6429 – 6438.

孙军, 宋书群, 乐凤凤, 等. 2007. 2004 年冬季南海北部浮游植物 [J]. 海洋学报, 29 (5): 132 – 145.

孙军, 宋秀贤, 殷克东, 等. 2003e. 香港水域夏季微型浮游动物摄食研究 [J]. 生态学报, 23 (4): 712 – 724.

孙晟, 肖天, 岳海东. 2003. 秋季与春季东、黄海蓝细菌 (*Synechococcus* spp.) 生态分布特点 [J]. 海洋与湖沼, 34 (2): 161 – 168.

孙松, 刘桂梅, 张永山, 等. 2002. 90 年代胶州湾浮游植物种类组成和数量分布特征 [J]. 海洋与湖沼, 33 (浮游动物研究专辑): 37 – 45.

孙松, 张永山, 吴玉霖, 等. 2005. 胶州湾初级生产力周年变化 [J]. 海洋与湖沼, 36 (6): 481 – 486.

孙湘平. 2006. 中国近海区域海洋 [M]. 海洋出版社, 350 – 364.

谭烨辉, 黄良民, 董俊德, 等. 2004. 三亚湾秋季桡足类分布与种类组成及对浮游植物现存量的摄食压力 [J]. 热带海洋学报, 23 (5): 17 – 24.

唐启升, 等. 2006. 中国专属经济区海洋生物资源与栖息环境 [J]. 北京: 科学出版社, 1237.

唐以杰, 林炜, 陈明旺, 等. 2005. 广东海陵岛沿海软体动物的分布 [J]. 华南师范大学学报（自然科学版），1：99－110.

田家怡. 2000. 黄河三角洲附近海域浮游植物多样性 [J]. 海洋环境科学，19（2）：38－42.

田家怡，王民. 1997. 黄河断流对三角洲附近海域生态环境影响的研究 [J]. 海洋环境科学，16（3）：59－65.

田家怡，王民，窦洪云等. 1997. 黄河断流对三角洲生态环境的影响与缓解对策的研究 [J]. 生态学杂志，16（3）：39－44.

田胜艳，于子山，刘晓收，等. 2006. 栖息密度/生物量比较曲线法监测大型底栖动物群落受污染扰动的研究 [J]. 海洋通报，25（1）：92－96.

田伟. 2011. 黄海中部春季浮游植物水华群落结构及演替 [D]. 中国海洋大学，硕士论文.

汪岷，白晓歌，梁彦韬，等. 2008a. 北黄海夏季微微型浮游植物的分布 [J]. 植物生态学报，32（5）：1184－1193.

汪岷，白晓歌，梁彦韬，等. 2008a. 北黄海夏季微微型浮游植物的分布 [J]. 植物生态学报，32（5）：1184－1193.

汪岷，梁彦韬，白晓歌，等. 2008b. 青岛近海及其临近海域冬季微微型浮游植物的分布 [J]. 应用生态学报，19（11）：2428－2434.

汪岷，梁彦韬，白晓歌，等. 2008. 青岛近海及其邻近海域夏季微微型浮游植物丰度的分析 [J]. 中国海洋大学学报，38（3）：413－418.

王保栋. 2000. 黄海冷水域生源要素的变化特征及相互关系 [J]. 海洋学报，22（6）：47－54.

王保栋，刘峰. 1999. 南黄海溶解氧的平面分布及其季节变化 [J]. 海洋学报，21（4）：47－53.

王春生，陈兴群. 2012. 我国近海海洋－海洋生物与生态 [M]. 北京：海洋出版社.

王丹，黄香秀，黄邦饮，等. 2008. 黄海两种典型硅藻的磷胁迫生理研究 [J]. 海洋科学，32（5）：22－27.

王丹，孙军，安佰正，等. 2008a. 2006 年秋季东海陆架浮游植物群集 [J]. 应用生态学报，19（11）：2435－2442.

王丹，孙军，周锋，等. 2008b. 2006 年 6 月长江口低氧区及邻近水域浮游植物 [J]. 海洋与湖沼，39（6）：619－627.

王海黎，洪华生. 2000. 近岸海域光合色素的生物标志物研究 I. 台湾海峡特征光合色素的分布及其对浮游植物类群结构的指示 [J]. 海洋学报，22（3）：94－102.

王海黎，洪华生，徐立. 1999. 反相液相色谱法分离、测定海洋浮游植物的叶绿素和类胡萝卜素 [J]. 海洋科学，4：6－9.

王洪法，李宝泉，张宝琳，等. 2006b. 胶州湾红石崖潮间带大型底栖动物群落生态学研究 [J]. 海洋科学，30（9）：52－57.

王金宝，李新正，刘录三，等. 2006c. 黄海、东海大型底栖动物群落结构分析 [J]. 海洋与湖沼，37（增）：214－221.

王金宝，李新正，王洪法. 2006b. 胶州湾多毛类环节动物优势种的生态特点 [J]. 动物学报，52（1）：63－69.

王金宝，李新正，王洪法，等. 2007. 黄海特定断面夏秋季大型底栖动物生态学特征 [J]. 生态学报，27（10）：4349－4358.

王金宝，李新正，王洪法，等. 2006a. 胶州湾多毛类环节动物数量分布与环境因子的关系 [J]. 应用与环境生物学报，12（6）：798－803.

王金辉. 2002. 长江口邻近水域的赤潮生物 [J]. 海洋环境科学，21（5）：37－41.

王金辉. 2002. 长江口水域三个不同生态系的浮游植物群落 [J]. 青岛海洋大学学报，32（3）：422－428.

王金辉，黄秀清. 2003. 具齿原甲藻的生态特征及赤潮成因浅析 [J]. 应用生态学报，14（7）：1065－1069.

王俊. 2000. 莱州湾浮游植物种群动态研究 [J]. 海洋水产研究, 21 (3): 33 - 38.

王俊. 2001. 黄海春季浮游植物的调查研究 [J]. 黄海水产研究, 22 (1): 56 - 61.

王俊. 2003. 黄海春季浮游植物的调查研究 [J]. 黄海水产研究, 24 (1): 15 - 23.

王俊, 康元德. 1998. 渤海浮游植物种群动态的研究 [J]. 海洋水产研究, 19 (1): 43 - 52.

王克, 张武昌, 王荣, 等. 2002. 渤海中南部春秋季浮游动物群落结构 [J]. 海洋科学集刊, 44: 1 - 9.

王丽荣, 陈锐球, 赵焕庭. 2003. 琼州海峡岸礁潮间带生物 [J]. 台湾海峡, 22 (3): 286 - 294.

王荣, 陈亚瞿, 左涛, 等. 2003. 黄、东海春秋季磷虾的数量分布及其与水文环境的关系 [J]. 水产学报, 27 (Suppl.): 31 - 38.

王荣, 陈亚瞿, 左涛, 等. 2003. 黄、东海春秋季磷虾的数量分布及其与水文环境的关系 [J]. 水产学报, 27 (增刊): 31 - 38.

王荣, 范春雷. 1997. 东海浮游桡足类的摄食活动及其对垂直碳通量的贡献 [J]. 海洋与湖沼, 28 (6): 579 - 587.

王荣, 张鸿雁, 王克, 等. 2002. 小型桡足类在海洋生态系统中的功能作用 [J]. 海洋与湖沼, 33 (5): 453 - 461.

王宪, 李文权, 1994. 湄洲湾夏季的初级生产力 [J]. 台湾海峡, 13 (1): 8 - 13.

王新刚, 孙松, 蒲新明. 2002. 黄海冷水团区域中华哲水蚤的体长、体重、元素组成和代谢特征 [J]. 海洋与湖沼, 浮游动物研究专辑: 45 - 50.

王绪峨, 徐宗法, 周学家. 1995. 烟台近海底栖动物调查报告 [J]. 生态学杂志, 14 (1): 6 - 10.

王学锋, 李纯厚, 贾晓平, 等. 2006. 大亚湾冬春季微型浮游动物摄食研究 [J]. 海洋环境科学 25 (S1): 44 - 47.

王学军, 连岩, 刘瑶. 2005. 太平洋磷虾虾酱、虾油、虾味素的制取工艺 [J]. 渔业现代化, 3: 37 - 43.

王雪辉, 等. 2003. 北部湾海域秋、冬季甲壳类的种类组成及分布 [J]. 湛江海洋大学学报, 23 (6): 1 - 7.

王云龙, 李纯厚, 庄志猛, 等. 2001. 浮游动物调查与研究 [R].

王云龙, 沈新强, 李纯厚, 等. 2005. 中国大陆架及邻近海域浮游生物 [M]. 上海, 上海科学技术出版社, 1 - 318.

王增焕, 李纯厚, 贾晓平. 2005. 应用初级生产力估算南海北部的渔业资源量 [J]. 海洋水产研究, 26 (3): 9 - 15.

王真良. 1996. 黄海区水母类的生态研究 [J]. 黄渤海海洋, 14 (1): 41 - 50.

王真良, 1996. 黄海区水母类的生态研究 [J]. 黄渤海海洋, 14 (1): 41 - 50.

王真良, 刘晓丹. 1989. 北黄海浮游动物昼夜垂直移动的初步研究 [J]. 黄渤海海洋, 7 (4): 50 - 54.

王真良, 徐汉光, 朱建东, 等. 1985. 黄海的浮游动物 [J]. 海洋通报, 4 (5): 33 - 39.

王胄, 陈庆生. 1997. 南海东北部海域次表层水与中层水之流径 [J]. 热带海洋 16 (2): 24 - 40.

翁学传, 张以恳, 王从敏, 等. 1989. 黄海冷水团的变化特征 [J]. 青岛海洋大学学报, 19 (1): 119 - 131.

翁学转, 张启龙, 延廷壮, 等. 1992. 台湾海峡中、北部海域春、夏季水团分析 [J]. 海洋与湖沼, 23 (3): 235 - 243.

吴成业, 张建林, 黄良民. 2001. 南沙群岛珊瑚礁湖及附近海区春季初级生产力 [J]. 热带海洋学报, 20 (3): 59 - 67.

吴启泉, 江锦祥, 徐惠洲, 等. 1994. 台湾海峡西部及台湾浅滩附近底栖生物群落结构研究 [J]. 海洋学报, 16 (2): 101 - 109.

吴启泉, 吴宝铃. 1987. 海南岛鹿回头潮间带多毛类的生态 [J]. 台湾海峡, 6 (1): 78 - 81.

吴日升, 李立. 2003. 南海上升流研究概述 [J]. 台湾海峡, 22 (2): 269 - 277.

吴耀泉. 1999. 胶州湾沿岸带开发对生物资源的影响 [J]. 海洋环境科学, 18 (2): 38 - 42.

吴耀泉, 李新正. 2003. 长江口区底栖生物群落多样性特征 [C] //中国甲壳动物学会. 甲壳动物学论文集 (第四辑). 北京: 科学出版社, 281 - 288.

吴耀泉，张波. 1994. 烟台芝罘湾水域底栖动物生态环境特征 [J]. 海洋环境科学，13 (3)：1－6.

吴玉霖. 1995. 胶州湾生态学研究. 北京：科学出版社.

吴玉霖，傅月娜，张永山. 2004. 长江口海域浮游植物分布及其与径流的关系 [J]. 海洋与湖沼，35 (3)：246－251.

吴玉霖，张永山. 2001. 浮游植物与初级生产//董金海，海湾生态过程与持续发展 [M]. 北京：科学出版社，96－104.

伍伯瑜. 1982. 台湾海峡环流研究中的若干问题 [J]. 台湾海峡，1 (1)：2－7.

伍德忠，杨天鸿，郭忠信. 1984. 夏季南海北部一支向西流动的海流 [J]. 热带海洋，3 (4)：65－72.

夏滨，吕瑞华，孙丕喜. 2001. 2000 年秋季黄、东海典型海区叶绿素 a 的时空分布及其粒径组成特征 [J]. 黄渤海海洋，19 (4)：37－42.

夏平，陆斗定，朱德第，等. 2007. 浙江近岸海域赤潮发生的趋势和特点 [J]. 海洋学研究，25 (2)：47－56.

肖天，王荣. 2003a. 春季与秋季渤海聚球藻（聚球聚球藻属）的分布特点 [J]. 生态学报，22 (12)：2071－2078.

肖天，岳海东，张武昌，等. 2003. 东海聚球蓝细菌（Synechococcus）的分布特点及在微食物环中的作用 [J]. 海洋与湖沼，34 (1)：33－43.

肖贻昌. 1979. 黄海浮游动物的基本生态特点 [J]. 海洋湖沼通报，2：51－55.

徐恭昭. 1989. 大亚湾环境与资源 [J]. 合肥：安徽科学技术出版社，1－373.

徐家铸，苏翠荣. 1995. 海州湾浮游动物的种类组成和分布Ⅰ. 夜光虫和砂壳纤毛虫 [J]. 南京师大学报（自然科学版），18 (4)：125－129.

徐利生，孙慧君，吴国文，等. 1992. 海南岛澄迈角沙滩潮间带底栖动物生态初步研究 [J]. 热带海洋，11 (1)：15－21.

徐敏芝，蒋加仑，陆斗定. 1990. 1986 年春季东海黑潮区及其邻近海域浮游植物现存量和种类组成 [C] // 国家海洋局科技司. 黑潮调查研究论文选. 北京：海洋出版社，215－227.

徐韧，李亿红，李志恩，等. 2009. 长江口不同水域浮游动物数量特征比较 [J]. 生态学报，29 (4)：1688－1696.

徐润林，白庆笙. 1998. 大亚湾核电站邻近水域浮游纤毛虫群落结构 [J]. 中山大学学报（自然科学版），37 (2)：77－80.

徐晓军，曹新，由文辉. 2006. 中国北方大米草属植被中大型底栖动物群落的初步研究 [J]. 江苏环境科技，19 (3)：6－9.

徐兆礼. 2004. 东海近海春季赤潮发生与浮游动物群落结构的关系 [J]. 中国环境科学，24 (3)：257－260.

徐兆礼. 2005c. 东海浮游翼足类（Pteropods）数量分布的研究 [J]. 海洋学报，27 (4)：148－154.

徐兆礼. 2005d. 长江口邻近水域浮游动物群落特征及变动趋势 [J]. 生态学杂志，24 (7)：780－78.

徐兆礼. 2005e. 长江口北支水域浮游动物的研究 [J]. 应用生态学报，16 (5)：1341－1345.

徐兆礼. 2006a. 东海精致真刺水蚤（Copepod：*Euchaeta concinna*）种群生态特征. 海洋与湖沼，37 (2)：97－104.

徐兆礼. 2006b. 东海普通波水蚤种群特征与环境的关系 [J]. 应用生态学报，17 (1)：107－112.

徐兆礼. 2006c. 东海水母类丰度的动力学特征 [J]. 动物学报，52 (5)：854－861.

徐兆礼. 2006d. 东海亚强真哲水蚤种群生态特征 [J]. 生态学报，26 (4)：1151－1158.

徐兆礼. 2006e. 中国海洋浮游动物研究的新进展 [J]. 厦门大学学报（自然科学版），45 (S2)：16－23.

徐兆礼，陈亚瞿. 1989. 东、黄海秋季浮游动物优势种聚集强度与鲐鲹渔场的关系 [J]. 生态学杂志，8 (4)：13－15.

徐兆礼，高倩. 2009. 长江口海域真刺唇角水蚤的分布及其对全球变暖的响应 [J]. 应用生态学报，20 (5)：1196－1201.

徐兆礼，蒋玫，白雪梅，等. 1999. 长江口底栖动物生态研究［J］. 中国水产科学，6（5）：59 – 62.

徐兆礼，林茂. 2006. 东海水母类多样性分布特征［J］. 生物多样性，14（6）：508 – 516.

徐兆礼，沈新强. 2005b. 长江口水域浮游动物生物量及其年间变化［J］. 长江流域资源与环境，14（3）：282 – 286.

徐兆礼，沈新强，马胜伟. 2005a. 春、夏季长江口邻近水域浮游动物优势种的生态特征［J］. 海洋科学，2（12）：13 – 19.

徐兆礼，王云龙，陈亚瞿，等. 1995. 长江口最大浑浊带浮游动物的生态研究［J］. 中国水产科学，2（1）：39 – 48.

许建平、李金洪、刘增宏，等. 2001. 1998 年夏季风爆发前后南海海洋水文特征及其变异［C］. 中国海洋学文集. 第 13 集，197 – 209.

许建平，苏纪兰. 1997. 黑潮水入侵南海的水文分析 Ⅱ. 1994 年 8—9 月观测结果［J］. 热带海洋，16（2）：1 – 23.

许建平，苏纪兰，仇德忠. 1996. 黑潮入侵南海的水文分析［C］. 中国海洋学文集（第 6 集）. 北京：海洋出版社，1 – 12.

许振祖. 1993. 中国海域一些水螅水母种类名的订正［J］. 台湾海峡，12（3）：197 – 204.

薛惠洁，柴扉，侍茂崇. 2001. 吕宋海峡水平通量计算［C］. 中国海洋学文集（第 13 集）. 北京：海洋出版社，152 – 167.

颜廷壮. 1991. 中国沿岸上升流成因类型的初步划分［J］. 海洋通报，10（6）：1 – 6.

杨东方，高振会，王凡，等. 2007. 长江口理化因子影响初级生产力的探索Ⅲ. 长江河口区水域磷酸盐供给的主要水系组成［J］. 海洋科学进展，25（4）：495 – 505.

杨关铭，何德华，王春生，等. 1999. 台湾暖流源地域浮游桡足类生物海洋学特征研究 Ⅱ群落特征［J］. 海洋学报，21（6）：72 – 80.

杨洁，蔡立哲. 2008. 北部湾夏季小型底栖动物丰度和生物量［C］//胡建宇，杨圣云. 北部湾海洋科学研究论文集. 北京：海洋出版社，222 – 229.

杨青，曹文清，林袁绍，等. 2008. 厦门港表层水体磷周转的生物学过程研究Ⅰ. 微型浮游动物对浮游植物的摄食［J］. 海洋学报，30（1）：172 – 178.

杨青，林元烧，周茜茜，等. 2008. 北部湾 2006 年夏季蓝藻的丰度和分布［C］//胡建宇，杨圣云，北部湾海洋科学研究论文集. 北京：海洋出版社，186 – 192.

杨尧，张鈚，高素华. 1991. 闽南—台湾浅滩渔场叶绿素 a 含量及分布［M］//洪华生，丘书院，阮五崎等，闽南—台湾浅滩渔场上升流区生态系研究. 北京：科学出版社，341 – 345.

叶嘉松，林永水，袁文彬. 1983. 东沙群岛周围海域夏季浮游植物的数量分布［R］//南海海洋生物研究论文集（一）. 北京：海洋出版社，1 – 6.

叶洁琼，蔡立哲，黄睿婧，等. 2010. 北部湾底拖网软体动物的种类组成及其环境影响［J］. 海洋通报，29（6）：617 – 622.

尹健强，陈清潮. 1991. 南沙群岛及其邻近海区浮游介形类的种类、动物区系和动物地理［R］//中国科学院南沙综合科学考察队. 南沙群岛海区海洋动物区系和动物地理研究专集. 北京：海洋出版社，64 – 139.

尹健强，陈清潮，张谷贤，等. 2006. 南沙群岛海区上层浮游动物种类组成与数量的时空变化［J］. 科学通报，51：129 – 138.

尹健强，陈清潮，张谷贤，等. 2006. 南沙群岛海区上层浮游动物种类组成与数量的时空变化［J］. 科学通报，增刊Ⅱ，S1：129 – 138.

尹健强，陈清潮，张谷贤. 南沙群岛海区浮游动物的种类组成与数量分布.

尹健强，黄良民，陈清潮，等. 1995. 珠江口某些浮游动物的食性研究［A］//珠江及沿岸环境研究［C］. 广州：广东高等教育出版社，34 – 45.

尹健强，张谷贤，谭烨辉，等. 2004. 三亚湾浮游动物的种类组成与数量分布［J］. 热带海洋学报，23（5）

475

1－9.

于非, 张志欣, 刁新源, 等. 2006. 黄海冷水团演变过程及其与邻近水团关系的分析 [J]. 海洋学报, 28 (5): 26－34.

于海燕, 李新正, 李宝泉, 等. 2005. 胶州湾大型底栖甲壳动物数量动态变化 [J]. 海洋与湖沼, 36 (4): 290－295.

于海燕, 李新正, 李宝泉, 等. 2006. 胶州湾大型底栖动物生物多样性现状 [J]. 生态学报, 26 (2): 416－422.

余勉余, 梁超愉, 李茂照, 等. 1990. 广东浅海滩涂增养殖业环境及资源 [J]. 北京: 科学出版社, 28－42.

余日清, 陈桂珠, 黄玉山, 等. 1996. 深圳福田红树林区底栖大型动物群落的空间分带及灌污的可能影响 [J]. 生态学报, 16 (3): 283－288.

余日清, 陈桂珠, 章金鸿, 等. 1997. 排放生活污水对红树林底栖动物群落季节变化的影响 [J]. 中国环境科学, 17 (6): 497－500.

俞建銮, 李瑞香. 1993. 渤海、黄海浮游植物生态的研究. 黄渤海海洋, 11 (3): 52－59.

俞慕耕, 刘金芳. 1993. 南海海流系统与环流形势 [J]. 海洋预报, 10 (2): 13－17.

袁叔尧, 邓九仔. 1998. 南海北部的温盐热结构－Ⅳ. 南海北部的热状况及其季节变化特征 [M]. 南海研究与开发, 3－4: 19－25.

袁伟, 张志南, 于子山. 2007a. 胶州湾西部海域大型底栖动物次级生产力初步研究 [J]. 应用生态学报, 18 (1): 145－150.

袁伟, 张志南, 于子山. 2007b. 胶州湾西部海域大型底栖动物多样性的研究 [J]. 生物多样性, 15 (1): 53－60.

袁秀珍. 1998. 北海涠洲岛潮间带底栖贝类调查 [J]. 生物学通报, 33 (6): 11－13.

曾强. 1993. 长江口南、北支水域的浮游甲壳动物调查 [J]. 淡水渔业, 23 (1): 33－35.

曾祥波, 黄邦钦. 2005. 厦门港西海域冬季微型浮游动物在碳循环中的作用 [J]. 集美大学学报 (自然科学版), 10 (4): 289－295.

曾祥波, 黄邦钦. 2006. 台湾海峡南部夏季微型浮游动物对浮游植物的摄食压力及其生产力 [J]. 台湾海峡, 25 (1): 1－9.

曾祥波, 黄邦钦. 2007. 台湾海峡微型浮游动物的摄食压力及其对营养盐再生的贡献 [J]. 厦门大学学报 (自然科学版), 46 (2): 231－235.

曾祥波, 黄邦钦. 2010. 厦门西海域微型浮游动物的丰度、生物量及其生产力的季节变动 [J]. 厦门大学学报 (自然科学版), 49 (1): 109－115.

曾祥波, 黄邦钦, 陈纪新, 等. 2006. 台湾海峡小型浮游动物的摄食对夏季藻华演替的影响 [J]. 海洋学报, 28 (5): 107－116.

张宝琳, 王洪法, 李宝泉, 等. 2007a. 胶州湾辛岛潮间带大型底栖动物生态学调查 [J]. 海洋科学, 31 (1): 60－64.

张宝琳, 王洪法, 张文勇, 等. 2007b. 胶州湾肠鳃类种类与分布 [J]. 海洋科学, 31 (2): 65－67, 97.

张波, 高兴梅, 宋秀贤, 等. 1998. 芝罘湾底质环境因子对底栖动物群落结构的影响 [J]. 海洋与湖沼, 29 (1): 53－60.

张彩云. 2006. 台湾海峡叶绿素 a 对海洋环境多尺度时间变动的响应研究 [D]. 厦门大学博士学位论文.

张翠霞, 张武昌, 肖天. 2010. 2007 年 10 月南海北部浮游纤毛虫的丰度和生物量 [J]. 生态学报, 30 (4): 867－877.

张翠霞, 张武昌, 赵楠, 等. 2011. 秋冬季东海陆架区浮游纤毛虫的生态分布特点 [J]. 海洋学报, 33 (1): 127－137.

张达娟, 闫启仑, 王真良. 2008. 典型河口浮游动物种类数及生物量变化趋势的研究 [J]. 海洋与湖沼, 39

（5）：536－540.

张钒，杨尧. 1994. 台湾海峡中北部夏季叶绿素 a 分布与上升流的关系［J］. 热带海洋，13（1）：91－95.

张钒，杨尧，黄邦钦. 1997. 营养盐输入对台湾海峡叶绿素 a 的调控作用［M］//洪华生，等. 台湾海峡初级生产力及其调控机制研究. 北京：海洋出版社，81－88.

张芳，孙松，杨波，等. 2006. 黄海小拟哲水蚤（*Paracalanus parvus*）丰度的季节变化［J］. 海洋与湖沼，37（4）：322－329.

张福绥. 1964. 中国近海的浮游软体动物 I. 翼足类、异足类及海蜗牛类的分类研究［J］. 海洋科学集刊，5：125－226.

张福绥. 1966. 中国近海的浮游软体动物，黄海与东海浮游软体动物生态的研究［J］. 海洋与湖沼，8（1）：13－28.

张谷贤，陈清潮. 1991. 南海及其邻近海区的磷虾类［C］//中国科学院南沙综合科学考察队. 南沙群岛海区海洋动物区系和动物地理研究专集. 北京：海洋出版社，140－270.

张光涛. 2003. 中华哲水蚤在黄、东海的生殖策略及其与环境因子的关系［D］. 中国科学院海洋研究所.

张光涛，孙松，孙晟. 2002a. 中华哲水蚤的昼夜产卵节律以及温度对产卵量和孵化率的影响［J］. 海洋与湖沼，浮游动物研究专辑：71－78.

张光涛，孙松，杨波，等. 2002b. 中华哲水蚤和小拟哲水蚤卵的死亡率研究［J］. 海洋与湖沼，浮游动物研究专辑：78－85.

张宏达，王伯荪，胡玉佳，等. 1985. 香港地区的红树林［J］. 生态科学，（2）：1－8.

张金标. 1979. 中国海域水螅水母类区系的初步分析［J］. 海洋学报，1（1）：128－137.

张金标等. 1989. 渤海、黄海、东海海洋图集（生物）［M］. 北京：海洋出版社.

张锦平，徐兆礼，汪琴，等. 2005. 长江口九段沙附近水域浮游动物生态特征［J］. 上海水产大学学报，14（4）：383－389.

张敬怀，高阳，方宏达，等. 2009. 珠江口大型底栖生物群落生态特征［J］. 29（1）：2989－2999.

张利永，刘东艳，孙军，等. 2004. 胶州湾女姑山水域夏季赤潮高发期浮游植物群落结构特征［J］. 中国海洋大学学报，34（5）：997－1002.

张乔民，隋淑珍. 2001. 中国红树林湿地资源极其保护［J］. 自然资源学报，16（1）：28－36.

张乔民，张叶春，孙淑杰. 1997. 中国红树林和红树林海岸现状与管理［A］［C］//中国科学院海南热带海洋生态实验站，热带海洋研究（五），北京：143－151.

张武昌，孙军，孙松. 2004. 渤海 1999 年 4 月运动类铃虫的平面分布［J］. 海洋科学，28（12）：67－69.

张武昌，王荣. 2000. 渤海微型浮游动物及其对浮游植物的摄食压力［J］. 海洋与湖沼，31（3）：252－258.

张武昌，王荣. 2001. 海洋微型浮游动物对浮游植物和初级生产力的摄食压力［J］. 生态学报，21：1360－1368.

张武昌，王荣. 2001. 胶州湾桡足类幼虫和浮游生纤毛虫的丰度与生物量［J］. 海洋与湖沼，32（3）：280－287.

张武昌，王荣. 2002. 1997 年 7 月一航次中莱州湾自由生纤毛虫和桡足类幼虫的丰度［J］. 海洋科学，26（9）：20－21.

张武昌，肖天，王荣. 2001. 海洋微型浮游动物的丰度和生物量［J］. 生态学报，21：1893－1908.

张武昌，张翠霞，王荣，等. 2011. 黄、东海春季和秋季微型浮游动物对浮游植物的摄食压力［J］. 海洋科学，35（1）：36－39.

张艳. 2006. 南黄海小型底栖生物群落结构与多样性的研究［D］. 中国海洋大学. 博士毕业论文.

张艳，张志南，黄勇，等. 2007. 南黄海冬季小型底栖生物丰度和生物量［J］. 应用生态学报，18（2）：411－419.

张以恳，杨玉玲. 1996，夏季北黄海冷水团多年变化特征分析［J］. 海洋预报，13（4）：15－21.

张永山，吴玉霖，邹景忠，等. 2002. 胶州湾浮游动弯角藻赤潮生消过程［J］. 海洋与湖沼，33（1）：55－61.

张玉红. 2009，台湾海峡及邻近海域小型底栖动物密度和生物量研究［D］. 厦门：厦门大学.

张玉红，王彦国，林荣澄，等. 2009. 厦门东海域和安海湾小型底栖动物的密度和生物量［J］. 台湾海峡，28（3）：386－391.

张志南，李永贵，图立红. 1989. 黄河口水下三角洲及其邻近水域小型底栖动物的初步研究［J］. 海洋与湖沼，20（3）：197－208.

张志南，林岿旋，周红，等. 2005. 东、黄海春秋季小型底栖生物丰度和生物量研究［J］. 生态学报，24（5）：997－1005.

张志南，慕芳红，于子山，等. 2002. 南黄海鳀鱼产卵场小型底栖生物的丰度和生物量［J］. 青岛海洋大学学报，32（2）：251－258.

张志南，图立红，于子山. 1990a. 黄河口及其邻近海域大型底栖动物的初步研究：（一）生物量［J］. 青岛海洋大学学报，20（1）：37－44.

张志南，图立红，于子山. 1990b. 黄河口及其邻近海域大型底栖动物的初步研究：（二）生物与沉积环境的关系［J］. 青岛海洋大学学报，20（2）：45－52.

张志南，周红，郭玉清，等. 2001. 黄河口水下三角洲及其邻近水域线虫群落结构的比较研究［J］. 海洋与湖沼，32（4）：436－444.

张志南，周红，于子山，等. 2001. 胶州湾小型底栖生物的丰度和生物量［J］. 海洋与湖沼，32（2）：139－147.

章淑珍. 1991. 浮游动物［R］//中国科学院南沙综合科学考察队. 南沙群岛西南部陆架海区底拖网渔业资源调查研究报告. 北京：海洋出版社，40－55.

赵保仁，任广法，曹德明，等. 2001. 长江口上升流海区的生态环境特征［J］. 海洋与湖沼，32（3）：327－333.

赵焕庭，等. 2009. 广东徐闻西岸珊瑚礁［M］. 广州：广东科技出版社.

赵辉，齐义泉，王东晓，等. 2005. 南海叶绿素浓度季节变化及空间分布特征研究［J］. 海洋学报，27（4）：45－52.

赵楠，张武昌，孙松，等. 2007. 胶州湾中大型砂壳纤毛虫的水平分布［J］. 海洋与湖沼，38（5）：468－475.

赵骞，田纪伟，赵仕兰，等. 2004. 渤海冬夏季营养盐和叶绿素 a 的分布特征.［J］. 海洋科学，28（4）：34－39.

赵三军，肖天，李洪波，等. 2005. 胶州湾聚球菌（Synechococcus spp.）蓝细菌的分布及其对初级生产力的贡献［J］. 海洋与湖沼，36（6）：534－540.

郑德璋，廖宝文，郑松发，等. 1999. 红树林主要树种造林与经营技术研究［M］. 北京：科学出版社.

郑天凌，洪静，郑志成，等. 1994. 闽南—台湾浅滩上升流区拮抗菌的初步研究［J］. 海洋科学，（5）：67－71.

郑天凌，李福东. 1993. 闽南—台湾浅滩上升流区发光细菌的生态分布与种类组成［J］. 厦门大学学报（自然科学版），32（5）：645－658.

郑天凌，王斐，徐美珠，等. 2002. 台湾海峡海域细菌产量、生物量及其在微食物环中的作用［J］. 海洋与湖沼，33（4）：415－423.

郑执中. 1965. 黄海和东海西部浮游动物群落的结构及其季节变化［J］. 海洋与湖沼，7（3）：199－204.

郑重，等. 1965. 烟台、威海鲐鱼渔场及邻近水域浮游动物生态的初步研究［J］. 海洋与湖沼，7（4）：329－354.

郑重，李少菁，李松，等. 1982. 台湾海峡浮游桡足类的分布［J］. 台湾海峡，1（1）：69－77.

郑重，李少菁，许振祖. 1984. 海洋浮游动物生物学［M］. 北京：海洋出版社.

中国海湾志编纂委员会. 1998. 中国海湾志. 第十四分册（重要河口）. 北京：海洋出版社，105－237.

中国近代百科全书编纂委员会. 2009. 红树林［M］. 北京：北京科学技术出版社，197－201.

中国科学院海洋研究所浮游生物组. 1977. 中国近海浮游生物的研究 [R] // 全国海洋综合调查报告第八册. 天津: 海洋综合调查办公室出版, 1 – 159.

中国科学院南海海洋研究所. 1985. 南海海区综合调查研究报告 [R]. 北京: 科学出版社.

中国科学院南海海洋研究所. 1987. 曾母暗沙 – 中国南疆综合调查研究报告 [R]. 北京: 科学出版社, 106 – 131.

中国科学院南海海洋研究所. 1988. 南海中部海域环境资源综合调查报告 [R]. 北京: 科学出版社, 162 – 231.

中国科学院南海海洋研究所. 1980. 南海海区综合调查研究报告 [R]. 北京: 科学出版社.

中国科学院南沙综合科学考察队. 1989. 南沙群岛及其邻近海区综合调查研究报告 [R]. 北京: 科学出版社.

中国科学院南沙综合科学考察队. 1991. 南沙群岛及其邻近海区海洋环境研究论文集 [C]. 湖北: 湖北科学技术出版社.

中国科学院《中国自然地理》编委会. 1979. 中国自然地理 – 海洋地理 [M]. 北京: 科学出版社.

中国水产科学研究院南海水产研究所. 1966. 南海北部底拖网鱼类资源调查报告 (海南岛以东) [R], 第2册 (下): 1 – 94.

中国水产科学研究院南海水产研究所. 1979. 南海北部大陆架外海底拖网鱼类资源调查报告集 [R] (1978. 02 – 1979. 01) 下册: 537 – 589.

中国水产科学研究院南海水产研究所. 1981. 南海北部大陆斜坡海域渔业资源综合考察报告 [R], 5: 1 – 55.

中华人民共和国科学技术委员会海洋综合调查办公室. 1964. 全国海洋综合调查报告 [A]. 第8册 [C] // 中国近海浮游生物的研究, 1 – 159.

中华人民共和国科学技术委员会海洋组海洋综合调查办公室. 1977a. 全国海洋综合调查报告第八册, 中国近海浮游生物的研究.

中华人民共和国科学技术委员会海洋组海洋综合调查办公室. 1977b. 全国海洋综合调查报告第五册, 中国近海的水系.

中华人民共和国科学技术委员会海洋组海洋综合调查办公室. 1981. 渤、黄、东海浮游生物和底栖生物生物量及主要种类分布记录, 全国海洋综合调查资料第五册.

钟欢. 1990. 夏季南海暖流与黑潮南海分支关系初步分析 [J]. 海洋通报, (4) 9 – 15.

钟晋樑, 陈欣树, 张乔民, 等. 1996. 南海群岛珊瑚礁地貌研究 [M]. 北京: 科学出版社, 1 – 82.

周进, 李新正, 李宝泉. 2008. 黄海中华哲水蚤度夏区大型底栖动物的次级生产 [J]. 动物学报, 54 (3): 436 – 44l.

周进, 李新正, 李宝泉. 2008. 黄海中华哲水蚤度夏区大型底栖动物的次级生产力 [R]. 动物学报, 54 (3): 436 – 441.

周名江, 朱明远, 等. 2006. "我国近海有害赤潮发生的生态学、海洋学机制及预测防治" 研究进展 [J]. 地球科学进展, 21 (7): 653 – 679.

周茜茜, 陈长平, 梁君荣, 等. 2008. 北部湾 2006 年夏季网采浮游植物种类组成与数量分布 [C] // 胡建宇, 杨圣云. 北部湾海洋科学研究论文集. 北京: 海洋出版社, 171 – 179.

周淑青, 沈志良, 李峥, 等. 2007. 长江口最大浑浊带及邻近水域营养盐的分布特征 [J]. 海洋科学, 31 (6): 34 – 42.

周玮, 等. 1992. 海洋岛海域水温异常波动与养殖栉孔扇贝死亡的关系 [J]. 海洋湖沼通报, 4: 56 – 61.

周宗澄, 倪纯治. 1989. 南海中部海域异养细菌的生态分布 [J]. 海洋通报, 8 (3): 57 – 64.

周祖光, 吴国文. 2007. 海南澄迈湾海洋生物多样性研究 [R]. 环境科学与技术, 30 (3): 32 – 44.

朱长寿, 黄加祺, 李少菁. 1991. 闽南—台湾浅滩渔场浮游桡足类的生态研究 [M] // 洪华生, 丘书院, 阮五崎等. 闽南—台湾浅滩渔场上升流区生态系研究. 北京: 科学出版社, 440 – 455.

朱根海，宁修仁，蔡昱明，等. 2003. 南海浮游植物物种组成和丰度分布的研究 [J]. 海洋学报，25（增刊 2）：8 - 23.

朱明远，毛兴华，吕瑞华，等. l993. 黄海海区的叶绿素和初级生产力 [J]. 黄渤海海洋，11（3）：38 - 51.

朱千华. 2010. 生物海岸潮汐中的绿洲 [J]. 中国国家地理，（10）：344 - 353.

朱树屏，等. 1966. 黄河口附近海区浮游植物的季节变异 [J]. 太平洋西部渔业研究委员会第八次全体会议论文集 1 - 10.

朱树屏，郭玉洁. 1959. 我国十年的海洋浮游植物研究 [J]. 海洋与湖沼，2（4）：223 - 232.

朱致盛，林施泉，黄凌风，等. 2009. 黄海冷水团海域微型异养鞭毛虫对异养细菌和蓝细菌摄食作用的初步研究 [J]. 海洋学报，31（5）：123 - 131.

庄树宏. 1997. 烟台海滨潮间带岩岸环境无脊椎动物群落特效的初步研究 [J]. 黄渤海海洋，15（3）：31 - 39.

庄树宏. 2003. 黄海烟台、威海海域三岛屿岩岸潮间带无脊椎动物群落结构的研究 [J]. 海洋通报，22（3）：17 - 29.

庄树宏，陈礼学，王尊清. 2003. 长山列岛南部三岛岩相潮间带群落多样性格局 [J]. 应用生态学报，14（5）：747 - 752.

邹发生，宋晓军，陈康，等. 1999a. 海南清澜港红树林滩涂大型底栖动物初步研究 [J]. 生态科学，18（2）：42 - 45.

邹发生，宋晓军，陈伟，等. 1999b. 海南东寨港红树林滩涂大型底栖动物多样性的初步研究 [J]. 生物多样性，7（3）：175 - 180.

左书华，李九发，万新宁，等. 2006. 长江河口悬沙浓度变化特征分析 [J]. 泥沙研究，3：68 - 75.

左涛，王荣，陈亚瞿，等. 2005. 春季和秋季东、黄海陆架区大型网采浮游动物群落划分 [J]. 生态学报，25（7）：1531 - 1540.

左涛，王荣，王克，等. 2004. 夏季南黄海浮游动物的垂直分布与昼夜垂直移动 [J]. 生态学报，24（3）：524 - 530.

Abou Debs C, Nival P. 1983. Etude de la ponte et du developpement embryonnaire en relation avec la temperature et la nourriture chez *Temora stylifera* Dana（Copepoda：Calanoida）[J]. J Exp. Mar. Biol. Ecol., 72：125 - 145.

Agawin N S R, Duarte C M, Agust S. 2000. Nutrient and temperature control of the contribution of picoplankton to phytoplankton biomass and production [J]. Limnology and Oceanography, 45：591 - 600.

Ahel M, Barlow R G, Mantoura R F C,. 1996. Effect of salinity gradients on the distribution of phytoplankton pigments in a stratified estuary [J]. Mar Eco Prog Ser, 143：289 - 295.

Ansotegui A, Trigueros J M, Orive E. 2001. The use of pigment signatures to assess phytoplankton assemblage structure in estuarine waters. Estuarine [J]. Coastal and Shelf Sci. 52：689 - 703.

Azam F, Fenchel T, Field J G, et al. 1983. The ecological role of water - column microbes in the sea [J]. Mar Ecol Prog Ser, 10：257 - 263.

Ban S H, Lee H W, Shinada A, et al 2000. In situ egg production and hatching success of the marine copepod *Pseudocalanus* newmani in Funka Bay and adjacent waters off southwestern Hokkaido, Japan：associated to diatom bloom [J]. J Plankton Res, 22：907 - 922.

Banse K. 1982. Cell volumes, maximum growth rates of unicellular algae and ciliates, the role of ciliates in the marine pelagial [J]. Limnology and Oceanography, 27：1059 - 1071.

Barquero S, Cabal J A, Anadon R, et al, 1998. Ingestion rates of phytoplankton by copepod size fractions on a bloom associated with an off - shelf front off NW Spain [J]. Journal of Plankton Research, 20（5）：957 - 972.

Beers JR, Stewart GL. 1967. Micro - zooplankton in the euphotic zone at five locations across the California Current [J]. Journal of the Fisheries Research Board of Canada, 24：2053 - 2068.

Benitez - Nelson C R, Bidigare R R, Dickey T D, et al, 2007. Mesoscale eddies drive increased silica export in the subtropical Pacific Ocean. Science, 316: 1017 – 1121.

Bidigare R R, Kennicutt Ⅱ M C, Brooks J M. 1985. Rapid determination of chlorophylls and their degradation products by high – performance liquid chromatography [J]. Limnol Oceanogr, 30 (2): 432 – 435.

Brockmann, Raabe, Nagel, et al. 1997. Measurement strategy of PRISMA: Design and realization [J]. Mar Ecol Prog Ser 156: 245 – 254.

Brotas V, M R Plante-Cuny. 1998. Spatial and temporal patterns of microphytobenthic taxa of estuarine tidal flats in the Tagus Estuary (Portugal) using pigments analysis by HPLC [J]. Mar Eco Prog Ser, 171: 43 – 57.

Cai Y, Ning X, Liu C, et al. 2007. Distribution Pattern of Photosynthetic Picoplankton and Heterotrophic Bacteria in the Northern South China Sea [J]. 植物学报 (英文版), 49 (3): 1 – 5.

Cai Y, Ning X, Liu C, et al. 2007. Distribution Pattern of Photosynthetic Picoplankton and Heterotrophic Bacteria in the Northern South China Sea [J]. Journal of Integrative Plant Biology, 49 (3): 1 – 5.

Calbet A, Landry MR. 2004. Phytoplankton growth, microzooplankton grazing, and carbon cycling in marine systems [J]. Limnology and Oceanography, 49 (1): 51 – 57.

Campbell RW, Head EIH. 2000. Egg production rates of *Calanus finmarchicus* in the western North Atlantic: effects of gonad maturity, female size, chlorophyll concentration, and temperature [J]. Can. J. Fish. Aquat. Sci., 57: 518 – 529.

Chen B, Liu H, Landry M, et al, 2009a. Estuarine nutrient loading affects phytoplankton growth and microzooplankton grazing at two contrasting sites in Hongkong coastal waters. Marine Ecology Progress Series, 379: 77 – 90.

Chen B, Liu H, Landry M, et al, 2009b. Close coupling between phytoplankton growth and microzooplankton grazing in the western South China Sea [J]. Limnology and Oceanography, 54 (4): 1084 – 1097.

Chen Lee Y-L. 2000. Comparisons of primary productivity and phytoplankton size structure in the marginal regions of southern East China Sea [J]. Continental Shelf Research, 20: 437 – 458.

Chen Y, Yang Y. 2009. Characteristics of the microzooplankton community in Jiaozhou Bay, Qingdao, China. Chinese Journal of Oceanology and Limnology, 27 (3): 435 – 442.

Chen Y L, 2005. Spatial and seasonal variations of nitrate-based new production and primary production in the South China Sea, Deep Sea Research [J]. Deep-Sea Research I, 52: 319 – 340.

Chiang K, Kuo M, Chang J, et al. 2002. Spatial and temporal variation of the Synechococcus population in the East China Sea and its contribution to phytoplankton biomass [J]. Continental Shelf Research, 22: 3 – 13.

Chiang K, Lin C, Lee C, et al. 2003. The coupling of oligotrich ciliate populations and hygrography in the East China Sea: spatial and temporal variations [J]. Deep-Sea Research Ⅱ, 50: 1279 – 1293.

Chisholm S W. 1992. Phytoplankton size. In: Falkowski, P. G., Woodhead, A. D. (Eds.), Primary Productivity and Biogeochemical Cycles in the Sea [J]. Plenum, New York: 213 – 237.

Dagg MJ. 1978. Estimated in situ rates of egg production for the copepod *Centropages typicus* (Kroyer) in the New York Bight [J]. J. Exp. Mar. Biol. Ecol., 34: 183 – 196.

Dai C F, Shavor Horng 2009. Scleractinia Fauna of Taiwan. Ⅰ、Ⅱ [M]. Published by Taiwan University.

Dam H G, Peterson W T. 1993. Seasonal contrasts in the diel vertical distribution, feeding behavior, and grazing impact of the copepod Temora longicornis in Long Island Sound [J]. J. Mar. Res, 51: 561 – 594.

Descy Jean – Pierre, Destasio B, Gerrish G, et al. 2000, Pigment ratio and phytoplankton assessment in northern Wisconsin lakes [J], J. Phycol., 36: 274 – 286.

Dong L, Uye S – I, Onbe T. 1994. Production and loss of eggs in the calanoid copepod Centropages abdominalis Sato in Fukuyama Harbor, the Inland Sea of Japan [J]. Bull. Plankton Soc. Japan, 41: 131 – 142.

Durbin EG, Campbell RG, Gilman SL, et al. 1995. Diel feeding behavior and ingestion rate in the copepods Calanus finmarchicus in the southern Gulf of Maine during late spring [J]. Continental shelf Research, 15: 539 – 570.

Escribano R, Irribarren C, Rodriguez L. 1996. Temperature and female size on egg production of Calanus chilensis:

Laboratory observations [J]. Rev. Chil. Hist. Nat. , 69: 747 – 755.

Ferguson R L, Rublee P. 1976. Contribution of bacteria to standing crop of coastal plankton. [J]. Limnol Oceanogr, 21 (1): 141 – 145.

Fu Mingzhu, Wang Zongling, Li Yan, et al. 2009, Phytoplankton biomass size structure and its regulation in the southern Yellow Sea (China): Seasonal variability [J]. Continental Shelf Research, 29: 2178 – 2194.

Fuhrman J A, Azam F. 1980. Bacterioplankton Secondary Production Estimates for Coastal Waters of British Columbia, Antarctica, and California [J]. Appl Envir Microbiol, 39: 1085 – 1095.

Furuya K, Hayashi M, Yabushita Y I, 2003, Phytoplankton dynamics in the East China Sea in spring and summer as revealed by HPLC – derived pigment signatures [J]. Deep-Sea Res. Ⅱ, 50: 367 – 387.

Gong G C, Wen Y H, Wang B W, et al. 2003. Seasonal variation of chlorophyll a concentration, primary production and environmental conditions in the subtropical East China Sea [J]. Deep – Sea Res Ⅱ, 50: 1219 – 1236.

Gong G – C, Chang J, Chiang K P, et al. 2006, Reduction of primary production and changing of nutrient ratio in the East China Sea: Effect of the Three Gorges Dam [J]. Geophysical Research Letters, 33 (7): L07610.

Gou W L, Sun J, Li X Q, et al. 2003. Phylogenetic position of a free – living strain of Symbiodinium isolated from Jiaozhou Bay [J]. China. Journal of Experimental Marine Biology and Ecology, 296: 135 – 144.

Gran H H, Braarud T. 1935. A quantitative study of the phytoplankton in the Bay of Fundy and the Gulf of Maine (including observations on hydrography, chemistry and turbidity) [J]. Journal of the Biological Board of Canada, 279 – 467.

Guo, Huang J, Li S. 2011, Planktonic copepod compositions and their relationships with water masses in the southern Taiwan Strait during the summer upwelling period, 31: S67 – S76.

Halsband C, Hirche HJ. 2001. Reproductive cycles of dominant calanoid copepods in the North Sea [J]. Mar. Ecol. Prog. Ser. , 209: 219 – 229.

Halsband – Lenk C, Nival S, Carlotti F, et al. 2001. Seasonal cycles of egg production of two planktonic copepods, *Centropagestypicus* and *Temorastylifera*, in the northwestern Mediterranean Sea [J]. J Plankton Res. , 23: 597 – 609.

He L, Yin K, Yuan X, et al. 2009. Spatial distribution of viruses, bacteria and chlorophyll in the northern South China Sea [J]. Aquatic Microbial Ecology, 54 (2): 153 – 162.

Herman AW, Sameoto DD, Longhurst AR. 1981. Vertical and horizontal distribution patterns of copepods near the shelf – break south of Nova Scotia [J]. Can. J Fish. Aquat. Sci. , 38: 1065 – 1076.

Hirche HJ, Meyer U, Niehoff B. 1997. Egg production of *Calanus finmarchicus*: effects of temperature, food and season [J]. Mar. Biol. , 127: 609 – 620.

Hirche H-J, Niehoff B. 1996. Reproduction of the copepod *Calanus hyperboreus* in the Greenland Sea – Field and laboratory observations [J]. Polar Biology, 16: 209 – 219.

Hobbie J E, Daley R J, Jasper S. 1977. Use of nuclepore filters for counting bacteria by fluorescence microscopy. Appl Environ Microbiol [J]. 33: 1225 – 1228.

Hong H S, Liu X, Chiang K P, et al. 2011, The Coupling of Seasonal Variations of Chlorophyll a Concentration and the East Asian Monsoon in the Southern Taiwan Strait [J]. Continental Shelf Research, 31: S37 – S47.

Hong H S, Zhang C Y, Shang S L, et al. 2009, Interannual variability of summer coastal upwelling in the Taiwan Strait [J]. Continental Shelf Research, 29: 479 – 484.

Huang B, Lan W, Cao Z, et al. 2008. Spatial and temporal distribution of nanoflagellates in the northern South China Sea [J]. Hydrobiologia, 605: 143 – 157.

Huang B, Lin X, Hong H. 2009. Spatial and temporal variations of Synechococcus and picoeukaryotes in the Taiwan Strait, China [J]. Chinese Journal of Oceanology and Limnology, 27 (1): 22 – 30.

Huang B, Lin X, Liu Y, et al. 2002. Ecological study of picoplankton in northern South China Sea [J]. Chinese

Journal of Oceanology and Limnology, 20（S1）：22 – 32.

Huang B, Xiang W, Zeng X, et al. 2011. Phytoplankton growth and microzooplankton grazing in a subtropical coastal upwelling system in the Taiwan Strait ［J］. Continental Shelf Research, 31：S48 – S56.

Huang Bangqin, Jun Hu, Zhenrui Cao, et al, 2010. Phytoplankton community at warm eddies in the northern South China Sea in winter 2003/2004 ［J］. Deep Sea Research Ⅱ, 57：1792 – 1798 .

Huang Bangqin, Weiguo Xiang, Xiangbo Zeng, et al, 2011, Phytoplankton growth and microzooplankton grazing in a subtropical coastal upwelling system in the Taiwan Strait ［J］. Continental Shelf Research, 31：S48 – S56.

Huang C, Uye SI, Onbe T. 1993. Geographical distribution, seasonal life cycle, biomass and production of a planktonic copepod Calanus sinicus in the Inland Sea of Japan and its neighboring Pacific Ocean ［J］. J Plankton Res. , 15：1229 – 1246.

Huang LM, Jian WJ, Song XY, et al. 2004. Species diversity and distribution for phytoplankton of the Pearl River estuary during rainy and dry seasons ［J］. Marine Pollution Bulletin, 49：588 – 596.

Huang B Q, Hong H Wang H. 1999, Size-Fractionated Primary Productivity and the Phytoplankton – Bacteria Relationship in the Taiwan Strait ［J］. Marine Ecology Progress Series, 183：29 – 38.

Huo YZ, Wang SW, Sun S, et al. 2008. Feeding and egg production of the planktonic copepod Calanus sinicus in spring and autumn in the Yellow Sea, China ［J］. Journal of Plankton Research, 30：723 – 734.

Hwang, J – S, Wong C K. 2005. The China Coastal Current as a driving force for transporting Calanus sinicus (Copepoda：Calanoida) from its population centers to waters of Taiwan and Hong Kong during the winter northeast monsoon period ［J］. Journal of Plankton Research, 27（2）：205 – 210.

Ianora A. 1998. Copepod life history traits in subtemperate regions ［J］. J. Mar. Syst. , 15：337 – 349.

Ishida Y, Eguchi M, Kadota H. 1986. Existence of obligately oligotrophic bacteria as a dominant population in the South China Sea and the West Pacific Ocean ［J］. Mar. Ecol. Prog. Ser. , 30：197 – 203.

Jiao N Z, Gao Y H. 1995. Ecological studies on nanoplanktonic diatoms in Jiaozhou Bay, China//董金海，焦念志. 胶州湾生态学研究 ［M］. 北京：科学出版社，96 – 102.

Jiao N, Yang Y, Hong N, et al. 2005. Dynamics of autotrophic picoplankton and heterotrophic bacteria in the East China Sea ［J］. Continental Shelf Research, 25：1265 – 1279.

Jiao N, Yang Y, Mann E, et al. 1998. Winter presence of Prochlorococcus in the East China Sea ［J］. Chinese Science Bulletin, 43（10）：877 – 878.

Jiao N Z, Yang Y. 2002a, Ecological Studies on Prochlorococcus in the China Seas ［J］. Chin. Sci. Bull. , 47（15）：1243 – 1250.

Jiao N Z, Yang Y H, Hong N, et al. 2005, Dyanmics of autotrophic picoplankton and heterotrophic bacteria in the East China Sea ［J］. Continental Shelf Research, 25（7）：856 – 867.

Jiao N Z, Yang Y H, Koshikawa H, et al. 2002. Influence of hydrographic conditions on picoplankton distribution in the East China Sea ［J］. Aquatic Microbial Ecology, 30：37 – 48.

Kiørboe T, Tiselius P. 1988. Propagation of planktonic copepods：Production and mortality of eggs ［J］. Hydrobiologia, 167/168：219 – 225.

Kimoto K, Uye SI, Onbe T, 1986. Egg production of a brackish – water calanoid copepod Sinoacalanus tenellus in relation to food abundance and temperature ［J］. Bull. Plankton Soc. Jpn. , 33：133 – 145.

Kirboe T F, Møhlenberg F, Nicolajsen H. 1985. Bioenergetics of the planktonic copepod Acartia tonsa：Relation between feeding, egg production and respiration, and composition of specific dynamic action ［J］. Mar. Ecol. Prog. Ser. , 143, 85 – 97.

Kiørboe T. 1993. Turbulence, phytoplankton cell size and the structure of pelagic food webs ［J］. Advances in Marine Biology, 29：1 – 72.

Lacuna D G, Uye S. 2001. Influence of mid – ultraviolet (UVB) radiation on the physiology of the marine planktonic copepod Acartia omorii and the potential role of photoreactivation [J]. J. Plank. Res, 23: 143 – 155.

Lan W, Huang B, Dai M, et al. 2009. Dynamics of heterotrophic dinoflagellates off the Pearl River Estuary, northern South China Sea. Estuarine [J]. Coastal and Shelf Science, 85 (3): 422 – 430.

Landry M R. 1978. Population dynamics and production of a planktonic marine copepod, Acartia clausii, in a small temperate lagoon on San Juan Island, Washington [J]. Int. Rev. Ges. Hydrobiol. , 63: 77 – 119.

Li C, Sun S, Wang R, et al. 2004. Feeding and respiration rates of a planktonic copepod (Calanus sinicus) oversummering in Yellow Sea Cold Bottom Water [J]. Marine Biology, 145: 149 – 157.

Li Chaolun, Wang Rong, Sun Song. 2003. Grazing impact of copepods on phytoplankton in the Bohai Sea [J]. Estuarine, Coastal and Shelf Science, 58 (3): 487 – 498.

Li Jr L, Nowlin W D, Su, J. L. , 1998. Anticyclonic rings from the Kuroshio in the South China Sea [J]. Deep – Sea Research I, 45, 1469 – 1482.

Li KZ, Yin J Q, Huang LM, et al, 2006. Spatial and temporal variations of mesozooplankton in the Pearl River estuary, China [J]. Estuarine, Coastal and Shelf Science, 67: 543 – 552.

Li KZ, Yin J Q, Huang LM, et al, 2010. Monsoon – forced distribution and assemblages of appendicularians in the northwestern coastal waters of South China Sea [J]. Estuarine, Coastal and Shelf Science, 89: 145 – 153.

Li KZ, Yin J Q, Huang LM, et al, 2011. Distribution and abundance of thaliaceans in the northwest continental shelf of South China Sea, with response to environment factors driven by monsoon [J]. Continental Shelf Research, 31: 979 – 989.

LI Xinzheng, YU Zishan, WANG Jinbao, et al. 2005a. Study on the Secondary Production of Macrobenthos from Southern Yellow Sea [J]. Chinese Journal of Applied and Environmental Biology, 11 (6): 702 – 705.

Liewellgn C A, Mantoura R F C, 1997. A uv absorbing compound in HPLC pigment chromatograms obtained from Icelandic Basin phytoplankton. Mar. Eco. prog. ser. 158, 1: 283 – 287.

Liu H, Chang J, Tseng C, et al. 2007. Seasonal variability of picoplankton in the Northern South China Sea at the SEATS station [J]. Deep – Sea Research Ⅱ, 54: 1602 – 1616.

Liu H, Huang L, Tan Y, et al. 2010. Distribution and composition of tintinnids ciliates in the northern South China Sea during summer [J]. Marine Science Bulletin, 12 (2): 38 – 46.

Liu H, Chen M, Suzuki K, et al. 2010, Mesozooplankton selective feeding in subtropical coastal waters as revealed by HPLC pigment analysis [J]. Marine Ecology Progress Series, 407: 111 – 123.

Liu YQ, Sun S, Zhang GT. 2012. Seasonal variation in abundance, diel vertical migration and body size of pelagic tunicate Salpafusiformis in the Southern Yellow Sea. Chinese Journal of Oceanology and Liminoloty, DOI: 10. 1007/s00343 – 012 – 1048 – 4.

Liu Y. Q. et al, 2012

Liu X, Huang B Q, Huang Q, et al. 2011. Seasonal variations of phytoplankton biomass and community structure and their coupling with physical processes in the southern Yellow Sea, submitted to Continental and Shelf Research.

Mackey D J, Blanchot J, Higgins H W, et al. 2003. Phytoplankton abundances and community structure in the equatohal Pacific. Deep-Sea Res. Ⅱ. 49, 2561 – 2582.

Mackey M D, Mackey D J, Higgins H W, et al. 1996, CHEMTAX – a program for estimating class abundances from chemical markers: application to HPLC measurements of phytoplankton [J]. Marine Ecology Progress Series, 144: 265 – 283.

Mackey D J, Higgins H W, Mackey M D. 1998, Algal class abundances in the western equatorial Pacific: estimation from HPLC measurements of chloroplast pigments using CHEMTAX [J]. Deep – Sea Research I, 45: 1441 – 1468.

Michael J Dagg. 1995. Ingestion of phytoplankton by the micro – and mesozooplankton communities in a productive subtropical estuary, Journal Of Plankton Research, 17 (4): 845 – 857.

Naganuma T, et al, 1997. Photoreactivation of UV – induced damage to embryos of a planktonic copepod [J]. J. Plankton Res. , 19: 783 – 787.

Ning X R, Liu Z L, Cai Y M, et al. 1998. Physicobiological oceanographic remote sensing of the East China Sea: Satellite and in situ observations. J Geophys Res, 103 (C10): 21623 – 21635.

Ning X R, Liu Z L. 1988. The patterns of distribution of chlorophyll a and primary production in coastal upwelling area off Zhejiang [J]. Acta Oceanol Sinica, 7 (1): 126 – 136

Ning X, LI WKW, Cai Y, et al. 2005 Standing stock and community structure of photosynthetic picoplankton in the northern South China Sea [J]. Acta Oceanologica Sinica, 24 (2): 57 – 76.

Ning X, Vaulot D, Liu Zh, et al. 1988. Standing stock and production of phytoplankton in the estuary of the Chang – jiang (Yangste River) and the adjacent East China Sea [J]. Marine Ecology Progress Series, 49: 141 – 150.

Ning X, Chai F, Xue H, et al. 2004. Physical – biological oceanographic coupling influencing phytoplankton and primary production in the South China Sea [J]. Journal of Geophysical Research109, C10005, doi: 10. 1029/2004JC002365.

Nival S, Pagano M, Nival P. 1990. Laboratory study of the spawning rate of the calanoid copepod Centropages typicus: effect of fluctuating food concentration [J]. J Plankton Res. , 12: 535 – 547.

Ota T, Taniguchi A. 2003. Standing crop of planktonic ciliates in the East China Sea and their potential grazing impact and contribution to nutrient regeneration [J]. Deep – Sea Research II, 50: 423 – 442.

Ou L J, Huang B Q, Lin L Z, et al. 2006, Phosphorus stress of phytoplankton in the Taiwan Strait determined using bulk and single – cell alkaline phosphatase activity assay [J]. Marine Ecology Progress Series, 327: 95 – 106.

Pan L, Zhang J, Zhang L. 2007. Picophytoplankton, nanophytoplankton, heterotrohpic bacteria and viruses in the Changjiang Estuary and adjacent coastal waters [J]. Journal of Plankton Research, 29 (2): 187 – 197.

Pan L, Zhang L, Zhang J, etal. 2005. On – board flow cytometric observation of picoplankton community structure in the East China Sea during the fall of different years [J]. Microbiology Ecology, 52 (2): 243 – 253.

Parsons T R, Maita Y, Lalli C M. 1984, A manual of chemical and biological methods for seawater analysis. Pergamon Piess, New York, pp. 1 – 173.

Peterson W T, Kimmerer W J. 1994. Processes controlling recruitment of the marine calanoid copepod Temora longicornis in Long Island Sound: Egg production, egg mortality, and cohort survival rates [J]. Limnol. Oceanogr, 39: 1594 – 1605.

Pinckney J L, Paerl H W, Harrington M B. 1998, Annual cycles of phytoplankton community – structure and bloom dynamics in the Neuse River Estuary, North Carolina [J]. Marine Biology, 131: 371 – 381.

Poulet SA, Laabir M, Ianora A, et al. 1995. Reproductive response of Calanus helgolandicus. I. Abnormal embryonic and naupliar development [J]. Mar Ecol Prog Ser, 129: 85 – 95.

Riegman R, Kuipers B R, Noordeloos A A M, et al. 1993. Size differential control of phytoplankton and the structure of plankton communities [J]. Netherlands Journal of Sea Research, 31: 255 – 265.

Robinson C L K. 2000. The consumption of euphausiids by the pelagic fish community off southernwest Vancover Island, British Columbia [J]. Journal of Plankton Research, 22 (9): 1649 – 1662.

Roel Riegman, Anna A M, Noordeloos. 1998. Size – fractionated uptake of nitrogenous nutrients and carbon by phytoplankton in the North Sea during summer 1994 [J] 173: 95 – 106.

Runge JA. 1984. Egg production of the marine, planktonic copepod Calanus pacificus Brodsky: laboratory observations [J]. J Exp. Mar. Biol. Ecol. , 74: 53 – 66.

Shang S, Zhang C, Hong H S, et al. , 2005. Hydrographic and biological changes in the Taiwan Strait during the 1997 – 1998 El Nino winter. Geophysical Research Letters 32, 10. 1029/2005, GL022578.

Shang S L, Zhang C Y, Hong H S, et al. 2004. Short – term variability of chlorophyll associated with upwelling events in the Taiwan Strait during the southwest monsoon of 1998 [J]. Deep – Sea Research II, 51: 1113 – 1127.

Shaw PT, ChaoS Y, Liu K K, et al. 1996. Winter upwelling off Luzon in the northern South China Sea [J]. Journal of Geographys Research, 101 (C7): 16435 – 16448.

Simidu U, Tsukamoto K, Akagi Y. 1982. Heterotrophic bacterial population in Bengal Bay and the South China Sea [J]. Bulletin of the Japanese Society of Scientific Fisheries (Japan), 48 (3): 425 – 431

Sinha R P, Klisch M, Groniger A, et al. 1998. Ultraviloet-absorbing screening substances in cyanobactria, phgto-plankton and macroalgae. Journal of photochemistry and photo biology B: Biology *J. Photochem. Photobiol*, *B: Biol.* 47, 83 – 94.

Smith SL, Lane PVZ. 1985. Laboratory studies of the marine copepod Centropages typicus: egg production and development rates [J]. Mar. Biol., 85: 153 – 162.

Song S, Huo Y, Yang B. 2010. Zooplankton functional groups on the continental shelf of the Yellow Sea [J]. Deep – SeaResearch Ⅱ, 57: 1006 – 1016.

Su Q, Huang L, Tan Y, et al. 2007. Preliminary study of microzooplankton grazing and community composition in the north of South China Sea in autumn [J]. Marine Science Bulletin 9 (2): 43 – 53.

Sullivan BK, McManus LT. 1986. Factors controlling seasonal succession of the copepods Acartia hudsonica and A. tonsa in Narragansett Bay, Rhode Island: temperature and resting egg production [J]. Mar. Ecol. Prog. Ser., 28: 121 – 128.

Sun J, Liu D Y, Qian S B. 2001. Preliminary study on the seasonal succession and development pathway of phyto-plankton community in the Bohai Sea [J]. Acta Oceanologica Sinica., 20 (2): 251 – 260.

Sun S, Huo Y, Yang B. 2011. Zooplankton functional groups on the continental shelf of the yellow sea [J]. Deep – Sea Research Ⅱ, 57: 1006 – 1016.

Sun J, Song S Q, Le F F, et al. 2007. Phytoplankton in northern South China Sea in the winter of 2004 [J]. Acta Oceanologica Sinica, 29 (5): 132 – 145.

Suzuki T, Miyabe C. 2007. Ecological balance between ciliate plankton and its prey candidates, pico – and nano-plankton, in the East China Sea [J]. Hydrobiologia, 586: 403 – 410.

Tan Y H, Huang L M, Chen Q C, et al. 2004. Seasonal variation in zooplankton composition and grazing impact on phytoplankton standing stock in the Pearl River Estuary, China [J]. Continental Shelf Research, 24 (16): 1949 – 1968.

Tang D L, Ni IH, Kester D R, et al 1999. Remote sensing observation of winter phytoplankton blooms southwest of the Luzon Strait in the South China Sea [J]. Marine Ecology Progress Series, 191: 43 – 51.

Totton A K, Bargmann H E. 1965. A synopsis of the Siphonophora. London: Trustees of the British Museum (Natural History).

Turner J T. 2004. The Importance of Small Planktonic Copepods and Their Roles in Pelagic Marine Food Webs [J]. Zoological Studies, 43 (2): 255 – 266.

Utermhl H. 1958. Zur Vervolkommung der quantitativen Phytoplankton – Methodik [J]. Mitt int Verein theor angew Limnol, 9: 1 – 38.

Uye S I. 1981. Fecundity studies of neritic calanoid copepods Acartia clausii Giesbrecht and A. steueri Smirnov: a simple empirical modal of daily egg production [J]. J. Exp. Mar. Biol. Ecol., 50: 255 – 271.

Uye S I. 1982. Population dynamics and production of Acartia clausii Giesbrechit (Copepoda: Calanoida) in inlet waters [J]. J Exp. Mar. Biol. Ecol., 57: 55 – 83.

Uye S I. 1988. Temperature – dependent development and growth of Calanus sinicus (Copepoda: Calanoida) in the laboratory [J]. Hydrobiologia, 167/168: 285 – 293.

Uye S I. 2000. Why does *Calanus sinicus* prosper in the shelf ecosystem of the Northwest Pacific Ocean [J]. ICES J Mar. Sci., 57: 1850 – 1855.

Uye S I, Murase A. 1997. Relationship of egg production rates of the planktonic copepod Calanus sinicus to phytoplankton availability in the Inland Sea of Japan [J]. Plankton Biol. Ecol., 44: 3 – 11.

Uye S I. 2000. Why does *Calanus sinicus* prosper in the shelf ecosystem of the Northwest Pacific Ocean [J]. ICES J. Mar. Sci., 57: 1850 – 1855.

Uye SI. 1996. Induction of reproductive failure in the planktonic copepod Calanus pacificus by diatoms [J]. Mar. Ecol. Prog. Ser., 133: 89 – 97.

Van Rijswijk P, Bakker C, Vink M. 1989. Daily fecundity of Temora longicornis (Copepoda, Calanoida) in the Oosterschelde Estuary (SW Netherlands) [J]. Neth. J Sea Res., 23: 293 – 303.

Wang C C. 1936. Dinoflagellata of the Gulf of Pê – Hai [J]. Sinensia, Nanking, 7 (2): 128 – 171.

Wang R, Li C, Wang K, et al. 1998. Feeding activities of zooplankton in the Bohai Sea [J]. Fisheries Oceanography, 7: 265 – 271.

Wang Rong, Zuo Tao. 2004. The Yellow Sea Warm Current and the Yellow Sea Cold Bottom Water, their impact on the distribution of zooplankton in the Southern Yellow Sea [J]. Journal of the Korean Society of Oceanography, 39 (1): 1 – 13.

Wang R, Zuo T, Wang K. 2003. The Yellow Sea Cold Bottom Water – an oversummering site for Calanus sinicus (Copepoda, Crustacea) [J]. Journal of Plankton Research, 25: 169 – 183.

Wei H, Sun J, Andreas Moll, et al. 2004. Phytoplankton dynamics in the Bohai Sea – observations and modeling [J]. Journal of Marine Systems, 2: 233 – 251.

Wilhelm S W, Suttle C A. 1999. Virus and nutrient cycles in the sea [J]. BioScience, 49 (10): 781 – 788.

Wong C K. 2003. HPLC pigment analysis of marine phytoplankton during a red tide occurrence in Tolo Harbour, Hong Kong [J]. Chemosphere, 52: 1633 – 1640.

Wright S W, van den Enden R L. 2000, Stratification/mixing regimes control phytoplankton populations off East Antarctica: evidence from CHEMTAX analysis of HPLC pigment profiles (BROKE survey, Jan – Mar 1996) [J]. Deep – Sea Research Ⅱ, 47: 2363 – 2400.

Wright S W, Thomas D P, Marchant H J. 1996, Analysis of phytoplankton of the Australian sector of the Southern Ocean: comparisons of microscopy and size frequency data with interpretations of pigment HPLC data using the 'CHEMTAX' matrix factorisation program [J]. Mar. Ecol. Prog. Ser, 144: 285 – 298.

Wulff A, Wangberg S A. 2004, Spatial and vertical distribution of phytoplankton pigments in the eastern Atlantic sector of the Southern Ocean [J], Deep – Sea Res. Ⅱ, 51: 2701 – 2713.

Xu Z L, Gao Q. 2011. Optimal salinity for dominant copepods in the East China Sea, determined using a yield density modle [J]. Chinese Journal of Oceanology and Limnology, 29 (3) 514 – 523.

Xu Z L. 2009. Statistical analysis on ecological adaptation of pelagic amphipoda in the East China Sea [J]. Acta Oceanologica Sinica, 28 (6): 61 – 69.

Xu ZL, Li C J. 2005. Horizontal distribution and dominant species of heteropods in the East China Sea [J]. J. Plankton Res., 27: 373 – 382.

Xu ZL. 2008. Analysis on the indicator species and ecotype of pelagic ostracods in the East China Sea [J]. Acta Oceanologica Sinica, 27 (5): 1 – 11.

Xuan J L, Zhou F, Huang D J, et al. 2011. Physical processes and their role on the spatial and temporal variability of the spring phytoplankton bloom in the central Yellow Sea [J]. Acta Ecol. Sin, 31 (1): 61 – 70.

Yang Y, Jiao N. 2002. In situ daily growth rate of Prochlorococcus at the chlorophyll maximum layer in the southern South China Sea: an estimation from cell cycle analysis. Chinese Journal of Oceanology and Limnology, 20 (S1): 8 – 14.

Yang Y, Jiao N. 2004. Dynamics of picoplankton in the Nansha islands area of the South China Sea [J]. Acta Oceanologica Sinica, 23 (3): 493 – 504.

Yin J Q, Huang L M, Li K Z, et al, 2011. Abundance distribution and seasonal variations of Calanus sinicus (Copepoda: Calanoida) in the northwest continental shelf of South China Sea [J]. Continental Shelf Research, 31: 1447 – 1456

Yu Haiyan, Li Xinzheng, Li Baoquan et al. 2006. The biodiversity of macrobenthos from Jiaozhou Bay [J]. Acta Ecologica Sinica, 26 (2): 416 – 422.

Yu Z G, Zhang J, Yao Q Z, et al, 1999. Nutrients in the Bohai Sea. In: Hong G H, Zhang J, Chung C S. (eds.) Biogeochemical processes in the Bohai and Yellow Sea. The Dongjin Publication Association, Seoul, 11 – 20.

Yu Z G, Deng C M, Yao P, et al. 2007. Prasinoxanthin – constaining prasinophyceae discovered in Jiaozhou Bay [J]. China Journal of Integrative Plant Biology, 49: 497 – 506.

Zhang C, Zhang W, Xiao T, et al. 2008. Meso – scale spatial distribution of large tintinnids in early summer in southern Yellow Sea [J]. Chinese Journal of Oceanology and Limnology, 26 (1): 81 – 90.

Zhang C, Zhang W, Xiao T, et al. 2009. Wintertime meso – scale horizontal distribution of large tintinnids in the southern Yellow Sea. Chinese Journal of Oceanology and Limnology 27 (1): 31 – 37.

Zhang G T, Sun S, Yang B. 2007. Summer reproduction of the planktonic copepod Calanus sinicus in the Yellow Sea: influences of high surface temperature and cold bottom water [J]. Journal of Plankton Research, 29 (2): 179 – 186.

Zhang G T, Sun S, Zhang F. 2005. Seasonal variation of reproduction rates and body size of Calanus sinicus in the Southern Yellow Sea, China [J]. Journal of Plankton Research, 27 (2): 135 – 143.

Zhang L, Sun J, Liu D, et al. 2005. Studies on growth rate and grazing mortality rate by microzooplankton of size – fractionated phytoplankton in spring and summer [J]. Acta Oceanologica Sinica, 24 (2): 85 – 101.

Zhang S., Wei P. 2010. Three new species of Genus Cryptonatica (Gastropoda, Naticidae) from Huanghai Sea Cold Water Mass [J]. Acta Oceanol. Sin., 29 (1): 52 – 57.

Zhang W, Wang R. 2000a. Rapid changes in stocks of ciliate microzooplankton associated with a hurricane in the Bohai Sea (China) [J]. Aquatic Microbial Ecology, 23: 97 – 101.

Zhang W, Wang R. 2000b. Summertime ciliate and copepod nauplii distributions and microzooplankton herbivorous activity in the Laizhou Bay, Bohai Sea, China [J]. Estuarine, Coastal and Shelf Science 51 (1): 103 – 114.

Zhang W, Wang R. 2002. Short time dynamics of ciliate abundance in the Bohai Sea (China) [J]. Journal of Chinese Oceanology and Limnology, 20 (2): 135 – 141.

Zhang W, Xiao T, Wang R. 2001. Abundance and biomass of copepod nauplii and ciliates and herbivorous activity of microzooplankton in the East China Sea [J]. Plankton Biology and Ecology, 48 (1): 28 – 34.

Zhang W, Xu K, Wan R, et al. 2002. Spatial distribution of ciliates, copepod nauplii and eggs, Engraulis japonicus post – larvae and microzooplankton herbivorous activity in the Yellow Sea, China [J]. Aquatic Microbial Ecology, 27 (3): 249 – 259.

Zhang Y, Jiao N, Cottrell M T, et al. 2006. Contribution of major bacterial groups to bacterial biomass production along a salinity gradient in the South China Sea [J]. Aquatic microbial ecology, 43 (3): 233 – 241.

Zhang G T, Sun S, Zhang F. 2005. Seasonal variation of reproduction rates and body size of Calanus sinicus in the southern Yellow Sea, China [J]. Journalof Plankton Research 27, 135 – 143.

Zhu M, Xu J. 1993. Red tide in shrimp ponds along the Bohai Sea. In: 5. Int. Conf. on Toxic Marine Phytoplankton, Newport, RI (USA), 28 Oct 1991.

Zou J, Dong L, Qin B. 1985. Preliminary studies on eutrophication and red tide problems in Bohai Bay [J]. Hydrobiologia, 127: 27 – 30.